Dieter Herbst (Hrsg.)

DER MENSCH ALS MARKE

Dieter Herbst (Hrsg.)

DER MENSCH ALS MARKE

KONZEPTE – BEISPIELE – EXPERTENINTERVIEWS

www.BusinessVillage.de

Impressum

Herausgeber
Dieter Herbst (Hrsg.)

Lektorat
Susanne Wischnewski, Berlin

Satz & Grafiken
BusinessVillage GmbH

Druck
AALEXX Buchproduktion GmbH, Großburgwedel

Umschlaggestaltung
Jens Grübner
Christian Hoffmann
BusinessVillage GmbH

ISBN 978-3-86980-004-2
2., ungekürzte Auflage Januar 2011

Printed in Germany

Die Deutsche Bibliothek – CIP Einheitsaufnahme
Der Mensch als Marke
Hrsg.: Dieter Herbst
Göttingen: BusinessVillage GmbH, 2011
ISBN 978-3-86980-004-2

Inhalt

Vorwort

VON PROF. DR. DIETER HERBST

Menschen bewegen sich zunehmend auf Märkten, auf denen sie ihre Leistung kraftvoll profilieren müssen: seien es Künstler im Unterhaltungsmarkt, Sportler im Sponsoringmarkt oder Politiker auf dem Meinungsmarkt. Wie viele traditionelle Produktmärkte sind auch diese Märkte weitgehend gesättigt. Daher hat nur jener Erfolg, der seine Konkurrenten verdrängt. Die angebotenen Leistungen scheinen zunehmend austauschbar, wodurch das Interesse der Nachfrager abnimmt. Die Frage wird daher immer wichtiger, wie sich Menschen auf Märkten behaupten und sich dauerhafte Wettbewerbsvorteile verschaffen können. Die Antwort zu geben, ist zur Aufgabe des professionellen Marketings von Menschen geworden, das mittlerweile von einer Heerschar von Imageexperten, Stilberatern und PR-Agenturen angeführt wird. Ihre Konzepte nennen sie „Personality Marketing“, „Celebrity Marketing“ oder „Mensch als Marke“. Gewiss: Das Vermarkten von Menschen ist nicht neu: Marlene Dietrich, Marilyn Monroe oder Jane Russell gelten seit jeher als perfekt inszenierte Produkte der amerikanischen Unterhaltungsindustrie. Was wäre aus Dalí geworden, hätte nicht seine Ehefrau Gala die Geschäfte gezielt vorangetrieben?

Neu ist die scheinbar grenzenlose Verehrung von Stars wie Boygroups und Actionhelden. Grenzenlos ist der Wunsch des Fans, seinem Star möglichst nahe zu sein und ihn durch Devotionalien wie Videos, CDs und T-Shirts zum Teil seines täglichen Lebens zu machen – koste es, was es wolle. Sportler gehören zu den Stars schlechthin: Junge, gut aussehende Spieler haben durch Magazine wie *BRAVO Sport* einen Stellenwert wie Pop- oder Filmstars erlangt: Auf der Website von Oliver Bierhoff finden die Besucher allgemeine News, Trainingstipps, Spiele, Bilder von seiner Familie und sogar einen Oliver-Bierhoff-Bildschirmschoner. Und sie finden einen Dank an seine Sponsoring-Partner, deren Produkte er selbstverständlich „selber benutzt“.

Der vorläufige Höhepunkt scheint erreicht, indem die Bewunderung für den Star nicht nur seiner Leistung oder der Schönheit oder dem Talent gilt: Es ist die Bekanntheit an sich. Ruhm ist zur begehrenswertesten Währung geworden. Das Schöne daran ist, dass jeder über Nacht zum Star werden kann, wie es Zlatko aus dem RTL-Container bewiesen hat.

Den Menschen als Marke zu begreifen bedeutet, die umfangreichen Erkenntnisse der modernen Markenführung zu nutzen, um einen Menschen bekannt zu machen und das einzigartige Vorstellungsbild (Image) seiner Leistungen in den Köpfen von Fans, Sendern und der Presse aufzubauen und langfristig zu gestalten. Der Chef der Modelagentur Metropolitan, Thomas Zeumer, sagte im *SPIEGEL TV*-Interview, er habe die Karriere von Claudia Schiffer systematisch geplant; sie sei aber genauso mit einem anderen Mädchen möglich gewesen. Michael Schumacher sagt über seinen Manager Willi Weber: „Er hat mich gemacht“. Auch Prominente wie David Bowie, Madonna und Verona Feldbusch feilen an ihrem öffentlichen Persönlichkeitsprofil und lassen dieses durch Kommunikationsprofis, Statuen gleich, in die Köpfe von Fans, Sender und der Presse meißeln. Das Ziel: Der Fan soll den Prominenten mit bestimmten Eigenschaften verbinden, die diesen für ihn einzigartig und attraktiv machen. Eine Marke ist das, was man nicht kopieren kann!

Dieses Image sorgt dafür, dass der Mensch klar erkannt und zugeordnet wird (Identifizierung), dass dieser sich von anderen abhebt (Differenzierung) und dessen Leistung als begehrenswerteste aller Alternativen empfunden wird (Profilierung). Der Mensch wird zum „Gesicht in der Menge", wie es der Marketingexperte Jochen Becker genannt hat.

Der Markenolymp für den Menschen wäre, wenn dieser stellvertretend für die gesamte Kategorie steht – wie das „Tempo" unter den Papiertaschentüchern: Bei bestimmten Merkmalen denkt man sofort an ihn und – umgekehrt – assoziiert man den Menschen sofort mit bestimmten Merkmalen: Hugh Grant führt die Kategorie der schüchternen Liebhaber an, Tom Cruise die der Sieger und Cary Grant ist der Gentleman.

Zu diesem Buch

Das vorliegende Buch will der Frage nachgehen, ob und welche Erkenntnisse der Markenführung Menschen nutzen können, um das einzigartige Vorstellungsbild ihrer Leistung in den Köpfen ihrer Zielgruppen aufzubauen und langfristig zu entwickeln. Die Antworten sollen zum Beispiel Unterhaltungskünstler, Sportler, Politiker, aber auch Stellensuchende nutzen können, denn auch sie sind aufgrund der zunehmend gesättigten Märkte immer stärker gezwungen, sich deutlich erkennbar von anderen Menschen zu unterscheiden, um sich auf diesen Märkten eine starke und dauerhafte Position zu verschaffen.

Als Einführung richtet sich das Buch an eine breite Leserschaft: Dazu gehören Studenten und Wissenschaftler an den Hochschulen, die sich mit Marketing, aber auch mit Personalführung beschäftigen. Zielgruppe sind aber auch Praktiker, die sich informieren möchten, wie sie sich und andere erfolgreicher vermarkten können. Wir Autoren wünschen uns, dass dieses Buch ein Anstoß für die weitergehende Beschäftigung mit diesem Thema ist.

Die Entstehungsgeschichte

Dieses Buch hat eine einmalige Entstehungsgeschichte: Die meisten Beiträge entstanden im Rahmen meiner Seminare und Vorlesungen zum Thema „Menschen als Marke" an der Universität der Künste Berlin, die seit 1998 stattfinden: Unter meiner Leitung haben sich ambitionierte (ehemalige) Studenten, Wissenschaftler und Praktiker mit Themen rund die Markenführung für Menschen beschäftigt. Gespräche mit dem Schauspieler Jürgen Vogel, der New Yorker Entertainerin Gayle Tufts und dem *SPIEGEL*-Autor Matthias Matussek in meinen Veranstaltungen haben den nötigen Praxisbezug hergestellt und sind direkt oder indirekt in dieses Buchprojekt eingeflossen.

Aufgrund des außerordentlich großen Interesses – viele Studenten konnten wegen Überfüllung des Hörsaals nur vom Flur aus der Veranstaltung folgen – entschlossen wir uns im Jahr 2000, ein Buch zum Thema zu schreiben. Von Anfang an war es erklärtes Ziel, dass sich jeder Autor ein Thema seiner

Wahl sucht und dieses selbstständig bearbeitet – auch wenn sich Autoren untereinander ausgetauscht haben. Die Verantwortung für den jeweiligen Beitrag liegt beim Autor beziehungsweise den Autoren. Die Beiträge sind daher sehr vielfältig.

Schnell sprach sich das Buchprojekt an der Universität herum und erreichte hierdurch Interessenten in der Schweiz und sogar in Australien. Über die gut besuchte Website meldeten weitere Autoren ihr Interesse an, sich mit einem Beitrag an diesem Buch zu beteiligen. Schließlich kam sogar Thomas Anders von Modern Talking hinzu: Er war als Gast zum Werbekongress 2002 an die Universität der Künste eingeladen, um über das Thema „Mensch als Marke“ zu sprechen. Er hielt einen viel beachteten Beitrag, den er hier noch einmal zur Verfügung stellt.

Das Ergebnis unseres Projekts liegt jetzt vor: Ein neuartiges Buch, dessen Beiträge zwar in Inhalt und Form sehr unterschiedlich sind; gemeinsam ist ihnen jedoch die Begeisterung für das Thema. Wir hoffen, dass sich der Leser davon anstecken lässt!

Überblick der Beiträge

Das Produkt zur Produktpersönlichkeit (Marke) zu entwickeln, ist eine Grundsatzentscheidung im Marketing. Wenn auch Menschen ihre Leistung als Produkt auf einem Markt anbieten und diese Leistung als Marke aufbauen wollen, sind Kenntnisse über Marketing und Markenführung erforderlich. Einige Grundlagen bieten Jens Augustowsky und Alexander Nold in ihrem Beitrag: Sie schildern, was Marketing ist und wie die Markenführung darin eingeordnet ist.

Marijana Kelava und Jil Scheschonka stellen die Konzepte der Markenführung im Einzelnen vor. Ihre Bewertung zeigt, dass Identitätskonzepte als zeitgemäß gelten können, die die starke Persönlichkeit der Marke ins Zentrum der Markenführung stellen.

Der Beitrag von Dieter Herbst geht auf das Ergebnis der systematischen und langfristigen Markenführung ein: das Image der Marke bzw. des Menschen beim Gegenüber.

Images lassen sich systematisch und gezielt auf Meinungsgegenstände übertragen. Demnach ist es möglich, das Vorstellungsbild von einem Menschen auf ein Produkt zu übertragen – und umgekehrt. Jens Hagendorf und Alexandra Prümke diskutieren, wie Prominente ihr Image auf ein Produkt übertragen und hierdurch wirtschaftlich nutzen können.

Das zeitgemäße Verständnis der Markenführung basiert auf der Annahme, dass Marken wie die Persönlichkeiten von Menschen sind und sich ähnlich wie diese entwickeln. Umgekehrt ist es möglich, Marken wie die Persönlichkeiten von Menschen zu begreifen und sie deren Gestalt annehmen zu lassen, wie im Fall von Meister Proper. Holger Hüttlin untersucht in seinem Beitrag, wie sich die Wirkung der Vermenschlichung von Marken erklären lässt und welche Bedingungen für die Umsetzung erfüllt sein müssen.

Essenziell für die Markenführung ist der Austausch zwischen der Marke und dem Leistungsempfänger. Monika Suckfüll stellt Erkenntnisse der Medienpsychologie über die Beziehung des Zuschauers zu Menschen dar, die in den Medien auftreten. Diese Beziehung kann so eng sein, dass die fiktiven Menschen zur Alltagswelt der Zuschauer zu gehören scheinen, wie zum Beispiel die Akteure der Fernsehserie *Gute Zeiten, schlechte Zeiten*.

Die traditionellen Konzepte der Markenführung berücksichtigen lediglich „markierte Fertigwaren". Jedoch ist die Markenführung in den vergangenen Jahren aufgrund veränderter Marktbedingungen auch für Dienstleistungen und Investitionsgüter immer wichtiger geworden. Für die Vermarktung der Leistung von Menschen hat das Dienstleistungskonzept herausragende Bedeutung, wie im Fall von Unternehmensberatern, Politikern und Unterhaltern. Jürgen-M. Edelmann ist in seinem Beitrag der Frage nachgegangen, welche Erkenntnisse das Dienstleistungsmarketing für den Menschen als Marke liefern kann.

Die Public Relations werden aufgrund der nachlassenden Wirkung der klassischen Werbung für Marken immer wichtiger. PR scheinen auch für das Thema „Mensch als Marke" besonders geeignet, denn sie haben sich zum Ziel gesetzt, Vertrauen und Akzeptanz aufzubauen. Stützt man sich auf die Bekundungen von PR-Vertretern, nutzen Menschen schon seit Jahrhunderten die Chancen der PR, wie zum Beispiel Aristoteles und Platon. Karl Nessmann zeigt auf, welche Erkenntnisse die Public Relations für „PR für Personen" liefern.

Die theoretischen Beiträge dieses Buches schließen zehn Thesen von Dieter Herbst ab. Der folgende Praxisteil untersucht zahlreiche Beispiele daraufhin, ob von Menschen als Marke gesprochen werden kann und ob diese systematisch und langfristig als Marken aufgebaut worden sind.

Jens Hagendorf und Alexandra Prümke sind in Experteninterviews der Frage nachgegangen, ob Prominente in der Praxis aktiv, systematisch und langfristig vermarktet werden, oder ob die Karriereentwicklung von Prominenten eher intuitiv erfolgt.

Schon historische Persönlichkeiten haben es aus heutiger Sicht verstanden, sich professionell zu vermarkten: Legt man die zeitgemäße Systematik des Markenmanagements an, zeigt sich, dass sowohl das strategische Vorgehen als auch die operativen Instrumente angemessen eingesetzt waren, um die Persönlichkeit bekannt zu machen und ein starkes, einzigartiges Vorstellungsbild zu erzeugen. Eine dieser Persönlichkeiten ist Johann Wolfgang von Goethe. Branko Woischwill stellt vor, wie Goethe vorgegangen ist, um sich systematisch zu „vermarkten".

Kaum ein Mensch gilt heutzutage derart als Marke wie Marlene Dietrich: Sie ist bekannt und hat auch nach ihrem Tod das starke und einzigartiges Image ihrer unverwechselbaren Persönlichkeit hinterlassen. Zunächst hat sie mit ihrer Leistung in *Der Blaue Engel* den deutschen Markt erobert und ist dann perfektes Produkt der amerikanischen Unterhaltungsindustrie geworden. Ist sie das tatsächlich „geworden"? Oder hat sie sich selbst dazu gemacht? Den Aufstieg der Dietrich zum Mythos und Paradebeispiel für den „Mensch als Marke" schildert Martin Friedemann.

Nach klassischem Verständnis muss die Marke Konstanz durch ein dauerhaftes Erscheinungsbild versprechen. Dieses Verständnis ist nicht mehr zeitgemäß: Die Produktpersönlichkeit kann gerade dadurch geprägt sein, dass sie diesen Eigenschaften nicht entspricht, wie im Fall der Swatch-Uhr und Büromöbeln von vitra. Auch im Showbusiness gibt es Künstler, die sich durch ihre Wandlungsfähigkeit auszeichnen: Ein Beispiel ist David Bowie. Beate Behrendt und Roxana Panetta untersuchen, ob David Bowie als Marke bezeichnet werden kann und welche charakteristischen Eigenschaften seine Persönlichkeit besitzt.

Neben der Grundsatzentscheidung, die Leistung auf dem Markt als Marke aufzubauen und damit auf die Präferenz des Kunden zu setzen, gibt es die Alternative, das Produkt über den geringen Preis zu verkaufen. Diese Grundsatzentscheidung ist auch auf Menschen und deren Leistung anwendbar. Susanne Wischnewski stellt diese Strategie vor und diskutiert sie am Beispiel von Hollywood-Stars aus der 2. Reihe.

Fußballer waren schon immer prominent und beliebt. Jedoch hat die Verehrung in den vergangenen Jahren drastisch zugenommen: Fußballer werden gefeiert wie Popstars. Spieler, wie Michael Ballack, sitzen bei Thomas Gottschalk neben Prominenten wie David Bowie und Cindy Crawford. Miriam Herzberg greift diese Entwicklung auf und stellt die Erkenntnisse und Perspektiven bei der Vermarktung von Fußballern vor.

Politiker müssen sich schon seit jeher auf dem Meinungsmarkt bei ihren (potenziellen) Wählern bekannt machen und ihr Image „pflegen“, um Vertrauen und Sympathie zu erzeugen. In jüngster Zeit hat das Internet als Kommunikationsinstrument für Politiker zentrale Bedeutung erlangt. Nicola Döring prüft, wie sich Politiker im Netz darstellen und wie diese Angebote aus Profisicht zu bewerten sind.

Boygroups erscheinen auf der Bildfläche, bringen Teenager zur Raserei, verdienen Millionen damit, und verschwinden wieder. Dabei scheinen sie auf den ersten Blick austauschbar zu sein: Alle sehen gut aus, können gut tanzen und singen. Können sie als Marken bezeichnet werden? Sabine Biniek und Markus Koch haben mit Experten gesprochen, wie diese das Phänomen Boygroups aus Sicht professioneller Vermarktung einschätzen.

Schauspieler sind Darsteller. Immer stellen Rollen auf der Leinwand dar. Manchmal stellen sie auch die Fiktion ihres eigenen Privatlebens dar – nachzulesen in den gestellten Homestorys der Boulevardpresse. Über Sein und Schein des Schauspielers haben wir mit Jürgen Vogel gesprochen. Ralph-Patrick Chukwuedo hat das Gespräch aufbereitet.

Sich verkleiden, in die Rolle des anderen Geschlechts schlüpfen, sich eine andere Identität geben und leben – diesen Wunsch vieler Menschen leben Drag Queens selbstbewusst aus. Thorsten Kadel zieht Erkenntnisse des GER-Markenführungssystems von Ermut H. Geldmacher heran und wendet diese auf Drag Queens an.

Moderne Technik macht möglich, was bis dato in Filmen wie *Frankensteins Braut* fasziniert, aber auch entsetzt hat: die Schaffung und Entwicklung einer Persönlichkeit durch eine andere. In Zeiten des Internet gibt es mittlerweile zahlreiche virtuelle Figuren, die menschenähnliche Beziehungen zum Nutzer schaffen sollen. Ihre Namen sind Lara Croft, Kyoko Date und E-Cyas. Catriona McLaughlin geht der Frage nach, welche Anforderungen diese Figuren an die Markenführung stellen.

Die neuen Medien ermöglichen es jedem Nutzer, sich eine gewünschte Persönlichkeit zu schaffen und diese auszuleben: Zum Beispiel kann der Teilnehmer von Online-Rollenspielen aus dem großen Angebot seine ersehnte Identität wählen und Retter oder Bösewicht sein, oder er schafft sich einfach komplett neu. Wird der Spieler hierdurch zur Marke? Franziska Linke bewertet virtuelle Rollenspiele anhand des Konzeptes der Identitätsorientierten Markenführung.

Die Schlussbemerkung soll als Anstoß verstanden werden, sich weiter mit dem Thema zu beschäftigen. Sie enthält Fragen, die sich für die weitergehende Vertiefung aufdrängen.

Danksagung

Ich bedanke mich bei Christian Hoffmann und Jens Grübner von BusinessVillage (www.businessvillage.de) für die professionelle Zusammenarbeit und dafür, dass sie als einziger Verlag an dieses Projekt geglaubt haben. Ich danke Holger Hüttlin für die Koordination der Beiträge und Susanne Wischnewski für ihr großes Engagement bei der Endfertigung des Buches. Andreas Böhling von der Agentur Pomikativ sei gedankt für sein Engagement, als das Projekt noch in den Kinderschuhen steckte. Mein ganz besonderer Dank gilt allen Beteiligten, dass sie die erforderliche Geduld aufgebracht haben, bis dieses Buch erscheinen konnte.

Geleitworte

Von Matthias Matussek und Prof. Ermut Geldmacher

Mick Jaggers Rasierwasser

Von Matthias Matussek

Es gibt eine hübsche Karikatur von Karl Marx, die in den Tagen nach dem Mauerfall aufgetaucht ist. Darin posiert der bärtige Kommunismus-Prophet, die Hände in die Hosentaschen stemmend, mit der lässigen Zeile: „Sorry Jungs, war nur so 'ne Idee von mir".

Das Poster ist witzig und es ist falsch. Denn es war ja die Praxis der Kommunismus-Baumeister und Blutsäufer, die da historisch widerlegt worden war – die Ideen des zotteligen Privatgelehrten aus Trier erweisen sich noch 150 Jahre später als erstaunlich hellsichtig. Zum Beispiel die kritische Erkenntnis, die mittlerweile zur Plattitüde geworden ist, dass nämlich der Kapitalismus auch die Beziehungen der Menschen untereinander verdinglicht, ja, dass Menschen den Charakter von Waren annehmen. Wer wollte dieser Diagnose widersprechen, besonders im Medienzeitalter, in dem Soap-Helden, TV-Moderatoren, Stars und Sternchen in erster Linie Waren im täglichen Blickverkehr sind, optische Konsumartikel.

Sie bemühen sich geradezu um Verpackungen, die jedes Geheimnis schon auf der Oberfläche lüften. Sie sind wiedererkennbar. Und sie haben, natürlich, ihren Preis. Sie streben geradezu danach, zur Marke zu werden. Sie vernichten Marx dadurch, dass sie seinen düstersten Prognosen zuprosten: Jaaa! Wir sind Ware! Wir sind glücklich damit! Wir haben es geschafft!

In einem STERN-Interview, das anlässlich ihres 30. Geburtstages geführt wurde, spricht Supermodel Claudia Schiffer souverän über den Triumph ihrer Verdinglichung:

> *„Ich habe die ganzen Jahre so hart an der Marke Claudia Schiffer gearbeitet, dass es jetzt eigentlich egal ist, wie alt ich bin."*

Bemerkenswert ist, dass das Model in diesem Interview nicht über eine ökonomische Geiselhaft jammert, sondern von ihren neu errungenen Freiheiten schwärmt. Sie fühlt sich nicht als Gefangene ihrer Marken-Werdung, ganz im Gegenteil: sie hat sie so weit getrieben, dass sie sich abgelöst zu haben scheint wie eine abgeschuppte Haut. Nun ist es die Marke selbst, die zur Arbeit geht und Geld verdient, während die reale Claudia Schiffer ... ja, was? Sich endlich mal einen Schokoladenpudding gönnen kann? Ist es das? Aber: Wer so hart daran gearbeitet hat, zum Abziehbild zu werden, kann der noch aus Fleisch und Blut sein?

Die schöne neue Welt der Markenmenschen und Menschenmarken wäre ohne uns Journalisten nicht denkbar. Wir basteln daran jeden Tag. Wir präparieren Menschen wie Kannibalen die Köpfe ihrer Feinde. Wir lassen sie zu Prominenten schrumpfen, wir stopfen sie aus mit unseren Superlativen, wir modellieren an ihnen und pinseln Farbe auf, bis sie grifffest sind, wiedererkennbar, markttauglich. Trophäen, Fetische.

Das tut beileibe nicht nur die Yellow Press.

„Zu den Eigenheiten des journalistischen Geschäfts", schrieb SPIEGEL-Reporter Jan Fleischhauer, „gehört die Suche nach dem Epitheton, also das Bemühen, der zu beschreibenden Person eine möglichst prägnante Bezeichnung voranzustellen. Die Gattin des Mietwagen-Königs (sic!) Sixt ist also nie nur Regine Sixt, sondern wahlweise ‚Society-Lady' Sixt oder ‚Millionärs-Gattin' Sixt."

Wenn schon Hinz und Kunz, bzw. Frau Hinz und Kunz in den Sog der Verkürzungen und Vergegenständlichungen gezogen werden, dann sind die Prominenten die versteinerten Endformen dieses Prozesses. Sie sind zu stummen Götzenbildern geworden.

Für den kritischen Reporter wirft das mehrere Probleme auf. Zum ersten ist sein Zugang zu den Stars limitiert. Je größer er ist, desto dicker auch die Wolkenringe aus Agenten, Medienberatern, Assistenten, Ja-Sagern, die ihn umlagern. Der Vorstoß ins Zentrum gelingt nur für kurze Zeit, unter den allerschärfsten Auflagen.

Zum zweiten ist jeder Star – siehe Claudia Schiffer – auch der Produzent seiner Masken, seiner Marke. Er ist ein Profi der Verstellung. Da jeder Reporter getrieben ist von der Neugier, das Authentische hinter der Inszenierung aufzuspüren, wird er oft frustriert – der Star ist so mit seinem Image verwachsen, dass er die Übergänge selber nicht mehr kennt.

Zum dritten aber ist der Reporter selber auch Konsument. Er ist bisweilen genauso beeindruckt von den Inszenierungen wie seine Leser. Kurz: auch er hat Idole. Ich kann mich noch gut erinnern, wie ich zum ersten mal Mick Jagger interviewte, den Helden meiner Jugendzeit. Ich war plötzlich wieder 14, hatte feuchte Hände und dachte während unseres Interviews nur: „Mein Gott, es ist wirklich Mick Jagger!"

Zum Glück hatte ich eine erfahrenere Kollegin dabei, die abgebrühter, gleichzeitig auch kannibalischer verfuhr. Sie klaute dem Star, der uns in seiner Suite im George V. in Paris empfing, das Rasierwasser. Sie nahm seinen Duft als Trophäe. Sie hat ihn später ihrem Freund geschenkt und womöglich haben die beiden Spaß damit gehabt, sich den erotischen Mehrwert eines Superstars zu halluzinieren.

Doch unsere Bewunderung für den Star gilt nicht nur seiner Leistung oder der Schönheit oder dem Talent. Es ist die schiere Bekanntheit an sich. Ruhm ist zur begehrenswertesten Währung geworden. Das Schöne daran: Sie ist bis zu einem gewissen Maße demokratisiert. Wir leben in Zeiten, in denen jeder in den Kosmos der öffentlichen Aufmerksamkeit katapultiert werden kann. Jeder kann, über Nacht, zum Star werden und zur Marke, wie es Zlatko aus dem RTL-Container bewiesen hat. Schiere Bekanntheit hat den Ruhm früherer Tage ersetzt, der Triumph der Verdinglichung kann von jedem gekostet werden. In seinem einsichtsvollem Buch *Ökonomie der Aufmerksamkeit* beschreibt der Wiener Philosoph Georg Franck, wie gesellschaftliche Zuwendung dem Geld den Rang abzulaufen beginnt – Prominente sind „Einkommensmillionäre an Aufmerksamkeit". Jeder strebt danach, einen Marktwert zu bekommen und den auf die Spitze zu treiben. Das Spiel um Ruhm und Anerkennung wird besonders in reichen Gesellschaften Bestandteil des Existenzkampfes: „Nicht der sorglose Genuss", so Franck, „sondern die Sorge, dass die andern einen auch ja wahrnehmen, wird zum tragenden Lebensgefühl und zur herrschenden Lebensangst in der Wohlstandsgesellschaft."

Ruhm, meinen wir alle, ist eine feine Sache. Schon deshalb, weil man im Restaurant den besten Tisch kriegt und alle einem so lange einhämmern, dass man liebenswert und interessant ist, bis man selber daran glaubt. Ja, das ist überhaupt das entscheidende, denn jeder von uns vermutet im tiefsten Innern seines Inneren, dass er eigentlich ziemlich uninteressant ist.

Womit er, im nüchternen biologischen Sinne, zunächst recht hätte. Unter einem entgötterten Himmel ist jeder von uns nur ein winziger Punkt im Milliardengewimmel, eine kurzlebige Zusammenballung von Materie und folgenlos verpuffend. Da ist es doch schön, wenn es zuvor wenigstens ein paar mal einen guten Platz im Restaurant gibt und Kellner, die dir das Gefühl geben, dass sie nur auf diesen Moment hingelebt haben, wo sie dir dein Wiener Schnitzel servieren dürfen.

Natürlich wäre es schön, für irgendetwas Seriöses berühmt zu sein, etwas, das die Menschheit weiterbringt, also Entdeckungen, Kunstwerke, Heldentaten. Es gibt keine euphorischeren, keine schöneren Schlussworte in einer Tragödie als die, die Kleist seinem Prinzen von Homburg in den Mund legte, ihm, der sein Leben der Staatsräson opfert und der kurz vor der Hinrichtung ausruft: „Nun, oh Unsterblichkeit, bist du ganz mein."

Aber da dieser Lebenseinsatz mühselig ist, tun es in unseren Zeiten auch die fünf Minuten, in denen man sich als Saalkandidat einer Spielshow mit grünem Glibberzeug begießen lässt. Es ist anzunehmen, dass besagter Kellner dem siegreichen Kandidaten der Samstagabend-Show sein Schnitzel mit der gleichen hingebungsvollen Wiedererkennungsfreude servieren wird, die er einem Nobelpreisträger schenken würde. Ach was, er würde sich noch die Speisekarte signieren lassen. Vom Saalkandidaten.

Das alles ist Spiel. Dennoch ist es bedenklich, wenn Popularität zum einzigen Kriterium gelungener Lebensgestaltung wird. Die Risiken für die Gemeinschaft liegen auf der Hand und sind eingehend analysiert: Wenn Politiker keine Entscheidung mehr treffen, ohne ihre Medienberater zu konsultieren, keine Gesetzesvorlage mehr auf den Weg bringen, ohne die Resultate von Umfragen einzuholen, ist Politik nicht mehr möglich.

Doch auch für jeden einzelnen von uns bedeutet die Fixierung auf öffentliche Anerkennung einen Verrat an der je eigenen Sendung. Wir bezahlen für unsere Verdinglichung einen hohen Preis: die Auslöschung des inneren Menschen. Unsere Sehnsucht nach Idolen und die eigene Sucht nach Ruhm – das ist im Grunde die gleiche Falle. Als Ausweg empfiehlt Georg Franck eine größere Selbst-Aufmerksamkeit, eine gesteigerte Wachheit für die Wunder des eigenen Lebens. Erst dann auch ist man frei, dem Mitmenschen jene Aufmerksamkeit zu widmen, die er verdient.

Das wäre Aufklärung am Ende dieses Jahrtausends.

Wahre Aufklärung heißt ja nicht, dass wir über Gott triumphieren. Nein, siegreich ist die Aufklärung erst dann, wenn wir es schaffen, ohne Götzen zu leben.

Faszination – Gemeinsamkeiten zwischen Marken und Menschen

VON PROF. ERMUT GELDMACHER

Das Begriff Marke beinhaltet semantisch das Wort ‚merken' – für sich etwas behaltbar zu machen – was auf irgendeine Weise etwas Besonderes oder Ungewöhnliches oder nützlich für Künftiges ist.

Ein Instrument des Behaltbarmachens ist der Name – oder der Begriff – oder die Bezeichnung – also etwas, was deutlich sagt: Diese/r oder dieses und niemand oder nichts anderes.

Ohne den Namen (Johann Sebastian ... jetzt denken Sie sofort an J. S. Bach ...) ist der Begriff der ungeheuren Schöpferkraft eines einzelnen Menschen gar nicht mitteilbar. Der Begriff „Barockmusik" hat sich zum Beispiel mit diesem Namen sehr innig verbunden. Er bezeichnet etwas, das die hohe Kunst einer vergangenen Zeit, die bis heute wirksam ist, beim Namen nennt ... und hier sind wir beim Thema.

Man muss die Dinge beim Namen nennen – die Dinge des Alltags: Die Zeitung, das Auto, die Bank, den Kaffee oder Tee, den Nachbarn. All das, was uns wirkend umgibt, hat einen Namen – wie wir selber auch.

Die wenigsten von uns haben nun einen Einfluss darauf gehabt, welchen Namen sie tragen. Vornamen, die man uns gab, verwandeln oder verändern wir selbst oft im Laufe der Jahre. Liebe Kinder haben viele Namen.

Nur schnell ein Gedanke hierzu: Wir oder unsere Umgebung suchen und finden im Laufe der Zeit eine Art „produktadäquate Bezeichnung", einen Kurzcode, um präzise sagen zu können, um wen es sich handelt: eine Markierung. So wird aus Elisabeth – Liz, im Rheinland aus Joseph – Jupp, na und so fort. Auch offensichtliche Merkmale werden zu Kurzcodes: Dickerchen, Blondy, Mausi usw.

Mit Nachnamen (Familiennamen) ist das problematischer – dafür sorgt die Umgebung: beware heritage! Erst in neuerer Zeit ist es für eine Frau möglich geworden, nicht zwangsläufig den Mannesnamen zu übernehmen, ja, der Mann kann sich zum Familiennamen seiner Frau bekennen und fortan nicht mehr Heiner Meier, sondern Heiner Müller heißen.

Wir werden als weibliches oder männliches Menschlein schlicht und einfach in unseren Markenstatus als Person hineingeboren.

Wichtig ist, dass, wenn wir in das öffentliche Leben eintreten, zum Beispiel die Schule, für unser Leben, unabänderlich prägende Zeichen gesetzt werden, die uns von anderen unterscheidbar machen – und phänotypisch nachvollziehbar für andere im schnellen Erkennen der Unterschiede oder gar des Besonderen: „Müller! ... Was ist mit den Hausaufgaben?" Es kann sein, dass dann drei Leute aufstehen und diese hochnotpeinliche Frage stotternd beantworten. Aber wenn der Nachname ergänzt wird um den Vornamen Heiner, dann ist man plötzlich der Einzige, der gemeint ist.

Namen sind Verkehrszeichen im Alltag. Das gilt auch für die Namen, die im wirtschaftlichen Bereich wirksam sind: die Marken. Wir verbinden mit Marken spontan Assoziationen, die wir mit anderen teilen: Bei SHELL würde wohl kaum jemand auf den Gedanken kommen, dass es sich um ein Muschelgericht handelt – obwohl das Markenzeichen in Ausdeutung des englischen Markenwortes auch eine Muschel ist. Bei NESTLÉ würde vermutlich niemand unterstellen, dass es sich hierbei um eine romantische Hotelkette handelt.

Wir sortieren unsern Alltag mit Namen, mit Begriffen, mit Marken. Worum geht es, wenn ein Name genannt wird? Um Signifikanz, das heißt um eine für alle, die diesen Namen kennen, mögliche Ausdeutung inhaltlicher, körperlicher, geistiger Art. Es geschieht eine Zuordnung zu den Systemen, die wir in uns tragen und die das Ja und Nein, das Wichtig und Nebensächlich, das Jetzt sofort oder Lieber später steuert. Nach dem kommunikativen Prinzip vollzieht sich so eine Reflexion auf eine Information.

Es gibt viele Leute, die einfach auf bestimmte Namen nicht reagieren. Das liegt nicht daran, dass sie unwillig sind. Es könnte ja sein, dass sie einen bestimmten Namen schlicht nicht kennen. Namen, die wir nicht kennen, sagen uns nichts. Genauso geht es mit Marken.

Marken brauchen Publicity, damit sie wahrgenommen werden – wie ein Künstler, ein Politiker, ein Sportchampion. Doch Vorsicht!: Marken sind keine Namensträger, die aus sich heraus – aus persönlicher Initiative – für sich handeln können. Die heute großen Marken sind oft Waisenkinder, um die sich zumeist Fremde kümmern. Aber welch eine Chance für kaufmännische und gestalterische Talente – Persönlichkeiten! – einer guten Marke neues Leben einzuhauchen. Bei der Marke wie beim Menschen geht es um den guten Namen. Die Marke ist eine öffentliche Persönlichkeit.

Welche Chance liegt nun darin, einen guten Namen zu haben – oder doch daran teilzuhaben?

Bei Persönlichkeiten des öffentlichen Lebens – wie man das so nennt – ist die Ganzheit „Guter Name" gewiss sehr wichtig. Wir erleben es jeden Tag neu, welche Auswirkungen es haben kann, einen guten Namen nicht zu pflegen.

Nach der kommunikativen Erkenntnis: good news travels slow – bad news travels fast – kommen gute Namen zumeist erst dann ins Gerede, wenn am Guten Zweifel geweckt werden. Bei der Marke ist das, weil sie eine Persönlichkeit öffentlichen Interesses ist, selten der Fall.

Aber, wenn eine gezielte Absicht dahinter steht, von wem auch immer, kann das böse Folgen haben. Ein Gerücht genügt, um Unsicherheit zu säen – und anders als die Persönlichkeit – sei es Politiker, Künstler oder Mr. Sonstwer – kann sich die Marke selbst nicht wehren. Sie ist auf ihre „Pfleger" angewiesen. Man tut also gut daran, die Marke zu pflegen, denn der gute Name ist ein kommunikativer Code.

Eines der großen Geheimnisse der Markenpflege (zu der selbstverständlich auch die Werbung gehört) ist der Umgang mit diesem Code. Hier sagt ein Wort mehr als tausend Bilder – Bilder, die im Kopf entstehen und uns schnell und umfassend über Etwas orientieren. (Denken Sie bitte spontan an einen Markenartikel Ihres alltäglichen Gebrauchs ... Kosmetik, Genussmittel, Fahrzeug ... o. k.?).

Die Kunst der Fuge eines klugen Markenpflegers (... verzeihen Sie bitte dieses gemeine Wort, das hier für Macher, Kreative, Künstler, Visualisten, Konzeptioner etc. steht ...) – die Kunst der Fuge also – besteht nun darin, immer neue Erlebnisse mit der Marke zu schaffen, sei es als Anzeige, TV- oder Radiospot, Plakat, Salespromotion ... oder ganz einfach nur in der Gestalt der Marke: zum Beispiel der Angebots-Faszination einer Packung.

Es empfiehlt sich auch in diesem Zusammenhang, sich einmal einfühlsam aber kritisch mit dem gewordenen Markencharakter zu befassen. Marken spielen – wie Menschen – eine Rolle auf der Bühne des Lebens und werden mit der Zeit so festgelegt, wie der TV-Star Horst Tappert auf den Oberkommissar Derrick. Die bewundernswerte Kunst der langen Serie – in allen Sprachen dieser Welt – ist ein gutes Vorbild für jene, denen das Wohl und Wehe einer Marke anvertraut ist.

Man muss wissen, was man einer Marke zumuten kann, bevor man das große Geld einsetzt, um sich Marktgeltung zu verschaffen – oder verlorene Positionen zurück zu erobern. Eine Marke muss die kommunikativ behaupteten Ansprüche erfüllen können. Um es am Beispiel zu erläutern: Wer mal Rambo gespielt hat, eignet sich wenig zum zarten Liebhaber ... Wer einmal eine intrigante Frau dargestellt hat, ist als liebes Hausmütterchen wohl ziemlich unglaubwürdig.

Eine Marke hat – mehr oder weniger – eine Lebens-Einbahnstraße vor sich. Das heißt, sie spielt eine Rolle, die festgelegt ist – vom ersten Tage an – durch einen genetischen Markencode. Diesen genetischen Markencode gilt es zu beachten, wenn eine Marke Familie bekommt – also im Fall einer Diversifikation oder line extension. Eines der markantesten Beispiele der letzten Jahre hierfür ist Nivea: Nivea war generationenlang für die meisten Verbraucher: die blaue Dose mit dem weißen Schriftzug – und innen drin eine ordentliche Hautcreme – für alles – die keine Probleme machte. Gut für Po und peaux ...

Nivea hat sich irgendwann angeschickt, diesen Leitnamen zu nutzen, um auch andere Produkte unter dem gleichen guten Namen anzubieten. Das ist gelungen! Es gibt eine speziell feminine Hautpflegeserie, es gibt eine Herrenserie, Haarpflege von Nivea ... Es gibt Produkte, die man mit der Assoziation Nivea Creme gar nicht mehr verbinden kann ... oder doch? Ja, weil das Erlebnis der Qualität zu einem Vertrautsein geführt hat, zu dem guten Namen, auf den man sich verlassen kann. „Einfach gut " – das ist die wohl höchste Auszeichnung für eine Marke.

Marken und Menschen haben in der Familienbildung viele Ähnlichkeiten, wobei Menschen ihren Weg machen können, Marken allerdings ihren Weg gemacht bekommen. Die Markenmacher müssen, wenn sie erfolgreich arbeiten wollen, tatsächlich ein familiäres – vertrautes Verhältnis zur Marke haben oder entwickeln – wie zu einem Kind, wie zu einem nahen Verwandten, für den man sorgen muss. Ich scheue mich nicht, aus meiner Erfahrung mit Markenschicksalen zu sagen: Marken sind nichts für kaltschnäuzige Manager. Marken brauchen Menschen mit Herz und Verstand. Das Wohl und Wehe von Marken ist von dem Können und der Zuneigung ihrer Zeit-Eltern abhängig – so überdauern sie Generationen. Wenn man sich diese Sicht auf Marken zu eigen macht, hat man einen Vorteil: Man kann recht gut und auch schnell beurteilen, ob eine Marke ihrer Rolle im Markt gerecht wird. Man kann Entscheidungen treffen.

Es mag nun Leute geben, die ganz nüchtern meinen: brands are business – und was soll nun dieser ganze emotionale Aufwand und dazu noch die fragwürdige Analogie zwischen Mensch und Marke? ... Was hat das mit der Marktgeltung, dem Positioning, letzten Endes mit dem (Value for money!) Goodwill zu tun? Diese berechtigte Frage beantwortet sich durch kritisches Nachdenken von selbst: Why do people buy? – Because they like it! Emotio steuert die Ratio ... und Ratio rechtfertigt die Emotio.

Mit dieser Erkenntnis beginnt das ABC der wirtschaftswirksamen Psychodynamik und die realistische Beurteilung psychodynamischer Kräfte – wie zum Beispiel der Faszination einer Marke, gibt Nachdenklichen und Entschlossenen: a chance to decide – a chance to profit.

Das GER (Greater Efficiency Rules) Markenführungssystem (*Markenartikel, Nov. 1983, Nr.11. S. 538*) , das aus dieser Sicht heraus für die Praxis entwickelt und an der Universität der Künste, Berlin, gelehrt wurde, bietet hier eine Fülle von Denkansätzen. Das GER System fordert, unter Berufung auf das kommunikative Prinzip, den Konsumentenstandpunkt einzunehmen. Es ermöglicht sodann – durch eine logisch aufgebaute Suchfeldanalyse, Erkenntnisse für den praktischen Fall (Anamnese und Diagnose des Patienten Marke ...) abzuleiten.

Hier geht es nicht um rezeptartige Formeln, sondern um die Anregung eigenen Denkens, das Geisteswerkzeug, sich in jeder durch den Markenalltag gegebenen Situation zurechtfinden zu können. Strategie und Taktik sind dann schnell gefunden.

Zugegeben – manches hier Gesagte wird Manchem gar unwissenschaftlich anmuten – aber da möchte ich mich auf mein akademisches Credo berufen: Wissenschaft ist das, was Wissen schafft. Die Praxis, also das tägliche Leben, das tägliche Tun, das Wollen, das Wünschen, ist durch nichts zu ersetzen – auch nicht durch noch so kluge Theorie. Man muss Marken erleben und so behandeln, wie man Menschen behandelt.

Hier – zum Schluss – noch ein Tipp, der keineswegs einen Anspruch auf wissenschaftlich fundierte Methodik stellt – aber sich als recht nützlich zur Standpunktfindung erwiesen hat: Das Brand Personalising System (BPS).

Welche personality hat eine Marke? Die Fragen können lauten:

- Wer ist XX – eine Frau oder ein Mann?
- Wie alt ist XX?
- Hat XX eine Familie ... (wie heißen die Kinder ...)?
- Wo lebt XX – in der City, im Vorort, auf dem Land etc.?

- Wie wohnt XX – eigenes Haus, Mietwohnung, bei Freunden ...?
- Welchen Beruf hat XX – Handwerker, Modistin, Sekretärin, selbstständig etc.?
- Das durchschnittlich verfügbare Einkommen pro Monat?
- Besitzt XX ein Fahrzeug – welche Marke – wie lange schon?
- Welche Tageszeitung liest XX?
- Welche Fernsehprogramme bevorzugt XX – Nachrichten, Sport, Krimis etc.?
- Welche Sender bevorzugt XX?
- Hat XX bei irgendwem Schulden (Bank – Freunden – Eltern) etc.?
- Wohin geht XX, wenn Ferienzeit ist?
- Welche Partei würde XX bei der nächsten Wahl wählen usw. usw.?

Ein solcher Fragenkatalog reflektiert in den Antworten – und man sollte sicher mehr als 20 Personen befragen – zweierlei:

1. eine „persönliche Befindlichkeit" zum Thema Marke,
2. eine differenzierte und – durch Quervergleich der Antworten – qualifizierte Abspiegelung der faszinativen Markenelemente.

Brand personalizing ist nichts mehr – aber auch nichts weniger, als die Abspiegelung von Verhaltensformen und Denkweisen, die es möglich machen, neutral zu urteilen und sich auf die Häufung ähnlicher oder gleichlautender Meinungen zu beziehen, also eine wirkende Faszination der Marke.

Man sollte bei der Anwendung einer solchen Methode auch die Freude am Spiel mitwirken lassen, mit der zum Beispiel bei seminaristischen Übungen viel ernsthaft Brauchbares an nachvollziehbarer Kreativität zu Tage trat. „Kann man eine Marke provozieren, kann man eine Marke mit einem guten Witz zum Lachen bringen – oder mag sie keine dummen Witze. Kann man die Marke loben, ohne dass sie ihre Glaubhaftigkeit verliert, na usw."

Die Nähe zum selbstständigen Denken ist hier gefordert, das Erfahren eigener Kräfte, die Nutzung von Erfahrungen anderer zur Gestaltung ganzheitlichen Handelns in der Realität. Man sollte einmal die Probe aufs Exempel machen und an die Stelle von XX eine Marke setzen, die schlicht und einfach zum eigenen Leben gehört.

Ich wünsche allen, die den Gedanken um das Thema MARKEN und MENSCHEN bis hierhin gefolgt sind – viel Vergnügen!

Einführung in Marketing und Markenführung

Von Jens Augustowsky und Alexander Nold

1. Einleitung

Professionelles Marketing ist in den vergangenen Jahren immer wichtiger geworden: Gründe hierfür sind unter anderem das wachsende kritische Konsumbewusstsein der Konsumenten und zunehmend austauschbare Produkte (siehe ausführlicher Kapitel 4). Durch den hieraus entstehenden Profilierungsdruck müssen Unternehmen ihre Produkte und Dienstleistungen auf immer anspruchsvollere Weise für ihre (potenziellen) Käufergruppen interessant und attraktiv machen. Produkte und Dienstleistungen lassen sich kaum noch über den reinen Grundnutzen verkaufen.

Marketing hat die Aufgabe, unter Einsatz aller verfügbaren Instrumente, Strömungen des Marktes zu erkennen, aufzugreifen und auf Angebote zu übertragen. Die Möglichkeiten der Konsumenten, sich über Produkt- und Dienstleistungsangebote zu informieren, werden immer größer, aber auch komplexer und undurchsichtiger. Die Konsumenten sind einer Informationsflut ausgesetzt, die das Marketingmanagement herausfordert, sich auf die gestiegenen Anforderungen einzustellen.

Entwicklung

Heute ist Marketing ein marktorientiertes Führungskonzept, das in das gesamte Unternehmen integriert sein sollte. Die erste managementbezogene Sicht des Marketings entwickelte McCarthy in den sechziger Jahren (McCarthy 1967): Mit der Entwicklung der vier P`s (Price, Product, Place, Promotion) war das „moderne Marketing“ geboren. Der bis dahin nur auf das Verkaufen ausgerichtete Ansatz wurde durch eine marktgerichtete Denkweise abgelöst.

Der amerikanische Marketingexperte Phillip Kotler hat das „moderne Marketing“ weiterentwickelt und die Bedürfnisse und Wünsche der Verbraucher in den Fokus der unternehmerischen Aktivitäten gestellt. Der Prozesscharakter dieses Konzepts wird auf zwei Ebenen sichtbar: Aus unternehmensinterner Sicht bedeutet Marketing die Planung, Koordination und Kontrolle aller Unternehmensaktivitäten. Aus externer Sicht werden Unternehmensziele unter Berücksichtigung der Wünsche und Bedürfnisse der Verbraucher verwirklicht.

Marketing ist heute universell und in verschiedenen Disziplinen einsetzbar: Es wird für Unternehmen, aber auch Universitäten und Schulen, Museen und Kirchen, Fußballklubs, Parteien und viele andere Organisationen betrieben, um deren Ziele zu erreichen.

Die Betrachtung von Menschen als Marke unter der Berücksichtigung marketingrelevanter Aspekte ist noch eine sehr junge Disziplin innerhalb des Marketings. Vor diesem Hintergrund wollen wir in diesem Beitrag einen kurzen Einblick in die Grundlagen des Marketings geben und zeigen welche Bedeutung der Marke innerhalb des Marketings zugeschrieben wird.

2. Einführung in das Marketing

Viele Menschen verstehen unter Marketing nur das Verkaufen von Konsumgütern und Dienstleistungen. Verkauf ist jedoch letztlich nur das Ergebnis des Marketings. Bevor es zum Verkauf kommt, laufen viele Prozesse ab, die darauf gerichtet sind, Bedürfnisse der Menschen zu erkennen und diese mit speziell zugeschnittenen Produkten zu befriedigen. Kotler/Bliemel definieren den Begriff Marketing folgendermaßen:

> *„Marketing ist ein Prozess im Wirtschafts- und Sozialgefüge, durch den Einzelpersonen und Gruppen ihre Bedürfnisse und Wünsche befriedigen, indem sie Produkte und andere Dinge von Wert erzeugen, anbieten und miteinander austauschen." (Kotler/Bliemel, 1999, S. 8).*

2.1 Grundkonzept

Diese Betrachtungsweise baut auf folgendem Grundkonzept auf:

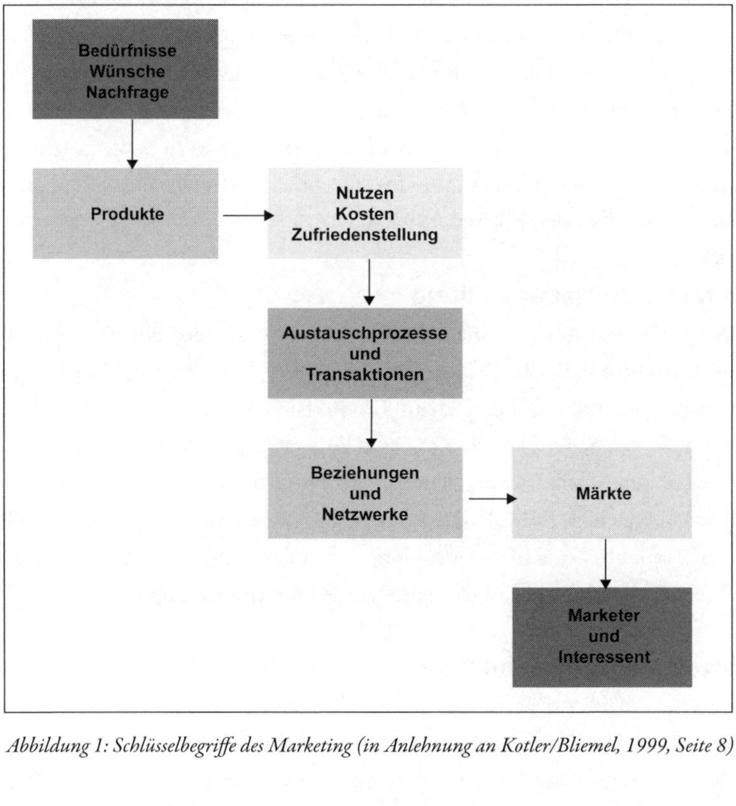

Abbildung 1: Schlüsselbegriffe des Marketing (in Anlehnung an Kotler/Bliemel, 1999, Seite 8)

In Anlehnung an Kotler/Bliemel werden wir im Folgenden die Schlüsselbegriffe des Marketings vorstellen:

Bedürfnisse, Wünsche, Nachfrage

Bedürfnisse (Motive) sind in der menschlichen Natur verankert, wie zum Beispiel Nahrung und Sicherheit. Der Mensch strebt nach Befriedigung seiner Bedürfnisse und konkretisiert diese in seinen Wünschen, zum Beispiel nach einem bestimmten Produkt: Ein Mensch hat Hunger (Bedürfnis) – er braucht Nahrung (Wunsch) – er wünscht sich ein Eisbein (Produkt). Im Gegensatz zu wenigen Bedürfnissen hat der Mensch viele Wünsche. Die Art und die Intensität der Wünsche werden von seinem sozialen und gesellschaftlichen Umfeld geprägt. Aus Wünschen entsteht Nachfrage, wenn hinter diesen Wünschen eine gewisse Kaufkraft steht. Aus diesem Grund ist es im Marketing besonders wichtig, nicht nur Bedürfnisse und Wünsche der Menschen zu erforschen, sondern auch zu erkennen, von welchem Bedarf und welcher Kaufkraft ein bestimmter Markt gestützt ist, bevor ein Produkt entwickelt wird.

Produkte

Um Bedürfnisse und Wünsche zu befriedigen, erwerben Menschen bestimmte Produkte. Für Kotler/Bliemel ist ein Produkt alles, was einer Person angeboten werden kann, um ein Bedürfnis oder einen Wunsch zu befriedigen (Kotler/Bliemel, 1999, S. 9). Unter einem Produkt ist aber nicht nur ein physisches Gut, wie zum Beispiel eine CD zu verstehen: Auch Dienstleistungen jeglicher Art sind als Produkt zu begreifen. (*Siehe hierzu den Beitrag Dienstleistungsmarketing – Konzept für den Menschen als Marke?*). Geht jemand in eine Diskothek, dann zahlt er am Einlass für eine Dienstleistung: Er kauft das Produkt „Party" und befriedigt damit seine Wünsche nach Tanzen und Sozialkontakten. Das Produkt dient letztlich nur dazu, einen Dienst zu leisten. Ein Messer wird nicht nur gekauft, um es zu besitzen, sondern es soll auch schneiden. Demnach sind physische Güter für uns im Wesentlichen das Mittel zur Erlangung der damit zu erbringenden Dienstleistung (Kotler/Bliemel, 1999, S. 10).

Nutzen, Kosten und Zufriedenstellung

In der Regel können Verbraucher aus einem Produktangebot wählen. Für welches Produkt sie sich letztlich entscheiden (*siehe hierzu den Beitrag Wenn Persönlichkeiten wirken: Das Image*), liegt an den funktionalen Produkteigenschaften, aber auch am Produkt-Image. Beispiel: Um Musik abzuspielen, ist es möglich, beim Kauf zwischen CDs und Kassetten zu wählen. Beide Tonträger haben einen klaren Produktnutzen: Sie können Musik wiedergeben. Allerdings sind mit der Anschaffung unterschiedliche Kosten verbunden. Mit welchem Produkt der Verbraucher seinen Wunsch zufrieden stellt, hängt vom Kosten-Nutzen-Verhältnis ab. Zur Zufriedenstellung kommt es, wenn der Nutzen für den Verbraucher höher ist als der Preis, und er sich entschließt, eines der Produkte zu kaufen.

Austauschprozesse und Transaktionen

Beim Austauschprozess erhält eine Partei das gewünschte Produkt und bietet der anderen Partei eine Gegenleistung an. Als Gegenleistung kommen neben Geld und Dienstleistungen auch Produkte in Frage. Sind sich beide Parteien über die Austauschbedingungen einig, kommt es zur Transaktion, dem eigentlichen Austauschakt.

Marketing hat die Aufgabe, auf den Austauschprozess einzuwirken

Es will dem Verbraucher eine bestimmte Reaktion entlocken. Zum Beispiel möchte ein Händler den Kunden zum Kauf motivieren; ein Sportverein möchte, dass mehr Nachwuchs in die Organisation eintritt. Im Wesentlichen geht es also darum, eine Zielgruppe hinsichtlich eines bestimmten Objekts zu einer gewünschten Reaktion zu bewegen (Kotler/Bliemel, 1999, S. 12).

Beziehungen und Netzwerke

Bisher haben wir uns mit Transaktionsmarketing beschäftigt, das sich auf den Austausch von Waren und Geld beschränkt. Ergänzend beschäftigt sich das Beziehungsmarketing mit den Beziehungen der am Austausch beteiligten Partner. Hierbei geht es um den Aufbau von beiderseitig vorteilhaften, vertrauensvollen und langfristigen Beziehungen, zum Beispiel zu Händlern, Zulieferern, Absatzmittlern und nicht zuletzt zum Kunden.

Der Aufbau eines Marketingnetzwerkes dient zur Vereinfachung wiederkehrender Abläufe sowie zur Senkung von Transaktionskosten und des Zeitaufwandes. Ein klassisches Beispiel für Beziehungsmarketing stellt die Kundenbindung mittels Callcenter dar: Kunden erhalten die Möglichkeit, sich telefonisch über Produkte und Dienstleistungen zu informieren, sich bei Problemen beraten zu lassen oder etwas über das Unternehmen zu erfahren. Durch dieses Angebot wird eine soziale Bindung zwischen Kunde und Unternehmen hergestellt. Wenn das Netzwerk alle Bezugspartner aktiv einbezieht, wird es durch die Summe der Leistungen aller Beteiligten stark und erfolgreich.

Märkte

Der Begriff Markt stand ursprünglich für den Ort, an dem Käufer und Verkäufer zusammenkamen, um ihre Güter zu tauschen. Ein Markt besteht aus allen potenziellen Kunden mit einem bestimmten Bedürfnis oder Wunsch, die willens und fähig ist, durch einen Austauschprozess das Bedürfnis oder den Wunsch zu befriedigen (Kotler/Bliemel, 1999, S. 14). Die Größe des Marktes hängt von der Zahl der Personen ab, die über entsprechende austauschbare Ressourcen verfügen. Dem Markt gegenüber steht die Gesamtheit aller Verkäufer, die als Industrie, Branche oder Wirtschaftszweig bezeichnet wird. Beide Teile, Markt und Industrie, sind durch vier Kanäle miteinander verbunden. Abbildung 2 stellt das einfache Marketingsystem dar:

Abbildung 2: Einfaches Marketingsystem (Quelle: Kotler/Bliemel, 1999, Seite 15)

Die Verkäufer bringen Güter und Kommunikation an den Markt und erhalten dafür Geld und Informationen. Die innere Schleife des Systems stellt den Austausch von Geld gegen Güter dar, während die äußere den Informationsaustausch zeigt.

Märkte werden nach verschiedenen Kundengruppen unterteilt und benannt: Zum Beispiel gibt es den Produktmarkt (Automarkt etc.) und den demografischen Markt (Jugendmarkt etc.). Die einzelne Märkte sind in der Regel nicht homogen, sondern in Teilmärkte segmentiert: Jeder Markt unterteilt sich in potenzielle Käufer, die sich durch verschiedenste Faktoren voneinander unterscheiden und daher entsprechend angesprochen und bedient werden müssen.

Marketer und Interessent

Um das Grundkonzept mit seinen Schlüsselbegriffen abzuschließen, wollen wir festlegen, wen wir als Marketer und als Interessent/Käufer bezeichnen:

- Als ***Marketer*** lässt sich bezeichnen, wer aktiv nach Interessenten/Käufern sucht, mit denen er etwas von Wert austauschen kann.
- Wer vom Marketer als jemand identifiziert wird, der möglicherweise zu einem Austausch in der Lage ist, wird als ***Interessent/Käufer*** bezeichnet.

Der Marketer ist darauf bedacht, die Reaktion des Anderen herbeizuführen. Aber nicht nur der Marketer kann Marketing betreiben, sondern auch der Interessent/Käufer selbst: Sucht jemand eine Mietwohnung, ist er als potenzieller Mieter darauf bedacht, sich dem Vermieter gegenüber gut darzustellen, um aus der Schar der Mitbewerber positiv heraustreten zu können. Beim Marketer hat man in der Regel jedoch ein Unternehmen vor Augen, das auf einen bestimmten Markt von Verbrauchern einwirken will.

2.2 Marketing-Instrumente

Damit der Marketer seine Ziele erreichen kann, steht ihm viele Marketing-Instrumente zur Verfügung. Diese lassen sich in vier Kategorien einordnen: Produktpolitik, Preispolitik, Distributionspolitik und Kommunikationspolitik. Man kann den Marketingmix als die Gesamtheit aller Marketing-Maßnahmen sehen, die im Zusammenspiel die Märkte in Bewegung bringen.

In Anlehnung an Nieschlag/Dichtl/Hörschgen (1997) werden im Folgenden die vier Kategorien des Marketingmix erläutert:

- Die ***Produktpolitik*** umfasst die eigentliche Produktqualität, also die Festlegung bzw. Variation der Produkteigenschaften, die Gestaltung des Produktäußeren sowie die Markierung (Name, Logo, Farbe, usw.).
- Die ***Preispolitik*** umschließt die Festsetzung des Preises und spätere Änderungen von Preisen. Ebenfalls eingeschlossen sind Möglichkeiten der Rabatt- und Nachlassgewährung und Sonderkonditionen für spezielle Kunden. Auch Finanzierungskonditionen werden in Betracht gezogen. Der Preis sollte dem vom Käufer empfundenen Nutzwert des Angebots angemessen sein (Kotler/Bliemel, 1999, S. 141).

- Die ***Distributionspolitik*** beinhaltet die Wahl der Absatzwege, um das Produkt für den Kunden verfügbar und leicht zugänglich zu machen. Eine weitere Aufgabe innerhalb der Distributionspolitik ist die Warenlogistik, also die Entscheidungen über Transport, Lagerung und Standorte usw.
- Die ***Kommunikationspolitik*** stützt sich im Wesentlichen auf die Instrumente Werbung, Verkaufsförderung, Public Relations und Sponsoring. Hierbei geht es dem Unternehmen darum, die Vorzüge seiner Produkte zu vermitteln, die potenziellen Abnehmer zu informieren und zu aktivieren, um sie zu einem bestimmten Verhalten zu motivieren, zum Beispiel zum Kauf.

Bei Einsatz und Gewichtung der Marketing-Instrumente muss darauf geachtet werden, dass diese optimal kombiniert werden und sich dadurch in ihrer Wirkung möglichst stark ergänzen. Wenn beispielsweise mittels Kommunikation versprochen wird, dass das angepriesene Produkt überall erhältlich ist, aber dies aufgrund von Fehlern in der Distribution nicht zutrifft, kann sich dies nachhaltig negativ auf Produktabsatz und Unternehmensimage auswirken. Ziel des Marketingmix ist es also, den Einsatz der Instrumente so zu verknüpfen, dass alle marktgerichteten Aktivitäten die dauerhafte Befriedigung der Käuferbedürfnisse und die Sicherung der langfristigen Unternehmensziele verfolgen (Meffert, 1998, S. 882).

3. Markenführung im Marketing

Starke Marken zahlen sich aus. Dies haben die meisten Unternehmen erkannt und versuchen, ihre Marken zu pflegen und sie als wertvollen Vermögensgegenstand zu behandeln. Die Rolle der Marke rückt immer stärker in den Vordergrund. Schon Kinder und Jugendliche drücken ihre Persönlichkeit durch den Kauf bestimmter Markenprodukte aus und zeigen so die Zugehörigkeit zu einer Gruppe. Die Marke ist Erkennungscode, der Gemeinsamkeiten offenkundig macht und bestimmte Lebensgefühle ausdrückt.

Immer mehr Unternehmen nutzen die Anziehungskraft der Marke: Um Tag für Tag Millionen von Fernsehzuschauern an sich zu binden, werden TV-Sender zu Marken aufgebaut; Fußballklubs, Universitäten oder Urlaubsorte ermöglichen Orientierung durch die Marke, um ihre Leistung aus dem Dschungel des Angebots herauszuheben. Sogar Menschen können als Marke betrachtet werden. Inwieweit dies möglich ist, werden die folgenden Beiträge in diesem Buch zeigen.

Die Marke ist zentrales Thema im Marketing – die Marketingkommunikation der Zukunft wird Markenkommunikation sein. Dem Markenaufbau und der Markenführung wird daher eine bedeutende Rolle im Marketing beigemessen. Im Folgenden möchten wir daher in die Markenwelt einführen und zeigen, welche Bedeutung die Marke und die Markenführung im Marketing haben.

3.1 Markenbegriff

Früher wurden Produkte markiert, um mit dem Zeichen deutlich zu machen, wer Hersteller des Produkts ist. Die für den Markenartikel wesensnotwendige Markierung tritt bereits in sumerischen Bildschrifttafeln, bei minoischen Siegeln sowie auf ägyptischen, griechischen und römischen Tonkrügen (sogenannten Amphoren) auf. Die Markierung sollte die Echtheit und Qualität des Produktes kenntlich machen.

Mit Beginn der Industriellen Revolution vollzog sich ein entscheidender Einschnitt: Die Lebens- und Arbeitsbedingungen großer Bevölkerungsschichten änderten sich. Hersteller, Konsumenten und Handel sahen sich neuen Bedingungen gegenübergestellt: Die Hersteller verloren ihren Einfluss an den Handel und versuchten, den Kontakt zu den Endabnehmern neu zu knüpfen. So waren es die Industriekonzerne und Hersteller, die die ersten Marken entwickelten, um den Händlern die Kontrolle über die Produktverkäufe zu entziehen. Dies war der Anfang des Markenartikels (vgl. Dichtl, 1992, S. 2).

Im Folgenden werden wir einige Markendefinitionen anführen, um zu zeigen, wie vielschichtig der Markenbegriff aufgefasst werden kann:

Mellerowicz definiert den Markenartikel als „für den privaten Verbrauch geschaffene Fertigware, die in einem größeren Absatzraum unter einem besonderen, die Herkunft kennzeichnenden Merkmal – der Marke – in einheitlicher Aufmachung, gleicher Menge sowie gleich bleibender oder verbesserter Güte erhältlich ist." (Mellerowicz, 1963, S. 39).

Nieschlag/Dichtl/Hörschgen definieren: „Wo ein Produkt herkommt, was es auszeichnet, wie es dessen Hersteller eingeordnet sehen möchte etc., all dies wird einem Kaufwilligen weder allein über die Werbung vermittelt, noch bleibt dies der Erfahrung überlassen, die dieser später mit dem erworbenen Gut macht. Es gibt eine Reihe von Möglichkeiten, ein solches aus der Anonymität herauszuheben, auf Merkmale hinzuweisen und bestimmte Qualitätsassoziationen zu wecken. Keineswegs die einzige, aber die bedeutendste stellt dabei die Markierung dar." (Nieschlag/Dichtl/Hörschgen, 1997, S. 241).

Der ***Gesetzgeber*** spricht erst seit dem Inkrafttreten des Markengesetzes am 1. Januar 1995 von einer Marke. Damit ist das Kennzeichen gemeint, das es dessen legitimen Verwender (Inhaber oder Lizenznehmer) erlaubt, seine Ware(n) im Sinne eines Exklusivrechts von der bzw. denen der Wettbewerber abzuheben. Dabei muss es sich um ein flächiges Zeichen handeln, etwa einen Buchstaben (M für McDonald's), einen Eigennamen (HB, Nestlé), ein Wort anderer Art (FA), ein Akronym (Persil), ein Bild (Krokodil von Lacoste) oder eine Zahl (4711), ein Hörzeichen (die Melodie von Haribo), eine dreidimensionale Gestalt einschließlich der Form einer Ware oder ihrer Verpackung (Coca-Cola-Flasche), eine Farbe bzw. Farbzusammenstellung (gelb-rot von Maggi) oder die Kombination verschiedener der skizzierten Elemente (Nieschlag/Dichtl/Hörschgen, 1997, S. 242).

Der Ursprung der Marke liegt im Konsumgüterbereich, aber das Markenkonzept wird heutzutage zunehmend auch für Dienstleistungen und Investitionsgüter wichtig. (*Siehe hierzu den Beitrag Dienstleistungsmarketing – Konzept für dem Menschen als Marke*). Markenkonzepte können auf alles Käufliche angewendet werden.

Aus psychologischer Sicht stellt die Marke eine durch besondere Produkt-, Angebots-, Preis- und Kommunikationsfaszination gekennzeichnete wieder erkennbare Ganzheit dar (Geldmacher 1989). (*Siehe* hierzu die Beiträge *Faszination – Gemeinsamkeiten zwischen Marken und Menschen*, *Mit Mensch-Marken faszinieren* sowie *Die Faszination Drag Queens*.) Die Marke kann als „ein in der Psyche des Konsumenten verankertes, unverwechselbares Vorstellungsbild von einem Produkt oder einer Dienstleistung verstanden werden" (Meffert/Burmann, 1998, S. 81). Diese Definition scheint uns am treffendsten, denn hier steht die wirkungsbezogene Sicht im Vordergrund: Nur wenn Gefühle und Erfahrungen berücksichtigt werden, die der Konsument mit einem Produkt verbindet, wird die Wirkung von Marken deutlich. Die Aufgabe des Markenmanagements ist es, solche Vorstellungsbilder zu erfassen und in die Herzen, bzw. in die Köpfe der Konsumenten zu pflanzen. (*Siehe hierzu den Beitrag Wenn Persönlichkeiten wirken: das Image*).

3.2 Erscheinungsformen der Marke

Marken haben verschiedene Erscheinungsformen. In Anlehnung an Nieschlag/Dichtl/Hörschgen werden wir im folgenden Abschnitt die wichtigsten kurz vorstellen:

Die ***Hausmarke*** hat heute fast keine Bedeutung mehr. Im Mittelalter diente sie vor allem dem Zeichenbesitzer, um Ansprüche gegenüber anderen geltend zu machen. Lediglich in der Gastwirtschaft bieten Wirte ihren Gästen heute noch einen Wein des Hauses an.

Die wichtigste Variante der Marke stellt die ***Herstellermarke*** dar. Das Markenkonzept dehnt sich zunehmend auf die verschiedensten Produktbereiche aus. Selbst landwirtschaftliche Produkte (zum Beispiel Bananen, Wein), langlebige Gebrauchsgüter (zum Beispiel Möbel) und Produktions- und Investitionsgüter (zum Beispiel Werkzeuge und Kunststoffe) werden vom Hersteller bzw. Produzenten markiert.

In den letzten Jahrzehnten hat sich der Handel verstärkt des Markenkonzepts bedient. ***Handelsmarken*** erhält man heute bei allen Großbetriebsformen des Handels, wie etwa Filialbetrieben, Versandhäusern, Einkaufs- und Konsumgenossenschaften oder freiwilligen Ketten, die sich mit diesem Instrument in ähnlicher Weise wie die Hersteller zu profilieren und sich damit aus deren Abhängigkeit zu lösen versuchen.

Vertreibt ein Handelsunternehmen alle in einem Produktbereich gängigen Herstellermarken und zugleich eine preiswertere Variante, die es eigens für sich herstellen lässt, dann bezeichnet man dies als ***Eigenmarke***.

Von einer Einzel-, Mono- oder Produktmarke spricht man, wenn einem bestimmten Erzeugnis – und nur diesem – der Status des Markenartikels zusteht oder dieser Status erreicht werden soll. Dadurch wird der höchste Individualisierungs- bzw. Identifikationsgrad erreicht oder angestrebt.

Durch die Aufspaltung der Märkte ist es vielfach angebracht, die Zweitmarke zu positionieren bzw. weitere segmentspezifische Marken auf den Markt zu bringen (Markendehnung). Zumeist verkörpert die Zweitmarke die im Vergleich zu ihrer Vorläuferin billigere Variante, doch auch der umgekehrte Fall ist denkbar. Im Interesse der höheren Wertschöpfung wird der Ableger in einem höheren Qualitätssegment angesiedelt, anspruchsvoller ausgestattet und damit zur ***Premium-Marke*** aufgebaut. Diese Strategie verfolgen vor allem Brauereien. Die Zweitmarke ist jedoch noch immer eine Einzelmarke, weil der gemeinsame Ursprung nach außen hin bewusst verschleiert wird.

Eine besondere Art sind ***Gattungsmarken*** (auch „no names"): Hierbei handelt es sich um Güter, die meist nur mit einem Mindestmaß an Aufwand verpackt, gestaltet und gekennzeichnet sind. Obwohl Gattungsmarken oft nur von mittlerer Qualität sind, erfreuen sie sich beim Verbraucher einer gewissen Beliebtheit aufgrund ihres guten Preis-Leistungs-Verhältnisses.

Dienstleistungsmarken sind selbstständige oder produktbegleitende Leistungen und finden sich vor allem bei Banken, Versicherungen, Touristik- und Verkehrsbetrieben. Auch im Investitionsgüterbereich und bei Konsumgütern wird das Produkt häufig in Kombination mit einer Dienstleistung angeboten.

3.3 Bedeutung der Marke

Zunächst möchten wir die wichtigsten Funktionen der Marke verdeutlichen und darstellen, welche Bedeutung der Marke aus Sicht von Konsumenten und Unternehmen beigemessen wird:

Für den ***Konsumenten*** bedeutet die Marke geringere Komplexität, denn starke Marken stehen für funktionale, wie auch emotionale Qualität, auf die sich der Konsument verlassen kann. Die Qualitätsgarantie sorgt beim Konsumenten für Vertrauen. Die Marke schafft Orientierung in der Angebotsfülle und reduziert somit das Kaufrisiko für den Konsumenten. Die Marke funktioniert als soziales Symbol und trägt dazu bei, dass der Konsument eigene Wertvorstellungen vermitteln kann und dass das soziale Risiko auf zwischenmenschlicher Ebene sinkt.

Die wichtigste Bedeutung der Marke aus Sicht der ***Unternehmen*** ist die Differenzierung des eigenen Angebots gegenüber den Wettbewerbern: Die Marke soll das Produkt aus der Anonymität der Masse herausheben und dem markierten Objekt zu einer eigenständigen und unverwechselbaren Identität verhelfen. Die ausgeprägte Markenidentität bildet dabei die Voraussetzung für die Entwicklung und Festigung des Vertrauens des Konsumenten. (*Siehe hierzu den Beitrag Konzepte der Markenführung*). Ein ausgeprägtes Vertrauen des Konsumenten in die Marke schützt das Unternehmen vor Krisen und bietet Schutz vor Wettbewerbern. Das Vertrauen in die Marke wiederum ist die Grundlage einer langfristigen Kundenbindung und Markentreue sowie für die Akzeptanz im Handel.

Starke Marken bieten aus Unternehmersicht die Möglichkeit der Markendehnung, indem zum Beispiel neue Marken durch Lizenzierungen auf dem Markt etabliert werden (Zweitmarken). (*Siehe hierzu den Beitrag Imagetransfer zwischen Marken und Prominenten*). Letztendlich erfreuen sich starke Marken einer langen Lebensdauer, sie steigern den Markenwert und somit den Unternehmenswert.

4. Rahmenbedingungen in der Markenführung

Die Rahmenbedingungen im Marketing haben sich in den letzten Jahren gewaltig verändert. Die Markenführung wird komplexer, und die Anforderungen an die Markenmanager werden umfangreicher. Strategisches Wissen und vor allem verhaltenswissenschaftliche Kenntnisse, das heißt Wissen über die „weichen Faktoren" der Marke werden zu Schlüsselfaktoren innerhalb der Markenführung.

Das schnelllebige Medienzeitalter mit ständig wechselnden Trends erschwert den Aufbau der Marke: Der kontinuierliche und letztendlich erfolgreiche Aufbau einer Marke ist teuer, und es braucht Zeit, um ein Markenimage im Kopf des Konsumenten zu schaffen. Der Verbraucher verschenkt kein Vertrauen: Die Marke muss das Vertrauen verdienen und das Markenversprechen immer neu beweisen.

Die Menschen treten heute für ihre Ziele und Bedürfnisse ein, sie sind kritikfähiger geworden und treten Marken kritischer gegenüber. Marken müssen sich diesem Zeitgeist anpassen. Diese Anpassung wird jedoch immer häufiger zum Drahtseilakt, denn bei der Aktualisierung der Marke muss der Markenkern bewahrt bleiben, damit die Gedächtnisstruktur beim Konsumenten konstant bleibt. Bekanntes Beispiel, wie am Markenkern vorbeikommuniziert wurde, bietet die Zigarettenmarke Camel: Nachdem Zigaretten dieser Marke jahrelang mit dem „Camel-Mann" und der damit vermittelten Lust auf Freiheit und Abenteuer beworben wurden, änderte man plötzlich die Strategie – vielleicht auch unter Berücksichtigung der Konkurrenz durch den „Marlboro-Mann" – und ersetzte ihn durch lustige Plüsch-Kamele. Folge waren verwirrte Verbraucher und damit verbundene Umsatzeinbrüche. Man hatte sich über den Markenkern und dessen Bedeutung für den Verbraucher hinweggesetzt.

4.1 Information Overload

Die Zahl der beworbenen Produkte ist in den letzten zehn Jahren um 70 Prozent gestiegen: 1998 betrug sie 57.688 Marken. Zum Vergleich: Der durchschnittliche Wortschatz eines Deutschen betrug 1.800 Wörter. Die Wohlstandsentwicklung hat in den Industrieländern zu einem unvorstellbaren Anstieg der Auswahlmöglichkeiten des Konsumenten in fast allen Warengruppen geführt (Blackett, 1989, S. 11). In Verbindung mit der weitgehend unveränderten Informationsaufnahmekapazität des Menschen hat dies einen „Information Overload" (Kroeber-Riel, 1987, S. 257) zur Folge. In dieser sich zusehends verschärfenden Situation sind Konsumenten immer stärker auf Marken als Orientierungshilfe zur Navigation durch den Informationsdschungel angewiesen. Die immer häufiger zu beobachtende Konzentration auf Dachmarken statt einer Vielzahl von Einzelmarken ist eine Konsequenz dieser Entwicklung (Meffert/ Burmann, 1996, S. 3).

Der Konsument ist durch die Menge an Informationen überlastet, er verliert den Überblick. Die große Herausforderung für die Unternehmen und deren Markenmanager besteht darin, ihre Marken aus diesem Angebotschaos herauszuheben und für die Konsumenten sichtbar zu machen.

Durch die allgemeine Verkürzung der Produkt-Lebenszyklen, durch die Segmentierung und Globalisierung der Märkte und eine Flut von Produktinnovationen wird es aber immer schwerer, eine Marke mit präferenzprägenden Merkmalen auszustatten, um sich von den Wettbewerbern zu differenzieren. Auch durch die Inflation der Kommunikationsmaßnahmen ist die Effizienz der Markenkommunikation stark rückläufig. Die Zahl der Werbebotschaften und Kampagnen steigt. Durch die Kommunikationsflut hat sich das Informationsverhalten der Konsumenten verändert: Durch die Reizüberflutung, den Information Overload werden die Informationen flüchtiger und selektiver wahrgenommen.

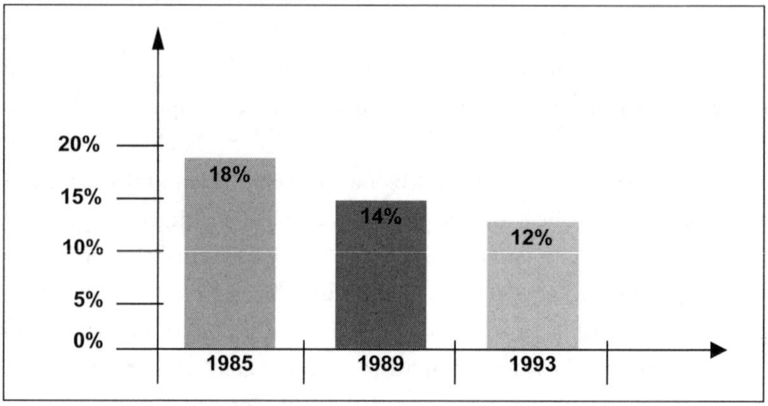

Abbildung 3: Rückgang der Werbeerinnerung (Quelle: GfK, Nürnberg)

4.2 Vom Produkt- zum Kommunikationswettbewerb

Da sich Produkte kaum noch in ihren objektiven Produkteigenschaften unterscheiden, hat die Kommunikation zentralen Stellenwert erlangt: Kann man heute im Durchschnitt nur zwanzig TV-Kanäle empfangen, so sprechen Experten von über 500 Kanälen in naher Zukunft. Ständig drängen neue Zeitschriften auf den Markt und immer mehr zielgruppenspezifische Programme werden im Radio angeboten. Neue Medien und die verschiedenen Below-the-line Aktivitäten (Nicht-klassische Werbung), wie Sponsoring, Eventmarketing usw. erschweren die Wahl der Kommunikationsmittel. Die Aufgabe, die Zielgruppe zu erreichen, wird aufgrund der Vielfalt an Kommunikationsinstrumenten immer anspruchsvoller.

Die Kommunikationsgestaltung muss daher immer aufmerksamkeitsstärker und bildhafter geplant sein, denn nur bildhafte Informationen werden schnell genug aufgenommen, verarbeitet und gespeichert. Der Produktwettbewerb hat sich in einen Kommunikationswettbewerb verlagert. Kommunikation wird zum wesentlichen strategischen Erfolgsfaktor.

5. Markenwert

Noch vor zehn Jahren wurde der Unternehmenswert nach dem Anlage- und Umlaufvermögen berechnet: Grundstücke, Maschinen, Personal, Produkte und Umsatz. Mittlerweile beeinflussen immaterielle Güter die Bewertung sehr stark: zum Beispiel die Marke. So hat Coca Cola laut Interbrand Group einen Markenwert von rund 72,5 Milliarden Dollar und führt damit die Liste der erfolgreichsten und wertvollsten Marken der Welt an.

Marke	Land	Markenwert in Mrd. $
Coca-Cola	US	72,5
Microsoft	US	70,2
IBM	US	53,2
Intel	US	39,0
Nokia	Finnland	38,5
General Electric	US	38,1
Ford	US	36,4
Disney	US	33,6
McDonald's	US	27,9
AT&T	US	25,5

Abbildung 4: Die zehn wertvollsten Marken der Welt (Quelle: Interbrand)

Nach Biel trägt die Marke somit „aus der Perspektive des Verbrauchers zum wahrgenommenen Wert des Produktes bzw. der Dienstleistung bei; das entsprechende Verbraucherverhalten führt dann zum finanziellen Wert der Marke." (Biel, 1999, S. 66).

Der Konsument steigert mit dem Produktkauf den Markenwert dadurch, dass er Finanzmittel zur Verfügung stellt, die zur Stärkung der Marke eingesetzt werden können. Der gestiegene Markenwert wird vom Konsumenten wahrgenommen und führt zu weiter steigender Kaufbereitschaft und bestenfalls zu Markentreue und Markenloyalität.

Auch künftig wird der Markenwert interessant bleiben, denn Marken sind für den Verbraucher wichtig:

- Der Verbraucher kann einer Marke vertrauen.
- Sie nimmt ihm Entscheidungen ab.
- Sie verringert das Qualitätsrisiko.
- Die Marke verleiht Identität.

5.1 Markenidentität

Der Markenwert ist stark abhängig von der Markenidentität. Markenidentität kann definiert werden, als in sich widerspruchsfreie, geschlossene Ganzheit von Merkmalen einer Marke, die diese von anderen Marken dauerhaft unterscheidet (Meffert/Burmann, 1996, S. 31).

Die Markenidentität wird von den Dimensionen Markenimage, Markenbeziehungen, Markenfähigkeit, Markenbilder und Markenpersönlichkeit beeinflusst. Im Folgenden werden diese Dimensionen erläutert. (Weitere Ausführungen zum Begriff der Identität siehe den Beitrag *Konzepte der Markenführung*).

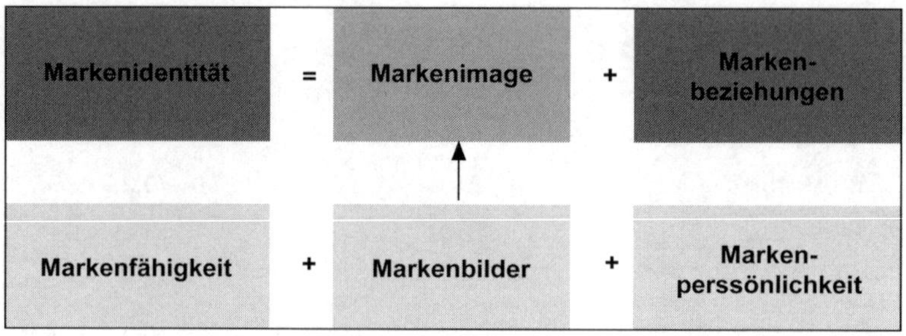

Abbildung 5: Markenidentität

Einen wesentlichen Beitrag zum Markenwert leistet das Markenimage. Es setzt sich aus den Markenfähigkeiten, dem Markenbild und der Markenpersönlichkeit zusammen. Je nachdem welches Image mit einer Marke transportiert wird, zahlt dieses Image mit in den Markenwert ein.

Image ist die Gesamtheit aller Vorstellungsbilder, die ein Mensch bzw. eine Gruppe mit einem Meinungsgegenstand verbindet. (Siehe den Beitrag *Wenn Persönlichkeiten wirken: das Image*). Das Image einer Marke setzt sich aus drei Sub-Images zusammen: Das Herstellerimage (Corporate Image), das Anwenderimage und das Produktimage. Diese Sub-Images sind jeweils von „harten" Faktoren geprägt (funktionale, technische Attribute) und von „weichen" (Persönlichkeit, Charakter, Beziehung) (vgl. Biel, 1999, S. 70).

5.1.1 Markenfähigkeiten als Teil des Markenimage

Markenfähigkeiten sind die vertrauten und funktionalen Attribute, die zur Markenleistung in Beziehung stehen. Ihr Wert ist eindeutig (Messer schneiden, Mineralwasser löscht den Durst, Seife reinigt). Markenfähigkeiten stellen immer einen Teil der Markenstrategie dar. Jedoch werden Fähigkeiten von Produkten bzw. Dienstleistungen zunehmend identischer. Um sich aus der Masse konkurrierender Produkte herauszuheben, wird das Wahrnehmen und Gestalten von Markenpersönlichkeit und Markenbeziehung immer wichtiger.

5.1.2 Markenbilder als Teil des Markenimage

„Eine Marke hat ein Gesicht wie ein Mensch." (Domizlaff, 1992, S. 97). Denkt man an eine Marke, hat man meist ein bestimmtes Bild vor Augen (zum Beispiel Marlboro: Cowboy, weites Land). Dieses Bild ist geprägt vom visuellen Erscheinungsbild der Marke. Dazu gehören die Verpackung und die Werbung. Durch das Bild erhält der Konsument die Möglichkeit, die Marke zu identifizieren und wieder zu erkennen. Ein gleich bleibendes Bild fördert das Markenvertrauen und hilft, die Beziehungen zur Marke zu festigen. Das Schaffen von Markenbildern und das Verankern dieser als innere Bilder in den Köpfen der Konsumenten tragen zum Aufbau der Markenpersönlichkeit bei.

Innere Bilder sind im Gedächtnis fester verankert als verbale Botschaften. Bilder werden besser behalten als Texte. Bei Bedarf stehen Sie schneller zur Verfügung. Mit inneren Bildern lassen sich emotionale Erlebniswelten aufbauen, denn innere Bilder entfalten starke emotionale Wirkungen, da sie die Wirklichkeit lebendiger, farbiger und realitätsnah abbilden. Wenn es gelingt, entsprechende Bilder in den Köpfen zu platzieren, kann dies großen Einfluss auf das Konsumentenverhalten haben. Oberstes Ziel sollte daher sein, beim Konsumenten ein relevantes, unverwechselbares sowie klares und lebendiges inneres Bild einer Marke zu verankern (vgl. Ruge, 1999, S. 174). Dies ist möglich durch das gezielte Entwickeln von Schlüsselbildern, die den visuellen Kern einer Werbebotschaft, einer Erlebniswelt oder eines Markenbildes enthalten.

Innerhalb der Grenzen der Markenidentität kann das Schlüsselbild leicht variieren. Hierbei sollte darauf geachtet werden, dass das Schlüsselbild entweder den Markennutzen oder eine der Marke entsprechende Erlebniswelt repräsentiert. Wichtig ist, stets die gleiche Botschaft zu transportieren, die den Markenkern spiegelt. Werden dagegen verschiedene Botschaften mit unterschiedlichen Bildern transportiert, kommt es zur Verwässerung der bestehenden inneren Bilder und zur Irritation des Konsumenten. Folgende drei Faktoren sollten daher beim Verwenden von Schlüsselbildern beachtet werden: Integration, Konzentration, Kontinuität. Alle Medien, die zum Transport der Botschaft verwendet werden, müssen integriert eingesetzt werden, das heißt inhaltliche Aussage und bildlicher Auftritt sind aufeinander abgestimmt. Um den Konsumenten nicht zu verwirren, muss darauf geachtet werden, dass man sich bei der Wahl der Schlüsselbilder auf eine Bildbotschaft oder eine Bildwelt konzentriert. Ebenso wichtig ist es, den eingeschlagenen Weg beizubehalten.

5.1.3 Markenpersönlichkeit als Teil des Markenimage

Bei der Markenpersönlichkeit handelt es sich im weitesten Sinn um Eigenschaften, wie sie auch Personen zugesprochen werden können: Dominanz, Abenteuerlust, Gutmütigkeit, Leidenschaft. Aufgrund von Marketingstrategien, die Marken mit einer eigenen Persönlichkeit ausstatten, wie zum Beispiel Vermenschlichung (zum Beispiel M&M's), Personifizierung (zum Beispiel Meister Proper) und Aufbau innerer Bilder (zum Beispiel Herr Kaiser von der Hamburg Mannheimer) können Marken in der Vorstellung der Verbraucher zu Berühmtheiten oder bekannten historischen Gestalten werden (vgl. Rook 1985). (*Siehe hierzu den Beitrag Wenn Marken zu Menschen werden*). Sind Merkmale von Markenpersönlichkeiten ausgearbeitet und vom Verbraucher kontinuierlich wahrgenommen, sind diese relativ beständig in den Köpfen der Verbraucher verankert.

Die Markenpersönlichkeit stellt für den Verbraucher einen Zusatznutzen dar, denn er kann durch die Marke sein eigenes Ich ausdrücken: Durch die Verwendung der Marke tritt der einzelne in eine soziale

Beziehung mit seiner Umwelt. Er repräsentiert mit der Marke nicht nur sich selbst, sondern ein Milieu, eine Gruppe, einen Status, dem er sich selbst zugehörig fühlt. Er repräsentiert über die Marke zugleich deren Normen, Werte und Ansprüche. Damit avanciert die Marke zu einem sozialen Erkennungszeichen, oder anders ausgedrückt: zu einer sozialen Duftmarke für ein bestimmtes Gruppenterritorium. Marken bilden Chiffren der Zugehörigkeit. Sie sind Anhaltspunkte der sozialen Zuordnung. Sie machen Gemeinsamkeiten und Verschiedenheiten offenkundig und erleichtern es dem einzelnen, seinen Platz im sozialen Raum zu definieren (Buß, 1998, S. 99). Dies ist besonders interessant in Bezug auf Menschen als Marken, wie zum Beispiel Musik-Stars. Hierbei ist es für den Konsumenten von „Menschmarken" möglich, sich besonders intensiv in spezielle soziale Kontexte zu integrieren bzw. auszugrenzen. Hierzu geben zum Beispiel die Beiträge über Fußballer, David Bowie und Boygroups in diesem Buch näher Aufschluss.

5.1.4 Entstehen der Markenpersönlichkeit

Im Gegensatz zur Wahrnehmung menschlicher Persönlichkeitsmerkmale, die auf der Grundlage individuellen Verhaltens, körperlicher Eigenschaften, Einstellungen und Überzeugungen sowie demografischer Eigenschaften entstehen (vgl. Park, 1986), wird die Markenpersönlichkeit durch alle indirekten und direkten Kontakte mit der Marke bestimmt. Durch welche Faktoren die Markenpersönlichkeit außerdem beeinflusst wird, zeigt folgende Abbildung:

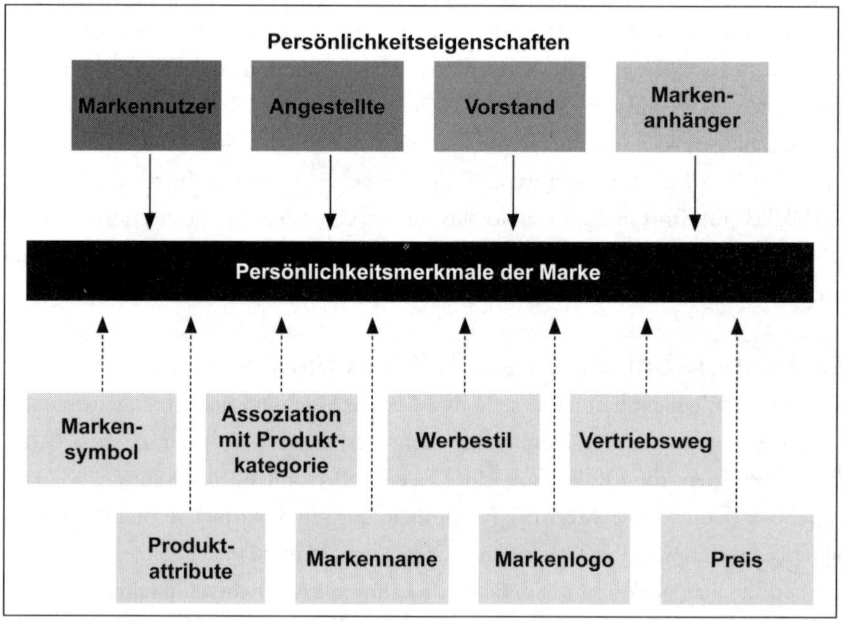

Abbildung 6: Entstehung einer Markenpersönlichkeit (Quelle: Aaker 1999)

5.1.5 Aufbau der Markenpersönlichkeit

Wie sich die Markenpersönlichkeit entwickelt, liegt nicht zuletzt daran, aus welchen Quellen die Vorstellungen des Verbrauchers bezüglich der Markenpersönlichkeit gespeist werden: Die klassische Werbung, wie beispielsweise TV-Werbung, stellt einen bedeutenden Teil des benötigten Inputs dar, der auf den Verbraucher einwirkt. In jedem Fall sollten alle Kommunikationsmaßnahmen darauf gerichtet sein, im Kopf des Verbrauchers das einheitliche Bild der Marke entstehen zu lassen. Daher sollten alle Instrumente integriert eingesetzt werden.

Nicht berechenbare Einflüsse, die zur Persönlichkeitsbildung der Marke beitragen, reichen von persönlichen Verkaufsgesprächen bis zu weitläufigen Gerüchten, die der Marke vorauseilen können. Zum Beispiel ist denkbar, dass ein Hersteller mit einem besonders ausgefeilten und auf spezielle Kundenwünsche zugeschnittenen Service wirbt; ruft ein Kunde bei der Produkthotline an und landet nach einem zwanzigminütigen Aufenthalt in der Warteschleife bei einem unfreundlichen, bevormundenden Kundenbetreuer, ist das vom Hersteller lange mühsam aufgebaute Markenimage unter Umständen dahin. (Zum Aufbau und der Gestaltung von Image siehe ausführlich den Beitrag *Wenn Persönlichkeiten wirken: Das Image*). Dies ist nur ein Beispiel dafür, wie wichtig es ist, einen in allen Bereichen einheitlichen Gedanken zu verfolgen.

Welche Marke ein Konsument bevorzugt, hängt von der wahrgenommenen Differenz zwischen seiner eigenen Persönlichkeit und der Markenpersönlichkeit ab: Er wird eher dazu neigen, jene Marke zu wählen, die seiner Persönlichkeit nahe steht, diese ergänzt oder sie gar widerspiegelt. Die Marke wird Sprachrohr seiner Persönlichkeit und hilft dem Verbraucher, sich selbst zu verwirklichen. Verbraucher und Marke treten in eine Beziehung zueinander. Die Markenbeziehung ist somit Teil der Markenidentität

5.1.6 Markenbeziehungen als Teil der Markenidentität

Nach Blackston bezeichnet der Begriff der Markenbeziehungen das Verhältnis zwischen Verbraucher und Marke. Hierbei wird nicht nur davon ausgegangen, wie die Marke vom Verbraucher gesehen wird, sondern auch, wie die Marke ihren Verbraucher sieht. Dieses theoretische Gebilde ist hilfreich, um sich der Identität einer Marke zu nähern.

Marken können an die Stelle von Freunden treten. Sie ermöglichen dem Konsument, sich durch sie auszudrücken. Eine Marke bietet Vertrauen und Stabilität. Sie ist verlässlich und sorgt für Lebensfreude.

5.2 Aufgaben des Markenmanagements

Unter diesen Gesichtspunkten möchten wir die wichtigsten Aufgaben und Herausforderungen für die Markenmanager zusammenfassen:

- Schaffung von Markenbekanntheit (Awareness) durch ein prägnantes und unverwechselbares ***Markenimage***, das für den Konsumenten von Relevanz ist.
- Schaffung einer einzigartigen ***Markenidentität***, die Marke erhält eine eigenständige ***Markenpersönlichkeit***.

- Gestaltung eines ***Markenbildes*** in den Köpfen der Konsumenten.
- Durch die Schaffung einer ausgeprägten ***Markenbeziehung*** zum Konsumenten lässt sich eine starke und langfristige Position gegenüber den Wettbewerbern aufbauen.
- Vermittlung eines emotionalen Zusatznutzens, der über die sachlichen ***Markenfähigkeit*** hinausgeht
- Durch eine ausgeprägte Markentreue des Konsumenten besteht gegenüber dem Handel mehr Marktmacht und der ***Markenwert*** steigt.
- Ständige Kontrolle der Kommunikationsmaßnahmen.

6. Marke und Kommunikation

Die Marketing-Kommunikation ist die Stimme der Marke (Esch, 1999, S. 537). Auch die Kommunikationspolitik der Unternehmen hat sich in den vergangenen Jahren stark verändert: Durch gesättigte Märkte und die Angleichung der Produkt- und Dienstleistungsqualität steigen die Anforderungen an die Kommunikation. Dem steigenden Markenangebot steht das nachlassende Kommunikationsinteresse der Konsumenten gegenüber. Die Kommunikation nimmt heute eine Schlüsselrolle in der Markenführung ein und leistet einen wesentlichen Beitrag zum Aufbau des Markenwerts.

Kommunikation ist ein Instrument, mit dem Beziehungen gestaltet werden können. Ähnlich wie sich zwischenmenschliche Beziehungen ändern, muss sich die Kommunikation der Marke entwickeln und den veränderten Rahmenbedingungen anpassen. Kommunikation hat die Aufgabe, die Verbindung zwischen dem Bedürfnis der Konsumenten und der Marke herzustellen. Dabei sollten alle Kommunikationsmaßnahmen aufeinander abgestimmt sein. Die Kommunikationsmaßnahmen müssen systematisch geplant sein und ständig kontrolliert werden. Systematisch planen heißt, eine Strategie zu entwickeln, die auf vorausschauendem Handeln und zukunftsorientiertem Denken beruht. Die Kontrolle der Kommunikationsmaßnahmen und das Monitoring der Markenidentität müssen in die Kommunikationsplanung einbezogen sein. Das Markenbild kann so kontinuierlich analysiert und veränderten Bedingungen angepasst werden.

Grundlage jeder Kommunikationsplanung ist die Analyse der Marketing- und Kommunikationssituation:

- In welcher Wettbewerbssituation befindet sich das Produkt oder die Dienstleistung?
- Wo sind Stärken und Schwächen?
- Welche Wachstumspotenziale sind vorhanden?
- Wie sieht der Markenkern aus?

Diese zentralen Fragen dienen – unter Berücksichtigung der Marketingziele – als Basis für die Planung der Kommunikation.

Eines der wichtigsten Kommunikationsziele ist es, hohe ***Markenbekanntheit*** aufzubauen. Erst wenn das Produkt oder die Dienstleistung beim Verbraucher bekannt ist, kann sich die positive Einstellung gegenüber dem Produkt oder der Dienstleistung bilden und zum Kauf bzw. zur Nutzung führen. Vor allem mit klassischer Werbung baut man am wirksamsten und schnellsten die Markenbekanntheit auf. Ein gutes Beispiel dafür sind Internetfirmen, die mit massivem Werbedruck und großen finanziellen Aufwendungen die Bekanntheit ihres Internetangebots steigern, vor allem mit klassischer Werbung. Die sogenannten E-Brands haben einen neuen Boom in der klassischen Werbung verursacht. So waren 30 Prozent der Werbeschaltungen während des amerikanischen Super-Bowls, des teuersten Werbeplatzes der Welt, von E-Brands gebucht. Auch in Deutschland macht sich dieser Trend im Print- und TV-Bereich bemerkbar.

Ist die Marke ausreichend bekannt, können sich ***Image*** und ***positive Einstellung gegenüber der Marke*** entwickeln. Durch eindeutige Positionierung kann ein klares und prägnantes Vorstellungsbild von der Marke geschaffen werden. Kroeber-Riel sieht die ***Aktualisierung*** im Sinne der Wahrnehmung des Angebots, die Auslösung von ***Emotionen***, sowie die Vermittlung von ***Informationen*** als dominante kommunikative Positionierungsziele:

Aktualisierung dient dazu, die Marke im Kopf des Verbrauchers präsent und aktuell zu halten. Dieses Ziel ist vor allem bei Produkten anzustreben, bei denen geringes Involvement (Ich-Beteiligung, Grad der Aktivierung, mit der man sich einer Sache zuwendet) besteht, wie zum Beispiel Taschentüchern oder Kaugummis. Informationen oder Erlebnisassoziationen sind bei solchen Produkten für den Konsumenten von geringer Bedeutung. Wichtig ist es, hohe Aktualität zu erzeugen, bei der die Marke im Mittelpunkt steht.

Das Kommunikationsziel, die Marke ***emotional zu positionieren***, gewinnt aufgrund der qualitativ gleichwertigen Produkte immer mehr an Bedeutung. Vor allem bei Lifestyle-Produkten oder Dienstleistungen ist dieses Ziel relevant. „Die Freude am Fahren" oder „der junge Wilde" sind Beispiele aus der Autowerbung. Informationen zu diesen Produkten interessieren nicht, oder sie sind austauschbar. Die Markenprofilierung erfolgt durch die Schaffung einer Erlebniswelt, die die Marke von Wettbewerbern abgrenzt.

Die Vermittlung von ***Informationen*** ist dann Kommunikationsziel, wenn die Konsumenten konkrete Bedürfnisse haben und es aktuelle, relevante Neuigkeiten über die Marke gibt. Zum Beispiel ist es in der Werbung für Werkzeuge (Sägen, Schraubendreher, etc.) nicht notwendig, das Produkt in einen Erlebniskontext zu setzen, es ist ausreichend, den Konsumenten über die zentralen Markeneigenschaften zu informieren.

Weiterer Bestandteil der Kommunikationsziele ist die Festlegung der Zielgruppen. Durch zunehmende Individualisierung zersplittern die Zielgruppen in immer kleinere Fragmente. Deshalb sollte festgelegt sein, für welche Märkte und Zielgruppen die Botschaft der Marke bestimmt ist. Die Zielgruppe kann nach verschiedenen Merkmalen definiert werden, dabei stehen soziodemografische und psychologische Kriterien und Merkmale der Motivation im Vordergrund.

Innerhalb der Kommunikationsplanung ist es wichtig, die richtige Mischung der Kommunikationsinstrumente festzusetzen. Durch die enorme Steigerung des Medienangebots haben sich die Auswahl und die Gestaltung der Kommunikationsinstrumente in den vergangen Jahren verändert. Die einzelnen Kommunikationsinstrumente, wie Werbung, Sponsoring, Public Relations, Verkaufsförderung müssen im Zusammenspiel ein einheitliches Bild der Marke vermitteln. Die Gewichtung der einzelnen Instrumente im Kommunikations-Mix hängt von den jeweiligen Kommunikationszielen ab. Klassische Werbung und Öffentlichkeitsarbeit wird immer spezieller eingesetzt. Zusätzliche Möglichkeiten, die Konsumenten anzusprechen, wie Sponsoring, Eventmarketing oder Online-Kommunikation, erschweren die Auswahl der richtigen Maßnahmen. Aufgrund dieser Entwicklungen wird die Notwendigkeit deutlich, die Kommunikationsaktivitäten exakt abzustimmen. Eine Marke ist mehr als die Summe der einzelnen Teile, deshalb darf bei der Kommunikation der Fokus nicht auf der Planung von Einzelmaßnahmen liegen: Starke Marken bedürfen der ***integrierten Kommunikation***, um Lernprozesse für eine Marke zu fördern und präferenzbildend zu wirken.

Durch den Information Overload und das flüchtige Kommunikationsverhalten der Konsumenten müssen Marken bildhaft und prägnant in Szene gesetzt werden. Die Markenkommunikation muss aufmerksamkeitsstark gestaltet sein, um aus der Masse der kommunikativen Botschaften herauszuragen (vgl. Esch, 1999). Eine Anzeige in einer Zeitschrift wird zum Beispiel durchschnittlich zwei Sekunden betrachtet, davon entfallen im allgemeinen 1,0 bis 1,5 Sekunden auf ein Bild. In dieser Zeit kann der Inhalt eines Bildes mittlerer Komplexität weitgehend aufgenommen und ins Gedächtnis gebracht werden. Von der restlichen Betrachtungszeit entfällt der größte Teil auf die Überschrift (Headline), im Durchschnitt 20 Prozent der Betrachtungszeit, das sind weitere 0,4 Sekunden. Für den Text bleiben also nur noch Bruchteile einer Sekunde übrig, die kaum ausreichen, eine Stichprobe von wenigen Wörtern aus dem sprachlichen Informationsangebot aufzunehmen (vgl. Kroeber-Riel, 1993).

Die Untersuchung von Kroeber-Riel zeigt deutlich, welche Wichtigkeit der Gestaltung kommunikativer Botschaften, ganz besonders der ***Bildkommunikation***, beigemessen werden muss. Unter dem Einfluss des Fernsehens entfaltet die Bildkommunikation eine immer stärkere Anziehungskraft. Das Fernsehen ist zum Leitmedium der Massenkommunikation geworden. Der größte Teil des täglichen Medienkonsums (Primärkonsum) entfällt auf das Fernsehen: Jeder Bundesbürger sieht im Durchschnitt täglich zwei Stunden fern. Die tägliche Bildkommunikation ist dafür verantwortlich, dass immer mehr Menschen Sehen statt Lesen bevorzugen und Bilder statt der sprachlichen Information zur Grundlage ihrer Überzeugungen machen. Die Vorherrschaft der Bildkommunikation schlägt sich auch in den Erwartungen nieder, die an die sprachliche Kommunikation gestellt werden: Demnach sind sprachliche Informationen in kleinen und handlichen Portionen darzubieten, aufreizend und unterhaltsam verpackt, schnell und leicht verständlich. Der Einsatz von Bildern kann dazu beitragen, ein Informationsangebot in der Informationsflut besser sichtbar zu machen und durchzusetzen. Vor allem bei wenig involvierten Empfängern, die die angebotenen Informationen passiv über sich ergehen lassen, entfalten Bilder (und sehr bildhafte Sprache) eine stärkere Wirksamkeit als sprachliche Informationen. Die zunehmende Informationsüberflutung wird in Zukunft zu einer weiteren Hinwendung zur Bildkommunikation führen. Die Bildkommunikation wird zum entscheidenden Weg zur Beeinflussung menschlichen Verhaltens (vgl. Kroeber-Riel, 1993).

7. Zusammenfassung

Die Marke ist zentrales Thema im Marketing. Durch den gesellschaftlichen Wandel haben sich die Rahmenbedingungen im Marketing verändert; die Informationsflut und die Zersplitterung der Zielgruppen in immer kleinere Segmente macht es für Unternehmen besonders wichtig, starke Marken zu etablieren. Unternehmen können sich durch starke Marken von den Wettbewerbern differenzieren, für den Konsumenten schafft die Marke Orientierung in der Angebotsfülle.

Die Aufgaben des Markenmanagements werden immer umfangreicher und komplexer. Der integrative Ansatz, das heißt das Verfolgen eines einheitlichen Gedankens bei allen kommunikativen Maßnahmen, wird zum strategischen Erfolgsfaktor und bildet die Grundlage der erfolgreichen Markenprofilierung.

Das Marketing der Zukunft wird nicht die Aufgabe einer Abteilung sein, sondern umfasst weitgehend das ganze Unternehmen. Die Herausforderung im Marketing ist vor allem strategisch anzusiedeln und somit Aufgabe des zentralen Unternehmens-Managements.

8. Literaturverzeichnis

Aaker, J. L.: Dimensionen der Markenpersönlichkeit, in: Esch, Franz-Rudolf (Hrsg): Moderne Markenführung, Wiesbaden 1999, S. 91 – 102

Biel, A. L.: Grundlagen zum Markenwertaufbau in: Esch, F.-R. (Hrsg): Moderne Markenführung, Wiesbaden 1999, S. 61 – 90

Blackett, T.: The nature of brands, in: Brand valuation, London 1989

Buß, E.: Die Marke als soziales Symbol, in: Public Relations Forum 2/98

Dichtl, E. und Eggers, W.: Marke und Markenartikel – als Instrumente des Wettbewerbs, München 1992

Domizlaff, H.: Die Gewinnung des öffentlichen Vertrauens, Hamburg 1992

Esch, F.-R. (Hrsg): Moderne Markenführung, Wiesbaden 1999

Kotler, P. und Bliemel, F.: Marketing-Management, Stuttgart 1999

Kroeber-Riel, W.: Informationsüberlastung durch Massenmedien und Werbung in Deutschland, in: Die Betriebswirtschaft, 47. Jg., Heft 3, 1987

Kroeber-Riel, W.: Bildkommunikation, München 1993

Meffert, H.: Marketing – Grundlagen marktorientierter Unternehmensführung, Wiesbaden 1998

Meffert, H./Burmann, C.: Identitätsorientierte Markenführung, Arbeitspapier 100 der Wissenschaftlichen Gesellschaft für Marketing und Unternehmensführung e.V. Münster 1996

Meffert, H./Burmann, C.: Abnutzbarkeit und Nutzungsdauer von Marken – Ein Beitrag zur steuerlichen Behandlung von Warenzeichen Arbeitspapier Nr. 117 der Wissenschaftlichen Gesellschaft für Marketing und Unternehmensführung e.V. Münster 1998

Mellerowicz, K.: Markenartikel – Die ökonomischen Gesetze ihrer Preisbildung und Preisbindung, München/Berlin 1963

Nieschlag, R./Dichtl, E./Hörschgen, H.: Marketing, Berlin 1997

Park, B.: A Method for Studying the Development of Impressions of Real People, in: Journal of Personality and Social Psychology, 51. Jg., 1986

Rook, D. W.: The Ritual Dimension of Consumer Behaviour in: Journal of Consumer Research, Vol. 12, 1985

Ruge, H.-D.: Aufbau von Markenbildern, in: Esch, Franz-Rudolf (Hrsg): Moderne Markenführung, Wiesbaden 1999, S. 165 – 183

Konzepte der Markenführung

Von Marijana Kelava und Julia Franziska Scheschonka

Im historischen Überblick lassen sich sieben Ansätze der Markenführung unterscheiden. Diese existieren zeitlich nicht parallel, sondern sie haben sich im engen Zusammenhang mit den jeweiligen wirtschaftlichen Rahmenbedingungen entwickelt (Meffert/Burmann, 1996, S. 3 f.). Der Markenartikel bzw. die Marke kann somit als Phänomen verstanden werden, das situativ mit den vorherrschenden Umweltbedingungen verknüpft ist (Dichtl, 1992, S. 16) und dem folglich keine allgemeingültige, zeitlose Definition zugrunde gelegt werden kann.

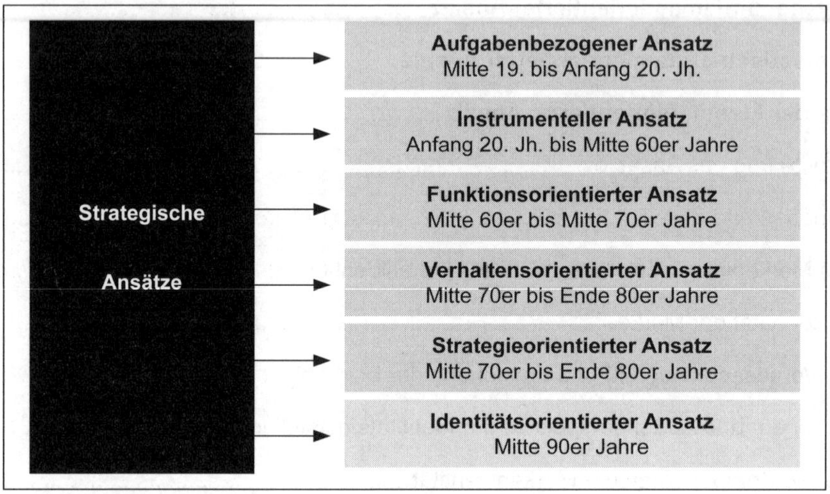

Abbildung 1: Ansätze der Markenführung

1. Aufgabenbezogener Ansatz

Mitte des 19. Jahrhunderts bis Anfang des 20. Jahrhunderts.

Die Anfänge des modernen Markenwesens gehen aus den wirtschaftlichen Entwicklungen der Zeit von 1840 bis 1900 hervor. Markenführung stand seinerzeit für den bloßen Vorgang der Kennzeichnung von Waren als Eigentumskennzeichnung und Herkunftsnachweis (Meffert/Burmann, 1996, S. 4).

Die Markierung ehemals anonymer Produkte war notwendig geworden, da sich durch die Entstehung von Warenhäusern, Filialisten und Konsumvereinen neue Betriebsformen bildeten (vgl. Berekoven, 1987, S. 36). Die Notwendigkeit entstand auch durch die Industrielle Revolution und die damit einsetzende Massenproduktion sowie den Verlust des direkten Kontakts zwischen Hersteller und Kunden.

Der Grundstein für den Erfolg der Marke war durch die Funktion des Herstellernachweises auf den erstmals bereits verkaufsfertig verpackten Waren sowie die einsetzende Bedeutung von Werbung gelegt. Der Aufgabenbezogene Ansatz war der erste Schritt zum professionellen betriebswirtschaftlichen Markenmanagement.

2. Instrumenteller Ansatz

Anfang des 20. Jahrhunderts bis Mitte der 60er Jahre 20. Jh.

Die gesamtwirtschaftliche Entwicklung und die Professionalisierung der Verkaufsstrategien der Unternehmen ließen die Marke immer stärker als reines Absatzinstrument erscheinen. Die durch starkes wirtschaftliches Wachstum, technische Innovationen und einen vorherrschenden Verkäufermarkt geprägten wirtschaftlichen Rahmenbedingungen dieser Zeit sorgten für eine Absatzgarantie und eine erfolgreiche Umsetzung des Markenaufbaus (vgl. Meffert/Burmann, 1996, S. 5).

Der Handel nahm das klassische Markenartikelkonzept zunächst sehr positiv auf: Einerseits konnte er durch die Preis- und Vertriebsbindung des Markenartikels einen verheerenden Preiswettbewerb verhindern; andererseits konnte der Handel die aus der Einführung der Selbstbedienung resultierende Dimensionierung, Verpackung, Qualitätssicherung und Information weitgehend an den Hersteller abgeben (Meffert/Burmann, 1991, S. 57).

Der steigende indirekte Hersteller-Kunden-Kontakt und damit der größere Einfluss des Handels auf den Verkauf der eigenen Waren begünstigte die Entstehung und schnelle Verbreitung des instrumentellen Ansatzes zu Anfang des 20. Jahrhunderts.

Merkmalsbezogenes Markenverständnis

Das zu dieser Zeit aktuelle klassische Markenartikelkonzept von Domizlaff (Domizlaff, H. (1939): Die Gewinnung des öffentlichen Vertrauens: ein Lehrbuch der Markentechnik, Hamburg; zitiert nach Meffert (1998), S. 784) besagt, dass die unternehmerischen Absatzziele erreicht werden sollten durch gesteigerte Vertrauensbildung aufgrund garantierter hoher und konstanter Warenqualität, eines einheitlichen Produktdesigns, Ubiquität, Preisgleichheit sowie durch klassische Werbung aufgebauter Bekanntheit (Meffert/Burmann, 1996, S. 5).

Domizlaff erkennt als Markenprodukte ausschließlich Fertigwaren an, die dem Konsumenten mit konstantem Auftritt und Preis in einem größeren Verbreitungsraum dargeboten werden. An der unverwechselbaren Markierung, das heißt an der äußeren physischen Kennzeichnung mit beispielsweise einem Logo oder bestimmten Farben, sind diese Waren eindeutig als Markenartikel erkennbar (Meffert, 1998, S. 784).

Die Bestimmung der Marke anhand ihrer Merkmale gilt auch in den 60er Jahren (Mellerowicz, 1963, S. 7). Demnach können nur jene Produkte Marken sein, die folgende Attribute aufweisen:

- markierte Fertigware
- gleichbleibende Qualität
- gleichbleibende Menge
- gleichbleibende Aufmachung

- großer Absatzraum
- starke Verbraucherwerbung
- hohe Anerkennung im Markt (Verbraucher, Händler und Hersteller)

Der Produkterfolg stellte sich unter den damaligen Wirtschaftsbedingungen des starken Wachstums, der zahlreichen technischen Innovationen und der vorherrschenden Verkäufermärkte allein bei Erfüllung der genannten Kriterien ein (Domizlaff, 1951, S. 27). Markenführung wird zur „Markentechnik" (vgl. Mellerowicz, 1963, S. 12 f.; Hartmann, 1966, S. 12 f.).

Dieser klassische, auf der Erfüllung von Merkmalskatalogen basierende Ansatz prägte lange Zeit das Markenverständnis. Dabei lässt die Orientierung am Produkt den Verbraucher als Randfigur erscheinen: Seine Wünsche an das Produkt, seine Emotionen und Vorstellungen werden nicht berücksichtigt, die dynamische Wechselbeziehung zwischen Marke und Verbraucher nicht erkannt. Ebenso wenig werden der technische Fortschritt, die Entwicklung in Gesellschaft und Wettbewerb und die damit veränderten Anforderungen an die Marke einbezogen. Das Konzept erscheint damit sehr statisch in seinen Reaktionsmöglichkeiten auf Marktveränderungen. Jedoch wirkt sich die Einordnung nach Merkmalen auch heute noch auf das Markenverständnis aus.

Geprägt wird dieses Markenverständnis vor allem durch drei konstitutive Merkmale (Dichtl, 1992, S. 16 – 20): Herkunftsnachweis und Qualitätsgarantie, Image und Verkehrsgeltung und Ubiquität.

- ***Herkunftsnachweis und Qualitätsgarantie:*** Die Markierung, also die bestimmte Art der Kennzeichnung des Produktes, gibt dem Verbraucher Auskunft über dessen Herkunft und überdurchschnittliche Qualität und zeigt die Garantie des Herstellers bzw. Anbieters für sein Erzeugnis an.
- ***Image und Verkehrsgeltung:*** Die Markierung soll die Verkehrsgeltung als Ausdruck der Sonderstellung des Produktes stärken bzw. festigen. Da entscheidende Qualitätsunterschiede technisch kaum noch messbar sind, werden neben dem Grundnutzen der Produkte neue, imagebezogene Nutzendimensionen gesucht und kommuniziert.
- ***Ubiquität:*** Für den Markenartikel wird Ubiquität angestrebt – das markierte Produkt sollte möglichst überall erhältlich sein. Die breite Distribution fördert die Chance der Markenkontakte und somit die Bekanntheit des Markenartikels, und sie trägt zur festeren Verankerung der Marke im Bewusstsein der Verbraucher bei.

In den 90er Jahren ist das Markenverständnis auf Basis von Merkmalen aktuell (Kotler/Bliemel, 1995, S. 679): Der Markenartikler verspricht durch seinen Markennamen, dass er Produkte mit konstanter Qualität, in einheitlicher Verpackung und mit hoher Verkehrsgeltung liefert.

3. Funktionsorientierter Ansatz

Mitte der 60er Jahre 20. Jh.

Auf der Basis der konkreten, objektiven Bestimmung von Produktmerkmalen interpretiert das ebenfalls stark hersteller- bzw. absatzsystemorientierte funktionsorientierte Markenverständnis die Marke als spezifische Vermarktungsform – als ein auf den Absatz bezogenes System von verschiedenen Marketing-Instrumenten (Berekoven, 1978, S. 42 f.): Die Marke existiert nicht mehr nur als reines Merkmalsbündel, sondern wird fortan als grundlegendes Gestaltungsmittel von Marktprozessen, als Vermarktungsform und Absatzinstrument verstanden.

Markenführung wird zum Teil des Markenartikel-Marketings, indem sie Marktforschung, Produktentwicklung, Preis- und Distributionspolitik integriert und insbesondere den Vertrieb als Erfolgsinstrument ansieht (Meffert/Burmann, 1996, S. 8).

Notwendig geworden war dieses Markenverständnis durch gesamtwirtschaftlich rezessive Tendenzen Mitte der 60er bis Mitte der 70er Jahre, die gekoppelt waren an eine Wandlung vom Verkäufer- zum Käufermarkt, die zunehmende Sättigung der Märkte und die Einführung von Me-too-Produkten im Handel (Reidegeld, 1989, S. 606). (Me-too-Produkte sind Nachahmerprodukte von Originalmarken). All dies führte zu Absatzproblemen der Unternehmen ab Mitte der 60er Jahre und schwächte die Herstellerposition – nicht zuletzt auch durch die Aufhebung der Preisbindung.

Wirkungsbezogenes Markenverständnis

Mitte der 70er bis Ende der 80er Jahre waren die Märkte geprägt durch zunehmende Sättigung, kritischere und preisbewusstere Verbraucher, die einer zunehmenden Informationsflut ausgesetzt waren. Hinzu kamen der schnellere Imitationsverlauf, die Abnahme objektiver Unterscheidungsmerkmale zwischen den Produkten, die Inflation von Produkten und Marken sowie die zunehmend starke Stellung des Handels.

Dies lässt erstmals den Konsumenten und die Wirkung der Marke beim Konsumenten in den Mittelpunkt der Markenführung rücken – das Markenverständnis wird nachfragebezogen und subjektiv geprägt (Meffert/Burmann, 1996, S. 10). Die attributiven und statischen Konzepte aus Anbietersicht werden durch eine dynamische, am Konsumentennutzen ausgerichtete Sicht ersetzt (Berekoven, 1978, S. 43 ff.; 1992, S. 42 ff.; Herrmann/Huber/Braunstein, 1999, S. 108). Eine Marke ist, was der Verbraucher als solche wahrnimmt, eine Marke ist, was der Verbraucher als solche wahrnimmt, zunächst unabhängig von objektiven Produkteigenschaften.

Erst die Wahrnehmung durch den Konsumenten und die mentale Verankerung eines unverwechselbaren Vorstellungsbildes macht also das markierte Produkt oder seine Leistung zu einer Marke (Meffert, 1998, S. 785). Allein die Vorstellung von Wert und Bedeutung im Bewusstsein des (potenziellen) Abnehmers entscheidet über den Erfolg oder Misserfolg der Marke (Berekoven, 1992, S. 43).

Die Marke wird zu einem sozialpsychologischen Phänomen, das Emotionen, Motivationen, Einstellungen sowie Konsumentenverhalten im sozialen Umfeld in die Markenbetrachtung einbezieht und somit zum verhaltenswissenschaftlichen Markenverständnis führt (Linxweiler, 1999, S. 56). Aus dem reinen Merkmalsbündel der Markenführungsanfänge entwickelt sich so ein „geschlossenes Absatzkonzept, welches auf ein prägnantes Image und eine hohe Bekanntheit ausgerichtet wird“ (Dichtl, 1992, S. 19). Erstmals gehören auch Dienstleistungen dem Markenbegriff an (Berekoven, 1978, S. 43; Meffert, 1979, S. 23 f.)

Allerdings ist durch dieses Verständnis die eindeutige und exakt nachvollziehbare Bestimmung einer Marke nicht gegeben: Ob und wann ein Produkt eine Marke ist, kann nur situations-, branchen- und produktspezifisch festgelegt werden (Graumann, 1983, S. 68).

Die Entwicklung zum wirkungsorientierten Markenverständnis führten zur Ausprägung von zwei Markenführungsansätzen: dem verhaltens- und imageorientierten Ansatz und dem technokratisch-strategieorientierten Ansatz.

4. Verhaltens- und imageorientierter Ansatz

Mitte der 70er Jahre bis Ende der 80er Jahre 20. Jh.

Forschungsergebnisse über Bedeutung, Entstehung und Komponenten von Markenimages im Sinne einer psychologischen und verhaltensorientierten Markenführung dienen diesem Ansatz als Grundlage für die Ausarbeitung von Richtlinien zur Markenkompetenz- und Markenimagebeeinflussung (Meffert/Burmann, 1996, S. 10).

Grundsätzlich wird allen Marketingparametern eine Imagerelevanz zugeschrieben, woraus die Gleichsetzung von Marketing und Markenführung resultiert. Damit wird die Marke der zentrale Begriff des Marketing (Goodyear, 1994, S. 60).

Der Vorteil der Gleichstellung von Marketing und Markenführung liegt im gezielten Einsatz aller Kräfte für den Erfolg der Marke. Dem steht der Nachteil gegenüber, dass die Marke nicht als konstante Größe betrachtet wird, sondern sich nach Belieben und dem – auch durch den Zeitgeist beeinflussten – Wunschdenken der Konsumenten ständig wandelt. Zudem werden methodische Gesichtspunkte (zum Beispiel die Positionierung) überbetont, und die ganzheitliche Betrachtung und Integration anderer Unternehmensebenen als der Marketingebene vernachlässigt (Berekoven, 1992, S. 38).

Diese Integrationsdefizite werden im sich parallel entwickelnden technokratisch-strategieorientierten Ansatz durch erneute Einbeziehung der Unternehmensführung in das Markenmanagement zu beseitigen versucht (Meffert, 1988, S. 115 f. und 289 f.; Haedrich/Tomczak, 1990).

5. Technokratisch-strategieorientierter Ansatz

Mitte der 70er Jahre bis Ende der 80er Jahre 20. Jh.

Diesem Markenverständnis liegt die Ansicht zugrunde, dass die Marke eines Unternehmens dessen größtes Kapital ist (Kapferer, 1992, S. 9). Der Markenwert wird als Summe der Images von Produkt, Nutzer und Hersteller beschrieben (vgl. Biel, 1999, S. 62, S. 90).

Hauptmerkmal dieses Ansatzes ist die starke strategische Ausrichtung der Marke, die nicht mehr dem Marketing allein überlassen werden darf: Die Markenführung wird der Unternehmensführung übertragen (Adjouri, 1995, S. 5), die sich auf „... die Planung, Steuerung und Koordination aller auf den Absatzmarkt gerichteten Maßnahmen der Markengestaltung ..." (Meffert/Burmann, 1996, S. 11) konzentriert. Aufgrund der direkten Entscheidungsgewalt der Unternehmensleitung kann diese bei Problemen in der Markenführung schnell reagieren. Jedoch besteht die Gefahr, dass der Mangel an Markenfachleuten in der Unternehmensführung zu einem sehr schematischen Herangehen an die Markenführung führt. Außerdem ist dieser Markenführungsansatz durch die Imageorientierung nur außengerichtet und vernachlässigt die Innensicht.

6. Integrierter identitätsorientierter Ansatz

90er Jahre 20. Jh.

Die 90er Jahre sind unter anderem geprägt durch eine immer stärkere Angleichung von Produktqualitäten, die Globalisierung des Wettbewerbs, weitgehende Positionierungsenge und die Informationsüberlastung der Konsumenten (vgl. Meffert/Burmann, 1996, S. 11 – 13; Herbst, 1998, S. 7 – 11). Verbraucher suchen verstärkt nach festen Größen, die ihnen Sicherheit zurückgeben – Vertrauen und Identität rücken in den Mittelpunkt einer zunehmend sozialpsychologischen Betrachtung der Marke.

Der identitätsorientierte Ansatz geht davon aus, dass eine Marke eine Einheit darstellen kann, die wie eine menschliche Persönlichkeit mit einer unverwechselbaren Identität gesehen wird (vgl. Erke, 1993, S. 257).

Die an ihrer Identität ausgerichtete Marke kann das für den Vermarktungserfolg notwendige Vertrauen stärker aufbauen als beispielsweise eine an ihrem strategischen Kern ausgerichtete (Meffert, 1998, S. 812 ff.; Kapferer, 1992, S. 39 ff., vgl. auch Linxweiler, 1999, S. 65 ff.). Aus dieser Theorie entwickelte sich ein identitätsorientiert-ganzheitliches Konzept der Markenführung (Kapferer, 1992, S. 39 ff.; Meffert/Burmann, 1996, S. 21 f.; Meffert, 1998, S. 812), in dem die Markenidentität die Grundlage für den Erfolg der strategischen Markenführung bildet (Meffert, 1998, S. 814).

6.1 Entwicklung des Ansatzes

Der Ansatz der identitätsorientierten Markenführung baut auf den strategischen sowie einstellungs- und verhaltensorientierten Modellen des Markenmanagements auf. Dabei wird jedoch die alleinige Ausrichtung der Konzepte am Markenimage, am „Schein der Marke“ kritisiert: Die Suche nach einem gefälligen Image führe oft dazu, dass die Markenpolitik nur noch die Erwartungen potenzieller Käufer befriedigen möchte (Kapferer, 1992, S. 45). Durch eine zu starke Ausrichtung am Idealimage werde aber die Marke zum Nachläufer von Trends und Moden, sie werde opportunistisch und demagogisch und verliere an Identität. Entfernt sich die Marke allzu stark vom Kern der Marke, von ihrer Identität, wird sie in den Augen potenzieller Käufer unglaubwürdig und unter Umständen sogar abgelehnt (Kapferer, 1992, S. 45). Daher betonen die identitätsorientierten Ansätze die Eigenständigkeit der Marke – die Markenidentität rückt in den Mittelpunkt des Markenmanagements (Kapferer, 1992, S. 13, S. 39).

6.2 Aufgaben und Ziele

Kernpunkt des Konzepts der identitätsorientierten Markenführung ist die Betrachtung der „Wechselseitigkeit von Image und Identität einer Marke sowie die Betonung einer über Funktions- und Unternehmensgrenzen hinweggreifenden Vernetzung aller markenbezogenen Aktivitäten“ (Meffert/Burmann, 1996, S. 26).

Neben den kurzfristigen Zielen der Steigerung der Markenbekanntheit bzw. Markenaktualität und der Erhöhung der Markensympathie (Meffert/Burmann, 1996, S. 58; Meffert, 1998, S. 812) ist die Schaffung von Vertrauen durch ein klares Leistungsprofil langfristig zur Existenzberechtigung, Wettbewerbsfähigkeit und dauerhaften Kundenbindung notwendig.

Dieses Vertrauen dient vor allem der Verringerung des vom Konsumenten wahrgenommenen subjektiven Kaufrisikos. Das Vertrauen entsteht nicht unmittelbar (Plötner, 1995, S. 11 f.; Meffert/Burmann, 1996, S. 27), sondern kann nur durch die Glaubwürdigkeit einer ausgeprägten Markenpersönlichkeit bzw. Markenidentität entstehen (vgl. Meffert/Burmann, 1996, S. 13).

Hohe Kompetenz und Identität haben das Vertrauen des Kunden in die Leistungsfähigkeit und Leistungsbereitschaft eines Unternehmens zur Folge (Meffert/Burmann, 1996, S. 24; Achterhold, 1992, S. 20) und sichern so die Existenz der Marke:

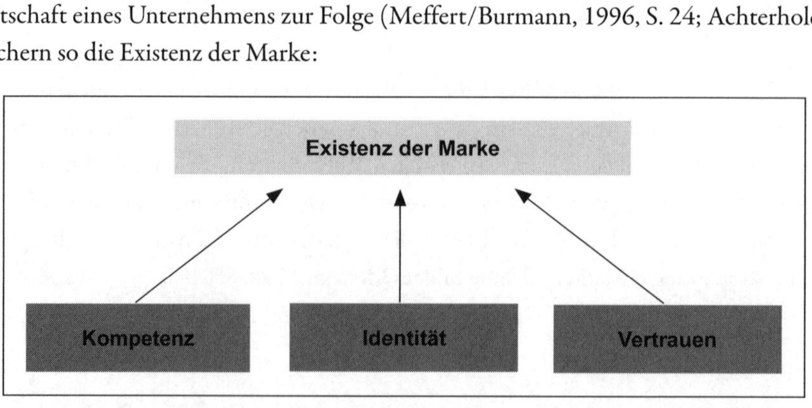

Abbildung 2: Vertrauen entsteht durch Identität und Kompetenz der Marke

Die Hauptaufgabe der identitätsorientierten Markenführung liegt also in der Schaffung einer eigenständigen Markenpersönlichkeit. Erst wenn die Durchgängigkeit der Markenidentität erkennbar ist, kommt es zu einer echten Differenzierung und Profilierung, die auch dem Konsumenten die Möglichkeit der Identifikation mit der Marke gibt (Häusler, 1998, S. 170). Hierzu müssen das Selbstbild (die nach innen gerichtete Eigenwahrnehmung) und das Fremdbild (Image, Fremdwahrnehmung) möglichst deckungsgleich sein und idealerweise langfristig übereinstimmen (Meffert/Burmann, 1996, S. 48; Keller, 1990, S. 55; Kapferer, 1992, S. 196).

Diese nach außen und innen einheitlich gestaltete Markenidentität entsteht durch eine innen- und außengerichtete, funktionsübergreifende Integration aller Marketingmaßnahmen (Meffert/Burmann, 1996, S. 68). Die Markenziele werden maßgeblich durch die Ausrichtung an unterschiedlichen Bezugsgruppen (vgl. Abbildung 2) erreicht. Einerseits entscheidend ist die Identifikation der Mitarbeiter mit ihrer Marke. Gegenüber den Wettbewerbern ist die Entwicklung einer eigenständigen Markenpersönlichkeit an die prägnante Differenzierung der Marke geknüpft. Schließlich sind in der Öffentlichkeit die Legitimität und Glaubwürdigkeit der Marke zu verankern.

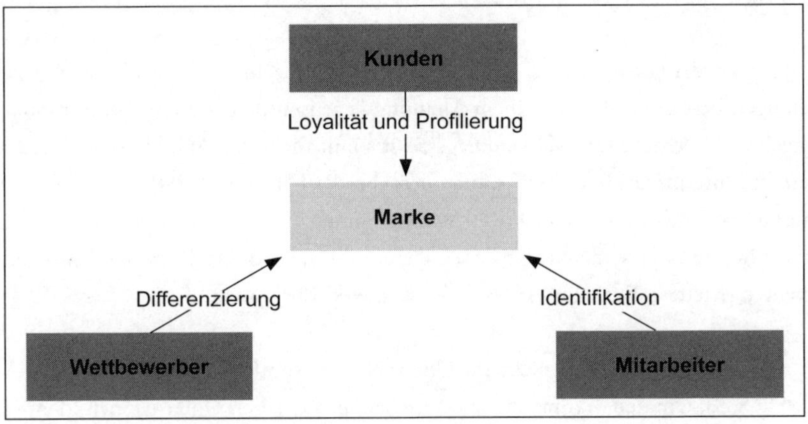

Abbildung 3: Bezugsgruppen der Marke (in Anlehnung an Meffert/Burmann, 1996, S. 61)

Nur durch das Zusammenspiel der objektbezogenen Sicht im Unternehmen und der wirkungsbezogenen Sicht in Bezug auf die Konsumenten entsteht eine starke Marke. Die identitätsorientierte Markenführung ist demnach ein „außen- und innengerichteter Managementprozess, mit dem Ziel der funktionsübergreifenden Vernetzung aller mit der Markierung von Leistungen zusammenhängenden Entscheidungen und Maßnahmen zum Aufbau einer starken Markenidentität". Sie umfasst die „Planung, Koordinierung Durchsetzung und Kontrolle aller Maßnahmen zur Erzielung eines definierten Soll-Images ... bei den relevanten externen und internen Bezugsgruppen des Unternehmens ...", (Meffert/Burmann, 1996, S. 15).

6.3 Das Markenimage als Fremdbild der Markenidentität

Der Begriff „Image" stammt ursprünglich aus den Sozialwissenschaften und wird dort als subjektives Wissen und gefühlsmäßige Wertung (Becker, 1992, S. 122) eines externen Betrachters verstanden. Es kann definiert werden als „die Gesamtheit aller Gefühlsäußerungen, die in einer öffentlichen Meinung ihrem Gegenstand (zum Beispiel Produkt, Person, Idee) entgegengebracht werden" (Hoffmann, 1981, S. 76). „Ein Image gibt die subjektiven Ansichten und Vorstellungen von einem Gegenstand wieder" (Kroeber-Riel, 1990, S. 191).

Die Wirtschaftswissenschaften verwenden den Begriff „Image" erstmals in den 50er Jahren durch Gardner und Levy (zitiert nach von Rosenstiel/Neumann, 1991, S. 123) in einem markt- und werbepsychologischen Zusammenhang.

Images werden als Folgen eines Bewertungsprozesses aufgrund gespeicherter Gedächtnisinhalte definiert (Sommer, 1998, S. 149; vgl. auch Meffert/Burmann, 1996, S. 34), als ein subjektives Bild, das sich jemand von einem Gegenstand macht. Durch die Komponente der Fremdwahrnehmung (Meffert/Burmann, 1996, S. 34) wird das Imagemodell auch als Akzeptanzmodell bezeichnet (Kapferer, 1992, S. 44 – 45; Meffert/Burmann, 1996, S. 34; Dingler, 1997, S. 46).

Es wird, geprägt vson der Persönlichkeit der Gruppe oder des Einzelnen, durch alle subjektiven Ansichten und Vorstellungen bestimmt, die mit einem Meinungsgegenstand (beispielsweise mit einer Marke) in Verbindung gebracht werden. Das Markenimage zeigt somit nicht das Abbild der Realität, sondern die subjektiv gefärbte Interpretation dieser Realität (Kroeber-Riel, 1992, S. 190). Es ist das Fremdbild der Markenidentität, das Ergebnis der subjektiven Wahrnehmung, Decodierung, Interpretation und Akzeptanz der von der Marke ausgesendeten Signale (Name, Symbole, Produkte, Kommunikation etc.) aus Sicht des Konsumenten (Meffert/Burmann, 1996, S. 34; Kapferer, 1992, S. 44 f.).

Der Markenwert entsteht demnach nicht im Unternehmen, sondern in den Köpfen der Verbraucher (Kapferer, 1992, S. 9). Um den Verbraucher zu erreichen, produzieren Unternehmen Identitätsbotschaften in Form von Zeichen wie der Marke, die vom Empfänger wahrgenommen und verarbeitet werden (Adjouri, 1995, S. 31).

Der Empfänger einer Identitätsbotschaft macht sich zusammen mit anderen verfügbaren, aktuellen, gespeicherten Informationen ein Bild von einer Marke und bewertet seine Eindrücke nach seinem individuellen Bewertungsschema. Je nach subjektiver Wichtigkeit der Marke oder nach anderen, beispielsweise auch situativen Bedingungen, können diese Bewertungsschemata von extensiv-rational bis hin zu intuitiv-emotional ablaufen (Linxweiler, 1999, S. 67).

Die vom Unternehmen ausgesandten Markenbotschaften werden vom Kunden nie in ihrer Gesamtheit gesehen und beachtet, statt dessen fügen sich verschiedene Wahrnehmungen zu einem Markengesamteindruck zusammen: dem Markenimage (Schmitt/Simonson, 1998, S. 78).

Entstehung des Markenimages

Dieses subjektiv gefärbte Markenimage entsteht beim Kunden durch die wiederholte Begegnung mit der Marke im Alltag: im entgegenkommenden Empfang am Vertriebspunkt, in der Übersichtlichkeit und Attraktivität der Präsentation im Handel oder auf der Verpackung, in der Nutzerfreundlichkeit der Produktgestaltung und der Bedienungsanleitung etc. (Häusler, 1998, S. 172).

Durch Kontakte zwischen Marke und Konsument und den damit verbundenen Erfahrungen werden aus verbal umrissenen Werten der Marke begreif-, erleb- und vorstellbare Markenbilder. Funktionale Produkte bilden im Kopf der Konsumenten Markenpersönlichkeiten, mit deren charakteristischen Eigenschaften sich der Konsument emotional verbunden fühlt (Häusler, 1998, S. 172).

Komponenten des Markenimages

Das Image oder Fremdbild beschreibt die Wirkung der Marke auf die externen Bezugsgruppen, die die Impulse, die von der Marke ausgehen, decodieren und bewerten.

Das Markenimage setzt sich wie die Markenidentität aus verschiedenen Komponenten zusammen (Meffert/Burmann, 1996, S. 36; Esch/Wicke, 1999, S. 51):

- der wahrgenommenen Eignung der Marke zur Befriedigung individueller Bedürfnisse („Favourability“),
- der Einzigartigkeit der mit der Marke verbundenen, marktbezogenen Vorstellungen und
- der Stärke und dem Abstraktionsgrad der mit der Marke verbundenen Assoziationen.

Der Abstraktionsgrad der Markenassoziationen lässt sich weiter unterteilen nach:

- Vom Konsumenten assoziierten Markeneigenschaften (beispielsweise die erwarteten physischen Merkmale des markierten Produkts, der Preis, die Verpackung, die typischen Käufer und Anwendungssituationen einer Marke).
- Der Art der Assoziationen (emotional oder kognitiv) bzw. der Art des von den Konsumenten subjektiv erwarteten Markennutzens (Grund-, Zusatz-, Geltungsnutzen, bzw. Funktions-, Erfahrungs- und Symbolnutzen) sowie
- Globalen Einstellungen der Konsumenten gegenüber einer Marke (übergreifende, wertende Globalüberzeugung gegenüber einer Marke wie beispielsweise Markensympathie).

Verhältnis vom Markenimage und Markenidentität

Es wird zwischen dem formulierten Selbstbild (der Philosophie der Marke), dem realisierten Selbstbild (der Kommunikation, dem Erscheinungsbild, dem Verhalten) und dem Fremdbild, also dem Image unterschieden (Achterholt, 1988, S. 42, zitiert nach Meffert/Burmann, 1996, S. 34).

Das Image einer Marke wird um so differenzierter und widerspruchsfreier wahrgenommen, je konsistenter und klarer die Markenidentität in Form der Markenphilosophie von Unternehmensseite konzipiert und für die einzelnen Bezugsgruppen umgesetzt wird (Linxweiler, 1999, S. 68).

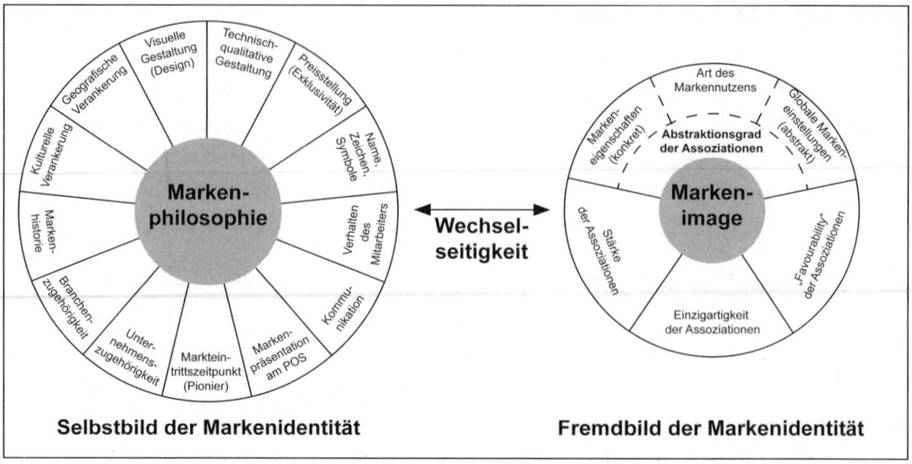

Abbildung 4: Selbst- und Fremdbild der Markenidentität (Quelle: Meffert/Burmann, 1996, S. 35)

Stärke und Prägnanz der Markenidentität sind dabei vor allem vom Grad der Übereinstimmung zwischen Selbst- und Fremdbild abhängig (vgl. Abb. 3). Decken sich Selbst- und Fremdbild der Markenidentität, spricht man von einer starken Markenidentität (vgl. Meffert/Burmann, 1996, S. 31).

Nur wenn eine weitgehende Kongruenz zwischen dem Selbst- und Fremdbild der Markenidentität vorliegt, kann eine Marke erfolgreich auf der Basis ihrer Identität geführt werden und eine starke Position im Wettbewerb erreichen (Meffert, 1998, S. 813 f.).

6.4 Die Identität der Marke

Identität spiegelt die Persönlichkeit einer Person oder einer Marke durch Kombination verschiedener aufeinander abgestimmter Merkmale oder Eigenschaften wider. Der Identitätsbegriff umschreibt ein Gefühl, eine Empfindung, die von Personen erfahren wird (Erikson, E.H., 1973: Identität und Lebenszyklus, 1. Auflage, Frankfurt am Main (engl. Original von 1959), zitiert nach Meffert/Burmann, 1996, S. 28). Ihre Stärke wächst mit fortschreitender Zeitdauer (Meffert/Burmann, 1996, S. 36 f.).

In der Soziologie setzt sich Identität aus zwei Komponenten – „Privatem Selbst" und „Sozialem Selbst" zusammen. Sie entsteht folglich durch die Wechselbeziehung des Individuums mit sich und seiner Umwelt.

Eine Person bildet ihre Persönlichkeit und Identität, indem sie einerseits interpretiert, wie sie selbst sich wahrnimmt (Privates Selbst oder Eigenwahrnehmung) und andererseits die Reaktion der Umwelt auf die eigene Person interpretiert (Soziales Selbst oder Interpretation der Fremdwahrnehmung) (Frey, 1983, S. 47 ff., vgl. auch Drewes, 1993, S. 10 ff., Meffert/Burmann, 1996, S. 25).

Eigen- und Fremdwahrnehmung stehen in einer Wechselwirkung zueinander und bedingen sich gegenseitig.

Obgleich der Identitätsbegriff aus den Sozialwissenschaften abgeleitet ist (Drewes, 1993, S. 1 f.), entlehnen ihn die Wirtschaftswissenschaften, so dass im übertragenen Sinne auch Objekte wie Unternehmen (CI) und Marken (Markenidentität) eine Identität besitzen (Kammerer, 1988, S. 8).

Die Wirtschaftswissenschaften unterscheiden verschiedene Identitätsauffassungen. Danach kann beim Begriff der „Identität" zwischen dem Gegenstand der Identitätszuschreibung (Individuen, Gruppen, Objekte) und der Perspektive, aus der die Identität festgestellt wird (Innenperspektive, Außenperspektive), unterschieden werden (Meffert/Burmann, 1996, S. 24):

	Perspektive, aus der Identität festgestellt wird	
Gegenstand der Identitätszuschreibung	Innenperspektive („Selbstidentifikation")	Außenperspektive („Fremdidentifikation")
Individuen	Persönliche Identität/Ich-Identität	Soziale Identität
Gruppen (zum Beispiel Organisationen, Unternehmen)	Gruppenidentität der Gruppenmitglieder	Gruppenidentität der Nicht-Mitglieder
Objekte (zum Beispiel Marken)	Selbstbild der Markenidentität	Fremdbild der Markenidentität

Abbildung 5: Systematisierung des Identitätsbegriffs (Quelle: Meffert/Burmann, 1996, S. 25)

Identität von Individuen, Gruppen und Objekten

Der auf Erikson (Erikson, E.H., 1973: Identität und Lebenszyklus, 1. Auflage, Frankfurt am Main (engl. Original von 1959), zitiert nach Meffert/Burmann, 1996, S. 24.) zurückgehende Begriff der Ich-Identität oder der persönlichen Identität charakterisiert das Vorhandensein eines individuellen, durch Eigenbeobachtung im Individuum eigenständig entstehenden Bildes.

Die Ich-Identität beschreibt in der Regel alle diejenigen Merkmale, die in ihrer Summe einen Menschen als einmaliges Subjekt von allen anderen unterscheiden – seien es positive oder negative Eigenschaften, bewusste oder unbewusste Verhaltensweisen, persönliche Beziehungen, frühere Leistungen oder anderes mehr (Trux, 1993, S. 67). Sie dient dem Einzelnen als Orientierungsrahmen für sein Verhalten (Meffert/Burmann, 1996, S. 24).

Diese Merkmalskette ist nicht starr und unveränderbar: sie entwickelt sich lebendig und fortwährend (Erke, 1993, S. 260). Ein Persönlichkeits- bzw. Identitätswandel vollzieht sich jedoch aufgrund der hohen zeitlichen Konstanz der Ich-Identität stets sehr langsam (Meffert/Burmann, 1996, S. 24).

Im Gegensatz zur Ich-Identität wird bei der sozialen Identität (vgl. Abbildung 5) einem Individuum von außen, d. h. von anderen Personen, eine Identität im Sinne eines Merkmalsbündels zugeschrieben (Frey/ Hauser, 1987, S. 3). Eine „... Person wird aufgrund ihrer Merkmale identifiziert, verliert ihre Anonymität und wird zum unverwechselbaren Individuum" (Trux, 1993, S. 67).

Auch Gruppen (wie Unternehmen, Organisationen, Kulturen, Vereine etc.) bilden aus gemeinsam erfahrenen Werten eine bestehende Identität (vgl. Corporate Identity bei Unternehmen). Sie wird aus der Perspektive der Gruppenmitglieder oder der Nicht-Mitglieder aus denjenigen Merkmalen gebildet, die innerhalb der Gruppe als konstant zu beobachten sind (Meffert/Burmann, 1996, S. 27 f.).

Eine starke Gruppenidentität kann bei den Gruppenmitgliedern Bestandteil der Ich-Identität werden und dadurch den Zusammenhalt der Gruppe positiv beeinflussen (Meffert/Burmann, 1996, S. 27 f.).

Meffert/Burmann schreiben auch Objekten eine Identität zu. Da dies jedoch im Widerspruch zum Identitätsbegriff steht, der ja – wie anfangs definiert – Identität immer als menschliches Gefühl oder Empfindung beschreibt (Erikson, 1973, Ebenda, S. 28), stellen sie die Objektidentität als Sonderform der Gruppenidentität dar (Meffert/Burmann, 1996, S. 28).

In dieser dritten Kategorie ist auch die Markenidentität angesiedelt. Sie kann durch ihre Definition als die „in sich widerspruchsfreie, geschlossene Ganzheit von Merkmalen, die diese von anderen Marken dauerhaft unterscheidet" (Meffert/Burmann, 1996, S. 31) charakterisiert werden, die in ihrer Persönlichkeit zahlreiche Parallelen zur Ich-Identität aufweist. Mitarbeiter und Kunden stehen unter dem gleichzeitigen Einfluss von Gruppenidentität (des Unternehmens, der Kundengruppe) und Markenidentität (Meffert/Burmann, 1996, S. 33).

„Die Markenidentität entsteht dabei erst in der wechselseitigen Beziehung zwischen internen und externen Bezugsgruppen und bringt die spezifische Persönlichkeit einer Marke zum Ausdruck" (Meffert/ Burmann, 1996, S. 31). Sie kann sich nur dann entwickeln, wenn sie in das Werte- und Normengefüge der sie umgebenden Gesellschaft eingebettet ist; das heißt, eine starke Markenidentität etabliert sich nur dann, „... wenn sie in die Unternehmensidentität eingebettet wird und mit dieser harmoniert." (Meffert/Burmann, 1996, S. 33).

6.4.1 Voraussetzungen für die Entstehung der Markenidentität

Aus der sozialwissenschaftlichen Identitätsforschung lassen sich vier Merkmale ableiten, die unabhängig von der im Einzelnen gewählten Identitätsdefinition bedingend zur Entstehung von Markenidentität vorhanden sein müssen (Meffert/Burmann, 1996, S. 29 – 31; vgl. Linxweiler, 1999, S. 66):

- *Wechselseitigkeit:* Erst die dauerhafte Wechselwirkung zwischen internen und externen Bezugsgruppen lässt Identität entstehen. Marken müssen also, um Identität zum wesentlichen Faktor ihres Daseins zu machen, in einer Konkurrenzbeziehung zu anderen Marken stehen. Bei einer allein für sich stehenden Marke wäre die Markenidentität von untergeordneter Bedeutung.
- *Kontinuität:* Eine starke Identität kann darüber hinaus nur entstehen, wenn die essenziellen, das Wesen der Marke bestimmenden Identitätsmerkmale (zum Beispiel die Markenphilosophie) über einen Zeitraum mehrerer Jahre weitgehend konstant bleiben. Gehen sie hingegen verloren, erlischt auch die Identität der Marke. Anders ist dies bei den akzidentiellen Merkmalen der Marke (zum Beispiel Gestaltung der Werbebotschaft). Diese können sich im Laufe der Zeit verändern, ohne dass die Marke ihr Wesen bzw. ihre Identität verliert. Wobei die Übergänge zwischen den beiden Merkmalsgruppen fließend sind.
- *Konsistenz:* Nur eine innen- und außengerichtete, widerspruchsfreie Kombination einzelner Markeneigenschaften führt zur starken Markenidentität. Werden die verschiedenen Merkmale der Identität nicht aufeinander abgestimmt, ergeben sich Widersprüche, die die Identität stören und zerstören können.
- *Individualität:* Die Individualität beschreibt die Einzigartigkeit der Marke, die durch ein einzelnes Merkmal oder durch eine spezifische Kombination von Merkmalen begründet sein kann. Um sich von anderen Marken zu unterscheiden und unverwechselbar zu sein, müssen diese Merkmale von den Konsumenten und auch von den eigenen Mitarbeitern wahrgenommen werden und für sie relevant sein.

Diese vier Eigenschaften sind die Voraussetzung, dass eine starke Markenidentität entstehen kann. Meffert/Burmann definieren Markenidentität als: „... in sich widerspruchsfreie, geschlossene Ganzheit von Merkmalen einer Marke, die diese von anderen Marken dauerhaft unterscheidet." (Meffert/Burmann, 1996, S. 31). Erst in der wechselseitigen Beziehung zwischen internen und externen Bezugsgruppen entsteht die spezifische Markenpersönlichkeit. Deren Stärke wird wesentlich durch das Ausmaß der Übereinstimmung zwischen Selbst- und Fremdbild der Marke bestimmt (Meffert/Burmann, 1996, S. 31). (Siehe den Beitrag *Wenn Persönlichkeiten wirken: das Image.*)

6.4.2 Innen- und Außenperspektive der Identitätsfeststellung

Die Markenidentität formt sich aus dem Selbstbild der Markenidentität (dem im Unternehmen definierten Soll-Image der Marke) einerseits und dem Fremdbild der Markenidentität (der Wahrnehmung der Marke bei ihren externen Bezugsgruppen) andererseits (Meffert, 1998, S. 812 f.). Die Markenidentität kann allein in der „... Wechselwirkung zwischen Menschen bzw. beim objektbezogenen Identitätsverständnis nur in der Wechselwirkung zwischen Menschen und den sie umgebenden Objekten der Außenwelt entstehen ..." (Meffert/Burmann, 1996, S. 28).

Unternehmensintern entsteht ein Selbstbild der Markenidentität aus Sicht der Unternehmenseigentümer, Führungskräfte und Mitarbeiter etc. Dieses Selbstbild kann vom Unternehmensmanagement beeinflusst und gesteuert werden. Das Marken-Fremdbild formt sich aus der Sichtweise externer Anspruchsgruppen wie zum Beispiel Kunden und Nicht-Kunden, Lieferanten, Handel, Verbraucherverbände, Umweltschutzgruppen, Behörden, Investoren etc. (Meffert/Burmann, 1996, S. 28).

6.4.3 Die Komponenten der Markenidentität

Für den erfolgreichen Aufbau und die Pflege einer Marke spielen die Komponenten der Markenidentität, die das Selbst- und Fremdbild entscheidend prägen, eine bedeutende Rolle (Meffert/Burmann, 1996, S. 36 ff.; vgl. auch Aaker, 1996, S. 68 f.). Diese Komponenten gelten auch als „Identitätsquellen" (Kapferer, 1992, S. 67). Sie existieren nicht starr und unveränderbar, sondern sie sind von der Situation abhängig, in der sich die Marke befindet. Folglich müssen nicht jederzeit alle Komponenten gleichwertig behandelt bzw. bewertet werden.

Die Markenphilosophie

Im Zentrum des Selbstbildes steht die Markenphilosophie. Sie beschreibt das Wesen und die Vision der Marke und legt in einem Leitbild die essenziellen Bestandteile als Sollziel der Marke fest. Die Markenphilosophie stellt den Kern bzw. das Herz der Markenidentität dar (Meffert/Burmann, 1996, S. 38), indem sie die Fragen nach Unterscheidung, Permanenz, Homogenität, Wert und Authentizität der Marke beantwortet (vgl. Kapferer, 1992, S. 41 f.). Sie drückt die Idee aus (die spezifische Kompetenz der Marke, die Kernkompetenz, und ihre Vision), die Inhalte, für die die Marke steht (ihre grundlegenden Wertvorstellungen, die Markenwerte und ihre Ziele), ihre zentralen Eigenschaften sowie das Verhältnis der Marke zu den wesentlichen internen und externen Bezugsgruppen (Meffert/Burmann, 1996, S. 40; Linxweiler, 1999, S. 68). Zum glaubwürdigen und konsequenten Aufbau und dauerhaften Erhalt einer starken Marke muss sich die Markenphilosophie als Basis der gesamten Markenführung in allen die Marke betreffenden Geschäftsprozessen, Maßnahmen, Leistungen und Produkten durchgängig widerspiegeln.

Die interne Festlegung der aus der Markenphilosophie resultierenden Markenwerte ist jedoch nur eine Aufgabe des Markenmanagements: Vielmehr muss sich die Markenphilosophie immer wieder in relevanten gesellschaftlichen Trends und Entwicklungen spiegeln und behutsam an die Entwicklungen im Markenumfeld anpassen (Häusler, 1998, S. 171). Diese Anpassung kann durch die Modifikation akzidentieller Identitätskomponenten erreicht werden. Ändern sich jedoch essenzielle Markenmerkmale, entzieht dies den auf ihnen aufbauenden übrigen Komponenten die Basis, was zu einem schweren Identitätsverlust der Marke und somit zur Verunsicherung der Konsumenten führen kann.

Abgeleitet aus Untersuchungen zur Unternehmenskultur und Corporate Identity lassen sich weitere wesentliche Komponenten der Markenidentität benennen (Kapferer, 1992, S. 67 f.; Wiedmann, 1994, S. 1048; Meffert/Burmann, 1996, S. 36 ff.; vgl. Schmitt/Simonson, 1998, S. 89 ff.; Tomczak/Ludwig, 1998, S. 55):

- *Gestaltung der Marke:* Neben der Philosophie ist die technisch-qualitative und visuelle Gestaltung des Produktes bzw. der Dienstleistung eine der wichtigsten Markenidentitätsquellen. Produkte und Leistungen sowie Breite und Tiefe des Produkt- bzw. Leistungsprogramms zählen als Träger der Markenwerte. Trotz der hohen Bedeutung der technisch-qualitativen Gestaltung darf – nicht zuletzt aufgrund der wachsenden Homogenität der Produkte – eine Konzentration auf einzig diese Identitätskomponenten nicht erfolgen. Vielmehr muss die umfassende Analyse verschiedener unterschiedlicher Merkmale Hauptbestandteil der Markenführung sein.

- ***Preisstellung:*** Die Preisstellung und das daraus resultierende Vorstellungsbild vom jeweils typischen Markenkäufer prägt die Identitätsbildung der Marke entscheidend. Das Preisniveau resultiert meist bereits aus der technisch-qualitativen Gestaltung der Markenprodukte. Ein hoher Preis kann – durch die auf diese Weise eng begrenzte Verbreitung der Markenprodukte – einen Eindruck von Exklusivität und hohem Markenprestige in den Köpfen der Verbraucher wecken, ein niedriger Preis führt zur Popularisierung der Marke.
- ***Markenname, -zeichen, -symbole:*** Der Markenname ist eine wesentliche Identitätsquelle der Marke, vor allem wenn dieser leicht assoziierbar ist. Markenname, Markenzeichen und Markensymbol drücken häufig den Charakter und die Werte der Marke aus und stehen für die mit der Marke assoziierten, objektiven und subjektiven Produkteigenschaften. Marken, die mit Leitbildern wie Personen oder Symbolfiguren, die die Marke darstellen bzw. eine Leistung personifizieren, als Ausdrucksmittel und Assoziationshilfe agieren, unterstützen die Beziehung zwischen Marke und Verbraucher zusätzlich.
- ***Verhalten der Unternehmensmitarbeiter:*** Für die Entstehung einer dauerhaften Beziehung zwischen Marke und Verbraucher sind alle am Markenauftritt beteiligten Personen zuständig, vom Vertrieb bis zum Kundendienst. Diese Beziehung, die einen hohen Einfluss auf die vom Kunden wahrgenommene Markenidentität hat, entsteht durch die Serviceorientierung der Mitarbeiter und deren Bemühen, auf individuelle Kundenbedürfnisse einzugehen.
- ***Markenkommunikation:*** Der Markenkommunikation kommt große Bedeutung für den Aufbau von Markenidentität zu, jedoch weist die aktuelle Forschung darauf hin, dass eine einseitige Ausrichtung auf die Kommunikation der Vielschichtigkeit der Markenidentität nicht gerecht wird. Vielmehr sollte sich die Markenkommunikation auf die Gestaltung der in den Rahmen der Philosophie passenden Botschaften, die Auswahl von Markenbildern und Markenmelodien sowie des Kommunikationsstils beschränken. Neben den klassischen Kommunikationsformen werden zunehmend neue Kommunikationsinstrumente bedeutender für die Identitätsstiftung einer Marke, wie Multimedia- und Online-Kommunikation sowie Sponsoring und Events, nicht zuletzt da die Fragmentierung vieler Märkte die gezielte Ansprache markenrelevanter Zielgruppen zunehmend schwerer macht.
- ***Markteintrittszeitpunkt:*** Besonders bei Innovationen ist die Markenidentität von der Pionierrolle bestimmt, indem sowohl das Selbstverständnis und Verhalten der Mitarbeiter als auch die Wahrnehmung und Kaufabsicht der Konsumenten beeinflusst werden. Der Konsument transferiert dabei die mit einem Pionier assoziierten Merkmale auf seine eigene Person und schafft damit einen positiven Markenzusammenhang.
- ***Markenauftritt am Point of Sale (POS, Verkaufsort):*** Der Verkaufsort ist für den Konsumenten meist die einzige Möglichkeit, sich ein Bild zu machen und eine Meinung über die Marke zu bilden. Die Markenidentität bildet sich beim Kunden durch das Verhalten der Verkaufs- oder Kundendienstmitarbeiter und durch die physischen Merkmale am Verkaufsort, wie zum Beispiel Innenausstattung, Lichtverhältnisse, Farben etc.
- ***Branchen- und Unternehmenszugehörigkeit:*** Die Branchenzugehörigkeit ist dann ein wichtiges Kriterium, wenn im Rahmen eines Markentransfers die Ursprungsmarke auf Produkte und Leistungen anderer Branchen erweitert werden soll. Die Identität der Transfermarke profitiert dann von der Branchenzugehörigkeit der Ursprungsmarke. Künftig wird das Zusammenwachsen unterschiedlicher Industriezweige (zum Beispiel IT oder Finanzdienstleistungen) zu einer steigenden

Bedeutung dieses Kriteriums führen. Auch die Unternehmenszugehörigkeit ist insbesondere bei großen, divisionalisierten Unternehmen eine wichtige Quelle der Markenidentität. Vor allem bei einem traditionell starken Zusammengehörigkeitsgefühl der verschiedenen Unternehmensbereiche und Tochtergesellschaften sind die Markenidentitäten der einzelnen Tochtergesellschaften zusätzlich vom Image der Konzernmutter geprägt. Dies kann bei direkter Konkurrenz der Produkte der einzelnen Gesellschaften allerdings auch zu Irritation beim Verbraucher führen und somit dem Identitätsprozess entgegen wirken.

- ***Markenhistorie und kulturelle und geografische Rahmenbedingungen der Marke:*** Herkunft und Geschichte einer Marke sind wesentliche Stützen der Markenidentität. Dabei erfüllen insbesondere alte Marken mit langer Markenhistorie die Wünsche der Verbraucher nach Orientierung, Sicherheit und Tradition, den Werten, aus denen sie ihre Identität ableiten. Andere Marken schaffen Identität durch die Beziehung zu ihrer Herkunftsregion oder zu ihrem Herkunftsland, oder sie verdrängen ihre nationale Identität und geben sich international. Dabei wird Identität geschaffen durch die Assoziation des geografischen Raums mit der traditionellen Kompetenz einer Region bzw. die Übertragung kultureller Werte und Normen eines Gebiets oder eines Landes auf die Marke.

Wie stark die einzelnen, hier beschriebenen Komponenten tatsächlich zur Identitätsbildung beitragen, hängt stets vom Einzelfall ab und kann nur markenindividuell und situationsspezifisch erfolgen. Großen Einfluss üben aus:

- die Produktkategorie (Dienstleistungen, Investitionsgüter, Convenience-/Shopping-/Speciality Goods etc.),
- die Zielgruppenstruktur,
- die Art des zentralen Markennutzens,
- die Markenidentität der Hauptwettbewerber und
- die Struktur des unternehmensindividuellen Markenportfolios.

Auch für verschiedene Bezugsgruppen der Marke kann die Gewichtung der Merkmale zur Entstehung einer starken Markenidentität unterschiedlich ausfallen (Meffert/Burmann, 1996, S. 37, S. 48).

6.5 Der Managementprozess

Meffert/Burmann stellen fest, dass es in der Literatur trotz einer umfassenden Auseinandersetzung mit dem Markenphänomen bislang kaum Ansätze zur systematischen Beschäftigung mit den Komponenten, der Entstehung und Beeinflussung von Marken gibt (Meffert/Burmann, 1996, S. 34). Nach ihrem Ansatz liegt die Hauptaufgabe in der Schaffung eigenständiger Markenpersönlichkeiten durch die integrierte Gestaltung aller Identitätskomponenten und die Sicherstellung einer Übereinstimmung zwischen Selbst- und Fremdbild der Markenidentität. Dabei müssen

1. das Selbst- und Fremdbild jeder Markenidentität,
2. die verschiedenen Markenidentitäten innerhalb des Unternehmensportfolios,
3. die Marken- und Unternehmensidentität und

4. die international unterschiedlichen Identitätswahrnehmungen in verschiedenen Ländermärkten

in Einklang gebracht werden (Meffert/Burmann, 1996, S. 50). Markterfolg entsteht durch die Anpassung an veränderte Wettbewerbssituationen und Konsumentenbedürfnisse mittels Veränderung einzelner Markenidentitätskomponenten (Meffert/Burmann, 1996, S. 53).

Am Anfang des Managementprozesses steht die Analyse der Kundenbedürfnisse, einschließlich schon sichtbarer zielgruppenspezifischer Problemlösungsstrategien, und der Ist-Identität bzw. die Überprüfung auf interne oder externe Identitäts-Gaps (Lücken). Dem folgt die Auswahl derjenigen Problemlösungsideen, die die Bedürfnisse der Konsumenten am prägnantesten erfüllen bzw. sich am stärksten von relevanten Wettbewerbern unterscheiden. Durch die vorher aufgedeckten Identitäts-Gaps können jene Markenpositionierungen vermieden werden, die ausgehend von der Ist-Identität mit den verfügbaren Unternehmensressourcen nicht zu erreichen wären.

Das zentrale Problem der identitätsorientierten Markenführung stellt die Markengestaltung dar: die zielgerichtete Beeinflussung der einzelnen Identitätskomponenten. Der angemessene, kraftvolle Mix aus zeitlich konstanten und änderbaren Markenkomponenten sowie der Mix aus länderübergreifend standardisierten oder länderspezifischen Markenkomponenten muss den dynamisch auftretenden Veränderungen im Konsumentenverhalten gerecht werden (Meffert/Burmann, 1996, S. 50).

Wie schon erwähnt, ist der Gestaltungsspielraum der einzelnen Identitätskomponenten höchst unterschiedlich und kann nur in der Betrachtung des Einzelfalls beurteilt werden. Grundsätzlich gilt jedoch, dass eine einzelne Komponente durchaus stark verändert werden darf. Jedoch ist die Gefahr des Identitätsverlustes umso größer, je mehr Markeneigenschaften verändert werden. Den geringsten Gestaltungsspielraum bietet die Markenphilosophie, da eine Veränderung (und die daraus resultierende mangelnde Übereinstimmung der Philosophie mit den übrigen Identitätskomponenten) unweigerlich den Identitätsverlust der Marke nach sich zieht. Ebenfalls kaum umsetzbar ist die gleichzeitige Veränderung aller anderen Komponenten, da dies den Konsumenten verwirren und verunsichern könnte.

Schwer zu ändern, aber nicht unveränderbar sind auch der Markenname, die kulturelle und geografische Verankerung, die Markenhistorie sowie der Markteintrittspunkt und die Branchen- und Unternehmenszugehörigkeit.

Die Preisstellung der Marke kann zwar kurzfristig geändert werden; es muss aber mittelfristig mit starken Identitätsproblemen gerechnet werden. Etwas größerer Gestaltungsspielraum besteht hinsichtlich der grundlegenden technisch-qualitativen Konzeption und hinsichtlich des Verhaltens aller die Marke repräsentierenden Mitarbeiter. Am ehesten veränderbar sind die Markenkommunikation sowie die Gestaltung von Markenzeichen und Markensymbolen. Bei langlebigen Gebrauchsgütern kann auch dem Design ein großer Gestaltungsspielraum zugerechnet werden.

Im folgenden Schritt der Markenintegration werden alle Marketingmaßnahmen der verschiedenen Mixbereiche auf die Markenidentität als strategischem Kern der Marke abgestimmt. Der Markenauftritt muss in der Markenpenetration kontinuierlich und die Markenkomponenten zeitlich konstant sein, um eine starke Markenpersönlichkeit zu schaffen (Meffert/Burmann, 1996, S. 53). Erforderlich ist außerdem die ständige Überprüfung des Selbst- und Fremdbildes der Markenidentität, um notwendige Anpassungen vornehmen zu können (Marken-Adaptations-Phase). Hilfreich ist hierfür der Aufbau eines Managementinformationssystems, um Planungs-, Realisations- und Kontrollaktivitäten der Markenführung zu unterstützen (Wiedmann, 1994b, S. 1311, zit. nach: Meffert/Burmann, 1996, S. 53).

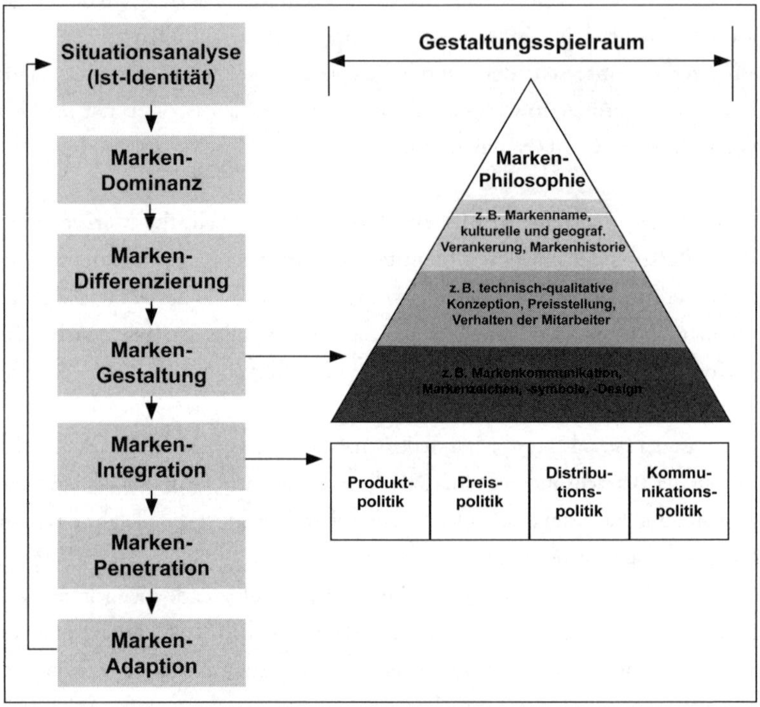

Abbldung 6: Der Managementprozess (Quelle: Meffert/Burmann, 1996, S. 51)

Das Markenmanagement übernimmt zwei Hauptaufgaben: die Verankerung der Markenidentität nach innen und außen sowie das Monitoring der Markenidentität.

Zentrales Ziel ist dabei der Aufbau einer hohen Markenloyalität der Konsumenten durch ein klares Leistungsprofil, die Sicherung der Zufriedenheit und des Vertrauens in die Marke (Burmann, 1991, S. 249 f.). Um dies zu erreichen, müssen im Vorfeld Markenaktualität und -sympathie gesteigert werden. Erreichbar sind diese Ziele bei den Mitarbeitern nur durch eine entsprechende Identifikation mit ihrer Marke, beim Handel durch klare Kompetenz der Marke, gegenüber den Wettbewerbern durch eine starke Differenzierung und bei der Öffentlichkeit schließlich durch die Verankerung von Legitimität und Glaubwürdigkeit der Marke (Meffert/Burmann, 1996, S. 65).

Mit ihrem ersten Modell bleiben Meffert/Burmann jedoch in der Ausarbeitung hinter den Erfordernissen einer praktischen Umsetzung zurück. Sie beschäftigen sich zwar ausführlich mit den Komponenten der Markenidentität, betrachten aber in ihrem Ansatz weder Kosten noch Zeit- und Aufwandsbedarf oder Steuerungsinstrumente, und sie behandeln keine Planungs- oder Kontrollphase. Leider bieten auch die Ausarbeitungen anderer Autoren hierfür keine Ansätze (Goodyear, 1994, S. 60). Zu jung sei das Konzept (Kapferer, 1992, S. 40; vgl. auch Wiedmann, 1994, S. 1053 und Dingler, 1997, S. 50), es fehle zudem noch an einer wissenschaftlichen Erforschung dieses komplexen Sachverhaltes (Wiedmann, 1994, S. 1053).

6.6 Chancen und Herausforderungen

Das Konzept der identitätsorientierten Markenführung eröffnet eine Reihe von Chancen (siehe Abbildung 7):

- Es lässt eine gefestigte, einzigartige, starke Markenpersönlichkeit entstehen, die als immaterieller Vermögenswert einen wesentlichen Beitrag zum Unternehmenswert leistet. Durch die Identifizierung, Profilierung und Differenzierung der Marke im Wettbewerb durch die Schaffung eines klaren Markenkerns und eines eindeutigen Nutzenversprechens wird die Vermarktung unternehmerischer Leistungen und Produkte unterstützt und gestärkt (Häusler, 1998, S. 176).
- Die klare, schlüssige Markenidentität legt auf Basis der Markenphilosophie den Charakter der Marke und den Nutzen für ihre Bezugsgruppen fest (vgl. Becker, 1998, S. 833).
- An der die Markenidentität fixierenden Markenphilosophie lässt sich das gesamte Denken und Handeln sowie der gesamte Auftritt der Marke über längere Zeiträume stabil ausrichten (Häusler, 1998, S. 171). Die Voraussetzungen für die Integration aller Systemteile der Marke nach einem einheitlichen Prinzip werden geschaffen, und das Erreichen der gesetzten Ziele gesichert (vgl. Becker, 1998, S. 833).
- Die Ausrichtung an der Markenphilosophie garantiert die einheitliche und kontinuierliche Steuerung von Verhalten, Design, Kommunikation und Botschaften der Marke und damit den Aufbau und die Pflege der Markenidentität (Kapferer, 1992, S. 45 – 49).
- Bei erweiternden Strategien wie Markendiversifikation oder -transfer lässt sich auf der Basis des identitätsorientierten Ansatzes das Potenzial und die Tragfähigkeit der jeweiligen Marke bestimmen (vgl. Kapferer, 1992, S. 40 f.).
- Die nicht identitätsgestützte Ausweitung und Vermarktung der Marke würde zwangsläufig zur Nivellierung des Markenprofils, zu einer Auflösung der unverwechselbaren, einzigartigen Markenaura und Markensymbolik und zum Verlust der Persönlichkeit und damit der Orientierungsfunktion für den Verbraucher führen (Keller, 1990, S. 55).

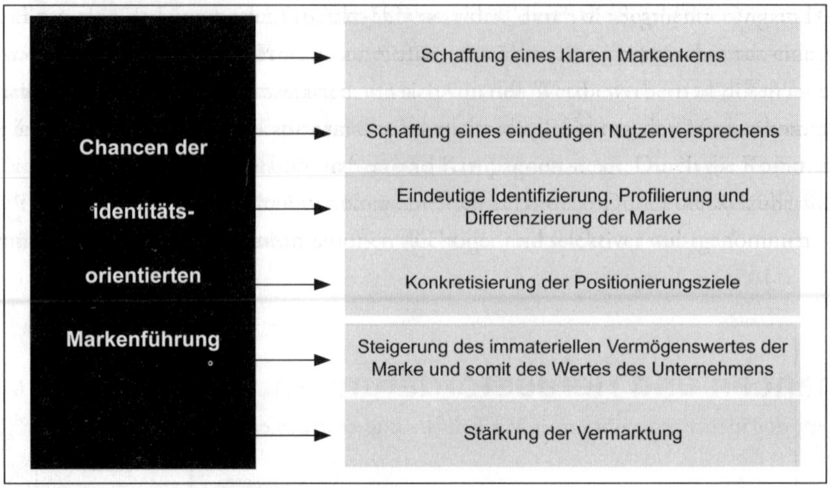

Abbildung 7: Chancen der identitätsorientierten Markenführung

Zu den zahlreichen Forderungen, die an die identitätsorientierte Markenführung gestellt werden, gehören:

- Die identitätsorientierte Markenführung ist eine äußerst komplexe und arbeitsintensive Strategie zur Profilierung einer Marke.
- Der ganzheitliche Ansatz, die Integration aller Identitätskomponenten sowie die Abstimmung der einzelnen Identitätsmerkmale auf den Markenkern erfordern einen erhöhten Koordinations- und Synchronisationsaufwand. Dieser lässt sich nur durch angemessene organisatorische Rahmenbedingungen bewältigen, die sich über alle Unternehmensbereiche hinweg erstrecken (vgl. Meffert/Burmann, 1996, S. 56 f.; vgl. Graumann, 1983, S. 195.).
- Der Aufbau einer starken Markenidentität wird immer aufwendiger und teurer unter den heute gegebenen Rahmenbedingungen der Markenführung (Inflation von Marken und Produkten, Qualitätsangleichung, Inflation kommunikativer Maßnahmen, Informationsüberlastung der Nachfrager, verändertes Konsumentenverhalten etc.; vgl. Esch/Wicke, 1999, S. 12 ff.). Der integrierte Ansatz erfordert hohe finanzielle Investitionen für Analyse, Planung, Umsetzung und Kontrolle der einzelnen Komponenten der Markenidentität (vgl. Keller, 1990, S. 53).
- Die Gestaltung der Beziehungen zwischen der Marke und ihren Bezugsgruppen erfordert langfristige Planung, da sich Einstellungen und Werte, die wesentlich die Markenidentität und das Markenimage bestimmen, nur sehr langsam ändern und einen Lernprozess auf kognitiver und emotionaler Ebene voraussetzen (vgl. von Rosenstiel/Neumann, 1991, S. 122 ff.).
- Der Aufbau einer starken Markenidentität gestaltet sich heute angesichts der immer schnelleren technologischen Entwicklung und immer kürzerer Produktlebenszyklen zunehmend schwieriger, so dass es vor allem für neue Marken außerordentlich schwierig ist, sich am Markt zu etablieren und zu halten (vgl. Keller, 1990, S. 56).

- Produkt- und Markenmanager zeichnen sich häufig durch ein kurzfristiges Erfolgsdenken aus, insbesondere bei stagnierenden Umsätzen und Überkapazitäten (Größer, 1991, S. 23 f.; Riedel, 1996, S. 3). Folge sind viele oder zu schnelle Markentransfers, Konzeptionswechsel und Umpositionierungen. Dieses kurzfristige Denken ist für die mangelnde Kontinuität in Ausbau und Stärkung der Markenidentität verantwortlich und kann sogar zu ihrem Verlust führen (Meffert, 1992, S. 147 f.; vgl. Berekoven, 1978, S. 48).
- Viele Marken floppen so bereits, ohne dass sie die Möglichkeit hatten, eine Persönlichkeit zu entwickeln, sich langfristig zu bewähren und erfolgreich zu werden (vgl. Keller, 1990, S. 56).
- Eine starke Markenpersönlichkeit muss auch immer wieder im Bewusstsein der Konsumenten aktualisiert und entwickelt werden, womit wiederum hohe Kosten verbunden sind. Ohne fortlaufende Aktualisierung der Markenidentität gerät die Marke in Vergessenheit und wird für den Konsumenten unattraktiv (Kapferer, 1992, S. 105; vgl. Berekoven, 1978, S. 48; Keller, 1990, S. 54).
- Eine starke Marke muss ihr Handeln an ihrer Identität ausrichten. Der freien Entwicklung der Marke (zu Beginn ihrer Geschichte) werden so durch das Konzept der identitätsorientierten Markenführung Grenzen gesetzt. Diese Grenzen schränken die Positionierung, den Gestaltungsspielraum und die Ausweitung der Marke auf dem Markt ein.
- Die klare, starke Markenidentität kann sich nur dann etablieren, wenn sie in die Unternehmensidentität eingebettet wird und mit dieser harmonisiert (Meffert/Burmann, 1996, S. 33): „Ein Unternehmen kann seine Marke nur akzeptieren, wenn es sich in der Marke wiedererkennt. Wo nicht, muss die Markenidentität modifiziert und angepasst werden" (Kapferer, 1992, S. 89).
- Identitätsorientierte Markenführung kann nur langfristig angelegt, kontinuierlich und in der widerspruchsfreien Kombination der Identitätskomponenten von Erfolg gekrönt sein.

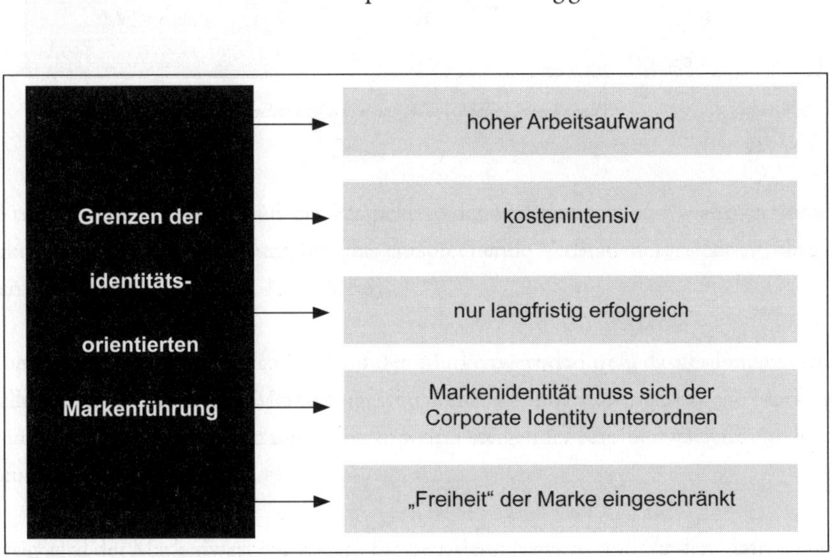

Abbildung 8: Grenzen der identitätsorientierten Markenführung

7. Fazit

1. Vor dem Hintergrund der wirtschaftlichen Veränderungen ist die klassische Markenartikelkonzeption heute aktueller als je zuvor und wird in ihrer Bedeutung weiter wachsen.
2. Das Verständnis der Marke scheint abhängig von den jeweils herrschenden wirtschaftlichen Rahmenbedingungen und wandelt sich deshalb häufig. Eine allgemeingültige Definition der Marke oder Markenführung ist nicht möglich.
3. Insgesamt lassen sich im historischen Überblick sieben strategische Markenverständnisse definieren, die mehr oder minder aktuelle Anwendung finden. Die Ansätze haben sowohl zeitliche als auch inhaltliche Überschneidungen.
4. Die Bezeichnung ‚Marke" hat sich im Verständnis vom reinen produktorientierten Gebrauch zum Begriff auch für Dienstleistungen, Vorprodukte und Investitionsgüter gewandelt.
5. Aufgrund der Veränderungen im Handels-, Wettbewerbs- und Konsumentenverhalten und der in vielen Warengruppen rückläufigen Marktanteile der klassischen Herstellermarken ist eine Neuorientierung in der Markenführung erforderlich.
6. Die Ausrichtung der Markenführung an der Markenidentität als strategischem Kern der Marke scheint geeignet, das zur Kundenbindung wichtige Vertrauen aufzubauen.

8. Literaturverzeichnis

Aaker, D. A.: Building strong brands. New York 1996

Achterholt, G.: Corporate Identity – In 10 Arbeitsschritten die eigene Identität finden und umsetzen, 2., überarbeitete Auflage, Wiesbaden 1992

Adjouri, N.: Die Marke als Botschaft; in: Der Markenartikel, 1/95, 1995, S. 30 – 31

Becker, J.: Markenartikel und Verbraucher; in: Dichtl, Erwin/Eggers, Walter (Hrsg.): Marke und Markenartikel als Instrument des Wettbewerbs, München 1992, S. 97 – 127

Berekoven, L.: Zum Verständnis und Selbstverständnis des Markenwesens; in: o.V.: Markenartikel heute – Marke, Markt und Marketing, Wiesbaden 1978, S. 35 – 48

Berekoven, L.: Von der Markierung zur Marke; in: Dichtl, Erwin/Eggers, Walter (Hrsg.): Marke und Markenartikel – als Instrument des Wettbewerbs, München 1992, S. 25 – 45

Biel, A. L.: Grundlagen zum Markenwertaufbau; in: Esch, F.-R. (Hrsg.): Moderne Markenführung – Grundlagen, innovative Ansätze, praktische Umsetzungen, Wiesbaden 1999, S. 61 – 90

Brandmeyer, K.; Deichsel, A.: Die magische Gestalt – Die Marke im Zeitalter der Massenware, Hamburg 1991

Bruhn, M.: Kommunikationspolitik, Wiesbaden 1997

Dichtl, E.: Grundidee, Varianten und Funktionen der Markierung von Waren und Dienstleistungen; in: Dichtl, E./Eggers, W. (Hrsg.): Marke und Markenartikel – als Instrument des Wettbewerbs, München 1992, S. 1 – 23

Dingler, R.: Wie baut man eine starke Marke auf? in: Hauser, U. (Hrsg): Erfolgreiches Markenmanagement: vom Wert einer Marke, ihrer Stärkung und Erhaltung, Wiesbaden 1997,S. 39 – 78

Domizlaff, H.: Die Gewinnung des öffentlichen Vertrauens, neu zusammengestellte Ausgabe, Hamburg 1982

Drewes, R.: Identität. Der Versuch einer integrativen Neufassung eines psychologischen Konstruktes: eine qualitative Untersuchung mit jungen Erwachsenen, Münster/New York 1993

Erke, H.: Psychologische und symbolische Aspekte der Corporate Identity; in: Birkigt, K./Stadler, M.M./Funck, H.J. (Hrsg.): Corporate Identity – Grundlagen, Funktionen, Fallbeispiele, 6. Auflage, Landsberg am Lech 1993, S. 257 – 286

Esch, F.-R./Wicke, A.: Herausforderungen und Aufgaben des Markenmanagements; in: Esch, F.-R. (Hrsg.): Moderne Markenführung – Grundlagen, innovative Ansätze, praktische Umsetzungen, Wiesbaden 1999, S. 3 – 55

Frey, H.-P.: Stigma und Identität. Weinheim/Basel 1983

Gerken, G.: Die fraktale Marke. Düsseldorf, Wien, New York, Moskau 1994

Gerken, G.: Der magische Code. Marken Tuning. Düsseldorf 1995

Graumann, J.: Die Dienstleistungsmarke, München 1983

Goodyear, M.: Marke und Markenpolitik in: Planung und Analyse. 21. Jahrgang, Heft 3, 1994, S. 60 – 67

Häusler, J.: Mit den Augen des Kunden – Grundsätzliches zur Entwicklung von Markenpersönlichkeiten; in: Merten, Klaus/Zimmermann, Rainer (Hrsg.): Das Handbuch der Unternehmenskommunikation, Köln 1998, S. 169 – 177

Hartmann, V.: Markentechnik in der Konsumgüterindustrie, in: Mellerowicz, K. (Hrsg.): Schriftenreihe des Forschungsinstituts für das Markenwesen, Band 10, Freiburg i. Br. 1966

Herbst, D.: Corporate Identity, Berlin 1998

Herrmann, A./Huber, F./Braunstein, C.: Gestaltung der Markenpersönlichkeit mittels der ‚means-end"-Theorie; in: Esch, F.-R. (Hrsg.): Moderne Markenführung – Grundlagen, innovative Ansätze, praktische Umsetzungen, Wiesbaden 1999, S. 103 – 134

Hoffmann, H.-J.: Psychologie der Werbekommunikation, 2. Auflage, Berlin, New York: 1981

Kammerer, J.: Beitrag der Produktpolitik zur Corporate Identity, München 1988

Kapferer, J.-N.: Die Marke – Kapital des Unternehmens, Landsberg am Lech 1992

Keller, I.: Das CI Dilemma, Wiesbaden 1990

Kotler, P./Bliemel, F.: Marketing-Management – Analyse, Planung, Umsetzung und Steuerung, 7. Auflage, Stuttgart 1994

Kroeber-Riel, W.: Konsumentenverhalten, 4. Auflage, München 1990

Linxweiler, R. (Hrsg.: MTP e.V. Alumni): Marken-Design – Marken entwickeln, Markenstrategien erfolgreich umsetzen, Wiesbaden 1999

Meffert, H.: Der Markenartikel und seine Bedeutung für den Verbraucher, Gruner – Jahr AG & Co. (Hrsg.), Hamburg 1979

Meffert, H./Burmann, C.: Umweltschutzstrategien im Spannungsfeld zwischen Hersteller und Handel, Arbeitspapier Nr. 66 der Wissenschaftlichen Gesellschaft für Marketing und Unternehmensführung e.V., Meffert, H., Wagner, H., Backhaus, K. (Hrsg.), Münster 1991

Meffert, H./Siefke, A.: Lean Marketing – mehr als ein Schlagwort?, Arbeitspapier Nr. 88 der Wissenschaftlichen Gesellschaft für Marketing und Unternehmensführung e.V., Münster 1994

Meffert, H.: Marketing – Grundlagen der Absatzpolitik, 8. (vollständig neubearbeitete und erweiterte) Auflage, Wiesbaden 1998

Meffert, H./Burmann, C.: Abnutzbarkeit und Nutzungsdauer von Marken – Ein Beitrag zur steuerlichen Behandlung von Warenzeichen in: Unternehmensrechnung und -besteuerung – Grundlagen und Entwicklung. Meffert, Heribert/ Krawitz, N (Hrsg), Wiesbaden 1998, S. 75 – 126

Meffert, H./Burmann, C.: Identitätsorientierte Markenführung. Grundlagen für das Management von Markenportfolios, Münster 1996

Mellerowicz, K.: Markenartikel. Die ökonomischen Gesetze ihrer Preisbildung und Preisbindung, 2. Auflage, München/Berlin 1963

Nieschlag, R./Dichtl, E./Hörschgen, H.: Marketing, 18. durchgesehene Auflage, Berlin 1997

Pepels, W.: Einführung in das Dienstleistungsmarketing, München 1995

Plötner, O.: Das Vertrauen des Kunden. Relevanz, Aufbau und Steuerung auf industriellen Märkten, Wiesbaden 1995

Reidegeld, H.: Aufgaben und Anforderungen an Produktmanager und Key-Account-Manager in: Handbuch des Marketing. Bruhn, Manfred (Hrsg), München 1989, S. 606 – 627

Richter, M./Werner, G.: Marken im Bereich Dienstleistungen: Gibt es das überhaupt?, in: Tomczak, T./Schögel, M./Ludwig, E. (Hrsg.): Markenmanagement für Dienstleistungen, St. Gallen 1998, S. 24 – 35

Schmitt, B./Simonson, A.: Marketing-Ästhetik. Strategisches Management von Marken, Identity und Image, Düsseldorf 1998

Sommer, R.: Die Psychologie der Marke. Die Marke aus Sicht des Verbrauchers Frankfurt am Main, 1998

Tomczak, T./Ludwig, E.: Strategische Markenführung für Dienstleistungen; in: Tomczak, T./Schögel, M./Ludwig, E. (Hrsg.): Markenmanagement für Dienstleistungen, St. Gallen 1998, S. 48 – 65

Trux, W.: Unternehmensidentität, Unternehmenspolitik und öffentliche Meinung; in: Birkigt, K./Stadler, M.M./Funck, H.J. (Hrsg.): Corporate Identity – Grundlagen, Funktionen, Fallbeispiele, 6. Auflage, Landsberg am Lech 1993, S. 65 – 76

von Rosenstiel, L./Neumann, P.: Einführung in die Markt- und Werbepsychologie, Darmstadt 1991

Wiedmann, K.-P.: Markenpolitik und Corporate Identity; in: Bruhn, M. (Hrsg.): Handbuch Markenartikel – Anforderungen an die Markenpolitik aus Sicht von Wissenschaft und Praxis, Stuttgart 1994, S. 1033 – 1054

Wenn Persönlichkeiten wirken: das Image

Von Prof. Dr. Dieter Herbst

1. Einleitung

Menschen bieten ihre Leistungen auf Märkten an, die zunehmend gesättigt sind: ob Sportler, Stars oder Stellensuchende. Die angebotenen Leistungen erscheinen den Nachfragern zunehmend als austauschbar. Nur der wird erfolgreich sein, der seine Konkurrenten verdrängt. Die Frage wird daher immer wichtiger, wie sich Menschen auf Märkten behaupten und sich dauerhaft Wettbewerbsvorteile verschaffen können.

Die zentrale Rolle bei der Profilierung im Markt spielen Images – sie gelten nach übereinstimmender Auffassung in Marketing und Kommunikation als Erfolgsfaktor (zum Beispiel Haedrich, 1993; Pflaum/Pieper, 1993; Rode, 1994; Köhler/Majer/Wiezorek, 2001; Meffert/Burmann/Koers, 2002). Zum Beispiel meint Trommsdorff, dass der planmäßige Aufbau von Images eine wesentliche Aufgabe des Marketings darstellt, mit dem Ziel, das Verhalten bestimmter Zielgruppen am Markt zu beeinflussen. „Gezielter Aufbau und Strukturierung einer Imageposition kann als Strategie der Potenzialsicherung aufgefasst werden." (Trommsdorff/Schuster, 1987, S. 63). Besonders für Dienstleistungen, die der Mensch als Marke meist anbietet, spielt das Image die zentrale Rolle (Tomczak/Schögel/Ludewig, 1998; Bruhn, 2001). (Siehe hierzu den Beitrag *Dienstleistungsmarketing – Konzept für den Menschen als Marke?*).

Die Frage ist daher, wie der Mensch sein Image und das seiner Leistungen aktiv, systematisch und langfristig gestalten kann. Die Antwort müsste einfach sein, denn der Begriff Image ist in aller Munde. Jedoch zeigt ein genauerer Blick in Theorie und Praxis, dass sich die Fachwelt keineswegs einig ist, was Images sind und wie sie entwickelt werden:

- Die Wissenschaftsdiskussion über den Begriff hat zwar schon in den 50er Jahren begonnen; doch trotz vieler Veröffentlichungen gibt es keine Theorie des Images, also ein zusammenhängendes Gerüst, das alle Facetten des Gegenstandes erklärt. Es gibt keine einheitliche Definition, also die breit akzeptierte Begriffsklärung.
- Die Praktiker verwenden zwar den Begriff, doch auch sie erklären ihn nicht angemessen. Stattdessen beschäftigen sie sich in ihren Veröffentlichungen und Vorträgen vor allem mit der Bedeutung und der praktischen Gestaltung.

Ziel dieses Beitrags ist, das Begriffsverständnis vorzustellen, das Konstrukt zu beschreiben und Hinweise für dessen systematische und langfristige Gestaltung zu geben. Hierzu stelle ich Definitionen vor (Kapitel 2), erläutere die Funktionen (Kapitel 3), die Imagekomponenten (Kapitel 4), die Anforderungen an starke Images (Kapitel 5) und die Positionierung von Images im Wettbewerb (Kapitel 6). Kapitel 7 stellt die Bedeutung von starken Images für den Markenwert vor, Kapitel 8 gibt einen Überblick über den Managementprozess.

2. Der Begriff

2.1 Herkunft

Der Begriff Image entstammt der lateinischen Sprache (imago) und bedeutet dort Erscheinung, Wertbild, Vorstellung. Der Begriff ist zuerst in die englische Sprache übernommen worden. Er hat sich auch in der deutschen Sprache durchgesetzt, weil es offensichtlich keine Übersetzung gibt, deren Bedeutung der englischen angemessen wäre. In der Wissenschaftsdiskussion wird der Begriff erstmals in der Sozialpsychologie verwendet, also jenem Forschungszweig der Psychologie, der die Position des Menschen beschreibt, aus der heraus dieser Dinge wahrnimmt und bewertend einordnet. Der Publizist Walter Lippmann verwendete ihn 1922 für politisch stereotype Vorstellungen. Bouldings bezeichnete mit ihm 1956 eine besondere Form der Umweltbewältigung.

Eingang in Werbung und PR hat der Begriff durch die beiden Amerikaner Gardener und Levy (1955) gefunden, die in ihrer Publikation *The Product and the Brand* mit dem Konstrukt Image bestimmte Phänomene des Verbraucherverhaltens beschrieben. Heute ist Image zentraler Begriff in der Wirtschafts-, Markt- und Werbepsychologie (vgl. zum Beispiel Pflaum/Pieper, 1993; Meffert, 1998; Buss/Fink-Heuberger, 2000).

2.2 Definition

Obwohl die einheitliche Definition fehlt, verwenden die meisten Autoren die etymologische (begriffsgeschichtliche) Herleitung als „Vorstellung". Zum Beispiel schreibt Huber: „Meinungsgegenstände produzieren im Menschen Vorstellungsbilder, wenn er sich bewusst mit ihnen befasst." (Huber, 1990, S. 23). Das Image ist demnach ein Akzeptanzkonzept (Kapferer, 1992, S. 44).

Für Müller sind Images „... subjektive Vorstellungsbilder ..., die mehr oder weniger stark von den objektiven Gegebenheiten abweichen können." (Müller, 1993, S. 251). Vorstellungsbilder sind demnach subjektiv, das heißt, sie entstehen als Ergebnis der persönlichen Verarbeitung im Menschen: „Image ist nicht das Fazit empirischer Urteile, sondern ein Phänomen, dessen Entstehung meist irrational geschieht; Image ist nicht eine Sammlung „vernünftiger" Urteile, sondern vorwiegend ein bewusstes Abbild, eine Reproduktion verschiedenster Wertungen und Assoziationen" (Huber, 1987, S. 23). Das Image ist „Konglomerat aus Gefühlen, Meinungen, Einstellungen und Fakten" (Huber, 1987, S. 23).

Meffert/Burmann definieren Image als die Summe „aller subjektiven Vorstellungen einer Person von der Marke hinsichtlich der wahrgenommenen Eigenschaften und der Eignung dieser Marke zur Befriedigung der rationalen und emotionalen Bedürfnisse des Individuums." (1996, S. 34). In dieser Beschreibung wird deutlich, dass die bloße Entstehung von Vorstellungen im Rahmen der Kommunikationspolitik nicht ausreicht: Images müssen gezielt und deutlich wahrnehmbar sein sowie ein Bedürfnis des Verbrauchers einzigartig befriedigen (siehe Kapitel 6).

Neben Vorstellungen werden Images auch als Bild, Bildnis, Abbild und Ebenbild bezeichnet: „In einem weiten Sinne bedeutet Image soviel wie das Bild, das sich jemand von einem Gegenstand macht." (Kroeber-Riel, 1990, 191). Dies bedeutet aber nicht, dass konkrete innere Bilder entstehen. Mit diesen gegenständlichen Bildern beschäftigt sich die Imagery-Forschung: „Unter Imagery versteht man die Entstehung, Verarbeitung, Speicherung und Verhaltenswirkung innerer Bilder. Diese Vorgänge finden in einem eigenständigen Gedächtnissystem statt." (Kroeber-Riel, 1993, S. 25).

Images können somit definiert werden als ***Gesamtheit aller Vorstellungsbilder, die ein Mensch bzw. eine Gruppe mit einem Meinungsgegenstand verbindet.***

Meinungsgegenstände, die ein Image erzeugen, können Subjekte oder Objekte sein: „Ein Image hat nicht nur das Produkt, sondern auch ein Politiker, ein Filmschauspieler, eine Stadt, eine Versicherungsgesellschaft, eine Bank, ein Unternehmen beliebiger Art." (*Gutjahr*, 1983, S. 70). Images können auch Testimonials erzeugen, wie Steffi Graf, Thomas Gottschalk und Michael Schumacher. (Siehe hierzu den Beitrag *Imagetransfer zwischen Marken und Prominenten*). Demnach können auch Menschen ein Image von sich und ihrer Leistung erzeugen und gestalten.

Strittig ist die Frage, ob Images lediglich Vorstellungsbilder sind, oder ob diese als Ergebnis der Verarbeitung vom Individuum auch bewertet werden – als positive, negative oder neutrale Meinungen. Zum Beispiel unterscheidet Müller: „Meinungen sind gegenüber dem Image ... weniger anschaulich." (Müller, 1971, S. 28). Avenarius unterscheidet aus methodischen Gründen: „ein vielleicht identisches Vorstellungsbild von einer Organisation kann bei zwei konträren Teilöffentlichkeiten zu konträren Meinungen über den Sinn und die Existenzberechtigung dieser Organisation führen." (Avenarius, 1993, S. 18). Die meisten Autoren jedoch sehen Meinungen als essenziellen Bestandteil von Images: Zum Beispiel gibt das Image für Kroeber-Riel „die subjektiven Ansichten" von einem Gegenstand wieder (Kroeber-Riel, 1990, S. 191). Auch viele weitere Autoren sehen Meinungen als Bestandteil von Images (zum Beispiel Huber, 1987; Merten und Westerbarkey, 1994; Rode, 1994); sie verwenden den Begriff „Meinungsgegenstand" und erheben in der Forschung sowohl das Vorstellungsbild als auch dessen Bewertung (vgl. Schulz, 1991).

Merten und Westerbarkey formulieren: „Unter Image versteht man ... ein konstantes Schema kognitiver und emotiver Strukturen, das der Mensch von einem Objekt (Person, Organisation, Produkt, Idee, Ereignis) entwirft. Dies kann durch unmittelbare Wahrnehmung bestimmter Eigenheiten oder Relationen des Objektes zu anderen Objekten selbst geschehen oder durch die Information anderer Personen oder Medien über das Objekt und dies nicht einmalig, sondern in der Regel wiederholt oder gar laufend, so dass sich in einem Image eigene oder fremde Erfahrungen oder Meinungen widerspiegeln." (Merten und Westerbarkey, 1994, S. 206).

2.3 Abgrenzung

Dem Image verwandt gelten hypothetische Konstrukte (Hypothetische Konstrukte sind gedankliche Hilfskonstruktionen, die einen Forschungsgegenstand erklären sollen, ohne dass dieser gegenständlich vorhanden wäre). wie „Ruf, Stereotyp, Vorurteil" (Müller, 1987, S. 16), auch wenn der Zusammenhang meist unklar bleibt (vgl. Schulz, 1991). (Schulz (1991) stellt nach Sichtung der wissenschaftlichen Literatur fest, dass in der Imageforschung bisher keine spezifischen Charakteristika von Image empirisch ermittelt worden sind, um damit den Imagebegriff zu definieren; eine definitorische Abgrenzung zu verwandten Begriffen sei damit nicht möglich).

Am häufigsten wird die Abgrenzung zwischen Image und Einstellung diskutiert. Einstellungen sind nach breiter Übereinkunft „vom Individuum gelernte und relativ dauerhafte Bereitschaften, auf eine bestimmte Reizkonstellation der Umwelt konsistent positiv oder negativ zu reagieren." (Trommsdorff, 1975, S. 8). Das Verhältnis beider Begriffe wird unterschiedlich gesehen (vgl. Schulz, 1991): Manche Autoren sehen Images den Einstellungen übergeordnet, andere diesen untergeordnet. Meist sind beide Begriffe nahezu gleich gesetzt; als Unterschied wird „mit bemerkenswerter Einmütigkeit" (Schulz, 1991, S. 35) referiert: „Während die Einstellung als eindimensionales hypothetisches Konstrukt aufgefasst wird, wird dem Image Mehrdimensionalität zugeschrieben." (vgl. u. a. Hätty, 1989, S. 82; Trommsdorff, 1987, S. 121; Johannsen, 1971, S. 36).

3. Funktionen von Images

Aus Sicht des Anbieters ermöglichen Images die klare Identifizierung, Differenzierung und Profilierung (Meffert/Burmann, 1996): Das Angebot wird klar erkannt und zugeordnet, es wird deutlich von anderen unterschieden und als beste aller Alternativen wahrgenommen (Kroeber-Riel, 1993).

Aus Sicht der Konsumenten dienen Images der Orientierung und als Entscheidungshilfe, da es mannigfaltige Angebote und die Ähnlichkeit der Produkte immer schwerer machen, sich zu orientieren und die Eigenschaften der Produkte objektiv abzuschätzen und vergleichen zu können (Huber, 1990, S. 25). Images entstehen also aus einer Art ökonomischem Zwang heraus (vgl. Schulz, 1991, S. 37; Antonoff, 1975, S. 16; Huber, 1990, S. 43; Müller, 1993, S. 252).

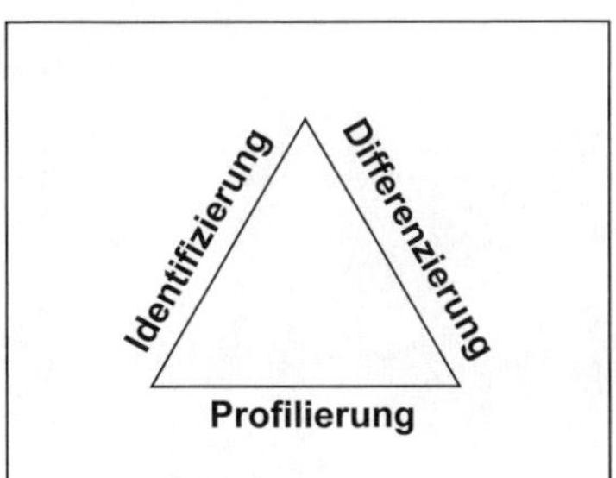

Abbildung 1: Funktion von Images

Das Image komprimiert die Informationen zu einem Meinungsgegenstand durch Schlüsselinformationen (vgl. Kroeber-Riel/Weinberg, 1996, S. 374) und entlastet hierdurch den Verbraucher vom Druck unüberschaubarer Situationen und Gegebenheiten (Bergler, 1963, S. 108). Images verringern die Komplexität, ermöglichen Orientierung und erleichtern die Entscheidung, indem sie „von der unbequemen, komplizierten oder subjektiv unwichtigen, vernunftgesteuerten Urteilsfindung" entbinden (Mazanec, 1978, S. 60). Empirisch belegt ist, dass die vereinfachten Informationsinhalte und der verringerte Informationsaufwand zur leichten Bewertung der Entscheidungsalternativen und damit zu einer Erleichterung der eigentlichen Entscheidungsfindung beitragen (Wiegel, 1983, S. 27).

Starke Images können maßgeblich dazu führen, dass ein Käufer ein bestimmtes Produkt einem anderen, gleichartigen vorzieht. So können Raucher im Blindtest ihre Stammmarke nicht von anderen Marken unterscheiden – häufig schreiben sie ihr sogar zusätzliche negative Eigenschaften zu (Huber, 1990, S. 39). Das, was die Marke für sie so attraktiv macht, sind spezifische Vorstellungen, meist emotionale Assoziationen, die mit dem Produkt verbunden sind. Untersuchungen mit Waschmitteln, Cola-Getränken und Autos spiegeln ein ähnliches Bild wider (Huber, 1990, S. 39). Images beeinflussen also das Erleben des Meinungsgegenstandes in einer konkreten Situation in positiver oder negativer Richtung: Hat ein Kunde ein positives Image von einer Bank, so wird er auch die Beratung durch die Mitarbeiter positiver erleben als jemand, der ein neutrales oder negatives Image von dieser Bank hat (Schulz, 1991, S. 36).

Ziel der Imagepolitik ist es vor allem, die Wünsche der Konsumenten zu erfüllen und eine emotionale Beziehung zwischen Angebot und Käufern aufzubauen, um letztlich Kaufverhalten planmäßig zu beeinflussen:

> *„Images helfen (...), dass sich ein bestimmter Personenkreis im gewünschten Sinne verhält. Dabei geht es um konkrete Ziele: ein Politiker will gewählt werden, eine Firma will ihre Produkte verkaufen, eine Organisation möchte möglichst viele Spenden einnehmen oder eine angenehme Atmosphäre innerhalb einer Firma schaffen, mit zufriedenen, motivierten Mitarbeitern, die hinter der Firma und deren Philosophie stehen" (Schulz, 1991).*

Konkret ermöglichen Images dies, indem der Mensch durch sein Vorstellungsbild vom Meinungsgegenstand diesem bestimmte Werte und Eigenschaften zuschreibt und bewertet, ob und in wieweit dieser Meinungsgegenstand geeignet ist, seine Bedürfnisse zu befriedigen. Mehr noch: Er kann sich mit den Werten der Marke identifizieren und entscheiden, sie zum Teil seines Lebens zu machen (Meffert/ Burmann, 1996). Gebrauch und Nutzen einer Marke korrelieren daher hoch und positiv mit ihrem Image (Rode, 1994). Dabei gelten Images bei Low-Involvement Produkten, also Produkten mit geringer Ich-Beteiligung (Kroeber-Riel, 1994, S. 98), als weniger handlungsrelevant als bei Produkten mit hoher Ich-Beteiligung. „Und auch dort, wo sie wichtig ist, hat die Einstellungs-Verhaltens-Hypothese nur eingeschränkte Erklärungsfähigkeit (keine hundertprozentige Korrelation zwischen positiven Einstellungen/Images und Kaufverhalten)." (Schub von Bossiazky, 1992, S. 24).

Absatzwirtschaftliche Funktion
- Individualisieren von Produkten
- Abheben von der Konkurrenz
- Beseitigen der Anonymität zwischen Unternehmen und Konsument
- Gewinnen des Vertrauens des Konsumenten
- Schaffen von Kontinuität im Verhältnis Produkt-Konsument

Funktionen des Images für den Konsumenten
- Befriedigen subjektiver, meist emotionaler Bedürfnisse
- Schaffen von Orientierung und damit Vereinfachen der Umweltbewältigung in einem unübersichtlichen Markt
- Profilieren innerhalb der Gesellschaft

Abbildung 2: Einige Funktionen von Images

Im Fall des Menschen als Marke kann sich der Fan mit den Eigenschaften seines Stars identifizieren, weil er diese Eigenschaften selbst besitzt oder gern besitzen möchte. Diese Eigenschaften können sachlich, emotional oder beides sein: So können dem Käufer einer Pop-CD die Musik, Komposition, Produktion und Stimme gefallen; er kann aber auch den Interpreten faszinierend finden, seine Story, seine Lebenseinstellungen. Mit dem Hören seiner Musik lebt er nach dessen Regeln und kann sich bestätigt fühlen.

Der Fan kann den Star sogar jene Eigenschaften ausleben lassen, die er selbst nicht hat, nicht leben kann oder leben darf: Wer also nicht schön, sportlich und reich ist, für den laufen Cindy Crawford, Tatjana Patitz und Naomi Campbell über den Laufsteg. Wenn Michael Schumacher auf dem Siegertreppchen steht, dann steht auch sein Fan auf dem Podest, der selbst gern ein Gewinner wäre. Der Bösewicht im Film lebt jene Aggressionen aus, die sein Fan zurückhalten muss. Das zu vermittelnde Image sollte daher möglichst stark mit dem realen Selbstbild oder dem angestrebten Selbstbild des Konsumenten übereinstimmen und in dessen Lebensstil und in seine Weltanschauung passen (Huber, 1990, S. 15; Meffert/Burmann, 1996). Die Persönlichkeit des Menschen, zum Beispiel eines Schauspielers oder Sängers, sollte so weit wie möglich mit der realen oder gewünschten Persönlichkeit des Nachfragers übereinstimmen.

Wichtig zu beachten ist hierbei, dass der Verbraucher die Leistung nicht danach kauft, wie sie ist, sondern wie dieser glaubt, dass sie ist. Der Fan liebt seine Vorstellung vom Star und will ihm möglichst nahe sein, obwohl er weiß, dass dieser für ihn unerreichbar ist. Dies erklärt die große Verehrung von Stars. Für den Star bedeutet dies, dass er zur Distanz zu seinen Fans verpflichtet ist. Sobald er keinen Platz für Idealisierung, Spekulation und Neugier lässt, verfliegt mit ihm der Mythos und mit ihm die Faszination. Fällt die Distanz, fällt der Star (vgl. Faulstich/Korte, 1997).

4. Komponenten vom Images

Images sind komplexe, strukturierte, mehrdimensionale Gebilde: „Machen Sie sich ein Bild davon – das klingt so alltäglich, und doch ist es die Aufforderung zu einem komplizierten psychologischen Prozess. Sein Resultat ist die Entstehung des Images." (Antonoff, 1975, S. 31).

Weitgehende Übereinstimmung besteht darin, dass Images aus der kognitiven und der affektiven Komponente bestehen:

> *„Einerseits handelt es sich um Kenntnisse, Erfahrungen und Wahrnehmungen, die sich eher auf die objektive Beschaffenheit des Imageobjektes beziehen (kognitive Komponente), andererseits um Inhalte vorwiegend emotionalen Ursprungs (affektive Komponente). Die affektive Komponente besteht aus Wertungen, Vorurteilen, Erwartungen, Wünschen, Hoffnungen, Vorbehalten, Befürchtungen, Anmutungen, Empfindungen, Stimmungen, Gefühlen, Sympathien, Antipathien (vorwiegend emotionaler Ursprung)." (Müller, 1993, S. 251).*

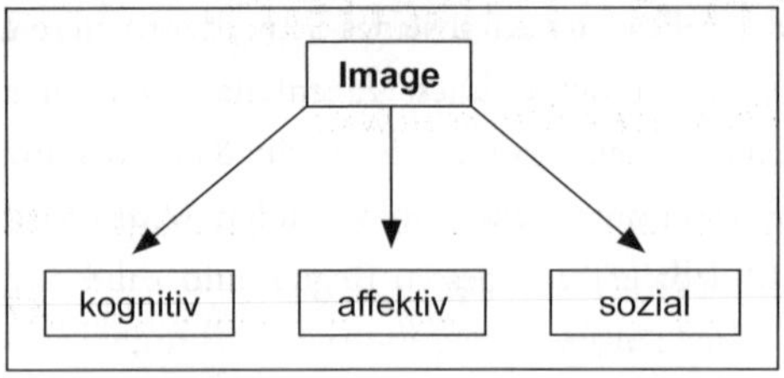

Abbildung 3: Die drei Komponenten von Images

Primärgruppen wie die Familie, Sekundärgruppen wie Freunde und Bekannte und Tertiärgruppen wie Nachbarn. Mitunter wird auch die soziale Komponente genannt (zum Beispiel Rode, 1994; Müller, 1993, S. 251; Johannsen, 1971, S. 35). Sie bezieht die Wirkung der Gesellschaftsform, der personalen Umgebung und bestehender Tabus auf das Image ein (Müller, 1993, S. 2518).

Diese Komponenten können anhand folgender vier Kriterien erfasst werden (vgl. Keller, 1993; Meffert/Burmann, 1996):

1. Stärke der Assoziationen,
2. Einzigartigkeit der markenbezogenen Vorstellungen,
3. wahrgenommene Eignung zur Befriedigung individueller Bedürfnisse („Favourability"),
4. Abstraktionsgrad der Markenassoziationen.

Der Abstraktionsgrad der Assoziationen kann weiter differenziert werden nach

- (konkreten) Markeneigenschaften,
- Art des Markennutzens,
- Globalen Markeneinstellungen (abstrakt).

Die konkreteste Form von Markenassoziationen sind die vom Konsumenten assoziierten Markeneigenschaften. Sie beziehen sich unter anderem auf die erwarteten physischen Merkmale des markierten Produktes, den Preis, die Verpackung oder die typischen Käufer und Anwendungssituationen der Marke (Meffert/Burmann, 1996). Abstrakteste Markenassoziationen sind globale Markeneinstellungen, zum Beispiel Markensympathie, übergreifende, wertende Globalüberzeugung.

5. Anforderungen an starke Images

Damit starke Markenimages entstehen können, müssen vier Anforderungen erfüllt sein (Meffert/Burmann, 1996):

1. Austausch

Von zentraler Bedeutung für das Entstehen starker Images ist der Austausch des Markenverantwortlichen mit dem Umfeld der Marke: Nur so kann dieser erkennen, was die Marke einzigartig macht; nur so kann er Wünsche und Erwartungen seiner Kommunikationspartner aufgreifen und berücksichtigen. Mit wachsender Interaktion wächst das der Marke entgegengebrachte Vertrauen. Eine hohe Intensität der wechselseitigen Beziehungen kann zu einer Annäherung und im Idealfall zur Übereinstimmung von Selbst- und Fremdbild führen (Meffert/Burmann, 1996). Jedoch darf der Mensch keinesfalls seine Einzigartigkeit und Individualität aufgeben, sonst wirkt er anbiedernd und schwach.

2. Kontinuität

Images entwickeln sich über längere Zeit: „Die Persönlichkeit oder das Image einer Marke reift wie die eines Menschen über viele Jahre heran – und den Wert einer stimmigen Markenstrategie kann man gar nicht hoch genug veranschlagen." (Aaker, 1992, S. 204).

Am Anfang entstehen Images schnell: Sie können sich mit jeder neuen Information ändern (Pflaum/Pieper, 1993). Je mehr Informationen über den Meinungsgegenstand vorliegen, desto breiter und zuverlässiger kann sich das Image formen. Je ferner der Gegenstand, desto eher kommt es zur stark vereinfachten, stereotypen und fehlerhaften Imagebildung (Pflaum/Pieper, 1993).

Im Lauf der Zeit verfestigen sich Images durch Lernen und Bestätigung sowie durch Erfahrungen mit dem Meinungsgegenstand: „Im Zeitablauf sind Images ... relativ stabil, eine Veränderung kann daher nur langfristig erfolgen." (Schweiger, 1995, S. 98). Jedoch werden Images nie starr: So können Informationen über eine Marke bekannt werden, die das Image völlig ändern (zum Beispiel durch von ihr ausgehende Gesundheitsgefährdungen).

Essenziell für die Marke ist also deren Kontinuität, die Halt und Orientierung gibt. Aber die Marke muss sich auch entwickeln, sonst „versteinert" sie und verliert Gültigkeit (Kapferer, 1992). Für die Gestaltung des Images ist es daher sinnvoll, zwischen den konstanten und variablen Merkmalen der Markenpersönlichkeit zu unterscheiden. Die konstanten Merkmale bilden den Markenkern und sind zeitlich stabil. Ändern sich diese zentralen Werte, ändert sich die Persönlichkeit (Meffert/Burmann, 1996). Neben diesen Konstanten gibt es Variablen, die sich im Zeitverlauf ändern, ohne den Markenkern zu zerstören und die Persönlichkeit zu bedrohen, wie zum Beispiel das visuelle Erscheinungsbild: So kann das Aussehen von Madonna wechseln, aber es bleibt stets Facette ihrer starken Persönlichkeit. „Identität zwingt nicht zur Starrheit, Identität ist lebendige Entwicklung." (Erke, 1993, S. 260).

Abbildung 4: Konstanten und Variablen der Marke

3. Konsistenz

Images werden ganzheitlich wahrgenommen: „Das Image charakterisiert ein Bezugsobjekt ganzheitlich, also insbesondere mit allen als relevant erachteten Einstellungsdimensionen." (Nieschlag et al., 1994, S. 1048).

Für den Menschen als Marke bedeutet dies, dass sämtliche Äußerungsformen seiner Persönlichkeit widerspruchsfrei kombiniert sein müssen, damit die stimmige Gesamterfahrung und das klare Vorstellungsbild vom Menschen und seiner Leistung entstehen können (vgl. Schmitt/Simonson, 1998). Dieses eindeutige, konsistente und widerspruchsfreie Bild der Person ist Basis, damit sich Glaubwürdigkeit, Sicherheit und Vertrauen entwickeln können (vgl. Meffert/Burmann, 2002).

Widerspruchsfrei aufeinander abgestimmt sein müssen das visuelle Erscheinungsbild (im Fall des Menschen sind dies Kleidung, Frisur etc.), seine Kommunikation (Sprache, Begriffe etc.) und sein Verhalten (aggressiv, kollegial etc.). Durch den wiederholten Kontakt zwischen Marke und Konsument und den damit verbundenen Erfahrungen werden aus verbal umrissenen Werten der Marke begreif-, erleb- und vorstellbare Markenbilder. Funktionale Produkte bilden im Kopf der Konsumenten Markenpersönlichkeiten, mit deren charakteristischen Eigenschaften sich der Konsument emotional verbunden fühlt (Häusler, 1998, S. 172).

Sind die Merkmale nicht aufeinander abgestimmt, können sich Widersprüche ergeben, die das Vertrauen in die Zuverlässigkeit stören können. Vertrauen entsteht durch Konsistenz, also dadurch, dass sich derjenige, dem man das Vertrauen schenken will, „als ordnendes und nicht willkürliches Zentrum eines Systems von Handlungen" (Luhmann, 1989, S. 40) und damit als eine Persönlichkeit darstellt. Vertrauenswürdig ist, wer sich konsistent verhält (Schulz, 1991, S. 41).

Für die Gestaltung von Images ist wichtig zu beachten, dass diese bei den Kommunikationspartnern nicht allein durch eigene Aktivitäten entstehen, sondern auch von anderen Quellen beeinflusst werden, wie zum Beispiel die Familie, Freunde, soziale Gruppen, Medien, Institutionen, Vereine, Verbände (vgl. Rode, 1994). Daher kann es sinnvoll sein, diese Quellen in die Kommunikation einzubeziehen (Herbst, 1998).

4. Individualität

Die Individualität unterscheidet die Marke eindeutig von anderen Marken und macht sie dadurch klar erkennbar: „Die Person wird aufgrund ihrer Merkmale identifiziert, verliert ihre Anonymität und wird zum unverwechselbaren Individuum" (Trux, 1993, S. 67). Viele (Marken-) Persönlichkeiten wirken gerade deshalb so schwach, weil das Umfeld keinerlei Unterschiede zu anderen Marken wahrnimmt (Meffert/Burmann, 1996).

Die Einzigartigkeit kann auf ein einzelnes, individuelles Merkmal oder die individuelle Kombination auch anderweitig vorzufindender Merkmale zurückzuführen sein. (Siehe den Beitrag *Konzepte der Markenführung*). Die Merkmale müssen für das Gegenüber bedeutend und deutlich wahrnehmbar sein und auf der Kernkompetenz beruhen.

6. Imagepositionierung

6.1 Aufgabe

Es reicht nicht aus, ein Image zu erzeugen, sondern dieses muss sich von den Images anderer Leistungen abgrenzen. In Zeiten austauschbarer Leistungen wird die Positionierung im Wettbewerb immer wichtiger. Studien zeigen, dass Konsumenten immer weniger objektive Unterschiede zwischen den Angeboten wahrnehmen (zum Beispiel Becker, 1990, S. 222; Kroeber-Riel, 1993, S. 20; Köhler, 2001, S. 45). Die Imagepositionierung hat daher die Aufgabe, das eigene Angebot so zu gestalten, dass es im Bewusstsein des Zielkunden einen besonderen und geschätzten Platz einnimmt (Kotler/Bliemel, 1995, S. 489). Kroeber-Riel bezeichnet die Positionierung als „hohe Schule des Marketing in einem konkurrenzwirtschaftlichen Wirtschaftssystem" (Kroeber-Riel, 1993, S. 45).

Ausgangspunkt der Imagepositionierung ist die Tatsache, dass Konsumenten durchweg jene Produkte auswählen, deren subjektive und objektive Eigenschaften ihren Vorstellungen möglichst weit entsprechen (Becker 1993). Unter Positionierung werden somit alle Maßnahmen verstanden, „die darauf abzielen, das Angebot so in die subjektive Wahrnehmung der Abnehmer einzufügen, dass es sich von den konkurrierenden Angeboten abhebt und diesen vorgezogen wird." (Kroeber-Riel, 1993, S. 42). Hierzu wird das Angebot in einen mehrdimensionalen Positionierungsraum eingeordnet. Es erhält einen „gedachten Platz ..., den ein Produkt – eine Marke – im Substitutions- und Wettbewerbsgefüge eines Marktes einnimmt." (Schobert, 1980, S. 145). Dieser gedachte Platz ist empirisch belegbar, also mit den Methoden der empirischen Sozialforschung zu erheben. Konzeptionelles Ziel der Positionierung ist, für das eigene Produkt eine ‚unique selling proposition" (abgekürzt: USP, Reeves, 1961), das heißt einen einzigartigen Verkaufsvorteil zu besetzen, der erlaubt, dieses Produkt spezifisch und möglichst nicht nachahmbar zu profilieren (Becker, 1993).

Insgesamt verfolgt die Positionierung somit vier wichtige Aufgaben (vgl. Kroeber-Riel, 1993, S. 46): Das Angebot soll

1. eine Besonderheit aufweisen (besondere sachliche oder funktionale Eigenschaften oder ein besonderes Erlebnisprofil),
2. in den Augen der Konsumenten möglichst attraktiv sein (die Besonderheit muss für den Konsumenten relevant und attraktiv sein),
3. sich von den Konkurrenten klar abgrenzen (durch neue zukunftsorientierte Konzepte),
4. auf langfristige Positionen aufbauen (mittel- und langfristig).

6.2 Vorgehen

Zur Positionierung werden zunächst die kaufrelevanten Eigenschaften identifiziert. Dann wird die Wahrnehmung realer und idealer Produkteigenschaften der eigenen und der Konkurrenzmarken bei den Zielgruppen empirisch ermittelt. Diese Daten werden im mehrdimensionalen Wahrnehmungsraum verdichtet (vgl. Kroeber-Riel, 1993; Freter, 1983; Pickert, 1994). Die gebräuchlichsten Verfahren der Datenverdichtung sind die Clusteranalyse und die Faktorenanalyse (vgl. Backhaus, 1996; Trommsdorff, 1987; Trommsdorfff/Paulssen, 1999).

Als Bestandteile der Positionierung gelten:

- Position der eigenen Marke (Unternehmen)
- Position von konkurrierenden Marken
- Ideale Position aus Sicht der Zielgruppen

Freter konkretisiert die Bestandteile:

- „Eigenschaften: Es handelt sich dabei um die aus der Sicht der Konsumenten relevanten produktspezifischen Wahrnehmungs- und Beurteilungsdimensionen.
- Markenpositionen (Markenprofile): Jede Marke wird durch die wahrgenommenen Ausprägungen in den relevanten Eigenschaften charakterisiert.
- Konsumentenpositionen (Anforderungsprofile): Jeder Konsument wird durch sein Anforderungsprofil an eine ideale Marke in der Produktart gekennzeichnet.
- Distanzen: (zwischen der Position eines Konsumenten und den wahrgenommenen Ausprägungen der betrachteten Marken)
- Bedeutungsgewichte: Die relative Bedeutung der Eigenschaften für die Kaufentscheidung muss berücksichtigt werden." (Freter, 1983, S. 34)

Den Zusammenhang zwischen diesen Bestandteilen beschreibt Kroeber-Riel (1993, S. 46): „Je näher die wahrgenommene Position einer angebotenen Marke an den Idealvorstellungen der Konsumenten liegt, und je weiter die anderen konkurrierenden Marken davon entfernt sind, um so größer ist die Kaufwahrscheinlichkeit der angebotenen Marke." Der Idealpunkt markiert somit den Bewertungsmaßstab für strategische Positionierungsentscheidungen: „Der Konsument hat das Bild einer idealen Marke vor Augen und vergleicht die tatsächlich existierenden Marken mit diesem Idealbild (Kotler/Bliemel, 1995, S. 324).

Problematisch kann sein, dass die Konsumenten dieses Ideal nicht nennen können, zumal die Imagepositionierung langfristig erfolgt, also für Jahre im Voraus (vgl. Kroeber-Riel, 1993); zudem kann die Ausrichtung am Ideal die Austauschbarkeit der Produkte verstärken, wenn alle Firmen dieses Ideal anstreben. Zu den weiteren Grenzen der Imagepositionierung siehe zum Beispiel Kroeber-Riel, 1993; Pickert, 1994 und Köhler, 2001.

6.3 Formen

Kroeber-Riel (1993) unterscheidet unterschiedliche Möglichkeiten der Positionierung:

- Positionierung durch Emotion und Information
- Positionierung durch Emotion
- Positionierung durch Information
- Positionierung durch Aktualität

Diese Positionierungsoptionen soll nachfolgende Übersicht verdeutlichen:

Werbestrategien	Appell an die Bedürfnisse	Information über Angebotseigenschaften
1	Wie die Konkurrenz	Wie die Konkurrenz
2	Wie die Konkurrenz	Anders als Konkurrenz
3	Anders als Konkurrenz	Wie Konkurrenz
4	Anders als Konkurrenz	Anders als Konkurrenz

Abbildung 5: Strategien der informativen und emotionalen Positionierung (Quelle: Kroeber-Riel, 1993, S. 58)

Die ***Aktualisierung*** schafft die für das Angebot erforderliche gedankliche Präsenz. Sie hat in den vergangenen Jahren an Bedeutung gewonnen, da eine Differenzierung über andere Kriterien zunehmend schwerer fällt. Zum Beispiel kann sie im Fall von geringem Involvement der Konsumenten die einzige Möglichkeit sein, sich im Konkurrenzumfeld abzugrenzen (Kroeber-Riel, 1993, S. 42). Mit Involvement oder Ich-Beteiligung wird das „Engagement bezeichnet, mit dem sich jemand einer Aktivität zuwendet" (Kroeber-Riel, 1993, S. 98). Trommsdorff verwendet die Begriffe Aktivierungsgrad und Motivationsstärke (Trommsdorff, 1989, S. 41). Angebote mit geringer Ich-Beteiligung sind zum Beispiel Papiertaschentücher und Dosentomaten (Kroeber-Riel, 1993). Der Wettbewerbsvorsprung besteht in diesem Fall darin, dass die Leistung vom Konsumenten als erste spontan erinnert wird.

Im Rahmen der Strategie zur emotionalen und informativen Beeinflussung lautet das Grundmuster der Verhaltensbeeinflussung: „Appelliere an ein Bedürfnis, informiere über Eigenschaften eines Gegenstandes, die dazu dienen, dieses Bedürfnis zu befriedigen." (Kroeber-Riel, 1993, S. 57). Im Rahmen der Strategie zur emotionalen Beeinflussung gibt es zur Positionierung im Wettbewerbsfeld zwei Alternativen: „Appelliere an die gleichen Bedürfnisse wie die Konkurrenz! Appelliere an andere Bedürfnisse als die Konkurrenz!" (Kroeber-Riel, 1993, S. 57). Die stärkste Abgrenzung von der Konkurrenz ist zu erwarten, wenn informative und emotionale Beeinflussung anders als bei der Konkurrenz aussehen (Kroeber-Riel, 1993, S. 58).

Diese vier Strategietypen werden erweitert durch die Möglichkeiten, an vorhandene Bedürfnisse der Abnehmer oder an neue zu appellieren, auf vorhandenes Wissen der Abnehmer zurückzugreifen oder neues Wissen zu schaffen. Insgesamt ergibt sich so ein komplexes System von Positionierungswegen (Kroeber-Riel, 1993, S. 58), mit denen auch ein Mensch viele Möglichkeiten hat, seine Leistungen von anderen Angeboten abzugrenzen.

7. Markenwert

In der Diskussion um die Bestimmung des Markenwertes hat sich gezeigt, dass jene Ansätze als angemessen gelten, die das Image in den Mittelpunkt der Bewertung stellen (zum Beispiel Esch/Andresen, 1997; Biel, 1999). Images schaffen also (Marken-)Wert. Markenwert ist nach Aaker/Joachimsthaler das Markenvermögen (oder die Verbindlichkeiten), „das mit dem Markennamen und dem Markensymbol verbunden ist und einem Produkt oder Service einen gewissen zusätzlichen Wert gibt (beziehungsweise etwas davon abzieht)“ (Aaker/Joachimsthaler, 2000, S. 27).

Der Markenwert ist Ergebnis der Marketingmaßnahmen, die dazu führen, dass ein Konsument aufgrund seiner Vorstellungen von der Marke diese einem anderen Produkt vorzieht (Esch/Andresen, 1997). Der Wert des Menschen als Marke kann danach errechnet werden, was der Kunde bereit ist, für die Leistung jener Person mehr zu bezahlen als für eine vergleichbare andere, wie im Fall des Kaufs einer Opern-CD, die zugunsten eines bestimmten Sängers ausfällt, obwohl diese CD mehr kostet, als eine andere ohne den bestimmten Sänger.

Aaker/Joachimstaler unterteilen das Markenvermögen in vier Dimensionen:
1. Bekanntheit der Marke,
2. Qualitätsaussage,
3. mit der Marke verbundene Assoziationen,
4. Markentreue.

Damit wird das erzeugte Image zum zentralen Bestandteil des Markenvermögens, da es die mit der Marke verbundenen Assoziationen sowie die Qualitätsaussage enthält und Voraussetzung für Markentreue ist (vgl. Meffert/Burmann, 1996; Herbst, 2002).

Als Vorteile eines hohen Markenwertes gelten (zum Beispiel Aaker/Joachimstaler, 2000; Esch/Andresen, 1997; Biel, 1999):
- Der Konsument bringt einer Marke mit hohem Markenwert eine höhere Markentreue entgegen als einer solchen mit geringem Markenwert; der Anbieter kann hierdurch konstante Umsätze erzielen.
- Die Abhängigkeit von kurzfristigen Aktionen ist gering, weil eine dauerhafte Präferenz für die Marke aufgebaut wurde.
- Es ist billiger, Kunden zu halten als Neukunden zu gewinnen.
- Der Markenwert verstärkt die Wettbewerbsposition, da er Wettbewerbsbarrieren aufbaut, die Konkurrenten nur durch kostspielige Angriffe überwinden können.
- Marken mit hohem Markenwert haben ein wesentlich größeres Potenzial für mögliche Markenerweiterungen.
- Der Markenwert spielt die zentrale Rolle für die Lizenzierung (Binder, 1999) bzw. den Imagetransfer: Das Image des Menschen wird auf bestimmte Produkte übertragen, deren Wert dadurch steigt. (Siehe hierzu den Beitrag *Imagetransfer zwischen Marken und Prominenten*). Zum Beispiel hat Wolfgang Joop seinen Namen an den Wäschehersteller Wünsche verkauf. Gabriela Sabatini,

Priscilla Presley und Liz Taylor übertragen die Vorstellungen von ihrer Persönlichkeit auf Parfums, die dadurch wertvoller sind.

Die Bedeutung des Markenwertes zeigt, dass die Investitionen in den systematischen und langfristigen Aufbau von Images und die damit zusammenhängenden Gedächtnisstrukturen sinnvoll angelegt sind. Das Beschneiden der Investitionen in die Marke kann zwar den Cashflow kurzfristig erhöhen, aber langfristig die Marke schwächen, was zu sinkenden Erträgen führt (vgl. Biel, 1999).

8. Image-Management

Es bestehen kaum Zweifel daran, dass Images systematisch aufgebaut und entwickelt werden können (zum Beispiel Pflaum/Pieper, 1993, S. 127). Die Imagepolitik hat die Aufgabe, dem Meinungsgegenstand Persönlichkeit zu verleihen und ihn in den Vorstellungen der Zielgruppe bedarfsgerecht zu profilieren. Will also ein Mensch sein Image bei wichtigen Kommunikationspartnern entwickeln, bedeutet dies, dass er das stimmige und widerspruchsfreie Vorstellungsbild systematisch und gezielt aufbaut und langfristig entwickelt. Ergebnis sind die wahrgenommenen Eigenschaften der Person (bzw. deren Leistung) und die Bewertung der Eignung dieser Person zur Befriedigung der rationalen und emotionalen Bedürfnisse (vgl. Meffert/Burmann, 1996).

Hierbei bestehen folgende Handlungsmöglichkeiten (Herbst, 2002):

- Neue Gedächtnisstrukturen aufbauen: Dies ist erforderlich im Fall von Marken, für die es bisher keine Kommunikation gab.
- Vorhandene Gedächtnisstrukturen stärken oder vertiefen, indem Inhalte erlebbar werden, die bereits im Gedächtnis verankert sind.
- Alte Gedächtnisstrukturen überschreiben oder löschen, indem Eigenschaften neu erlebt werden, wie Kundennähe statt zuvor Distanz.
- Vorhandene Gedächtnisinhalte erweitern, indem die Zielgruppen neue Eigenschaften des Meinungsgegenstandes kennen lernen.

Das Ziel der Imagepolitik sollte es vor allem sein, die Wünsche der Konsumenten zu erfüllen und eine emotionale Beziehung (vor allem Vertrauen) zwischen sich und den Kommunikationspartnern aufzubauen, um letztlich dadurch das Verhalten planmäßig zu beeinflussen.

Die sorgfältige Planung garantiert aber nicht, dass tatsächlich die angestrebten Images entstehen: „Es wäre alles einfach, wenn sich das Image nach rationalen, vorhersehbaren und planbaren Gesetzmäßigkeiten bildete. Man brauchte dann nur diese Gesetze zu beachten und wäre sich eines guten Images sicher." (Antonoff, 1975, S. 18). Auch Avenarius weist darauf hin, dass der Imageaufbau immer mit Unsicherheiten verbunden sei: „Das Publikum beobachtet eigenständig und zeigt nicht selten unberechenbare Reaktionen." (Avenarius, 1993, S. 16). Das systematische und gezielte Vorgehen soll jedoch das Risiko minimieren, dass Ressourcen in Maßnahmen gesteckt werden, die an den tatsächlichen Imageproblemen vorbeigehen (vgl. Dörrbecker/Fissenewert-Goßmann, 1996).

8.1 Elemente des Prozesses

Ein starkes Image aufzubauen und zu vermitteln, kann nur im Zusammenhang mit dem umfassenden Identitätsmanagement gesehen werden. Identitätsmanagement für die Marke wird als Markenführung bezeichnet, für Unternehmen als Corporate Identity (Herbst, 2002a). (Dieser Prozess ist ausführlich beschrieben in Herbst, 1998).

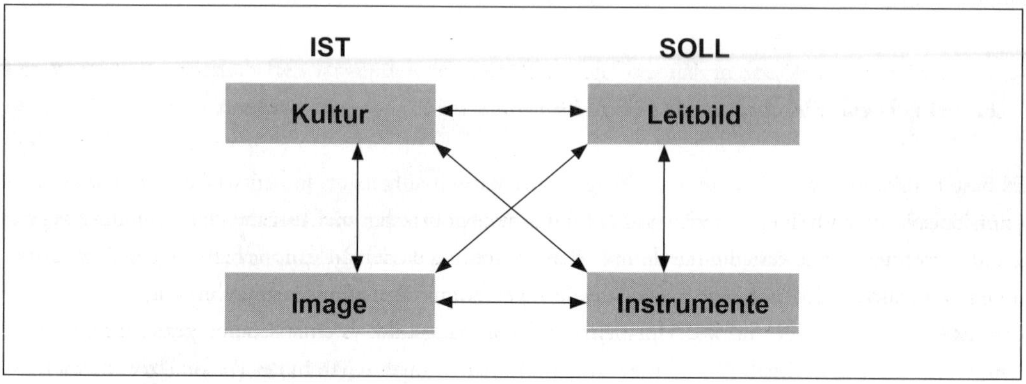

Abbildung 6: Die Elemente des Identitätsprozesses

Die Elemente dieses Identitätsmanagements sind die Unternehmenskultur, das Leitbild, die Instrumente und das Image (Herbst, 2002):

- Kern der Markenpersönlichkeit ist die ***Markenkultur***. Dieser Begriff steht nach breiter Übereinkunft für Werte, Normen und Grundannahmen (Kasper, 1987). Die Kultur gibt also an, was der Marke wichtig ist und welchen Nutzen sie bietet. Dies äußert sich zum Beispiel darin, ob die Marke für Dauer oder Wandel steht, für Nähe oder Distanz, für Individualismus oder Kollektivismus (Herbst, 2002). Die Mitarbeiter spielen als Träger der Markenkultur eine wichtige Rolle (Meffert/Burmann, 1996). Das Imagemanagement deckt die Markenwerte auf, vergleicht sie mit dem erzeugten Ist-Image und mit den Wünschen und Erwartungen der Zielgruppen und entwickelt hieraus ein auf die Zukunft gerichtetes Soll-Image, das im Leitbild formuliert und verbindlich niedergeschrieben ist (Herbst, 1998).
- Das ***Leitbild*** nennt die Vision, wie aktuelle und künftige Probleme gelöst werden sollen. Die Leitsätze sind Kernaussagen, die grundlegende Werte, Ziele und Erfolgskriterien bestimmen und auch das Soll-Image formulieren. Das Motto fasst das Leitbild kurz und prägnant zusammen (Kreutzer/Jugel/Wiedmann, 1986; Keller, 1993; Herbst, 1998).
- Die ***Instrumente*** vermitteln die Markenpersönlichkeit an die internen und externen Zielgruppen durch das visuelle Erscheinungsbild (Corporate Design), die Kommunikation (Corporate Communications) und das Verhalten (Corporate Behaviour). Diese drei Instrumente stellen einen Mix dar, der ein unverwechselbares Image schafft (vgl. Keller, 1993). Besonders das Verhalten stellt meist die zentrale Herausforderung für das Gestalten von Images dar, weil das Verhalten gelernt und beibehalten werden muss (Birkigt/Stadler/Funck, 1993).

- Das *Image* umfasst sämtliche Vorstellungen, die die Zielgruppen haben. Ziel des Imageprozesses ist es, das festgelegte Image planmäßig aufzubauen und langfristig zu entwickeln.

8.2 Die Schritte

Der Aufbau und die systematische Entwicklung von Images sind ein langfristiger, schwieriger und kontinuierlicher Prozess (vgl. Schulz, 1991; Herbst, 1998; Buss/Fink-Heuberger, 2000):

- Er verläuft parallel zum Wandel in Märkten, Unternehmen und der Gesellschaft. Langfristige Planung ist lebenswichtig, damit der Mensch seine künftigen Chancen und Risiken erkennen kann. Die Imageentwicklung sollte daher vorausschauend geplant und geordnet erfolgen und sich nicht bloß reaktiv an Veränderungen anpassen (Herbst, 1997).
- Interne und externe Wünsche, Erwartungen und Ansprüche müssen geprüft werden, ob und wie diese umgesetzt werden können. Nur die eigenen Ziele zu verfolgen, birgt die Gefahr, an tatsächlichen Problemen vorbei zu handeln. Sorgfältige Planung, die alle Beteiligten einbezieht, minimiert dieses Risiko.
- Das Image muss auf die Marke, ihre Stärken und Schwächen zugeschnitten sein. Es muss deren Charakter, Eigenarten und Perspektiven berücksichtigen. Die Marke kann nur das glaubhaft versprechen, was sie tatsächlich halten kann.
- Das Image kann sich nur dann widerspruchsfrei entwickeln, wenn die einzelnen Aktivitäten in ein schlüssiges und damit widerspruchsfreies Konzept eingebunden sind (Pickert, 1994).

Wichtig ist, dass der Mensch nicht nur erkennt, was er vermitteln will, sondern auch, wie es durch die eigene Kompetenz und Leistung glaubhaft sein kann. Er muss prüfen, ob das, was er kann, auch vom Umfeld so gesehen und akzeptiert wird.

Die systematische und langfristige Gestaltung von Images ist daher (vgl. Herbst, 1998):

- ***Ganzheitlich:*** Das Image ist ein Mosaik, in dem alle Steine vorhanden sein müssen, damit ein komplettes Bild entsteht: Das Image entsteht nicht nur aus der Kommunikation, sondern auch aus der angebotenen Leistung selbst und sogar dem Umfeld.
- ***Systematisch geplant:*** Imagegestaltung bedeutet nicht planloser Aktionismus durch eine Aufsehen erregende Werbekampagne. Imageprobleme müssen sorgfältig und zuverlässig aufgedeckt, wirkungsvoll gelöst und das Ergebnis bewertet werden. Ein solches Konzept gewährleistet, dass der Mensch als Marke vorausschauend seine Chancen erkennt und seine Zukunft erfolgreich gestaltet.
- ***Aktiv:*** Jede Marke erzeugt ein Image. Imagegestaltung bedeutet, das eigene Image zu erkennen und im Spannungsfeld eigener Stärken und Schwächen und der internen und externen Erwartungen und Wünsche aktiv zu entwickeln.
- ***Kontinuierlich:*** Da sich das Umfeld ständig ändert, ist der Imageprozess lebendig und kontinuierlich. Er sollte die Entwicklung des Marktes und des gesellschaftlichen Umfeldes vorwegnehmen.
- ***Langfristig:*** Durch vordergründige Imagemaßnahmen leidet die Glaubwürdigkeit und Vertrauen kann verloren gehen. Das Image entwickelt sich langsam.

Die vier Managementschritte

Voraussetzung für den Imageprozess ist das geordnete, systematische Vorgehen. Dieses besteht aus vier Schritten: Analyse, Planung, Umsetzung, Kontrolle. (Für diese vier Schritte wird allgemein der Begriff Management verwendet (vgl. Zerfaß, 1996). Keller (1984) nennt die Schritte wie folgt:

1. Durch eine interne und externe Analyse wird der Status quo des Images bestimmt.
2. Basierend hierauf wird die Soll-Definition erarbeitet.
3. Aus ihr wird der Maßnahmenkatalog abgeleitet.
4. Die Kontrolle schließt sich an in Gestalt der Ermittlung von Diskrepanzen zwischen Soll- und realisiertem Ist-Image.

Die weiteren Ausführungen über die einzelnen Schritte erfolgen in enger Anlehnung an Herbst (1997, 1998, 2002, 2002a) (siehe Abbildung 7).

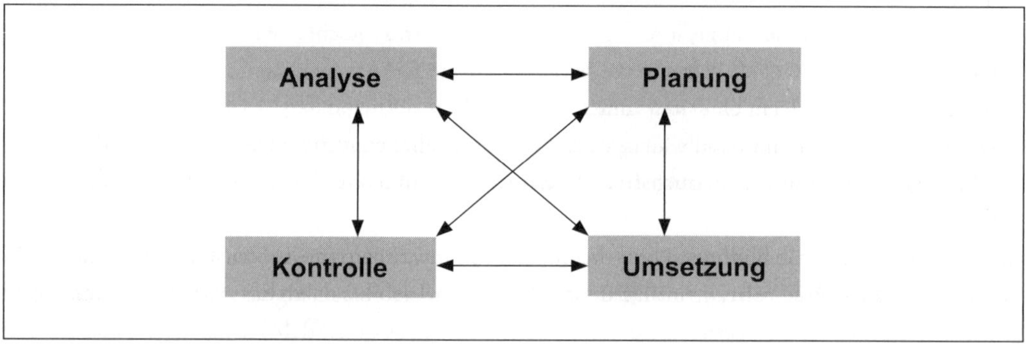

Abbildung 7: Der Managementprozess

8.2.1 Analyse

Im ersten Schritt, der Analyse, werden interne und externe Imageprobleme aufgedeckt und sorgfältig formuliert. Dies erfordert das ausführliche Sammeln von Informationen sowie deren Bewertung in einem Stärken- und Schwächen-Profil. Ergebnis sind die Aufgaben des Imageprozesses.

Grundlage der Analyse ist die zuverlässige und aussagekräftige Datenplattform. Hierfür werden in einer sorgfältigen Untersuchung der Ausgangssituation zunächst alle wichtigen internen und externen Informationen über das Image gesammelt. Die Ergebnisse sollen unter anderem Auskunft geben über das Selbstbild („So sehen wir uns und so möchten wir gern gesehen werden.") sowie das Fremdbild („So sehen uns die Zielgruppen und so möchten sie uns sehen."). Zur Bewertung der externen Darstellung werden das Verhalten sowie die Kommunikationsaktivitäten einbezogen (Werbung, Verkaufsförderung und PR), aber auch das Design. Zusätzlich zur Analyse des eigenen Images wird das Image der Konkurrenz untersucht, um die eigene Position im Vergleich bewerten zu können (siehe Kapitel 6).

Diese Informationen werden nach wissenschaftlichen Standards erhoben. Zur Durchführung stehen mehrere Methoden und Instrumente zur Verfügung. Am häufigsten eingesetzt werden (vgl. Borg, 1995; Domsch, 1991; Freimuth/Kiefer, 1995; Schulz, 1991):

- Leitfadengestützte Interviews
- Standardisierte Fragebögen
- Polaritätenprofile

Als einfach anzuwendendes Instrument gilt das Polaritätenprofil (Schulz, 1991). Es besteht aus gegensätzlichen Eigenschaftspaaren, die in einer Liste aufgeführt werden. Die Befragten markieren auf einer 5- oder 7-poligen Ratingskala, wie stark die genannten Eigenschaften ihrer Meinung auf den Meinungsgegenstand zutreffen. Im zweiten Schritt geben die Befragten entweder an, wie wichtig diese Eigenschaften sind, oder sie nennen ihre Idealvorstellung vom Meinungsgegenstand.

Die gesammelten Daten werden verdichtet und ausgewertet. Hierzu eignet sich ein Sortieren nach Stärken und Schwächen: Dies zeigt Ansätze für notwendige Verbesserungen aber auch Erfolgspotenziale und eine Zielrichtung des Imageprozesses (Becker, 1993).

8.2.2 Planung

Auf Grundlage dieser Bewertung wird die Lösung geplant.

> *„Menschen planen, weil sie wissen wollen, wie sie bestimmte Ziele erreichen können. Planung ist Denkhandeln, das zukünftiges Tathandeln vorwegnimmt und dieses zur möglichst sicheren und direkten Erreichung eines oder mehrerer Ziele a priori festlegt. Hiervon verspricht man sich bessere Ergebnisse – einen höheren Zielerreichungsgrad – als bei Verzicht auf eine systematische Entscheidungsvorbereitung bzw. einer Ersetzung der Planung durch Improvisation, d. h. durch fallweise Entscheidungen." (Voigt, 1996, S. 5).*

Hierzu wird das Ziel festgelegt, also das konkrete Image, das erreicht werden soll. Die angemessene Zielformulierung enthält immer Aussagen über die Richtung, den Inhalt und das Ausmaß des angestrebten Zustandes (vgl. Becker, 1993). Zudem müssen Ziele möglichst konkret sein, um gezieltes Handeln hieraus ableiten zu können. Das Ziel „Selbstbild und Image annähern" wäre zu ungenau.

Nicht alle Ziele sind gleich wichtig: Einige Ziele müssen schnell erreicht werden, andere erst in einem längeren Zeitraum. Es kann daher zwischen wichtigen Oberzielen und weniger wichtigen Unterzielen unterschieden werden (Becker, 1993). Die Imageziele müssen zu den Unternehmenszielen passen. Ökonomische Ziele sind Marktstellungsziele (Marktanteil, Umsatz, Marktabdeckung), Kostenziele (Wirtschaftlichkeit, Produktivität) und Rentabilitätsziele (Gewinn, Kapitalrentabilität und Umsatzrentabilität). Außerökonomische Ziele können auf Bekanntheit, Image, Goodwill ausgerichtet sein (vgl. Becker, 1993, S. 52).

Die Strategie legt das grundsätzliche Verhalten fest, Eine Strategie ist ein „bedingter, langfristiger, globaler Verhaltensplan zur Erreichung der Unternehmens- und Marketingziele“ (Meffert/Bruhn, 1993, S. 152). Sie legt unter anderem das Verhalten im Markt und die Gestaltung des Leistungsprogramms fest. dem die taktischen Einzelmaßnahmen untergeordnet sind (Becker, 1993). Kreutzer u. a. (1986) unterscheiden folgende „strategische Stoßrichtungen“:

- Korrektur des Selbstbildes,
- Korrektur des Fremdbildes (Identitätsvermittlung gegenüber der internen und externen Öffentlichkeit, Korrektur der Fremdvermittlung),
- Korrektur der Identitätserwartungen (Beeinflussung der Identitätserwartungen nach innen und außen, Beeinflussung der Meinungsbildung),
- Korrektur der Unternehmensidentität (einzelne Verhaltenskorrekturen, neuer Identitätsentwurf (Wandel der Organisationskultur).

Dritter zentraler Bestandteil der Planung ist die Maßnahmenentwicklung (Meffert, 1998). Das Festlegen der Strategie hat den Vorteil, dass sie das breite Spektrum an Maßnahmen und Projekten zur Imagegestaltung eingrenzt. Die Maßnahmen können also zuverlässiger entschieden werden, weil sie an der übergeordneten Strategie ausgerichtet sind.

8.2.3 Umsetzung

In der Umsetzung werden aus den geplanten Maßnahmen gezielte Text-, Bild- und Aktionsideen gestaltet. Die Maßnahmen umfassen die Gestaltung des Erscheinungsbildes, der Kommunikation und des Verhaltens (Birkigt/Stadler/Funck, 1993; Meffert/Burmann, 1996; Herbst 1998).

Corporate Design: In der visuellen Umsetzung geht es darum, das Leitbild durch die visuelle Gestaltung der Leistung zu vermitteln. Schmittel (1984) nennt folgende Voraussetzungen für ein gelungenes einheitliches Design:

- „Marke und gestalterischer Auftritt müssen übereinstimmen (Stil, Erscheinungsbild). Aussage und entsprechende visuelle Ausformung müssen sich entsprechen, Gesamtausdruck, visuelle Qualität müssen zum Image passen.
- Gestaltungselemente sind klar und eindeutig festzulegen, und dann auch langfristig durchzuhalten ... Wechselspiele, modisch-typografischer Zeitgeschmäcklerei folgend oder um „trendgerecht“ dem sogenannten Publikumsgeschmack zu entsprechen, erzeugen Verwirrung, kosten Anstrengungen, Geld und Zeit: um ein neues, fremdes Bild zu schaffen!
- Alle Designfaktoren und Gestaltungskriterien müssen die Möglichkeit der Übertragbarkeit von einem Medium zum anderen haben und sind gleichartig anzuwenden.
- Eine eindeutige Identity ist nicht das Ergebnis von vielen bzw. einer Vielzahl von Einzelaktivitäten! Einheitlichkeit und Übereinstimmung entstehen nur durch Konsequenz und verantwortliche Zuständigkeit einer entscheidenden (!) Zentralstelle.

- Die lokalen Werbeauftritte dürfen die „Persönlichkeit" des Unternehmens nicht beeinflussen oder verändern. Die Gestaltung muss regional wie international den gleichen Spielregeln folgen und zumindest visuell die gleiche Anmutung haben, unbeschadet der marktnotwendigen Aussagen.
- Identität haben heißt einen Gestaltungsrahmen schaffen. Das Erscheinungsbild darf nicht ständig wechseln. Beständigkeit und vor allem Wiedererkennbarkeit in der charakteristischen Anmutung soll Vertrauen schaffen.
- Die Unternehmensleitung muss sich ganz mit der Corporate Identity identifizieren, sie in allen Bereichen durchsetzen und nach außen in jedem Medium vertreten."

Die ***Corporate Communications*** erzeugt Vorstellungsbilder durch die widerspruchsfreie, abgestimmte Kommunikation nach innen und außen:

- In der Werbung geht es in der Umsetzung um die konkrete Gestaltung der Werbemittel. Das ist die Form einer Werbebotschaft als Anzeige, Funkspot, TV-Spot, Kinospot, Plakat, Broschüre oder als anderes visuelles Medium. Außerdem werden Werbeträger als Medium für Werbebotschaften gebucht wie Zeitschrift, Zeitung, Funk, Fernsehen, Kino, Plakate und Litfaßsäulen
- In der Verkaufsförderung werden typische Aktionsmittel gestaltet wie Displays in verschiedener Form, Prospekte für Preisausschreiben, Zweit- und Sonderplatzierungen, Sonderpackungen, Packungen mit Zusatznutzen für den Verbraucher. Gratisproben werden verteilt und Preisausschreiben und Gewinnspiele veranstaltet.
- In den Public Relations wird zum Beispiel die Medienarbeit für Presse, Hörfunk, Fernsehen und Fachpublikationen wirkungsvoll gestaltet. Weitere Instrumente sind unter anderem Anzeigen, Broschüren, Filme, audiovisuelle Medien (zum Beispiel CD-ROM und Internet) sowie Veranstaltungen.

Im ***Corporate Behaviour***, dem Verhalten, wird das Leitbild gelebt, zum Beispiel im Kontakt der Marke mit den Konsumenten über den Außendienst. Gewünschtes Verhalten muss meist gelernt und geübt werden. Dafür ist systematisches und wiederholtes Training erforderlich.

8.2.4 Kontrolle

Die Fortschritte und Ergebnisse des Imageprozesses werden daraufhin geprüft, ob die angestrebten Imageziele in der vorgesehenen Zeit und dem vorgesehenen Ausmaß erreicht werden. Folgende Möglichkeiten zur Kontrolle gibt es (vgl. Herbst, 1998):

- Pretest („Vortest"): Ein Pretest bewertet die Maßnahmen vor einer Kampagne oder einer Aktion. Diese Ergebnisse können später mit den Werten verglichen werden, die nach einer Kampagne erhoben werden. Der Pretest kann auch ein Instrument testen, bevor es in einer groß angelegten Aktion eingesetzt wird.
- Laufende Untersuchung („In between test"): Sie beantwortet die Frage, ob sich die Imagegestaltung wie gewünscht entwickelt und die Maßnahmen wie geplant laufen. Durch fortlaufendes Prüfen und Kontrollieren können Schwachstellen erkannt und das Handeln flexibel angepasst werden. Hierbei helfen die formulierten Zwischenziele, die während einer Aktion oder Kampagne geprüft werden.

- Nachträgliche Untersuchung („Posttest"): Sie beantwortet die Frage, ob die Prozessphase oder die Kampagne erfolgreich war. Vor allem interessiert, ob die Zielgruppen erreicht wurden, welche Informationen sie aufgenommen und wie verarbeitet haben und welches Image entstanden ist beziehungsweise verändert wurde.

Mit welchen Methoden werden solche Bewertungen durchgeführt?
- Persönliche Beurteilung: Eine persönliche Beurteilung erfolgt zum Beispiel anhand der Hinweise von Kunden und Außendienstmitarbeitern, beobachtbaren Verhaltens, externer Stellungnahmen aus dem Beschwerdewesen sowie Leserzuschriften, Hörerpost, Anrufen und Briefen. Diese Methode ermöglicht keine zuverlässige Einschätzung des erzeugten Images, denn Einzelmeinungen lassen sich meist nicht verallgemeinern. Dennoch sollten natürlich eingehende Beschwerden ernst genommen werden.
- Wissenschaftliche Analysen: Zuverlässig kann der Erfolg nur durch wissenschaftliche Methoden gemessen werden. Darunter fallen beispielsweise interne Mitarbeiterbefragungen und externe Imagestudien (siehe oben).

9. Fazit

Der Aufbau und die Entwicklung des starken und einzigartigen Images werden für Menschen, die ihre Leistungen auf Märkten anbieten müssen, immer wichtiger: Für den Anbieter ermöglichen Images die klare Identifizierung, die eindeutige Differenzierung und die kraftvolle Profilierung. Die Konsumenten können sich durch konkrete Images im Produktmeer orientieren und ihre Entscheidungen erleichtern, weil sie die Eigenschaften der Leistung kennen und einschätzen können, ob und wie stark die Leistung ihre Bedürfnisse befriedigt. Auf diese Weise schaffen Images eindeutigen Mehrwert, der dadurch entsteht, dass sich Nachfrager aufgrund ihres Vorstellungsbildes von der Leistung für diese entscheiden und nicht für eine andere.

Voraussetzung für die starke Wirkung von Images ist, dass Images den Anforderungen der Märkte entsprechen, vor allem der Konsumenten. Dies erfordert den gezielten und systematischen Aufbau sowie die langfristige Entwicklung der Images auf der Grundlage der Kenntnisse ihrer Funktion, ihrer Komponenten und ihrer Wirkungsweisen.

10. Literaturverzeichnis

Aaker, D. A.: Building strong brands, New York 1996
Aaker, D. A.: Management des Markenwertes, Frankfurt/M. 1992
Aaker, D. A./Joachimsthaler, E.: Brand Leadership, München 2000
Ambrecht, W.; Avenarius, H., Zabel, U. (Hrsg): Image und PR, Opladen 1993
Antonoff, R.: Methoden der Image-Gestaltung für Unternehmen und Organisationen, Frankfurt 1975
Avenarius, H.: Das Image und die PR-Prxais, in: Ambrecht, W.; Avenarius, H., Zabel, U. (Hrsg): Image und PR, Opladen 1993, S. 15 – 22
Backhaus, K. et al.: Multivariate Analysemethoden, Berlin u. a. 1996
Becker, J.: Marketing Konzeption, 3. Auflage, München 1990
Becker, J.: Marketing-Konzeption, 5. Auflage, München 1993
Bergler, R.: Psychologie des Marken- und Firmenbildes, Nürnberg 1963
Biel, A. L.: Grundlagen zum Markenwertaufbau, in: Esch, F.-R. (Hrsg): Moderne Markenführung. Wiesbaden 1999, S. 61 – 90
Birkigt, K./Stadler, M./Funck, H.-J. (Hrsg.): Corporate Identity. 6. Auflage, Landsberg am Lech 1993
Borg, I.: Mitarbeiterbefragungen, Göttingen 1995
Boulding, K.: The Image, Binghamton 1956
Bruhn, M.: Die zunehmende Bedeutung von Dienstleistungsmarken, in: Köhler, R./Majer, W./Wiezorek, H.: Erfolgsfaktor Marke, München 2001, S. 213 – 225
Buss, E./Fink-Heuberger, U.: Image Management, Frankfurt/Main 2000
Dichtl, E./Schobert, R.: Mehrdimensionale Skalierung, München 1979
Dichtl, E.; Schobert, R.: Mehrdimensionale Skalierung, München 1979
Dörrbecker, K./Fissenewert-Goßmann, R.: Wie Profis PR-Konzeptionen entwickeln. Frankfurt/Main 1996
Domsch, M. und Schneble, A. (Hrsg): Mitarbeiterbefragungen, Heidelberg 1991
Erke, H.: Psychologische und symbolische Aspekte der Corporate Identity; in: Birkigt, K./Stadler, M./Funck, H.-J. (Hrsg.): Corporate Identity. 6. Auflage, Landsberg am Lech 1993, S. 257 – 286
Esch, F.-R./Andresen, T.: Messung des Markenwerts, in: MTP e.V. Alumini (Hrsg.)/Hauser, U.: Erfolgreiches Markenmanagement. Wiesbaden 1997, S. 11 – 37
Esch, F.-R. (Hrsg): Moderne Markenführung. Wiesbaden 1999
Faulstich, W./Korte, H.: Der Star, München 1997
Freimuth, J./Kiefer, B.-U. (Hrsg): Geschäftsberichte von unten, Göttingen 1995
Freter, H.: Marktsegmentierung, Stuttgart u.a. 1983
Gardner, B. B. and Levy, S. J.: The Product and the Brand, Harvard Business Review, 1955, S. 33 – 39
Gutjahr, G.: Taschenbuch der Marktpsychologie, 2. Auflage, Heidelberg 1983
Haedrich, G./Barthenheier, G./Kleinert, H. (Hrsg.): Öffentlichkeitsarbeit, Berlin und New York 1982
Haedrich, G./Kreilkamp, E./Kuß, A./Stiefel, R.: Das Berufsfeld Öffentlichkeitsarbeit in der Wirtschaft, Düsseldorf 1982
Haedrich, G.: Images und strategische Unternehmens- und Marketingplanung, in Ambrecht, W.; Avenarius, H., Zabel, U. (Hrsg): Image und PR, Opladen 1993, S. 251 – 262
Häusler, J.: Mit den Augen des Kunden – Grundsätzliches zur Entwicklung von Markenpersönlichkeiten; in: Merten, K./ Zimmermann, R. (Hrsg.): Das Handbuch der Unternehmenskommunikation, Köln 1998, S. 169 – 177
Herbst, D.: Public Relations, Berlin 1997
Herbst, D.: Corporate Identity, Berlin 1998
Herbst, D.: E-Branding, Berlin 2002
Herbst, D.: Gemeinsam stark: Integriertes Identitätsmanagement für starke Konsumentenbindung, in: Mattenklott, A./ Schimansky, A. (Hrsg.): Werbung, München 2002, S. 14 – 37
Holm, K.-F.: Die Mitarbeiterbefragung, Hamburg 1982
Huber, K.: Image: Global-Image, Corporate-Image, Marken-Image, Produkt-Image, Landsberg am Lech 1987
Huber, K.: Image: Global-Image, Corporate-Image, Marken-Image, Produkt-Image. 2. Auflage, Landsberg am Lech 1990
Kapferer, J.-N.: Die Marke, Landsberg am Lech 1992
Kasper, H.: Organisationskultur, Wien 1987
Keller, I.: Braucht Ihr Unternehmen C.I.?, in: Planung und Analyse, Heft 9, 1984
Keller, I.: Das CI-Dilemma, Wiesbaden 1993
Köhler, R.: Erfolgreiche Markenpositionierung angesichts zunehmender Zersplitterung von Zielgruppen, in: Köhler, R./ Majer, W./Wiezorek, H.: Erfolgsfaktor Marke, München 2001, S. 45 – 61
Köhler, R./Majer, W./Wiezorek, H.: Erfolgsfaktor Marke, München 2001
Kotler, P./Bliemel, F.: Marketing-Management, 8. Auflage, Stuttgart 1995
Kotler, P.: Marketing für Non-Profit-Organisationen, Stuttgart 1978

Kreutzer, R./Jugel, S./Wiedmann, K.-P.: Unternehmensphilosophie und Corporate Identity. Empirische Bestandsaufnahme und Leitfaden zur Implementierung einer Corporate Identity-Strategie. Arbeitspapier Nr. 40, Institut für Marketing der Universität Mannheim. Mannheim 1986

Kroeber-Riel, W.; Weinberg, P.: Konsumentenverhalten, 6. Auflage, München 1996

Kroeber-Riel, W.: Bildkommunikation, München 1993

Kroeber-Riel, W.: Globalisierung der Euro-Werbung, in: Marketing ZFP 14, 1992b, S. 261 – 267

Kroeber-Riel, W.: Konsumentenverhalten, 4. Auflage, München 1990

Kroeber-Riel, W.: Strategie und Technik der Werbung, 4. Auflage, Stuttgart u. a. 1993

Lippmann, W.: Public Opinion, New York 1922

Luhmann, N.: Vertrauen. Ein Mechanismus der Reduktion sozialer Komplexität, 3. Auflage, Stuttgart 1989

Mazanec, J.: Strukturmerkmale des Konsumverhaltens. Empirische Zugänglichkeit und Segmentierungsentscheidungen, Wien 1978

Meffert, H./Bruhn, M.: Marketing Fallstudien, 1993

Meffert, H./Burmann, C.: Identitätsorientierte Markenführung. Grundlagen für das Management von Markenportfolios, Münster 1996

Meffert, H./Burmann, C: Abnutzbarkeit und Nutzungsdauer von Marken, in: Meffert, H./Krawitz, N. (Hrsg.): Unternehmensrechnung und -besteuerung, Wiesbaden 1998, S. 75 – 126

Meffert, H./Burmann, C: Umweltschutzstrategien im Spannungsfeld zwischen Hersteller und Handel, Arbeitspapier Nr. 66 der Wissenschaftlichen Gesellschaft für Marketing und Unternehmensführung e.V., Münster 1991

Meffert, H./Siefke, A.: Lean Marketing – mehr als ein Schlagwort? , Arbeitspapier Nr. 88 der Wissenschaftlichen Gesellschaft für Marketing und Unternehmensführung e.V., Münster 1994

Meffert, H: Marketing – Grundlagen der Absatzpolitik, 8. (vollständig neubearbeitete und erweiterte) Auflage, Wiesbaden 1998

Meffert, H./Burmann, C./Koers, M.: Stellenwert und Gegenstand des Markenmanagement, in: Meffert, H./Burmann, C./ Koers, M. (Hrsg): Markenmanagement, Wiesbaden 2002, S. 3 – 15

Meffert, H./Burmann, C.: Theoretisches Grundkonzept der identitätsorientierten Markenführung, in: Meffert, H./Burmann, C./Koers, M. (Hrsg): Markenmanagement, Wiesbaden 2002, S. 35 – 72

MTP e.V. Alumini (Hrsg)/Hauser, U.: Erfolgreiches Markenmanagement. Wiesbaden 1997

Müller, G.: Das Image des Markenartikels, Opladen 1971

Müller, G.: Das Image des Markenartikels, Schriften zur Handelsforschung Nr. 45, Göttingen 1971

Müller, S.: Die Rolle des Preises im Kaufentscheidungsprozeß, in: Jahrbuch der Absatz- und Verbrauchsforschung 27. Jg., 1981, S. 40 – 63

Nieschlag, R.; Dichtl E.; Hörschgen H. (1994): Marketing, 17. Auflage, Berlin

Pflaum, D.; Pieper W.: Lexikon der Public Relations, 2. Auflage, Landsberg am Lech 1993

Pickert, M.: Die Konzeption der Werbung, Heidelberg u.a. 1994

Rode, F. A.: Ist Werbewirkung soziologisch erklärbar?, Düsseldorf 1994

Schmitt, B./Simonson, A.: Marketing-Ästhetik. München und Düsseldorf 1998

Schmittel, W.: Corporate Design International, Zürich 1984

Schobert, R.: Positionierungsmodelle, in: Diller, H. (Hrsg): Marketingplanung 1980, S. 145 – 160

Schub von Bossiazky, G.: Psychologische Marketingforschung, München 1992

Schulz, B.: Strategische Planung von Public Relations, Frankfurt/Main, New York 1991

Tomczak, T./Schögel, M./Ludewig, E. (Hrsg): Markenmanagement für Dienstleistungen, St. Gallen 1998

Trommsdorff, V. und Schuster, H.: Wettbewerbsstruktur-Analyse aus Image-Daten, in: Marktforschung, Heft 2, 1987

Trommsdorff, V., Schuster, H. Wettbewerbsstruktur-Analyse aus Image-Daten. Entscheidungshilfen für die strategische Planung. In: Marktforschung, Heft 2, 1987

Trommsdorff, V.: Die Messung von Produktimages für das Marketing, Köln u. a. 1975

Trommsdorff, V.: Konsumentenverhalten, 2. Auflage, Stuttgart u. a. 1993

Trommsdorff, V.: Konsumentenverhalten, Stuttgart u.a. 1989

Trommsdorff, V.; Zellerhoff, C.: Produkt- und Markenpositionierung, in Bruhn, M.: Handbuch Markenartikel, Stuttgart 1994, S. 349 – 373

Trommsdorfff, V./Paulssen, M.: Messung und Gestaltung der Markenpositionierung, in: Esch, F.-R. (Hrsg): Moderne Markenführung. Wiesbaden 1999

Trux, W: Unternehmensidentität, Unternehmenspolitik und öffentliche Meinung; in: Birkigt, K./Stadler, M./Funck, H.-J. (Hrsg.): Corporate Identity, 6. Auflage, Landsberg am Lech 1993, S. 65 – 76

Voigt, K.-I.: Unternehmenskultur und Strategie, Grundlagen des Kulturbewussten Managements, Wiesbaden 1996

Wiegel, C.- H.: Optimale Unternehmensimagepolitik, Frankfurt 1983

Zerfaß, A.: Unternehmensführung und Öffentlichkeitsarbeit, Opladen 1996

Imagetransfer zwischen Marken und Prominenten

Von Jens Hagendorf und Alexandra Prümke

Dieser Beitrag ist der gemeinsamen Diplomarbeit „Chancen und Risiken der Verwendung von Prominenten als Testimonials in der Werbung" entnommen, die im September 2000 an der Universität der Künste Berlin eingereicht wurde.

1. Einleitung

Joschka Fischer gewinnt durch die FAZ-Kampagne an Seriosität und Publizität, das Image Österreichs leidet unter dem Rechtsaußen Jörg Haider, Peek & Cloppenburg versucht, durch Nina Hagen als Testimonial hip und trendy zu werden. Imagetransfers finden ständig statt, mal geplant, mal zufällig, mal ungewollt. Image-Joint-Ventures sind gang und gäbe – scheint es doch viel einfacher zu sein, sich eines vorhandenen Images zu bedienen, als mühsam ein eigenes Image aufzubauen. Im Idealfall profitieren beide Partner davon. Was man früher verächtlich Abglanz nannte, wird heute als markenpolitische Maßnahme verkauft.

Der Transfer von Einstellungen gilt neben der erhöhten Aufmerksamkeit und Glaubwürdigkeit als wichtiges Ziel von Werbekampagnen mit prominenten Testimonials: „Die Rezipienten übertragen im günstigsten Falle ihre Einstellung zum prominenten Testimonial auf das Werbemittel (Spot, Anzeige) und indirekt dann auch auf die Marke oder direkt auf die Marke." (Gierl, 1997, S. 50). Einzelne Eigenschaften des Prominenten, die aus Sicht der Konsumenten als attraktiv oder erstrebenswert erscheinen (zum Beispiel jugendlich oder erfolgreich), sollen auf das Produkt bzw. die Marke übertragen werden. Die Imagekompatibilität zwischen Testimonial und Marke ist hierbei einer der Schlüsselbegriffe.

In der Literatur gibt es unterschiedliche Auffassungen über die Ziele eines prominenten Testimonials. Die meisten Autoren vertreten die These, dass eine größere Imagekompatibilität zwischen Testimonial und Produkt zu einer größeren Glaubwürdigkeit führt und dadurch ein Imagetransfer erst möglich wird. Andererseits bemühen sich einige Kampagnen, mit Hilfe eines Prominenten eine Imagekorrektur vorzunehmen. Entsprechende Kampagnen setzen Prominente als Testimonial ein, die dem Wunschimage der Marke entsprechen. Die Werbetreibenden hoffen, dass die Imagewerte der Promis auf das Produkt transferiert werden und so das bestehende Image korrigiert wird.

Es scheint, dass es reichlicher Vorüberlegungen bedarf, um einen erfolgreichen Imagetransfer zu planen.

2. Der Begriff Imagetransfer

Zur Erläuterung des Begriffs Imagetransfer möchten wir zunächst kurz auf den Begriff Image eingehen: Image gehört zu den beliebtesten Vokabeln im Marketing und ist zudem Teil des allgemeinen Sprachgebrauchs geworden. Um an dieser Stelle nicht die endlosen Diskussionen über diesen Begriff zu wiederholen, (Siehe den Beitrag *Wenn Persönlichkeiten wirken: das Image*) orientieren wir uns an der Definition von Nieschlag et al.: Image ist die „Gesamtheit aller (richtigen und falschen) Vorstellungen, Einstellungen, Kenntnisse, Erfahrungen, Wünsche, Gefühle usw., die Menschen (Einzelpersonen oder

Personengruppen) mit einem bestimmten Meinungsgegenstand verbinden. Das Image charakterisiert ein Bezugsobjekt ganzheitlich, also insbesondere mit allen als relevant erachteten Einstellungsdimensionen." (Nieschlag/Dichtl/Hörschgen, 1988, S. 1002).

Imagetransfer ist ein Begriff, der zwar häufig in der Marketingliteratur verwendet wird, bisher aber kaum klar definiert wurde. Unser Verständnis baut im Wesentlichen auf dem Werk von Anton Glogger auf. Er zitiert Zentes mit folgender Kurzdefinition: Imagetransfer ist die „wechselseitige Übertragung und Verstärkung von Objektassoziationen zwischen Objekten unterschiedlicher Kategorien." (Zentes, 1996, S. 157, zit. nach Glogger, 1999, S. 68).

Diese Definition ersetzt „Image" mit „Objektassoziation" und „Transfer" mit „wechselseitige Übertragung und Verstärkung". Etwas irreführend ist der Zusatz „zwischen Objekten unterschiedlicher Kategorien", denn das könnte bedeuten, dass ein Imagetransfer zwischen zwei Marken ausgeschlossen wird. Einen solchen Imagetransfer gibt es aber zum Beispiel dann, wenn zwei Marken gemeinsam werben, wie Kellogg's und Ehrmann, oder wenn diese in unmittelbarer Nähe auftreten, wie zum Beispiel Schweppes und Tag Heuer auf dem Trikot von Mika Häkkinen. Dadurch, dass wir Image bereits oben erläutert haben, lässt sich Zentes Definition wie folgt präzisieren:

> ***Imagetransfer*** ist die wechselseitige Übertragung und/oder Verstärkung von Imagedimensionen zwischen Objekten.

An dieser Stelle soll eine Unterform des Imagetransfers ausgegrenzt werden: der Markentransfer. Leider werden häufig die Begriffe Markentransfer und Imagetransfer synonym verwendet, was zu Verwirrungen führt. Der Begriff des Markentransfers bezeichnet zunächst nichts anderes als die markenpolitische Maßnahme der Übertragung eines bereits bestehenden Markennamens sowie evtl. von Ausstattungsmerkmalen eines Produkts (zum Beispiel Farben, Produkt- und Verpackungsformen) auf ein neues Produkt (vgl. Hätty, 1994, S. 563). Ein Markentransfer wäre es zum Beispiel, wenn die Markeninhalte von Knorr auf eine neue Produktlinie, etwa Tiefkühlkost oder Getränke übertragen werden. Ein Beispiel für einen Markentransfer ist die Einführung der dekorativen Kosmetik (Make-up, Lippenstift etc.) bei Nivea: Die neue Produktlinie „Nivea Beauté" profitiert von dem bestehenden Nivea-Image (Pflege, hohe Qualität), der extrem hohen Markenbekanntheit und dem Vertrauen der Verbraucher in diese Marke.

3. Analyse der Vorgänge beim Imagetransfer

Wechselseitigkeit ist ein wichtiges Merkmal eines Imagetransfers: Ein Imagetransfer ist keine einseitige Übertragung von Assoziationen, sondern ein wechselseitiger Vorgang. Man spricht also nicht von einem Imagetransfer von etwas zu etwas, sondern immer von einem Imagetransfer zwischen zwei Objekten.

Diese Wechselseitigkeit geht auf die Funktionsweise von Assoziationen zurück: Assoziiere ich Thomas Gottschalk mit Haribo, assoziiere ich umgekehrt auch Haribo mit Thomas Gottschalk. Durch die wechselseitige assoziative Verbindung verknüpfen sich idealerweise auch die Wertewelten der beiden Objekte.

Glogger stellt zwar die Wechselseitigkeit bei einem Imagetransfer fest, aber er unterscheidet dennoch unverständlicherweise in Transfersubjekt und Transferobjekt (vgl. Glogger, 1999, S. 69). Außerdem behauptet er:

> *„In seiner allgemeinen Definition wurde dem Imagetransfer Wechselseitigkeit unterstellt. Diese Wechselseitigkeit ist auch im Bereich der Marketing-Kommunikation vorstellbar. Die umgekehrte Transferrichtung ist hier jedoch zu vernachlässigen, da sie für das kommunizierende Unternehmen logischerweise nicht von Bedeutung ist." (Glogger, 1999, S. 73).*

Dies ist eine Fehleinschätzung, wie auch Petra Haibach, Beraterin für Iglo bei McCann-Erickson Hamburg, bestätigt:

> *„Es sollte ein ausgewogenes Spiel sein, bei dem eine klare Identifikation zwischen Prominenten und Produkt stattfindet und umgekehrt. Man kann nicht nur sagen: Der Promi tut etwas für das Produkt. Man muss sich auch fragen: Was tut das Produkt für den Promi?" (Haibach, 2000).*

Sie bezeichnet die von ihr betreute Kampagne für Iglo Rahmspinat mit Verona Feldbusch treffend als „Win-win-Situation".

Durch einen Imagetransfer werden Images in der Regel nicht neu erzeugt, vielmehr können bestehende Imagekomponenten verstärkt werden. Glogger weist auf die Bedeutung des verstärkenden Moments beim Imagetransfer hin: „Als psychische Reaktion umfasst der Imagetransfer nicht nur die Übertragung neuer, mit einem Objekt bisher noch nicht verbundener Assoziationen, sondern auch die Verstärkung bereits vorhandener Assoziationen." (Glogger, 1999, S. 69). So mag Rexona schon vor der Kampagne mit Steffi Graf als sportliche Marke gegolten haben; durch die Verwendung von Steffi Graf als Testimonial wird die assoziative Verknüpfung mit dem Sport weiter verstärkt.

Um die Vorgänge beim Imagetransfer zu erläutern, gehen wir von folgender Situation aus: Eine Kampagne hat das Ziel, einen Imagetransfer zwischen Thomas Gottschalk und der Marke Haribo herzustellen, der zur Folge hat, dass „Spaß" dem Wertefeld Haribos zugefügt wird bzw. Haribo ein stärkeres „Spaß-Image" erhält als zuvor.

Die Grafik zeigt mögliche Assoziationsfelder von Thomas Gottschalk und Haribo. Durch die Penetration der Kampagne wird eine neue gedankliche Verknüpfung geschaffen. Genauso wie man von „Sonne" zu „Italien" zu „Olivenbäumen" kommen könnte, kommt man – sofern die Kampagne Erfolg hat – von „Haribo" zu „Thomas Gottschalk" zu „Spaß". Zu beachten ist, dass Assoziationen immer individuell unterschiedlich und verschieden stark ausgeprägt sind. Jeder assoziiert mit Haribo etwas anderes, zum Beispiel persönliche Erlebnisse. Auch ist es möglich, dass ganz ungewollte Assoziationen entstehen, etwa Haribo – Gottschalk – Wetten, dass ...

Die Grafik zeigt eine sehr vereinfachte Darstellung eines Imagetransfers. Ein Image besteht nicht nur aus Begriffsassoziationen (Wörtern), sondern auch aus rechtshirnigen Werten, also Gefühlen, Stim-

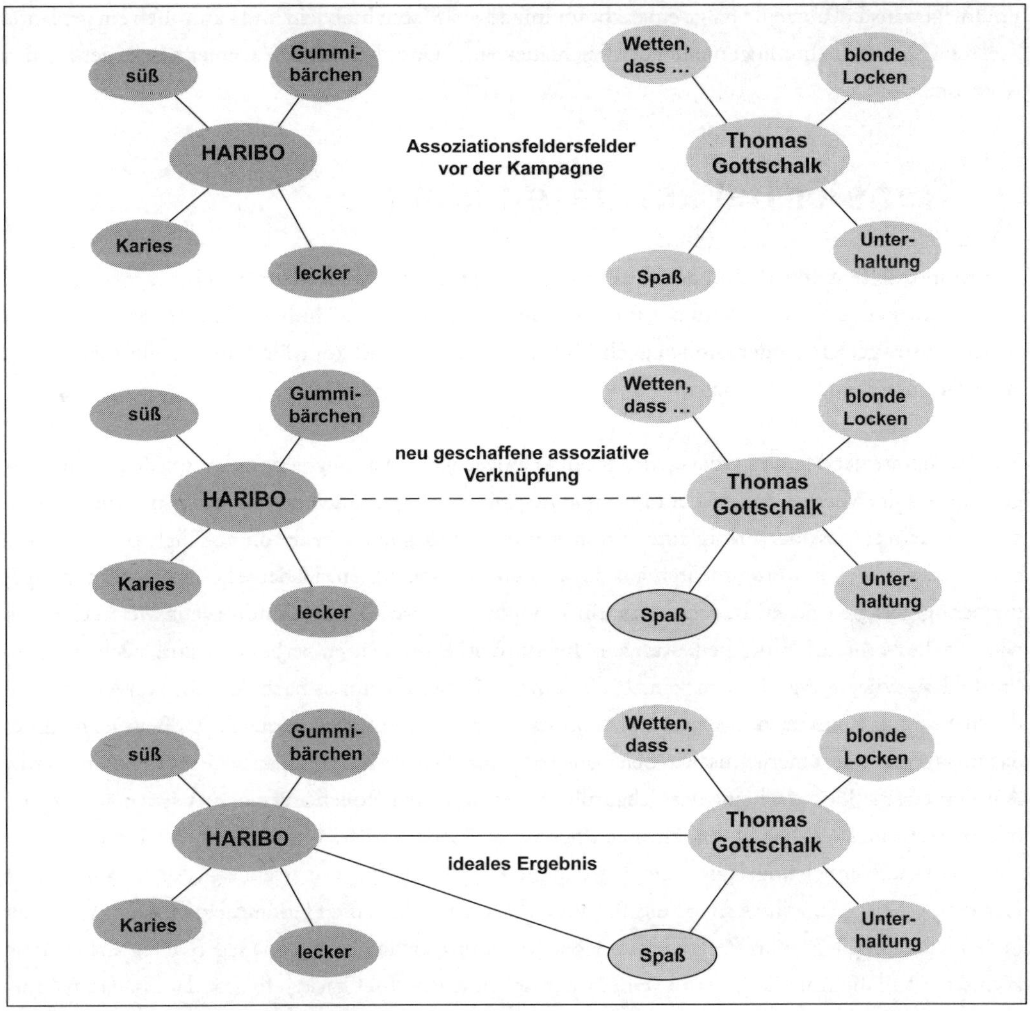

Abbildung 1: Assoziationsfelder am Beispiel von Thomas Gottschalk und HARIBO

mungen, unbewussten (und nicht formulierbaren) Emotionen. Was die Grafik jedoch recht gut verdeutlicht, ist die Komplexität eines Imagetransfers bei einer Testimonialwerbung und das Phänomen, dass Imageveränderungen nur sehr langsam erfolgen: Es reicht nicht, wenn der Verbraucher nach erfolgreicher Rezeption der Kampagne einen einzelnen Assoziationsschritt macht (Haribo – Gottschalk), sondern der erwünschte Effekt tritt erst durch einen weiteren Schritt ein (Haribo – Gottschalk – Spaß). Wie in den folgenden Abschnitten näher erläutert wird, ist ein Imagetransfer bei schon bestehenden Verknüpfungen leichter bzw. findet hier eine Verstärkung der bestehenden Assoziationen statt.

Des Weiteren schreibt Glogger: „Imagetransfer ist keine Maßnahme eines Unternehmens, sondern eine Reaktion der Psyche von Personen, die auf eine Maßnahme des Unternehmens hin erfolgt." (Glogger, 1999, S. 69). Diese Feststellung ist insofern irreführend, da sie den Eindruck erwecken könnte, dass eine Maßnahme eines Unternehmens Bedingung für das Zustandekommen eines Imagetransfers ist.

Ein Imagetransfer kann eine Folge einer kommunikativen Maßnahme sein und kann auch ein geplantes Ziel sein. Dennoch unterliegt nicht jedes Erscheinen eines Unternehmens bzw. einer Marke der eigenen Kontrolle.

4. Transfer bei konträren Images

Die Kompatibilität von Prominentem und Produkt gilt als Schlüsselfaktor bei einem Imagetransfer. Die entscheidende Frage ist: Sind nur Produkte und Prominente mit ähnlichen Imagewerten für einen Imagetransfer geeignet, oder können auch Marken und Promis mit konträren Images eine erfolgreiche Assoziationsverknüpfung eingehen?

McCracken ist der Meinung, dass jedes Produkt mit jeder Bedeutung verbunden werden kann. Ausgehend von der Vorstellung, dass ein Prominenter mit einer Vielzahl von Bedeutungen verbunden ist, argumentiert er, dass der Erfolg einer Prominenten-Kampagne allein davon abhängt, ob es gelingt, diese Bedeutungen des Prominenten auf das Produkt zu übertragen. Dabei sei es mehr oder weniger unwichtig, welche eigenen Bedeutungen ein Produkt aufweist. Entscheidend ist laut McCracken, inwieweit die Verbraucher die Bedeutungen, die mit dem Prominenten verbunden sind, auch mit dem Produkt assoziieren (vgl. McCracken, 2000, S. 225). Insofern kann es nach Ansicht von McCracken durchaus opportun sein, zum Beworbenen unpassende Prominente einzusetzen. Als Beispiel nennt er das Engagement des amerikanischen Schauspielers James Garner für die japanische Automarke Mazda. Auf den ersten Blick erscheint der Schauspieler, der in seinen Rollen stets eine „particular category of American male“ (McCracken, zit. nach Schnierer, 1999, S. 210) verkörperte, für eine japanische Automarke tatsächlich ungeeignet. Doch genau diese – vermeintlich unpassende – „Americanness“, die Garner repräsentiert, sollte sich auf das Produkt übertragen, denn die Herkunft japanischer Autos galt in den USA stets als Manko. Ziel der Kampagne war eine Verschmelzung von Gegensätzen, d. h. in dem konkreten Fall die Amerikanisierung eines japanischen Autos. McCracken folgert daraus, dass Werbestrategien, die mittels Bedeutungsübertragung Schwachpunkte von Marken zu kaschieren versuchen, durchaus effektiv sein können.

Schnierer vergleicht das amerikanische Beispiel mit dem Schauspieler Garner mit dem Einsatz von Boris Becker als Testimonial für die Marke Nutella: Schnierer ist der Ansicht, bei dem „Engagement von Boris Becker für das wie die meisten Nuss-Nugat-Cremes hauptsächlich aus Zucker und Fett bestehende Nutella ist zum Beispiel die Bedeutung des eingesetzten Prominenten im entscheidenden Punkt der Bedeutung von Süßwaren diametral entgegengesetzt.“ (vgl. Schnierer, 1999, S. 210) Während Nutella aus der Sicht von Ernährungswissenschaftlern als ungesund eingestuft wird, steht Boris Becker als erfolgreicher Sportler für Fitness und Gesundheit. Schnierer meint, dass hier entsprechend dem Ansatz von McCracken durch Bedeutungsübertragung das Manko des Ungesunden aus dem Weg geräumt werden kann (vgl. Schnierer, 1999, S. 211).

Mit dem Einsatz von Boris Becker für Nutella sieht Schnierer die These bestätigt, dass „es aus Sicht der Werbetreibenden lohnend sein kann, auf Bedeutungsträger zurückzugreifen, die im Kontrast zu den Schattenseiten der jeweiligen Produkt(unter)kategorie stehen." (vgl. Schnierer 1999, S. 211).

Abbildung 2: Kann Bobbele Nutella gesund machen?

Schnierer beachtet jedoch nicht, dass Boris Becker bei dem Nutella-Spot gar nicht als Vermittler von Werten wie Sportlichkeit und Fitness auftritt; Becker ist vielmehr der fürsorgliche Familienvater, der selbst schon seit der Kindheit den süßen Brotaufstrich genießt. Im Vordergrund steht hier ist also der Imagetransfer von irrationalen Werten wie Genuss und Vergnügen. Die argumentative Unterstützung einer reflektierten Verbraucherentscheidung – wie sie bei einer Sportlerernährung angebracht wäre – ist nicht das Ziel dieser Kampagne.

Die Auffassung von McCracken, nach der jedes Produkt mit jeder Bedeutung verbunden werden kann, erscheint uns sehr fragwürdig. Seine These von der Bedeutungsübertragung würde beinhalten, dass weder den Spezifika des Prominenten noch der Produktart eine wichtige Rolle zufällt, sondern allein über eine angemessene kreative Umsetzung der Kampagne quasi automatisch der gewünschte Bedeutungstransfer einsetzt. Folglich könnte jeder Prominente für jedes Produkt werben. Diese Auffassung impliziert ferner, dass Images jederzeit und schnell veränderbar und nicht das Ergebnis langer, strategisch geplanter Prozesse sind. Dies ist aber nicht der Fall, wie Misserfolge bei eingesetzten Prominenten zeigen. Es scheint, dass eher die Auffassung von Mayer und Mayer zutrifft, nach der ein Imagetransfer nur erfolgen kann, wenn Testimonial und Produkt ähnliche Imagedimensionen aufweisen. Allenfalls einzelne, unterschiedliche Imagekomponenten können genutzt werden, um eine Verschiebung in ein anderes Wertefeld zu erreichen bzw. eine neue Imagekomponente zu addieren. „Ein grundlegendes Erfordernis für einen Erfolg versprechenden Imagetransfer ist jedoch, dass Produkt, Botschaft und der betreffende Star zusammenpassen. Das heißt, sich gegenseitig ergänzen. Ist diese Voraussetzung nicht in genügendem Maße erfüllt, so sind die Transferbemühungen meistens nicht erfolgreich. Dabei kommt es nicht nur auf die Beliebtheit und generelle Glaubwürdigkeit des Stars an, sondern vor allem auch auf seine Kompetenz im betreffenden Produktbereich. Diese wiederum ist abhängig von mit der Person verbundenen Imagemerkmalen und deren Assoziationsbereichen. Die Transferchancen und -möglichkeiten sind je nach der Person und der Persönlichkeit des Stars außerordentlich unterschiedlich." (Mayer/Mayer, 1987, S. 116).

5. Transfer bei ähnlichen Images

Ein Imagetransfer zwischen Objekten mit ähnlichen Imagedimensionen scheint Erfolg versprechender zu sein als der Transfer von konträren Images. Dies bestätigen auch zahlreiche Untersuchungen, die sich mit dem Thema Imagetransfer bei gleichartigen Imagekomponenten beschäftigt haben. Im Folgenden werden die wichtigsten Theorien und Studien zum Imagetransfer bei ähnlichen Images vorgestellt.

5.1 Die wichtigsten Theorien

Die Autoren, die einen Imagetransfer zwischen einem Testimonial und einem Produkt nur unter der Prämisse „Imagekompatibilität" für möglich halten, beziehen sich auf ein zentrales Konzept: die Match-Up-Hypothese. Diese gibt eine Antwort auf die Frage, wann prominentes Testimonial und Produkt zusammenpassen.

Die Match-Up-Hypothese geht davon aus, dass die Glaubwürdigkeit und somit auch die Transferleistung des Testimonials zunehmen, je größer die Übereinstimmung zwischen den Images von Testimonial und Produkt ist. „In the match-up hypothesis, the message conveyed by the image of the celebrity and the message about the product ought to converge in effective advertisements." (Kahle/Homer, 1985, S. 955). Auch Misra und Beatty betonen die Notwendigkeit einer Imagekongruenz zwischen Testimonial und Produkt: „Match-up or spokesperson-brand congruence implies that the highly relevant characteristics of the spokesperson are consistent with the highly relevant attributes of the brand." (Misra/Beatty, 1990, S. 161).

Kahle und Homer erläutern die Match-Up-Hypothese am Beispiel einer Kampagne für Rasierapparate: In diesem Fall haben wir es also mit einem Produkt zu tun, das dazu verwendet wird, die physische Attraktivität zu steigern. Entsprechend sollte gemäß der Match-Up-Hypothese für die Anzeige auch ein attraktives Testimonial als Fürsprecher für das Produkt eingesetzt werden. Kahle und Homer führen weiter aus, dass eine Rasierapparat-Anzeige mit einem attraktiven, glatt rasierten Athleten dem Betrachter Informationen über die Qualität und den Nutzen des Produktes vermitteln kann (vgl. Kahle/Homer, 1985, S. 955).

Einen Erklärungsansatz für die Match-Up-Hypothese sehen Kahle und Homer in der „Social Adaptation Theory", die davon ausgeht „that the adaptive significance of information will determine its impact. Information based on salience may be processed, but its influence may be based on usefulness for adaptation." (Kahle/Homer, 1985, S. 954). Übertragen auf unser Thema bedeutet dies, dass Prominente, die nur aufgrund ihrer hohen Bekanntheit als Testimonial eingesetzt werden, zwar eine hohe Aufmerksamkeit erzielen, aber für eine Informationsübermittlung und damit auch für einen Imagetransfer wenig geeignet sind. Ein erfolgreicher Transfer erfordert vielmehr die Übereinstimmung mit dem Produktimage in den relevanten Imagedimensionen.

Im Gegensatz zur Elaboration Likelihood Theory, die je nach Stärke des Involvements zwischen einem zentralen und einem peripheren Weg zur Beeinflussung von Einstellungen unterscheidet, postuliert die Social Adaptation Theory, dass der Prozess der Informationsverarbeitung immer gleich ist – unabhängig vom Grad des Involvements. Der Informationsverarbeitungsprozess ist unter Low-Involvement-Bedingungen allerdings kürzer. Konsequenterweise betrachtet die Social Adaptation Theory die Art und die Qualität der Information auch unter der Prämisse Low Involvement als eine wichtige Wirkungskomponente und begründet in diesem Punkt einen entscheidenden Unterschied zur Elaboration Likelihood Theory.

Insbesondere bei Anzeigen in Zeitschriften ist dies von Bedeutung, da die Betrachter der Anzeigen nicht sonderlich involviert und daher auch nicht motiviert sind, den Anzeigen eine große Aufmerksamkeit zu schenken: „In this case, congruence between the celebrity and product may be invaluable in quickly conveying the appropriate image of the product to the consumer." (Kamins, 1990, S. 5).

Um den Unterschied zwischen Elaboration Likelihood Theory und Social Adaptation Theory etwas zu veranschaulichen, stellen wir im Folgenden zwei Statements der unterschiedlichen Theorie-Verfechter gegenüber. Beide Aussagen beziehen sich auf eine Laborstudie, mit der Petty et al. ihre Elaboration Likelihood Theory belegen wollten. In der Studie wurden Anzeigen getestet, in denen beliebte prominente Sportler als Testimonial für Einweg-Rasierer eingesetzt wurden. Petty et al. schlussfolgerten aus ihrer Untersuchung,

> *„that for most people, the celebrity status of the endorsers was irrelevant to an evaluation of the true merits of a disposable razor, but that because the celebrity endorsers were liked more than the average citizens, they could still serve as a positive peripheral cue." (Petty/Cacioppo/Schumann, zit. nach Kahle/Homer, 1985, S. 954).*

Kahle und Homer – als Vertreter der Social Adaptation Theory – stimmen mit Petty et al. überein, dass der Faktor Sympathie für Rasierapparate peripher ist. Sie folgern daraus jedoch, dass der Faktor Sympathie im Zusammenhang mit Einweg-Rasierern für die Wirksamkeit der Kampagne auch keine Rolle spielt. Als Beispiel führen sie eine Kampagne mit John McEnroe an, der tatsächlich für dieses Produkt wirbt: Die Kampagne ist erfolgreich – obwohl John McEnroe als provokante Person in der Bevölkerung eher unbeliebt ist (vgl. Kahle/Homer, 1985, S. 955). Die Erklärung von Kahle und Homer ist einfach: Die Wirksamkeit des Prominenten resultiert hier aus seiner physischen Attraktivität, die Popularität der Person ist in diesem Fall gar nicht relevant: „Our assumption here is that this celebrity gains effectiveness from his physical attractiveness; his likability is not relevant." (Kahle/Homer, 1985, S. 955).

Einen weiteren Erklärungsansatz für den Match-Up-Effekt bietet neben der Social Adaptation Theory die „Correspondence/Attributional Theory". „Nach der Attributionstheorie von Kelley werden die Ursachen für ein Verhalten (1) in den Eigenschaften von Personen, (2) in Umweltreizen und (3) in den besonderen Handlungsumständen eines Zeitpunktes gesucht." (Kroeber-Riel, 1990, S. 300). (Bezug auf Kelley: The Process of Causal Attribution, in: American Psychologist, Vol. 28, 1973. Deutsche Übersetzung unter dem Titel *Kausalattribution: Die Prozesse der Zuschreibung von Ursachen*, in: Stroebe: Sozialpsychologie, Bd. 1: Interpersonale Wahrnehmung und soziale Einstellungen, 1978). Die Vertreter dieser Theorie sehen in dem Streben nach Einsicht in Ursache-Wirkungs-Zusammenhänge das maßgebliche Verhaltensprinzip.

Eine der Attributionstheorien ist die Korrespondenztheorie. Ihr Hauptanliegen „ist die Frage der Zuschreibung „innerer" bzw. „äußerer" Ursachen von Ereignissen. Eine sogenannte interne Attribuierung liegt vor, wenn Eigenschaften des Handelnden als Ereignisursache wahrgenommen werden, während die externe Attribuierung auf situative Bedingungen Bezug nimmt." (Nieschlag/Dichtl/Hörschgen, 1988, S. 464). (Bezug auf Jones/Davis: From Acts to Dispositions – The Attribution Process in Person Perception, in: Berkowitz: Advances in Experimental Social Psychology, Vol. 2, 1965). Miller ist der Meinung, dass die Attraktivität der Person darüber entscheidet, ob der Beobachter dem Engagement dieser Person interne oder externe Gründe zuschreibt. Er hat empirisch festgestellt, „that attractive individuals were perceived by others to be masters of their own fate, as individuals who behave with a sense of purpose and out of their own volition. Unattractive individuals, on the other hand, were more likely to be seen as coerced and generally influenced by others and by environmental conditions." (Miller, 1970, zit. nach Kamins 1990, S. 5 f.).

Diese Überlegungen lassen sich auch auf die Werbung mit Prominenten übertragen: So wird der Konsument unattraktiven Testimonials eher unterstellen, in der Werbung zum Beispiel aus finanziellen Motiven aufzutreten (externe Attribution). Attraktiven Prominenten hingegen glaubt der Betrachter leichter, dass sie in einer Werbekampagne aus eigener Überzeugung agieren (interne Attribution). Der Konsument vermutet, dass das beworbene Produkt einen Beitrag zur Attraktivität des Prominenten leistet, und ist daher überzeugt, dass dieser das Produkt schätzt und selbst verwendet. Dies gilt insbesondere für Produkte, für die das Attribut Attraktivität eine relevante Dimension ist.

Bei Produkten, für die Attraktivität als Dimension nicht relevant ist, entfällt diese interne Attribution, die aufgrund physischer Attraktivitätsmerkmale des Testimonials vorgenommen wird. Folglich muss bei neutralen Produkten die Zuschreibung einer eigenen Überzeugung des Testimonials über andere Eigenschaften erfolgen. Möglicherweise kann eine interne Attribution in diesen Fällen über die Glaubwürdigkeit oder Sachkenntnis des Testimonials erreicht werden (vgl. Kamins, 1990, S. 6).

5.2 Schlüsselfaktor Attraktivität

Offensichtlich ist die physische Attraktivität eines prominenten Testimonials ein zentraler Aspekt im Zusammenhang mit Einstellungsänderungen. (Siehe hierzu den Beitrag *Mit Mensch-Marken faszinieren*). Kahle und Homer sehen die physische Attraktivität eines Testimonials als Informationsquelle:

> *„If a stunningly attractive person claims to use a beauty product, that product may be assumed to be an element of the beauty formula. The attractiveness information is conveyed more quickly than other information, even if it is not highly probative." (Kahle/Homer, 1985, S. 959).*

Auch Lynch/Schuler betonen den Vorteil einer schnellen Informationsübermittlung durch Testimonials:

„The strategic value of the spokesperson is that this information can be conveyed quickly, letting the consumer know of the adaptive significance of the product, before the consumer moves to other sources of information." (Lynch/Schuler, 1994, S. 423).

Kamins stimmt ebenfalls der Auffassung zu, dass die Attraktivität eines Testimonials eine wirksame Informationsquelle für einen Imagetransfer sein kann, fügt aber einschränkend hinzu: „for a product which is attractiveness related" (Kamins, 1990, S. 5). Er erklärt den Informationsprozess folgendermaßen:

„The model's inclusion in an advertisement may inherently suggest to some consumers the idea that use of the product will also enhance their physical attractiveness just as it did for the model ..." (Kamins, 1990, S. 5).

Kamins hat im Rahmen der Match-Up-Hypothese eine experimentelle Untersuchung zum Einfluss der Attraktivität auf die Werbewirkung durchgeführt. Er unterstellte, dass die physische Attraktivität des prominenten Testimonials einen signifikant positiven Einfluss auf die Einstellung zu der Anzeige und zu dem Produkt hervorruft – allerdings nur für solche Produkte, die eine Verbindung zu dem Wert Attraktivität aufweisen. Er führt aus:

„[...] it has been proposed that the physical attractiveness of a celebrity endorser may only enhance both product- and ad-based evaluations if the characteristics of the product ‚match-up' with the image conveyed by the celebrity. This ‚match-up' hypothesis, [...] implies a need for congruence between product image and celebrity image on an attractiveness basis." (Kamins, 1990, S. 5).

Für seine Studie wählte Kamins den Schauspieler Tom Selleck als Prominenten, der das Attribut Attraktivität verkörpert und Telly Savalas als physisch unattraktiven Prominenten. Als Produkt, das einen Bezug zur Dimension Attraktivität aufweist, wählte er einen Luxus-Pkw, als bezugsloses Produkt wurde ein Homecomputer verwendet. Für die Untersuchung wurden vier Schwarz-Weiß-Anzeigen konzipiert, alle mit dem gleichen Layout. Mit jeder der Anzeigen wurde eine Kombination der beiden Faktoren „Attraktivität des Prominenten" und „Attraktivitätsbezug des Produkts" realisiert. Das Ergebnis der Studie bestätigte zumindest einen großen Teil von Kamins Hypothesen: Der attraktive Prominente war signifikant glaubwürdiger und erreichte eine positivere Einstellung gegenüber der Anzeige als der nicht-attraktive Prominente, vorausgesetzt die Dimension Attraktivität war für das Produkt relevant. Bei dem in Bezug auf die Kategorie „attraktiv" als neutral eingestuften Homecomputer hingegen konnten keine Unterschiede in der Effektivität zwischen dem attraktiven und dem nicht-attraktiven Prominenten festgestellt werden (Kamins, 1990, S. 5).

Zwar wurde eine erhöhte Glaubwürdigkeit und auch eine positivere Einstellung gegenüber der Anzeige festgestellt; ein unterschiedlicher Einfluss auf die Kaufabsicht oder die Einstellung zu dem Produkt wurde jedoch nicht gefunden. Kamins relativiert dieses Ergebnis, indem er darauf hinweist, dass oftmals die Einstellung zur Anzeige auch als Indikator für die Markenwahl zu sehen ist (Kamins, 1990, S. 5).

An dieser Stelle möchten wir kurz die Kritik von Lynch und Schuler diskutieren – ein Forscherteam, das sich mit den Ergebnissen von Kamins Untersuchung beschäftigt hat. Die Tatsache, dass Kamins in seiner Studie keine signifikanten Unterschiede in der Einstellung zu dem Produkt festgestellt hat, führen Lynch und Schuler darauf zurück, dass die wahrgenommenen Unterschiede zwischen den beiden eingesetzten Prominenten Tom Selleck und Telly Savalas zu gering sind. Sie kritisieren, dass mit Telly Savalas lediglich ein weniger attraktives Testimonial eingesetzt wurde und dass die beiden Promis darüber hinaus zu viele ähnliche Charakteristika aufweisen (beide spielen im Fernsehen Detektive, beide gelten als raue aber sensible Charaktere und werden als sehr männlich bewertet). Lynch und Schuler vermuten, dass bei der Verwendung eines sehr viel unattraktiveren Testimonials bzw. eines gleichwertig attraktiven Prominenten, der sich jedoch in anderen Eigenschaften stark unterscheidet, Unterschiede in der Produktbeurteilung wahrscheinlich gewesen wären (vgl. Lynch/Schuler, 1994, S. 425).

Diese Auffassung erinnert stark an die These von McCracken, nach der jedes Produkt mit jeder Bedeutung verbunden werden kann – also zum Beispiel auch dem Image eines Luxus-Sportwagens die Dimension „unattraktiv" hinzugefügt werden könnte. Dies erscheint uns jedoch eine unwahrscheinliche Assoziationsverknüpfung. Vorstellbar ist eher, dass der prominente Werbeträger von den Betrachtern als unglaubwürdig empfunden wird und daher auch kein Imagetransfer stattfindet.

Rückkehrend zu den Ergebnissen der Studie von Kamins kann als weiteres Fazit festgestellt werden, dass ein Axiom wie „what is beautiful is good" zu vereinfacht und daher für eine Werbestrategie eine ungeeignete Annahme ist. Wie dargestellt ist es eher so, dass attraktive Testimonials für eine bestimme Produktkategorie – für die der Wert Attraktivität relevant ist – von Vorteil sind.

In der Diskussion seiner Ergebnisse bemerkt Kamins einschränkend, die Faktoren „Aufmerksamkeit" und „Erinnerung der Anzeige" in seiner Untersuchung nicht berücksichtigt zu haben. Er räumt ein, dass bei einer Kampagne, deren primäres Ziel es ist, eine möglichst hohe Aufmerksamkeit zu erzielen, möglicherweise der Bekanntheitsgrad einer prominenten Person wichtiger ist als deren physische Attraktivität. Die Auswahl des passenden Prominenten ist also immer auch abhängig vom jeweiligen Ziel der Werbekampagne.

Für künftige Untersuchungen zur Match-Up-Hypothese fordert Kamins die Erweiterung des Untersuchungsdesigns: Nicht nur die Attraktivität, sondern das gesamte Image des prominenten Testimonials sollte mit den Imagedimensionen des Produktes auf Passgenauigkeit geprüft werden. So schließt Kamins seinen Bericht mit den Worten: „It remains for future research to determine other effective bases for a match-up between celebrity and product image." (Kamins, 1990, S. 12).

Lynch und Schuler haben ein Modell entwickelt (siehe Abbildung 3), das die Wirkungen einer Kampagne zeigt, in der die Images von Testimonial und Produkt ähnliche Dimensionen aufweisen. Sie stützen ihre Darstellung auf die oben skizzierten Ergebnisse aus der Untersuchung von Kamins. Die Abbildung zeigt modellhaft die Vorgänge bei dem Einsatz eines attraktiven Testimonials für ein Produkt, für das die Dimension Attraktivität relevant ist.

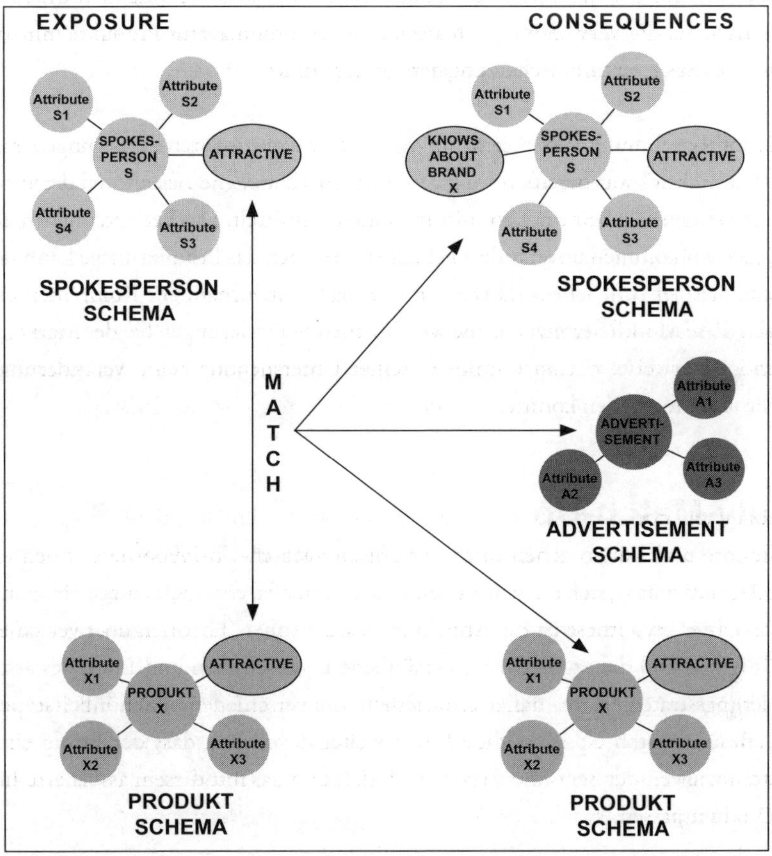

Abbildung 3: Consequences of spokesperson-product match (vereinfacht dargestellt nach Lynch/Schuler, 1994, S. 424)

Die Übereinstimmung zwischen dem Testimonial und dem Produkt in Bezug auf die Dimension Attraktivität ist dargestellt in dem Kreis „Spokesperson S knows about Brand X“. Die Synthese aus den Informationen über das Testimonial und über das Produkt erzeugt folglich eine neue Assoziation, die dem Image des Testimonials hinzugefügt wird. Der Konsument ergänzt sein bestehendes Bild des prominenten Testimonials um diese Vorstellung. Diese Interpretation unterstützt ein zentrales Ergebnis von Kamins Untersuchung: Der Einsatz eines attraktiven Testimonials für ein Produkt, welches einen Bezug zum Merkmal Attraktivität aufweist, steigert die Glaubwürdigkeit dieses Testimonials (vereinfacht dargestellt nach Lynch/Schuler, 1994, S. 424). Diese Erkenntnis bestätigt auch Mayer:

„Vor allen Dingen scheint die Attraktivität auf Umwegen andere Modellcharakteristika, wie zum Beispiel die Glaub- und Vertrauenswürdigkeit des Stars zu beeinflussen." (Mayer, 2000, S. 598 und vgl. Ohanian, 1991).

Die Abbildung von Lynch und Schuler zeigt weiter, dass die neue Information, die durch den sogenannten Match von Testimonial und Produkt generiert wurde, auch eine ganz neue Bedeutung hervorbringen kann: das „Advertisement Schema". Diese Darstellung spiegelt modellhaft die Erkenntnis von Kamins wider, nach der die Verwendung von attraktiven Testimonials für Produkte mit Attraktivitätsbezug auch zu einer positiveren Einschätzung der Anzeige führt.

Für die Produktwahrnehmung haben sich hingegen keine signifikanten Änderungen ergeben, denn die Dimension „attraktiv" war bereits vor dem Einsatz der Kampagne Bestandteil des Produktimages. Für das Produkt werden also keine neuen Informationen vermittelt. Das bedeutet natürlich nicht, dass das Produktimage vollkommen unverändert geblieben ist: Auch das Produktimage kann neue Facetten beinhalten (zum Beispiel Tom Selleck fährt einen Sterling) oder vorhandene Komponenten verstärken, jedoch erzeugen diese Modifizierungen keine wesentlichen Veränderungen bei der Markenbeurteilung. Dies erklärt möglicherweise, warum Kamins in seiner Untersuchung keine Veränderung in der Einstellung zum Produkt feststellen konnte.

5.3 Beauty-Match-Up

Solomon, Ashmore und Longo gehen mit ihrer „Beauty-Match-Up-Hypothese" noch einen Schritt weiter: Nicht Attraktivität an sich erleichtert einen Imagetransfer, entscheidend ist vielmehr die Art der Schönheit. Basis ihrer Hypothese ist die Annahme, dass Personen Theorien über verschiedene Typen von Schönheit haben und damit wiederum persönliche Eigenschaften und Lifestyles assoziieren. Für eine Positionierungsstrategie ist es daher erforderlich, die verschiedenen Schönheitstypen zu identifizieren. Die „Beauty-Match-Up-Hypothese" geht weiter davon aus, dass der Erfolg einer Werbung davon abhängt, inwieweit der Schönheitstyp des Models und das mit diesem assoziierte Image zu dem beworbenen Produkt passen.

Im Rahmen der Untersuchung wurden Redakteurinnen befragt, die für die Auswahl der Models für Mode und Lifestyle bei bekannten Modezeitschriften verantwortlich sind. Die Hypothese, dass physische Attraktivität mehrdimensional ist, wurde bestätigt. Die Probanden ordneten 96 Fotografien von Models den selbst gebildeten Kategorien zu. Daraus ergaben sich letztlich sechs Kategorien für Schönheit (vgl. Solomon/Ashmore/Longo, 1992 und Koeppler, 2000, S. 227):

1. klassisch-weibliche Schönheit
2. sinnlich-exotische Schönheit
3. sexbetonte Schönheit
4. modische Schönheit
5. mädchenhafte Schönheit
6. natürliche Schönheit

Auch der zweite Teil der Hypothese wurde bestätigt, nach dem bestimmte Produkte mit spezifischen Schönheitstypen assoziiert werden. Als Produkte wurden für die Untersuchung Parfums und Zeitschriften verwendet, die in Voruntersuchungen sowohl sehr klare Images aufwiesen als auch ein Spektrum von Lifestyle-Kategorien repräsentierten. Zum Beispiel korrelierte die Zeitschrift *Cosmopolitan* positiv mit dem sexbetonten Schönheitstyp; gar keine Übereinstimmung gab es hingegen mit dem klassisch-weiblichen Schönheitstyp. Die Ergebnisse belegen, dass die Auswahl bestimmter Modeltypen ein spezifisches Markenimage vermitteln bzw. verstärken kann. Umgekehrt kann die Auswahl eines Models, das nicht dem gewünschten Markenimage entspricht, negative Folgen für die Wirksamkeit einer Werbung haben. Daher ist es wichtig, sich vor der Auswahl des Models über die Passgenauigkeit ihres Schönheitstyps mit dem Produktimage klar zu werden.

Schönheit kann – wie bei den Untersuchungen von Kamins festgestellt – helfen, die Glaubwürdigkeit des Testimonials für ein Produkt zu erhöhen, doch für die Vermittlung eines spezifischen Images ist Schönheit allein nicht ausreichend. Daher raten die Forscher dringend von einer intuitiven Auswahl der Models ab (vgl. Solomon/Ashmore/Longo, 1992, Koeppler, 2000, S. 227).

5.4 Kulturelle Stereotype

Weitere Unterstützung erhält die Match-Up-Hypothese durch die Ergebnisse von Lynch und Schuler: Im Rahmen ihrer Untersuchung sollten die Testpersonen die Kompetenz von Personen mit unterschiedlich stark ausgeprägter Muskulatur für 28 verschiedene Produkte einschätzen. Ergebnis: Je muskulöser die gezeigte Person war, desto höher wurde seitens der Testpersonen die Kompetenz für männliche Produkte wie Sportgeräte oder Rasenmäher vermutet. Für vermeintlich neutrale Produkte wie Lebensmittel oder Haushaltsgegenstände traf dies nicht zu (vgl. Lynch/Schuler, 1994, Koeppler 2000, S. 227).

> *„The results of the first experiment appear to show that a matchup can produce a unique meaning that is transferable to a schema. In this instance, a match between spokesperson muscularity and products related to muscularity or masculinity appeared to facilitate the transfer to the schema of the spokesperson of the information that the spokesperson knew about the product.“ (Lynch/Schuler, 1994, S. 441).*

Abbildung 4: „Elegance is an attitude“ – in der Kommunikation von Longines wird dieser Claim seit 2000 durch „Botschafter der Eleganz“ verkörpert, zum Beispiel durch Filmlegenden wie Audrey Hepburn und Humphrey Bogart. Foto: Longines

Wir finden hier das eingangs beschriebene Assoziationsmodell bestätigt: Je mehr gleiche oder ähnliche Assoziationen die beiden Transferobjekte haben, desto leichter lassen sich bestehende assoziative Verknüpfungen verstärken oder neue schaffen. Um bei dem Rasenmäher-Beispiel zu bleiben, würde das für prominente Testimonials bedeuten: Eine Rasenmäher-Kampagne mit Arnold Schwarzenegger wäre nicht nur glaubwürdiger als die gleiche Kampagne mit Woody Allen, auch die assoziative Verknüpfung ließe sich leichter herstellen.

Diese beinahe klischeehafte Verbindung zwischen „Wissen über ‚männliche' Produkte" und einem muskulösen Körperbau führen Lynch und Schuler auf kulturelle Stereotype zurück. Sie gehen davon aus, „that some type of cultural stereotype regarding muscular (or nonmuscular) persons may have been evoked by the treatments." (Lynch/Schuler, 1994, S. 441).

Die beiden Forscher vermuten weiter, dass möglicherweise das Vorstellungsbild, das ein Konsument von einem Produkt hat, immer auch Stereotype über den Personentypus enthält, der über Produkte dieser Kategorie Bescheid weiß. Eine erfolgreiche Kampagne müsste daher bei der Auswahl des Testimonials darauf achten, dass eine Übereinstimmung zwischen diesem Verwender-Stereotyp und dem Image des Testimonials gegeben ist.

Die Theorie von den Verwender-Stereotypen erklärt möglicherweise auch die Schwemme von Promi-Testimonials im Bereich Luxusgüter. Dies bestätigt auch eine Studie der Initiative Media, in der die Einstellungen gegenüber Luxus- und Prestigemarken analysiert wurden. Auf die Frage, welche werblichen Inhalte für die Darstellung von Luxusgütern von Bedeutung sind, fanden 33 Prozent der Befragten „Prominente zeigen" sehr wichtig bzw. ziemlich wichtig (vgl. Stephan, 1999, S. 121). Zwar wurde nicht erforscht, welche Eigenschaften der Prominenten im Einzelnen eine Assoziationsverknüpfung zu Luxusgütern begründen, Verwender-Stereotype könnten aber eine Erklärung sein. Versucht man sich zum Beispiel den Träger einer Luxusuhr von Tag Heuer vorzustellen, so wird man wahrscheinlich jemanden assoziieren, der Geld hat, erfolgreich ist und Ausstrahlung besitzt – alles Merkmale, die ein Prominenter in der Regel verkörpert.

Außerdem möchten die werbetreibenden Unternehmen mit ihren Luxusgütern natürlich die gehobenen Käuferschichten ansprechen und dafür eignen sich prominente Testimonials besonders gut, weil sie in vielen Merkmalen der Zielgruppe recht ähnlich sind.

Auch unsere eigenen Beobachtungen unterstützen die These, dass Prominente effektive Werbebotschafter für Luxusgüter sind. Im Bereich Luxusuhren haben wir unzählige Beispiele gefunden, in denen Prominente als Testimonial eingesetzt worden sind.

6. Transfer neuer Imagekomponenten

Wie wir bereits ausgeführt haben, ist der Imagetransfer zwischen ähnlichen Images im Sinne einer Verstärkung von Imagekomponenten möglich und in der Praxis die am häufigsten zu beobachtende Variante eines Imagetransfers. Einen Transfer bei konträren Images halten wir für unwahrscheinlich und dieser konnte bislang auch nicht nachgewiesen werden.

Darüber hinaus ist eine dritte Variante bei einem Imagetransfer vorstellbar: Der Transfer von einzelnen Imagedimensionen, die vorher nicht mit dem Produkt assoziiert worden sind. Hier stellt sich die Frage, unter welchen Voraussetzungen einzelne Imagedimensionen eines Testimonials auf das Produktimage übertragbar sind und umgekehrt. Leider gibt es hierzu keine Untersuchungen, die eine befriedigende Antwort darauf geben könnten. Einzig eine Studie von Lynch und Schuler kann in diesem Zusammenhang zitiert werden – die Validität ihrer Ergebnisse erscheint allerdings fragwürdig.

In diesem Experiment sollte geprüft werden, ob die Muskelkraft eines Testimonials mit dem Produktattribut „Stärke" konvergiert – dabei wurde unterstellt, dass Muskelkraft ein Symbol für Stärke sei. Insbesondere sollte herausgefunden werden, ob ein Imagetransfer auch dann erfolgen kann, wenn das Produkt in Bezug auf die Attribute „muskulös" und „männlich" neutral ist. Entsprechend verschieden wurden die Produkte für die Anzeigenbeispiele der Untersuchung gewählt: Eine Ausrüstung zum Gewichtheben (als Produkt für den Muskelaufbau), Autobatterien (als typisch männliches Produkt), Bleichmittel (als nicht-männliches Produkt) und eine Rechtsanwaltskanzlei (als Produkt ohne signifikantes Stärke-Attribut). Für jedes Produkt wurden zwei Anzeigen kreiert: Ein Motiv mit einem wenig muskulösen Testimonial und ein weiteres mit einem sehr muskulösen Imageträger.

Die Forscher gingen von der Hypothese aus, dass die Muskelkraft des Testimonials die Imagedimension „Stärke" bei den ersten drei Produkten (Hanteln, Autobatterien und Bleichmittel) intensiviert, während sie bei dem Produkt ohne Stärke-Attribut (Rechtsanwaltskanzlei) keine signifikanten Änderungen erwarteten. Die Ergebnisse bestätigten jedoch keine der Hypothesen. Stattdessen schien die Muskelkraft des Testimonials die Eigenschaft „Haltbarkeit" bzw. „Strapazierfähigkeit" bei allen Produkten zu verstärken (vgl. Lynch/Schuler, 1994, S. 438).

Anders als erwartet, war also nicht das Merkmal „Stärke" die entscheidende Produkt-/Testimonial-Kongruenz, sondern auf Seiten des Testimonials offenbar eine erhöhte Widerstandskraft, die man mit Muskeln assoziiert, und auf Seiten des Produktes das Attribut „Haltbarkeit" bzw. „Strapazierfähigkeit". Leider wurde jedoch im Vorfeld des Experiments nicht gemessen, ob die Images der einzelnen Produkte bereits die Dimension „Haltbarkeit/Strapazierfähigkeit" beinhalteten bzw. in welcher Intensität ihnen dieses Attribut bereits zugeschrieben wurde. Daher kann auch keine Aussage darüber gemacht werden, ob die Abbildung der muskulösen Testimonials die wahrgenommene Haltbarkeit der Produkte geschmälert, leicht erhöht oder überhaupt erst geschaffen hat. „If all of the products had a durability component of their schemas, however slight, prior to exposure to the treatments, then the results would be consistent with the matchup hypothesis." (Lynch/Schuler, 1994, S. 442).

In dem entgegengesetzten Fall, wenn die Produkte vor dem Experiment nicht mit dem Merkmal „Haltbarkeit" bzw. „Strapazierfähigkeit" assoziiert wurden, hätten sie durch die Verbindung mit dem muskulösen Testimonial tatsächlich eine neue Imagekomponente erhalten. Um eine derartige Imageveränderung nachweisen zu können, müssen notwendigerweise im Vorfeld alle relevanten Imagedimensionen der Produkte gemessen werden.

Interessanterweise ist in dem Experiment von Lynch und Schuler die Veränderung des Produktimages unabhängig von einer Änderung der Imagedimensionen des Testimonials, die dessen Produktkompetenz betreffen. Lynch und Schuler bemerken hierzu:

> *„Importantly, this change in the product schema would be independent of any change in the spokesperson schema, because spokesperson muscularity did not affect perceived knowledge about types of products such as bleach and legal services in the first study but muscularity did affect the perceptions of the attributes of those products in the second study.“ (Lynch/Schuler, 1994, S. 442).*

Diese Ergebnisse würden bedeuten, dass die Glaubwürdigkeit des eingesetzten Testimonials nicht immer eine notwendige Voraussetzung für einen erfolgreichen Imagetransfer ist, denn: Obwohl der Konsument nicht davon ausgeht, dass das Testimonial über ein Produkt wie Bleichmittel besonders viel weiß, verändern sich die Imagedimensionen dieses Produktes – die Konsumenten schreiben dem Bleichmittel nach Betrachten der Anzeige zum Beispiel eine größere Beständigkeit zu.

Es stellt sich die Frage, warum die beiden Experimente von Lynch und Schuler in Bezug auf eine Veränderung der Imagedimensionen bei neutralen Produkten zu unterschiedlichen Ergebnissen führten. Als Erklärung hierfür nennen die Forscher die Art und Weise der kreativen Umsetzung der Kampagne, leider führen sie dies jedoch nicht näher aus. Auch auf diesem Gebiet besteht offensichtlich weiterer Forschungsbedarf.

Offen bleibt auch die Frage, woher man überhaupt weiß, welche Imagedimensionen konvergieren. Unterstützt das Attribut Muskelkraft die wahrgenommene Stärke des Produktes oder – wie im skizzierten Fall – die zugeschriebene Haltbarkeit bzw. Strapazierfähigkeit? Wichtig ist daher, im Vorfeld zunächst die möglichen Imagedimensionen des verwendeten Attributes abzuklären.

Die Addition neuer Imagekomponenten lässt viele Fragen unbeantwortet und damit Raum und Notwendigkeit für weiterführende Untersuchungen. Darauf möchten wir im folgenden Kapitel näher eingehen.

7. Betrachtung des Forschungsstandes

Wie angedeutet, lassen die bisherigen Forschungen zum Thema Imagetransfer zwischen prominenten Testimonials und Produkten viele Fragen offen. Ein Großteil der bisherigen Untersuchungen prüfte die Match-Up-Hypothese – in der Regel im Hinblick auf das Attribut Attraktivität – so dass auf diesem Gebiet aussagefähige Ergebnisse erzielt werden konnten. Andere Fragestellungen wurden hingegen vernachlässigt. Einerseits gibt es daher einen unbefriedigenden Forschungsstand zu bemängeln, andererseits bietet auch das methodische Vorgehen der bisherigen Studien Anlass zu Kritik.

7.1 Kritik an den bisherigen Untersuchungen

Einer der häufigsten Kritikpunkte an den vorliegenden Untersuchungen ist die Auswahl der Testpersonen: In der Regel werden Studenten eingesetzt, um die Kosten einer repräsentativen Stichprobenauswahl zu umgehen. Studentische Testpersonen sind jedoch in der Regel nicht die Zielgruppe der Produkte, die in den Testanzeigen gezeigt werden. Außerdem sind junge Leute weitaus häufiger Fans von prominenten Testimonials, so dass die Ergebnisse nicht übertragbar auf die Bevölkerung sind. Grundsätzlich sollten zukünftige Untersuchungen mit größeren und vor allem repräsentativeren Stichproben arbeiten.

Abgesehen von der künstlichen Laborsituation, in der die Testpersonen die Anzeigenbeispiele betrachten, sind es vor allem auch die Anzeigenmotive selbst, die zu kritisieren sind. Fast immer werden die Anzeigen für die Untersuchungen mit fiktiven Produkten gestaltet, anstatt aktuelle Kampagnenbeispiele zu verwenden.

Schließlich ist zu bemängeln, dass sich alle Studien nur auf Printwerbung beziehen. Plakatwerbung und vor allem TV-Spots wurden bislang von den Untersuchungen ausgeklammert.

Die Auswahl der persönlichen Prominenten ist sehr subjektiv. Möglicherweise würden dieselben Untersuchungen mit anderen Prominenten und/oder anderen Produkten zu ganz anderen Ergebnissen führen.

7.2 Weiterer Forschungsbedarf

Die meisten Studien haben bislang die Ähnlichkeiten zwischen Promi und Produkt gemessen. Ein weiteres Gebiet für künftige Forschungen wäre die Untersuchung der Passgenauigkeit zwischen dem Testimonial und anderen Elementen der Anzeige. Lynch und Schuler führen aus:

> *„Because relatively few advertisements contain only pictures and a brand, the interactions between spokesperson characteristics, message claims, and product attributes from a match/mismatch point of view would appear to be an important consideration." (Lynch/Schuler, 1994, S. 443). (Bezug auf Sujan/Bettman/Sujan: Effects of consumer expectations on information processing in selling encounters, in: Journal of Marketing Research, Vol. 23, 1986).*

Bislang galt die vollständige Übereinstimmung zwischen Testimonial und Produkt als ideale Voraussetzung für den Erfolg einer Kampagne. Sujan et al. haben in ihrer Untersuchung jedoch herausgefunden, dass das Gegenteil, also eine Verschiedenartigkeit zwischen Testimonial, Produkt und Botschaft eine größere Aufmerksamkeit erreichen kann, Ähnlichkeiten hingegen zu einem größeren Vertrauen gegenüber dem Testimonial führen.

> *„Following Sujan et al., however, it may be that mismatches between spokespersons, messages, and products would result in greater attention to message detail, whereas matches would result in greater consumer reliance on affect toward the spokesperson." (Lynch/Schuler, 1994, S. 443).*

In den vorliegenden Untersuchungen wird in der Regel davon ausgegangen, dass die Glaubwürdigkeit des Testimonials eine zwingende Voraussetzung für einen gelungenen Imagetransfer ist. Die dargestellten Ergebnisse des Experiments von Lynch und Schuler von 1994 geben jedoch Anlass zu der Vermutung, dass Glaubwürdigkeit nicht in jedem Fall und nicht für jede Werbewirkung relevant ist. Hier sind weiterführende Forschungen nötig, die sich auf den Faktor Glaubwürdigkeit konzentrieren (vgl. Kapitel 6 zum Transfer von neuen Imagekomponenten).

Sehr gut erforscht ist der Match-Up zwischen Produkten, für die das Attribut Attraktivität relevant ist, und attraktiven prominenten Testimonials. Weniger erforscht ist hingegen, welche Eigenschaften der Prominenten einen Imagetransfer konstituieren im Falle von neutralen Produkten. Auch ist wenig erforscht, welche anderen Merkmale neben dem Attribut Attraktivität beim Imagetransfer von Bedeutung sind.

Ein weiteres Feld für zukünftige Forschung ist die Frage, ob die Attraktivität eines Prominenten von größerer Bedeutung ist für die Neueinführung von Produkten. Immerhin haben die Konsumenten viel mehr Wissen über bereits eingeführte Produkte und müssen sich hier in ihrer Produkteinschätzung nicht unbedingt auf die Attraktivität eines prominenten Testimonials stützen (vgl. Kamins, 1990, S. 12, Joseph, 1982).

8. „Weil ich es mir wert bin." – Das Beispiel L'Oréal

Abbildung 5: Aktuelle Botschafterin von L'Oréal ist die französische Schauspielerin Catherine Deneuve, Foto: L'Oréal

L'Oréal gehört zu den großen Markenartiklern, die schon seit Jahren auf prominente Testimonials vertrauen. Die Liste der L'Oréal-Testimonials ist lang und reicht von Claudia Schiffer über Jennifer Lopez bis hin zu Laetitia Casta und Michael Schumacher.

L'Oréal ist in Deutschland Marktführer in pflegender Haarkosmetik (Shampoo, Haarspray etc.) und dekorativer Kosmetik (Make-up, Lippenstifte etc.) und rangiert in vielen anderen Bereichen der Schönheitsprodukte hinter Hauptkonkurrent Nivea. Im Jahr 2001 betrug der Umsatz weltweit 13,7 Milliarden Euro.

Ein derart breit gestreuter Einsatz von Prominenten erfordert ein hohes Budget – das kann sich nur ein Marktriese leisten. Es wird geschätzt, dass sich die Werbeausgaben des Konzerns in einem dreistelligen Millionenbereich bewegen (vgl. www.horizont.net, 09.08.1999). „Zum Konzern gehören mehr als

500 Marken und mehr als 2000 Produkte in allen Gebieten der Schönheitspflege." (Wiegers, 1999). Prominente werden nicht nur in der Werbung für die Dachmarke L'Oréal eingesetzt, auch Submarken wie Jade, Lancôme, Plénitude und Laboratoires Garnier sollen von der Zugkraft der Promis profitieren.

Der Gründer von L'Oréal Eugene Schueller erfand nicht nur das erste Produkt des Konzerns (das Haarfärbemittel L'Auréole), sondern erkannte auch früh, wie wichtig aufmerksamkeitsstarke Werbung in der Kosmetikbranche ist.

> *„Als einer der ersten verwendete Eugene Schueller große Aufmerksamkeit auf die Werbung für seine Produkte – für die L'Oréal später teure Stars wie Isabella Rosselini, Andie MacDowell oder Claudia Schiffer einspannen sollte." (Wiegers, 1999).*

Das McCann-Erickson-Network betreut weltweit die Kommunikation des L'Oréal-Konzerns. McCann-Erickson entwickelte sogenannte Brand-Footprints, die einen Markenkern auf sechs kurze Begriffe reduzieren. Der Markenkern für L'Oréal sieht unter anderem den Punkt „Celebrities" vor. Damit werden Prominente zum Inhalt einer Marke. Hierbei handelt es sich allerdings um die Strategie der Dachmarke. Für jedes einzelne Produkt wird eine jeweils neue Kommunikationsstrategie entwickelt, die nicht zwangsläufig einen Prominenten als Testimonial vorsehen muss. In einigen Fällen wird ein Prominenter als Testimonial verwendet, aber sein Name nicht genannt, sodass bei weniger bekannten Persönlichkeiten nicht jedem Rezipienten deutlich wird, dass hier ein Prominenter wirbt. In anderen Fällen rückt die Darstellung der Prominenz bewusst in den Vordergrund.

Abbildung 6: Drei Botschafterinnen für L'Oréal: Das Model Milla Jovovich, die Sängerin Beyoncé Knowles von Destiny's Child und die in Asien bekannte Schauspielerin Ayako Kawahara. Foto: L'Oréal

Imagetransfers sind bei L'Oréal-Werbung in verschiedenen Bereichen zu finden. Als Beispiel für eine erfolgreiche klassische Testimonial-Werbung kann die langjährige Kampagne für das Falten reduzierende Make-up Visible Lift mit Andie MacDowell genannt werden. Andie MacDowell ist eine Frau in den 40ern mit einem makellosen Aussehen und hohem Sex-Appeal. Sie verkörpert das Ideal der angestrebten Zielgruppe und demonstriert glaubhaft die Wirkung des Produktes. „So ist die Schauspielerin Andie MacDowell als Testimonial im L'Oréal-Spot mit Sicherheit ein Glücksfall. L'Oréal erreicht durch die Hollywood-Schönheit eine hohe Zuschauersympathie für die Spots." (Zweigle, 1999, S. 82). Der Erfolg der Kampagne mag aus der hohen Beliebtheit der Schauspielerin beim deutschen Publikum und der starken Imageüberschneidung zwischen Testimonial und Produkt resultieren. L'Oréal steht für Glamour, Schönheit, Pflege und Exklusivität – Andie MacDowells Image ist dem sehr ähnlich. Von einem Transfer im engeren Sinne kann man hier also nicht sprechen. Es findet eher eine Verstärkung des Images oder noch genauer eine Bestätigung statt.

Die Einführungskampagne für das Spliss-bekämpfende Elvital-Shampoo mit Aufbau-Ceramid wurde 1999 mit einem Bronze-Effie für hohe Werbeeffektivität ausgezeichnet. Kate Moss verhalf dem neuen Shampoo zu einem fulminanten Start, obwohl der Haarpflegemarkt durch einen „starken Verdrängungswettbewerb internationaler Konzerne mit hohen Werbeaufwendungen, einer großen Zahl von Produktneueinführungen mit immer spezielleren Wirkstoffen und sehr kurzen Produktlebenszyklen" (Buch, 1999, S. 137) gekennzeichnet war. Kate Moss sorgte vor allem für eine hohe Aufmerksamkeit, wie eine Untersuchung der GfK feststellte: „Mit 67 Prozent Brand awareness lag die Kampagne Kate Moss deutlich über der Norm von 53 Prozent." (Buch, 1999, S. 140). Tatsächlich wurden die Absätze der Haarpflegeserie über das gesetzte Ziel hinaus gesteigert. Für das Elvital-Shampoo mit dem 3-Vitamin-Komplex wurde ungewöhnlicherweise ein Fußballer als Testimonial eingesetzt. Oliver Bierhoff oder besser sein kräftiges Haar zeugen von der pflegenden Wirkung des Vitaminshampoos.

9. Messen eines Imagetransfers

Laut Haibach hat ein Imagetransfer durch einen Prominenten gleich auf mehrere Imagedimensionen Einfluss.

> *„Für mich ist es ein erfolgreicher Fall, wenn der Imagetransfer in beiden Richtungen passiert. Inwieweit das beim Prominenten gemessen wird, kann ich nicht sagen. Auf der Seite der Werbeagentur messen wir selbstverständlich die Imageveränderungen. Die Imagewerte können sich produktbezogen verändern, wie Qualitäts- oder Innovationswerte, oder das können rein emotionale Werte sein, wie ‚die Marke, die ich gern habe', ‚die ich präferiere', ‚die mir am nächsten ist'. Ein Prominenter hat sowohl Einfluss auf emotionale als auch auf funktionale Werte. Durch die Strategie muss vorgegeben sein, was man erreichen möchte, und das Ergebnis wird an den Zielen gemessen." (Haibach, 2000).*

Das Messen eines Imagetransfers ist eine große Herausforderung für die Kommunikationsforschung. Vielleicht ist deshalb bisher keine befriedigende Studie zu diesem Thema veröffentlicht worden. Einzig nennenswert erscheint ein Modell des Systemtheoretikers Schwen. Er schlägt einen Untersuchungskreislauf mit Hilfe von Mehrfachbefragungen eines Panels vor (vgl. Schwen, 1993, S. 247 ff.). In vorher definierten Zeitabständen werden in einem Panel vor und nach der kommunikativen Maßnahme (Kampagne) verschiedene Imagedimensionen der beworbenen Marke gemessen. Durch den Vergleich der Werte kann anschließend das Ausmaß des Imagetransfers bestimmt werden. Sein Modell erscheint auf den ersten Blick nicht finanzierbar, da zu viele Untersuchungen im Vorfeld stattfinden müssten, um relevante Imagedimensionen für die anschließenden Panelbefragungen zu ermitteln. Um alle Dimensionen eines Imagetransfers zu messen, müsste auch das Image des verwendeten Testimonials mit einbezogen werden. Außerdem schließt auch dieses Modell Fehlerquellen wie Spilling-Over und Carrying-Over nicht aus, auf die wir später noch eingehen.

Man könnte einen Imagetransfer mit Hilfe von Mehrfachbefragungen messen, dies wird aber in der Praxis aufgrund der hohen Kosten selten getan. Einzig die großen Markenartikler erfassen Imageveränderungen im Rahmen ihrer ständigen Marktuntersuchungen.

Im Folgenden soll ein Forschungsinstrument vorgestellt werden, das zwar nur begrenzt die Möglichkeit der Imagetransfermessung bietet, dafür aber zur Bestimmung der Kompatibilität von Prominentem und Produkt geeignet ist. Im Anschluss daran werden Fehlerquellen diskutiert, die zum Teil auch auf eine Mehrfachpanelbefragung zutreffen.

9.1 Der EMNID-Testimonial-Check mit Semiometrie

In unserer Forschung stießen wir bei der Suche nach Marktforschungsinstituten, die Imagewerte von Prominenten messen, auf TNS EMNID. EMNID wendet ein ursprünglich für Markenartikel entwickeltes Messinstrument auf Prominente an und schlägt damit eine Brücke zwischen Prominenz- und Markenimages.

Semiometrie beruht auf einer Panelbefragung eines repräsentativen Bevölkerungsdurchschnitts. Gemessen werden „Grundhaltungen und Wertesysteme über die Beurteilung ausgewählter Wörter. Diesem Ansatz liegt die Hypothese zugrunde, dass unsere natürliche (wie soziale) Umwelt in der Sprache repräsentiert ist und gleichzeitig die Sprache unser Denken strukturiert." (EMNID, 1999, S. 2). Jens Krüger, Manager für Media Research im Hamburger Büro von TNS EMNID, erläutert weiter:

> *„Semiometrie stützt sich auf die Theorie der Semiotik. Diese geht davon aus, dass u. a. Wörter für Wertorientierungen stehen. Bewertet jemand ein Wort oder Wortfeld positiv oder negativ, dann steht dort immer auch eine Einstellung, eine Werteorientierung dahinter. [...] Wichtig ist die Auswahl von Wörtern, die im Sprachgebrauch eine bestimmte Konstanz haben, also keine Modewörter sind." (Krüger, 2000).*

> *„Der in Frankreich entwickelte semiometrische Ansatz misst also die soziokulturellen Grundhaltungen durch die Analyse von 210 Wörtern und Begriffen. In einer Basisbefragung müssen die Probanden auf einer Skala von +3 bis –3 angeben, inwieweit die Begriffe ihnen ein angenehmes oder unangenehmes Gefühl bereiten. Eine multivariate Analyse verdichtet die Einzelbewertungen zu interpretierbaren Merkmals-Räumen [...]. Das Semiometrie-Panel von TNS EMNID umfasst 4300 Testpersonen." (Braunschweig, 2000).*

Die Ergebnisse der Befragung werden mit Hilfe einer Matrix dargestellt (siehe Abbildung 7).

Abbildung 7 zeigt, dass die befragte Gruppe die Wörter Blume, Treue und Friede überdurchschnittlich positiv und die Begriffe Angst, Gewehr und Gefahr überdurchschnittlich negativ bewertet. Daraus kann man schließen, dass diese Gruppe sozialen Werten (vertreten durch Wörter wie Blume, Treue, Frieden) stärker verbunden ist als individuellen Werten (vertreten durch die Wörter Angst, Gefahr und Gewehr).

Solche Daten liegen bereits für den Bevölkerungsdurchschnitt vor und werden jährlich erneuert. Zusätzlich wird in den Befragungen nun die Verwendung und Bewertung von Marken sowie die Affinität

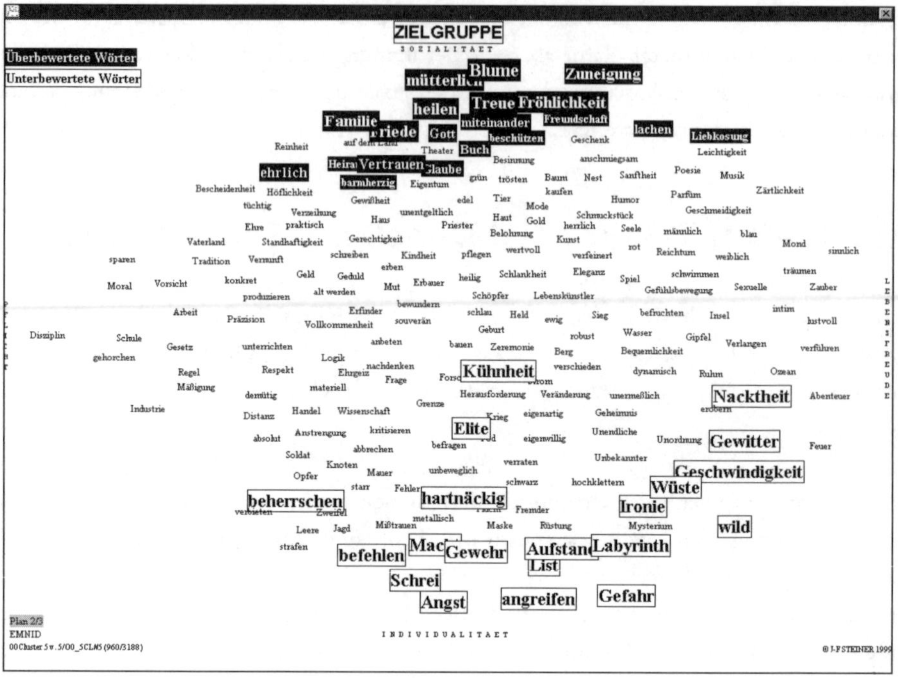

Abbildung 7: Ergebnismatrix eines Semiometrietests. (Quelle: EMNID). Die von der Zielgruppe überbewerteten Wörter sind schwarz unterlegt, unterbewertete Wörter stehen im weißen Kasten.

zu Prominenten gemessen. Mit Hilfe einer Kreuztabellierung lässt sich so ermitteln, welche Werte die „Sympathisanten" von bestimmten Prominenten haben. Ein Vergleich mit den Daten über die Wertewelt der Produktverwender zeigt dann, wie nahe diese Wertewelten beieinander liegen. „Semiometrie bietet damit auch die Möglichkeit, zum Beispiel die Passgenauigkeit von Prominenten und Marken indirekt und single-sourced, also aus einer Datenquelle, zu messen." (Krüger, 2000).

Die Ergebnisse des EMNID-Testimonial-Checks bergen manchmal Überraschungen: So hatte TV-Moderator Kai Pflaume angenommen, er würde am besten zu Autos, Computern oder Handys passen. Der Testimonial-Check brachte aber etwas ganz anderes an den Tag. Seine Fans sind „mehrheitlich nicht mehr ganz junge Frauen, die sich gerne romantischen Gefühlen hingeben und viel Wert auf Familie und Mütterlichkeit legen. Sie leben in Einklang mit sich selbst und der Welt und lehnen Hektik strikt ab. Sie können als ‚sinnliche Sozialromantiker' bezeichnet werden." (Braunschweig, 2000). Er passt am besten zu Meßmer Tee und zu Kirschkuchen von Coppenrath & Wiese. Kai Pflaume wird also nicht umsonst als Schwiegermamas Liebling bezeichnet, trifft doch die Beschreibung seiner Fangemeinde nur zu gut den Typus Schwiegermutter.

Semiometrie bietet also die Möglichkeit, auf der Grundlage repräsentativer Daten die Kompatibilität von Marken und Prominenten zu bestimmen. Der größte Vorteil liegt in der indirekten Befragungsmethodik. Der Lerneffekt – eine Fehlerquelle, die zum Beispiel Schwen in seinem Modell einer Mehrfachpanelbefragung eingesteht – wird durch das nicht-direkte Abfragen von Imagewerten ausgeschlossen (vgl. Schwen, 1993, S. 254 f.). Auch reduziert diese Befragungsmethodik den Einfluss der sozialen Erwünschtheit deutlich. Ein nicht zu vernachlässigender Vorteil ist, dass die Semiometrie-Daten mehrfach genutzt werden können und somit preiswerter sind als eine gesonderte, individuell entwickelte Befragung.

Kritisch kann man der Methodik gegenüberstehen, Wertewelten nur in Worte zu fassen. Manche Imagedimensionen sind einfach zu komplex oder diffizil, um sie in Worten wie Blume oder Befehl auszudrücken. Außerdem eignet sich die Methode nur für relativ bekannte Marken und relativ bekannte Prominente. Bei neuen Prominenten, die weder ein gefestigtes Image noch eine genau bestimmte Sympathisantengruppe haben, versagt das Instrument.

Eignet sich das Instrument Semiometrie zum Messen eines Imagetransfers? Denkbar wäre, dass man eine solche Untersuchung vor und nach einer Promi-Testimonial-Kampagne durchführt und auf diese Weise beobachtet, inwiefern sich die Wertewelten von Prominenten und Marke annähern. Doch selbst Krüger räumt ein:

> *„Das ist natürlich machbar, aber Semiometrie ist offiziell in Deutschland erst seit zwei Jahren am Start. Imagetransfers sind langfristige Prozesse. Insofern haben wir mit Semiometrie und Testimonial-Check in dem Bereich noch keine Erfahrung.“ (Krüger, 2000).*

Generell muss man der Idee, mit diesem Instrument einen Imagetransfer zu messen, sehr kritisch gegenüberstehen. Semiometrie misst keine Images, sondern Werte. Zwischen Werten und Images besteht ein großer qualitativer Unterschied. Werte verändern sich sehr langsam bzw. gar nicht. Sie werden zum Teil in der Erziehung und zum Teil vom sozialen Umfeld vermittelt. Werte sind Teile einer Kultur oder Subkultur. Der Einfluss von kommunikativen Maßnahmen, wie einer einzelnen Werbekampagne, auf Werte ist verschwindend gering. Mit dem oben beschriebenen Vergleich zweier zeitlich versetzter Semiometriemessungen wird man keinen Imagewandel in den Köpfen der Zielgruppe messen können. Stellt man bei den Markenverwendern eine Werteverschiebung fest, ist der wahrscheinlichere Grund, dass sich das Verwenderfeld verschoben bzw. verändert hat. Der Effekt ist also indirekt gemessen – es wird nicht nachgewiesen, dass die bisherigen Verwender ein neues Bild von einer Marke haben, sondern nur, dass nun eine Gruppe mit anderen Werten die Marke verwendet. Auch andere Fehlerquellen wie das Spilling-Over und das Carrying-Over tauchen bei Semiometrie auf.

> *„Unter dem Spilling-Over sind alle kommunikativen Effekte zu verstehen, die nicht durch die spezielle kommunikative Maßnahme […] selbst, sondern durch andere Maßnahmen erreicht werden. Carrying-Over oder Time-Lag bezeichnet die Tatsache, daß ein kommunikativer Effekt nicht direkt nach der Sendung der Maßnahme eintritt, sondern erst später bzw. erst eine n-malige Wiederholung zu dem Effekt führt. Demnach kann auch ein eingetretener Effekt durch eine Maßnahme bedingt sein, die bereits länger zurückliegt.“ (Schwen, 1993, S. 255).*

Worauf Schwen hier hinweist, ist eines der größten Probleme der Imagetransfermessung. Images verändern sich sehr langsam. Erst über einen langen Zeitraum sind signifikante Änderungen festzustellen.

Je länger der Zeitraum der Untersuchung ist, desto mehr potenzielle Einflussquellen, die ein Spilling-Over hervorrufen können, sind möglich. Ein letztendlicher Nachweis, auf welchen Einflussfaktor eine Imageveränderung zurückzuführen ist, wird somit unmöglich. Bei einer Promi-Kampagne können zum Beispiel Skandale, Presseberichte oder Misserfolge, die im Messzeitraum bekannt wurden, das Ergebnis beeinflussen.

Ein weiteres grundsätzliches Problem vieler Imagemessungen ist, dass sie nicht die Stärke eines Images beachten können. Da eine Folge bzw. ein Ziel eines Imagetransfers auch eine Verstärkung bereits vorhandener Assoziationen sein kann, wäre dies jedoch von großer Bedeutung.

Abschließend lässt sich sagen, dass ein genaues Messen eines Imagetransfers und damit sein wissenschaftlicher Nachweis nicht möglich ist. Mit Hilfe von regelmäßigen Messungen von Produktimages ist es jedoch möglich, zumindest den Einfluss von prominenten Testimonials auf Produktimages langfristig zu beobachten.

10. Zusammenfassung

Ein Imagetransfer ist in unserem Fall eine Übertragung bzw. Verstärkung von Assoziationen zwischen einem Prominenten und einem Produkt bzw. einer Marke. Dieser Vorgang beruht auf Wechselseitigkeit, d. h. dass nicht nur das beworbene Produkt bzw. die Marke, sondern auch der Prominente eine etwaige Imageveränderung durch eine Werbekampagne erfahren kann.

Ein Imagetransfer ist um so erfolgreicher, je ähnlicher sich die Ausgangsimages von Testimonial und Produkt sind. Es ist leichter, schon bestehende Assoziationen zu verstärken, als neue zu schaffen. Je ähnlicher sich die Assoziationsfelder von Testimonial und beworbener Marke sind, desto höher ist die Glaubwürdigkeit der Kampagne und desto stärker die Transferleistung.

Die Match-Up-Hypothese steht für die Annahme, dass die Glaubwürdigkeit und somit auch die Transferleistung des Testimonials zunehmen, je größer die Übereinstimmung zwischen den Images von Testimonial und Produkt ist. Die zitierten Studien haben die Match-Up-Hypothese geprüft und bestätigt; sie gilt daher heute als das zentrale Konzept für die erfolgreiche Realisierung eines Imagetransfers. Infolgedessen ist der Imagetransfer zwischen Objekten mit Diskrepanzen in den relevanten Imagedimensionen sehr fragwürdig. Die Möglichkeit, mit einem bekannten Testimonial eine Imagekorrektur vorzunehmen, ist bis heute auch nicht empirisch belegt.

Die Attraktivität eines Testimonials scheint einer der Schlüsselfaktoren für einen erfolgreichen Einstellungstransfer zu sein – allerdings nur für Produkte, für die Attraktivität eine relevante Imagedimension ist.

Die Glaubwürdigkeit des Prominenten ist das entscheidende Kriterium für den Erfolg oder Misserfolg eines Imagetransfers. Daher ist es notwendig, die Merkmale für die Basis der Glaubwürdigkeit eines

Prominenten im Vorfeld genau zu definieren. Diese Glaubwürdigkeitsattribute können sehr unterschiedlich sein und müssen im jeweiligen Einzelfall untersucht werden. Für Produkte, für die das Merkmal Attraktivität nicht wichtig ist, kann zum Beispiel die Fachkompetenz des Testimonials von großer Bedeutung sein. Die Auswahl des prominenten Testimonials muss sehr sorgfältig getroffen werden. Es reicht nicht, die Imagedimensionen seines Produktes zu kennen: Wichtig ist vor allem, auch die Einstellungen der Konsumenten zu dem prominenten Testimonial abzufragen.

Insgesamt fällt auf, dass der Forschungsstand zum Thema Imagetransfer mit prominenten Testimonials sehr lückenhaft ist. So wurde die Bedeutung des Faktors Attraktivität für einen Imagetransfer bereits in einer Reihe von Studien geprüft, für andere Imagedimensionen liegen derartige Daten jedoch kaum vor. Auch geht keine der zitierten Studien auf die Wechselseitigkeit eines Imagetransfers ein – die beschriebenen Ergebnisse beziehen sich stets auf eine einseitige Bedeutungsübertragung vom Testimonial zum Produkt.

Das Messen eines Imagetransfers ist aufgrund von Spilling Over- und Carrying-Over-Effekten in der Praxis nicht möglich. Eine regelmäßige Imagekontrolle während einer Kampagne erlaubt zwar Imageveränderungen zu messen; welche davon auf einen Imagetransfer zurückzuführen sind, lässt sich jedoch nicht bestimmen. Auch die Semiometrie-Methode von TNS EMNID kann eine genaue Bestimmung eines Imagetransfers nicht leisten.

11. Literaturverzeichnis

Braunschweig, S.: Pflaume passt gut zu Kirschkuchen, Media & Marketing, 2000, S. 2

EMNID: Semiometrie, Der Testimonial-/Promi-Check, Hamburg 1999

Gierl, H.: Prominente Testimonials in der Produktwerbung, planung & analyse, 3, 1997, S. 50 – 53

Glogger, A.: Imagetransfer im Sponsoring, Frankfurt/Main, Berlin, Bern 1999

GWA (Hrsg.): Effi Buch 1999, Frankfurt am Main 1999

Hätty, H.: Markentransferstrategie. In M. Bruhn (Hrsg.), Handbuch Markenartikel, Band 1, Stuttgart 1994, S. 561 – 582

Jones, E. E./Davis, K. E.: From Acts to Dispositions – The Attribution Process in Person Perception, in Berkowitz, L. (Ed.): Advances in Experimental Social Psychology, 2, 1965, S. 219 – 266

Joseph, W. B.: The Credibility of Physically Attractive Communicators: A Review, Journal of Advertising, 11, 1982, S. 15 – 24

Kahle, L. R./Homer, P. M.: Physical Attractiveness of the Celebrity Endorser, Journal of Consumer Research, 11, 1985, S. 954 – 961

Kamins, M. A.: An Investigation into the „Match-Up" Hypothesis in Celebrity Advertising, Journal of Advertising, 19 (1), 1990, S. 4 –13

Kelley, H. H.: The Process of Causal Attribution, American Psychologist, 28, 1973, S. 107 –128

Koeppler, K.: Strategien erfolgreicher Kommunikation, München und Wien 2000

Kroeber-Riel, W.: Konsumentenverhalten. 4. verbesserte und erneuerte Auflage, München 1990

Lynch, J. & Schuler, D.: The Matchup Effect of Spokesperson and Product Congruency, Psychology & Marketing, 11 (5), 1994, S. 417 – 445

Mayer, A./Mayer, R. U.: Imagetransfer, Hamburg 1987

Mayer, H./Illmann, T.: Markt- und Werbepsychologie, 3., überarbeitete und ergänzte Auflage, Stuttgart 2000

McCracken, G.: Who is the celebrity endorser? , Journal of Consumer Research, 16, 1989, S. 310 – 321

Miller, A. G.: Role of Physical Attractiveness in Impression Formation, Psychonomic Science, 19 (4), 1970, S. 241 – 243

Misra, S. & Beatty, S. E.: Celebrity Spokesperson and Brand Congruence, Journal of Business Research, 21, 1990, S. 159 – 173

Nieschlag, R., Dichtl, E., Hörschgen, H.: Marketing, 15. überarbeitete und erweiterte Auflage, Berlin 1988

o.V.: Dekorative Kosmetik erzielt dreistellige Zuwachsraten, www.horizont.net, 09.08.1999

Ohanian, R.: The Impact of Celebrity Spokespersons" perceived Image on Consumers" Intention to purchase, Journal of Advertising Research, 1001, S. 46 – 54.

Petty, R. E., Cacioppo, J. T. and Schumann, D.: Central and Peripheral Routes to Advertising Effectiveness, Journal of Consumer Research, 10, 1983, S. 135 – 146

Schnierer, T.: Soziologie der Werbung, Opladen 1999

Schwen, R.: Der Imagetransfer im Sportsponsoring, Braunschweig 1993

Solomon, M. R., Ashmore, R. C. and Longo, L. C.: The Beauty Match-Up Hypothesis, Journal of Advertising, 21 (4), 1992, S. 23 – 34

Stephan, J.: In Luxus schwelgen. w&v, 1999, S. 24.

Stroebe, W. (Hrsg.): Sozialpsychologie, Bd. 1. Interpersonale Wahrnehmung und soziale Einstellungen, Darmstadt 1978

Sujan, M., Bettman, J. R. and Sujan, H.: Effects of consumer expectations on information processing in selling encounters, Journal of Marketing Research, 23, 1986, S. 346 – 353.

Wiegers, M.: Eine französische Erfolgsgeschichte, www.archiv.berliner-morgenpost.de. 09.08.1999.

Zentes, J.: Grundbegriffe des Marketing. Stuttgart 1996

Zweigle, T. M.: Ein Promi bringt keine Käufer, Horizont, 12.08.1999

Wenn Marken zu Menschen werden

Von Holger Hüttlin

1. Einleitung

Produkte sind austauschbar geworden, ohne besondere Aufmachung und Werbung sind sie nahezu gleich. Wenn man sich für ein Produkt entscheiden muss, und damit gegen viele andere, ist Unterscheidung die Voraussetzung für den Markterfolg. Da solche Entscheidungen meist sehr rasch und unbewusst gefällt werden, spielen Emotionen bei der Kaufentscheidung häufig die entscheidende Rolle. (Siehe hierzu den Beitrag *Einführung in Marketing und Markenführung*). Aus diesem Grund ist es wichtig, Produkten eine „Persönlichkeit" zu verleihen, die gegenüber der Konkurrenz zum Quäntchen mehr Sympathie und somit zum Kauf führt. Eine Möglichkeit hierfür ist das Vermenschlichen von Produkten.

Vermenschlichen bedeutet Personifizieren von Produkten und Dienstleistungen durch alle Marketinginstrumente. Ein Produkt „Dr. Oetker" zu nennen, ist das Vermenschlichen einer Marke. Vermenschlichen wie im Fall der Schokodrops „M&M's" oder Personifizieren wie „Johnnie Walker" sind wirksame Mittel, trotz Reizüberflutung auf sich aufmerksam zu machen.

Das Thema „Mensch und Marke" ist durch die Verschränkung von sachlich-materiellen und emotional-menschlichen Faktoren äußerst komplex. Ziel ist, dies zu entflechten und in systematische Fragen und Hypothesen aufzuschlüsseln. Im Mittelpunkt der Untersuchung stehen das Vermenschlichen von Produkten zu menschlichen Marken und deren Facetten sowie der Blick in die Zukunft.

2. Die Markenpersönlichkeit

> *„Die beiden größten Märkte der amerikanischen Wirtschaft mit insgesamt 8 Billionen Dollar jährlichem Umsatz sind zum einen die Verbrauchertechnologie und zum anderen die Flucht davor." (Naisbitt, 1999, S. 38).*

Welche Rolle spielt die sinnliche, menschliche und emotionale Ansprache von Konsumenten vor dem Hintergrund einer zunehmenden Anonymisierung, Synthetisierung und Entmystifizierung der Welt?

2.1 Forschungsstand

Die Markenpersönlichkeit ist bisher vor allem bezüglich der mit der Marke verbundenen menschlichen Eigenschaften erforscht: Die Frage wurde untersucht, in welchem Maß die Marke Verbrauchern erlaubt, ihr eigenes Ich (vgl. Belk, 1988), ihr ideales Ich (vgl. Malhotra 1988) oder spezifische Dimensionen ihres Ichs (vgl. Kleine et al., 1993) durch die Benutzung der Marke auszudrücken. Jennifer L. Aaker fasst in drei Punkten zusammen:

1. Die Markenpersönlichkeit ist der zentrale Weg, die Marke in einer Produktkategorie zu differenzieren (vgl. Halliday 1996).

2. Sie ist der wesentliche Faktor für die Bildung von Markenpräferenzen und die Verwendung von Marken (vgl. Biel 1993).
3. Sie kann als gemeinsamer Nenner für die internationale Vermarktung einer Marke verwendet werden (vgl. Plummer 1985 b).

Das Interesse an der Erforschung der Markenpersönlichkeit und des Zusatznutzens, also des immateriellen Nutzens der Marke, blieb nach Aaker begrenzt. Sie macht dafür unter anderem die fehlenden Definitionen und Abgrenzungen zum Begriff „Markenpersönlichkeit" verantwortlich.

2.2 Operationalisierung der Markenpersönlichkeit

Aaker bezeichnet die Markenpersönlichkeit als Gesamtheit menschlicher Eigenschaften, die mit der Marke verbunden sind.

> *„Im Gegensatz zu den produktbezogenen Attributen, die eine rein nutzengeprägte Funktion für die Verbraucher übernehmen sollen, übernimmt die Markenpersönlichkeit eine Zusatznutzenfunktion." (Aaker, 1999, S. 94).*

Dieser Zusatznutzen entsteht dadurch, dass Konsumenten Marken mit menschlichen Persönlichkeitszügen verbinden (Gilmore, 1919). Das kann durch Vermenschlichen (Beispiel Michelin Reifen), durch Personifizierung (Beispiel Meister Proper) und durch den Aufbau innerer Bilder geschehen (Beispiel Herr Kaiser von der Hamburg-Mannheimer Versicherung. Durch solche Marketingstrategien können Marken in der Vorstellung des Konsumenten zu bekannten, ja sogar berühmten Persönlichkeiten werden (Rook 1985). Dies führt dazu, dass der Marke beständige Persönlichkeitsmerkmale verliehen werden und beim Konsumenten verankert werden können. Die Beständigkeit der Marke ähnelt einer Person und damit dem Konsumenten selbst (Fournier 1994).

Die drei von Aaker genannten Konzepte der Markenführung – Vermenschlichung, Personifizierung und innere Bilder – werden in diesem Beitrag nicht übernommen. Stattdessen wird der Oberbegriff „Vermenschlichung" verwendet und alle bekannten Erscheinungsformen unter dieser Bezeichnung zusammengefasst.

2.2.1 Messung der Markenpersönlichkeit

Dimension der Markenpersönlichkeit				
Aufrichtigkeit	**Erregung/ Spannung**	**Kompetenz**	**Kultiviertheit**	**Robustheit**
• bodenständig	• gewagt	• zuverlässig	• vornehm	• naturverbunden
• ehrlich	• temperamentvoll	• intelligent	• charmant	• zäh
• gesund	• fantasievoll	• erfolgreich		
• heiter	• modern			

Abbildung 1: Dimensionen der Markenpersönlichkeit (Quelle: Aaker, 1999, S. 98)

Bisher ging die Forschung davon aus, dass die Markenpräferenz zunimmt, je stärker der Konsument mit der Marke Persönlichkeitsmerkmale verbinden kann. Um zu messen, welche Merkmale die Persönlichkeit einer Marke kennzeichnen und wie stark diese ist, sind geeignete Messinstrumente erforderlich. Hierzu hat Aaker in einer Studie 114 Persönlichkeitsmerkmale erfragt. Nach explorativer Analyse traten fünf Faktoren markant hervor: Aufrichtigkeit, Erregung/Spannung, Kompetenz, Kultiviertheit und Robustheit. Alle sind auch Merkmale der menschlichen Persönlichkeit, wobei Aufrichtigkeit, Erregung/Spannung und Kompetenz der Markenpersönlichkeit besonders ähnlich sind. Kultiviertheit und Robustheit sind Merkmale, die ein Individuum begehrt, aber nicht zwangsläufig besitzt (Aaker, 1999, S. 97 f).

2.2.2 Messung des Markenimages und der Vermenschlichung

Zur Messung des Markenimages und der Vermenschlichung stehen unterschiedliche Tests zur Verfügung. Hier zwei Beispiele:

Assoziationstest: Mit Assoziationstests lassen sich alle Dimensionen des Markenwissens testen (Esch, 1999, S. 949). Für die Messergebnisse ist entscheidend, ob der Test eng oder weit gefasst ist und ob die Gedächtnisinhalte mit oder ohne Eingriff des Versuchsleiters erhoben werden. Ein Beispiel für eine Assoziationsinstruktion: „Bitte denken Sie an Produkt A. Welche menschlichen Eigenschaften verbinden sie mit der Marke?".

Bildbezogene Messungen: Innere Bilder prägen Einstellungen in hohem Maß und sind daher verhaltensrelevant. Sie spielen eine zunehmend wichtige Rolle bei der Messung von Markenpersönlichkeiten (Esch, 1999, S. 948). Mit inneren Bildern beschäftigt sich die Imagery-Forschung. „Unter Imagery versteht man die Entstehung, Verarbeitung, Speicherung und Verhaltenswirkung innerer Bilder." (Kroeber-Riel, 1996, S. 25.). Werte für das innere Bild sagen Verhalten besser voraus als herkömmliche Imagewerte, sie haben also mehr Verhaltensrelevanz als Imagewerte (Kroeber-Riel 1993b).Ein Messindikator für innere Bilder ist die „Vividness", die Klarheit und Lebendigkeit, mit der man eine Marke vor seinem inneren Auge sieht. „Vividness" steht für gute Gedächtnisleistungen in Bezug auf die Marke.

Beispiel: Wie ist das innere Bild, das Sie von der Marke A haben? Mein inneres Bild von der Marke A ist:

- „Völlig klar und so lebendig wie die Realität."
- „Klar und ziemlich lebendig."
- „Mäßig klar und lebendig."
- „Vage und undeutlich."
- „Ich habe überhaupt kein Bild. Ich weiß nur, dass ich an die Marke A denke." (Esch, 1999, S. 952).

2.3 Innere Bilder

„Eine Marke hat ein Gesicht wie ein Mensch" – dies hat Hans Domizlaff schon in den 30er Jahren festgestellt. Markenbilder oder „Markengesichter" sind heute wichtiger als je zuvor: Aufgrund des Low-Involvement der Konsumenten (geringe Ich-Beteiligung) kommt ihnen die Schlüsselrolle in der

Werbewirkung zu. Sie sind nicht zu verwechseln mit dem Image, denn das Image umfasst auch „sprachliche und abstrakte Vorstellungen" zur Marke (Kroeber-Riel, 1996).

Innere Bilder sprechen besonders stark die Gefühlswelt der Konsumenten an. Die emotionale Wirkung lässt sich unterscheiden in emotionale Erlebnisse und atmosphärische Wirkung: Emotionale Erlebnisse werden über einen emotionalen Reiz erzeugt. Die atmosphärische Wirkung wird durch emotionale Reize im Hintergrund bewirkt, damit wird ein emotionales Klima geschaffen.

Bildliche Darstellungen lassen sich in Wahrnehmungsbilder und Gedächtnisbilder unterteilen. Ein Wahrnehmungsbild entsteht bei direkter sinnlicher Wahrnehmung eines Bildes. Gedächtnisbilder sind jene Bilder, die im Gedächtnis gespeichert sind und auch in Abwesenheit des Gegenstandes abgerufen werden können (Kroeber-Riel, 1996, S. 40). Es sind diese inneren Bilder, die der Konsument mit etwas verbindet. Die Marktforschung muss diese „Fantasien" der Konsumenten ergründen und (werbliche) Kommunikation als Verständigungsplattform nutzen: „Die Wahrheit der Werbung wird nicht an der realen Erfüllung ihrer Versprechungen gemessen, sondern an der Bedeutung ihrer Fantasien im Hinblick auf die Fantasien des Käufers". (Berger, 1984, S. 125). Zum Beispiel gehört zum Familienglück das innere Bild einer fröhlichen Mutter: zum inneren Bild von Frische gehört der Eindruck von blauem, klaren Wasser.

Folgende Bilder sind besonders wirksam:

- biologisch vorprogrammierte und kulturübergreifende Bilder, zum Beispiel Kindchenschema und Held,
- kulturell geprägte Bilder, wie zum Beispiel Tropenschema, Bayernschema,
- zielgruppenspezifisch gelernte Bilder, zum Beispiel Fußballschema, Golfschema.

Ein inneres Bild ist zum Beispiel ein alter Mensch mit weißem Bart. Dieses Bild gehört zu einer Autoritätsperson. Der alte Mann ist also ein sogenannter „Archetyp", mit dem man Erfahrung, Wissen und Weisheit verbindet (Jung 1986/87, in: Kroeber-Riel/Esch 2000).

Innere Bilder werden am wirksamsten durch audiovisuelle Medien aufgebaut und verstärkt, weil sie mehrere Sinne ansprechen und durch Bewegung die Informationen besser in Geschichten einbetten können. Trommsdorff (1998) spricht in diesem Zusammenhang von „Einstellungsverfügbarkeit". Innere Bilder sollten demnach so gut wie möglich für die entsprechenden Erlebniswelten der Marken verfügbar und abrufbar sein. Weiteres Kriterium ist die Unverwechselbarkeit: Der Konsument soll an eine Marke denken, ohne gleichzeitig an eine andere zu denken. So wie es Menschen gibt, die eine besondere Persönlichkeit darstellen, so muss es Marken geben, die etwas Besonderes sind – nämlich Markenpersönlichkeiten.

Emotionale Positionierung

Die Markenpersönlichkeit hat zentrale Bedeutung für die emotionale Positionierung der Marke. Feig (1998) vergleicht die emotionale Marke mit einem Fetisch, einem Gegenstand, dem schützende oder helfende Zauberkraft zugesprochen wird. So wie für die frühen Indianer der Adler oder der Dachs als

Symbole ihrer Persönlichkeit dienten, so ist es heute ein „Porsche", ein „Dodge Viper" oder ein „Ford Thunderbird". Die geschnitzte Tierfigur wird durch einen teuer erworbenen Donnervogel auf Rädern ersetzt. Der Dachs ist energetisch und fleißig, „Der Adler steht für einen freien Geist. Der Berglöwe symbolisiert Findigkeit und Führungstalent." (Feig, 1998 S. 37). Unsere heutigen Symbole transportieren meist noch andere Merkmale, wie Status, Macht oder Jugendlichkeit. Solche Symbole können als Schlüsselbilder in der Werbung dienen. Sie sind als „gleich bleibendes Grundmotiv" anzusehen, das in den einzelnen Werbemitteln zwar unterschiedlich inszeniert werden kann, aber dennoch stets den visuellen Kern einer Werbebotschaft enthält (Kroeber-Riel, in Kellner: Werbefiguren, 1991, S. 35).

Werbefiguren verleihen dem Produkt eine dynamische Emotionalität. Werbliche Bilder müssen ein „figürliches und mediales Eigenleben" entwickeln (Kellner/Lippert, 1991, S. 15). Teilgebiete der Vermenschlichung von Produkten sind Werbefiguren, Produkt- und Verpackungsgestaltung. Nach einer Studie von Procter & Gamble werden die inneren Bilder ebenso von Verpackung und Design – also vom tatsächlichen Kontakt mit dem Produkt selbst – wie von der Werbung geprägt.

Können Marken menschliche Bedürfnisse nach Gefühl und Wärme befriedigen und den Mangel an zwischenmenschlichen Beziehungen ausgleichen oder diesen gar ersetzen? Ja, Marken haben das schon in der Vergangenheit bewiesen. Besonders deutlich machen dies Kampagnen, die Verständnis, Unterstützung, Sicherheit und Wärme vermitteln: „Du darfst", „Meister Proper", die „Knorr-Familie", „Herr Kaiser" oder „Langnese-Magnum".

3. Präsentationsformen vermenschlichter Produkte

Die vermenschlichten Produkte können unterschiedliche Formen annehmen:

Abbildung 2: Vergleich von Marke und Menschen am Beispiel der Zigarette Lucky Strike

Vergleich von Menschen und Produkt

Zum Beispiel wird der Lack des VW Golf mit menschlicher Haut verglichen. Erzeugt wird dieser Eindruck durch das Bild der Frau auf der linken Seite. Diese Anzeige kommt dem Bedürfnis nach Sicherheit und Schutz, nach Schönheit und Kosmetik nach. Der Bezug zwischen Mensch und Produkt wird dadurch geschaffen, dass die Frau begehrt, was der Golf bereits besitzt: Schutz und Schönheit. In diesem Fall ist es gelungen, einer Maschine das technisch Kühle und Unnahbare zu nehmen und ihr stattdessen sogar positive menschliche Attribute zu verleihen.

Abbildung 3: Roter VW Golf mit Frau

Das Produkt als Person

„Meister Proper putzt so sauber, dass man sich drin spiegeln kann."

Das präsentierte Produkt

Franz Beckenbauer: „Joh, is den hoit scho Weihnachten?" (Oder: „E-Plus, so nah als wär man da."). Meist prominente Präsenter wie Beckenbauer geben ihre Meinung über Produkte ab. Dies kann dem Produkt Sympathie und Menschlichkeit verleihen. Der Präsenter kann durch seine Autorität die positive Beurteilung der Produktqualität bewirken. (Siehe hierzu den Beitrag *Imagetransfer zwischen Marken und Prominenten*).

Humanisierte Produkte

Hier ist das Produkt bereits ein Mensch. Zum Beispiel soll ein spröder Politiker, der eher intellektuell und pragmatisch und deshalb wenig volksnah wirkt, Spitzenkandidat seiner Partei werden. Um den Mangel an Menschlichkeit auszugleichen, entschließt man sich, ihn auf Wahlkampfplakaten ohne Brille, dafür mit einer gemütlichen Tabakpfeife darzustellen. Die Folge: seine Akzeptanz steigt (Pickert, 1994, S. 194).

Das Produkt als Tier

Die Marke erhält das Wesen eines Tieres. Der Mensch sieht nicht das Tier, sondern Eigenschaften des Menschen und sogar von sich selbst im Tier. Zum Beispiel sind sympathische Bilder von Tieren mit „riesigen, weit geöffneten Augen" auf Packungen für Haustiere durchaus gängig (Feig, 1998, S. 15). Beispiel „Katzen würden Whiskas kaufen": Da sich die Katze ihr Futter nicht selbst kaufen kann, müssen Frauchen und Herrchen das tun. An der Nähe zwischen Mensch und Tier besteht hier kein Zweifel. Dass bei Sheba vom „Fest für Katzen" gesprochen wird, zeigt deutlich das Verwischen der Grenze zwischen Menschen und Tier.

Abbildung 4 und 5: VW Sharan: „Zeigen Sie Ihren Kindern mehr von der Welt", „Noch größere Sprünge machen. Der neue 1,9 TDI mit Pumpen-Düse."

4. Ansprache durch Vermenschlichung

Im Bereich der Produktausstattung besteht eine allgemeine Präferenz für Produkte, „die einen kompakten Wahrnehmungseindruck setzen, möglichst jeden Sinn gleichzeitig ansprechen." (Karmasin, 1993, S. 395), Produkte, „bei denen es Vergnügen macht, sie zu sehen, zu berühren, zu riechen." (Karmasin, 1993, S. 75).

Visuell

Die starke Ausprägung der visuellen Wahrnehmung des Menschen verdeutlicht der Vergleich von Mensch und Computer: Der Mensch erkennt einen anderen Menschen viel schneller als ein Computer, obwohl der Computer den größeren Speicher hat. Hunderte von Sinnes-/Seheindrücken verarbeitet das Gehirn mühelos im Unterbewusstsein. Sie können beispielsweise zu komplexen Wahrnehmungen führen wie: „Moment mal, das da vorne ist doch mein alter Klassenkamerad, den ich seit 25 Jahren nicht mehr gesehen habe!". Kein Wunder also, dass der Mensch für visuelle Reize so empfänglich ist. Beispiele für starke visuelle Reize aus der Werbung sind der „Marlboro-Mann", der die Zigarette zum Erlebnis macht – diese ist mit dem Abenteurer-Image untrennbar verbunden. Ein anderes Beispiel sind kindliche Figuren, die bei einigen Fernsehsendern über den Bildschirm laufen, mit dem Logo des Senders spielen und damit dem Zuschauer einen emotionalen, menschlichen Reiz bieten. Innerhalb des laufenden Programms visualisieren sie die Marke des Senders, wie im Fall von RTL II.

Auditiv

Laute (Töne) können eine Marke vermenschlichen, wobei die gefühlsbetonten Laute besonders nahe gehen. Dies können kindliche Laute sein, die den Beschützerinstinkt wecken, fröhliche Laute wie Lachen und traurige wie Weinen.

Archaische Laute wie Stöhnen oder Schreien treffen auch den modernen Menschen im Innersten, stimulieren ihn sofort, ohne dass er darüber nachdenkt. Beispiele sind die Werbungen von „Herbal Essences", in der die Frau beim Duschen zu stöhnen beginnt, weil das Shampoo von Clairol so gut zu ihr ist: „Ja-jah-oh-jajaja-ohh-jah ..." Oder Tarzan, der seine Herde erst dann wieder zusammenrufen kann, nachdem er ein Wick-Blau von dem begleitenden Affen bekommen hat: „Ohioiohioiohh ...".

Haptisch

Die Produktverpackung kann die Ware menschlicher erscheinen lassen, wie im Fall der Coca-Cola Flasche: Diese ist weiblich, rund und griffig. Pepsi hat lange versucht, eine ähnlich angenehme Flasche für ihren Softdrink zu schaffen, bis sie feststellen mussten, dass man diese Flasche einfach nicht besser machen kann. Die „konsequente Weiterentwicklung der Warenästhetik" wird Aufgabe des Marketings sein. Der Umworbene „sucht – entgegen anders lautender Unterstellungen – nicht nach werblichen Informationen, er fahndet – scharf selektierend – nach ästhetischen Signalen" (Pickert, 1994, S. 190). Sie sind Gründe für Kauf oder Ablehnung des Gutes.

Olfaktorisch

Geruch ist ein besonders wichtiger Sinn: Forschungen haben gezeigt, dass Gerüche innerhalb von Sekunden die Stimmung eines Menschen ändern können – was uns meistens nicht bewusst ist. Die Wirkung von Gerüchen wird oft unterschätzt, manchmal auch als etwas Animalisches, Triebhaftes abgetan. Dennoch: „Den kann ich nicht riechen" sagt man gewiss nicht grundlos. Die Aufmerksamkeit für das „Phänomen des Duftes durchzieht sehr viele Produktfelder, und ganz allgemein lässt sich im gesamten sozialen Raum ein Bedürfnis nach Duft feststellen" (Karmasin, 1993, S. 395).

Die olfaktorische Komponente als sinnliche Stimulanz wird auch im Marketing angewendet (Jellinek 1992). Welche Bedeutung hat der Duft von Leder im neuen Auto? Der Duft einer Keksdose, die auch ohne Inhalt nach Keksen riecht? Viele Geschäfte verbreiten angenehme Düfte, damit man länger darin weilt. Man schätzt es, auch wenn man nicht darüber nachdenkt. Die klarste Umsetzung dieser Erkenntnis finden wir beim Parfum: Man kauft einen Duft und hofft, dass der andere einen jetzt „riechen" kann.

5. Gründe für das Vermenschlichen von Produkten

Es gibt zahlreiche Gründe für das Vermenschlichen von Produkten und Leistungen:

Aufmerksamkeit

Zweck jeder Auslobung von Produkten ist es, dass sie wahrgenommen werden. Aufmerksamkeit zu erzeugen, ist schwierig, aber essenziell: Der „Aufmerksamkeitsprozess sorgt für eine erhöhte Sensibilisierung des Organismus" (Mayer, 1982, S. 50). Vermenschlichte Produkte können die Aufmerksamkeit des Konsumenten auf einzigartige Weise erhöhen.

Verarbeitung

Der Konsument stellt dem Sender von Botschaften nur wenig Platz zum Unterstellen seines Informationsvehikels im Kopf zur Verfügung. Deshalb muss das Vehikel des Senders mit wenigen aussagekräftigen Informationen beladen werden.

> *„Wenn Sie das Potenzial einer Marke voll entwickeln wollen, müssen Sie Ihre Branding-Aktivitäten darauf konzentrieren, im Gedächtnis des Käufers ein Schlagwort zu erobern. Ein Wort, das auf Anhieb mit Ihrer Marke assoziiert wird. Ein Wort, das Ihnen niemand nehmen kann." (Ries/Ries, 1998, S. 47f.).*

Vermenschlichte Produkte können die Assoziationen mit der Marke durch eingängige Bilder erheblich erleichtern.

Abbildung 6: Spannung zwischen Produkt (Grundnutzen und Dynamik) und Zusatznutzen (Familie, Freiheit) am Beispiel des Jeep-Geländewagens

Vergegenständlichung

Vermenschlichen macht abstrakte Produkte nachvollziehbar. Besonders wichtig ist dies zum Beispiel für Dienstleistungen. Dem Blumenlieferservice Fleurop gelingt es bis heute nicht, seine Dienstleistung auf eine prägnante und ansprechende Form zu reduzieren und diese erfolgreich zu kommunizieren. Es fehlt an Plastizität. Zum inneren Bild von Glück und Freude gehört auch ein bunter Blumenstrauß (kulturell geprägt). Die Substanz der Dienstleistung ist hiermit tragfähig.

Vertrauen

Vertrauen setzt Identität voraus (Luhmann 1973). Auf Großunternehmen, Konzerne, Firmenkonglomerate reagieren viele Menschen eher mit gemischten Gefühlen – ihnen fehlt es an Menschlichkeit und Glaubwürdigkeit. Derartige Defizite können emotionale Produkte und Marken zumindest teilweise ausgleichen.

Authentizität

Prominente können in der Werbung Authentizität für Marken vermitteln, wie im Fall von Stefan Raab als Präsenter für „Katjes".

Kontrastierung

Das Produkt erfüllt einen sachlichen Grundnutzen. Da sich die Produkte hierin nur völlig unzureichend unterscheiden, muss ein Zusatznutzen geschaffen werden, der häufig emotional ist. Zwischen dem Produkt als Sache und dem Produkt als entmaterialisiertem Erlebnis entsteht eine „Spannung" (Degen, 1995, S. 45). Vermenschlichte Produkte können der Marke einen immateriellen Mehrwert verleihen und Spannung erzeugen, die die Aufnahme und Verarbeitung der Werbebotschaft erhöht.

Emotionalisierung

Der Mensch braucht bei zunehmender Synthetisierung, Digitalisierung und Anonymisierung der Gesellschaft einen Ausgleich, denn sein Bedürfnis nach Kontakt, Zuneigung und Wärme bleibt, auch wenn sich die Technologie noch so progressiv entwickelt. Das Vermenschlichen von Produkten ermöglicht dem Käufer einen emotionalen Teilkonsum.

Identifikation

Wichtig für unser Wohlbefinden ist, dass wir unser Selbst und unser Ideal verwirklichen können. Menschliche Marken sind uns deshalb näher, weil sie unserem Selbstbild oder unserem Ich-Ideal mehr entsprechen als sachliche Marken. In diesem Zusammenhang leistet die Marke Hilfestellung, indem sie dem Nachfrager „vorgefertigte" Persönlichkeiten zur Verfügung stellt und die Möglichkeit des Persönlichkeitstransfers bietet (McCracken, 1993, S. 127).

6. Grenzen des Vermenschlichens

Das Vermenschlichen von Marken hat Grenzen:

- ***Der Kommunikationsaufwand ist hoch und langfristig:*** Die Welt des virtuellen Erlebens muss oft kommuniziert werden, damit sie erlernt wird und an sie die Gefühls- oder Erlebniswelt des Produktes gekoppelt ist. Dann erst ist das Image im Bewusstsein des Konsumenten durch Reize abrufbar.
- ***Authentizität ist schwer zu erreichen:*** Die konstruierte Menschlichkeit eben doch nicht echt und greifbar. Die Suche der Umworbenen nach mehr Authentizität im Leben wird damit nicht befriedigt. Zu oft fragen wir uns heute, was ist wahr, was ist falsch, Original oder Kopie, authentisch oder simuliert? Sind ihre Brüste echt? Ist sein Haar echt? Wurden die Bilder der Marssonde wirklich in Arizona aufgenommen? Ist seine Rolex echt? Ist Wrestling brutal oder nur eine Show? (Naisbitt, 1999)
- ***Einmal durch Emotionen gelernte Images werden nur schwer verlernt:*** „Konkrete Vorstellungsbilder sind ausgesprochen löschungsresistent" (Pickert, 1994, S. 25). Die Zigarettenmarke Camel ist noch heute mit dem Camel-Mann verbunden. Jedoch behindert das alte Bild das Lernen des neuen Bildes: des niedlichen Kamels. Folge ist ein abnehmender Marktanteil.
- ***Kaum noch Konsumtiefe:*** Die Deckung menschlicher Bedürfnisse durch Markenimages führt zu einer immer höheren Geschwindigkeit der Konsumerlebnisse zu Lasten einer Konsumtiefe. Das wirkt sich auf jede Marke negativ aus, denn es wird immer schwieriger, den Konsumenten lange für ein Produkt zu begeistern. Der Konsument konsumiert viele profane statt wenige profunde Kontakte.

7. Beispiele

7.1 Beispiele von vermenschlichten Produkten

Es gibt zahlreiche Beispiele für vermenschlichte Produkte. Hier einige: Das HB-Männchen, Der Weiße Riese, Der General, Mr. Bubbles, Dr. Oetker, Dr. Best, Johnnie Walker, Fernet Branca, König Pilsener, VW Golf, Nissan, Bauknecht, Pirelli, Whiskas, Esso, Diebels, Obi, Shell, Frau Antje, Käpt'n Iglo, Milka-Coolman, Salamander, Marlboro, Bärenmarke, Uhu, RTL II-Figuren, Uncle Ben`s, Clementine für Ariel und der Camelman für Camel (Esch, 1999, S. 9), Frosch-Reinigungsmittel (Esch, 1999, S. 945).

Als besonders prägnant und beispielhaft gelten Meister Proper und Egoiste von Chanel:

Meister Proper: Der Weg zur Kultfigur

Als Günter Notthoff, Deutscher Meister im Amateurringen 1953, Glatzkopf und Schauspieler in den 60er-Jahren für die Firma Unilever durch Kaufhäuser tingelte, entstand nach seinem Konterfei die Comicfigur des Meister Proper (heute Mr. Proper) für das Werbefernsehen. Die „polierte Platte" ist seitdem Markenzeichen des deutschen „Saubermannes" (*Berliner Morgenpost*, 6. Februar 2000).

Der Produzent und Anbieter eines Reinigungsmittels bedient sich einer Figur, die mit den Eigenschaften kraftvoll (Muskeln), sauber (Glatze) und schnell (Sportlichkeit) charakterisiert werden kann. Die

Abbildung 7: „Meister Proper putzt so sauber, dass man sich drin spiegeln kann."

„Person" des Mr. Proper ist so stark, dass sie der Hausfrau die schwere Arbeit abnimmt oder zumindest erleichtert. Spielend Sauberkeit schaffen zusammen mit Mr. Proper. Das chemische Reinigungsmittel wird über seine Sachfunktion hinaus mit diesen positiven Attributen aufgeladen. Durch die Schaffung des „Meister Sauber" wird die Leistung vermenschlicht.

Meister Proper erreichte in den 90er-Jahren Kultstatus bei den Jugendlichen, die sogar Mode und Uhren mit Meister Proper als Markenzeichen trugen. Unter www.MeisterProper.de kann man Putzgewohnheiten austauschen und Reinigungstipps erhalten.

Chanel Egoiste

Das Parfum Egoiste wurde 1990 von Chanel auf den Markt gebracht. Der Spot zeigte Frauen, die böse und verärgert über einen bestimmten Mann sind: den Egoisten. Die Vermenschlichung der Marke besteht darin, den Benutzer des Parfums so unerhört begehrenswert darzustellen, dass er dann, wenn er das Parfum verwendet, von vielen schönen Frauen begehrt wird und sich dennoch leisten kann, ein Egoist zu sein. Das Besondere der Marke wird ausschließlich über menschliche Attribute kommuniziert. Geplant war, die Szene, in der viele Frauen gleichzeitig ihre Fenster öffneten, im Carlton Hotel in Monaco zu drehen. Da für die Komplettbuchung des Hotels aber die Kosten astronomisch hoch waren, entschloss man sich, die Front des Hotels im Maßstab 1:1 nachzubauen. Dennoch wurde es der teuerste und sicher einer der verrücktesten Spots. Dafür aber kann sich jeder Käufer des Egoiste vorstellen, er wäre jener Mann, den so viele Frauen „hass-lieben": „Egoiste!-Egoiste!-Egoiste! Montre-toi!" (Jean-Paul Gonde).

7.2 Beispiele von vermenschlichten Dienstleistungen

Abbildung 8: Verona Feldbusch präsentierte eine Dienstleistung

Das Vermenschlichen ist besonders für Dienstleistungen geeignet, die meist komplex und erklärungsbedürftig sind, und das Marketing vor besondere Herausforderungen stellen. (Siehe hierzu ausführlich den Beitrag *Dienstleistungsmarketing – Konzept für den Menschen als Marke?*). Hier einige Beispiele für das Vermenschlichen von Dienstleistungen:

Hamburg-Mannheimer: Präsenter: Herr Kaiser
T-Mobil: Präsenter: Mika Häkkinen
E-plus: Präsenter: Franz Beckenbauer
RTL II: Präsenter: kleines bewegtes Männchen am Bildschirmrand
T-Online: Präsenter: Manfred Krug
Auskunft 11880: Präsenter: Verona Feldbusch

8. Erkenntnisgewinn

Das Thema „Vermenschlichung von Marken“ ist komplex. Um die einzelnen Erkenntnisse leicht erfassbar zu machen, werden sie im Folgenden in ihre fünf prägnantesten Punkte aufgeschlüsselt:

Marke als Mensch

In einer unüberschaubaren multioptionalen Produkt- und Markenwelt können nur solche Marken erfolgreich sein, die über eine unverwechselbare und sympathische Persönlichkeit verfügen. Jedoch sind Persönlichkeitsmerkmale von Natur den Menschen und teilweise auch den Tieren vorbehalten, das heißt sie sind etwas höchst Lebendiges und Dynamisches. Um solche Attribute auf leblose, funktionale Produkte zu übertragen und diese hierdurch zur strahlenden Marke erblühen zu lassen, bedient man sich der Instrumente der Vermenschlichung. Die Vorteile liegen auf der Hand: Die Marke erhält Eigenständigkeit. Die Marke wird nachvollziehbar: Der Mensch erkennt in ihr menschliche Züge, kann sie leichter verstehen und sich mit ihr identifizieren.

Marke und Produkt

Produkte unterscheiden sich kaum noch im Grundnutzen. Daher ist es wichtig, einen Zusatznutzen zu entwickeln. Durch emotionale Merkmale, die durch Werbung an das Produkt gekoppelt sind, gewinnt die Marke an Persönlichkeit.

Marke und innere Bilder

„Markengesichter“ sind heute wichtiger denn je, denn sie sind in hohem Maß handlungsrelevant.

Marken und Authentizität

Der emotionale Zusatznutzen eines Produktes darf nicht unglaubwürdig sein. Falls Glaubwürdigkeit nicht oberste Priorität ist, kann sich das Produkt ironisch darstellen. Der Konsument kann dann mit der Werbeaussage übereinstimmen, denn beide nehmen die Kommunikation nicht ernst, was letztendlich zu einem neuen, beabsichtigt ironischen Markenimage führen wird.

Marke als Mythos

Die Entwicklung unserer Gesellschaft ist vor allem durch den technischen Fortschritt und wirtschaftliche Zusammenhänge beeinflusst. Da die Bedürfnisse nach Kontakt, Zuneigung und Wärme des Menschen bleiben, braucht er einen Ausgleich für seinen Hunger nach Gefühlen. Die Marke wird „glorifiziert“ durch die emotionale Aufladung auf Basis des Markenkerns. Eine symbolische Markenwelt kann konstruiert und ein Markenmythos aufgebaut werden. Das Vermenschlichen von Produkten ermöglicht dem Käufer auch in Zukunft einen emotionalen Teilkonsum.

Marke als emotionaler Wärmespender

Eine zentrale Rolle im Rahmen der Vermenschlichung von Marken spielt die Frage: „Können Marken tatsächlich menschliche Bedürfnisse nach Gefühl und Wärme befriedigen?“ Barry Feig formuliert diese Frage in seinem Buch „Marketing direkt ins Herz“ sogar noch drastischer: „Kann man sich Zuneigung also kaufen?" Und beantwortet sie, kurz, knapp und knackig mit „Ja, man kann." (Feig, 1998, S. 15). Als wichtigstes Ergebnis dieses Beitrags kann festgehalten werden, dass Marken durch Vermenschlichung in der Tat fähig sind, menschliche Bedürfnisse nach Gefühl und Wärme zumindest teilweise zu befriedigen. Im Gegenzug werden die Marken dafür vom Menschen mit Sympathie belohnt. Die Zuneigung wächst folglich mit der emotionalen Verflechtung von Menschen und Marken.

9. Ausblick

Paradigmenwandel in der Kommunikation

Das Kommunikations-Ideal in einer Erlebniswelt wächst ebenso wie alle anderen Ansprüche. Messerscharfe Pointen, gute Sprüche, beißende Ironie und gelungene Witze in der Werbung und den Medien allgemein lassen den Erlebnischarakter der alltäglichen zwischenmenschlichen Kommunikation und den Einzelnen als weniger originell und unterhaltsam erscheinen. Durch zunehmendes Eintauchen in diese Konsumerlebniswelt verleiht der Konsument und Betroffene diesem Prozess immer mehr Dynamik. Der Konsument will demnach auch in Zukunft seine medialen Ansprüche erfüllt sehen und von verbalen und visuellen Höhepunkten verwöhnt werden. Die Ausdrucksform künftiger (menschlicher) Marken sollte also emotional, aber auch möglichst authentisch sein. Keinesfalls sollte sie unglaubwürdig sein oder belehren. So kann auch in Zukunft Identifikation geschaffen werden. Marketing-Events, die Markenwelten real erlebbar machen, können nur auf (werblichen) Botschaften aufbauen, die diese Erlebnisse zuvor kommuniziert haben. Die vermenschlichte Kommunikation stellt also die Basis für zukünftige Events dar.

Avatare und Androiden

Virtuelle, künstliche Menschen oder menschliche Maschinen als Symbiose aus Menschlichkeit und Fantasie stellen Zukunftsszenarien dar, die von einigen Trendforschern nun schon seit einigen Jahren prognostiziert werden. (Siehe hierzu die Beiträge *Mensch nach Maß: Der virtuelle Marken-Star* und *Who do you want to be today?*). Derzeit sind diese sogenannten Avatare für den Alltag der Mehrheit noch nicht relevant. Die technologische Entwicklung wird den Konsum und die Interaktion mit virtuellen Figuren in Zukunft jedoch wesentlich erleichtern. Gerade junge Menschen, die mit diesen Möglichkeiten ganz natürlich aufwachsen und umgehen, werden sie neugierig nutzen und in die ganze Gesellschaft hineintragen.

Entmaterialisierung

Wie sich im Vorangegangenen gezeigt hat, treten im Hinblick auf die Markenwahrnehmung und die Markenpräferenz sachliche Erwägungen oft in den Hintergrund. Bei vielen Kaufentscheidungen siegt auch weiterhin das Herz über den Verstand.

Die Zukunft menschlicher Marken

Wir wissen, dass eine große Sympathie zwischen Menschen und Marken entstehen kann. Fraglich ist, ob und inwiefern diese Marken einen Teil der vom Menschen täglich benötigten Emotionen wirklich decken, und ob sie einen Mangel an zwischenmenschlichen Beziehungen in Zukunft ausgleichen und ersetzen können. Die Vorstellung scheint erschreckend, das Bedürfnis nach Wärme immer weniger zwischenmenschlich, dafür zunehmend durch Marken und andere vermenschlichte Kunstprodukte zu befriedigen. Dennoch rücken mit wachsendem Fortschritt auch sehr vermenschlichte Avatare und Androiden näher. In wenigen Jahrzehnten wird man sich vielleicht die entsetzte Frage stellen: „Wie konntet ihr damals nur in einer derart sachlichen und gefühlskalten Welt leben und euch wohl fühlen?" Und wer weiß, vielleicht werden wir eines Tages nicht fassen können, dass wir im Jahr 2002 tatsächlich Iglo-Spinat zubereitet haben, ohne von der süßen Verona Feldbusch automatisch Kochzeit und Kalorien ins Ohr gesäuselt zu bekommen ...

10. Literaturverzeichnis

Aaker, J. L.: Dimensionen der Markenpersönlichkeit, in: Esch, F.-R.: Moderne Markenführung, Wiesbaden, 2000, S. 91 – 102

Belk, R. W.: Possesions and the Extended Self, Journal of Consumer Research, 1988, Vol. 15, September, pp. 139 – 168

Biel, A. L.: Converting Image into Equity, in: Aaker, D. A.; Biel, A. L. (Eds.): Brand Equity & Advertising, Hillsdale/New Jersey 1993, pp. 67 – 92

Degen, K. M.: Werbung für übermorgen, Zürich 1995

Esch, F.-R.: Moderne Markenführung, Wiesbaden 2000

Feig, B.: Marketing direkt ins Herz, Landsberg 1998

Fournier, S.: A Consumer-Brand Relationship Framework for Strategy Brand Management, unveröffentlichte Dissertation, University of Florida, 1994

Gilmore, G. W.: Anism, Boston 1919

Halliday, J.: Chrysler Brings Out Brand Personalities with `97 Ads, Advertising Age, 1996, Vol. 30, September, p. 3.

Jellinek, J. S.: Parfum – Der Traum im Flacon, München 1992

Karmasin, H.: Produkte als Botschaften, Wien 1993

Kellner, J.: Werbefiguren, Frankfurt a. M. 1991

Kleine, R. E./Kleine, S. S./Kernan, J. B.: Mundane Consumption and the Self: A Social-Identity Perspective, Journal of Consumer Psychology, 1993, Vol. 2, No. 3, pp. 209 – 235

Kroeber-Riel, W.: Strategie und Technik der Werbung, Stuttgart 1993

Kroeber-Riel, W.: Bildkommunikation, München 1996

Kroeber-Riel, W./Weinberg, P.: Konsumentenverhalten, München 2000

Luhmann, N.: Vertrauen – ein Mechanismus der Reduktion sozialer Komplexität, Stuttgart 1973

Malhotra, N. K.: Self Concept and Product Choice: An Integrated Perspective, Journal of Economic Psychology, 1988, Vol. 9, pp. 1 – 28

Mayer, H.: Werbepsychologie/Hans Mayer; Ute Däumer; Hermann Rühle, Stuttgart 1982

McCracken, G.: The Value of the Brand: An Anthropological Perspective, in: Aaker, D. A.; Biel, A. L. (Eds.) (1993), Brand Equity & Advertising: Advertising's Role in Building Strong Brands, Hillsdale/New Jersey: Lawrence Erlbaum Associates, 1993, pp. 125 – 139.

Meffert, H.; Burmann, Chr.: Identitätsorientierte Markenführung, Arbeitspapier Nr. 100 des Instituts für Marketing der Universität Münster 1996

Naisbitt, J.: High Tech/High Touch, Wien, 1999.

Pickert, M.: Die Konzeption der Werbung, Heidelberg 1994

Plummer, T. J.: Brand Personality: A Strategic Concept For Multinational Advertising, in: Marketing Educators' Conference, New York: Young & Rubicam, 1985, pp. 1 – 31

Ries, A.; Ries, L.: Die 22 unumstößlichen Gebote des Branding, München 1998

Rook, D. W.: The Ritual Dimension of Consumer Behaviour, Journal of Consumer Research, 1985, Vol. 12, December, pp. 251 – 264

Trommsdorff, V.: Konsumentenverhalten, Stuttgart und Berlin 1998

Parasozial interagieren mit Medienfiguren

Von Dr. Monika Suckfüll

1. Einleitung

Mensch als Marke? Fragt man sich, welche Disziplin sich mit diesem Thema auseinandersetzt, denkt man wohl zunächst an die Wirtschaftswissenschaften. Mit den Menschen aber, deren Erleben und Verhalten, befasst sich traditionell die Psychologie. Seit einigen Jahren etabliert sich in dieser Disziplin eine Fachrichtung, die sich mit den Bedingungen, Wirkungen und Prozessen der Rezeption von Medienangeboten auseinandersetzt. Was kann diese Medienpsychologie zum Thema Mensch als Marke beitragen?

In der deutschen Medienpsychologie wurde in den letzten Jahren immer wieder ein Ansatz aufgegriffen, der lange Zeit ein Schattendasein führte: das Konzept der parasozialen Interaktion (PSI). Im weitesten Sinne geht es um Beziehungen, die der Zuschauer mit Menschen unterhält, die in den Medien auftreten. Die Bedingungen für das Zustandekommen solcher Beziehungen und deren Folgen sind hier von Interesse.

Eine interdisziplinäre, empirisch orientierte Zusammenarbeit zwischen Marketingexperten und Medienpsychologen anzuregen, ist das übergeordnete Ziel dieses Beitrags. Im Vordergrund steht deshalb das Bemühen um eine verständliche, zusammenfassende Beschreibung des Konzeptes und der vorliegenden Ergebnisse. Zur Sprache kommen auch Überlegungen zur Frage, welche Methoden eingesetzt werden können, um dieses Konzept zu untersuchen, weiterzuentwickeln und damit auch für das Marketing nutzbar zu machen.

Im Folgenden werden zunächst wichtige Veröffentlichungen zum Konzept PSI vorgestellt (Kapitel 2) und die Gründe dafür reflektiert, warum sich die Medienpsychologie gerade diesem Ansatz zugewandt hat (Kapitel 3). Im nächsten Schritt werden die Grundannahmen des Konzeptes zusammengefasst (Kapitel 4.1). Da die verwendeten Begriffe – vor allem der Begriff Interaktion (Kapitel 4.2), aber auch unterschiedliche Bezeichnungen für die Medienakteure (Kapitel 4.6) – leicht missverstanden werden können, wird auf eindeutige Begriffsklärungen besonderer Wert gelegt. Eine häufig anzutreffende Fehlinterpretation des Konzeptes PSI als Ersatz wird aufgeklärt (Kapitel 4.3) und Unterschiede zwischen sozialer Interaktion mit Menschen im Alltag und PSI mit Medienakteuren werden herausgearbeitet und die Folgen dieser Unterschiede diskutiert (Kapitel 4.4). Auch die Beziehung zwischen PSI und parasozialer Beziehung (PSB) wird erläutert (Kapitel 4.5). Abschließend werden Ergebnisse empirischer Studien zum Konzept PSI und insbesondere ein häufig verwendetes Messinstrument zur Operationalisierung der Intensität PSI vorgestellt und kritisch betrachtet (Kapitel 5.1 bis Kapitel 5.3). Schließlich werden Schlussfolgerungen für die Anwendung und praktische Relevanz des Konzeptes PSI formuliert (Kapitel 6.).

2. Veröffentlichungen zum Konzept PSI

Zahlreiche Veröffentlichungen spiegeln die Bedeutung wider, die dem Ansatz PSI in der Medienpsychologie beigemessen wird. Die Zeitschrift *Medienpsychologie* widmete ein ganzes Heft einer theoretischen und methodischen Auseinandersetzung mit dem Konzept (Wulff; Gleich; Vorderer & Knobloch; Bente & Otto, in Medienpsychologie 3, 1996). Vorderer hat 1996 einen Sammelband mit dem Titel *Fernsehen als Beziehungskiste* herausgegeben, in dem die Hauptvorträge einer Workshop-Tagung zum Konzept PSI zusammengestellt und diskutiert werden (Keppler; Wulff; Hippel; Krotz; Mikos; Gleich; Vorderer; Bente & Backes). 1997 haben Bente und Vorderer in dem Sammelband *New Horizons in Media Psychology* auf die Schlüsselstellung hingewiesen, die dem Konzept PSI in der künftigen Medienforschung in Europa beizumessen wäre (S. 134 ff.). In dem Sammelband *Fernsehforschung in Deutschland* ist ein Beitrag von Vorderer erschienen, der sich einer Zusammenstellung und Bewertung der bisherigen Forschungsarbeiten und einer theoretischen Auseinandersetzung mit dem Konzept PSI widmet (Vorderer, 1998). Besonders Gleich hat sich in seiner Dissertationsschrift und mehreren Beiträgen detailliert mit dem Thema PSI befasst (Gleich, 1995a; 1995b; 1995c; 1996a; 1996b; 1997).

Auch eine Synopse der wichtigsten empirischen Arbeiten – US-amerikanische Forschungsarbeiten einbeziehend – findet sich bei Gleich (1996a, S. 122 f.). Auch in der film- und fernsehwissenschaftlich orientierten Zeitschrift *Montage/AV* wurde zum Thema PSI publiziert (Hippel, in Montage/AV 1, 1992; der gleiche Autor in Montage/AV 2, 1993). Diese Aufzählung ist keineswegs vollständig, vermittelt jedoch einen Eindruck der Breite der Diskussion des Konzeptes PSI in der deutschen Medienpsychologie.

3. Gründe für das Interesse am Konzept PSI

PSI knüpft an Alltagserfahrungen an

Unsere Interaktionen mit Menschen bestimmen wesentlich unseren Alltag. Was liegt näher als zu fragen, wieweit diese zentrale Rolle zwischenmenschlicher Beziehungen sich auch auf unsere Wahrnehmung von Menschen übertragen lässt, denen wir nicht von Angesicht zu Angesicht, sondern „nur virtuell“ begegnen?

PSI ist identitätsstützend

Jede(r) kennt aus dem eigenen Alltag Gespräche über Fernsehsendungen. Im Mittelpunkt solcher Gespräche, besonders über Serien, stehen oft die dargestellten Menschen. Dabei werden nicht nur schauspielerische Qualitäten der Darsteller/innen oder Produktionsbedingungen diskutiert; die Gespräche werden häufig in einer Weise geführt, die – würde man es nicht besser wissen – den Eindruck entstehen lässt, die fiktiven Menschen seien Teil der Alltagswelt der Zuschauer und nicht nur Agierende in einer erfundenen Serienwelt. Qualitative Analysen natürlicher Gespräche geben zu der Vermutung Anlass, dass die Medien dabei nicht nur als Lieferanten von Gesprächsstoff dienen, sondern dass sie entscheidend für die Herausbildung und Stützung von Identitäten sind (Keppler, 1996, S. 14).

Fernsehen bedient sich PSI

Das Beispiel der Fernsehserien ist nicht willkürlich gewählt. Das Fernsehen spielt auch in Zeiten des Internet eine zentrale Rolle im Medienangebot und im Alltag vieler Menschen. Hinzu kommt, dass die Entwicklungen der letzten Jahre auf eine zunehmende Personalisierung der Unterhaltungsangebote im Fernsehen hinweisen (zum Beispiel Groebel, 1990).

PSI als Schlüssel zu einer umfassenden Theorie?

Der Medienpsychologie, aber auch den Medienwissenschaften fehlt derzeit eine umfassende Rezeptionstheorie, die nicht nur für bestimmte Rezipientengruppen (zum Beispiel Kinder), bestimmte Wirkungsdimensionen (kognitiv oder emotional, psychologisch oder soziologisch), bestimmte Phasen des Rezeptionsprozesses (zum Beispiel danach), bestimmte Medien (zum Beispiel Fernsehen) und bestimmte Merkmale des Mediums (zum Beispiel Gewaltdarstellungen) greifen würde. Parasoziale Phänomene spielen ohne Zweifel eine wichtige Rolle für die Erklärung von Fernsehrezeptionsprozessen. Die Relevanz solcher Überlegungen ist aufgrund der Möglichkeit, bestimmten Menschen immer wieder zu begegnen, unmittelbar plausibel für moderierte Sendungen und auch für Serien, geht aber vermutlich über dieses begrenzte Anwendungsfeld hinaus.

Es wurde mehrfach darauf hingewiesen, dass das Konzept PSI „... derzeit vielleicht am ehesten die Möglichkeit (bietet: M.S.), die Rezeption ganz unterschiedlicher Unterhaltungsangebote fiktionaler wie non-fiktionaler Art, unter Umständen sogar selbst die nicht-unterhaltender Programme abzubilden“ (Vorderer, 1996, S. 7). PSI kann vielleicht als das Konstitutivum von Medienkommunikation (Wulff, 1996, S. 166) betrachtet werden und eine entsprechende integrative theoretische Bedeutung erlangen.

An der medienübergreifenden Relevanz des Konzeptes PSI sind jedoch Zweifel angebracht. Eine Übertragung des Ansatzes auf die Rezeption von Filmen, sei es im Fernsehen, als Video/DVD oder auch im Kino, erscheint nicht ohne weiteres möglich: Eine Filmgeschichte wird ja meist nicht fortgeführt. Im Normalfall „interagiert“ man mit den dargestellten Menschen nur über die begrenzte Zeit des Films hinweg. Eine wichtige Bedingung für die Ausbildung PSB ist also nicht gegeben (vgl. Kap. 4.5).

Andererseits treten die Darsteller immer wieder auf, wenn auch in verschiedenen Filmen. Viele Schauspieler haben ein ausgeprägtes, oft bewusst konstruiertes Image, das sich nur schwer ändern lässt, aus marketingstrategischen Gründen meist gar nicht geändert werden soll. In Abgrenzung von dem mit Langfristigkeit und Kontinuität konnotierten Beziehungsbegriff könnte man beim Film vielleicht von einer Begegnung sprechen.

Diese Begegnungen finden häufig nicht zufällig statt: Viele Menschen wählen bewusst Filme aus, in denen ihr Lieblingsdarsteller mitspielt. Es liegen auch erste Übertragungsversuche des Konzeptes PSI für das Internet (Krotz, 1996) und für die virtuelle Realität (Bente & Otto, 1996) vor. Unabhängig von solchen theoretischen Problemen spielen aber die Bildschirm- und Leinwandpersonen eine mehr oder weniger große Rolle für die Beschreibung der Rezeptionsprozesse. Virtuelle Charaktere im Internet oder in Computerspielen bieten dann sogar „echte" Interaktionsmöglichkeiten (vgl. Kap. 4.2). (Siehe hierzu den Beitrag *Who do you want to be today?*)

4. Kurzbeschreibung des Konzeptes PSI

4.1 Grundannahmen

Schon 1956 haben die amerikanischen Soziologen Donald Horton und R. Richard Wohl in einem in der Zeitschrift *Psychiatry* erschienenen Artikel mit dem Titel *Mass communication and para-social interaction. Observations on intimacy at a distance* massenmediale Kommunikationsprozesse als parasoziale Interaktion beschrieben (Horton & Wohl, 1956; 1986, Nachdruck in Gumpert & Cathcart, 1986). Die Autoren konzipierten massenmediale Kommunikationsprozesse als aktive, soziale Handlung der Zuschauer. Das Publikum schaue den Menschen auf dem Bildschirm nicht nur distanziert beobachtend zu, sondern interagiere mit ihnen im Sinne eines gegenseitigen Aufeinander-Bezugnehmens. Die Bezeichnung „para"-sozial signalisiert dabei eine Vermitteltheit, eine (semiotische) Distanz zwischen den Interagierenden (Wulff, 1996, S. 29). PSI werde auch von den Zuschauern als soziales Handeln verstanden und sei als solches vergleichbar mit Interaktionen zwischen Personen im wirklichen Leben.

Horton und Wohl (1956) gingen von der Hypothese aus, dass das Fernsehen dem Zuschauer die Illusion vermittle, face-to-face mit den Fernsehakteuren in Kontakt zu stehen (S. 215). Illusion meint in diesem Zusammenhang nicht ein Sich-Täuschen, vielmehr beschreibt der Begriff eine komplexe Situation, in der mehrere Aspekte zum Tragen kommen: (a) Der Performer (Die von Horton und Wohl verwendete Bezeichnung „performer" bleibt hier unübersetzt). verhält sich, als ob er sich in einer face-to-face Situation befände, (b) der Zuschauer erhält Informationen von der Art, wie er sie in einer face-to-face Situation erhielte, (c) der Performer richtet sich nach den von ihm unterstellten Reaktionen der Zuschauer, (d) der Zuschauer wiederum kann sich so verhalten, als ob der Performer auf ihn reagiere. Die dabei entstehende scheinbare Intimität (illusion of intimacy) darf nicht in der Weise missverstanden werden, dass sich das Publikum etwas einbildet, was nicht da ist, sondern Zuschauer und Performer stellen gemeinsam die Schein-Situation her und halten sie aufrecht. Dabei ist es in keiner Weise hinderlich, dass sich beide dieser besonderen Situation bewusst sind. Dies alles führt dazu, dass der Zuschauer in die Handlung einbezogen wird. Die passive Rolle eines bloß Zusehenden wird überlagert oder in gewisser Weise aufgewertet (Jelinek, 1999, S. 3). Entsprechend lautet die Definition von PSI:

> *„The more the performer seems to adjust his performance to the supposed response of the audience, the more the audience tends to make the response anticipated. This simulacrum of conversational give and take may be called para-social interaction" (Horton & Wohl, 1956, S. 215).*

Das entscheidende Kriterium, um PSI überhaupt herstellen zu können, ist nach Horton und Wohl die direkte Adressierung durch den Medienakteur. Nur auf diese Weise kann die passive Haltung des

Zuschauers durchbrochen, er in das Geschehen integriert werden. Entsprechend wählten die Urheber des Konzeptes Beispiele insbesondere aus dem non-fiktionalen Fernsehangebot zur Illustration ihrer theoretischen Annahmen. Um auch PSI mit fiktionalen Medienakteuren mit Hilfe des Konzeptes von Horton und Wohl beschreiben zu können, wurde dieses Kriterium in der Folge von vielen Autoren „aufgeweicht". Im Sinne einer Hilfskonstruktion könnte man zwischen non-fiktionaler, direkter Adressierung und fiktionaler, indirekter Adressierung unterscheiden. Horton und Wohl haben auch ausdrücklich eine Theorie der audiovisuellen Massenkommunikation und nicht eine Theorie des Fernsehens formuliert. Dies wurde allerdings in der Rezeptionsgeschichte des Konzeptes häufig übersehen (Hippel, 1996, S. 56).

Abschließend sei betont, dass die Rede vom Konzept beabsichtigt ist, also nicht von einer Theorie gesprochen wird. Vorderer (1996) konstatiert, dass auch mehr als 40 Jahre nach dem Erscheinen des Aufsatzes von Horton und Wohl eine umfassende Theorie PSI nicht vorliege (S. 7). Auch Gleich (1996) kommt zu diesem Schluss, da das Konzept nicht ausreichend kommunikationstheoretisch verankert sei (S. 116).

4.2 Interaktionsbegriff

> *„Kann man im Falle von medial vermittelter Kommunikation überhaupt von Interaktion sprechen? Denn Interaktion im soziologischen Sinne ist eine Form sozialen Handelns, bei der sich Menschen wechselseitig aneinander orientiert verhalten" (Jäckel, 1995, zit. nach Baeßler, 1999, S. 14).*

Insofern kann Medienrezeption keine Interaktion sein, denn die Reaktionen der Zuschauer haben keinen direkten Einfluss auf eine Sendung.

Vor dem Hintergrund von Überlegungen des Symbolischen Interaktionismus kann Rezeption jedoch durchaus und gerade als Interaktion verstanden werden. Im Symbolischen Interaktionismus werden Individuen verstanden als vor einem gemeinsamen kulturellen Hintergrund Bedeutungen (von Handlungen und Gegenständen) Konstruierende. Bedeutung entsteht und verändert sich durch soziale Interaktion mit den Mitmenschen. „Soziales Handeln und jede Form der Kommunikation haben danach ihren Ursprung in als ***prozessual gedachten vis-à-vis-Situationen***, in denen die beteiligten Individuen in ***Rollen*** miteinander interagieren". Nur indem imaginär die Rollen getauscht werden, um aus der Perspektive des jeweiligen Interaktionspartners die Intentionen und Handlungen zu verstehen und zu rekonstruieren, kann Interaktion funktionieren. Der einzelne Rezipient ist jedoch nicht nur in seiner wechselseitigen Perspektivverschränkung aktiv: Auch das Denken und Erleben während Interaktion und Kommunikation kann man sich als inneren Dialog in solchen unterschiedlichen, im Selbst inkorporierten sowie in imaginär übernommenen Rollen vorstellen (Krotz, 1996, S. 74 ff.).

Der im Symbolischen Interaktionismus beschriebene prozessuale, konstruktive und interpretative Charakter von Kommunikation findet sich wieder im Konzept der PSI (Baeßler, 1999, S. 10).

Wichtig in diesem Zusammenhang ist auch die von Horton und Wohl ausdrücklich vorgenommene Trennung von PSI und Identifikation. Identifikation meint die teilweise oder vollständige Übernahme der Position eines Gegenübers.

„Identifikation steht vor allem in der Tradition der psychoanalytischen Theorie Freuds, nach der Identifikation als ein psychischer Vorgang aufgefasst wird, in dem ein Individuum bedeutsame Aspekte eines anderen in sich aufnimmt und sich teilweise oder vollständig nach dem Vorbild des anderen verwandelt. Freud legte dabei Wert auf die Feststellung, dass Identifikation mehr ist als nur Imitation, sondern ‚Aneignung aufgrund des gleichen ätiologischen Anspruchs' bedeutet, die ‚sich auf ein im Unbewussten verbleibendes Gemeinsames' bezieht." (Gerstenmaier, 1987, S. 472).

Dies sei bei PSI nur periodisch möglich:

„The ‚personality' program ... does not demand or even permit the ... loss of situational reference and self-consciousness in which the audience not only accepts the symbol as reality, but fully assimilates the symbolic role" (Horton & Wohl, 1956, S. 218).

Die fälschliche Verwendung des Identifikationsbegriffs hat im Verlauf der Rezeptionsgeschichte des Konzeptes PSI eine Entwicklung mitbedingt, in der das Phänomen PSI eine negative Konnotation erhielt, obwohl Horton und Wohl betonen: „... for the great majority of the audience, the para-social is complementary to normal social life" (S. 223).

4.3 PSI als Ersatz?

Auch wenn der Titel der Zeitschrift, in der der Orginalartikel erschienen ist, etwas anderes nahe legen könnte: PSI ist in der Konzeption von Horton und Wohl Teil der Alltagshandlungen der Zuschauer und kein pathologisches Phänomen. Tatsächlich herrscht aber die Einschätzung von PSI als mehr oder weniger defiziente Form vor. Wesentlich dazu beigetragen hat ein Aufsatz von Rosengren und Windahl (1972), in dem die Autoren PSI als funktionales Äquivalent zu sozialen Interaktionen im Alltag beschrieben. Die Vorteile oder positiven Aspekte wurden in der Folge meist übersehen – sowohl in Deutschland als auch in den USA. PSI ist nicht nur bloßes Derivat sozialer Interaktion, sie eröffnet dem Zuschauer im Gegenteil ganz neue Beziehungsmöglichkeiten, beispielsweise das Übernehmen idealer Rollen. Andere Autoren betonen die positive Seite. Gar von „prototypes of the future" ist die Rede (Cerulo, Ruane & Chayko, 1992, S. 129, zit. nach Hippel, 1992, S. 141). Auch Horton und Wohl haben eine eher positiv gefärbte Sicht vertreten. Sie schreiben: „The enactment of a para-social role may therefore constitute an exploration and development of new role possibilities, as in the experimental phases of actual, or aspired to, social mobility." (1956, S. 222). Auch die Unverbindlichkeit der Rollenübernahme kann als Vorteil gesehen werden.

4.4 Parasoziale versus soziale Interaktion

Wenn auch im Originalartikel von Horton und Wohl neben begrifflichen Unschärfen unklar geblieben ist, wie soziale Interaktionen zwischen Menschen im Alltag und PSI von Zuschauern mit Medienakteuren im Einzelnen unterschieden werden können, so werden doch beide Interaktionsformen zunächst einmal als sehr ähnlich beschrieben: „The relationship of the devotee to the persona (vgl. Kap. 4.6) is, we suggest, experienced as of the same order as, and related to, the network of actual social relations." (Horton & Wohl, 1956, S. 228). Andererseits gebe es aber wichtige Unterschiede: Die entscheidende Differenzierungsmerkmal zwischen parasozialer und sozialer Interaktion ist nach Horton und Wohl die fehlende Gegenseitigkeit der Interaktion. Für PSI gilt: „The interaction, characteristically, is one-sided, nondialectical, controlled by the performer, and not susceptible of mutual development." (S. 215). Das Publikum kann zwar zwischen den angebotenen Beziehungsofferten wählen, jedoch keine neuen herstellen oder bestehende ändern, zumindest nur indirekt, beispielsweise über die Einschaltquoten. Die im Fernsehen Auftretenden wiederum haben keine Informationen über die Reaktionen der Zuschauer. Das fehlende Feedback wird über Vermutungen über die Zuschauer ausgeglichen. Parasoziale Beziehungen werden also einerseits erfahren wie soziale Beziehungen, andererseits sind beide Phänomene aber durch je unterschiedliche Eigenschaften strikt voneinander zu trennen (Hippel, 1992, S. 136).

Hinzu kommt, dass die potenzielle Rollenübernahme völlig unverbindlich ist. Ein weiterer Unterschied zwischen sozialer und PSI besteht also darin, dass die Zuschauer im Falle der PSI ein hohes Maß an Handlungsfreiheit genießen (Gleich, 1996, S. 116). Soziale und PSI unterscheiden sich darin, dass die Zuschauer in der Interaktion mit Medienakteuren nicht handeln, Stellung nehmen, sich irgendwie verhalten müssen. Der Zuschauer muss sich nicht auf vorausgegangene Interaktionen, Handlungen oder Äußerungen beziehen. Medienangebote können von pragmatischen Handlungszwängen entlastet verfolgt werden. Dies schafft Potenziale für einen freizügigen Umgang mit den Performern. Reaktionen fallen entsprechend extremer und haltloser aus. Moralische Verurteilungen sind oft grundsätzlich, da sie folgenlos bleiben. Der Zuschauer verhält sich eher willkürlich.

Diese Überlegung hat berechtigterweise in der Diskussion um die neuen, interaktiven Medien zu Kritik veranlasst. Wenn das Vergnügen der Medienrezeption sich zu einem Gutteil aus der Freiheit, eben nicht handeln zu müssen, erklärt, wer will dann die interaktiven Medien (Vorderer, 1995; Keppler, 1996, S. 24; Feist, 1996, S. 204)? Möglicherweise stehen nur ganz bestimmte und differenziert beschreibbare Rezipientengruppen den aktuellen Entwicklungen wirklich offen gegenüber.

4.5 Wiederholte Interaktion als Beziehung?

Als ein weiteres, wenn auch nicht explizit benanntes Kriterium für das Zustandekommen PSI fungiert bei Horton und Wohl das wiederholte Auftreten der Performer. Horton und Wohl unterscheiden die Bezeichnungen PSI und parasoziale Beziehung (PSB) nicht voneinander, verwenden sie sogar äquivalent, aber in einem Artikel, der nach dem Tod von Wohl nur ein Jahr nach dem Orginalartikel erschienen ist, findet sich folgender Hinweis: „Over the course of time, direct and indirect interplay between performers and audience binds them together" (Horton & Strauss, 1957, S. 587). (Der Tod von R. Richard Wohl war wohl auch ein Grund dafür, dass das Konzept nicht weiterentwickelt wurde).

In der aktuellen Auseinandersetzung um das Konzept PSI werden Definitionen angeboten, die Klarheit schaffen sollen. Vorderer (1998) bezeichnet als PSI „... ausschließlich die unmittelbare, während der Rezeption stattfindende Begegnung zwischen Rezipient und Medienakteur ... und die über die einzelne „Begegnung" hinausgehende Bindung des Zuschauers an eine Persona (vgl. 4.6) als „parasoziale Beziehung" (S. 13, zit. nach einem ident. Vorabdruck). Gleich (1996) fasst den Zusammenhang zwischen PSI und PSB als Kreisprozess auf. Durch wiederholte PSI entsteht eine PSB, die wiederum als situativer Ausgangspunkt für PSI dienen kann (S. 119). PSI ist die Vorstufe einer parasozialen Beziehung. Wiederholte PSI können in einer PSB münden (S. 188 ff.).

4.6 Der Begriff Persona

Es ist üblich, zwischen fiktionalen und non-fiktionalen Medienakteuren zu unterscheiden. Fiktionale Medienakteure handeln stellvertretend im Rahmen einer Erzählung, unabhängig davon, ob eine erfundene oder eine wahre Geschichte erzählt wird. Moderatoren, Showmaster oder auch Nachrichten(-magazin)sprecher kontrollieren und systematisieren eine Sendung und beziehen die Zuschauer durch direkte Ansprache ein. Sie bleiben dabei aber immer sie selbst. Für die PSI sollten sich prinzipiell Unterschiede für fiktionale Medienakteure einerseits und non-fiktionale Akteure andererseits ergeben.

Horton und Wohl (1956) selbst verwenden vor dem Hintergrund der Annahme einer direkten Adressierung – und damit für non-fiktionale Akteure – die Bezeichnungen Performer bzw. den Begriff Persona. („Der Begriff Persona war ursprünglich die lateinische Bezeichnung für die Maske, die der Schauspieler im antiken Theater zu tragen pflegte" (Wulff, 1996, S. 42). Personae sind weder lediglich im Fernsehen gezeigte, reale Persönlichkeiten (zum Beispiel Politiker) noch fiktive Figuren. Auch sind sie nicht Schauspieler, die nur für eine kurze Zeit eine Rolle übernehmen. Personae erfüllen vielmehr eine medienspezifische Funktion: Sie stellen eine, wenn auch nur scheinbare Intimität zum Zuschauer her, sofern sich dieser darauf einlässt. Intimität heißt hier: Der Zuschauer kennt die Persona, so wie er zum Beispiel einen Freund kennt. Die Beziehung ist nicht auf eine kurze Zeitspanne beschränkt, sondern durch die regelmäßige Wiederkehr der Persona beständig. Die Persona ist in das Leben des Zuschauers integriert. Mit der Zeit entsteht für den Zuschauer so etwas wie eine gemeinsame Geschichte. Die Persona hat noch eine weitere Besonderheit: Sie ändert normalerweise nicht ihren einmal eingeführten Charakter. Das heißt ihr Verhalten ist einigermaßen voraussagbar. In der Beziehung zu einer Persona gibt es kaum Überraschungen.

Die Eigenschaften einer Persona müssen nicht festgelegt sein: Sie kann ein sympathischer Mensch mit vielen guten Eigenschaften sein, sie kann mehr oder weniger unbestimmt bleiben, aber auch einen negativen Charakter haben, zum Beispiel einen provozierenden. Die Persona ist also nicht durch ihre Eigenschaften definiert, sondern durch die Position, die sie in der PSI einnimmt: Sie macht dem Zuschauer eine Beziehungsofferte. Natürlich kann die Persona dem Publikum auch außerhalb der definierten parasozialen Welt erscheinen, vor allem durch Informationen in der Presse. Ihre Funktion in den Medien und ihr Privatleben können in Widerspruch geraten. Ist die Abweichung zu groß, ist ihre Fähigkeit, PSB aufzubauen, gefährdet. Moderatoren, Showmaster und Nachrichten(-magazin)sprecher sind häufig – aber nicht immer – solche Persona (Hippel, 1993, S. 140, zit. nach Jelinek, 1999, S. 7 f.).

Hippel (1996) versucht, den Begriff Persona zu präzisieren und zu erweitern: Eine Persona ist nach seiner Definition allgemein gekennzeichnet als textuelles Element. (Unter dem Begriff „Text“ kann dabei jedes beliebige mediale Angebot verstanden werden). Die Funktion der Persona wird damit nicht mehr als Ausgangspunkt für den Aufbau PSB gesehen, sondern sie wird interpretiert als Vermittler zwischen Text und Zuschauer. Die Persona zeichnet sich durch eine gewisse Unabhängigkeit vom Text aus. Sie produziert den Text in einer privilegierten Weise. Die Persona hat in einem hohen Maße die Verfügungsgewalt über den Text. Diese zeige sich beispielsweise sehr deutlich bei Showmastern, die ihre Zeitlimits überschreiten (S. 60). Die Persona ist bei Hippel definiert als Instanziation einer auktorialen kommunikativen Funktion (S. 62). Viele Zuschauer interpretieren dann auch die Persona als Urheber des Textes. Schließlich postuliert Hippel die Existenz eines kommunikativen Kontraktes zwischen Persona und Zuschauer. Um den Zuschauern einen verlässlichen Orientierungspunkt zu bieten, muss dieser kommunikative Kontrakt über alle Textgrenzen hinweg aufrechterhalten werden. Nachrichtensprecher beispielsweise, die in Werbespots auftreten, verletzen u. U. diesen Kontrakt (S. 61 ff.). Hippel sieht in der Annahme eines kommunikativen Kontraktes zwischen den Personae und den Zuschauern zwei Möglichkeiten. Erstens liefere diese Annahme ein Unterscheidungskriterium zum Schauspieler: Der Schauspiel-Star schlüpft in unterschiedliche Rollen, während die Persona unabhängig vom Text bereits auf ein bestimmtes Format festgelegt ist. Die Hippel'sche Fassung des Konstruktes eröffne – zweitens – auch einen Zugang zum fiktionalen, narrativen Text, der bei Horton und Wohl so nicht angelegt ist. Gleichwohl interessierten sich viele Forscher für PSI mit fiktionalen Medienakteuren. Der Begriff Persona scheint jedoch stark an die Annahme einer direkten Adressierung gebunden, so dass für Serienakteure weitere Begriffe eingeführt wurden.

Keppler (1996) bezeichnet im Alltag agierende und interagierende Menschen als Personen. Fiktive Seriengestalten bezeichnet sie als Figuren. (In der Konzeption von Horton und Wohl (1956) ist allerdings eine grundsätzliche Differenz zwischen Alltagswelt und Fernsehen nicht angelegt. Sie definieren die Zuschauerrolle als eine Variante der alltäglichen Rollenübernahme („... some variant of the role or roles normally played in the spectators primary social groups“; S. 228, zit. nach Hippel, 1992, S. 143). Auch besondere face-to-face-Beziehungen können parasoziale Anteile haben, beispielsweise wenn jemand vor einer großen Gruppe spricht (Horton & Strauss, 1957, S. 580, zit. nach Hippel, 1993, S. 130). Die Figuren erscheinen in den Serien nahezu immer als Typisierungen. Den Begriff der Typisierung verwendet Keppler gleichbedeutend mit dem Begriff Charakter. Diese Fixiertheit der Charaktere und die damit verbundene Vorausschaubarkeit der Handlungen schaffen nach Keppler einen Spielraum für vielfältige Umgangsweisen mit dem Medienangebot. Schauspieler oder Darsteller können nach Keppler sowohl als Typus als auch als öffentliche Person wahrgenommen werden (S. 15 f.).

Für fiktive Gestalten verwendet Wulff (1996) wiederum den Begriff Paraperson, um den seiner Ansicht nach fundamentalen Unterschied der Personenwahrnehmung in der Realität und bei der Rezeption fiktiver Geschichten zum Ausdruck zu bringen. Die Begriffe Rolle und Charakter benutzt er terminologisch äquivalent, wobei der Begriff Rolle eher die Perspektive des Schauspielers widerspiegelt und der Begriff Charakter auf die Ganzheitlichkeit einer fiktiven Person zielt. Der Begriff der Figur bezeichnet nach Wulff anders als bei Keppler kulturelle Stereotypen. Er betont, dass eine Berücksichtigung des fiktionalen Personengefüges wichtig ist (S. 43). Wulff entwirft ein Modell potenzieller Einflussfaktoren für die Wahrnehmung fiktionaler Medienakteure. Informationen zu (Para-)Personen können nach Wulff aus drei Quellen stammen: Der Zuschauer konstruiert die Person zum einen im Rückgriff auf die Narration, andererseits bringt er sein Wissen über den Schauspieler ein und drittens vergleicht er das Gesehene mit Ereignissen seines individuellen täglichen Lebenskontextes, aber auch mit seinem Wissen über Medieninhalte und -gestaltungselemente. Der Prozesshaftigkeit der Personenwahrnehmung und der prinzipiellen Eingebundenheit der Personen in einen narrativen Kontext wird also Rechnung getragen. Unter einer kognitionspsychologischen Perspektive berücksichtigt Wulff auch Wissensbestände, über die der Rezipient verfügt und die er im Nachvollzug der Geschichte nutzt. Die Rezeption insgesamt beschreibt er als Charaktersynthese, deren Grundbedingung Konsistenz ist (S. 43 ff.). Parapersonen sind nach Wulff nicht der narratologischen Analyse inhärent, sondern sind gesondert zu berücksichtigen. Es bedarf eines narrativen und eines personalen Kontextes, um eine Figur in ihren Funktionen erfassen zu können (S. 45).

Die Autorin möchte an dieser Stelle einen weiteren, kognitionspsychologischen Begriff einführen, der sowohl für fiktionale als auch für non-fiktionale in den Medien auftretende Menschen gelten kann: Personenschemata. Der Begriff transportiert folgende Vorstellung: Der Zuschauer rekurriert im Verlauf der Rezeption einer Sendung u. a. auf individuelle, kognitive Repräsentationen der dort auftretenden Menschen als Personen, als Charaktere, als Schauspieler, als Stars. Welche Repräsentationen aktiviert werden, ist abhängig vom narrativen Kontext, also der thematischen Einbindung und von den Alltags- und Medienerfahrungen und Bedürfnissen der Zuschauer. Hinzu kommt, dass dies ein dynamischer Prozess ist, die jeweilige Sicht auf einen Akteur kann im Verlauf der Rezeption wechseln. Nicht nur objektive Eigenschaften einer wie auch immer bezeichneten Mischform Darsteller/dargestellte Person interessieren, sondern die subjektiven, kognitiven Repräsentationen auf Seiten der Zuschauer sollten erhoben werden, um Rezeptionsprozesse angemessen abbilden zu können, die von Zuschauer zu Zuschauer sehr stark variieren können. In diesem Sinne ist es wichtig, nicht nur Personen im Alltag und Medienfiguren und unterschiedliche Begriffe für Medienakteure zu unterscheiden, sondern auch Medienfiguren und die Bedeutung dieser Figuren für den jeweiligen Rezipienten klar abzugrenzen.

In einem alltäglichen Sprachverständnis erscheint der von Keppler eingeführte Begriff der Figur für eine medial präsentierte fiktionale Person die unkomplizierteste und am wenigsten missverständlichste Begriffswahl zu sein. Im Folgenden wird deshalb immer dann von Medienakteuren gesprochen, wenn allgemein von Menschen, die auf dem Bildschirm oder der Leinwand erscheinen, bzw. deren Eigenschaften die Rede ist. Im fiktionalen Bereich wird die Bezeichnung Figur eingesetzt.

5. Empirische Ergebnisse

Das Konzept PSI ist eher als eine theoretische Grundlegung der Massenkommunikation zu lesen und nicht als Ansatzpunkt für empirische Studien (Hippel, 1992, S. 144). Horton und Wohl betonen, dass die Reaktionen der Zuschauer „may be entirely in imagination" (Horton & Strauss, 1957, S. 579). (Wenn es sich nun aber um rein imaginäre Reaktionen handelt, dann sind diese nur schwierig zu erfassen.) Unabhängig von dieser Einschätzung der Urheber des Konzeptes haben in der Folge zahlreiche

Forscher einen empirischen Weg zur Erklärung PSI beschritten. Man interessierte sich vor allem für zwei Fragen: Welche Medienakteure werden als Beziehungspartner ausgewählt? Und: Wovon hängt die Intensität einer eingegangenen PSB ab (Vorderer, 1998, S. 13 ff., zit. nach einem ident. Vorabdruck).

5.1 Lieblingsakteure und -figuren

In Untersuchungen wurde festgestellt, dass Befragte zwar spontan ihre Fernsehlieblinge nennen können, die Nennungen selbst aber so uneinheitlich sind, dass einzelne, besonders beliebte Medienakteure auch bei relativ homogenen Stichproben und Differenzierungen nach Moderator, Showmaster, Serienfigur etc. nicht bestimmt werden konnten (Vorderer, 1996a; Vorderer, 1996b).

Auffällig ist allerdings, dass überzufällig oft männliche Medienakteure genannt werden (Knobloch & Vorderer, 1996; Vorderer, 1996a; Vorderer, 1996b). Angesichts der Tatsache, dass Männer in den Medien (immer noch) stärker vertreten sind und in ihren Rollen häufiger übergeordnete Funktionen erfüllen – das haben viele Inhaltsanalysen seit den Anfängen der Medienwirkungsforschung ergeben – kann dieser Befund nicht überraschen. Insbesondere für die Moderatoren von Nachrichten- und Informationssendungen konnte nachgewiesen werden, dass sie von den Rezipienten als bessere Bekannte und schlechtere Freunde gesehen werden (Vorderer, 1998). Gleich (1996) weist darauf hin, dass Urteile über fiktionale Figuren eher den Urteilen über gute Nachbarn entsprechen und weniger Urteilen über Freunde. Insgesamt werden Medienakteure als dynamischer, aktiver, dominanter, aggressiver, leidenschaftlicher, positiver wahrgenommen als Personen im Alltag.

5.2 Intensität PSI

Die Intensität PSI wurde fast ausschließlich mit Hilfe der Parasocial Interaction-Scale (Rubin, Perse & Powell, 1985) untersucht. Das ursprünglich für PSI mit Nachrichten(-magazin)sprechern entwickelte Erhebungsinstrument wurde in vielen Untersuchungen – auch solchen zu PSI mit fiktionalen Figuren – auf die spezifische Frage hin angepasst, also verändert und ergänzt. Die so erhobene Intensität PSI hängt mit unterschiedlichen weiteren Variablen zusammen. Korrelative Zusammenhänge ergaben sich für die Variablen Alter und Fernsehkonsum, die jeweils positiv mit der Intensität der PSB korrelieren. Das heißt, je älter die Befragten sind und je mehr sie fernsehen, desto stärker ist die PSI ausgeprägt. Negative Zusammenhänge ergaben sich für die Variable Bildung: Je weniger die Befragten gebildet sind, desto stärker die von ihnen angegebene Intensität PSI.

Faktorenanalysen trugen zu einer weiteren Differenzierung des Konstruktes PSI bei. In einer Studie zur Serie *Gute Zeiten, schlechte Zeiten (GZSZ)* konnte beispielsweise gezeigt werden, dass zwischen einer quasi-realen Beziehung, die über die Rezeption hinausgeht und einer Fernsehbeziehung, die sich lediglich auf die konkrete Rezeptionssituation bezieht, unterschieden werden kann. (Die Originalskala ist allerdings eindimensional. Dass in Anwendungen modifizierter Skalen auf andere mediale Angebote eine abweichende Faktorenstruktur gefunden wird, mag nicht weiter verwundern). In der Studie zu *GZSZ* zeigten sich weitere interessante Zusammenhänge: Es ergaben sich hohe Werte für die PSI-Scale bei der gleichzeitigen Einschätzung, dass die Serie realistisch umgesetzt sei, bei sehr positiver Wahrnehmung der Medienfigur und gleichzeitig negativer Selbstwahrnehmung. Bei ausgeprägten, wahrgenommenen Unterschieden zwischen Medienperson und der eigenen Person lagen die PSI-Werte ebenfalls höher (Visscher & Vorderer, 1998). Hier wird deutlich, dass Vergleichsprozesse eine wesentliche Rolle spielen.

5.3 Beschreibung und Kritik der PSI-Scale

Die PSI-Scale besteht aus 20 Items bzw. Statements, die die Befragten auf einer 5-stufigen, bipolaren Ratingskala von (1) „trifft überhaupt nicht zu“ bis (5) „trifft voll und ganz zu“ beurteilen können. Die Statements betreffen im Wesentlichen

- die Einfühlung in den Moderator („I feel sorry for my favourite newscaster when he or she makes a mistake.“)
- die Beurteilung des Moderators („I see my favourite newscaster as a natural, down-to-earth person.“; „I find my favourite newscaster to be attractive.“)
- die Bindung an den Moderator („I think my favourite newscaster is like an old friend.“)
- Aktivitäten während, vor und nach der Rezeption („I sometimes make remarks to my favourite newscaster.“; „I look forward to watching my favourite newscaster on tonight“s news.“; „If there were a story about my favourite newscaster in a newspaper or magazine, I would read it.“)
- Gefühle während der Rezeption („When I'm watching the newscast, I feel as if I am part of their group.“; „My favourite newscaster keeps me company when the news is on television.“)
- den Umgang mit dem präsentierten Inhalt („When the newscasters joke around with one another it makes the news easier to watch.“; „I like to compare my ideas with what my favourite newscaster says.“) (Rubin, Perse & Powell, 1985, S. 167, zit. nach Baeßler, 1999, S. 68 f.).

An der PSI-Skala wurde vielfach Kritik geübt. Insbesondere wurde – zu Recht – die Übertragung der für PSI mit Nachrichten(-magazin)sprechern entwickelten Skala auf PSI mit fiktionalen Figuren kritisiert. Aber auch eine Übertragung für deutsche Nachrichtensendungen ist nicht ohne Weiteres möglich, wie an den oben genannten Beispielitems nachvollzogen werden kann: Die Originalskala bezieht sich auf amerikanische Lokalnachrichtensendungen, die von zwei bis drei Sprechern abwechselnd präsentiert werden. In deutschen Nachrichtensendungen ist das nicht in dem Maße und auch nicht in allen Fällen gegeben. Nicht zuletzt sind auch Probleme mit einer adäquaten Übersetzung der englischen Items ins Deutsche nicht von der Hand zu weisen.

Ein auf die Konzeption der Skala bezogenes Problem ergibt sich aus der Tatsache, dass sich die Items auf einen von den Befragten auszuwählenden Lieblingssprecher beziehen. Die Skala misst also die Intensität einer positiven PSI. PSI mit Akteuren oder Figuren, die nicht der erklärte Liebling sind, vielleicht sogar solchen, für die man so etwas wie Hassliebe empfindet, sind aber denkbar. In den konkreten empirischen Untersuchungen ergeben sich noch weitere Probleme. Zunächst ist es nötig, eine genügend große Stichprobe von Personen zusammenzustellen, die einen Lieblingssprecher benennen können (Baeßler, 1999, S. 70 f.). Hinzu kommt, dass bei der Datenaggregation häufig individuelle Skalenwerte zusammengefasst werden (Mittelwertbildung über Gruppen von Befragten), die sich auf ganz unterschiedliche Akteure oder Figuren und damit Medienkontexte und spezifische Formen PSI beziehen können. Dieses Problem ist bisher undiskutiert geblieben.

Diese Überlegung führt zu einem weiteren Problem: Es kann nicht zweifelsfrei angenommen werden, dass die Skala tatsächlich PSI misst. Letztlich hängt das aber damit zusammen, dass im ursprünglichen Ansatz und auch in seinen Weiterentwicklungen das Konzept Parasozialität unklar geblieben ist. Hippel (1992) kritisiert, dass bei einigen Items nicht nachvollziehbar sei, weshalb sie als Aspekt für PSI gelten sollen. Das Item „I like to compare my ideas with what my favourite newscaster say." oder das Item „When the newscasters joke around with one another it makes the news easier to watch." würden eher eine Form der Distanziertheit als PSI ausdrücken. Andere Items könnten für manche Befragte PSI als von vornherein defizitär erscheinen und ihre Beantwortung kann dann im Sinne sozialer Erwünschtheit verfälscht sein, wie zum Beispiel bei den Items „I sometimes make remarks to my favourite newscaster" oder „I would like to meet my favourite newscaster in person." (S. 141, zit. nach Jelinek, 1999, S. 10).

In nahezu allen Untersuchungen zum Konzept PSI wurden bisher Befragungen durchgeführt, also grundsätzlich nach der Rezeption Daten erhoben. Jegliche Spezifika der besonderen Eingebundenheit der Medienakteure in ein mikro- und makromediales Gefüge werden dabei vernachlässigt. (PSI als Aspekt eines Rezeptionsprozesses – also während der Rezeption – wurde in einer Untersuchung von Suckfüll (2000) thematisiert.) In vielen Untersuchungen im fiktionalen Bereich werden weitere wichtige Einflussvariablen wie etwa schauspielerische Qualitäten, Realistik der Inszenierung oder Authentizität des Geschehens nicht berücksichtigt. Die Ergebnisse vieler Studien zu PSI sind insofern kritisch zu lesen. Neben personenorientierten Rezeptionsweisen sind durchaus – in Abhängigkeit von den medialen und außermedialen Erfahrungen der Zuschauer – andere Strategien denkbar, die wiederum in Abhängigkeit vom konkreten Angebot und auch der Rezeptionssituation eine unterschiedliche Dominanz haben können. Erste Untersuchungen legen nahe, dass analytische, spielerische oder auch stereotypenorientierte Strategien etc. eine ähnlich hohe Relevanz bei der Medienrezeption erlangen können (Suckfüll, 2000). Eine abschließende Einschätzung könnte lauten, dass die sensible Modellierung äußerst komplexer Zusammenhänge bei PSI nicht im Dienste der forschungsökonomischen Operationalisierung der vordergründig relevanten Variablen aufgegeben werden darf.

6. Schlussfolgerungen

Zweifelsohne ist das Konzept PSI von großer Bedeutung für die Rezeption von Medienangeboten, sei es im non-fiktionalen oder im fiktionalen Bereich. Dabei darf jedoch nicht übersehen werden, dass andere Rezeptionsmodalitäten von ähnlich hoher Bedeutung sein können. Es ist die Aufgabe weiterführender Studien zu klären, unter welchen Bedingungen welche Modalität greift. Angesichts der Tatsache, dass die Auseinandersetzung um das Konzept PSI an der Werbeforschung unbemerkt vorbeigezogen ist, sind gerade auch zwischen Marketing und Medienpsychologie angesiedelte empirische Studien wichtig. Derzeit ist jedoch noch in mehrerlei Hinsicht Vorsicht geboten: Bislang kann nicht von einer kohärenten Theorie PSI ausgegangen werden. Auch fehlt es an reliablen und validen Messinstrumenten, was angesichts der theoretischen Misere kaum verwundern kann. Es bleibt nur festzustellen, dass ein enormer Forschungsbedarf besteht. Die Chance liegt in interdisziplinären Zugängen, die das Kriterium der praktischen Relevanz in den Vordergrund stellen.

7. Literaturverzeichnis

Baeßler, B.: Parasoziale Interaktion mit Nachrichtensprechern, unveröffentlichte Diplomarbeit an der Universität der Künste, Berlin 1999

Bente, G. & Backes, M.: Vielsehen, parasoziale Interaktion und zwischenmenschliche Verständigung, in: Vorderer, P. (Hrsg.), Fernsehen als „Beziehungskiste". Parasoziale Beziehungen und Interaktionen mit TV-Personen, Opladen 1996, 181 - 202

Bente, G. & Otto, I.: Virtuelle Realität und parasoziale Interaktion, Medienpsychologie 3, 1996, S. 217 - 242

Bente, G., & Vorderer, P.: The socio-emotional dimension of using screen media, in: Winterhoff-Spurk, P. & van der Voort, T.H.A. (Eds.): New horizons in Media Psychology, research cooperation and projects in Europe (pp. 125 - 144), Opladen 1997

Cerulo, K. A., Ruane, J. M. & Chayko, M.: Technological ties that bind, Communication Research, 19 (1), 1992, 109 - 129

Feist, A.: Neue Wege in der Vielseherforschung. Stellungnahme zu dem Beitrag von Gary Bente und Margitta Backes, in: Vorderer, P. (Hrsg.): Fernsehen als „Beziehungskiste", Opladen 1996, S. 203 - 206

Gerstenmaier, J.: Identifikation, in: Grubitzsch, S. & Rexilius, G. (Hrsg.): Psychologische Grundbegriffe (S. 472 - 474), Reinbek 1987

Gleich, U.: Die Beziehung von Fernsehzuschauern zu Medienpersonen – Eine explorative Untersuchung, in: Arbinger, R. & Jäger, R.S. (Eds.): Zukunftsperspektiven empirisch-pädagogischer Forschung, Landau 1995, S. 363 - 381, S. 113 - 144

Gleich, U.: Sind Fernsehpersonen die „Freunde" des Zuschauers? , in: Vorderer, P. (Hrsg.): Fernsehen als „Beziehungskiste", Opladen 1996

Gleich, U.: Parasocial Interaction with People on the Screen, in: Winterhoff-Spurk, P. (Ed.): Psychology of media in Europe II (pp. 35 - 55), Opladen 1998

Gleich, U. & Burst, M.: Parasoziale Beziehungen von Fernsehzuschauern mit Personen auf dem Bildschirm, Medienpsychologie 3, 1996, S. 182 - 200

Groebel, J.: Was macht Fernsehmoderatoren attraktiv? Filmkunst, 126, 1990, S. 58 - 80

Gumpert, G. & Cathcart, R.: Inter/Media, New York 1986

Hippel, K.: Parasoziale Interaktion, Montage/AV, 1, 1992, S. 135 - 150

Hippel, K.: Parasoziale Interaktion als Spiel, Montage/AV, 2, 1993, S. 127 - 145

Hippel, K.: Personae. Zu einer texttheoretischen Interpretation eines vernachlässigten Konzeptes, in Vorderer, P. (Hrsg.), Fernsehen als „Beziehungskiste", Opladen 1996, S. 53 - 66

Horton, D. & Wohl, R.: Mass communication and parasocial interaction. Psychiatry, 19, 1956, S. 215 - 229

Horton, D. & Wohl, R.: Mass communication and parasocial interaction, in: Gumpert, G. & Cathcart, R. (Eds.): (pp. 185 - 206) Inter/Media, New York 1986 (pp. 185 - 206)

Horton, D. & Strauss, A.: Interaction in audience-participation shows. American Journal of Sociology, 62, 1957, 579 - 587

Jelinek, S.: Parasoziale Interaktion. Unveröffentlichtes Manuskript an der Universität der Künste Berlin, 1999

Jenzowsky, S.: Ansätze zur empirischen Untersuchung des Persona-Konzeptes für fiktionale Figuren. Stellungnahme zu dem Beitrag von Klemens Hippel, in: Vorderer, P. (Hrsg.), Fernsehen als „Beziehungskiste", Opladen 1996, S. 67 - 72

Keppler, A.: Person und Figur. Identifikationsangebote in Fernsehserien. Montage/AV, 4, 1995, 85 - 99

Keppler, A.: Interaktion ohne reales Gegenüber. Zur Wahrnehmung medialer Akteure im Fernsehen, in: Vorderer, P. (Hrsg.), Fernsehen als „Beziehungskiste", Opladen 1996, S. 11 - 24

Krotz, F.: Parasoziale Interaktion und Identität im elektronisch mediatisierten Kommunikationsraum, in: Vorderer, P. (Hrsg.), Fernsehen als „Beziehungskiste", Opladen 1996, S. 73 - 90

Mikos, L.: Parasoziale Interaktion und indirekte Adressierung, in: Vorderer, P. (Hrsg.), Fernsehen als „Beziehungskiste", Opladen 1996, S. 97 - 106

Rubin, A. M., Perse, E. M. & Powell, R. A.: Loneliness, parasocial interaction, and local television news viewing. Human Communication Research, 12, 1985, 155 - 180

Suckfüll, M.: Filmanalysis and psychophysiology. Effects of Moments of Impact and protagonists.(S. 269 - 301), Media Psychology, 2, 2000

Suckfüll, M., Markert, D. & Matthes, J.: Definition und Operatonalisierung von Rezeptionsmodalitäten. Poster auf der 1. Tagung der Fachgruppe Medienpsychologie in der Deutschen Gesellschaft für Psychologie, Köln Feb. 2000

Vorderer, P.: Will das Publikum neue Medien(angebote)? Medienpsychologische Thesen über die Motivation zur Nutzung neuer Medien. Rundfunk und Fernsehen, 43, 1995, 494 - 505, S. 153 - 171

Vorderer, P.; Picard, Brinkmann: Derrick & Co. als Freunde der Zuschauer. Eine explorative Studie über parasoziale Beziehungen zu Serienfiguren, in: Vorderer, P. (Hrsg.), Fernsehen als „Beziehungskiste", Opladen 1996

Vorderer, P.: Unterhaltung durch Fernsehen. Welche Rolle spielen parasoziale Beziehungen zwischen Zuschauern und Fernsehakteuren? In G. Roters, W. Klingler, U. Zoellner (Eds.), Fernsehforschung in Deutschland (S. 689 – 708). Baden-Baden, Germany: Nomos 1999

Vorderer, P. & Knobloch, S.: Parasoziale Beziehungen zu Serienfiguren: Ergänzung oder Ersatz? Medienpsychologie 3, 1996, 201 – 216

Wulff, H. J.(1996a): Charaktersynthese und Paraperson: Das Rollenverhältnis der gespielten Fiktion, in: Vorderer, P. (Hrsg.), Fernsehen als „Beziehungskiste", Opladen 1996, S. 29 – 48

Wulff, H. J. (1996b): Parasozialität und Femsehkommunikation. Medienpsychologie 3, 1996, 163 – 181

Dienstleistungsmarketing – Konzept für den Menschen als Marke?

Von Jürgen-M. Edelmann

1. Einleitung

Das Konzept des Dienstleistungsmarketing und der Mensch als Marke – wie passt das zusammen? Kommerzielle und nichtkommerzielle Dienstleistungen umgeben uns überall: beim Gang zum Friseur oder beim Besuch der Oper. Unser Alltag funktioniert nur, wenn wir Dienste und Verrichtungen anderer Menschen in Anspruch nehmen. Die Dienstleistungsgesellschaft, die einst als große Hoffnung des 21. Jahrhunderts bezeichnet wurde (zum Beispiel Fourastie, 1969), bestimmt den Alltag der Industrienationen.

In Zeiten gesättigter Märkte erhalten nicht nur die Dienstleistung selbst, sondern auch deren Vermarktungskonzept, das Dienstleistungsmarketing, immer größere Bedeutung. Wie sieht es nun aus, wenn ein Anbieter die Dienstleistung eines neuen Haarschnitts vermarkten will oder einen Menschen präsentiert, dessen Leistung darin besteht, als Star bei Gesangs-, Film- oder Bühnenauftritten zu agieren? Wer gibt uns im voraus die Garantie für Qualität? Und wer gibt uns die Gewissheit, dass Eintrittspreise von 7 Euro für einen Kinobesuch oder 700 Euro für einen Galaabend gerechtfertigt sind?

Dieser Beitrag soll die Frage beantworten, welche Erkenntnisse aus dem Dienstleistungsmarketing auf das Marketing der Leistungen von Menschen anwendbar sind: Die Eigenschaften von Dienstleistungen werden dargestellt und mit denen des Menschen zum Zeitpunkt seiner Vermarktung verglichen. In einem weiteren Schritt werden die Möglichkeiten und Grenzen der Anwendung für die „Vermarktung von Menschen“ geprüft. Abschließend soll ein Ausblick auf die Möglichkeiten der Vermarktung von Menschen unter Anwendung des Dienstleistungsmarketing gegeben werden.

2. Die Dienstleistung

Unter einer Dienstleistung soll hier verstanden werden „jede einem anderen angebotene Tätigkeit oder Leistung, die im wesentlichen immaterieller Natur ist und keine direkten Besitz- oder Eigentumsveränderungen mit sich bringt.“ (Kotler, 1995, S. 708).

2.1 Bedeutung der Dienstleistung

Dienstleistungen erhalten in unserem Wirtschaftssystem eine immer größere Bedeutung. Ursachen hierfür sind gesellschaftliche Entwicklungen, Veränderungen im Konsumentenverhalten, demografische Kriterien und veränderte Konsumgütereigenschaften:

- Zum Beispiel führt die Emanzipation der Frau zur Zunahme der Beschäftigung beider Haushaltspartner, und in Folge zu einer vergrößerten Inanspruchnahme von Dienstleistungen, wie zum Beispiel eines Restaurantbesuchs.
- Veränderungen im Konsumentenverhalten zeigen sich durch einen allgemeinen Trend zu mehr Komfort und Bequemlichkeit.

- Demografische Entwicklungen ziehen eine stärkere Nutzung von Versorgungsleistungen nach sich, wie zum Beispiel Pflege und Hauspersonal.
- Zu den Veränderungen der Konsumgüter zählt, dass verkaufte Produkte eine große Nachfrage nach begleitenden Dienstleistungen auslösen, wie zum Beispiel Reparaturen, Schulungen und Hotlineservices.

Für den Umgang mit gesättigten Märkten in diesem Bereich wurde das Konzept des Dienstleistungsmarketing entwickelt. Dieses Konzept bietet die Möglichkeit, unter Beachtung bestimmter Eigenschaften eine Vermarktungsstrategie für Leistungen immaterieller Art zu entwickeln.

2.2 Merkmale der Dienstleistung

Um Dienstleistungen von allgemeinen Sachleistungen abzugrenzen, werden folgend ihre wichtigsten Merkmale genannt und diese anschließend mit jenen des Menschen verglichen:

- Eine der Haupteigenschaften der Dienstleistung ist ihre Immaterialität: Die Dienstleistung ist zunächst nicht (an-)fassbar.
- Die Immaterialität des Gutes bestimmt in besonderem Maße seine Nichtlager – und Nichttransportfähigkeit.
- Da die Dienstleistung erst dadurch existent wird, indem sie genutzt wird, macht sie den Einbezug eines externen Faktors notwendig. Hier kommt der Konsument ins Spiel: Er ist der Leistungsnehmer.
- Eine weitere Haupteigenschaft der Dienstleistung ist ihre mangelnde Standardisierbarkeit: Keine erbrachte Leistung muss zwangsläufig der anderen gleichen, da Ort und Zeitpunkt der erbrachten Dienstleistung veränderbar sind (Pepels, 1995, S. 21).

Die Merkmale der Dienstleistung bestimmen die Besonderheiten des Dienstleistungsmarketing gegenüber dem Marketing für Sachleistungen: Die Immaterialität des Gutes zieht eine besondere Behandlung der Leistung nach sich. Auch den Anforderungen an den Augenblick der Produktion (nicht lager- und transportierbar) versucht das Dienstleistungsmarketingkonzept gerecht zu werden, wobei der zeitgleiche Kontakt von Leistungserstellung und Leistungsnutzung vorausgesetzt ist. Schließlich werden auch der Einbezug des externen Faktors und das Problem der Individualität der Leistung im Konzept des Dienstleistungsmarketing besonders berücksichtigt.

2.3 Die Dienstleistung im Marketingmix

Bei der Einordnung von Dienstleistungen in den Marketingmix wird aufgrund der genannten Merkmale deutlich, dass alle vier Bereiche – Produkt-, Distributions-, Kontrahierungs- und Kommunikationspolitik – vor besondere Herausforderungen gestellt sind:

- In der Produktpolitik (hier Leistungspolitik) bringt die Immaterialität der Dienstleistung Argumentations- und Beweisprobleme mit sich: Die Dienstleistung ist vor der Leistungserbringung nicht sichtbar, lässt sich zunächst nur in ihrer Wirkung erklären und ist im Nachhinein schwer messbar.

- Die Nichtlager- und Nichttransportfähigkeit wirkt sich auf Besonderheiten bei der Distribution der Leistung aus. Die Verteilung der Leistung bedarf einer besonderen Koordination, da sie zum Zeitpunkt ihrer Erstellung bereits erbracht wird.
- Der Leistungsnehmer stellt den externen Faktor dar: Er ist der Kunde, der die Leistung bestellt, empfängt und beurteilt, und der seine Erwartungen nicht bestätigt, bestätigt oder übertroffen sehen kann. Er ist zwar externer Faktor, jedoch jener, um den sich alles dreht. Folglich muss er auf besondere Weise in die Kommunikation einbezogen sein.
- Mangelnde Standardisierbarkeit ist Ursache für Probleme in der Preispolitik: Eine eindeutige Regelung des Preises ist schwierig, da keine gleichbleibende Leistung gewährleistet ist. Die Etablierung der Preiswürdigkeit in den Augen des Kunden ist somit ein wichtiges Ziel.

2.4 Der Markenmensch als Dienstleistung

Werden die dargestellten Merkmale und Eigenschaften auf den Gesangsstar, Bühnenstar oder Filmstar angewendet, können folgende vergleichende Schlüsse gezogen werden:

- Sein Auftritt ist immateriell.
- Sein Erscheinen ist nicht lagerfähig oder jederzeit abfragbar.
- Seine Leistung kann nicht ohne weiteres an einen beliebigen Ort gebracht werden.
- Der Einbezug der Fangemeinde als externer Faktor hat höchste Priorität – sie beeinflusst seine Vermarktung stark.
- Die Leistung des Menschen ist nur mangelhaft standardisierbar.

Um das Dienstleistungsmarketing auf das „Wirtschaftsgut Mensch" anwenden zu können, grenzen wir den Menschen auf die genannten Merkmale ein. Aus dieser Perspektive gesehen liegt es also nahe, das „Wirtschaftsgut" Mensch und das Wirtschaftsgut Dienstleistung innerhalb dieser Merkmale und ihrer Ausprägungen zu vergleichen.

Im folgenden Abschnitt werden die im vorherigen Teil definierten Merkmale der Dienstleistung genauer beschrieben und in kurzen Beispielen auf den Menschen als Marke angewandt. Die für die Vermarktung des Menschen wichtigsten Bereiche werden durch Beispiele aus Leistungs-, Distributions-, Kommunikations- und Preispolitik veranschaulicht.

3. Anwendung auf den Menschen als Marke

3.1 Leistungspolitik

Um die Dienstleistung mit den herkömmlichen Instrumenten des Marketingmix erfassen zu können, muss das Problem der Immaterialität des Gutes gelöst werden. Zwei Möglichkeiten werden hier näher beschrieben: Es besteht die Möglichkeit, Dienstleistungen zu markieren. Durch die zahlreichen Anforderungen an die Leistung macht es Sinn, markenpolitische Ziele zu formulieren und anzuwenden.

Die Vorteile der Markenführung heißen: Eröffnen von Identifikationspotenzialen, Erzeugen von Markenpräferenzen, Aufbau von Markentreue, Profilierung gegenüber der Konkurrenz, Schaffung einer Corporate Identity und eines preispolitischen Spielraums (Meffert, 1998, S. 786). Die einzigartige Bündelung von Produkteigenschaften war über Jahrzehnte Garant für eine erfolgreiche Markenstrategie für Markenartikel (Bruhn, 1994, S. 3).

Voraussetzung zur Schaffung einer sogenannten Dienstleistungsmarke ist die Erfüllung aller leistungspolitischen Maßnahmen des Markenartikels. Zu diesen Maßnahmen zählen gleichbleibende oder verbesserte Qualität des markierten Gutes beziehungsweise der Dienstleistung, Massenproduktion, eine hohe Bedarfsperiodizität und Originalität (Mellerowicz, 1964). (Siehe den Beitrag *Konzepte der Markenführung*).

Verfolgen wir das Modell des Markenartikels mit den von Mellerowicz (1964) genannten Kriterien, so stößt die Vermarktung von Menschen schon bald an die Grenzen ihrer Umsetzung. Dies gilt zum Beispiel für die Anforderungen an die gleichbleibende oder stetig verbesserte Qualität: Die gleichbleibende oder stetig verbesserte Qualität kann für Individualleistungen nur schwer gesichert, aber gar nicht garantiert, sondern nur angestrebt werden (Meffert/Bruhn, 1995, S. 279). Die Massenproduktion ist ebenfalls nur schwer umzusetzen, da der Mensch nicht reproduzierbar ist. Ebenso ist die kontinuierlich hohe Bedarfsperiodizität nach einer Person kaum erreichbar, da unerwartet weitere Einflussfaktoren auftreten können, wie das Verhalten der Verbraucher oder Modetrends. Die Anforderung, Originalität zu erfüllen, bereitet hingegen bei der Umsetzung der Leistung keine Probleme.

Die mangelnde Standardisierbarkeit der Leistung, die durch die Immaterialität des Gutes verursacht ist, bringt absatzwirtschaftliche Probleme sowohl für das Marketing für Dienstleistungen als auch für das Marketing für Menschen. Für den Umgang mit persönlich erbrachten Dienstleistungen werden von dem Marketingfachmann Anton Meyer (1994) drei Lösungen aufgezeigt:

1. Automatisierung
2. Veredelung
3. Verknüpfung der beiden Bereiche (Meyer, 1994, S.113 ff.).

Während sich die Automatisierung besonders für mechanische erbrachte Dienstleistungen am Kunden eignet, erweist sich die Veredelung als am ehesten anwendbar für den Vermarktungsprozess von Personen. Was bedeutet Veredelung?

Die Veredelung von Dienstleistungen ist in zwei Prozesse zu trennen: den Speicherungsprozess und den Multiplikationsprozess (Meyer, 1994, S. 121). Das Ergebnis des Speicherungsprozesses ist eine persönlich erbrachte Leistungsfähigkeit, die fest mit dem Speichermedium verbunden ist. Der Multiplikationsprozess besteht in der Vervielfältigung des Speichermediums. „Die so veredelte Dienstleistung ist ein relativ dauerhaftes Gebrauchsobjekt, das (...) dann beliebig oft (...) in Anspruch genommen werden kann." (Meyer, 1994, S. 122).

Im Fall der Leistung eines Bühnen-, Gesangs- oder Filmstars erfolgt die Veredelung der Leistung bereits durch die Speichermedien Zeitung, TV, Internet oder die Produktion von CD, MC, Videos oder DVD. Rudolf Maleri (1991) bezeichnet diese als „materielle Trägermedien" (Maleri, 1991, S. 75).

Die Veredelung bietet sich im Bereich der Leistungspolitik deshalb besonders gut an, weil sie das Gut materialisiert. Die Probleme Lagerung, Transport und Standardisierung werden gelöst. So kann auch der externe Faktor erreicht werden: die Fangemeinde. Durch den Konsum der Produkte sind sie jederzeit in den Leistungsprozess einbezogen. Eine Vervielfältigung macht den Absatz in beliebiger Menge möglich. Demgegenüber stehen jedoch als Nachteil empfundene Eigenschaften, wie zum Beispiel der Mangel an Kontakt, an Einmaligkeit, an der besonderen Atmosphäre des Auftritts und an dem gemeinsamen Erlebnis. Zudem verliert der Star oft die Verfügungsgewalt über seine Leistung durch unkontrollierte Vervielfältigung, wie zum Beispiel durch Raubkopien (Meyer, 1994, S. 125). Statt einer (Voll-)Veredelung ist auch die Teilveredelung der Dienstleistung denkbar (Meyer, 1994, S. 151). In der Umsetzung des öffentlichen Auftritts heißt das Play-back-Singen

3.2 Distributionspolitik

„Die Distributionspolitik umfasst alle Entscheidungen, die mit dem Weg einer Dienstleistung zum Endabnehmer im Zusammenhang stehen." (Meffert/Bruhn, 1995, zit. Meffert, 1986, S. 421 ff.).

Der Präsenz des Menschen als Marke kommt eine besondere Bedeutung zu: Das Konzept des Dienstleistungsmarketing gibt vor, dass der Zugang des Kunden zur Leistungserstellung gewährleistet sein muss. Für den Star bedeutet dies, dass seine Auftritte genau koordiniert werden müssen.

Wie auch bei der Dienstleistung kommt dem Image des Absatzkanals besondere Bedeutung zu (Meffert, 1998, S. 583): Der Auftritt eines Megastars auf einer Verkaufsveranstaltung für Rheumadecken hätte fatale Folgen.

An Konzertkassen handelt es sich oft nur um den Austausch eines Leistungsversprechens (Meffert/Bruhn, 1995, S. 321): Zum Beispiel werden Eintrittskarten für ein Popkonzert im voraus verkauft, aber sie sind erst mit einer späteren Leistung verbunden. An diesem Beispiel wird die Wichtigkeit des geplanten Weges der Leistung an den Empfänger aus Kundensicht besonders nachvollziehbar.

3.3 Kommunikationspolitik

„Generell kann unter Kommunikation die Übermittlung von Informationen und Bedeutungsinhalten zum Zweck der Steuerung von Meinungen, Einstellungen, Erwartungen und Verhaltensweisen gemäß spezifischer Zielsetzungen verstanden werden." (Meffert/Bruhn, 1995, zit. Meffert, 1986 S. 443).

Die Kommunikationsziele leiten sich aus den Marketingzielen ab (Meffert, 1998, S. 658).
Um zu verdeutlichen, wie wichtig die Herausforderungen an die Kommunikation zum Abnehmer sind, werden hier konsumentenbezogene Eigenschaften der Dienstleistung genannt:

- Alle Sinne des Menschen können durch die Leistung angesprochen werden.
- Der Nutzen der Leistung lässt sich nicht klar darstellen. Hierdurch kann der Konsument ein hohes Risiko empfinden. Die Schaffung von Vertrauen durch Beziehungen und Kundenbindung sind daher wichtig.
- Die Qualität wird subjektiv beurteilt, eine Messung der Leistung kann nicht vorgenommen werden.
- Der Kunde muss selbst aktiv werden, die Distanz überwinden und sich zum Standort der Leistung begeben.
- Qualität und Qualitätsbeurteilung haben andere Maßstäbe als bei Waren. Sie sind einmalig und lassen sich im Vorhinein nie exakt bestimmen.
- Schlechte Leistungen verursachen Einbußen beim Kunden. Sie können nicht einfach ausgetauscht werden wie eine schlechte Ware. Vertrauen spielt eine große Rolle.
- Dienstleistungen lassen sich schwer individualisieren. (vgl. Peters, 1992, S. 36).

Die Leistung muss daher optimal dem Nutzer und den eingebundenen Mitarbeitern kommuniziert werden (Peters, 1992, S. 37) – die Kommunikation muss den Fan genauso erreichen können wie den Bühnenarbeiter.

Nachdem alle Anstrengungen unternommen worden sind, die immaterielle Leistung kommunikativ zu materialisieren, stellt nun der Einbezug des externen Faktors die besondere Herausforderung dar. Der Fan ist Chance und Risiko zugleich: Erfolg und Misserfolg hängen von seinem Goodwill ab. Deshalb muss er immer wieder aufs Neue in die Kommunikationsplanung einbezogen werden. Der Weg der Leistung zum Empfänger soll dabei so einfach wie möglich sein.

> *„Generell kann festgehalten werden, dass gerade den Formen der direkten Kommunikation im Rahmen des Dienstleistungsmarketing eine besondere Relevanz zukommt, um dem Kunden mögliche Leistungsbeweise zu dokumentieren und ein entsprechendes Vertrauensverhältnis zur Reduktion des Kaufrisikos bei immateriellen Dienstleistungen aufzubauen." (Meffert Bruhn, 1995, S. 287).*

Vergleicht man die genannten Anforderungen mit dem Auftritt eines Stars, so lässt sich feststellen: Im Unterschied zur Dienstleistung, bei deren Vermarktung der direkten Kommunikation zum Kunden ein hoher Stellenwert beigemessen wird (Meffert/Bruhn, 1995, S. 287), ist der direkte Kontakt des Stars zum Fanpublikum sehr schwierig. Ausnahmen bieten sich durch den Besuch „backstage" oder durch das Bad in der Menge. Der unkoordinierte und direkte Kontakt zum Star sollte jedoch vermieden werden, da er alle zuvor durchgeführten Bemühungen der Standardisierung zerstören kann.

Im Bereich der Werbeobjekte können wir aus den Erfahrungen des Dienstleistungsmarketing mehr profitieren: Es bieten sich Motive für die Werbung wie die Abbildung des Stars selbst (im Dienstleistungsbereich, der Verpackung) an. Es können zufriedene Kundenstimmen wiedergegeben und Meinungsbildner eingesetzt werden. Bei veredelten Dienstleistungen bietet sich die Herausstellung des Trägermediums an, zum Beispiel in Form einer CD (Meffert/Bruhn, 1995, S. 291). Gestaltungsoptionen nach Hill/Gandhi (1992) in der Dienstleistungswerbung lassen sich daher sehr leicht auf die Vermarktung von Personen übertragen. Hier heißt es:

„Je stärker der Kunde als externer Faktor in den Dienstleistungserstellungsprozess eingebunden wird, desto stärker muss dieser Vorgang werblich aufgegriffen werden. Dies kann insbesondere durch eine Thematisierung und Visualisierung der Interaktion zwischen Dienstleistungspersonal und Konsument geschehen“ (Hill/Gandhi, 1992).

Exemplarisch für die Umsetzung in der Praxis kann dies bedeuten: Im Video-Trailer für den Liveauftritt einer Rockband wird die Begegnung mit den Fans im Vorfeld des Konzertes oder das Anfeuern der Menge durch die Gruppe in Bild und Ton gezeigt.

Für den gesamten Bereich der Kommunikation lässt sich festhalten, dass sich hier verschiedenste Gestaltungsmöglichkeiten eröffnen. Der hohe Erklärungsbedarf der Leistung rechtfertigt so fast jedes Mittel.

3.4 Preispolitik

Die mangelnde Standardisierbarkeit der Leistung ist Ursache für Probleme in der Preisgestaltung, da die Leistungsqualität schwer reproduzierbar ist. Interessant ist, die folgende Erkenntnis vom Dienstleistungspreis auf den Leistungspreis von Menschen als Marke abzuleiten: „Der jeweilige Dienstleistungspreis wird nur durch die konkrete ‚Jetztsituation‘ von Angebot und Nachfrage bestimmt.“ (Meyer, 1995, S. 108). Demnach wird der Preis für den Auftritt eines Menschen erst im Augenblick seiner Leistungserbringung bestimmt. In der Praxis beobachtet zeigt sich diese Preisentwicklung besonders deutlich auf dem Schwarzen Markt für Eintrittskarten vor nicht ausverkauften Konzerthallen – nach Konzertbeginn.

4. Ausblick

Welche Bedeutung haben die Erkenntnisse über das Dienstleistungsmarketing nun für das Thema Mensch als Marke? In diesem Beitrag wurde versucht, innerhalb der Marketinginstrumente für Dienstleistungen Funktionen für die Umsetzung in die Vermarktung der Leistung von Menschen nutzbar zu machen. Der Mensch als handelndes Wesen ist wie die Dienstleistung komplex und oft nicht einheitlich zu fassen. Seine Vermarktung durch die Aktivitäten des Dienstleistungsmarketing bietet sich aber an. Voraussetzung für die Umsetzung ist jedoch wie bei allen Marketingaktivitäten geplantes Handeln. Bei einem Vermarktungskonzept für einen Menschen kommt dessen Menschlichkeit hinzu, die wir bisher nicht genauer berücksichtigt haben: Menschen sind nicht jeden Tag gleich und müssen dies auch nicht sein. Von Stars wird dies allerdings oft erwartet. Dies kann zu Konflikten in der Person führen, die später auch in der Öffentlichkeit sichtbar werden können. Allerdings trifft dies auch auf Personen zu, die hinter ihrer beruflichen Dienstleistung stehen. Die Instrumente des Dienstleistungsmarketing können somit unter Berücksichtigung der genannten Aspekte auf den Menschen als Marke angewendet werden.

5. Literaturverzeichnis

Bruhn, M.: Meffert, H.: Dienstleistungsmarketing, Wiesbaden 1995
Bruhn, M.: Marketing Management, Stuttgart 1989
Fourastie, J.: Die große Hoffnung des zwanzigsten Jahrhunderts, Köln 1969
Hill, D./Gandhi, N.: Service Advertising a Framework to its Effectiveness in: Journal of Services Marketing, Vol. 6, No. 4, 1992, S. 63 – 76
Hilke, W.: Dienstleistungs-Marketing, in Schriften zur Unternehmensführung, Wiesbaden 1989
Kleinhaltenkamp, M.: Dienstleistungsmarketing, Wiesbaden 1995
Kotler, Ph.: Marketing Management Stuttgart 1995
Maleri, R.: Dienstleistungsproduktion, Heidelberg 1991
Meffert, H.: Marketing, 8. Auflage, Wiesbaden 1998
Meyer, A.: Dienstleistungsmarketing, Erkenntnisse und Praktische Beispiele, 6. Auflage München 1994
Nieschlag, Dichtl, Hörschgen: Marketing, Berlin 1980
Pepels, W.: Einführung in das Dienstleistungsmarketing, München 1995
Peters, M.: Dienstleistungsmarketing in der Praxis, Wiesbaden 1992
Scheuch, F.: Dienstleistungsmarketing, München 1982

PR für Personen

Von Prof. Dr. Karl Nessmann

Dieser Beitrag versteht sich als erste Bestandsaufnahme und kritische Situationsanalyse einer boomenden Facette der PR-Praxis und wirft eine Reihe von theoretischen wie praktischen Fragen auf. In diesem Artikel wird der Mensch – und nicht wie bei Public Relations das Unternehmen – in den Mittelpunkt der Betrachtungen gestellt: Personal Public Relations – Personenorientierte Öffentlichkeitsarbeit. (Dieser Beitrag ist in gekürzter und etwas modifizierter Form im *PR MAGAZIN* (1/2002, S. 47 – 54) in der Rubrik „Theorie und Praxis" unter dem Titel *Personal Relations – eine neue Herausforderung für PR-Theorie und -Praxis* erschienen).

1. Einleitung: Das Geschäft mit der Eitelkeit

Personenbezogene Öffentlichkeitsarbeit (Personal Public Relations) ist nach wie vor ein Randthema, das sowohl von der PR-Wissenschaft als auch von den PR-Berufsverbänden weitgehend ignoriert wird, was verwunderlich ist, denn Personen-PR ist vermutlich der älteste Teil der PR-Geschichte. „... many of the tactics that modern PR people use to persuade have been used by the leaders of society for thousands of years." (Newsom/Scott, 1978, S. 23).

In den meisten Beiträgen und Büchern zur PR-Geschichte werden Persönlichkeiten aus Religion, Politik, Kunst, Wirtschaft und Wissenschaft als Vorgänger oder Pioniere moderner Öffentlichkeitsarbeit genannt. Als Beispiele werden Philosophen wie zum Beispiel Aristoteles, Platon etc., religiöse Führer wie Jesus, Moses, Buddha, Mohammed etc. oder politische Führer der Vergangenheit wie Cäsar, Napoleon u.v.a. angeführt. (vgl. dazu auch: Szyszka, 1997, Kunczik, 1997, Nessmann, 2000).

> *„Political, religious and business leaders have found it necessary to communicate to publics throughout history, and many used tactics quite similar to those used by public relations professionals today." (Grunig/Hunt, 1984, S. 15).*

Während die PR-Wissenschaft, die PR-Berufsverbände und die einschlägigen PR-Magazine diese Form der Öffentlichkeitsarbeit bislang nur rudimentär oder überhaupt nicht thematisieren, boomt das „Geschäft mit der Eitelkeit". Immer mehr Agenturen und Berater bieten ihren Kunden neben der klassischen PR-Beratung auch persönliches Coaching an: Interview- oder Präsentationstraining, Vorbereitung auf öffentliche Auftritte und Pressekonferenzen, Image- und Markenbildung (Personal Branding) stehen auf dem Programm. Über diese Beratungstätigkeit wird aber kaum gesprochen. Es handelt sich hierbei eher um eine „Undercover Tätigkeit", die sehr vertraulich, diskret und verdeckt abläuft. Aber auch in den Medien wird im zunehmenden Maße über Prominente aus Politik, Wirtschaft, Kunst oder Sport berichtet. Fazit: Es ist ein deutliches Anwachsen personenorientierter Öffentlichkeitsarbeit festzustellen; eine boomende Facette des PR-Geschäftes, die sich mittlerweile auch zu einem ökonomischen Faktor der PR-Wirtschaft entwickelt.

2. Literatur: Bestandsaufnahme

Eine erste Literatur-Bestandsaufnahme zeigt, dass in der einschlägigen PR-Literatur nur vereinzelte Artikel zur Personen-PR vorliegen. Nur wenige PR- (Lehr- bzw. Grundlagen-)Bücher beschäftigen sich mit diesem Thema. Gleichzeitig aber widmen sich zahlreiche Ratgeber-Autoren (überwiegend im how-to-do-Stil) dieser Thematik. In den PR-Branchenzeitschriften wird dem Thema wenig Platz eingeräumt. Die populärwissenschaftlichen Zeitungsmagazine hingegen setzen sich bereits mit dieser Thematik unter Titeln wie „Ich-Marketing", „Selbstdarstellung" und „Eigen-PR" auseinander (vgl. zum Beispiel *Psychologie heute*, 07/2001; *Focus-Money* 32/2001; oder *Diva*, 06/2001, *managerseminare.de*, 10/2002).

2.1 PR-Lehrbücher

Das amerikanische PR-Lehrbuch von Wileox/Ault/Agee (1998) ist eines der wenigen Lehrbücher, das dem Thema PR für Personen zumindest ein Kapitel widmet. Unter dem Titel *Entertainment, Sports, and Travel (Chapter 19)* beschreiben die Autoren „how public relations promotes these three vigorous, growing forms of recreation and helps the careers of entertainers, public figures, and athletes." (S. 429). Ihre Beispiele beziehen sich auf „celebrities" (sports heroes, movie stars, high profile criminals and politicians).

Ähnlich sieht die Situation in der deutschsprachigen Literatur aus: Artikel zur Personen-PR (Personenzentrierte Öffentlichkeitsarbeit) sind rar. Wenige PR-Grundlagenbücher beschäftigen sich mit dieser Thematik:

Avenarius (1995) widmet dem Thema „Personal-Publicity" in seinem PR-Lehrbuch ein kleines (dreiseitiges) Kapitel. Er bezieht sich in seinen Beispielen auf Personen aus Politik und Wirtschaft und zeigt auf, dass es sich dabei um zwei sehr unterschiedliche Personengruppen handelt. So sind Politiker bereit, fast alles zu tun, um Bekanntheit und Popularität zu erlangen. „Politiker mischen sich unters Volk, lieben auch die Fotos, die sie bei populären Aktionen zeigen." (S. 368). Wirtschaftsbosse hingegen neigen eher dazu, sich rar zu machen. Abschließend erwähnt Avenarius noch ein paar Methoden, wie man einen guten Ruf erlangen kann: „Neben den Gesprächen mit Journalisten dienen Grundsatzreden nicht nur der Sache, sondern vor allem der persönlichen Profilierung. Auch eigene Publikationen helfen ein Stück weiter." (S. 369). Damit scheint die Thematik erschöpfend behandelt.

Im PR-Grundlagenbuch von Donsbach (1997) finden sich zwei Artikel zum Thema „PR für Politiker": Brigitte Manitz, Pressesprecherin im Sächsischen Staatsministerium für Umwelt und Landesentwicklung, berichtet unter dem Titel *Zwischen Baum und Borke* über die PR-Arbeit für einen Landesminister. Michael Sagurna, Regierungssprecher des Freistaates Sachsen, beschreibt unter dem Titel *Nutella-Prinzip in der Politik-PR* die Öffentlichkeitsarbeit für einen Ministerpräsidenten. Die zwei Beiträge verstehen sich primär als persönliche Erfahrungsberichte, wie die Autoren selbst feststellen: Erlebnisse, Eindrücke und Arbeitsbedingungen der Pressesprecher werden geschildert. Die

Beiträge zur „Politischen Öffentlichkeitsarbeit“ reflektieren den Forschungsgegenstand meistens aus der organisationsbezogenen Perspektive. Die personenbezogene Perspektive bleibt meist ausgespart. Bentele (1998), unterscheidet zwar in seinem Beitrag zur „Politischen Öffentlichkeitsarbeit“ zwischen „funktionaler PR, die durch Einzelakteure vollzogen wird, und organisierter PR, die von Abteilungen oder Teilorganisationen ausgeübt wird.“ (vgl. S. 136), er konzentriert sich aber in seinem Beitrag auf die organisierte PR und beschreibt die Aufgaben und Funktionen von PR-Abteilungen. Wohl aber prognostiziert Bentele „ein deutliches Anwachsen der personalisierten PR“ (vgl. S. 144).

Piwinger und Ebert (1998) haben in der Schriftenreihe *PR-Kolloquium* der DPRG-Landesgruppe Nordrhein-Westfalen ein Heft zum Thema „Impression Management: Zur Selbstdarstellung von Personen und Institutionen“ herausgegeben. Die Publikation geht auf eine Initiative der Projektgruppe „Theoretische Grundlagen der PR in Deutschland“ zurück. „Impression Management ist der Versuch von Personen oder Institutionen, den Eindruck, den sie auf andere machen, zu steuern und zu kontrollieren.“ (S. 5). Piwinger und Ebert gehen in dieser Schrift auf die theoretischen Wurzeln des Impression Managements ein (insbesondere auf Goffmann, 1997) und bringen einige ausgewählte Beispiele für Anlässe (zum Beispiel Bewerbungen und Heiratsannoncen). Zudem stellen sie eine Kommunikationsstrategie (Wege, die zum Image führen) vor. Die in der Broschüre dargestellten Erkenntnisse und Einsichten des Impression Managements werden allerdings nicht explizit auf die Thematik „Personen-PR“ transferiert.

In der Loseblattsammlung PR-Handbuch (hrsg. von Martini) findet sich in der Mai-Ausgabe 1998 ein Artikel von Detlev Geiger zum Thema „Instrumente erfolgreicher Personen-PR“. Das wichtigste Instrument, so der Autor, ist „der Mensch selbst“ (vgl. S. 1). Unter dieser doch etwas irreführenden Instrumenten-Bezeichnung behandelt Geiger primär Grundregeln der Kommunikation, wie etwa Feedback-Regeln, Sach- und Beziehungsebene, aktives Zuhören, positives Denken etc.

In der Loseblattsammlung PR-Gebrauchsanleitungen von Bürger ist ein ausführlicher Beitrag unter dem Titel *Öffentlichkeitsarbeit für Einzelpersonen: Personen-Marketing* (41. Nachlieferung 5/1999) zu finden. Warum der Autor den Marketing-Begriff verwendet, ist nicht nachvollziehbar, da er ihn im Text nicht näher definiert bzw. erläutert. Der Artikel beschäftigt sich primär mit den zwei Teilbereichen PR für Politiker und PR für Celebrities.

Ein besonderes Verdienst des Beitrages von Bürger ist die kritische Darstellung der Gesetzmäßigkeiten und Besonderheiten der Publicity-Branche. Mit konkreten Beispielen zeigt er auf, wie die Grenzen zwischen Redaktion und Verkauf verschwimmen, wie Stars und Sternchen aus Schlager, Film, Bühne und Talkshows, aber auch Schönheitschirurgen, Heilpraktiker, Psychiater, Sportärzte, Fußballer etc. in den Medien Erwähnung finden. Alles in allem, ein „Markt der Eitelkeiten“, wie er es bezeichnet. Unter diesem Stichwort findet sich im PR-Handbuch von Bürger auch ein Artikel, der zentrale Aspekte dieser Thematik reflektiert: *Gesellschafts-PR: Das Geschäft mit der Eitelkeit* (42. Nachlieferung 8/1999). Darin beleuchtet Bürger eine, wie er sagt, boomende Facette des PR-Geschäftes: die Medien bzw. die Gesellschaftsreporter ebenso wie die PR-Profis, die – so der Autor – vorwiegend Frauen sind. „Das Ganze, was sich da in den letzten Jahren entwickelt hat, ist eine gut geölte PR-Maschinerie, die auch von den Medien wohlwollend mitgetragen wird.“ (S. 3). Wie diese PR-Maschinerie funktioniert, wird allerdings nur ansatzweise „verraten". Viele Fragen bleiben offen: Warum konsumiert ein Millionenpublikum täglich die von der PR- und Medienbranche initiierten „Prominenten-Berichte"? Wieso geben die Unternehmen Millionen für Prominente aus? Wie wird jemand überhaupt prominent? Wer gehört zur Prominenz?

2.2 PR- und Marketingbücher

Wie sich die einschlägigen PR-Lehrbücher nur rudimentär mit personenbezogener Öffentlichkeitsarbeit beschäftigen, so setzen sich auch andere PR-Autoren mit dieser Thematik meist nur am Rande, indirekt oder unter Buchtiteln, die nicht unmittelbar auf das Thema hinweisen, auseinander. Hier einige Beispiele dazu:

Schwalbe/Zander (1989) legen in ihrem Buch *Vertrauen ist besser* einen Schwerpunkt auf den Begriff Persönlichkeit, der für dieses Thema relevant ist. Für die beiden Autoren ist ein Persönlichkeitstraining, das sich mit den eigenen Stärken und Schwächen befassen sollte, die entscheidende PR-Maßnahme. Die Autoren gehen davon aus, dass Public Relations im weitesten Sinne „Umgang mit Menschen" (S. 248) seien. Anhand von konkreten Beispielen zeigen sie auf, dass „PR-Erfolg und Persönlichkeit in enger Beziehung stehen" (S. 264).

Hopfgartner/Nessmann (2000) beschäftigen sich in ihrem Buch *PR – Public Relations für Schulen* ebenfalls mit dem Thema – und zwar aus dem Blickwinkel von Lehrerinnen und Lehrern. Die Autoren verwenden den Begriff Personal Relations und gehen davon aus, dass die allgemeinen PR-Grundsätze und Instrumente auch für Einzelpersonen anwendbar sind. Als primäre Ziele von persönlicher Öffentlichkeitsarbeit nennen sie: Pflegen von Beziehungen und Kontakten, Wahrnehmen von Kommunikationschancen, Schaffen von neuen Netzwerken usw. (vgl. S. 155). In Anlehnung an die klassische PR-Konzeptionslehre empfehlen die Autoren die Ausarbeitung eines „persönlichen PR-Konzeptes" und präsentieren abschließend eine alphabetische Liste von PR-Instrumenten: A wie Anrufbeantworter, Adresskartei ... B wie Bewerbungsmappe, Beziehungen, Briefe ... C wie Club usw.

Cornelsen (2001), beschreibt in ihrem Buch *Lila Kühe leben länger. PR-Gags, die Geschichte machten* im Wesentlichen einzelne PR-Techniken, die bei der Selbstdarstellung von Personen immer wieder zu beobachten sind. In zahlreichen Erzählungen und Anekdoten aus der facettenreichen Geschichte – von den alten Griechen wie zum Beispiel Hermes und Merkur bis zu neuzeitlichen Medienstars wie zum Beispiel Zlatko vom Big Brother Container – schildert die Autorin die PR-Techniken der Selbstvermarkter. Cornelsen, die selbst Inhaberin und Geschäftsführerin einer Kommunikations-Agentur ist, geht allerdings mit der PR-Branche hart ins Gericht: PR-Berater seien „geldgierig, korrupt und hintertrieben ... Sie stellen ihr Leben in den Dienst von reichen, schmierigen und verbrecherischen Kapitalisten, denen sie ihre schmutzigen Westen mit schöner Farbe, heißer Luft und viel Schaumschlägerei weiß und leuchtend waschen – natürlich nur gegen übermäßige Bezahlung!" (S. 236/237).

Auch in Marketinglehrbüchern finden sich selten Hinweise zu dieser Thematik, und wenn, dann als Randbemerkungen und mit anderen Begriffen. So bezeichnet zum Beispiel Kotler (1988) in seinem

Marketingklassiker die Pressearbeit von berühmten Hollywood-Schauspielern und Politikern als „Personenmarketing". Die Presseagenten oder PR-Berater werden als „Marketer" bezeichnet. Kotler definiert Personenmarketing wie folgt: „Personenmarketing besteht aus Aktivitäten, die darauf gerichtet sind, Einstellungen oder Verhaltensweisen gegenüber einer besonderen Person zu bilden, zu erhalten oder zu verändern." (S. 729). Er unterscheidet drei Formen des Personenmarketings: 1. das Marketing für berühmte Personen, 2. das Marketing für politische Kandidaten und 3. das persönliche Marketing (Eigen-Marketing für die persönliche Karriere). Die gesamte Thematik wird auf insgesamt drei Seiten abgehandelt.

2.3 Karriere-Ratgeberbücher

Ist die einschlägige PR-Literatur (Hand- bzw. Lehrbücher) noch überschaubar, so lässt sich der Büchermarkt zu dieser Thematik relativ schwer überblicken. Es existieren zahlreiche Lebens- oder Karriere-Ratgeber, überwiegend im how-to-do-Stil verfasst. Sie werden allerdings nicht explizit unter dem Titel PR/Öffentlichkeitsarbeit herausgeben, sondern erscheinen unter Bezeichnungen bzw. Titeln wie: *Reich durch Beziehungen* (Kremer, 2000), *Die Marke ICH* (Seidl/Beutelmeyer, 1999), *Die ICH-Aktie* (Lanthaler/Zugmann, 2000), *Ich & Co* (Bridges, 1996), *Promoting/Marketing Yourself* (vgl.zum Beispiel Dainard, 1990, Ballbeck/Slater, 1998, Franklin, 1996, Hesse/Schrader, 2000, Weiser, 2001), *Personality Marketing* (vgl. Ewert, 1993), *Branding Yourself* (vgl. Peters, 1999, Spillone, 2000, Nicolino, 2001).

Die meisten der oben genannten Autoren (mit Ausnahme von Kremer, der sich ausschließlich mit der Pflege und Förderung von Beziehungen beschäftigt) greifen methodisch auf die Marketinglehre zurück (insbesondere auf: Product, Price, Place, Promotion). Sie beschreiben, wie das traditionelle Marketingwissen für die persönliche Karriere genutzt werden kann. Ihr Anwendungsgebiet ist im Wesentlichen auf den Arbeitsmarkt ausgerichtet. Stärken-Schwächen-Analysen sowie Übungen zum Finden persönlicher (Berufs- bzw. Lebens-)Ziele bilden den Schwerpunkt dieser Ratgeberbücher. Die meisten der oben genannten Bücher gehen auch davon aus, dass der Mensch zu einer „Markenpersönlichkeit" (gemacht) werden kann bzw. Merkmale und Gesetzmäßigkeiten großer Produktmarken auf den Menschen übertragbar seien. Sie alle kommen an einzelnen Stellen – meist beim Thema Erfolg – auf die Öffentlichkeitsarbeit zu sprechen. Viele Autoren beschreiben wohl das Phänomen PR, die Notwendigkeit von systematisch geplanter Kommunikation, einzelne PR-Instrumente (wie zum Beispiel Medienarbeit, Networking, Lobbying etc.), sie vermeiden aber den Begriff „PR bzw. Öffentlichkeitsarbeit" – zumindest im Titel. In jedem Fall aber wird in diesen Ratgeberbüchern die Öffentlichkeitsarbeit als wesentlicher Erfolgsfaktor – beruflich wie privat – dargestellt.

Bücher, die bereits im Titel einen Hinweis auf Eigen-PR bzw. Eigenwerbung liefern, gibt es bis dato nur wenige. Und nicht alle können das halten, was der Titel verspricht. So gibt es zum Beispiel Publikationen, die zwar den Titel *PR in eigener Sache* führen, inhaltlich allerdings ausschließlich die erfolgreiche Bewerbung beschreiben, wie zum Beispiel das in der Reihe „Job fit" herausgegebene Buch *PR in eigener Sache. So verkaufe ich mich selbst.* Bei anderen Büchern kam der PR-Begriff erst bei der Übersetzung aus dem Amerikanischen hinzu, so zum Beispiel beim Ratgeber von Rye (2001) mit dem Titel *1001 Wege Karriere zu machen. Weiterkommen mit der richtigen Selbst-PR* (Originaltitel: *1001 ways to get promoted*).

Bis dato konnten folgende Bücher, die das Thema Eigen-PR bzw. Eigenwerbung nicht nur im Titel führen, sondern auch systematischer und vor allem PR-spezifischer behandeln, identifiziert werden: Greisinger (1998), dessen Buchtitel *Ihr ICH als unverwechselbare MARKE* lautet, führt den Untertitel: *Entwickeln Sie sich zu Ihrem persönlichen PR-Manager*. Asgodom (2000), die ihr Buch mit *Eigenlob stimmt* betitelt, ergänzt den Titel mit *Erfolg durch Selbst-PR*. Bei Märtin (2000), deren Buch mit *Image-Design. Die Hohe Kunst der Selbstdarstellung* tituliert ist, springt erst am Buchrücken die Headline *Öffentlichkeitsarbeit in eigener Sache* entgegen. Hars (1997), dessen Buchtitel *ICH bin gut!* lautet, verwendet den Untertitel *Eigenwerbung wie ein Profi. Image-Kampagne für das Ich*.

Diese vier Buchtitel werden im Folgenden kurz dargestellt:

Greisinger (1998) legte mit seinem Buch *Ihr ICH als unverwechselbare MARKE. Entwickeln Sie sich zu ihrem persönlichen PR-Manager* den bislang ambitioniertesten Praxisleitfaden zu diesem Thema vor. Der Autor spricht von „persönlicher Öffentlichkeitsarbeit" und verwendet den Begriff „Personal Relations". Greisinger schreibt zwar, dass das Werk methodisch auf die Public Relations zurückgreife (vgl. S. 10), bei genauerer Betrachtung stellt sich allerdings heraus, dass der Autor von einem marketingorientierten PR-Verständnis ausgeht. Denn Öffentlichkeitsarbeit wird hier als ein Instrument des Marketing-Kommunikationsmixes eingestuft.

In diesem Sinne verwendet er auch den Begriff „Persönliches Marketing": In Anlehnung an die gängige Marketinglehre werden die 4 Ps (Produkt, Preis, Platz, Promotion) auf die „Firma Mensch" übertragen (vgl. S. 93). Der Autor stellt die Hypothese auf, dass jeder Mensch zur Marke werden bzw. zur Markenpersönlichkeit reifen kann. Aufgrund der Analyse von erfolgreichen – vorwiegend österreichischen – Markenpersönlichkeiten, die er zum Teil selbst interviewt oder intensiv beobachtet hat, kommt der Autor zu dem Ergebnis, dass „Markenmenschen" immer für etwas Besonderes stehen: Sie leben, was sie sagen und sagen, was sie leben; sie sind authentisch und einzigartig; sie vertreten Standpunkte, Ideen und Visionen; sie sind markant.

Persönliche PR bzw. Personal Relations werden hier als „wertorientierte Öffentlichkeitsarbeit" verstanden und als „PR der Herzen und des Gefühles" (S. 107) bezeichnet, wie es der Autor pointiert und „unwissenschaftlich" (wie er selbst schreibt) formuliert. Theoretisch greift er auf den Symbolischen Interaktionismus zurück. Dementsprechend sind die Vermittlung von persönlichen Werten (Leitbildern) und die soziale Interaktion von zentraler Bedeutung. „Die wertorientierte, persönliche Öffentlichkeitsarbeit will dem Objekt Mensch andere, auf Werte statt Vorurteile gestützte Bedeutung zuordnen." (S. 115). „Ihr ICH als unverwechselbare MARKE" ist der bislang ambitionierteste und systematischste Praxisleitfaden zum Thema „Eigen- bzw. Personen-PR".

Asgodom (2000), versteht ihr Buch *Eigenlob stimmt. Erfolg durch Selbst-PR* als „Leitfaden zur Selbst-PR". In Anspielung an den Spruch „Eigenlob stinkt" entwickelt die Autorin die Variation „Eigenlob stimmt", wobei sie kritisch anfügt, dass „sich gut verkaufen" nichts mit „sich verkaufen" (vgl. S. 10) zu tun hat. Selbst-PR bedeutet, so die Verfasserin, „souverän und geschickt Öffentlichkeitsarbeit für sich selbst zu betreiben. Das Ziel: aus der Masse der ‚Me-too-Produkte' herauszusteigen und eine unverwechselbare ‚Marke' zu werden." (S. 11). Dies gelingt, wer auf sich und seine Leistungen aufmerksam macht. Ihre Beispiele beziehen sich vorwiegend auf Beruf und Karriere, zum Beispiel Bewerbungsgespräche, Gehaltserhöhungen etc. Asgodom geht davon aus, dass jede Kontaktaufnahme zu anderen Menschen „Selbst-PR-Möglichkeiten" bietet: von der Liftfahrt über das Abteilungsmeeting bis hin zum Gespräch in der Kantine (vgl. S. 46). Dementsprechend sind die Beispiele und Tipps ausgewählt, zum Beispiel „Munter in Meetings, Top am Telefon, Professionell bei Präsentationen, Gewitzt in Gesprächen, Lustig im Lift". Den Schwerpunkt von Eigen-PR sieht Asgodom in der Pressearbeit, der eine Hälfte des Buches gewidmet ist. Trotz dieser pressebezogenen PR-Sicht handelt es sich bei diesem Werk (mittlerweile bereits in der 4. Auflage) um einen hilfreichen Praxisleitfaden in Sachen „Eigen-PR". Es liefert dem Leser/der Leserin viele praxisbezogene Beispiele und Tipps (Presse-Knigge, Interviewtipps etc.).

Märtins (2000), Buch *Image-Design. Die Hohe Kunst der Selbstdarstellung* liefert erst am Buchrücken den PR-Hinweis – und zwar mit der Headline *Öffentlichkeitsarbeit in eigener Sache*. Die Autorin beschäftigt sich im Kern mit Impression Management (Eindruckssteuerung). Vor dem theoretischen Hintergrund des Impression Managements werden praktische Beispiele sowohl aus dem beruflichen als auch dem privaten Alltag dargestellt, insbesondere

- Verhaltensregeln (sogenannte „Benimmvorschriften" im Sinne von Knigge),
- Gesprächsregeln (vom Small Talk über Powertalking bis hin zu Kommunikationsregeln, wie etwa „den richtigen Ton finden, aktives Zuhören", etc.),
- Empfehlungen zum Styling (Kleidung, Frisur, Mode etc.) sowie
- generelle Tipps im Umgang mit Menschen (Themen wie Wertschätzung, Anerkennung, Lob ...).

„Image-Design" ist ein lesenswerter Ratgeber: theoretisch fundiert und praxisorientiert.

Hars (1997), richtet sich mit seiner Anleitung *Ich bin gut! Eigenwerbung wie ein Profi. Image-Kampagne für das Ich* an „Normalsterbliche".

> *„Was für Schauspieler und Politikerinnen gilt, gilt genauso für Sie und mich. Auch bei uns Normalsterblichen entscheidet das Image – das heißt die Art und Weise, wie wir uns verkaufen – darüber, wie wir im Job vorankommen und wie erfolgreich wir im Freundeskreis sind." (S. 11).*

Hars, der selbst in der Werbe- und PR-Branche als freier Berater tätig ist, geht in seinen Überlegungen von der Produkt-Werbung und deren Gesetzmäßigkeiten und Techniken aus und überträgt diese mit praktischen Beispielen auf die „Eigen-Werbung". „Was für Produkte gilt, gilt genauso für die „Vermarktung" von Personen. Auch hier entscheidet das Image über den Erfolg." (S. 12).

2.4 Wissenschaftliche Publikationen

Insgesamt zeigt sich, dass in der einschlägigen PR-Literatur wohl einzelne Beiträge zur personenbezogenen Öffentlichkeitsarbeit zu finden sind. Von einer systematischen Erfassung und wissenschaftlichen Durchdringung kann aber noch nicht die Rede sein. Es existieren bereits erste wissenschaftliche Untersuchungen und Diskussionsbeiträge; sie beschäftigen sich aber lediglich mit einzelnen (zugegebenermaßen sehr wichtigen) Teilbereichen personenbezogener PR, so zum Beispiel mit dem Phänomen Prominenz (Peters, 1996), Medienprominenz (Schneider, 2001) oder mit dem Star-Phänomen (Faulstich/Korte, 1997).

Eine der ersten wissenschaftlichen Studien zum Thema „Personen-PR" stammt von Judy Motion (1999), die im Public Relations Review unter dem Titel *Personal Public Relations* eine explorative Studie veröffentlichte, bei der neun neuseeländische PR-Praktikerinnen befragt wurden, die Politikerinnen beraten. Die Autorin entdeckte im Rahmen dieser (schriftlichen und mündlichen) Befragung zwei Beratungsansätze: an formative and an advisory mode/approach.

> *„The formative mode is an active constitution of a public identity, whereas the advisory mode is a communication counseling approach. The paper argues that the formative role is more closely aligned to the marketing techniques of promotion and selling, whereas the advisory role fits more closely with the public relations roles of communication counseling and relationship building." (S. 465).*

> *„Within the formative mode, practitioners actively form the public identity and dictate political platforms for politicians who were termed „career politicians". In contrast, within the advisory mode, practitioners proffer advice, publicize, and promote the individuals choice of platforms and positions for politicians who were termed „issues or idealist politicians"." (S. 477).*

In dieser Studie kommt bereits die Breite und Vielfalt von personenbezogener PR zum Ausdruck: Das Spektrum reicht von klassischen Marketingtechniken über traditionelle Kommunikationsansätze bis hin zu Methoden der Identitätsentwicklung. Die Autorin identifizierte im Zuge dieser explorativen Studie auch ethische Grundsätze, die den befragten PR-Praktikerinnen besonders wichtig erscheinen: „The ethical rules for personal public relations were expressed as confidentiality, sensitivity, integrity, fairness, courtesy, respect, and consistency." (S. 477). Dies ist ein Indiz dafür, dass ethische Fragen im Zusammenhang mit personenbezogener PR eine wichtige Rolle spielen.

3. Situationsanalyse: Herausforderungen für PR-Theorie und -Praxis

Im folgenden Abschnitt soll die in der Bestandsaufnahme vorgestellte Literatur einer kritischen Betrachtung unterzogen werden. Es handelt sich (in Analogie zur klassischen PR-Konzeptionslehre) um den Versuch, die vorliegenden Fakten zu interpretieren, die Stärken und Schwächen der vorhandenen – überwiegend praxisbezogenen – Ansätze zu analysieren, offene Fragen und Problembereiche sowie die

Ursachen und Gründe für die steigende Bedeutung von personenbezogener Öffentlichkeitsarbeit zu identifizieren und zu benennen. Wie bei der PR-Konzeption ist das Ziel der Situationsanalyse die Festlegung der weiteren Vorgangsweise. Wo besteht noch Entwicklungs- und Forschungsbedarf? Welche Fragen und Probleme müssen noch geklärt werden? Welche Herausforderungen ergeben sich für die PR-Theorie und PR-Praxis?

3.1 Argumente für Eigen-PR: Gründe und Ursachen

Die häufigsten Argumente für die Notwendigkeit von personenbezogener Öffentlichkeitsarbeit (oder je nach Begriffsverständnis: Selbst-PR, Eigenwerbung oder Personenmarketing) beziehen sich auf die Wirkung durch das Auftreten. In mehreren Ratgeberbüchern wird immer wieder eine IBM Untersuchung (allerdings ohne Quellenangabe) zitiert (vgl. zum Beispiel Asgodom, 2000, Sampson, 2000). In der Studie wurde danach gefragt, woran es liegt, dass ein Mitarbeiter befördert wird oder nicht. Laut dieser Studie sollen die Aufstiegschancen im Beruf (in diesem Fall im Unternehmen IBM) vor allem von drei Faktoren abhängen: von der Leistung bzw. Qualität der Arbeit (10 Prozent), vom Eindruck, den jemand macht (30 Prozent) und vom Bekanntheitsgrad (60 Prozent). Demzufolge bestimme also das Image (der persönliche Eindruck, den jemand macht, wie bekannt jemand im Unternehmen ist bzw. inwieweit er auffällt) zu 90 Prozent, ob jemand beruflich weiterkommt bzw. inwieweit jemand bei anderen ankommt. Die Qualität der Arbeit (Leistung) spiele demnach nur zu 10 Prozent eine Rolle. Die Ratgeberautoren ziehen daraus den Schluss, dass Fortkommen bzw. Karriere im Beruf sowie privater Erfolg zu 90 Prozent auf guter Selbstdarstellung (Eigen-PR etc.) beruhe. Aber auch jene Autoren, die dieser Studie keinen Glauben schenken und davon ausgehen, dass Qualität mehr zählt, argumentieren letztlich damit, dass die vorhandenen Qualitäten (Stärken, Kernkompetenzen etc.) von der Umwelt als solche erst wahrgenommen werden müssten. Dies ist eine typische Aufgabe von Eigen-PR (bzw. Eigenwerbung, Eigenmarketing, Selbstdarstellung).

In diesem Kontext werden dann meist als „Draufgabe" die Studien rund um das Thema „Die Macht des ersten Eindruckes" genannt. Unter der griffigen Headline *Für den ersten Eindruck gibt es keine zweite Chance* werden insbesondere jene Ergebnisse erwähnt, wonach die ersten Sekunden einer Begegnung ausschlaggebend dafür sind, wie wir andere Menschen beurteilen bzw. einschätzen. Demnach wird die Meinung, die sich andere über uns bilden, in erster Linie von Nuancen des Aussehens, des Gesichtsausdruckes, der Körperhaltung, der Kleidung etc. bestimmt. In diesem Zusammenhang liefern die Autoren daher auch zahlreiche Tipps und Empfehlungen zum Styling (Kleidung, Frisur, Mode etc.) sowie ganz generell zum Verhalten – von Knigge-Regeln über das Finden des richtigen Tons bis hin zu generellen Tipps für den Umgang mit Menschen. Niveau und Ernsthaftigkeit dieser Empfehlungen sind sehr unterschiedlich: Sie reichen von durchaus ernst zu nehmenden bis hin zu sehr plakativen (zum Teil haarsträubenden) Empfehlungen.

Die hier aufgelisteten Argumente (Gründe und Ursachen) für die steigende Bedeutung und Notwendigkeit von Selbstdarstellung (bzw. Selbstvermarktung oder Eigen-PR) beziehen sich somit vor allem auf gesellschaftliche Veränderungen und Entwicklungen insbesondere im Bereich des Arbeitsmarktes (vgl. Bridges, 1996).

Aber auch individual- und sozialpsychologische Gegebenheiten werden immer wieder ins Treffen geführt, insbesondere der Trend zur Individualisierung sowie (in Anspielung auf die Bedürfnispyramide von Masslow) die Grundbedürfnisse des Menschen nach Anerkennung, Status und Ansehen. Viele der in den Ratgeberbüchern vorgebrachten Argumente beziehen sich auf die wissenschaftlichen Ergebnisse des Impression Managements bzw. der psychologischen Forschung der Selbstdarstellung (vgl. Mummendey, 1995). In diesem Sinne setzt jeder Mensch bewusst oder unbewusst ein reiches Repertoire von Techniken ein, um gut dazustehen, um gut anzukommen. Die Ausdrucksformen reichen von eitlen, lauten, grellen, publicitywirksamen Selbstdarstellern, die fast alles tun, um nur aufzufallen, bis hin zu leisen, dezenten, unauffälligen, zurückhaltenden Selbstdarstellern, die eher bescheiden sind oder sich bescheiden geben, um zu wirken. Letztlich geht es immer um die Wirkung. Dieses menschliche Phänomen der Selbstdarstellung bzw. -präsentation ist wissenschaftlich weitgehend erforscht. Eine kritische Übertragung der vielschichtigen Ergebnisse (Ausdrucksformen, Techniken, Wirkungsmöglichkeiten) auf die PR-Thematik, eine zielgerichtete Analyse der diesbezüglichen Forschungsergebnisse sowie eine systematische Erfassung und Beschreibung der komplexen Phänomene (insbesondere im Spannungsfeld Individuum – Gesellschaft) steht allerdings noch aus; vor allem das Aufzeigen der gesellschaftlichen und kulturellen Hintergründe einerseits und der individuellen Bedürfnisse andererseits. Alles in allem ist dies eine weitere Herausforderung für eine theoretisch fundierte und praxisbezogene PR-Forschung.

3.2 Kritiker haben es schwer: verdammt zur Eigen-PR

Angesichts der oben genannten Argumente fällt es Kritikern nicht leicht, sich der (Eigen-)PR zu entziehen. „Was tun, wenn einem Werbung in eigener Sache nicht liegt?" fragt zum Beispiel Ursula Nuber (2001). Es fällt der Autorin schwer, die Argumente für Selbst-PR bzw. Eigenwerbung zu widerlegen und zieht den Schluss: „Wir sind mehr denn je zur Selbstdarstellung verdammt. Wir können nicht darauf vertrauen, dass andere uns die nötige Beachtung schenken, wenn wir nicht für uns selbst die Werbetrommel rühren." (S. 24). Der einzige Trost, der der Verfasserin bleibt, ist die Feststellung, dass man sich deshalb nicht unbedingt als „lauter, schriller Selbstdarsteller" darbieten muss, sondern, dass es auch „Gott sei Dank", wie sie meint, „feine PR-Methoden" gäbe (vgl. S. 24). Nach ausführlicher Analyse der einschlägigen Lektüre gibt sie allerdings zu, dass es ganz so einfach „leider", wie sie sagt, nicht geht:

> *„Auch wenn wir uns wünschen, nur um unser selbst willen geliebt und geachtet zu werden – ohne ein gewisses Maß an Selbstdarstellung bekommen wir nicht, was wir wollen und brauchen. Aufmerksamkeit stellt sich eben nicht ‚wie von selbst' ein." (S. 25).*

Die Skepsis gegenüber Selbstvermarktung bzw. Eigenwerbung bleibt jedoch vorhanden. Während sich die Kritiker der Selbstvermarktung naserümpfend vom sog. Society-Klatsch abwenden, werfen die Selbstvermarkter den Verweigerern Snobismus oder Verschleierungstaktik vor. Die Kritiker unterstellen den schrillen Selbstdarstellern übertriebene Eitelkeit und behaupten, dass diese auf – meist emotionale – Defizite aus der Kindheit zurückzuführen sei. Die Selbstvermarkter wiederum unterstellen den Verweigerern mangelndes Selbstwertgefühl und behaupten, dass die Skepsis bzw. Scheu gegenüber der Eigenwerbung bzw. Eigen-PR auf sozialisationsbedingte Faktoren (Erziehung, Milieu, Botschaften aus der Kindheit usw.) zurückzuführen sei.

Eine differenzierte Diskussion über die jeweiligen Standpunkte, insbesondere psychologische, philosophische und soziologische Untersuchungen, wäre wünschenswert. Interessant wäre auch, der Frage nachzugehen, inwieweit man Eitelkeit tatsächlich, wie Heintel (1998, S. 74) meint, „als kompensatorische Reaktion auf ein Differenz- und Defizitgefühl der Person" erklären kann. Eine kritische Diskussion und die Darstellung der jeweiligen Argumente, Standpunkte und Sichtweisen sowie die Initiierung von einschlägigen Untersuchungen dazu wären weitere Herausforderungen für eine personenbezogene PR-Forschung.

3.3 Ökonomisierung der Sprache: Der Mensch als „Marke"

Auffallend ist in den Ratgeberbüchern auch die Ökonomisierung der Sprache: die Verwendung von Begriffen wie Markt, Marke oder Ich-Aktie. Immer häufiger ist die Rede vom „Unternehmen Mensch", vom „Produkt Mensch" bzw. der „Firma Mensch", die zur verkaufsgerechten Ware umstilisiert wird.

Der Begriff Markt wird sehr häufig verwendet. Er ist, wie Bridges (1996, S. 88) ausführt, „zur vorherrschenden Metapher in immer mehr Lebensbereichen geworden.". In den Ratgeberbüchern wird jedenfalls überwiegend in der Terminologie des Marktes gesprochen. Mit dieser Metapher soll zum Ausdruck gebracht werden, dass Märkte eigene Gesetzmäßigkeiten aufweisen. Märkte werden als Rahmen verstanden, in dem Produkte und Dienstleistungen aufgrund von Angebot und Nachfrage zu einem momentanen Tauschwert gekauft und verkauft werden. In diesem Kontext ist auch von Arbeitsmarkt, Heirats- oder Kontaktmarkt die Rede. Insbesondere der sich ändernde Arbeitsmarkt ist – wie oben bereits aufgezeigt wurde – zentraler Bestandteil der Argumentationskette. Obwohl diese Argumentation vielen – mittlerweile – durchaus logisch erscheinen mag, wirkt dieser ökonomische Sprachgebrauch für kritische Geister äußerst befremdend. Insbesondere die Metapher der „Ich-Aktie" (vgl. Lanthaler/Zugmann, 2000), die davon ausgeht, dass jeder Mensch einen Markt- bzw. Kurswert hat, den man gezielt steigern kann, wirft einige Fragen auf: Was geschieht mit den Menschen, deren Kurswert fällt oder gar nie steigt? Was ist mit Menschen, die an diesen Marktgesetzen scheitern?

Viele Autoren gehen in ihren Überlegungen vom „Markenbegriff" (Branding) aus. Sie beschreiben (meist sehr ausführlich) die Eigenheiten, Merkmale und Gesetzmäßigkeiten großer Produktmarken (wie zum Beispiel Coca Cola oder McDonald's) und übertragen diese auf den Menschen. Die Autoren gehen davon aus, dass auch der Mensch zu einer „Markenpersönlichkeit" werden (wachsen bzw. reifen) kann. In diesem Kontext werden auch sogenannte „Markenmenschen" beschrieben, meist Persönlichkeiten aus Politik, Wirtschaft, Kultur, Showbusiness etc. Diese verfügen über bestimmte – meist markante – Eigenschaften und Merkmale (wie zum Beispiel Authentizität, Sympathie, Charisma, Charakter, Visionen, Durchsetzungsvermögen, kommunikative Kompetenz und vieles andere mehr). (Siehe hierzu den Beitrag *Mit Mensch-Marken faszinieren*). Auch hier drängt sich eine Reihe von Fragen auf: Was bedeutet es, sich als „Markenmensch" zu sehen bzw. als solcher gesehen werden zu wollen? Welche Auswirkungen hat dies auf die Persönlichkeitsentwicklung? Wo liegen die Chancen und Risiken einer solchen Sichtweise? Welches Menschenbild wird damit propagiert? Einige dieser Fragen werden bereits an Universitäten und Hochschulen im Rahmen von einschlägigen Seminaren und Hausarbeiten kritisch reflektiert und in diesem Buch dokumentiert (siehe dazu: www.dieter-herbst.de).

Besonders auffällig in der Ratgeberliteratur sind die sogenannten „In-Empfehlungen“: So empfiehlt zum Beispiel Hars (1997) unter dem Motto „IN zu sein ist IN“ den Lesern, In-Kleidung zu tragen, den In-Job zu suchen, in einer In-Adresse zu wohnen, die In-Kneipe aufzusuchen. „Wollen Sie das gute Image, seien Sie IN, am besten mega-IN.“ (S. 31). Dahinter steckt ein bestimmtes Verständnis der Modernisierung: Modern zu sein, bedeutet „in“ zu sein. Der olympische Tenor in den Ratgeberbüchern „Schneller, Besser, Höher“ wird zum Inbegriff sozialen Wandels, der gleichzeitig Resultat, aber auch Bedingung für die weitere gesellschaftliche Modernisierung ist. Modernisierung als Metapher des sozialen Wandels. Zu hinterfragen wäre wieder das Menschenbild, das hier propagiert wird. Eine Auseinandersetzung mit dem Begriff der „Moderne“ könnte in diesem Kontext viel versprechende Aspekte in die Debatte einbringen.

Die daraus resultierenden Fragen bedürfen einer kritischen Erörterung – eine weitere Herausforderung für eine personenbezogene PR-Forschung.

3.4 Verschiedene Disziplinen und Theorien

Die erste Bestandsaufnahme und Situationsanalyse hat gezeigt, dass die Autoren auf verschiedene Denkschulen und theoretische Sichtweisen zurückgreifen. Auch wenn die meisten (Praxis-)Verfasser die jeweiligen Denkschulen und Sichtweisen nicht beim Namen nennen, sind bei genauerer Betrachtung doch theoretische Ansätze erkennbar: die amerikanische Schule des Pragmatismus ebenso wie Kognitions- und Attributionstheorien und die Theorie des Symbolischen Interaktionismus. Die jeweiligen Theorien fließen mehr oder weniger direkt bzw. indirekt (wie gesagt, meist ohne explizite Nennung) in die Arbeiten ein. Ein weiteres Indiz dafür, dass sich das vorliegende Thema sinnvollerweise nur interdisziplinär erfassen beziehungsweise bearbeiten lässt.

Auch andere Forschungsdisziplinen, die sich mit zentralen Aspekten personenbezogener Öffentlichkeitsarbeit beschäftigen, wie zum Beispiel Vertrauen, Sympathie, Aufmerksamkeit, Beachtung, Identität, Beziehung, Persönlichkeit, soziale und kommunikative Kompetenzen (um nur einige wenige Kernbegriffe zu nennen), sollten herangezogen werden. Im Besonderen sind Wissenschaftsdisziplinen wie zum Beispiel Pädagogik, Psychologie, Philosophie und Soziologie gefordert. Forschungen zur Persönlichkeitsentwicklung, zur Identitätsbildung, zur sozialen Kompetenz sowie zur Eindruckssteuerung und Selbstdarstellung von Personen (Impression Management), sowie Arbeiten zum Verhältnis Individuum und Gesellschaft können richtungweisende Ergebnisse bringen. Auch die unmittelbar mit der Öffentlichkeitsarbeit verwandten Disziplinen, wie etwa die Wirtschaftswissenschaft (insbesondere Management- und Betriebswirtschaftslehre, Marketing etc.) sowie die Medien- und Kommunikationswissenschaft (insbesondere Medienökonomie, Medienethik, Cultural Studies) müssten für weitere Reflexionen herangezogen werden.

3.5 Selbstfindung als Basis für erfolgreiche Eigen-PR

Einigkeit bei den Autoren herrscht hinsichtlich der Basisarbeit für erfolgreiche Eigen-PR (bzw. Eigenwerbung oder Eigenmarketing): Fast alle hier analysierten Lehr- und Ratgeberbücher empfehlen den

Lesern die – mehr oder weniger intensive – Selbstbild-Fremdbild-Analyse beziehungsweise die persönliche Auseinandersetzung mit Stärken, Schwächen, Qualitäten, Vorzügen, Begabungen, Kenntnissen, Erfahrungen, Wünschen, Werten, Visionen, Zielen ... In manchen Ratgeberbüchern liegt hier sogar der Schwerpunkt. Als übergeordnetes Ziel dieses Selbstfindungsprozesses wird in den meisten Fällen die Identitätsbildung, die Positionierung, die Profilbildung genannt. Die wesentlichen Fragen dabei sind:

- Welcher Mensch bin ich?
- Was kann ich?
- Was will ich?
- Welche Werte sind mir wichtig?

In diesem Kontext ist häufig – zumindest in den PR- und Werbebüchern – von der in der Kommunikationsbranche benutzten USP-Formel die Rede: Unique Selling Proposition, das einzigartige (Verkaufs-) Angebot bzw. (Verkaufs-)Argument, die individuelle, persönliche Note: Hier geht es in der Regel um die Beantwortung der Fragen:

- Wo bin ich besonders gut? Was kann ich besonders gut? Was qualifiziert mich besonders?
- Was kann ich besser als jeder andere? Was hebt mich von anderen ab?
- Was sind meine Stärken? Wo bin ich Experte?

Die Situationsanalyse (Selbst-Fremdbild-Einschätzung, Stärken-Schwächen-Profil) wird von den meisten Autoren als zentrale Basis für erfolgreiche Eigen- bzw. Selbst-PR (oder je nach Begriffsbestimmung: Eigen-Werbung oder Eigen-Marketing) bezeichnet. Diese Gesamtaktivität kann mit einem Eisberg verglichen werden. Nur circa ein Viertel der Kommunikations-Aktivitäten ist erkennbar, drei Viertel finden unter der Oberfläche statt und müssen für Selbst- bzw. Zielfindung aufgewendet werden. Erst dann, so das Credo der meisten Autoren, solle man den Schritt in die Öffentlichkeit wagen, könne man die eruierten Fähigkeiten und Qualitäten mittels Werbung und PR bekannt machen. Nur wenn man selbst wisse, wo die eigenen Stärken liegen, könne man auch andere von seinen Fähigkeiten überzeugen. Erst wer selbst auf dieser Basis steht, könne Kommunikationsziele und -botschaften formulieren und diese vermitteln.

Zu dieser Selbstfindungsthematik werden die unterschiedlichsten Übungen angeboten: Schreib- und Reflexionsübungen, Übungen zum Finden persönlicher (Berufs- bzw. Lebens-)Ziele, Selbsttests, Fragebögen und Checklisten, mit denen man Kompetenzen analysieren beziehungsweise sich über berufliche und/oder private Ziele klar werden kann. Die Übungen und Selbsttest sind zum Teil auch im Netz abrufbar (zum Beispiel: www.focus-money.de, www.die-ichaktie.com, www.selbstmarketing.de). Das Niveau dieser Tests ist sehr unterschiedlich: Das Angebot reicht von äußerst fraglichen Selbsttests bis hin zu wissenschaftlich zuverlässigen Fragebögen zur Fremd- und Selbsteinschätzung.

3.6 Coach oder PR-Berater?

Diese Empfehlungen, sich intensiv mit der eigenen Persönlichkeit auseinanderzusetzen, werfen – zumindest aus der Sicht von PR-BeraterInnen – Fragen und Probleme auf: Können so umfassende Selbstfindungsprozesse, die gewöhnlich viel Zeit in Anspruch nehmen und über bestimmte Zeitphasen oft kompetente Unterstützung benötigen (zum Beispiel in Form von Supervision, Lebensberatung oder Coaching), überhaupt von PR-BeraterInnen geleistet werden? Wo beginnen beziehungsweise enden Coaching-Prozesse, wo PR-Beratung? Wo liegen die Grenzen, Chancen, Unterschiede, Überlappungen und Schnittpunkte? Inwieweit ist der PR-Berater/die PR-Beraterin zugleich auch Coach? Über welche Qualifikationen und Kompetenzen müssen PR-Berater/innen verfügen, um professionelle Personen-PR (PR für Personen) anbieten zu können? Eines zeigt sich allerdings jetzt schon: Die von PR-Praxis und PR-Wissenschaft vorgelegten Kompetenzraster (vgl. zum Beispiel Szyszka, 1998 oder die Berufsbilder), in denen dokumentiert wird, über welche Qualifikationen und Kompetenzen PR-Fachkräfte verfügen sollen, müssen um Tools der personenbezogenen Öffentlichkeitsarbeit erweitert werden, wenn man einer zeitgemäßen PR-Ausbildung gerecht werden will. Das Aufspüren solcher Fragen, sie zu identifizieren und einer Lösung zuzuführen, wäre eine weitere Herausforderung für eine wissenschaftlich fundierte und praxisorientierte PR-Forschung.

3.7 Ein Wirrwarr der Begriffe: PR, Werbung, Marketing …

Das hier zu analysierende Phänomen wird unter den verschiedensten Begriffen thematisiert. Die Zwischentitel im ersten Teil dieses Beitrages dokumentieren die Vielfalt der verwendeten Begriffe: PR für Celebrities, Personal Publicity, PR für Politiker, Impression Management, Personen-PR, PR für Einzelpersonen, Gesellschafts-PR, PR-Gags, PR für Persönlichkeiten, PR für LehrerInnen, Personenmarketing, Ich-Marke, Ich-Aktie, Ich-Co., Marketing in eigener Sache, Personal Relations, Selbst-PR, Öffentlichkeitsarbeit in eigener Sache, Eigenwerbung.

Das Thema wird – wie die obigen Schlagzeilen zeigen – aus den verschiedensten Blickwinkeln beleuchtet: Sowohl die Kommunikationsdisziplin Öffentlichkeitsarbeit als auch die Werbung und das Marketing versuchen ihr Know-how, die jeweiligen Instrumente, Mechanismen und Gesetzmäßigkeiten auf Personen bzw. Persönlichkeiten zu übertragen.

Dementsprechend schwierig sind die Grenzen zwischen den einzelnen Disziplinen auszuloten. Die Begriffe Werbung, PR und Publicity werden in der vorliegenden Literatur nicht exakt definiert, oft sogar synonym verwendet, wie zum Beispiel bei Hars (1997) oder Bürger (1999). Besonders der Umgang mit dem Publicity-Begriff wird ambivalent gehandhabt. Während einige Autoren Publicity als aktuelle PR-Variante bezeichnen (wie zum Beispiel Bürger, 1999), versuchen andere wiederum, sich davon zu distanzieren (wie zum Beispiel Greisinger, 1998), der meint, dass es bei Personal Relations nicht um Berühmtheit, Publicity und Seitenblicke-Bekanntschaft geht.

Die Bestandsaufnahme hat jedenfalls klar zum Vorschein gebracht, dass Publicity-Aktivitäten im Zusammenhang mit Personen-PR (insbesondere in der Show-Branche und der politischen PR) nicht mehr wegzudenken sind: Tag für Tag wird von den Medien (insbesondere von den Gesellschaftsreportern und den dahinter stehenden PR-Profis, Spin-Doctors, Promotionmanagern oder wie immer sie auch bezeichnet werden) Spektakuläres produziert und von einem Millionenpublikum konsumiert. Vor allem Prominente und Stars nehmen dabei einen besonderen Stellenwert ein. Diese Phänomene werden bereits wissenschaftlich reflektiert (vgl. zum Beispiel Peters, 1996, Faulstich und Korte, 1997, Schneider, 2001). Eine kritische Sichtung der vorliegenden Studien in Hinblick auf Personen-PR steht allerdings noch aus. Unbestritten ist es ein boomendes Geschäft der Kommunikationsbranche, die eigene Gesetzmäßigkeiten und Spielregeln dafür entwickelt hat. Diese in der PR-Praxis vorhandenen Techniken genauer zu untersuchen zum Beispiel aus philosophischer, psychologischer, soziologischer, medienethischer oder medienökonomischer Perspektive –, wäre eine weitere Herausforderung für eine personenbezogene PR-Forschung.

3.8 Diffuses PR-Verständnis: Personal-PR sind ...

Das Verständnis von Eigen-PR (beziehungsweise Eigenwerbung oder Personenmarketing) ist sehr diffus und breit gestreut. Die wenigsten Autoren nehmen sich die Mühe, das Feld zu definieren. All jene Autoren, die das Thema aus dem Blickwinkel von Impression Management (meist übersetzt mit Eindruckssteuerung beziehungsweise Selbstdarstellung) reflektieren, verstehen darunter den Versuch von Personen, den Eindruck, den sie auf andere machen, zu steuern und zu kontrollieren. Unter Personenmarketing werden meist all jene Aktivitäten subsumiert, die darauf ausgerichtet sind, Einstellungen oder Verhaltensweisen gegenüber bestimmten Personen zu bilden, zu erhalten oder zu verändern. Personal Relations (beziehungsweise Eigen-PR, Selbst-PR, Personen-PR) werden entweder gar nicht oder aber sehr unterschiedlich definiert. Dies soll im Weiteren an Hand von einigen Beispielen veranschaulicht werden:

Asgodom (2000), die von „Selbst-PR" spricht, liefert als Definition lediglich einen Übersetzungsversuch: „Selbst-PR bedeutet also, souverän und geschickt Öffentlichkeitsarbeit für sich selbst zu betreiben." (S. 11). Greisinger (1998) verwendet gleich mehrere Begriffe (Personal Identity, Personal Marketing, Personal Branding, Personal Relations). Unter „Personal Relations" versteht er ganz generell, „dass der Mensch im Mittelpunkt der Beziehungsnetzwerke steht und diese zu managen hat." (S. 10), wobei er pointiert die Herz- und Gefühlsebene anspricht. Hopfgartner/Nessmann (2000) bezeichnen Personal Relations generell als Beziehungspflege (Aufbau, Pflege und Förderung der Beziehungen) und als Kommunikationsprozess beziehungsweise Kommunikationsmanagement von Personen mit deren Bezugsgruppen.

3.9 PR-Instrumente für Personen: ein bunter Mix

Das Verständnis von personenbezogener Öffentlichkeitsarbeit ist sehr breit: Für Asgodom (2000) zum Beispiel funktioniert Selbst-PR „über alle Arten der Kommunikation – über das Auftreten, über Äußerungen, über Memos und Aufsätze, über Vorträge, Referate und Diskussionsbeiträge, über Briefe und Prospekte, Projektvorschläge oder konstruktive Kritik." (S. 44). Auch bei Greisinger (1998) sind die Instrumente von Personal Relations ein Mix von herkömmlichen Verhaltens- und Kommunikationsregeln und traditionellen PR-Instrumenten, zum Beispiel Lob, Komplimente, Spontananrufe,

Essenseinladungen, Geburtstagsgrüße, Visitenkarte, Homepage, Bewerbermappe, Leserbriefe, Partys, Feste usw. Die „Instrumentenliste" bei Hopfgartner/Nessmann (2000) ist alphabetisch gereiht: A wie Anrufbeantworter, Adressenkartei ... B wie Bewerbungsmappe, Beziehungen, Briefe .... C wie Club usw.

Personenbezogene Öffentlichkeitsarbeit ist bislang noch ein weites und unbestelltes Feld. Die Palette der Instrumente reicht von Verhaltens- und Kommunikationsregeln über Styling-Empfehlungen bis hin zu traditionellen PR-Instrumenten, wie sie auch von Unternehmen beziehungsweise Organisationen eingesetzt werden. Interessant dabei ist, dass generelle Empfehlungen zum Umgang mit Menschen (von Benimmvorschriften im Sinne von Knigge bis hin zu Themen wie Wertschätzung, Anerkennung, Lob) häufig als PR-Maßnahmen gesehen werden. Diese Sichtweise ist allerdings nicht neu: Die großen Pioniere der Öffentlichkeitsarbeit haben in ihren ersten Schriften immer wieder darauf hingewiesen, so zum Beispiel Korte (1955), der in seinem Buch dieses Thema im Kapitel *Herr von Knigge und die Public Relations* reflektiert und auf die Bedeutung des Umgangs mit Menschen hinweist. Korte sieht in den Erkenntnissen des Herrn von Knigge nicht nur Lebensregeln für den Einzelnen, sondern auch Grundsätze einer systematischen Pflege der Beziehungen (S. 14). Für Korte, der Public Relations der angewandten Soziologie und Psychologie zuordnet, ist übrigens Öffentlichkeitsarbeit „angewandte Menschlichkeit" (vgl. Korte, 1978).

3.10 Die Ziele personenbezogener PR

Hopfgartner/Nessmann (2000) orientieren sich bei der Zielfrage an der klassischen PR-Theorie und nennen Vertrauen, Verständnis, Anerkennung, Akzeptanz und ein positives Image (vgl. S. 155) als zentrale Zielsetzungen von Personal Relations. Darüber hinaus könne man mit den Strategien und Maßnahmen von Personal Relations, so die Autoren, persönliche Leitbilder transportieren, Interessen vertreten und Interessen wecken, sich bekannt machen, Beziehungen und Kontakte pflegen, Kommunikationschancen wahrnehmen, neue (Beziehungs-)Netzwerke schaffen und vieles andere mehr (vgl. S. 155). Greisinger (1998) sieht die primäre Aufgabe der persönlichen Öffentlichkeitsarbeit in der Beeinflussung von Einstellungen und Meinungen. Als Ziele nennt er das Erhöhen vom Kommunikations-Chancen, Verbessern des Images, Entwickeln eines Siegerprofils, Transportieren von Markenpersönlichkeiten und das stete Ausweiten der Beziehungsnetze (vgl. S. 117). Das primäre Ziel von Eigen-PR bei Asgodom (2000) besteht darin, aus der Masse der „Me-too-Produkte" herauszusteigen, eine unverwechselbare „Marke" zu werden und auf sich und seine Leistungen aufmerksam zu machen (vgl. S. 11). Eine erste Bestandsaufnahme der einschlägigen PR-Literatur zeigt, dass die Zielsetzungen von „Personal Relations" zwar noch sehr allgemein formuliert sind, aber insgesamt doch ein beachtliches Wirkungspotenzial beinhalten.

Eine theoretische Fundierung, Systematisierung und Komplementierung der vielfältigen Ziele, Aufgaben und Instrumente personenbezogener PR wäre eine weitere Herausforderung für Theorie und Praxis der Öffentlichkeitsarbeit.

4. Ausblick: ein personenorientierter PR-Ansatz

Aus der Sicht der Öffentlichkeitsarbeit stellt sich unter anderem die Frage, welche Begriffsbezeichnung für das hier diskutierte Phänomen überhaupt geeignet erscheint. Personal Public Relations (Personenbezogene Öffentlichkeitsarbeit/PR) könnte eine geeignete Bezeichnung sein, die das hier diskutierte Phänomen als Klammerbegriff charakterisiert. In Anlehnung an die gängigen PR-Definitionen werden Personal Public Relations beziehungsweise Personenbezogene Öffentlichkeitsarbeit/PR als bewusst gestalteter, systematisch geplanter und kontinuierlicher Kommunikationsprozess von Personen definiert – Personal Public Relations als das Management von Kommunikationsprozessen zwischen Personen und ihren Bezugsgruppen. Dieser Definition liegt ein verhaltensorientiertes Kommunikationsverständnis zugrunde: Kommunikation ist demnach nicht nur (verkürzt gesagt) „Reden", sondern auch „Tun" beziehungsweise „Handeln" – und zwar soziales Handeln von Person zu Person. Mit einem solchen Verständnis von Kommunikation wird man die vielen PR-Aktivitäten von Personen am ehesten wissenschaftlich erfassen und beschreiben können. Diese bestehen ja, wie in diesem Beitrag dargestellt wurde, aus einem Mix von kommunikativen Verhaltensweisen und Handlungen.

Unter diesem Dach wären auch weitere Unterscheidungen (wie zum Beispiel PR für Personen versus PR von Personen) sinnvoll: PR für Personen (Personen-PR) könnte die professionelle PR-Beratungstätigkeit für Personen (Politiker, Unternehmer, Selbstständige, Stars etc.) beschreiben. PR von Personen (Eigen- bzw. Selbst-PR) könnte demnach als Bemühen von Menschen verstanden werden, Öffentlichkeitsarbeit in eigener Sache zu betreiben. Mit einer derartigen Differenzierung könnten die unterschiedlichen Gesetzmäßigkeiten und Voraussetzungen sowie die notwendigen Qualifikationen und Kompetenzen für die jeweiligen PR-Akteure beschrieben werden. Insbesondere hinsichtlich einer zeitgemäßen PR-Aus- und Weiterbildung (und hier wiederum für die PR-Berater-Ausbildung) wäre dies besonders notwendig. Da zu erwarten ist, dass der Bedarf an personenorientierter PR zunehmen wird, ist es für die PR-Branche umso wichtiger, sowohl wissenschaftlich als auch praktisch mit der Erforschung dieses Feldes zu beginnen. Die hier vorgelegte Bestandsaufnahme und Situationsanalyse versteht sich als erster Schritt dazu.

Auch die Entwicklung eines personenorientierten PR-Ansatzes, der den Menschen in den Mittelpunkt der Betrachtungen stellt, steht an. Die bisher entwickelten PR-Theorien reflektieren Öffentlichkeitsarbeit entweder aus der Unternehmens- bzw. Organisationsperspektive (wie zum Beispiel die organisations- oder marketingtheoretischen Sichtweisen der Public Relations) oder richten ihren Fokus auf die Gesellschaft (wie zum Beispiel die gesellschafts- oder kulturtheoretischen Sichtweisen). Die personenorientierte PR-Sichtweise begreift Öffentlichkeitsarbeit als zentrale Kommunikationsfunktion von Personen (und nicht nur von Organisationen). Während beispielsweise der organisationsbezogene PR-Ansatz sich die Frage stellt, welchen Beitrag die Öffentlichkeitsarbeit zur Erreichung von Organisationszielen leistet, lautet die zentrale Leitfrage beim personenorientierten Ansatz: Welchen Beitrag leistet Öffentlichkeitsarbeit zur Erreichung von persönlichen Zielen? Noch eine Herausforderung für Theorie und Praxis der Öffentlichkeitsarbeit.

5. Literaturverzeichnis

Asgodom, S.: Eigenlob stimmt, 2. Auflage, München 2000

Avenarius, H.: Public Relations, Die Grundlagen der gesellschaftlichen Kommunikation, Darmstadt 1995

Ballback, J./Slater, J.: Marketing Yourself and Your Career, London 1998 (First published in 1996 by Richard Chang Ass., Inc., USA)

Bentele, G.: Politische Öffentlichkeitsarbeit, in: Sarcinelli, U. (Hrsg.): Politikvermittlung und Demokratie in der Mediengesellschaft, Opladen-Wiesbaden 1998, S. 124 – 145

Berufsstrategie.de (Hrsg.): Selbstmarketing, Frankfurt am Main 2001 (Fast Reader)

Bogner, F.: Das Neue PR-Denken, 3., aktualisierte und erweiterte Auflage, Wien 1999

Bragg, M.: Auf leisen Sohlen zum Erfolg, Stuttgart 1999

Bridges, W.: Ich & Co, Hamburg 1996

Bürger, J. (Hrsg.): PR: Gebrauchsanleitung für praxisorientierte Öffentlichkeitsarbeit, Landsberg am Lech 2001 (Grundwerk: 1989)

Cornelsen, C.: Lila Kühe leben länger, Frankfurt/Wien 2001

Covey, R. S.: Die sieben Wege zur Effektivität, 11., vollständig überarbeitete Auflage, Frankfurt/New York 1992

Dainard, M.: So vermarkte ich mich selbst, 2. Auflage, Wien, 1993 (Originalausgabe: „How to market yourself", Union Square Press, New York, 1990)

Donsbach, W. (Hrsg.): Public Relations in Theorie und Praxis, München 1997

Ewert, C.: Personality Marketing, Zürich 1993

Faulstich, W./Korte, H. (Hrsg.): Der Star, München 1997

Franck, G.: Ökonomie der Aufmerksamkeit, München-Wien 1998

Franklin, A. R.: The Consultant"s Guide to Publicity, New York 1996

Geiger, D.: Instrumente einer erfolgreichen Personen-PR, in: Martini, B.J. (Hrsg.): Handbuch PR, Neuwied-Kriftel-Berlin 1994, Kap. 1.201, 18. Mai 1998, S. 1 – 18

Goffmann, E.: Wir alle spielen Theater, München 1983

Goleman, D.: Emotionale Intelligenz, München 1996

Greisinger, M.: Ihr ICH als unverwechselbare MARKE, Waldviertel-Wien 1998

Groß, H./Krainz, E. (Hrsg.): Eitelkeit im Management, Wiesbaden 1998

Grunig, E. J./Hunt, T.: Managing Public Relations, New York 1984

Hars, W.: Ich bin gut! Bergisch Gladbach 1997

Heintel, P.: Vom Nutzen und Schaden der Eitelkeit in Organisationen, in: Groß, H./Krainz, E. (Hrsg.): Eitelkeit im Management, Wiesbaden 1998, S. 65 – 124

Herman, L.: Managing your Image, London 2000

Hesse, J./Schrader H.: Marketing in eigener Sache, Frankfurt a.M. 2000

Hopfgartner, G./Nessmann, K.: PR-Public Relations für Schulen, Wien 2000

Korte, F.: Über den Umgang mit der Öffentlichkeit (Public Relations), Berlin 1955

Korte, F.: Öffentlichkeitsarbeit ist nichts anderes als angewandte Menschlichkeit, in: management heute, 6/1978, S. 26 – 29

Kotler, P.: Marketing, Wien 1988

Kremer, J. A.: Reich durch Beziehungen, Landsberg a. Lech, 2000

Kunczik, M.: Geschichte der Öffentlichkeitsarbeit in Deutschland, Köln/Weimar/Wien 1997

Lanthaler, W./Zugmann, J.: Die ICH-Aktie, Frankfurt a. M. 2000

Manitz, B.: Zwischen Baum und Borke. PR für einen (Umwelt-)Landesminister, in: Donsbach, W. (Hrsg.): Public Relations in Theorie und Praxis, München 1997, S. 93 – 100

Martini, B.J.: Handbuch PR, Neuwied-Kriftel-Berlin 1994 (Loseblattsammlung)

Märtin, D.: Image-Design, München 2000

Moss, D./Vercic, D./Warnaby, G.: Perspectives on Public Relations Research, London/New York 2000

Motion, J.: Personal Public Relations: Identity as a Public Relations Commodity, in: Public Relations Review 4, 1999, S. 465 – 479

Mummendey, H. D.: Psychologie der Selbstdarstellung, 2. überarbeitete und erweiterte Auflage, Göttingen/Bern/Toronto/Seattle 1995

Nessmann, K.: The origins and development of public relations in Germany and Austria, in: Moss, D./Vercic, D./Warnaby, G.: Perspectives on Public Relations Research, London/New York 2000, S. 211 – 225

Newsom, D./Scott, A.: This is PR: The Realities of Public Relations, Belmont 1981

Nicolino, P. F.: Brand Management, Alpha Books, USA 2001

Nuber, U.: Beachte mich! In: Psychologie heute, 28. Jg., H. 7, Juli 2001, S. 20 – 27

Peters, B.: Prominenz, Westdeutscher Verlag, Opladen 1996

Peters, T.: The brand you, New York 1999

Piwinger, M./Ebert, H.: Impression Management, Schriftenreihe „PR-Kolloquium", Heft 8, Herausgegeben von der DPRG-Landesgruppe NRW, Wuppertal 1998
PR in eigener Sache: So verkaufe ich mich selbst, Konstanz 1994 (Band 6 der Reihe: Job fit. Erfolgreich bewerben)
Rye, D. E.: 1001 Wege Karriere zu machen, Landsberg am Lech, 2001 (Titel der Originalausgabe: „1001 Ways to Get Promoted", Career Press, USA 2000)
Sagurna, M.: Nutella-Prinzip in der Politik-PR, in: Donsbach, W. (Hrsg.): Public Relations in Theorie und Praxis, München 1997, S. 101 – 116
Sampson, E.: 30 Minuten für die überzeugende Selbstdarstellung, 2. Auflage, Offenbach 2000
Sarcinelli, U. (Hrsg.): Politikvermittlung und Demokratie in der Mediengesellschaft, Opladen-Wiesbaden 1998
Schneider, U. F.: Medienprominenz, in: prmagazin 7, 2001, S. 37 – 42
Schütz, A.: Psychologie des Selbstwertgefühls, Stuttgart-Berlin-Köln, 2000
Seidl, C./Beutelmeyer, W.: Die Marke ICH, Wien-Frankfurt 1999
Sennett, R.: Der flexible Mensch, 4. Auflage, Berlin 2000
Spillane, M.: Branding Yourself, London 2000
Sprenger, K. Reinhard: Aufstand des Individuums, Frankfurt 2000
Szyszka, P. (Hrsg.): Auf der Suche nach einer Identität, Berlin 1997
Szyszka, P.: Öffentlichkeitsarbeit – Profil und Merkmale beruflicher Basisqualifikation, in: Medien Journal – Zeitschrift für Kommunikationskultur/ÖGK, Themenheft: Public Relations. Qualifikationen & Kompetenzen, 3/1998, S. 16 – 24
Tarr-Krüger, I.: Die magische Kraft der Beachtung, Freiburg-Basel-Wien 2001
Weiser, M.: Selbstdarstellung & Selfmarketing, Regensburg-Düsseldorf-Berlin 2001
Wilcox, D./Ault, P./Agee, K.W.: Public Relations, 5th ed., New York 1998

Zehn Thesen zu „Der Mensch als Marke“

Von Prof. Dr. Dieter Herbst

1. Zur Profilierung der Leistung von Menschen auf Märkten liefern die Konzepte der Markenführung wichtige Erkenntnisse. Sie ermöglichen, den Menschen als Marke aktiv, systematisch und langfristig zu profilieren.

Mit dem Übergang vom Verkäufermarkt zum Käufermarkt wurde es für den Konsumenten möglich, aus vielen Produkten jenes zu wählen, das seinen Wünschen und Erwartungen am weitesten entspricht. Für die Anbieter war dies die Geburtsstunde des professionellen Marketings. Dieses hat zum Ziel, die Wünsche und Erwartungen der Nachfrager zu erkennen und mit angemessenen, einzigartigen Leistungen gezielt zu befriedigen. Da auch Menschen ihre Leistung auf Märkten anbieten, die durch zunehmende Sättigung und Verdrängungswettbewerb gekennzeichnet sind, müssen auch sie sich professionell vermarkten.

Den Menschen als Marke zu begreifen, bedeutet, die umfangreichen Erkenntnisse der modernen Markenführung zu nutzen, um die Leistung eines Menschen bekannt zu machen und das einzigartige Vorstellungsbild (Image) dieser Leistung in den Köpfen von Fans, Sendern und der Presse aufzubauen und langfristig zu gestalten. Zum Beispiel lässt sich aus dem Dienstleistungsmarketing ableiten, dass die Leistungen von Menschen durch Besonderheiten gekennzeichnet sind, die bei der Vermarktung berücksichtigt werden müssen. Hierzu gehört, dass die Art der Leistung wesentlich vom Erbringer abhängt (zum Beispiel ein Haarschnitt), dass die Leistung häufig erklärungsbedürftig ist (zum Beispiel eine neue Software), dass das Ergebnis der Leistung nur schwer vorhersehbar ist (zum Beispiel einer Unternehmensberatung), dass die Leistung vom Zeitpunkt der Leistungserbringung abhängt (Opernsänger singen jeden Abend anders), die Leistung nicht lagerfähig ist (zum Beispiel eine Theateraufführung). Diese Besonderheiten erhöhen das wahrgenommene Risiko, von der Leistung enttäuscht werden zu können. Für die Markenführung bedeutet dies, dass das Vertrauen in die Leistung umso wichtiger ist, aber schwerer aufzubauen als im Fall von industriellen Fertigwaren.

2. Von den Konzepten der Markenführung scheinen Identitätskonzepte für das Vermarkten der Leistungen von Menschen am besten geeignet.

In der Entwicklung der Konzepte zur Markenführung lassen sich, grob gesagt, drei Konzepte unterscheiden: Das merkmalsbezogene, das wirkungsbezogene und das identitätsorientierte Verständnis. Diese Konzepte haben sich im Lauf der Zeit vor dem Hintergrund der speziellen Bedingungen und Herausforderungen der Märkte herausgebildet.

Das merkmalsbezogene Verständnis entstand im Zusammenhang mit der Auflösung des direkten Kontaktes zwischen Anbieter und Nachfrager durch die Entwicklung zur industriellen Massenproduktion. Um das Vertrauen des Konsumenten nicht zu verlieren, wollte der Hersteller dem Konsumenten bestimmte Produktmerkmale durch die Marke garantieren, wie deren gleichbleibende Qualität, deren gleichbleibende Menge und deren einheitliches Erscheinungsbild.

Für die Übertragung auf Menschen scheint dieses Konzept nur bedingt geeignet, da der Mensch – im Gegensatz zur Maschine – kaum standardisierte Qualität anbieten kann: Der Schlagersänger singt jeden Abend anders, die Leistung des Fußballspielers unterscheidet sich von Spiel zu Spiel – und gerade hierin liegt der Reiz! Was bedeutet gleichbleibende Menge für ein Popkonzert? Und Popstar Madonna oder Multitalent David Bowie sind gerade deshalb Marken, weil sie immer anders aussehen. Schließlich vernachlässigt die Konzentration auf Merkmale des Absenders die Wirkung beim Empfänger (Absendermodell): Seine Wünsche und Bedürfnisse werden nicht angemessen berücksichtigt.

Das merkmalsbezogene Verständnis wurde durch das wirkungsbezogene Verständnis abgelöst, anders ausgedrückt: Das Absendermodell wurde durch das Empfängermodell ersetzt. Das wirkungsbezogene Verständnis geht davon aus, dass die Marke jenes Vorstellungsbild (Image) ist, das ein Konsument von einem Produkt hat. Nur der Konsument entscheidet demnach, was eine Marke ist und wann sie es ist.

Auch dieses Verständnis ist für die Anwendung auf den „Mensch als Marke“ nicht angemessen: Die Marke verliert gerade dadurch an Profil, dass sie nur auf ihre Wirkung bedacht ist und allen gefallen will, anstatt zu wissen, was sie kann und was sie unvergleichlich macht. Dieses nur am Image ausgerichtete Verständnis kann kaum Fragen zur Markenausdehnung beantworten, zum Beispiel ob ein Schauspieler glaubhaft auch Maler und Sänger sein kann, und unter welchen Umständen er dies kann. Wie kann sich die Marke überhaupt entwickeln? Solche Fragen lassen sich durch das einzig am Empfänger ausgerichtete Verständnis kaum beantworten.

Das identitätsorientierte Verständnis stellt die starke und einzigartige Produktpersönlichkeit (Marke) ins Zentrum der Markenführung. Genauso berücksichtigt dieses Konzept die Wirkung der Marke, vor allem beim Konsumenten. Somit verbindet die identitätsorientierte Markenführung das Absenderkonzept und das Empfängerkonzept.

Das Identitätskonzept sieht die Markenführung als umfassenden, innen- und außengerichteten Managementprozess. Dieser Prozess bezieht alle Beteiligten an der Markenführung ein und berücksichtigt den kombinierten und koordinierten Einsatz aller Äußerungsformen der Marke (Aussehen, Kommunikation, Verhalten).

Ziel der Markenführung ist die Entwicklung eines starken und widerspruchsfreien Vorstellungsbildes von der Marke, das dazu führt, dass der Konsument diese Marke als beste aller verfügbaren Alternativen am Markt bewertet und bevorzugt. Der Wert der Marke kann entsprechend diesem Verständnis danach bewertet werden, was der Kunde für eine Marke mehr zu bezahlen bereit ist, als für eine vergleichbare andere: Wie viel ist der Fan bereit, für die Aufnahme des *Troubadour* mit Luciano Pavarotti mehr zu zahlen, als für eine Troudabour-Aufnahme mit einem anderen Opernsänger.

Das Identitätskonzept scheint für die Anwendung auf den Mensch als Marke das zeitgemäße und angemessene Konzept zu sein (siehe auch die folgenden Ausführungen). Bisher ist es jedoch weder theoretisch umfassend fundiert, noch praktisch ausreichend erprobt – vor allem beim Mensch als Marke. Dies zu leisten, könnte Aufgabe der Markenführung in den kommenden Jahren sein.

3. Im Mittelpunkt der Vermarktung der Leistung von Menschen steht die starke Persönlichkeit.
Im Zentrum der Identitätsorientierten Markenführung stehen der Aufbau und die Entwicklung der eigenständigen Produktpersönlichkeit (Marke). Diese kennzeichnet die Leistung, hebt sie von anderen ab und profiliert sie im Markt. Die Marke wird zum „Gesicht in der Menge" (Jochen Becker).

Wie die Persönlichkeit des Menschen besteht auch die Produktpersönlichkeit aus einem Merkmal bzw. der Kombination von Merkmalen, die die Marke kennzeichnet und von anderen Marken dauerhaft unterscheidet: Steffi Graf steht für Sportlichkeit, Harald Schmidt für beißenden Humor und Valentino für Prestige.

Wie eng der Zusammenhang zwischen den Persönlichkeiten von Menschen und Produkten zu sein scheint, zeigt Folgendes:

- Lässt man Konsumenten Produkte beschreiben, verwenden sie hierfür menschliche Eigenschaften: Coca-Cola ist „cool" und „amerikanisch", Pepsi ist „jung" und „aufregend" und Bluna ist „unkonventionell" und „lustig".
- Marken können menschliche Gestalt annehmen, wie der Marlboro- und der Tchibo-Mann, Herr Kaiser von der Hamburg-Mannheimer, M&M's Schokoladen-Bonbons, Meister Proper, der Teigjunge von Pillsbury und das Michelin-Männchen. Die Marke kann durch Persönlichkeiten in der Werbung lebendig werden, wie Gottschalk für Haribo, Boris Becker für AOL, Frau Sommer für Jacobs und Clementine für Ariel. Auch Tierpersönlichkeiten sollen die Produktpersönlichkeit vermitteln, wie das Duracell-Häschen, der Bär von Bärenmarke, der Tiger im Tank von Esso, der Jaguar, der Spürhund von Lycos. Solche Symbole sind in besonderer Weise geeignet, innere Bilder beim Konsumenten hervorzurufen, die stark wirken.
- Die Marke kann eine menschenähnliche Beziehung zum Konsumenten eingehen, zum Beispiel als Freund („Jeder sollte einen Freund wie Apple haben"), Kumpel zum Spaßhaben (Virgin, Bud Light Bier), Mentor (Microsoft), Berater (Morgan Stanley), Experte (Ariel), Mutter (Betty Crocker).

Zu den Unterschieden zwischen einer Markenpersönlichkeit und jener von Menschen gehört, dass Marken nicht alt werden müssen: Professionelle Markenführung kann sie jahrzehntelang jung halten. Menschen können ihre Persönlichkeit selbst entwickeln; die Persönlichkeit einer Marke muss gestaltet werden.

Welche Merkmale für die Marke wichtig sind, hängt vor allem von der Branche, der Leistung und der Situation ab, zum Beispiel:

- ***Qualität der Leistung:*** Spitzensportler, Schachspieler etc.
- ***Preisniveau:*** Exklusivität einer Unternehmensberatung von Roland Berger und die Frisur eines Starcoiffeurs (Udo Walz, Gerhard Meir, Vidal Sassoon)
- ***Visuelles Erscheinungsbild:*** Madonna, Inspektor Columbo
- ***Geografische und kulturelle Verankerung:*** Lisa Fitz, Milva, Mireille Matthieu
- ***Markteintrittszeitpunkt:*** Pioniere, wie zum Beispiel Charles Lindberg, Neil Armstrong
- ***Markengeschichte:*** Gitte, Peter Kraus, Muhammed Ali

Die starke Markenpersönlichkeit weist vier Merkmale auf:

1. ***Wechselseitig:*** Zentral für das Entstehen von Vertrauen ist der Austausch zwischen dem Menschen und seinem Umfeld: Zum einen kann dieser erkennen, was ihn einzigartig macht (Robinson allein hätte dies auf seiner Insel nie feststellen können); zum anderen kann er die Wünsche und Erwartungen seiner Kommunikationspartner aufgreifen und berücksichtigen. Dabei gilt: Je intensiver der Austausch, desto besser: Studien haben herausgefunden, dass mit wachsendem Austausch das Vertrauen wächst: Intensive wechselseitige Beziehungen können zu einem Annähern und im Idealfall zum Übereinstimmen von Selbst- und Fremdbild führen. Jedoch darf der Mensch keinesfalls seine Einzigartigkeit und Individualität aufgeben, sonst wirkt er anbiedernd und schwach. Wenn Politiker nichts mehr entscheiden, ohne ihre Medienberater zu fragen, keine Gesetzesvorlage mehr auf den Weg bringen, ohne vorher Umfrageergebnisse einzuholen, ist Politik nicht mehr möglich. Aber Vorsicht: Im Fall des Stars ist es das Verlangen des Fans nach möglichst viel Nähe und zugleich das Wissen um die Unerreichbarkeit, das seine Verehrung ausmacht. Der Star ist daher für alle Zeiten zur Distanz zu seinen Fans verpflichtet. Sobald er keinen Platz für Idealisierung, Spekulation und Neugier lässt, verfliegt mit ihm der Mythos und mit ihm die Faszination. Fällt die Distanz, fällt der Star.

2. ***Beständig:*** Die Persönlichkeit entwickelt sich über längere Zeit. Dabei ist es sinnvoll, zwischen den konstanten Merkmalen der Persönlichkeit zu unterscheiden, die zeitlich stabil sind. Ändern sich diese zentralen Werte, ändert sich die Persönlichkeit. Durchhaltevermögen und Konsequenz sind daher wichtige Eigenschaften in der Markenführung. Neben diesen Konstanten gibt es Variablen, die sich im Zeitverlauf ändern, ohne den Markenkern zu zerstören und die Persönlichkeit zu bedrohen: So kann das Aussehen von Madonna wechseln, aber es bleibt stets Facette ihrer starken Persönlichkeit. Daher gilt: Wer sich ändert, bleibt sich treu.

3. ***Widerspruchsfrei:*** Alle Eigenschaften der Persönlichkeit sind widerspruchsfrei kombiniert, damit eine stimmige Gesamterfahrung und ein klares Bild vom Menschen und seiner Leistung entstehen können. Sind die Merkmale nicht aufeinander abgestimmt, können sich Widersprüche ergeben, die das Vertrauen in die Zuverlässigkeit stören und zerstören können. Der Mensch muss also Handeln, wie er redet. Geschieht dies nicht, ist es, als ob eine Ente wie eine Ente aussieht, wie eine Ente läuft, aber wie ein Hund bellt (Meffert).

4. ***Einzigartig:*** Die starke Persönlichkeit ist einzigartig. Die Merkmale müssen für das Gegenüber bedeutend und deutlich wahrnehmbar sein. Viele Persönlichkeiten sind gerade deshalb so schwach, weil das Umfeld keinerlei Unterschiede zu anderen Menschen wahrnimmt.

Wichtig ist zu betonen, dass sich der Mensch als Marke gerade dadurch auszeichnet, dass er Ecken und Kanten besitzt, wie im Fall von Karl Dall. Die Marke ist einzigartig – und so ist der Mensch! Das Identitätsmanagement deckt diese Einzigartigkeit auf und hilft, sie aktiv, systematisch und langfristig zu entwickeln. Die starke Marke hat eine starke Persönlichkeit, eine schwache Marke hat keine Persönlichkeit!

4. Die Persönlichkeit ermöglicht Identifikation mit der Marke.
Die Persönlichkeit ist das, was die Marke kennzeichnet, was ihr wichtig ist, für was sie steht. Mit der Persönlichkeit kann sich der Konsument identifizieren, denn sie ist entweder so, wie er selbst ist (Ist-Image), oder so, wie er gern sein möchte (Ideal-Image). So können dem Käufer einer Pop-CD die Musik, Komposition, Produktion und Stimme gefallen; er kann aber auch den Interpreten faszinierend finden, seine Story, seine Lebenseinstellungen. Mit dem Hören seiner Musik lebt er nach dessen Regeln, er kann abtauchen und sich bestätigt fühlen.

Mehr noch: Der Konsument kann seine Wünsche und Erwartungen in die Marke projizieren und diese stellvertretend für sich ausleben lassen, weil er selbst dies nicht kann, will oder darf: Wer also nicht schön, sportlich und reich ist, für den laufen Cindy Crawford, Tatjana Patitz und Naomi Campbell über den Laufsteg. Der Bösewicht im Film lebt jene Aggressionen aus, die sein Fan zurückhalten muss.

5. Starke Persönlichkeiten ermöglichen Vertrauen.
In Zeiten lockerer Bindungen zwischen Anbieter und Nachfrager nimmt die Bedeutung von Vertrauen als Grundlage von langfristigen Beziehungen enorm zu. Vertrauen wird zum zentralen Konstrukt in der Kommunikation. Vertrauen bedeutet, sich auf jemand verlassen zu können und nicht Gefahr zu laufen, von jemand (einer Person) oder etwas (zum Beispiel einem Produkt) enttäuscht zu werden.

Ein Mensch muss eine Persönlichkeit besitzen, um für andere verlässlich und vertrauenswürdig zu sein. Einem Menschen ohne Identität kann man nicht trauen. Wie es der Marketingexperte Heribert Meffert ausdrückt: „Man vertraut nur dem, den man kennt“. Mit dem starken und klaren Bild seiner Persönlichkeit will der Mensch Vertrauen schaffen: Die Marke gilt als zuverlässiger Partner, der bereit und fähig zur Leistung ist. Peter Wippermann vom Trendbüro Hamburg schreibt: „Was wir sehen, ist unübersichtlich, komplex, chaotisch und gleichzeitig überwältigend eintönig. In unserer Produkt- und Medienlandschaft fehlen die Unterscheidungsmerkmale. Was wir brauchen, sind sichtbare und erlebbare Freunde, denen wir vertrauen.“

Was Wippermann interessanterweise für Produkte formuliert hat, trifft mittlerweile gleichermaßen auf Menschen zu: Das Gegenüber soll sicher sein, dass der Mensch nicht enttäuschen wird: Der Besuch im Konzert wird sich lohnen; die Lesung wird unterhaltend, anregend und informativ sein; der Eintrittspreis von 7 Euro für einen Kinobesuch oder 700 Euro für einen Galaabend ist sicher gut angelegt.
Wie sich Vertrauen auszahlt, zeigen allein die hunderttausenden Vorbestellungen, sobald das neue Harry-Potter-Buch angekündigt wird, und die Millionen, die an Vorschuss gezahlt werden, ohne dass eine Zeile geschrieben wäre.

Das Vertrauen in die Zuverlässigkeit soll den Grundstein für eine langfristige Beziehung legen, denn: „Man bleibt nur dem treu, dem man vertraut.“ (Meffert). Dagegen ist das Vertrauen schnell dahin, wenn sich ein Gesangsduo als Attrappe erweist. Wer vorgibt, auf einer Trompete zu blasen, muss dies auch tun. Die Leistung muss stimmen! Der Mensch gibt ein Leistungsversprechen ab, das er überzeugend einhalten muss, damit er verlässlich ist. Kompetenz wird damit zur Grundlage von Vertrauen.

6. Die Marke braucht ein Erkennungszeichen.
Damit der Mensch optisch und akustisch wieder erkennbar ist, trägt er eine Markierung. Ein Star brennt diese Markierung in Köpfe und Herzen seiner Fans – ganz so wie die Cowboys im amerikanischen Westen das Markenzeichen auf ihre Rinder brannten.

Dieses Kennzeichen kann ein Name sein, den sich Prominente sogar gesetzlich schützen lassen, wie dies Boris Becker getan hat. Zum Erkennungsmerkmal wird eine Zahnlücke (Isabella Rosselini) und ein Leberfleck am Mund (Cindy Crawford). Weitere Beispiele für die Kennzeichnung von Leistungen:

- Name: Claudia Schiffer
- Fantasie und Künstlernamen: JeLo, BSB, Roy Black alias Gerd Höllerich
- Körperliche Merkmale: Zahnlücke von Isabella Rosselini, Leberfleck von Cindy Crawford
- Aussehen: Helga Feddersen, Dieter Hallervorden, Karl Dall
- Stimme: Joe Cocker, Verona Feldbusch
- Kleidung: Hut von Udo Lindenberg, Fächer von Karl Lagerfeld
- Logo: Joop!

Auch Fans versehen ihre Idole mit Zeichen, die sich zu speziellen Codes entwickeln. JeLo? BSB? Jeder Fan weiß, dass sich dahinter Jennifer Lopez und die Backstreet Boys verbergen und für was diese Namen stehen. Und nach der Fußballweltmeisterschaft sangen die Fans das Loblied: „Es gibt nur einen Rudi Völler“.

7. Das Image der Persönlichkeit des Menschen und seiner Leistung können sich gegenseitig übertragen.
Die Vorstellungsbilder vom Mensch und von seiner Leistung stehen in enger Beziehung zueinander: Der Konsument überträgt seine Vorstellung vom Mensch auf dessen Leistung (zum Beispiel sauber, akkurat) – und umgekehrt von dessen Leistung auf den Mensch (zum Beispiel werden die dargestellten Personen der TV-Serie *Lindenstraße* auf die Schauspieler im realen Leben übertragen, wie im Fall der „Mutter Beimer“).

Ist es einem Menschen gelungen, ein stabiles Image aufzubauen, kann sich dieses vielfach auszahlen: Joop verkaufte seinen Namen an den Wäschehersteller Wünsche. Gabriela Sabatini, Priscilla Presley, Liz Taylor drücken Parfums die Vorstellung von ihrer Persönlichkeit auf. Michael Schumacher bietet eine Kollektion, die von Kappen, Fahnen und Modellautos über Kugelschreiber, Rücksäcke und Handys bis hin zu Tattoos, Lampen, Kleinbildkameras und Duftspendern reicht. Durch Steffi Graf soll Rexona frischer wirken, Nutella durch Boris Becker gesünder. Auf dem Lohnzettel von Andre Agassi stehen Nike, Canon, die Schweizer Nobeluhrenmarke Ebel, die US-Lebensmittelfirma General Mills und Pepsi. Selbst nach dem Tod setzt sich die Vermarktung lebendig fort: Agenturen, wie die ArtMerchandising & Media AG, vermarkten die Persönlichkeitsrechte von Prominenten, wie zum Beispiel von Marlene Dietrich.

8. Die Gestaltung des Menschen als Marke muss vier Bestandteile berücksichtigen: die Kultur, das Leitbild, die Instrumente und das Image.

Voraussetzung für das Entstehen von Vertrauen ist, dass die Person ein klares Bild von sich hat und dieses im Zeitablauf widerspruchsfrei, konsistent und damit zuverlässig entwickelt. Für besser In diesem? diesen Prozess sollten die Markenkultur und das Leitbild sowie die Instrumente und das Image berücksichtigt werden.

- Die ***Markenkultur*** drückt aus, was der Marke wichtig ist (Werte), was ihr Denken und Handeln bzw. das der mit ihr verbundenen Mitarbeiter leitet (Normen), und welche Grundannahmen sie über die Welt hat. Ist die Marke eher beständig oder flexibel, ist sie autoritär oder partnerschaftlich, vergangenheits- oder zukunftsorientiert, einzelgängerisch oder gemeinschaftlich? Solche Werte müssen aufgedeckt und mit den Anforderungen der internen und externen Zielgruppen (besonders der Konsumenten) verglichen werden. Auf dieser Grundlage wird das auf die Zukunft gerichtete Selbstverständnis formuliert und im Leitbild verbindlich niedergeschrieben.
- Das ***Leitbild*** enthält die Leitidee, die den Sinn der Marke beschreibt, also wie sie aktuelle und künftige Probleme lösen will. Das Leitbild enthält Leitsätze als Kernaussagen, die grundlegende Werte, Ziele und Erfolgskriterien bestimmen. Das Motto fasst alles in einem kurzen, prägnanten Slogan zusammen („Alles wird gut“, Nina Ruge).
- Als ***Instrumente*** zum Vermitteln seiner Persönlichkeit nutzt der Mensch sein visuelles Erscheinungsbild (Kleidung, Haarschnitt etc.), seine Kommunikation (Sprache, Inhalte) und sein Verhalten (sozial, arrogant, einzelgängerisch). Diese drei Instrumente ergeben einen Mix, das ein einzigartiges und widerspruchsfreies Image schaffen soll.
- Das ***Image*** ist die Wirkung der Marke. Das Image umfasst sämtliche Vorstellungen, die die Kommunikationspartner vom Menschen und seiner Leistung haben. Das Image besteht aus Kognitionen, also dem Wissen über die Person, sowie aus Emotionen, also den Gefühlen, Wünschen, Meinungen, die mit der Person verbunden sind. Ziel des Persönlichkeitsmanagements ist es, das festgelegte Image festzulegen, aufzubauen und langfristig zu entwickeln.

9. Der Mensch als Marke lässt sich systematisch und langfristig entwickeln.

Der Managementprozess für Aufbau und Entwicklung der Leistung des Menschen auf Märkten besteht aus den vier Schritten: Analyse, Planung, Umsetzung und Kontrolle.

- In der ***Analyse*** deckt der Mensch auf Grundlage zuverlässiger Informationen die relevanten Stärken und Schwächen auf: Für welche Werte stehen der Mensch und seine Leistung? Honoriert der Markt diese Werte? Verfügt er über ein Leitbild? Vermittelt er angemessen seine Persönlichkeit? Entwickelt sich das angestrebte Image? Aus dieser Bewertung entstehen die Aufgaben des Identitätsprozesses.
- In der ***Planung*** entwickelt der Mensch einen kraftvollen und stimmigen Lösungsentwurf. Dieser legt fest, wie die Aufgaben der Markenführung gelöst werden sollen. Hierzu legt er zum Beispiel seine Bekanntheits- und Imageziele fest (angestrebte Zustände), die Strategien (mit welchem grundsätzlichen Verhalten er zum Ziel gelangt) sowie die Maßnahmen.
- In der ***Umsetzung*** entwickelt der Mensch wirkungsvolle Text-, Bild- und Aktionsideen, die seine Markenpersönlichkeit wirkungsvoll transportieren.

- Mit der ***Kontrolle*** stellt er zum einen während des Prozesses sicher, dass er seine Ziele erreicht; zum anderen bewertet er am Ende des Prozesses das Ergebnis anhand seiner gesteckten Ziele.

Die vier Schritte hängen aufgrund der Dynamik der Märkte eng zusammen und beeinflussen sich wechselseitig.

10. Künftig werden Bilderwelten über den Kommunikationserfolg entscheiden.
In Zeiten von Informationsüberflutung und nachlassendem Interesse des Konsumenten an den dargebotenen Informationen werden Bilderwelten über den Kommunikationserfolg entscheiden: Diese Bilderwelten komprimieren die angebotenen Leistungen auf Schlüsselinformationen, die der Konsument leicht wahrnehmen, aufnehmen und verarbeiten kann. Sie sprechen die Gefühlswelt des Konsumenten an und sind daher stark verhaltensrelevant. Besonders für komplexe, erklärungsbedürftige Dienstleistungen werden Bilderwelten die zentrale Rolle spielen. Bilder unterscheiden sich gravierend von Texten:

- Bilder werden schneller wahrgenommen als Texte: „Bilder sind schnelle Schüsse ins Gehirn!“ (Marketingexperte Kroeber-Riel)
- Bilder werden leichter aufgenommen und verarbeitet: In der Zeit, in der ein Bild mittlerer Komplexität aufgenommen und verarbeitet werden kann, lassen sich nur sieben bis zehn Wörter vermitteln!
- An Bilder erinnern sich Menschen besser: Untersuchungen haben gezeigt, dass Konsumenten sogar die Hutkrempe des Cowboys aus der Marlboro-Werbung beschreiben können.
- Bilder haben einen außergewöhnlich starken Einfluss auf das Verhalten: Sie werden vor allem emotional verarbeitet.

In der Werbung gibt es viele erfolgreiche Beispiele dieser Bilderwelten, wie Milka und Becks Bier („Sail away“): Zu Batida gehören brasilianische Musik, Sand, Palmen, Kokosnüsse und braun gebrannte, dunkelhaarige Brasilianerinnen, die das Markenerlebnis brasilianische Exotik und Erotik umsetzen. Beispiele, in denen Menschen oder Vermenschlichung innere Bilder aufbauen, sind „Meister Proper“, die „Knorr-Familie“ und „Herr Kaiser“ von der Hamburg-Mannheimer Lebensversicherung.

Zu beachten ist, dass die Bilderwelten langfristig angelegt sein sollten und nicht häufig wechseln wie im Fall von E.ON (Veronika Ferres, Götz George, Arnold Schwarzenegger). Der Einsatz solcher Testimonials ist ohnehin mit Risiken verbunden, zum Beispiel dann, wenn sich deren Image ändert, wenn der Star das Produkt überstrahlt oder für zu viele Produkte wirbt („Wear out“-Effekt, wie im Fall von Verona Feldbusch).

Menschen sind in besonderer Weise für den Aufbau von Bilderwelten geeignet, denn sie wirken authentisch und glaubwürdig, wie Claus Hipp. Dem Gründer des Mega-Konzerns Virgin, Richard Branson, ist es sogar gelungen, sein Image als unkonventioneller, freundlicher und hilfsbereiter Kumpel auf seine über 200 Unternehmen zu übertragen, darunter eine Eisenbahngesellschaft, eine Fluglinie und ein Ausstatter für Brautmoden.

Fazit

Die Leistung des Menschen auf Märkten kann als Marke aufgebaut und systematisch und langfristig entwickelt werden. Jedoch ist die Anwendung der klassischen Markenführung auf die Leistung von Menschen eine noch junge Disziplin: Der große Fundus an theoretischen Konzepten und umfangreichen Praxiserfahrungen der klassischen Markenführung wird bislang vor allem für standardisierte Massenware genutzt. Nur wenige Autoren wie der Marketing-Papst Philip Kotler weisen darauf hin, dass Marketing für jegliche Art des Austauschs von Leistungen gültig sein kann, wozu auch die Leistungen von Menschen auf Märkten gehören (zum Beispiel Bankleistungen, Unternehmensberatungen). In den kommenden Jahren könnten daher sowohl die theoretische Diskussion um den „Mensch als Marke" ausgebaut wie eigene Praxisfelder für die professionelle Anwendung dieser Erkenntnisse erschlossen werden.

Vermarktung von Prominenten – Interviews mit Experten

Von Jens Hagendorf und Alexandra Prümke

1. Vorbemerkungen

Werden Prominente strategisch vermarktet? Wird für Prominente der Markenaufbau im Sinn der Markenführung bei Produkten verfolgt? Um diese Fragen zu beantworten, führten wir sieben Experten-Interviews durch. (Die Interviews sind in Rahmen unserer Diplomarbeit an der Universität der Künste Berlin entstanden. Sie wurden als Beitrag für dieses Buch weitgehend in der Originalform belassen, um die Gespräche möglichst authentisch wiederzugeben. Wir danken den Interviewpartnern für ihre Unterstützung).

Bei der Auswahl der Experten haben wir Wert darauf gelegt, Gesprächspartner zu gewinnen, die in verschiedenen Bereichen der Prominenten-Vermarktung tätig sind. Auf diesem Wege haben wir Ansichten zu unserem Thema von Praxisvertretern aus Künstleragenturen, Werbeagenturen und einem Marktforschungsinstitut gesammelt.

Die Interviews wurden im Februar 2000 fast alle persönlich und leitfadengestützt in Berlin und Hamburg durchgeführt – nur das Interview mit V.I.P., Hamburg, erfolgte schriftlich.

2. Die Interviews

Uschi Drews, Agentur Uschi Drews, Berlin

Die Agentur Uschi Drews vertritt zahlreiche Schauspieler aus Film und Fernsehen, wie zum Beispiel Ben Becker. Die Agentur hat Filialen in Berlin und Köln. Das Interview fand im Februar 2000 in Berlin statt.

Was macht für Sie einen Star aus?

Es ist hierzulande ganz schwer, ein Star zu werden, weil ein Schauspieler gern niedergemacht wird, sobald er Erfolg hat: Kaum kommt jemand an, wie zum Beispiel Anke Engelke, wird sie von Kollegen in Talkshows bekrittelt. Kaum ist einer ein bisschen oben, kommt schon der Deckel drauf. Deshalb mein Spruch hier oben [verweist auf einen gerahmten Spruch an der Wand]

> „Neid ist in Deutschland die höchste Form der Anerkennung“

Ein Star ist jemand, der das auch verdient und bedient. Die Voraussetzung ist, dass er hervorragende Leistung bringt, sei es beim Schauspiel, Gesang oder auf der Bühne. Seine Beliebtheit muss er auch bedienen können und ***wollen,*** er muss also für sein Publikum da sein. Wir haben sehr viele gute, hervorragende Schauspieler, die diesen sogenannten Star-Rummel gar nicht wollen beziehungsweise keinen guten Weg kennen, damit umzugehen.

Popularität erreiche ich, wenn ich mit meinem Publikum zusammenarbeite, denn dieses macht mich zum Star – ich allein bin ein guter Schauspieler, aber zum Star werde ich durch mein Publikum. Da sollte ich Presse zulassen, sie spielt dabei eine ganz große Rolle.

Gibt es in Deutschland überhaupt noch echte Stars oder meinen Sie, dass es mehr und mehr nur noch Sternchen gibt? Ich denke zum Beispiel an Soap-Stars, die nur bei einem bestimmten Publikum prominent sind?

Ich denke schon, dass wir einige richtige Stars haben, und das kann man ruhig auch in Kategorien einteilen. Es gibt eben auch die sogenannten Soap-Stars, warum nicht? Was ist dagegen zu sagen, wenn die Leute dahinter stehen und es gern machen und Millionen sie verehren?

Wie wird jemand überhaupt zum Star? Wird er aktiv und systematisch aufgebaut, oder ist das eher Zufall?

Es wird ihm auf dem Weg dahin geholfen. Eine Agentur versucht, den Schauspieler zu beraten. Man liest gemeinsam Bücher und entscheidet, welche Rolle man annimmt. Man versucht ein Image zu kreieren. Aber das ist hierzulande etwas, das noch in den Kinderschuhen steckt. Ein richtiges Management mit Presseleuten, Stylisten etc. ist hier noch nicht gang und gäbe.

Beraten Sie junge talentierte Schauspieler in Ihrer Agentur dahin gehend, welches Image zu ihm oder ihr passen würde?

Ja, es ergibt sich eigentlich auch schon sehr schnell durch die Reaktionen auf unsere Werbemaßnahmen. Wir verschicken unsere Kataloge und dann werden die dazugehörigen Demobänder und Fotos angefordert. Da bilden sich Regisseure und Caster ihr Bild. Es gibt natürlich Schubladen – manch einem Schauspieler werden oft die gleichen Rollen angeboten. Ich finde das wiederum nicht so schlimm. Es gibt auch viele Schauspieler, die haben keine Schublade und auch keine Arbeit. Eine bestimmte Rolle ist meist am besten durch den richtigen Typ besetzt, und so gesehen sollten die Schubladen keinen negativen Touch bekommen.

Wie wichtig ist Schönheit bzw. Attraktivität in der Branche?

Das ist sehr wichtig. Oder kennen Sie einen weiblichen US-Star, der nicht schön ist? An den deutschen staatlichen Schauspielschulen werden schöne Frauen eher abgelehnt als aufgenommen. Das ist ein deutsches Phänomen. Es gibt viele deutsche Schauspielerinnen, die oft an sich zweifeln, weil sie glauben, dass sie die Rollen nur bekommen, weil sie schön sind. Eigentlich müssten sie dankbar sein, dass sie schön sind – und das in diesem Beruf. Es ist unglaublich wichtig, dass eine junge, weibliche Schauspielerin gut aussieht. Es sei denn, sie ist ein „Typ“ wie Whoopie Goldberg und da wären wir wieder beim Typecasting.

Haben Sie Kriterien, nach denen ein Image kreiert wird? Richten Sie sich nach Marktbedingungen, oder schauen Sie, was zu dem Schauspieler passt?

Ich schaue, was zum Schauspieler passt, danach, was seiner Persönlichkeit entspricht. In keinem Fall würde ich versuchen, den Schauspieler zu überreden. Er sollte die angebotene Rolle nur dann spielen, wenn er will. Ich berate – der Schauspieler entscheidet.

Achten Sie bei den Schauspielern, die Sie in Ihre Kartei aufnehmen, schon auf den Bedarf, den Film- und Fernsehproduktionen momentan haben, oder schauen Sie nur, ob jemand talentiert ist oder nicht?
Ich schaue, wer talentiert ist und wer nicht und ob ich mich mit dem Schauspieler gut verstehe. Das ist die Vertrauensbasis.

Gibt es Trends, welche Schauspielertypen besonders gefragt sind?
Ja, im Moment lautet der Trend: jung – jung – jung. So jung wie möglich, so viel Erfahrung wie möglich und so schön wie möglich. Und dann auch noch so „billig" wie möglich. Der Trend nach jungen Schauspielern für große Rollen hält an.

Gibt es eine Strategie für den Aufbau eines Stars oder eines bestimmten Images?
Bei mir, muss ich gestehen, eigentlich weniger. Die Anfragen, das Interesse und die Angebote werden von außen an mich herangetragen. Daran orientiert man sich und sieht dadurch, wie zum Beispiel Regisseure den Schauspieler einordnen.

Sie reagieren also eher?
Ja, in den meisten Fällen reagieren wir. Wir versuchen natürlich auch, aktiv etwas zu unternehmen, aber das ist eher die Aufgabe von Castern. Früher haben die Agenten selbst die Drehbücher bekommen, jetzt sind die Caster vorgeschaltet: Sie lesen die Bücher und fragen die Agenten nach ganz bestimmten Schauspielern. Da kommt man natürlich ganz schwer dazwischen, um jemand Bestimmtes vorzuschlagen. Es bleibt jedoch unsere Aufgabe, immer wieder Eigeninitiative zu ergreifen.

Sehen Sie einen Werbevertrag auch als Instrument, um jemanden als Star oder Prominenten aufzubauen? Beispiel Verona Feldbusch. Haben Werbeverträge beim Aufbau ihrer Prominenz geholfen?
Durchaus. Das finde ich sehr geschickt. Grundsätzlich helfen Werbeverträge sehr. Die ursprünglich negative Einstellung der Schauspieler gegenüber Werbeverträgen hat sich verändert: Es gibt große Produktionen, denen es wichtig ist, dass der Schauspieler bekannt und populär ist. Da kann der Bekanntheitsgrad genauso durch einen guten Spot entstanden sein, und Spots werden inzwischen sehr gut gemacht. Somit ist es für einen Schauspieler heute nicht mehr anrüchig, einen Werbespot zu drehen. Es wird nicht mehr übel genommen.

Achten Sie darauf, was Werbung für das Image bedeutet? Zum Beispiel hat Ben Becker für Nil-Zigaretten geworben. Viele Schauspieler würden nie für Zigaretten werben.
Ja, natürlich achtet man auf das Image. Ich halte aber nichts von Pauschalverurteilungen. Es ist ein Geschäft: Wenn der eine es nicht macht, macht es ein anderer. Es ist nicht nur hehre Kunst, was wir hier machen. So hatte Herr Becker auch einfach Spaß, die Nil-Werbung zu machen!

Ben Becker hat mit Zigaretten kein Problem, weil er raucht. Er fand den Fotografen toll und ihm gefiel die Kampagne. Wir haben uns vorher Beispiel-Motive zeigen lassen. Wichtig war auch, dass die Kampagne nicht lange lief.

Gab es früher die Angst, einen Imageverlust zu erleiden?

Ja, die Angst gab es. Aber die Angst war unbegründet. Wurde ein Schauspieler nicht besetzt, der einen Werbevertrag hatte, wäre er wahrscheinlich auch sonst nicht besetzt worden. Hier gibt es zwar immer noch Ängste seitens der Künstler. Diese sind jedoch längst unbegründet.

„How to be a star for more than 15 minutes?" – Wie erreiche ich dauerhafte Bekanntheit?

Wenn jemand schnell bekannt wird und auf einmal spricht keiner mehr von ihm, dann hat das etwas mit seiner Leistung zu tun. Ein sehr guter Schauspieler, der bekannt geworden ist, wird morgen nicht unbekannt sein. Das passiert eher kleinen Sternchen aus dem Soap-Business: Die haben keine Ausbildung, sind auf der Straße abgefangen worden. Die werden ganz schnell bekannt, haben aber den Beruf nie gelernt. Sobald sie aussteigen, ist es vorbei.

Also hängt der Erfolg eines Stars immer von seiner Leistung ab?

Absolut. Ganz bestimmt.

Wie gehen Sie damit um, wenn ein Star älter wird oder ein anderes Image bekommt?

Da rate ich ihm, in dieses Älterwerden hineinzugehen. Das ist bei Frauen natürlich schwierig, weil sie nicht gerne altern. Bei Schauspielerinnen gibt es so eine Grenze um 35, wo sich das Rollenfach ändert. Sie möchten oft noch die 25-Jährige spielen. Doch das funktioniert natürlich nicht mehr. Ich rate dann, das Alter auch zu „bedienen". Da sollte man sich vielleicht zum Beispiel vom schulterlangen Haar trennen. Ich finde nichts schlimmer, als Schauspielerinnen, die krampfhaft versuchen jünger zu wirken, denn das merken auch die anderen.

Jede Publicity ist gute Publicity. Würden Sie dem zustimmen?

Ja, dem stimme ich zu. Natürlich nicht, wenn jemand in seiner Persönlichkeit verletzt wird. Aber sonst sage ich: Hauptsache sie schreiben den Namen richtig.

Produzieren Sie Publicity?

Nein, da reagieren wir mehr. Wir verschicken Newsletter und schreiben, was die Schauspieler gerade machen. Diese Info richtet sich aber eher an Caster oder Produzenten. Für die Presse ist es da oft schon zu spät. Die Presse weiß meist vor uns, was wo läuft oder was am Privatleben des Schauspielers interessieren könnte.

Hinrich Sickenberger, Foto: pmc/ George Lappas

Hinrich Sickenberger, pmc GmbH, Köln

Hinrich Sickenberger ist einer der Geschäftsführer der pmc GmbH, Köln. Zusammen mit Ica Souvignier managt er seit sieben Jahren Prominente aus dem Film- und Fernsehbereich. Lange Zeit war er für das Management von deutschen Stars wie Til Schweiger oder Bärbel Schäfer verantwortlich. Zurzeit hat er unter anderem Mirco Nontschew, Ralph Morgenstern, Hardy Krüger Jr., Stefan Jürgens, Jasmin Gerat, Burkhard Driest und Sophie Schütt unter Vertrag. Die pmc GmbH hat als erste Agentur in Deutschland das ‚Packaging" eingeführt und entwickelt neben der üblichen Künstlerbetreuung Stoffe für Film- und Fernsehformate und stellt außer den Schauspielern auch die Autoren und Regisseure. Das Interview fand am 20. Februar 2000 in Berlin statt.

Was sind die Haupttätigkeiten Deiner Agentur?
Die Haupttätigkeiten unserer Agentur sind der Verkauf und die Vermarktung von Künstlern jeder Art. Wir haben drei Abteilungen: den Schauspieler-Bereich, den Entertainment-Bereich, in dem Moderatoren und Comedians vermarktet werden, und wir haben den Bereich für Regisseure und Autoren. In diesem letzten Bereich ist auch eine Entwicklungsabteilung integriert, die Stoffe für TV-Formate und für das Kino entwickelt. Wir sind nicht die typische Agentur. Als Unterabteilungen für alle Bereiche gibt es eine Presse- und eine Marketingabteilung.

Wir haben hier das amerikanische System des „Packaging" eingeführt: Wir haben Sendern eine Idee für ein TV-Movie vorgestellt, Autor und Regisseur gestellt, erste und zweite Hauptrolle und einige Nebenrollen besetzt und zusätzlich eine Produktionsfirma gesucht. Auf diese Weise ist schon eine Reihe von Quotenrennern entstanden.

Woher bekommt Ihr die Schauspieler, die Ihr unter Vertrag habt?
Es hat sich alles zusammengefunden. Durch Empfehlungen und Zufälle. Wir gehen auch an Schauspielschulen, was allerdings einige Schwierigkeiten mit sich bringt: Die Schauspielschulen scheinen dem Markt entgegen zu arbeiten. Viele dort ausgebildete Schauspieler sind nur für die Bühne zu gebrauchen.

Was brauchen denn Schauspieler, um fürs Fernsehen attraktiv zu sein?
Sie müssen den gewissen Touch haben. Die Optik muss stimmen. Das hat nichts mit Schönheit zu tun, es geht um eine gewisse Präsenz. Also das *richtige* Aussehen. Ich kann nicht genau sagen, was es ist. Ich merke es irgendwie. Es ist ein Gespür, und ich muss sagen, wir haben bisher immer recht gehabt.

Was macht für Dich einen Star aus? Was unterscheidet einen Star von einem Prominenten?
Das ist eine schwierige Frage. Unser Job als Management ist es, aus jedem einen Star zu machen und jeden wie einen Star zu behandeln und zu präsentieren. Man müsste den Begriff ‚Star" näher ana-

lysieren. Wer ist heute schon ein Star? Viele werden schnell in den Medien als Star bezeichnet. Da gibt es den Soap-Star, der durch einen Unfall zum Star wird, obwohl er kein Können hat und keine Leistung bringt.

In Deutschland ist in den sechziger Jahren die Starkultur abgebrochen. Nach dem Krieg in den Fünfzigern gab es eine große Kino-Star-Landschaft, die durch die Presse gehegt und gepflegt wurde. Seit den Sechzigern gab es nur noch halbherzige Stars aus dem Fernsehen wie Heinz Rühmann.

Es hat sich in andere Sparten verlagert. Die Sportler sind durch das Business, das hinter Tennis, Formel 1 und Fußball steckt, nach vorne gekommen. Bei den Sportlern ist das ganze natürlich noch mehr an die Leistung gekoppelt.

Du hast gesagt, bei Sportlern hängt es noch mit der Leistung zusammen, ob sie ein Star sind oder nicht. Ist das bei Schauspielern oder Fernsehstars nicht so?
Ja, das ist leider so. Da geht es wirklich nicht um das handwerkliche Können, da geht es wirklich um die Vermarktbarkeit. Das sieht man ja an Verona Feldbusch.

Wird so jemand systematisch aufgebaut, oder ist das eher Zufall?
Nein, das ist oft Zufall.

Habt Ihr einen Plan oder eine Systematik nach der Ihr jemanden aufbaut?
Ja, wir haben schon eine Vision. Wir haben eine Vorstellung, welchen Weg wir gehen möchten. Aber natürlich kommen da auch wieder die Zufälle dazu.

Gibt es eine Strategie für einen Imageaufbau?
Das kann man nicht hundertprozentig steuern, man kann es nur probieren. Das sind die berühmten Pläne, die man macht, und es kommt dann alles doch anders.

Gibt es noch weitere Instrumente einer Vermarktung außer der sorgfältigen Auswahl von Verträgen?
Wir nutzen stark die Presse: Man muss von Anfang an darauf achten, dass man den Künstler gut in der Presse platziert. Wir bereiten für die Presse vor, dass Meldungen und Fotos herauskommen. Wenn irgendwo ein Schauspieler mitgespielt hat, machen wir von unserer Seite aus Pressearbeit. Wir warten nicht auf den Sender oder den Verleih, sondern versuchen es selbst.

Jede Publicity ist gute Publicity? Würdest du da zustimmen?
Meine Partnerin Ica Souvignier würde ja sagen, weil sie eher amerikanisch geprägt ist. Mir ist das oft etwas peinlich. Aber durch Katastrophen möchte ich niemanden featuren.

Heute ist es aber nicht mehr wichtig, dass Verona Feldbusch mal durch ihre schmutzige Scheidung bekannt wurde.

Ja, klar. Man wünscht sich manchmal, dass man den entsprechenden Skandal hat, um bekannt zu werden. Einen Skandal würde ich schon benutzen. Wir wären ja doof, wenn wir das nicht machen würden.

"How to be a star for more than fifteen minutes?" Wie erreiche ich dauerhafte Bekanntheit?
Durch ein gutes Management wie wir es sind. Jeder kann für kurze Zeit ein ‚Star" werden und im Rampenlicht stehen. Man kann auf eine Bambi-Verleihung gehen und sich ausziehen. Dann wird man fotografiert und ist für eine Minute ein Star. Aber dann bist du auch vergessen.

Wenn du dauerhaft ein Star werden willst, musst du andere Wege gehen: Da gibt es die Presse, mit der man zusammenarbeitet, die man langsam für diesen künftigen Star interessiert. Das ist eine Aufbauarbeit, das geht nicht von heute auf morgen. Da gibt es erst einmal kleine Meldungen, die sich nach und nach summieren. Und irgendwann macht es plötzlich „klick" und es ist ein Star.

Bei manchen Künstlern hat man Vorteile: Wir vertreten zum Beispiel Jenny Jürgens. Selbst wenn die hustet, berichtet die Presse darüber. Sie ist halt durch ihren Vater schon immer interessant gewesen. Solche Personen sind für die Presse als Prominente an sich interessant. Es ist allerdings für sie beruflich schwieriger. Jeder glaubt, dass sie nicht spielen kann, was natürlich nicht stimmt. Sie musste sich erst auf der Bühne beweisen bevor das Fernsehen Interesse gewann.

Bestimmt sich ein Image nur über die Rollen, die jemand spielt?
Es ist erstaunlich, wie das Publikum das eins zu eins nimmt. Das erschreckt mich immer: Die glauben wirklich, dass jemand so ist wie in der Rolle, die er spielt. Das ist sehr erschreckend und das ist für einen Schauspieler ein großes Problem: Spielt der Schauspieler in einer Serie den Bösewicht, dann wird das Image so geprägt, dass er immer wieder solche Rollen angeboten bekommt. Das ist für die Schauspieler ein Horror, weil sie oft gerade dann den sanften romantischen Liebhaber spielen wollen.

Viele wollen auch mal was ganz anderes spielen. Ich halte sie dann zurück. Eine anders gelagerte Rolle würde eine eigene Befriedigung und auch Anerkennung bei anderen Regisseuren hervorrufen, aber es passt nicht zum Image und zur Vermarktung. Dass eine solche Facette gezeigt wird, ist für den Weg nicht wichtig, ganz groß zu werden.

Kalkuliert man den Imagetransfer bei Werbeverträgen mit?
Ja, das kontrollieren wir. Da muss man genau überlegen, ob das Produkt zum Werbeträger passt. Wir haben das immer optimal gestaltet. Zum Beispiel hatte Marejke Amado, die Moderatorin der Mini-Playback-Show, einen Werbedeal mit einem Spielwarenhersteller. Besser kann es nicht kommen.

Nutzt du Daten von Marktforschungsinstituten?
Solche Daten würde ich gern mehr nutzen. Leider sind die sehr teuer. Wir planen aber, das generell einzuführen. Wir haben einen Partner in der Vermarktung, der viel auf solche Daten zurückgreift. In Zukunft wollen wir auch in der Lage sein, einen Markenartikler anzusprechen und ihm einen Werbeträger anzubieten. Das wäre im Gegensatz zur bisherigen Arbeitsweise ein aktives und progressives Vorgehen.

Wir sind schon einmal nach dieser progressiven Weise vorgegangen, um eine Karriere zu forcieren: Das war bei Til Schweiger. Wir kannten schon vorher die Firma Boss und waren eng mit ihr verbandelt. Bei einer neuen Werbekampagne für das Label Hugo kam die Idee, Til als Werbeträger zu vermitteln. Für Til entstanden eine Menge Vorteile. Wichtig war, dass Til nicht ‚Model" war, sondern die Bildunterschrift lautete: „Til Schweiger – Actor". Die Kampagne lief weltweit und wurde besonders in Amerika auf Riesenplakaten geschaltet. Das war genau der Zeitpunkt, an dem wir Til auf den amerikanischen Markt „geworfen" haben. Und es hat funktioniert. Die Amerikaner interessierten sich auf einmal für diesen Typen auf den Plakaten. Das war sein Intro auf dem amerikanischen Markt.

Sind Stars Marken, so wie Produkte Marken sind?
Schwierig zu sagen. Denkt man an jemanden wie Verona Feldbusch, stimmt das in gewissen Situationen. Im Moment steht sie für weibliche Erotik.

Es ist ein Traum von mir, dass man einen Menschen nimmt und ihn wie eine Marke aufbaut. Und sich vorher ein Ziel setzt, wofür er stehen soll, wie zum Beispiel Verona Feldbusch, die heute für weibliche Erotik steht. Ich bin schon dran und versuche jemanden als Sex-Symbol im männlichen Bereich aufzubauen.

Was sind die Grundlagen für solche Überlegungen? Ist das Bauchgefühl oder gibt es auch Zahlen?
Es ist Bauchgefühl, Zahlen gibt es nicht. Das richtige Gespür ...

Gibt es nicht bessere Quellen als nur das Bauchgefühl?
Ja, du könntest natürlich auch Untersuchungen starten. Ich würde es machen, wenn ich das Geld dafür hätte.

Hättest du Lust Dich selbst zu vermarkten?
Das geht schlecht. Man kann sich ganz schlecht selbst vermarkten.

Michael A. Lou, Foto: V.I.P. Entertainment & Merchandising AG

Michael A. Lou, V.I.P. Entertainment & Merchandising AG, Hamburg

Michael A. Lou ist Vorstand der V.I.P. Entertainment & Merchandising AG in Hamburg. Die V.I.P. AG vertritt namhafte Schutzrechte von Marken, Prominenten, Copyrights usw. im Wege der Lizenzvergabe. Außerdem vermarktet sie Film- und Fernsehrechte im In- und Ausland. In der jüngsten Vergangenheit hat die V.I.P. AG internationale Stars wie David Bowie (für Mercedes-Benz), Sophia Loren und Pelé (für Lufthansa) und Marilyn Monroe (für Vobis) an die werbetreibende Wirtschaft vermittelt. Das Interview fand im März 2000 schriftlich statt.

Gibt es einen Bedarf an Stars? Braucht der Mensch Stars? Wenn ja, welchen Nutzen haben Stars?
Ja, die Menschen brauchen Stars, an denen sie ihre Emotionen ausleben können. Stars werden durch ihre Musik oder Filmrollen mit Emotionen aufgeladen, die für die Konsumenten leicht „herunterzuladen" sind, und mit denen sie sich identifizieren können.

Gibt es noch echte Stars oder nur Sternchen? Wie hat sich die Entwicklung von Stars im Laufe der Jahre verändert? Wie ist das Verhältnis von Stars zu Sternchen (Gewichtung)?
Die Anzahl der echten Stars sinkt in gleichem Maß, in dem die Zahl der Sternchen zunimmt. Das geänderte Kommunikationsverhalten hat die Popularitätsdauer der Stars beeinflusst: Sie werden durch die Vielzahl und Vielfalt der Medien schneller bekannt, bekommen jedoch auch schneller und mehr Konkurrenz, so dass sie kaum Zeit haben, sich zu einem echten Star zu entwickeln.

Was unterscheidet ein Sternchen von einem Star? Was unterscheidet einen Prominenten von einem Star?
Die Grenze zwischen Star und Sternchen ist fließend und wird heutzutage hauptsächlich von den Medien beeinflusst (Art, Umfang und Dauer der Berichterstattung).

Wie wichtig ist Schönheit bzw. Attraktivität in der Starbranche?
Schönheit und Attraktivität sind in der Starbranche von großer Wichtigkeit, da im Hinblick auf die Identifikation der Menschen mit den Stars auch die Sehnsucht nach diesen Attributen einhergeht.

Wie wird jemand überhaupt ein Star? Wird ein Star gemacht, gibt es hierfür Strategien, oder spielt der Zufall eine große Rolle?
Heutzutage wird ein Star gemacht, wobei am Anfang natürlich auch der Zufall eine Rolle spielen kann. Ansonsten gibt es ausgeklügelte, von Profis entwickelte und getestete Strategien, um einen Star aufzubauen und möglichst lange oben zu halten.

Nach welchen Kriterien wird ein Image kreiert?
V.I.P. AG kreiert nicht das Image von Stars, sondern sie vermarktet nur Stars mit einem bestehenden Image.

Die Kampagne mit Boris Becker für AOL ist sehr erfolgreich. Warum scheint sich Boris Becker trotz zahlreicher Werbeverträge nicht abzunutzen? Kann bei einer derart großen Zahl von Werbeverträgen überhaupt noch von Glaubwürdigkeit gesprochen werden?
Boris Becker trat bisher in bedeutend weniger Werbung und Promotion auf als Franz Beckenbauer, der schon Ende der 60er für das Rasierwasser Brut de Fabergé warb. Entsprechend geringer ist auch seine Abnutzung, wobei man auch die zunehmende Flüchtigkeit der elektronischen Medien beachten muss. Wenn die Kreativen ein zum Image des Prominenten passendes Konzept entwerfen und bei ihrem Auftraggeber (werbetreibende Firma) durchsetzen, verringert dies das Risiko, dass die Glaubwürdigkeit unterminiert wird. Das Risiko eines jenen lebenden Stars ist natürlich immer seine Persönlichkeit. Negative Informationen über diese haben eine um so höhere (negative) Wirkung, auf das Image des Stars, als diese populär, also in den Medien präsent ist.

Dr. Friedhelm Acksteiner, Foto: Acksteiner Events

Dr. Friedhelm Acksteiner, Deutsche Künstler Agentur und Berkovics Promotion

Die Deutsche Künstler Agentur und Berkovics Promotion berät und betreut Künstler und richtet Firmenevents aus. Die Agentur hat Büros und Partner unter anderem in Köln, Berlin, München, Leipzig und Los Angeles. Das Interview fand am 17. Februar 2000 in Berlin statt.

Wie würden Sie die Arbeit mit Künstlern beschreiben?
Man muss ständig mit Künstlern arbeiten. Man muss sie künstlerisch beraten, PR-mäßig, Management-mäßig, Image-mäßig. Man muss sich eigentlich rund um die Uhr um das Wohlbefinden der Künstler kümmern. Immer unter dem Aspekt, dass sie das höchstmögliche Leistungsmaß erreichen.

Wie entsteht Ihrer Meinung nach ein Image?
Zunächst einmal entsteht ein Image durch, mit und von der jeweiligen Person selbst – dadurch, wie sie sich in der Öffentlichkeit gibt.

In den letzten Jahren auch zunehmend durch die wesentlich größere Vielfalt und Macht der Medien. Natürlich wird das Image eines Künstlers in der Öffentlichkeit durch die Medien gemacht oder zumindest beeinflusst. Die Künstler und Prominenten, die zwischen ihrem privaten Leben und dem Künstler-Sein nicht klar trennen, sind dem Wirkungsmechanismus noch mehr ausgesetzt. Nehmen wir zum Beispiel Thomas Gottschalk oder Franz Beckenbauer: Die nehmen ihre Familie aus der Öffentlichkeit heraus. Und damit sind sie natürlich wesentlich mehr in der Lage, auf Darstellung und Entwicklung ihres Images in der Öffentlichkeit Einfluss zu nehmen. Wie sehr ich mich entblättere, wie sehr ich von meiner Persönlichkeit in der Öffentlichkeit preisgebe, teilweise breittreten lasse, ist immer auch davon abhängig, wie nah ich die Medien an mein persönliches Umfeld heran lasse. Gute, profilierte Künstler und Prominente sind sich der Wirkung der Medien bewusst, sie nutzen diese regelrecht und können so auch agieren und müssen nicht nur reagieren.

Die Wirkung der Medien zeigt sich auch an Künstlern wie Stefan Raab, Guildo Horn oder dem „Maschendrahtzaun". Ohne die Medien gäbe es diese Phänomene nicht.

Wie beurteilen Sie die Rolle von Prominenten in der Werbung?
Ich glaube, dass der Einsatz von Persönlichkeiten in der Werbung sogar noch zunehmen wird. Und da haben natürlich die Prominenten den entscheidenden Vorteil, dass die Leute glauben, diese Menschen zu kennen. Wenn man einen Sympathieträger richtig einsetzt, hat er einen Vertrauensbonus bei den Leuten. Weil sie ihn kennen, glauben sie, dass er ihnen nichts Schlechtes empfehlen wird.

Ich denke, jeder Prominente kann sicherlich für irgendetwas Werbung machen. Produkt und Prominenter müssen zueinander passen. Ich glaube aber, dass die Sensibilität des Publikums dafür wächst, ob sie auch dahinter stehen, wofür sie werben. Die wichtigste Voraussetzung ist, dass ein Prominenter glaubhaft ist und hinter dem steht, was er präsentiert. Das hat auch Auswirkungen auf seine künstlerische Entwicklung. Wenn nämlich mal spruchreif wird, dass er dahinter gar nicht steht, könnte es sein, dass er an Ansehen unter seinen bisherigen Fans leidet.

Sind Stars Marken, wie auch Produkte Marken sind?
Ja. So wie jede Marke auch ihre Unverwechselbarkeit – ihre besonderen Charakterzüge – hat, so ist ein Star doch auch unverwechselbar. Ich werde ja nur Star, wenn ich etwas anders, besser, toller präsentieren kann, darbieten kann, produzieren kann als es andere neben mir machen können. Insofern bin ich natürlich auch die eigene Marke.

Jens Krüger, TNS EMNID-Institut, Büro Hamburg

Jens Krüger, Foto: TNS EMNID

Jens Krüger ist Manager für Media Research im Hamburger Büro des Marktforschungsinstituts TNS EMNID. In diesem Institut wurde der Testimonial-Check mit Semiometrie entwickelt, ein Instrument, das die Passgenauigkeit von Prominenten zu bestehenden Marken und umgekehrt überprüft. Das Interview fand am 10. Februar 2000 in Hamburg statt.

Wie entstand die Idee für den EMNID-Testimonial-Check? (Siehe hierzu den Beitrag *Imagetransfer zwischen Marken und Prominenten*).
Semiometrie wurde vor etwa zehn Jahren in unserer internationalen Forschungsgruppe TNS entwickelt. Wir wollten ein Instrument für Zielgruppenanalyse, das neben quantitativen Aussagen auch stärker in den qualitativen Bereich geht. Und der Semiometrie-Ansatz kommt dieser Forderung nach, weg von Typologien, weg von rein soziodemografischen Beschreibungen zu gehen.

Semiometrie stützt sich auf die Theorie der Semiotik. Diese geht davon aus, dass unter anderem Wörter für Wertorientierungen stehen. Bewertet jemand ein Wort oder Wortfeld positiv oder negativ, dann steht dort immer auch eine Einstellung, eine Werteorientierung dahinter. Und: Es gibt bestimmte Wörter, die in Westeuropa eine relative Kontinuität haben. Angefangen von Glaube, Bibel, bis Familie, Blume, also Wörtern aus dem kognitiven, dem emotionalen Bereich. Wichtig ist die Auswahl von Wörtern, die im Sprachgebrauch eine bestimmte Konstanz haben, also keine Modewörter sind.

Semiometrie bietet damit zum Beispiel auch die Möglichkeit, die Passgenauigkeit von Prominenten und Marken indirekt und single-sourced zu messen, also aus einer Datenquelle.

Das Problem bei anderen Abfragemodellen ist, dass immer direkt abgefragt wird. Und dann sind bestimmte Lerneffekte zu lokalisieren. Nehmen wir das Beispiel Franz Beckenbauer. Fragt man in der Bevölkerung, was zu Franz Beckenbauer passt, ist doch ganz klar, dass hier gelernte Effekte dahinter stehen, die dann genau diese „self-fulfilling prophecy“ hervorrufen. Und dann passt natürlich Franz Beckenbauer am besten zu Telekommunikation.

Wer sind die Kunden für diesen Testimonial-Check?
Ausgangssituation für die Idee war die große Zahl an bestehenden Sponsorships oder Testimonialships. Dies führte zu der Überlegung, dass es für die Unternehmen spannend sein müsste, hier mal die Wirkungen und Affinitäten zu überprüfen. Das war aber nicht gleich der Fall. Das hat zwei Ursachen: Die Unternehmen, die bereits Verträge geschlossen und Gelder investiert haben, sahen keinen Sinn darin, im Nachhinein eine Erfolgskontrolle festzulegen. Dann gibt es die Unternehmen, die sich bereits im Vorfeld auf einen Prominenten festgelegt haben. Zum Beispiel möchten sie Franz Beckenbauer einsetzen, weil er in der Bevölkerung für jene Werte steht, die sie mit ihrer Marke transportieren möchten. In diesen Fällen ist eigentlich alles schon gelaufen.

Daraus entstand die Überlegung, es genau anders herum zu probieren. Nicht Marke sucht Testimonial, sondern: Testimonial sucht Marke.

Sie nehmen also einen Prominenten und testen, wofür er Werbung machen könnte?
Genau. Wir haben zuerst mehrere Prominente abgefragt, und zwar nach Bekanntheit, Interesse an und Sympathie für diese Prominenten.

Anschließend haben wir jeweils zwei Zielgruppen, die wir vergleichen: auf der einen Seite die Zielgruppe „Sympathisanten eines Prominenten“, auf der anderen Seite die „Markenverwender“ bzw. Leute, die die Marke im Relevant Set haben. Und zwar hinsichtlich ihrer semiometrischen Positionierung beziehungsweise ihrer Wertorientierungen. Entsprechend kann dann überlegt werden, welche Ziele eine Marke verfolgt.

Eine Marke, die sich vergrößern möchte, eine neue Zielgruppe anstrebt, kann genau das mit Semiometrie abschätzen. Man kann genau sehen, in welchem Bereich, das heißt bei welcher Zielgruppe man als Marke positioniert ist und mit welchem Promi man eine Verschiebung in die Wertewelt erreichen kann, in die man hinein will.

Und: Mittlerweile bekommen wir auch Anfragen von Unternehmen, in bestehenden Testimonialkonzepten die Passgenauigkeit/Affinität von Marken und Prominenten zu überprüfen. Die Kunden kommen also aus beiden Bereichen: Agenturen, die sich mit der Vermittlung und Vermarktung von Prominenten beschäftigen und Unternehmen, die ganz gezielt nach einem Prominenten suchen.

Nach welchen Kriterien wird ein Prominenter für den Testimonial-Check ausgesucht?
Grundsätzlich natürlich alle diejenigen, die über unsere Kunden angefragt werden. Darüber hinaus versuchen wir schrittweise alle möglichen Prominenten abzufragen, die aktuell im Gespräch sind.

Im Prinzip haben wir die klare Vorstellung, dass wir immer einen Auftrag haben und danach entscheiden, welcher Prominente in den Promi-Check aufgenommen wird. Das ist also ganz klassische Auftragsforschung.

Sie checken aber schon Prominente, ohne vorher einen Auftrag dafür gehabt zu haben?
Wir versuchen immer auch in einzelnen Wellen Prominente zu testen, für die wir nicht unbedingt einen Auftrag haben. Wir haben letztes Jahr mit einer ersten Welle angefangen, mit 30, 40 Prominenten, und werden das Instrument nach und nach erweitern.

Schön wäre, wenn wir nach und nach alle in Deutschland relevanten Prominenten checken könnten und auch immer wieder in bestimmten Abständen aktualisieren könnten.

Welche Bedeutung haben die Daten für den Erfolg der Vermarktung eines Prominenten?
Große Bedeutung. Denn genau dafür sind die Daten da. Der Testimonial-Check ist ein Tool, mit dem ganz aktiv ein Prominenter vermarktet wird. Wenn zum Beispiel eine Künstleragentur der Auftraggeber ist, haben die natürlich ganz klar Interesse an der aktiven Vermarktung, das heißt Promi sucht Marke.

Das heißt, das Tool wird aktiv für die Akquise genutzt. Aufgrund des Datenmaterials (single-sourced) hat man den Link zu den Marken und kann entscheiden, welche Marken man gezielt anspricht. Wir haben über 300 Marken in unserer Datenbank über Semiometrie nach den Kriterien Bekanntheit, Verwendung, Hauptmarke, Relevant Set, Sympathie abgefragt und können damit jederzeit auf diese Markenzielgruppe zurückgreifen.

Was muss ein Prominenter haben, um für die Werbung geeignet zu sein?
Das kann man so nicht pauschal sagen. Ich gehe da ganz leidenschaftslos heran und gucke mir die Daten an und bin im Nachhinein oft selbst überrascht, welche Marke zu welchem Prominenten passt.

Grundsätzlich muss ein Promi zu einer Marke passen. Es gibt viele Einflussfaktoren: Positionierung der Marke, Image der Marke, angestrebtes Image, theoretisch kann jeder X-beliebige Promi getestet werden.

Er muss einen gewissen Bekanntheitsgrad haben, damit die Kampagne Erfolg hat. Es sei denn, ich spreche eine ganz kleine Zielgruppe in einem Special-Interest-Bereich an. Da brauche ich einen Prominenten, der in der Zielgruppe gut ankommt; er muss nicht in der Gesamtbevölkerung bekannt sein.

Jeder Promi hat irgendwas. Er hat eine Fangemeinde. Und diese Fangemeinde wollen wir herausfinden, die wollen wir analysieren. Was macht diese Fangemeinde aus? Wenn ich weiß, welche Zielgruppe ich mit dem Prominenten erreiche, dann kann ich auch sehen, ob sich dafür eine Marke findet.

Wichtig ist auch, dass der Promi die Bereitschaft hat: Er muss offen sein für Markenkommunikation. Er muss sich mit dem Produkt identifizieren können und es muss glaubwürdig sein. Das ist nicht ganz einfach.

Und: dass die Marke beziehungsweise das Unternehmen, das auf ein Testimonial setzt, die Bereitschaft mitbringt, mal länger am Ball zu bleiben. Gerade im Sport gibt es Höhen und Tiefen, wie zum Beispiel Doping-Skandale. Die Unternehmen sollten nicht immer gleich die Verträge kündigen, dann entsteht auch eine glaubwürdige Bindung zwischen Prominenten und Marke. Es wird irgendwann einfach unglaubwürdig, wenn man jedes Jahr auf einen anderen Sportler setzt. Das ist ein Risiko, das ich einfach tragen muss, wenn ich mich entscheide, in meiner Kommunikation auf Testimonials zu setzen.

Glauben Sie also, dass eine starke und langfristige Bindung zwischen einem Prominenten und einer Marke von Vorteil ist?
Unbedingt. Wenn es um Marketingstrategien geht, dann heißt es auch mal, langen Atem zu haben, sonst wird die Marke irgendwann unglaubwürdig. Permanentes Springen zwischen Prominenten führt zu nichts. Bei Testimonials geht es für mich viel mehr um Images, die transportiert werden, weniger um das Thema Bekanntheit.

Images zu transportieren beziehungsweise einen Imagetransfer herbeizuleiten ist ein langer Prozess, der etwas Geduld erfordert.

Nutzt sich Thomas Gottschalk als Testimonial für Haribo nicht ab?
Das glaube ich weniger. Thomas Gottschalk und Haribo ist eine gelungene Symbiose, das finde ich sehr glaubwürdig. Hier wurde klar entschieden, längerfristig auf das Konzept zu setzen – und der Erfolg dürfte Recht geben.

Ich stimme zu, dass ein Promi nicht zu viel machen sollte, das ist auch unglaubwürdig. Er sollte nicht in zu vielen Konzepten eine Rolle spielen. Es muss glaubwürdig sein und es muss ausgewählt sein, nicht für zehn Produkte gleichzeitig. Das funktioniert meiner Meinung nach nicht, und das ist letztlich auch für die Marke schädlich.

Abbildung 1: Thomas Gottschalk macht Kinder froh und den Weingummihersteller Haribo ebenso. Seit Jahren verhilft er Gummibärchen zu besseren Umsätzen. Foto: Haribo

Was sind die Hauptgründe für den Einsatz von Prominenten in der Werbung und welche Wirkungen würden Sie einem Prominenten zuschreiben?
Die Gründe können ganz unterschiedlich sein: Einer möchte einen Imagetransfer erzielen, ein anderer möchte Markenbekanntheit in der Bevölkerung penetrieren. Testimonialwerbung ist es eben eine Werbeform, die einen bestimmten Stellenwert in der Kommunikation neben den klassischen Instrumenten hat.

Bei den Wirkungen geht es um Identifikation. Es geht sicherlich um Idole und um Sympathien, die man für etwas oder für jemanden hat. Und es geht um den Transfer von Images vom Prominenten auf die Käufer/Verwender: der Prominente hat das Produkt, das möchte ich auch haben – das ist ja die Zielsetzung. Der steht dafür und deswegen kaufe ich es auch.

Aber man muss die Glaubwürdigkeit im Auge behalten, es darf nicht zu viel sein und es muss passen. Dann ist es auch vernünftig. Es ist aber auch eine Kostenfrage. Viele Marken können es sich gar nicht leisten, auf bestimmte Prominente zu setzen, weil sie einfach irrsinnig viel Geld kosten.

Messen Sie auch den Imagetransfer von Produkt zu Prominenten vorher und nachher? Sie könnten zum Beispiel überprüfen, wie das Wertefeld von Iglo-Verwendern war, bevor Verona Feldbusch Iglo-Testimonial wurde. Und Sie könnten ein oder zwei Jahre später sehen, ob sich die Wertefelder angenähert oder verändert haben.

Das ist natürlich machbar, aber Semiometrie ist offiziell in Deutschland erst seit zwei Jahren am Start. Imagetransfers sind langfristige Prozesse. Insofern haben wir mit Semiometrie und Testimonial-Check in dem Bereich noch keine Erfahrung.

Man könnte sehr gut sehen, ob sich die Werte von Iglo-Verwendern und den Verona Feldbusch-Sympathisanten auf diesem Wortfeld angenähert haben. Interessant wäre auch zu sehen, ob sich die Verona Feldbusch-Sympathisanten verändert haben, weil Verona Feldbusch im Moment sehr stark mit Iglo assoziiert wird.

Dass hier eine Wechselwirkung einsetzt, das kann passieren. Trotzdem ist Verona Feldbusch immer noch in der Erotik-Nische drin. Da sind wir bei dem Thema: Wie schnell kann man ein Image verändern?

Für Kai Pflaume hat man eine Zielgruppe mit Semiometrie gemessen, die ein bestimmtes Wertefeld hat, das sehr im Frauensegment angesiedelt ist. Das sind Familienmenschen, die „sinnlichen Sozialromantiker", die dahinter stehen. Alle waren verwundert, weil er inzwischen neben *Nur die Liebe zählt* auch *Rache ist süß* moderiert. Da war natürlich die Frage: warum hab ich denn dieses Image? Offensichtlich überlagert das eine das andere noch sehr stark: Kai Pflaume wird noch eher über *Nur die Liebe zählt* assoziiert als über *Die Rache ist süß*.

Das Problem ist damit, den Imagetransfer nachzuweisen, denn es ist nur eine Komponente. Wir können nicht jede Veränderung der Marke nur auf die Aktivität mit dem Testimonial zurückschreiben. Dazu wäre ein ideales Testdesign unter ganz isolierten Bedingungen im Labor notwendig. Es gibt so viele Rand-/Außenbedingungen, zum Beispiel die Affäre eines Prominenten mit einem anderen Prominenten, oder die Marke ist in einen Skandal verwickelt, oder es kommen neue Produkte auf den Markt.

Da das Instrument relativ neu ist, können wir jetzt noch nicht in die Vergangenheit gucken, aber in Zukunft wird das machbar sein, wenn sich das Instrument etabliert – und es ist auf dem besten Wege.

Andreas Böhling, Foto: Promikativ

Andreas Böhling, Promikativ GmbH, Aschaffenburg

Die Agentur Promikativ ist eine Agentur für Marketing und Kommunikation mit direktem Zugriff auf die Künstleragentur MSC-Promotion. Die Philosophie und das Angebotsspektrum erklären sich aus der Zusammensetzung der Gesellschafter: Kai Pflaume als bekannter Moderator, Armin Hupp als Manager prominenter TV-Größen und Andreas Böhling als Werbefachmann. Promikativ bietet, neben der reinen Vermittlung von Prominenten an den Werbetreibenden, die Entwicklung von Kommunikationskonzepten mit Prominenten an. Das Interview fand am 8. Februar 2000 in Berlin statt.

Wie entstand die Idee zu Promikativ?
Die Überlegung war, in der großen Agenturlandschaft Deutschlands eine Positionierung zu finden, die neu und einzigartig ist und somit eine Spezialisierung zulässt. Es gibt viel Potenzial für Werbung mit Prominenten: Die Vermittlung des Prominenten auf der einen und die Erstellung des Werbekonzeptes auf der anderen Seite.

Diese Überlegung war natürlich gepaart mit der Tatsache, dass wir gute Verbindungen und Kontakte zu beiden Branchen besitzen. Die Teilhaber der Agentur sind durch das persönliche Management diverser Prominenter, zu denen nicht nur Kai Pflaume, sondern auch andere Personen, wie zum Beispiel Birgit Schrowange, Günther Jauch oder Jörg Pilawa gehören, eine ideale Kombination.

Das heißt, wir setzen auf das Know-how und die Erfahrung im Umgang mit klassischer Werbung und unsere Kontakte zu einzelnen Künstlern sowie zu den Medien, die mit den Künstlern natürlich unmittelbar verbundenen sind. Wir suchen die Nähe zu den Medien. Wir versuchen stets, das jeweilige Medium in die strategischen Überlegungen mit einzubeziehen.

Welche anderen Instrumente, außer dem EMNID-Testimonial-Check, haben Sie, um zu prüfen, welcher Prominente zu welchem Werbekonzept passt?
Aus meiner Sicht gibt es eigentlich keinen anderen fundierten Test, der wirklich unabhängig voneinander Aussagen über die Marke und zum Prominenten treffen kann. Sicherlich erhalten Sie anderswo Informationen zur Marke und auch zu bestimmten Künstlern, aber eine Vergleichbarkeit und Abgleichung der Daten ist nur bedingt möglich, da der Untersuchungsansatz meist differiert.

Üblicherweise entstehen Kommunikationskonzepte in Agenturen durch kreative Denkansätze wie zum Beispiel eine Verbindung der beiden Künstler der Gruppe Modern Talking und der Marke Premiere World. Meist entstehen solche Ideen aus dem Bauch, ohne Daten, die diese Verbindung als sinnvoll erscheinen lassen.

Mit dem EMNID-Test erfolgt eine Vorauswahl bei der Künstlersuche über zwei Ebenen, die zuerst gar nichts miteinander zu tun haben: Es werden persönliche Einstellungen zu neutralen Begriffen erfragt, die im Anschluss eine Bewertung der Marke und des Testimonials gleichermaßen zulässt. Stimmen die Werte überein, kann man von einer Affinität zwischen Marke und Person sprechen. Auf zwei verschiedenen Ebenen werden Daten erhoben, die in der Kombination die valide Antwort darüber zulassen, wie sich für die Zielgruppe die Marke bzw. der Prominente darstellt. Die heute nahezu exklusive Möglichkeit, über Daten diverser prominenter Personen zu verfügen, erlaubt uns als spezialisierte Agentur, Vergleiche innerhalb der Ergebnisse und somit auch der Personen anzustellen. Das macht unsere Beratungstätigkeit gegenüber den Markenartiklern einzigartig.

Ein Prominenter kann natürlich ein Image einbringen und die Einstellung zur Marke langfristig verändern, sogar durch seine Person eine Umpositionierung der Marke herbeiführen – ziehen wir zum Beispiel das Konzept der Deutschen Telekom mit Manfred Krug als Referenz heran.

Meist wird ein Prominenter als Zugpferd genutzt, um Marken zu etablieren, denn der höchste Nutzen eines Prominenten ist die Bekanntheit. Die Bekanntheit, die sich der Werbetreibende ansonsten mit teuren Werbegeldern in den Medien erkaufen muss.

Bestes Beispiel AOL: Jeder kennt Boris Becker, und durch den neuen Spot kennt jetzt auch jeder AOL. Die Bekanntheit des Prominenten wirkt sich auch auf die Marke aus, das heißt das Testimonial Boris Becker kann in relativ kurzer Zeit den Bekanntheitsgrad der Marke auf ein außergewöhnlich hohes Maß anheben. Und mit der Wahl des richtigen Prominenten erhält man zudem gewisse Werte, die sich automatisch an die Marke binden.

Mit dem EMNID-Test kann man heute ganz genau die Passgenauigkeit zwischen Markenimage und welcher Prominente mit welchen Werten assoziiert wird, analysieren. Gerade Sportler befinden sich sehr in der familiären, sozialorientierten Ecke der Werteachse. Hinzu kommen Pflichtbewusstsein und Ehre. Die Bevölkerung geht davon aus, dass Sportler, wenn sie erfolgreich sind, eine gewisse Disziplin besitzen. Dies spiegelt sich zum Beispiel im täglichen Training wider. Kein Alkohol und gesunde Ernährung sind selbstverständlich, da Sportler mehr auf ihre körperliche Leistungsfähigkeit angewiesen sind als andere.

Stefan Raab wiederum oder auch Thomas Gottschalk sind sehr individuelle Persönlichkeiten, sehr ichbezogene Menschen. Und Süßigkeiten, wie Haribo und Katjes, sind mit Sicherheit auch Produkte, die eher hedonistisch orientiert sind. Salzige Knabberartikel sind wiederum Produkte die stark im sozialen Bereich ihre Ansprache finden. Nehmen Sie zum Beispiel Chio-Chips, Menschen kommen zusammen und essen Chips bei einer Party etc. Dazu gibt es natürlich auch den passenden Prominenten!

Sie haben vorhin gesagt, dass Prominente vor allem dazu benutzt werden, Bekanntheit auszunutzen. Dadurch, dass Boris Becker eine extrem hohe Bekanntheit hat, wird auch AOL bekannt. Besteht nicht die Gefahr, dass der Prominente so viel Aufmerksamkeit erregt, dass man die Marke nicht mehr wahrnimmt?

Natürlich gibt es zwei schwerwiegende Vorbehalte, die man gegenüber Werbung mit Prominenten hegt: Zum einen, dass der Werbetreibende bei einer mittel- bis langfristigen Strategie nie weiß, wie sich die Person entwickeln wird. Fehlverhalten des Prominenten können für eine Marke unwiederbringliche Imageverluste bedeuten. Wogegen man sich jedoch weitgehend vertraglich absichern kann.

Abbildung 2: „Bin ich schon drin?" fragt Boris Becker als ahnungsloser Internet-Neuling – ein Erfolg für AOL. Foto: Lüb Media

Zweitens, der Prominente kann die Marke dominieren, sodass in der Erinnerung der Zielgruppe das Testimonial bleibt, die Marke jedoch nicht eindeutig zugeordnet werden kann. Diesen Vorwurf muss man meines Erachtens zum Großteil den Agenturen anlasten, die es nicht verstanden haben, die Einbindung der Person im optimalen Verhältnis gegenüber der Marke zu integrieren. Zudem ist die Wahl eines passenden Testimonials wichtig für die Glaubwürdigkeit, die ein Spot vermitteln soll. Ohne dies ist eine Merkfähigkeit ohnehin nicht gegeben. Ein schönes Beispiel ist die Kampagne, die vor Jahren mit Franz Beckenbauer und einer Fenstermarke entwickelt wurde. Diese Verbindung ist zumindest mir bis heute nicht zugänglich.

Entscheidend ist auch die kreative Umsetzung, wie die Person mit der Marke verbunden wird. Zum Beispiel finde ich es gelungen, wenn Johannes B. Kerner den Obstgarten-Deckel ableckt. Das ist für mich ein absolutes Key Visual. Es macht menschlich und ist zudem merkfähig. Die Marke, direkt im Gesicht von Herrn Kerner, ist überdies auch auf andere Medien übertragbar und steigert die Wiedererkennung durch medienübergreifende Kommunikation. Es ist selten der Prominente, dem letzteres zum Vorwurf gemacht werden kann.

Boris Becker nimmt in dem aktuellen Werbespot den Markennamen AOL nicht einmal in den Mund. Würde bei einer anderen Umsetzung nicht eine stärkere Bindung zwischen Marken und Testimonial entstehen?

Das denke ich schon. Der Vorwurf, dass der Prominente die Marke überlagert, ist hier teils angebracht. Diesem Vorwurf kann man entgehen, indem die kreative Umsetzung die Verbindung zwischen Marke und Prominenten schafft. Ist der Spot hingegen am Ende austauschbar, das heißt die Marke AOL kann gegen T-Online ersetzt werden, ohne dass sich die Story des Spots an sich verändert, dann ist es selbstverständlich, dass keine Bindung zur Marke bzw. zum Markennamen entsteht. Es sei denn, Sie nutzen typische Elemente in der kreativen Umsetzung so, dass eine herausstechende Optik gewährleistet ist, die die Zielgruppe sofort als Elemente der Marke decodiert Doch dies ist nun mal bei AOL und Becker nicht der Fall. Der Vorwurf gilt dem Produzenten, der Agentur oder auch dem Kunden – aber bestimmt nicht Boris Becker.

Boris Becker hatte bereits extrem viele Werbeverträge, und vielleicht werden mit ihm einfach schon zu viele Marken assoziiert. Ist es denn überhaupt noch möglich, bei Boris Becker eine starke Verbindung zwischen der Marke und der Person Boris Becker herzustellen?
Ich glaube, so jemand hat das Potenzial und die Größe, mit mehreren Marken assoziiert zu werden.

Ist es manchmal nicht praktikabler, eine ganz extreme Bindung zu schaffen, wie zum Beispiel Thomas Gottschalk und Haribo? Also eine Ehe zwischen Prominenten und Marken?
Für Haribo ist es sicher eine gelungene Kombination, aber eine derartige Alleinstellung ist eigentlich unbezahlbar. Im Grunde geht es doch um den Relevant Set, den ein Endverbraucher in sich trägt, wenn er mit einer Kaufabsicht den Supermarkt betritt. Wenn Thomas Gottschalk auch für die Marke Sony Werbung machen würde, dann hat das mit dem Produktbereich Gummibärchen überhaupt nichts zu tun. Das Relevant-Set spielt sich doch dann zwischen Haribo, Katjes und irgendwelchen No Name Marken ab. Dieses Relevant-Set des Endverbrauchers ist letztendlich entscheidend. Ich finde es absolut notwendig für jeden Werbetreibenden, der einen Prominenten für seine Marke verpflichtet, dass er sich zur Sicherheit eine Branchen-Ausschließlichkeit zusichern lässt.

Glauben Sie, dass Prominente ‚Marken" sind, genauso wie Produkte?
Definitiv! Genau das sagt im Prinzip auch der EMNID-Test. Es gibt viele Menschen, die in der Öffentlichkeit einen Bekanntheitsgrad von über 70 Prozent haben. Da müssen Sie erst mal auf der Gegenseite eine Marke finden, die eine so hohe Bekanntheit hat. Ich könnte mir sogar vorstellen, dass eine Marke wie AOL heute noch keinen Bekanntheitsgrad von mehr als 70 Prozent erreicht, obwohl sie mit Boris Becker wirbt. Die Kontinuität der Becker-Kampagne kann diese Werte allerdings schneller erreichen als eine Kampagne ohne Prominenten im gleichen Zeitraum und bei gleichen, finanziellen Aufwendungen.

Wenn jemand die Personen Boris Becker oder Kai Pflaume kennt, dann hat derjenige ein Bild im Kopf, jeder weiß wie diese Männer aussehen. Das ist wieder dieses Key Visual. Das Key Visual bei einem Promi ist sein Gesicht oder bei Thomas Gottschalk vielleicht seine Haare. Es kann auch eine bestimmte Eigenart der Person sein, die merkfähig ist. Die Medien machen es heute möglich, dass wir über manche Personen mehr wissen als über andere. Sind es nicht die Haare, über die berichtet wird, ist es die Beziehung, die Kinder oder ein Sprachfehler. Menschen werden zu Marken gemacht, ob sie es wollen oder nicht. Der eine oder andere empfindet diese Publicity als unangenehm. Marken müssen sich jedenfalls diese Zurschaustellung teuer durch Werbezeiten erkaufen!

Kai Pflaume, der erst vor sieben Jahren angefangen hat, Fernsehsendungen zu moderieren, hat heute einen Bekanntheitsgrad von über 83 Prozent. Um eine Marke innerhalb von sieben Jahren auf einen Bekanntheitsgrad von 83 Prozent zu bekommen, müssen Sie immense Werbegelder einsetzen.

Diesen Effekt kann man auch bei Veranstaltungen beobachten. Menschen werden durch die Präsenz von Günther Jauch auf der CeBit eher angezogen als von einem Softwarehersteller. Oder auf der Frankfurter Buchmesse: Als Verona Feldbusch ihr Kochbuch vorstellte, war der Messestand des Verlags hoffnungslos überlastet. Wie auch eine Marke von der Bekanntheit und vom Imageaufbau lebt, baut ein Prominenter diesen Status auf und macht sich dies zu nutze.

Es gibt allerdings auch Fälle, bei denen Prominente mehr Schaden von einer Markenkooperation nehmen als die Marken selbst: Ein Beispiel sind die Aktivitäten von Heiner Lauterbach und eines Potenzpräparates, die wurden mehr oder weniger belächelt und in diversen Magazinen und TV-Shows kolportiert.

Das ist eine Frage, die wir den Künstleragenturen stellen: Wie stark achten Sie darauf, dass so etwas nicht passiert, und wer trifft die Auswahl der Werbeverträge?
Das wird sehr wohl sondiert. Aus unserer eigenen Erfahrung wissen wir, dass es viele Künstler gibt, die mit einem Produkt, wie zum Beispiel Zigaretten, Bier oder Alkohol, generell nicht in Verbindung gebracht werden möchten. Es gibt auch Personen des öffentlichen Lebens, die lehnen Werbung generell ab. Diese Entscheidung muss jeder natürlich für sich selbst treffen.

Es gibt immer mehr Prominente, von denen jeder einzelne immer weniger prominent ist. Welche Schwierigkeiten entstehen durch die Inflation von Prominenten?
Ich denke nicht, dass hierdurch Schwierigkeiten entstehen. Hier ist die Abgrenzung zwischen Stern und Sternchen gefordert. Es gibt Weltstars, also Leute wie David Bowie oder Madonna, die man überall auf der Welt kennt. Dann gibt es die nationalen Stars, die in den einzelnen Ländern eine Bedeutung haben, so wie Jay Leno in Amerika oder hier in Deutschland Harald Schmidt als Late Night Talker. Sie haben eine regionale Bedeutung für ihr Land, für die Sprache, die sie sprechen. Sicherlich, Jay Leno wird auch hier gesehen, dennoch wird er nie breite Akzeptanz in Deutschland oder Europa erlangen. Wenn AOL auf dem deutschen Markt mit Jay Leno werben würde, wäre das zwar aufgrund des Ursprungs nachvollziehbar, aber am deutschen Markt vorbei. Boris Becker bewegt auch die Menschen in den USA.

Es wird immer schwieriger, jemanden zu finden, der kein Weltstar ist, aber mehr als ein regionaler Star. So etwas wie einen europäischen Star gibt es kaum. Wenn überhaupt, dann im Sport bzw. Fußball.

Gibt es nicht auch immer mehr Stars, die in bestimmten Szenen Stars oder prominent sind? Zum Beispiel Soap Stars wie Oli P.?
Das hat etwas mit unserer multimedialen Welt zu tun. Das fängt bei Kleidungsstücken an und endet bei solchen „Stars“ oder „Sternchen“. Jeder zieht sich für seinen Bereich aus der Informationsflut das heraus, was er für sich selbst als interessant empfindet. Wenn es früher Jeanshosen mit Schlag gab, dann hatten die alle an. Das ist heute nicht mehr so. Wenn man heute eine Jeanshose sucht, dann bekommt man zwanzig verschiedene Schnitte angeboten, unter denen man dann noch die Farbe bestimmen kann. Und genau so ist es bei den Medien oder bei den Stars heute auch.

Die Zielgruppe definiert ihren „Star“ für sich selbst, ob er anderen gefällt oder nicht. Früher kannte jeder Peter Frankenfeld. Es gab eben nur drei Fernsehsender. Peter Frankenfeld war in Deutschland ganz automatisch ein nationaler Star. Einschaltquoten von 50 Prozent oder 60 Prozent waren zu dieser Zeit möglich. Heute undenkbare Größenordnungen.

Wird es dadurch nicht immer schwieriger, Prominente für die Werbung zu finden? Die Kampagne von Premiere World hat eine große Auswahl an Prominenten eingesetzt, die nicht jeder kennt.
Das ist richtig. Der Bekanntheitsgrad ist ein ganz entscheidender Punkt. Für ein Produkt, das die breite Masse anspricht, also Produkte des alltäglichen Bedarfs, sollte man natürlich jemanden einsetzen, der ein breites Zielpublikum anspricht. Das gibt es selten. Das sind Leute, die einen Bekanntheitsgrad von über 90 Prozent haben, wie zum Beispiel Thomas Gottschalk.

Aber Thomas Gottschalk ist niemand, der wirklich jeden anspricht ...
Jemand der bekannt ist, muss nicht unbedingt beliebt sein! Das macht die Auswahl des richtigen Prominenten für Produkte mit breiter Zielgruppenansprache so schwierig und bedeutungsvoll. Das ist das, was wir bieten wollen: Markensympathie mit der Sympathie des jeweiligen Prominenten innerhalb der definierten Zielgruppe bestimmen und mittels dieser Informationen passgenaue Werbekonzepte erstellen.

Ein schönes Beispiel ist die Marke Pringles: Sie passt nach dem EMNID-Test am besten zu Ingolf Lück. Das ist meines Erachtens nachvollziehbar, denn er spricht eine ganz bestimmte Zielgruppe an. Menschen die zwischen 20 und 30 Jahre alt sind und trotzdem nicht dem Klischee der Chio Chips Partybesucher entsprechen. Eine klare Chance zur Differenzierung gegenüber anderen Marken in diesem Produktsegment.

Das Konzept von Yello hingegen finde ich fragwürdig. Wer heute Ingolf Lück sympathisch findet, ist zwischen 20 und 35 Jahre alt. Ein Großteil der angesprochenen Zielgruppe studiert, lebt noch zuhause bei den Eltern und hat bisweilen nur wenig Kontakt mit Stromrechnungen gehabt. Mit Ingolf Lück nutzt Yello jemanden, der nicht in der passenden Zielgruppe für Aufmerksamkeit sorgt. Dies ist eine typische Fehlentscheidung. Wie sagt man: Der Wurm muss dem Fisch schmecken, nicht dem Angler!

Polarisiert ein Prominenter zu sehr für ein Massenprodukt wie Strom?
Heute mehr denn je. Ein Prominenter polarisiert zunehmend aufgrund der Diversifizierung der Medien und individuellen Geschmäcker. Breite Akzeptanz, über alle Zielgruppen hinweg, erreichen nur noch wenige Prominente.

Wie sieht es in der Praxis aus? Werden Entscheidungen über Prominenten-Testimonials nach systematischen Vorüberlegungen getroffen?
Ich glaube, die Marketing-Entscheider in den Industrieunternehmen haben bis dato kein Instrument, mit dem sie diese Entscheidung mit Fakten belegen können und müssen sich somit auf ihr Bauchgefühl verlassen. Es wird aus dem Bauch heraus entschieden, welche Person für ihre Marke richtig ist. Ob die von langer Hand definierte Zielgruppe sich für die Person erwärmen kann, wird mit der Zeit sekundär für den Entscheider, denn er ist ja überzeugt. Gerade hier möchten wir als Spezialagentur neue, eindeutigere Wege aufzeigen. Sicher, man kann nicht alles rational erklären – aber wenn man sich vor Augen geführt hat, welche Grundwerte die Zielgruppe besitzt, dann hätte man ein Leichtes daran getan, den selben Spot für Yello Strom mit einem für Strom passenderem Testimonial zu drehen.

Wie beurteilen Sie die Entwicklung auf dem Promi-Markt? Wird der Anteil von Testimonials mit Prominenten steigen oder sinken?

Der Anteil wird definitiv steigen, denn dieser Trend zeichnet sich auch in den USA ab. In Amerika ist es mittlerweile so, dass in 20 Prozent der Prime Time Spots Testimonials eingesetzt werden. Jeder fünfte Spot in den USA arbeitet mit dem Testimonial-Format. Insgesamt gesehen sind es 10 Prozent aller laufenden Spots. Bei uns sind es derzeit insgesamt 6 Prozent, noch vor 3 bis 4 Jahren waren es 3 Prozent. Wir nehmen mal an, dass es sich in Europa tendenziell genauso entwickeln wird.

Erschwert wird dieser Trend durch die Diversifizierung der Medien. Dadurch kann man heute den Bekanntheitsgrad einzelner Personen nicht mehr so einfach aufbauen wie es früher einmal möglich war. Heute wird es immer schwieriger, auch eine Person als Marke zu etablieren. Die Person muss sich extrem zur Schau stellen oder bei jedem zweiten Film dabei sein, so dass eine permanente Präsenz gewährleistet ist. Man muss heute mehr bewegen, sowohl als Promi als auch als Marke, um überhaupt in der breiten Masse eine hohe Bekanntheit zu erringen.

Gibt es bestimmte Branchen, in denen vermehrt mit Promis geworben wird oder umgekehrt welche, wo man nie Prominente einsetzen würde?

Die Spreu vom Weizen trennt sich eindeutig bei der Größe oder der finanziellen Potenz der Marke. Die meisten Marken können sich einen Prominenten nicht leisten. Insofern ist es eigentlich nur den großen Markenartiklern vorbehalten, mit Prominenten zu werben. Es hat nichts mit den Produkten an sich zu tun. Ein Caravan-Hersteller könnte Rudi Carrell wahrscheinlich im Hinblick auf Kosten und Leistung nicht verpflichten, auch wenn das vielleicht passen würde.

Was unterscheidet ein Sternchen von einem Star?

Ein Sternchen ist jemand, der kurzzeitig aufleuchtet und danach wieder erlischt. Da gibt es unzählige Beispiele von Menschen, die es nicht geschafft haben, sich über einen längeren Zeitraum zu etablieren. Guildo Horn ist ein gutes Beispiel: Der Werbespot mit ihm läuft zwar noch, wurde aber auch genau zur Hochphase des Sängers entwickelt, in der Agentur und Kunde hofften, dass sie vom Erfolg des Guildo Horn länger profitieren würden – diese Rechnung ist eben nicht aufgegangen. Stars sind für mich Leute, die sich über längere Zeiträume etabliert haben und so schnell nicht wieder wegzudenken sind. Als klassischer Markenartikler kann man sich im Grunde nur auf solche Testimonials einlassen.

Kann ein Werbespot beim Aufbau von Prominenz helfen?

Ich glaube schon, dass sich ein guter Werbespot auch positiv auf das Image des Testimonials auswirken kann. Verona Feldbusch hat extrem davon profitiert, dass sie im Moment ihrer eigentlichen Ruhephase zwei Werbeverträge hatte. Das hat ihr auch in Bezug auf ihre neue Sendung geholfen. Gerade bei ihr ist es sehr offensichtlich, dass Werbepartner und Prominenter voneinander profitiert haben. Aber wer weiß das schon vorher?

Petra Haibach, McCann-Erickson Hamburg

Petra Haibach. Foto: McCann-Erickson

Petra Haibach ist Beraterin für Iglo bei McCann-Erickson Hamburg. Zusammen mit Harald Prantner (Creative Director), Susanne Eggers (Strategische Planung), Sahra Therani (Junior AD), Guntram Krasting (FFF) und Christian Heinel (Text) entwickelte sie die Kampagne für Iglo/Unilever mit Verona Feldbusch. Seit Anfang 1999 wirbt Verona Feldbusch in verschiedenen Fernsehspots mit großem Erfolg für Iglo-Rahmspinat. „Mit der ersten Spotserie wurde der Kultcharakter des „Blubb" wiederbelebt. Die Ergebnisse: Die Awareness stieg von 56 auf 69 Prozent, die Image-Werte der Marke Iglo zeigen aufwärts (Qualität: plus 8 Prozent, Innovationscharakter plus 17 Prozent, Markenpräferenz plus 13 Prozent). Das Verkaufsvolumen stieg im Werbezeitraum um bis zu 30 Prozent." (Wollschläger, Joachim: *Reine Spinatsache* in w&v 37/99, S. 98 – 99). Das Interview fand am 10. Februar 2000 in Hamburg statt.

Gibt es Branchen, in denen vermehrt mit Prominenten geworben wird?
Im Moment wird fast überall mit Promis geworben. Man spricht ja auch richtig von einer Prominentenschwemme. Es hat sich aber erst in der letzten Zeit so entwickelt, dass es immer mehr Prominentenkampagnen gibt. Ich sehe keine spezifischen Branchen, die speziell extrem viel mit Prominenten arbeiten.

Gibt es eigene Gesetze für Prominenten-Werbung?
Einen Prominenten nur deshalb zu nehmen, um Awareness zu kriegen, also Lautstärke, das ist eine Sache. Wichtig ist, dass der Prominente zum Produkt passt und dass es Imageübereinstimmungen gibt. Außerdem ist es wichtig, dass es hinter jeder Promikampagne eine Geschichte gibt. Es ist strategisch wichtig, dass der Verbraucher anhand einer Geschichte nachvollziehen kann, warum diese Person Werbung für dieses Produkt macht. Die Werte zwischen Produkt und Person müssen übereinstimmen.

Muss die prominente Person ganz bestimmte Eigenschaften haben oder reicht Bekanntheit?
Man kann jemanden suchen, der überall beliebt ist. Aber auch jemand, der polarisiert, ist gar nicht schlecht. Verona Feldbusch war sicher eine Person, die polarisiert hat, auch in verschiedenen Altersgruppen. Die Leute sollen sich mit der Person und dem Produkt auseinandersetzen. Eine Person, die nur lieb und nett ist, kann für manche Bereiche sicherlich auch richtig sein, aber es ist kein ausschließliches Kriterium. Das muss man je nach Fall entscheiden.

Welches sind die Hauptgründe für den Einsatz von Prominenten in der Werbung?
Aufmerksamkeit ist sicherlich einer der Hauptgründe. Das ist das größte Problem der Werbung heutzutage, es sei denn, man hat ein Mega-Budget. Prominente haben eine Hebelwirkung, einen Multiplikatorfaktor. Prominenten-Werbung wird in der Regel besser erinnert. Aber das ist nicht der einzige Grund. Der andere Grund ist, dass man Identifikation schaffen will. Die Leute interessieren sich einfach

für Prominente, das sieht man an dem Erfolg von Zeitungen wie Gala und Bunte. Prominente wecken also nicht nur Awareness, sondern auch ein allgemeines Interesse.

Wie beurteilen Sie den Unterschied zwischen einem Prominenten-Testimonial und einem No-Name-Testimonial? Was leistet ein Prominenter, was ein No-Name nicht leisten kann?
Er kann eine größere Identifikation schaffen, weil man diese Person eben schon besser kennt. Ein No-Name hat keine Geschichte hinter sich. Es ist einfach nur eine Person, bei der man anhand ihrer Optik beurteilt, ob man sich mit ihr identifizieren kann oder nicht. Ein Promi hat da mehr Facetten. Da gibt es größere Identifikationsmöglichkeiten.

Mit einem Promi hat man mehr Möglichkeiten. Sie können, gerade wenn es Schauspieler sind, zum Beispiel Rollen spielen und müssen nicht immer nur den Verbraucher darstellen. Das bedeutet allerdings nicht, dass Promi-Testimonials zwangsläufig besser sind.

Gibt es Vorteile von unbekannten Darstellern?
Es kommt darauf an, was man möchte. Möchte man das reale Leben darstellen, ist ein Prominenter manchmal nicht angebracht. Wenn man weiß, dass gewisse Prominente einen exklusiven Lebensstil haben, wirken sie bei profanen Tätigkeiten unglaubwürdig. Gerade den Mega-Promis nimmt man solche alltäglichen Dinge wie zum Beispiel die Dusche sauber machen nicht ab. Da sind No-Name-Testimonials geeigneter.

Sehen Sie die Gefahr, dass ein Star von einem Produkt ablenkt?
Ja, klar. Da komme ich wieder auf den Urpunkt: Wenn keine Geschichte da ist und alles nur aufgesetzt ist, wenn man den Promi nur um des Promis willen hat, und es keine Verbindung zwischen Produkt und Prominenten gibt, dann kann es sein, dass der Promi lauter ist als das Produkt. Es sollte ein ausgewogenes Spiel sein, bei dem eine klare Identifikation zwischen Prominenten und Produkt stattfindet und umgekehrt. Man kann nicht nur sagen: Der Promi tut etwas für das Produkt. Man muss sich auch fragen: Was tut das Produkt für den Promi?

Und das ist bei Verona Feldbusch auch ganz entscheidend. Als wir vor anderthalb Jahren die Kampagne entwickelten, hatte sie durch die Sendung *Peep* ein sehr eindimensionales Image. Sie war eine sexy Frau, modern, mit ihrer Scheidung im Gerede, aber ihr fehlte etwas Hausfrauliches, eben, dass sie sich mit Dingen wie Essen beschäftigt und nicht nur mit ihrem Aussehen. Somit konnte sich Verona (neben dem Geld) auch einen Imagevorteil durch den Iglo-Werbevertrag erhoffen. Sie konnte neue Facetten zu ihrem Image dazuaddieren, was man vorher von ihr gar nicht erwartet hätte. Man hätte eher erwartet, dass sie eine Dessous-Kollektion herausgibt oder ähnliches. So war es ein Überraschungseffekt, von dem auch sie profitiert hat. Und das ist, denke ich, ganz wichtig. Es ist eine Win-win-Situation.

Sind Prominente genauso Marken wie die Produkte, für die sie werben?
Manche ja und manche nein. Eine Marke muss gewisse Kriterien erfüllen. Da ist die Frage, wer eine Marke ist und wie stringent diese Marke geführt wird. Da gibt es Leute, die sich sehr eindimensional positionieren, in dem was sie tun und welches Bild der Verbraucher von ihnen im Kopf hat. Es gibt

auch andere Stars, die noch experimentieren und sich noch nicht richtig gefunden haben. Da weiß der Verbraucher nicht genau, was sie machen. Die machen TV, Werbung, alles mögliche. Dabei ist ganz wichtig, dass es *Typen* sind. Typen, die Ecken und Kanten haben und hängen bleiben.

Man kann also nicht sagen, dass alle Prominenten Marken sind. Manche sind Marken und manche sind einfach nur bekannte Gesichter. Die haben nicht die Qualität, eine Marke zu sein und für etwas Bestimmtes zu stehen. Um eine wirkliche Marke zu sein, muss man mehr haben als nur ein bekanntes Gesicht.

Inwieweit findet ein Imagetransfer zwischen Produkt und Prominenten statt? Ist dieser Imagetransfer messbar?
Für mich ist es ein erfolgreicher Fall, wenn der Imagetransfer in beide Richtungen passiert. Inwieweit das beim Prominenten gemessen wird, kann ich nicht sagen. Auf der Seite der Werbeagentur messen wir selbstverständlich die Imageveränderungen. Die Imagewerte können sich produktbezogen verändern, wie Qualitäts- oder Innovationswerte, oder das können rein emotionale Werte sein, wie „die Marke, die ich gern habe", „die ich präferiere", „die mir am nächsten ist". Ein Prominenter hat sowohl Einfluss auf emotionale als auch auf funktionale Werte. Durch die Strategie muss vorgegeben sein, was man erreichen möchte, und das Ergebnis wird an den Zielen gemessen.

Wie stark ist die Bindung zwischen Prominentem und Produkt – zum Beispiel Thomas Gottschalk und Haribo?
Im Moment ist Thomas Gottschalk sehr stark mit dem Image von Haribo verbunden. Die Frage ist, was er danach macht und wie stark und wie glaubwürdig das ist. Es ist immer schwierig, wenn jemand so stark mit etwas verbunden ist. Das muss nicht unbedingt Werbung sein, dass kann auch ein Rolle sein, auf die er festgelegt ist.

Ist Thomas Gottschalk ein Teil der Marke Haribo geworden?
Das ist die große Angst der Strategen, dass eine Marke „personifiziert" wird, indem sie ganz stark an eine Person gebunden wird. Dass ist eine große Gefahr, wenn nicht noch etwas zusätzliches da ist, wofür die Marke steht. Bei Gottschalk und Haribo ist das gefährliche, dass es keine zusätzliche Botschaft gibt. Thomas Gottschalk selbst ist die einzige Botschaft der Spots. Bei Iglo denkt man, was wir in Tests herausgefunden haben, auch an den Blubb und nicht nur an Verona. Es ist immer eine Gefahr, wenn Prominente sehr stark an eine Marke gebunden werden. Man weiß ja nicht, was sie morgen tun. Kurzfristig kann eine Bindung zu einem Prominenten gut sein, längerfristig wird sie zu einer Gefahr, die man schlecht kalkulieren kann. Meiner Meinung nach kann man aber im Vorfeld schon strategisch und kreativ steuern, inwieweit eine Person nur zur Spokesperson wird, die etwas verkauft, oder inwieweit sie die Marke darstellt.

Warum haben sie sich für eine Prominenten-Kampagne entschieden?
Das ganze fing mit einer klassischen Selling Strategy an. Iglo-Rahmspinat war eine einfache schnelle Mahlzeit, die die Leute als Notration nutzten und hauptsächlich mit Kartoffeln aßen. Ein Problem war die Verwendungsintensität. Die Leute haben Rahmspinat nur einmal im Jahr gegessen, was extrem

selten ist. Interessanterweise gaben die Verbraucher bei Befragungen eine viel höhere Verwendungshäufigkeit an. Ein weiteres Ziel war es, den Leuten neue Ideen zu geben, was sie mit Rahmspinat alles tun können.

Abbildung 3: Verona und der Blubb: Eine Win-win-Situation. Foto: Unilever

Das Briefing an die Kreation war: „Entwickelt eine Kampagne, die das ‚top of mind' revitalisiert und neue Verwendungsanlässe herausstellt." Intern hatten wir noch den Anspruch, eine sehr laute Kampagne zu entwickeln, um das begrenzte Budget möglichst wirkungsvoll zu nutzen.

So überlegten die Kreativen, was sie mit einem einfach und schnell zuzubereitenden Produkt, das irgendwie traditionell ist, machen können. Damals war Verona Feldbusch schon sehr präsent in den Medien, und in einer Sendung saß sie vor einem Hummer an einem Tisch und sagte „Wenn ich gewusst hätte, wie einfach kochen ist, hätte ich mir eine Menge Ärger erspart." Daraus ist die Idee entstanden, dass Kochen nicht eben ihre Stärke oder ihre Leidenschaft ist und sie vielleicht auch andere wichtigere Dinge im Leben hat, wie zum Beispiel ihre Karriere. Verona Feldbusch stand für eine Frau, die nicht besonders gut kochen kann, und so war sie perfekt für ein Produkt, dass sehr einfach zuzubereiten ist.

Wenn Verona Feldbusch den Werbevertrag nicht angenommen hätte, hätten wir nicht nach einem anderen Prominenten gesucht. Die Strategie sah nicht zwangsläufig eine Promi-Kampagne vor. Unsere Alternativkampagnen, die wir zur Sicherheit entwickelt hatten, als der Vertrag mit Verona noch nicht unterschrieben war, arbeiteten ohne einen Prominenten.

Nutzen Sie Instrumente wie das IMAS-Promimeter oder den EMNID-Testimonial-Check?
Nein, wir haben unsere eigenen Testmethoden, und die großen Kunden wie Unilever verfügen auch über eigene Tools, um solche Sachen zu überprüfen.

Im Vorfeld der Kampagne haben wir psychologische Gesprächsrunden gemacht, die uns viele Erkenntnisse gebracht haben. So hatten wir in den ersten Entwürfen noch viele Elemente der klassischen Verona-Klischees wie Sex und Anrüchigkeit, was wir revidiert haben. Wir haben daraufhin entschieden, eine Verona zu zeigen, die noch niemand gesehen hat, anstatt die üblichen Klischees zu bedienen.

Zukunft? Trends? Wie sehen Sie die zukünftige Entwicklung im Promi-Markt? Wird der Anteil an Testimonials mit Prominenten eher zunehmen, gleich bleiben oder sinken?
Die Kreativen hoffen, dass es weniger Promis in der Werbung gibt. Ich glaube, dass es sich irgendwann totläuft. Nur die guten werden überleben. Irgendwann wird es nicht mehr diese Hebelwirkung haben. Irgendwann geht das Besondere verloren.

3. Schlussbetrachtung

Die Interviews zeigen deutlich, dass Künstleragenturen eine andere Herangehensweise an das Thema haben als die Praktiker aus Werbung und Marktforschung: Bei den Künstleragenturen hat sich herauskristallisiert, dass ein strategischer Markenaufbau besonders bei kleineren Stars nicht stattfindet. Um valide Grundlagen für einen strategischen Image-Aufbau zu erlangen, wäre Marktforschung nötig. Doch die Künstleragenturen scheuen die Kosten solcher Untersuchungen und verlassen sich lieber auf ihr Bauchgefühl.

Generell kann man schlussfolgern, dass die Vermarktung von Prominenten nicht in gleichem Umfang wie bei Produkten oder Dienstleistungen betrieben wird. In Einzelfällen, bei großen Stars, mag das möglich sein, aber für den Durchschnittsprominenten ist eine solche Vermarktung noch Zukunftsmusik. Die Künstleragenturen *reagieren* oft eher; die einzelnen Karrieren sind stark von Zufällen und Trends geprägt. Scheinbar rentieren sich strategische Überlegungen erst ab einem bestimmten Bekanntheitsgrad. Interessant ist auch, dass bei der Vermarktung von Prominenten offensichtlich weniger Instrumente benutzt werden als bei der Markenführung von Produkten. Pressearbeit spielt neben der Präsentation der Künstler durch Demobänder, Setkarten und Internetseiten eine der größten Rollen. Die Auswahl von Verträgen, sei es für Rollen oder Werbeauftritte, kann nicht wirklich als Instrument begriffen werden, da das Angebot für einen solchen Vertrag in der Regel von außen kommt. Allein die pmc GmbH in Köln entwickelt durch ihr Packaging ein auf dem deutschen Markt neues Instrument, das aktiv eingesetzt werden kann, um jemanden prominent zu machen oder einen Image-Aufbau zu verfolgen.

Bei den Gesprächen mit den Experten aus Werbung und Marktforschung zeigte sich ein anderes Bild. Stars oder Prominente wurden durchweg als Marke begriffen und auch so behandelt und eingesetzt. Das zeigt sich besonders deutlich bei EMNID, die ein ursprünglich für Marken entwickeltes Forschungsinstrument auf Prominente anwenden. Mit dem EMNID-Testimonial-Check können für jeden Prominenten die Marken ermittelt werden, die zu ihm passen. Damit haben die Künstleragenturen ein optimales Akquisitionsinstrument, um ihre Prominenten den entsprechenden Firmen als Testimonial anzubieten. Und wie von allen Befragten bestätigt, kann ein Werbevertrag dem Prominenten auf seinem Weg zum Erfolg sogar hilfreich sein – sowohl in Bezug auf die Bekanntheit als auch in Bezug auf sein Image.

Bislang scheinen allerdings Künstleragenturen und werbetreibende Unternehmen kaum auf Marktforschungsdaten zurückzugreifen. Die Werbe- und Marktforschungs-Praktiker sind sich einig. Auch die Marketingentscheider in den Unternehmen verlassen sich bei der Auswahl eines Prominenten als Testimonial nach wie vor oft auf ihr Bauchgefühl.

Bleibt die Frage, woran das liegt. Ist den Firmen nicht bekannt, dass es entsprechendes Datenmaterial gibt? Sind ihnen die Marktforschungsdaten in Relation zu ihrem Nutzen zu teuer? Oder ist der glamouröse, sehr emotionale Bereich Stars und Prominente möglicherweise ein Gebiet, auf dem sich jeder für einen Experten hält?

Goethe als Marke

Von Branko Woischwill

1. Einleitung

Abbildung 1: Goethe im 79. Lebensjahr (Ullstein-Bild, Berlin)

Wahren Erfolg – Goethe hat ihn: Seine Werke sind Pflichtlektüre an deutschen Schulen, er gilt als größter Dichter der Deutschen (Höfer, 1999) und großer Meister der Menschheit (Walter, 1967, S. 5). Doch was sind die Gründe für Goethes großen Ruhm? Ist es allein der Wert seiner geistvollen literarischen und philosophischen Werke, seiner autobiografischen Schriften, gesammelten Gespräche und Briefe oder seiner naturwissenschaftlichen Forschungen? Gibt es vielleicht noch andere Faktoren, die Goethe zu einem der größten Deutschen der Geschichte gemacht haben?

Einen Hinweis zu dieser Frage liefert uns Goethes Biografie:

„Sprechen wir es [...] aus, dass Johann Wolfgang von Goethe zu denjenigen Menschen gehörte, deren Selbstbewusstsein systematisch darauf gerichtet war, der Nachwelt ihr Bild in jeglicher Form möglichst eindrucksvoll und getreu zu übermitteln. Wir wissen keinen Künstler oder Dichter, der so wie er seinen Nachruhm selbst mitgestaltet hat. Und dazu gehörte nicht nur sein poetisches, sein philosophisches und naturwissenschaftliches Werk, sondern auch sein äußeres Bild und vieles andere mehr." (Walter, 1967, S. 6).

Deutet dies etwa darauf hin, dass Goethe nicht nur ein Meister des Wortes war, sondern auch ein Meister des Marketing? Hat Goethe sich selbst als Marke betrachtet und aufgebaut? Auf diese für mich äußerst spannenden Fragen möchte ich im Folgenden nach einer Antwort suchen: In der Einführung werden ausgewählte biografische Elemente vorgestellt und dann grundlegende Bausteine betrachtet. Anschließend wird untersucht, welche taktischen Marketinginstrumente Goethe einsetzte und wie er dies tat. Der Einsatz der Instrumente wird nach den Maßstäben des Marketingmix bewertet. Nach der zusammenfassenden Analyse des Markenkonzeptes von Goethe wird eingeschätzt, ob Goethe eine Marke ist.

2. Voilà un homme: Goethe

2.1 Biografie

Geboren wurde Johann Wolfgang Goethe am 28. August 1749 in Frankfurt am Main. Seine Mutter stammte aus einer Gelehrten- und Beamtenfamilie, sein Vater aus einer vermögenden Handwerksfamilie. In Frankfurt verbrachte Goethe von 1749 bis 1765 seine Kindheit und Jugend, in der er vorwiegend von Hauslehrern unterrichtet wurde. Von 1765 bis 1768 studierte er Rechtswissenschaft in Leipzig. In dieser Zeit schrieb er erste Gedichte im Stil des Rokoko. Nach einer Unterbrechung schloss er von 1770 bis 1771 sein Studium in Straßburg ab. In Frankfurt war er von 1771 bis 1775 als Rechtsanwalt tätig. 1774 vollendete er *Die Leiden des jungen Werther*, ein Werk, das das Lebensgefühl einer ganzen

Generation traf und den literarischen Weltruhm von Goethe begründete. In vielfältigen amtlichen Tätigkeiten war er von 1775 bis 1786 in Weimar tätig. Hier widmete er sich neben seinen Tätigkeiten als Bergwerksdirektor und Berater am Hofe des Herzogs Karl August auch naturwissenschaftlichen Studien. Seine gesammelten Erkenntnisse über die Entwicklung der Pflanzen wurden 1790 als *Die Metamorphose der Pflanzen* veröffentlicht. 1775 verlobte er sich mit Elisabeth Schönemann, um sich im selben Jahr auch wieder zu entloben. 1784 entdeckte er den Zwischenkieferknochen beim Menschen. 1787 veröffentlichte er das von griechischer Mythologie beeinflusste Schauspiel *Iphigenie auf Tauris*.

Abbildung 2: Goethe trifft Napoleon 1808 (Ullstein-Bild, Berlin)

Von 1786 bis 1788 ging er auf seine erste Italienreise. Auch hier widmete er sich unter anderem seinen naturwissenschaftlichen Studien. Die Leitung des Hoftheaters in Weimar hatte er von 1791 bis 1817. Neben der fortgesetzten Arbeit an literarischen Werken befasste er sich auch mit Studien zur Farbenlehre.

1794 begann seine Freundschaft zu Schiller. 1806 heiratete er Christiane Vulpius. Im gleichen Jahr schloss er die Arbeiten zu *Faust 1* ab. In dem 1809 fertig gestellten Roman *Wahlverwandtschaften* beschäftigte er sich mit dem Konflikt zwischen den subjektiven Wünschen des Individuums und der gesellschaftlichen Moral. Goethe traf Napoleon 1808 bei einem Empfang in Erfurt, bei dem Napoleon ihn mit den Worten „voilà un homme" verabschiedete (siehe Abbildung).

Goethe schloss seine Ausarbeitungen zur Farbenlehre 1810 ab. 1816 starb seine Frau Christiane. Im Jahre 1831 erschienen seine gesammelten Werke als *Ausgabe letzter Hand*. Die Arbeiten zu *Faust 2* wurden im Jahre 1832 abgeschlossen. Goethe bestimmte jedoch, dass das Werk erst nach seinem Tod veröffentlicht werden soll.

Goethe starb am 22. März 1832 und wurde in der Fürstengruft in Weimar beigesetzt (Brockhaus-Enzyklopädie, 1989, S. 629 – 633; Höfer, 1999, 152 – 153).

2.2 Ausgewählte Maxim

Goethe war dafür bekannt, besondere Einstellungen und ein besonderes Verhalten zu besitzen:

> *Zuerst einmal hatte Goethe an sich und seine Werke einen anderen Anspruch als seine Zeitgenossen: „Mit dem, was andern Leuten genügt, kann ich nicht fertig werden." (Biedermann, 1929, S. 14). Sein Anspruch orientierte sich an den großen und schönen Dingen der Welt, denn: „Es liegt in meiner Natur, das Große und Schöne willig und mit Freuden zu verehren, und diese Anlage [...] auszubilden, ist das seligste aller Gefühle." (Beutler, 1948 ff., Bd. 11, S. 50).*

Goethe versuchte, nichts dem Zufall zu überlassen (Mayer, 1973, S. 146) und bevorzugte deshalb das zu Ende Denken verschiedener Optionen. Bildung war dafür eine wichtige Voraussetzung, denn: „Nichts im Leben, außer Gesundheit und Tugend, ist schätzenswerter als Kenntnis und Wissen." (Skupy, 1993, S. 1073).
Des Weiteren konzentrierte er sich möglichst immer nur auf eine Sache: „Wer Großes will, muss sich zusammenraffen." (Skupy, 1993, S. 507) und vermied voreilige Schritte (Klessmann, 1994, S. 27), um nicht den zweiten Schritt vor dem ersten zu machen (von Müller/Reich-Ranicki, 1995, S. 32 – 33).
Zeitmanagement war für ihn wichtig: „Zeit war ihm das kostbarste Element ..." (von Müller/Reich-Ranicki, 1995, S. 36). Er versuchte die vorhandene Zeit nutzvoll auszuschöpfen: „Benutze redlich deine Zeit!" (Beutler, 1948ff., Bd. 1, S. 418).

Alle diese Maximen fasst Goethe zusammen: „Nur klugtätige Menschen, die ihre Kräfte kennen und sie mit Maß und Gescheitheit benutzen, werden es im Weltwesen weit bringen." (Skupy, 1993, S. 505). Nachfolgend wird gezeigt, welche Bedeutung diese Einstellungen für Goethes Erfolg hatten.

3. Anwendung des Marketingkonzeptes auf Goethe

Wenn man sich fragt, ob Goethe schon mit Prinzipien des Marketings arbeitete, so sind zuerst Grundsätze des Marketings zu beleuchten: Die Marketingkonzeption ist ein umfassender, gedanklicher Entwurf, der sich an konkreten Zielen orientiert und in einem logischen Plan die grundlegenden Strategien und notwendigen operativen Handlungen einschließt. (Siehe hierzu ausführlicher den Beitrag *Einführung in Marketing und Markenführung*). Unter einer Marketingstrategie wird ein bedingter, langfristiger, globaler Verhaltensplan zum Erreichen der Marketingziele verstanden. Marketingentscheidungen müssen über Prozesse getroffen werden, die dynamisch, nichtlinear, verzögert, zufallsabhängig und sich gegenseitig beeinflussend sind (Meffert, 1998, S. 55 – 60).

Will man diese Punkte auf Goethe übertragen, so gilt es, zuerst unter verschiedenen Alternativen die Erfolg versprechendsten aufzuspüren: Zu beachtende Aspekte, die sich in der Zukunft ändern konnten, waren die Quantität und Qualität seiner Ressourcen sowie die Entwicklung der Absatzmärkte und der Konkurrenzsituation. Notwendige Informationssammlungen und Informationsauswertungen lassen sich unterteilen in: Situationsanalyse und Marketingforschung. Wie Goethe diese Aspekte beachtete, wird ebenfalls nachfolgend geklärt.

3.1 Die Situationsanalyse

Vor der Auswahl der Marketingziele und Marketinginstrumente ist die möglichst genaue und vollständige Aufnahme der eigenen Lage, des eigenen Mittelbestands und der gegnerischen Lage notwendig (Meffert, 1998, S. 61). Aus heutiger Sicht ist eine Form einer solchen strategischen Analyse bei Goethe erkennbar: Die Chancen-/Risiken-Analyse:

Goethe analysierte in jungen Jahren die Chancen und Risiken, die mit der Wahl des Berufes zusammenhängen. Zunächst wusste er nicht genau, was aus ihm werden sollte; er wartete daher erst einmal die Entwicklung seiner eigentlichen Begabung und seiner beruflichen Eignung ab (Unseld, 1991, S. 33). Ein wesentliches Risiko stellte die Tatsache dar, dass hauptberuflich tätige Romanschriftsteller in der Gesellschaft ein niedriges Prestige hatten. Goethe wollte sich außerdem nicht nur der Literatur allein zuwenden, sondern vorerst lieber auf zwei verschiedenen Wegen gleichzeitig laufen: So widmete er sich eher nebenbei der Schriftstellerei, während er hauptberuflich unter anderem als Rechtsanwalt, Minister, Museumsdirektor und Bergwerksdirektor auftrat.

Mit zunehmenden Alter gab es jedoch eine Differenz zwischen dem öffentlichen Bild Goethes und dessen innerer Einstellung: Während er öffentlich als Staatsmann auftrat, notierte er 1776 in sein Tagebuch: „Eigentlich bin ich zum Schriftsteller geboren." (Unseld, 1991, S. 85). Erst seine Selbstfindung während der ersten Italienreise ließ ihn zum Entschluss kommen, seiner Kunst mehr Zeit zu schenken.

Welche Chancen gab es für Goethe? Als Verfasser von angesehener Dichtung, Fabeln oder der hohen Tragödie konnte man dauerhaft Ruhm und Ehre erlangen – denn ein geistreiches und aufgeschlossenes Wort kann von ewiger Wirkung sein (Skupy, 1993, S. 1089).

Die Marketingforschung

Beim Marketing von Gütern und Dienstleistungen stellt Marketing-Forschung eine systematische Suche, Sammlung, Aufbereitung und Interpretation von Informationen dar (Meffert, 1998, S. 89). Informationsgewinnung muss zunächst in Primär- und Sekundärforschung unterteilt werden. Die Primärforschung erhebt eigene Daten im Markt, die Sekundärforschung greift auf bereits vorhandenes Material zurück.

Marketingforschung in dieser Art lässt sich bei Goethe während seiner gesamten beruflichen Laufbahn als Schriftsteller erkennen:
Umsatz- und Marktinformationen erhielt Goethe von seinem jeweiligen Verleger: So wandte sich Goethe an seinen Verleger Cotta, dieser möchte prüfen, ob sich die italienische Übersetzung von *Herrman und Dorothea* entsprechend den vorherrschenden Neigungen des Publikums verkaufen lassen würde (von Müller/Reich-Ranicki, 1995, S. 75). Informationen über Konkurrenten und deren Projekte erhielt Goethe durch das Zeitgespräch und Fachzeitschriften sowie durch den direkten Kontakt mit ausgewählten Kollegen.

Als Informations- und Inspirationsquellen für seine Werke dienten Goethe in erster Linie seine eigenen Lebenserfahrungen (Unseld, 1991, S. 100): Für seinen *Werther* verwendete er authentisches Material – ein Faktor, der maßgeblich zum Erfolg des Stücks beitrug. Für sein Werk *Noten und Abhandlungen*, den selbstständigen zweiten Teil des *Divans*, ist belegt, dass Goethe über mehrere Monate hinweg alle für ihn erreichbaren Werke über den Orient studierte (Unseld, 1991, S. 442). Eine zusätzliche Informationsquelle waren seine naturwissenschaftlichen Untersuchungen, denn oft ließ er eigene Erkenntnisse in seine Werke einfließen: „Wieder strebte Goethe bei Komposition des Werkes nach einer Synthese aus Poesie und Wissenschaft ..." (Mayer, 1973, S. 75).

Primärerhebungen waren die auf schriftlichem oder mündlichem Wege durchgeführte Messung der Konsumentenzufriedenheit. So übersendete er Schiller Vorabversionen des *W. Meister* mit dem Anliegen: „Darf ich bitten anzustreichen, was Ihnen bedenklich vorkommt." (Unseld, 1991, S. 198). Bei der Motivforschung benutzte Goethe anscheinend oft das freie Interview mit direkten und indirekten Fragen, wie es die folgenden zwei Beispiele illustrieren:

> *Als ein Bekannter von Goethe nach Berlin reisen wollte, forderte Goethe neben generellen Informationen: „... nach ihrer Rückkehr von Berlin ein getreuliches Referat über die dortigen Zustände ... über das öffentliche Leben ... über Theater und Musik. Ich erhalte zwar von Zelter gute Schilderungen, aber er ist alt und Berliner." Auch wünschte er, spezielle Dinge aus Berlin zu erfahren: „Sie finden ... Unzelmann dort gastierend. Ich wünsche zu erfahren, wie er von dem Berliner Publikum aufgenommen wird. ... Es wird gut sein wenn Sie sich ... ein möglichst ausführliches Schema aller der Dinge notieren, denen Sie ihre Aufmerksamkeit zuwenden wollen, mit Hauptrubriken und Unterfragen. ... Aufnahme des Publikums? Wirkung auf mich? ... Sie entgehen damit der Gefahr, Umstände zu übersehen ... Führen Sie überdies ... ein genaues Tagebuch ..." (Klessmann, 1994, S. 180 – 184).*
> *In einem anderen Fall musste der Künstler Zahn – gerade aus Italien zurückgekehrt – Goethe detailliert von seinen Erlebnissen berichten. Goethe löcherte Zahn dabei intensiv mit unerschöpflichen Fragen und wusste genau, wie das Beste und Geheimste aus Zahn herauszulocken war (Klessmann, 1994, S. 301 – 303).*

Zusätzlich machte Goethe anscheinend Panelerhebungen – also über einen längeren Zeitraum hinweg mehrfach Erhebungen mit möglichst gleichen Personen und gleichen Untersuchungsgegenständen. Als Beispiel können die in der Künstlerfreundschaft Goethe-Schiller geführten langjährigen Fachdiskussionen angesehen werden: Immer wieder unterhielten sich beide über Themen wie zum Beispiel allgemeine kunsttheoretische Maximen oder Grundsätze der erzählenden Dichtkunst. Auch das Studium der Werke anderer Autoren nutzte Goethe bei seiner Forschung. So widmete er sich intensiv den Werken von Shakespeare: „Durch die fortdauernde Teilnahme an Shakespeares Werken ..." (Beutler, 1948 ff. Bd. 10, S. 623).

3.2 Der Marketingmix

Beim Planen des Marketingmix geht es im Hinblick auf die Marketing-Ziele darum, welche Marketinginstrumente in welcher Form und Intensität anzuwenden sind (Meffert, 1998, S. 881).

3.2.1 Produktpolitik

Im Rahmen der strategischen Marketingplanung spielen bei Aufbau und Absicherung von Wettbewerbsvorteilen drei Kriterien eine bedeutende Rolle (vgl. Meffert, 1998, S. 258):

1. Wichtigkeit: Die Leistung ist in einem für die Kunden wichtigen Produktmerkmal dem Wettbewerb überlegen.
2. Wahrnehmbarkeit: Der Leistungsvorteil wird vom Kunden wahrgenommen.
3. Dauerhaftigkeit: Der Leistungsvorsprung kann dauerhaft aufrechterhalten werden.

Entscheidungen in der Produktpolitik beziehen sich auf das marktgerechte Gestalten aller vom Hersteller im Absatzmarkt angebotenen Leistungen (Meffert, 1998, S. 317).

Es ist schwierig Goethes Werke unter einer einheitlichen Produktstrategie zusammenfassen zu wollen, denn Goethe „[...] war ohnehin nie ein ausschließlicher Vertreter einer bestimmten literarischen Richtung, sondern zeigte in seinem ganzen Leben immer wieder eine erstaunliche Flexibilität und Wandelbarkeit." (Schulz, 1999, S. 61). Bei vielen Werken Goethes lassen sich Elemente einer hochriskanten Innovationsstrategie finden. Goethe kannte zwar durch seine Kaufverhaltensforschung die vorherrschenden Kundenwünsche: „Die Genügsamkeit des Publikums ist nur ermunternd für die Mittelmäßigkeit, aber beschimpfend und abschreckend für das Genie." (Skupy, 1993, S. 337), jedoch wollte er sich nicht nach ihnen richten: „Denkt nicht, ich geh euch dummen Volk zu Leibe, Ich weiß recht gut, für wen ich schreibe." (Beutler, 1948ff., Bd. 2, S. 438). Sehr häufig wurde somit beim Positionieren der Werke die Politik des Anpassens der Kunden an das Angebot betrieben, denn: „Tief und ernstlich denkende Menschen haben gegen das Publikum einen bösen Stand." (Skupy, 1993, S. 128). Zu den Ausnahmen, die von diesem System abwichen, zählt das Vers-Epos *Hermann und Dorothea*: Bei diesem Stück passte sich Goethe dem Geschmack der Zeit an, schenkte der Welt aber kein wirklich bedeutendes Kunstwerk, landete statt dessen einen Publikumserfolg (Schulz, 1999, S. 293 – 294).

Ein Wort zum Thema Publikumserfolg: Während Stücke wie *Werther*, *Götz von Berlichingen* und *Hermann und Dorothea* nicht nur gekauft, sondern auch mit Eifer gelesen wurden, so ist der Verkaufserfolg von Goethes zweiter Gesamtausgabe von 1806 bis 1810 anders einzuschätzen: Käufer dieser Gesamtausgabe sahen die Werke weniger als Lesegut, sondern eher als Kulturgut für den heimischen Bücherschrank an. An diesem Beispiel wird deutlich, dass anscheinend bereits zu jener Zeit Goethe als Marke wahrgenommen wurde. Wer schon nicht Goethe las, der wollte wenigstens seinen Gästen zeigen, dass er ihn besaß. Größtenteils schrieb Goethe also gegen den Zeitgeist.

Aber was waren die Kernwerte in seinen Werken? Entsprechend seinen Stärken schrieb er anspruchsvolle, gedankenreiche und das Menschengeschlecht erziehende Stücke – fokussiert auf das Thema Liebe und die Darstellung von reiner Menschlichkeit (von Müller/Reich-Ranicki, 1995, S. 62 – 63).

Wenn man bei der Frage der Qualität der literarischen Werke Goethes eine möglichst lange Lebensdauer der Werke als Maßstab nimmt, so lässt sich folgendes feststellen: Ein Fokussieren der literarischen Schilderung auf bestimmte politische und gesellschaftliche Verhältnisse kann in der Regel nur in der Zeit, in der sie geschrieben wurde, ihren besonderen authentischen Charme entwickeln. Die Themen Liebe und reine Menschlichkeit sind dagegen sehr viel unabhängiger von bestimmten Zeitperioden – Werke mit diesen Themen besitzen theoretisch eine unbegrenzte Lebensdauer. Obwohl also die meisten seiner Werke den Nerv des aktuellen Zeitgeistes nicht trafen, gab Goethe die Hoffnung nicht auf: „Für einen Autor ist es daher eine tröstliche Aussicht, dass alle Tage neue künftige Leser geboren werden." (Beutler, 1948 ff., Bd. 19, S. 531). Seine Absatzprognose war: Irgendwann einmal werden Leser leben, die sein Werk aufnehmen, begreifen und auch würdigen würden (Unseld, 1991, S. 650). Er begründete dies mit der Ansicht, dass in unterschiedlichen Epochen unterschiedliche Urteile gefällt werden:

„Die Zeit ist in ewigem Fortschreiten begriffen, und die menschlichen Dinge haben alle fünfzig Jahre eine andere Gestalt, so dass eine Einrichtung, die einst eine Vollkommenheit war, schon ein halbes Jahrhundert später vielleicht ein Gebrechen ist." (Skupy, 1993, S. 248).

Goethe versuchte sich – trotz allgemeiner Misserfolge beim Publikum – gegenüber der Konkurrenz abzusetzen: Er drückte seiner Literatur den Stempel der Innovation auf. Als Fan von Napoleon war Goethe im Geist ein Europäer, im Gegensatz zu Schiller, Lessing oder Kleist. Und so proklamierte er im Alter das Ende der Epoche der Nationalliteratur und den Beginn einer die nationalen Grenzen durchbrechenden Literatur – die Epoche einer Literatur von neuer Qualität, die Epoche der Weltliteratur (von Müller/Reich-Ranicki, 1995, S. 59 – 60).

Mit seiner eigensinnigen Produktpolitik konnte Goethe vor allem über viele Jahrzehnte und Epochen hinweg Wettbewerbsvorteile erzielen. Ein wesentlicher Grund war der sich verändernde Zeitgeist zum Ende des 19. Jahrhunderts: Nach der nationalen Einheit suchte das deutsche Volk nach einer für das Ausland repräsentativen Identität und überreichte sich deshalb selbst den Pokal der Dichter und Denker. Goethe und seine Literatur passte von nun an sehr gut ins politische und gesellschaftliche Konzept Deutschlands; denn mit ihm war man nun nicht nur wirtschaftlich und politisch, sondern auch kulturell eine ernst zu nehmende Größe in der Welt.

Selbst Kundendienst war für Goethe ein – wenn auch eher kleiner – Teil seiner Marketingpolitik: In verschiedenen Zeitschriften veröffentliche Goethe Interpretationshilfen für ausgewählte eigene Werke, womit er die Gebrauchsleistung der Produkte für die Kunden steigerte.

3.2.2 Kontrahierungspolitik

Kontrahierungspolitik umfasst Entscheidungen zu vertraglich fixierten Vereinbarungen über das Entgelt des Leistungsangebots, über mögliche Rabatte und zusätzliche Lieferungs-, Zahlungs- und Kreditbedingungen (Meffert, 1998, S. 467).

Das Preisniveau für neue Werke wurde den Qualitätsausführungen der Verpackungen und der Papierqualität der Bücher angepasst. So gab es von dem Gedichtband *Herrmann und Dorothea* für unterschiedliche Käuferschichten verschiedene Ausgaben hinsichtlich der Qualität des Einbands, denn „... der Band dient der Schrift ungefähr wie der Rahmen einem Bilde: Man sieht viel eher, ob sie denn auch in sich wirklich bestehe." (Beutler, 1948 ff., Bd. 10, S. 642). In welcher Preislage die Werke im Vergleich zu Konkurrenzprodukten allgemein positioniert waren, konnte nicht ermittelt werden.

Beim Aushandeln über die von den Verlegern zu bezahlenden Honorare war Goethe offensichtlich neben der allgemeinen Kostendeckung auch an einer Gewinnmaximierung interessiert: „Am Ende ist das Geld doch das Zeichen aller Notwendigkeiten und Bequemlichkeiten des Lebens." (Stein, Bd. 3, S. 287). Wie bereits erläutert wurde, schrieb Goethe jedoch nicht für den Zeitgeist und konnte in der Regel mit keinen hohen Verkaufszahlen rechnen. Trotzdem: Er verlangte viel Geld (von Müller/Reich-Ranicki, 1995, S. 70) – zum Leiden seiner Verleger. Johann Friedrich Vieweg blieb der einzige Verleger, der mit einem einzelnen Werk Goethes noch zu dessen Lebzeiten Gewinne machen konnte (Unseld, 1991, S. 214).

3.2.3 Distributionspolitik

Bei der Distributionspolitik geht es um Entscheidungen, die beim Verteilen des Produktes an die Konsumenten gefällt werden müssen. Eine Rolle spielen die Wahl der Zeit, die Menge, der Zustand der Produkte sowie die Auswahl des Absatzweges bei der physischen Verteilung (Meffert, 1998, S. 582 – 587).

Direkten Absatz gab es zum Beispiel durch das Verschenken von Büchern an Freunde und Bekannte durch Goethe selbst. Der indirekte Absatz der Werke von Goethe hatte die folgende Reihenfolge: Schriftsteller Goethe, dann die Großhändler in Form der Verleger, danach die Einzelhändler in Form der Fachgeschäfte Buchläden.

Bei den Rabattbedingungen konnte nur recherchiert werden, dass die Einzelhändler teils sehr hartnäckig in ihren Forderungen waren und diese oft durchsetzten. So ist zum Beispiel der Fall eines Buchhändlers überliefert, der durchgesetzt hatte, auf vier bestellte Bücher ein Freibuch zu bekommen (Unseld, 1991, S. 561).

Goethe legte bei der Auswahl seiner Verleger strenge Kriterien an: Zu bestehende Prüfsteine waren Vertrauenswürdigkeit, Kooperationsbereitschaft und Beeinflussbarkeit in Bezug auf Goethes Kommunikationspolitik.

Da es für das damalige Zeitgespräch wichtig war, wer Goethes Verleger war, musste Goethe auch auf das Image dieses Teils des Vertriebskanals achten. Dies galt besonders bei der Auswahl des Verlegers für die letzte Gesamtausgabe. Des Weiteren waren Goethe Verleger angenehm, die nicht nur betriebswirtschaftlichen, sondern auch künstlerischen Verstand hatten. Trotz dieser vielen Selektionskriterien für die Auswahl der Verleger kam es zwischen Goethe und seinen Verlegern wiederholt zu energie- und zeitintensiven Streitereien. Ein häufiges Problem waren unerlaubte und somit nicht vergütete Nachdrucke von Goethes Werken durch seine Verleger. Goethe wechselte deshalb Verleger, die sein Vertrauen verspielt hatten, schnell, denn: „Liberalität gegen seine Verleger ist seine Sache nicht." (Beutler, 1948 ff., Bd. 22, S. 311). Die Rechte an seinen Werken vergab er immer nur für wenige Jahre. Dies könnte man als eine Form von „Markenschutz" bezeichnen.

Am Anfang seiner Karriere versuchte sich Goethe einmal selbst als Verleger. Er war jedoch erfolglos, seine Vertriebsstrategie war mangelhaft. Er gelangte zur Einsicht, zum Buchhändler nicht geeignet zu sein und überließ professionellen Verlegern die Distribution.

Als Manager der Verhandlungen mit den Verlegern setzte Goethe häufig befreundete Absatzhelfer ein, die ihn von der Beschäftigung mit arbeits- und zeitintensiven Dingen befreiten. Goethe strebte eine weite Verbreitung seiner Werke im In- und Ausland an. Neben der erfolgreichen deutschen Ausgabe des *Werther* gab es mehr als fünfzig Übersetzungen. Auch absehbarer Misserfolg hielt ihn nicht davon ab, bestimmte Werke auf bestimmten Märkten verteilen zu wollen. So forderte er zum Beispiel trotz des geringen Erfolgs der meisten seiner Werke im eigenen Land seinen Verleger Cotta auf, Exemplare von seinen Werken nach England, Frankreich und Italien zu versenden. Über die Verbreitung des Faustfragments bestimmte er, dass es so breit wie möglich verteilt werden sollte (von Müller/Reich-Ranicki, 1995, S. 79).

Das Bestimmen der Auflagenhöhe – eine wirtschaftlich riskante Entscheidung – überließ er jedoch bewusst seinem Verleger (Unseld, 1991, S. 205). In wie weit diese Tatsache die von Goethe selbst angestrebte weite Verbreitung seiner Produkte beeinflusste, konnte nicht geprüft werden.

Im Lauf seines Lebens strebte Goethe nach immer größerem Einfluss auf die Verleger und arbeitete bei seiner letzten Gesamtausgabe energisch an einer Monopolisierung des Vertriebs. Durch seine Kontakte zum deutschen Hochadel erlangte er als erster Schriftsteller einen für ganz Deutschland geltenden Schutz der Urheberrechte dieser Ausgabe. Nun konnte man endlich in ganz Deutschland gegen Raubdrucke juristisch vorgehen. Zusätzlich ermöglichte diese Situation Goethe, größere Honoraransprüche an seine Verleger zu stellen (Unseld, 1991, S. 518). Goethe brachte mit seiner Initiative ein sich später entwickelndes einheitliches und für ganz Deutschland geltendes Urheber- und Verlagsrecht auf den Weg. Festzuhalten und hervorzuheben ist jedoch: Goethe hatte sich zu seiner Zeit ein Vertriebsmonopol erkämpft.

3.2.4 Kommunikationspolitik

Im Rahmen der Kommunikationspolitik hat Goethe Maßnahmen durchgeführt, um Informationen an potenzielle Kunden und an die Öffentlichkeit zu transportieren. Die Ziele seiner Kommunikationspolitik waren, seinen Marktanteil zu erhöhen, die Bekanntheit zu steigern und eine bestimmte Einstellung der potenziellen Kunden gegenüber Goethe und seinen Werken zu erreichen.

Als Zielgruppe für seine Kommunikationsinstrumente kommen in erster Linie alle potenziellen Konsumenten in Frage, die Zugang zu den Kommunikationsinstrumenten hatten. Weitere Zielgruppen sind Meinungsführer, wie zum Beispiel Literaturkritiker, Schriftsteller und andere berühmte Personen des Zeitgesprächs.

Werbung

Klassische Werbung ist eine absichtliche und zwangfreie Form zielgerichteter Kommunikation unter Einsatz spezieller Massenkommunikationsmittel. Sie hat zum Ziel, das Verhalten der Adressaten möglichst dauerhaft zu ändern (Meffert, 1998, S. 664).

Um für seine Produkte zu werben, setzte Goethe Insertionsmedien wie Fachzeitschriften, Tages- und Wochenzeitungen als Massenkommunikationsmittel ein. Als Einführungs- und Expansionswerbung dienten die vielen von Goethe veröffentlichten Artikel in verschiedenen Kunstzeitschriften. Hier präsentierte er den Lesern gute Kritiken anerkannter Experten zu seinen Werken und lobenswerte Interpretationen seiner Werke; er kündigte eigene Produktionen an und gab Interpretationshilfen für seine Werke. In diesen Kunstzeitschriften ließ er auch Artikel veröffentlichen, in denen sich bestimmte Autoren lobend über Goethe äußerten (Schneider, 1993, S. 447 – 448), wobei er diese Artikel mitunter nachdrucken ließ und an einflussreiche Persönlichkeiten verschickte. Unerwünschte Kritik ließ Goethe nicht zu: Als er in einer von seinem Verleger Cotta verlegten Zeitung schlecht dargestellt wurde, forderte Goethe von Cotta, solche negativen Artikel zu unterlassen. Cotta akzeptierte dies und sorgte dafür, dass in den von ihm verlegten Publikationen nur das veröffentlicht wurde, was Goethes Zustimmung fand (von Müller/Reich-Ranicki, 1995, S. 78).

Goethe kümmerte sich nicht nur um den Inhalt der Texte in diesen Kunstzeitschriften, sondern er beeinflusste auch die Erscheinung der Kommunikationsträger. Auch hierbei strebte er eine große Verbreitung an: So konnte er zum Beispiel das häufigere Erscheinen der Kunstzeitschrift *Propyläen* durchsetzen, um somit eine größere Wirkungsbreite und mehr Leser zu erreichen (Wohlleben, 1981, S. 15). Wenn er auch bei der Erscheinung der *Propyläen* taktisch geschickt vorging: Die Zeitschrift *Horen* war kein Musterbeispiel für eine große Verbreitung: Zwar war die *Horen* die vermutlich führende geistige Plattform dieser Zeit, jedoch war der intellektuelle Anspruch der Zeitschrift dem Publikum wohl etwas zu hoch (Unseld, 1991, S. 266). Die Konsequenz war, dass die Zeitschrift nur wenige Leser hatte.

Verkaufsförderung

Die Verkaufsförderung beinhaltet Kommunikationsmaßnahmen, die der Unterstützung der Schlagkraft der eigenen Absatzorgane dienen sowie die Konsumenten bei der Beschaffung und Benutzung der Produkte unterstützen (Meffert, 1998, S. 664).

Es besteht der Verdacht, dass Werksbesichtigungen (Meffert, 1998, S. 703) – wie sie heute zum Beispiel bei bestimmten Autofirmen üblich sind – auch von Goethe zur Erhöhung und Unterstützung des Absatzes bewusst genutzt wurden: Goethe hatte sein Haus speziell für seinen Ruhm inszeniert (Schneider, 1993, S. 449), und ausgewählte Zeitgenossen sollten nach der Besichtigung der Welt von dem Glanz und der Ausstrahlung des Hauses berichten. Teils vergab er bei solchen „Werksbesichtigungen" zu Werbezwecken eigene Werke oder Gipsbüsten sowie Bilder und Vasen, die ihn zeigten.

Eine Abgrenzung gegenüber üblichen, traditionellen Literaturwerken stellte ein von Goethe auf den Markt gebrachtes Werk mit Zusatznutzen dar: Die feinste Ausgabe von *Herrmann und Dorothea* war in gestickte Seide oder Maroquin gebunden und wurde mit einer Produktzugabe verteilt. Die Käufer erhielten neben dem Buch auch Nähzeug in Form eines Messers und einer Schere. Das Ziel: Die anvisierte Käufergruppe – Damen der Gesellschaft – sollte neben dem Gedicht auch etwas Praktisches in den Händen halten und sich daran ergötzen können (Unseld, 1991, S. 227 – 228). Ob nicht auch andere Schriftsteller bei speziellen eigenen Werken Produkte mit einem ähnlichen praktischen Zusatznutzen auf den Markt brachten, konnte nicht recherchiert werden.

Öffentlichkeitsarbeit

Die Öffentlichkeitsarbeit beinhaltet die planmäßig zu gestaltenden Beziehungen zwischen dem Unternehmen und der nach Anspruchsgruppen gegliederten Öffentlichkeit, zum Beispiel Kunden, Kritiker oder staatliche Institutionen (Meffert, 1998, S. 664).

Zum Gewinnen von Vertrauen und Verständnis der Öffentlichkeit für die Art von Literatur, wie Goethe sie schrieb, mussten ebenfalls die bereits erwähnten Kunstzeitschriften herhalten. Zu nennen sind die von Goethe verfassten Artikel, die zwar nicht direkt von seinen Werken handelten, jedoch über die Form von Kunstprodukten, wie zum Beispiel Literatur philosophierten. Hierbei konnte Goethe seine Kompetenz auf diesem Gebiet vorteilhaft präsentieren. Präsentieren konnte Goethe seine Kompetenzen außerdem auch als gern gesehener Teilnehmer bei Festen und Zeremonien an den Höfen des deutschen Hochadels.

Eines der Hauptwerke von Goethes Öffentlichkeitsarbeit ist jedoch seine Autobiografie *Dichtung und Wahrheit*: Goethe war sich der Bedeutung dieses Werkes für sein Bild bei nachfolgenden Generationen bewusst und ging entsprechend seiner eigenen Maxime vor: Planmäßig, strukturiert und zielstrebig. Der Zweck der Autobiografie: In der Öffentlichkeit ein Image zu erzeugen, dass Goethe selbst entworfen hatte und das ihm angenehm war.

Goethe hatte durch seine bereits erwähnte Marktbeobachtung ein genaues Bild darüber, dass der Ruf seiner Persönlichkeit in der Öffentlichkeit negativ belastet war, denn: „Man war im Grunde nie mit mir zufrieden und wollte mich anders, als es Gott gefallen hatte, mich zu machen. Auch war man selten mit dem zufrieden, was ich hervorbrachte." (Beutler, 1948 ff., Bd. 24, S. 547).

Wie kam es zu dieser Situation? Goethe war ein Verehrer Napoleons, stand dem Christentum kritisch gegenüber und hielt nicht viel von Patriotismus und Nationalgedanken. Der Unwille gegen Goethe richtete sich dabei eher gegen seinen Charakter und sein Weltbild als gegen seine Sprache und seine Kunstleistung (von Müller/Reich-Ranicki, 1995, S. 54). Goethe war sich sicher: Diese Situation würde sich von allein nicht viel ändern – er musste die Dinge selbst in die Hand zu nehmen. Deshalb versuchte er, die Geschichtlichkeit der eigenen Gestalt vor Zeitgenossen und Nachlebenden in seiner Autobiografie darzustellen. Neben dem Behandeln von kulturellen, politischen und wirtschaftlichen Themen und dem reservierten Schildern von persönlichen Krisen, ließ es sich Goethe nicht nehmen, ungeniert seine Vorzüge darzustellen:

> *„Uneigennützig zu sein in allem, am uneigennützigsten in Liebe und Freundschaft, war meine höchste Lust, meine Maxime, meine Ausübung ..." (Beutler, 1948 ff., Bd. 10, S. 684; Mayer, 1973, S. 120 – 124).*

Interessant ist hierbei auch das ständige Verfolgen des Ziels, seine Autobiografie fertig zu stellen: Den Entschluss fasste Goethe 1809, wenig später folgte ein erstes chronologisches Schema, 1810 wurde ein ergänzendes Schema verfasst und 1811 die erste Niederschrift; fertig gestellt wurde das Werk 1831.

Da sich Goethe der Bedeutung der positiv wirkenden Profilierung in einer Autobiografie bewusst war, versuchte er sich – getreu seiner Maxime des Steigerns vom Niederen zum Höheren – zuerst an der Übersetzung bereits geschriebener Biografien Den Anfang machte die Übersetzung der Biografie von Benvenuto Cellini, die Auseinandersetzungen mit den Biografien von Winckelmann und Diderot folgten.

Obwohl auch andere Schriftsteller seiner Zeit sich mit der Übersetzung von Biografien beschäftigten, sind Goethes Übersetzungen als bewusstes Einüben und Annähern an die Materie Biografie anzusehen, um Erfahrungen für seine eigene Selbstdarstellung zu sammeln. In Bezug auf das Wirken bei der Fachwelt scheint sich für Goethe das angestrengte Bemühen bei *Dichtung und Wahrheit* gelohnt zu haben, denn Experten bezeichnen die Autobiografie als das größte historische Werk ihres Verfassers (Mayer, 1973, S. 100 – 109).

Eine weitere wichtige Form der Öffentlichkeitsarbeit waren Edition und Vorbereiten der Veröffentlichung ausgewählter Briefwechsel von Goethe: Als Marktbeeinflussung durch die Präsentation der Allianz mit einer berühmten Persönlichkeit und einem Literaturexperten in einer Person kann zum Beispiel der von vorn herein zur Veröffentlichung konzipierte Briefwechsel mit Schiller angesehen werden. Dabei lag Goethe nicht nur daran, eine Freundschaft und geistig-poetische Übereinstimmung zu manifestieren und zu stilisieren: Er beabsichtigte, der deutschen Öffentlichkeit eine Allianz zu präsentieren, deren Solidarität und Homogenität von vielen Zeitgenossen bezweifelt wurde (Mayer, 1973, S. 52). Goethe übernahm deshalb nicht nur während des aktiven Briefwechsels das Steuern des Inhaltes der Briefe, sondern auch die Edition vor der Veröffentlichung. Wieder formte sich Goethe zu einem nicht geringen Teil die Realität nach seinen eigenen Vorstellungen, um sich in der Öffentlichkeit zu profilieren (von Müller/Reich-Ranicki, 1995, S. 67). Der Briefwechsel mit Zelter war ähnlich angelegt; während der über mehrere Jahre hinweg ausgetauschten Briefe steuerte Goethe bewusst die Auswahl bestimmter inhaltlicher Elemente der Gespräche zur eigenen Selbstdarstellung (Unseld, 1991, S. 569).

Ein weiteres wesentliches taktisches Element waren die zur Veröffentlichung geplanten mit Johann Peter Eckermann geführten Gespräche: Eckermann, ein ergebener Bewunderer Goethes, durfte diesem als Stichwortgeber dienen, um Gespräche über Gott und die Welt zu initiieren. Goethe machte auch hierbei wieder – nicht rein zufällig – eine gute Figur; er bedachte seine Wortwahl und konnte außerdem auf die Loyalität seines Freundes Eckermann zählen. Und so präsentierte Eckermann einen milden und hoheitsvollen Goethe, einen Goethe ohne die Steifheit, Schroffheit und Bitterkeit, die ebenfalls für seine Persönlichkeit typisch waren. Dass Goethe auch mit diesem taktischen Manöver erfolgreich war und ist, zeigt die Einordnung der veröffentlichten Gespräche in der Fachwelt: Die *Gespräche mit Goethe in den letzten Jahren seines Lebens* wurden für den Kritiker Robert Mandelkow beim Bildungsbürgertum des 19. und 20. Jahrhunderts zu einem weltlichen Andachtsbuch und für Friedrich Nietzsche sogar zum besten deutschen Buch (Schneider, 1993, S. 450).

Zusammenfassend lässt sich zu Goethes Öffentlichkeitsarbeit feststellen, dass die autobiografischen Schriften, Briefe und Gespräche einen Goethe präsentieren, wie dieser selbst gesehen werden wollte und weniger einen Goethe, wie dieser auch wirklich war. Für Goethe war es wichtig, der Öffentlichkeit ein Bild von sich zu vermitteln, das er persönlich gestaltet hatte. „Er vernichtete eine ganze Reihe authentischer Dokumente und setzte selbst erstellte Zeugnisse, insbesondere seine autobiografischen Schriften, an deren Stelle. Er verwischte originäre Züge seiner Gestalt und übermalte sie mit einem stilisierten Selbstporträt ..." (Schulz, 1999, S. 15 – 16).

Bemerkenswert an Goethes Öffentlichkeitsarbeit ist auch die anvisierte Zielgruppe: Potenzielle Konsumenten künftiger Generationen – eine notwendige Schlussfolgerung seiner eigenwilligen Produktpolitik.

Kultursponsoring

Zumindest eine systematische Förderung ist bei Goethe überliefert: Er steuerte zu einem anlässlich seines 70. Geburtstages errichteten Denkmal ein Memorandum bei.

Messen

Der Besuch der Leipziger Messe ermöglichte Goethe eine direkte Kundenansprache: „Hier die Messe, geschwind, packt aus und schmücket die Bude,/Kommt, Autoren, und zieht, jeder versuche sein Glück." (Beutler, 1948 ff., Bd. 2, S. 444). Durch die Präsentation ausgewählter Werke war das Informieren über seine Produkte und somit das Erhöhen der Bekanntheit seiner Person und seiner Werke möglich.

Direktkommunikation

Bei der Direktkommunikation – also dem Beeinflussen des Zeitgesprächs unter Experten, Laien wie auch Literaturfreunden – ist zu nennen, dass Goethe auch mit Testimonials aufwarten konnte: So konnte sich Goethe zum Beispiel rühmen, mit Napoleon nicht nur einen weltberühmten Bewunderer, sondern auch einen eifrigen Leser seiner Werke zu haben: Napoleon hatte den *Werther* sieben Mal gelesen.

Fazit

Der entscheidende Punkt bei der gesamten Konzeption von Goethes Kommunikationspolitik ist das bewusste Differenzieren und Profilieren gegenüber der Konkurrenz. Goethes Investitionen zum Aufbau und Erhalt seiner Kommunikationspolitik waren – verglichen mit anderen Schriftstellern seiner Zeit – sehr hoch.

4. Zusammenfassung

Der Aufbau einer Marke, bis diese vom Konsumenten akzeptiert wird, beansprucht längere Zeit. Die Elemente, die bei einem solchen Aufbau in den meisten Fällen konstituierend wirken, sind Produktkennzeichnung, Qualitätsgarantie, Verkehrsgeltung, Image sowie Ubiquität, auch Überallerhältlichkeit genannt (Dichtl/Eggers, 1993, S. 16 – 20). (Siehe hierzu den Beitrag *Konzepte der Markenführung*). Sind diese Elemente auch bei der Person Goethe zu finden?

Die Kennzeichnung in Form einer Wortmarke liefert bereits der ursprüngliche Name Johann Wolfgang Goethe. In gesellschaftlicher Hinsicht galt es damals als nachteilig, keinen Titel zu besitzen (Schulz, 1999, S. 283). Goethe konnte sich jedoch über mangelnde Titel nicht beklagen: Seit 1771 ließ er sich als Dr. jur. bezeichnen, obwohl er offiziell erst 1825 den Doktortitel erhielt. Im Jahre 1779 erhielt er den Titel „Geheimer Rat" und im Jahre 1782 das Adelsdiplom; seit 1804 konnte er sich mit Prädikat „Exzellenz" anreden lassen. Der hohe Bekanntheitsgrad der Marke ist grundlegende Voraussetzung für das Entstehen eines Images in der Öffentlichkeit: Wenn Menschen keine konkrete Idee von einer Produktgruppe haben, wählen sie im Allgemeinen das Produkt, das den höchsten Bekanntheitsgrad hat bzw. dessen Hersteller am bekanntesten ist.

Goethe versuchte sich, getreu seinem Motto: „Guten Ruf musst du dir machen ..." (Beutler, 1948 ff., Bd. 3, S. 34), durch verschiedene Maßnahmen als angesehene und berühmte Person des Zeitgesprächs zu etablieren: Eine Möglichkeit waren die schon angesprochenen von ihm in seinem Haus gehaltenen Audienzen für bestimmte Gäste. Die Breitenwirkung dieser in Szene gesetzten Empfänge war Goethe bekannt, und er nutzte sie bewusst zum positiven Profilieren. So kann es nicht dem Zufall angerechnet werden, dass viele Zeitgenossen, die von ihm persönlich ins Haus eingeladen wurden, auch sehr begeistert und ergriffen von der Präsentation des Gesamtkunstwerks Goethe waren. Es gab nur wenige Ausnahmen, in denen sich die Gäste nachträglich negativ über Goethe äußerten, wobei dann oft Goethes Persönlichkeit kritisiert wurde. Die meisten Besucher waren jedoch beeindruckt von Goethe: Man lobte seine Eleganz, Ausstrahlung und Höflichkeit. Goethe war sehr sorgfältig und nach dem feinsten Geschmack gekleidet; seine Kleidung verriet seinen gesellschaftlichen Status; sein gesamtes Äußeres entsprach dem eines Ministers, eines Kriegsrats oder eines Geheimrates (Klessmann, 1994, S. 51).

Nicht nur Titel, sondern auch Orden hatte Goethe reichlich: 1808 hatte er von Napoleon das Kreuz der Ehrenlegion und 1815 den kaiserlich-österreichischen Orden erhalten. Goethe, der eine Schwäche für solche geprägten Metallstücke hatte (Schulz, S. 364), zeigte sich gern in seinem Haus mit seinen Orden bestückt. Jedoch auch ohne Ordenssterne entsprach sein gesamter Auftritt dem eines Audienz gebenden Monarchen (Klessmann, 1994, S. 275).

Alles zusammen bildete ein eindeutiges und harmonisches Ganzes: Das Zeremonielle und Ministerartige harmonierte mit seinem eindrucksvollen Äußeren. Sein ernster, langsamer Gang sowie seine mit tiefer Stimme gesprochenen und auf Wirkung bedachten Worte verstärkten diesen Eindruck (Klessmann, 1994, S. 174 u. 214).

Sein repräsentatives Haus in bester Lage in Weimar gehörte ebenfalls zur Präsentation, und der Weg zur Inszenierung des Meisters war Teil der Präsentation: Die Gäste gingen durch ein sorgfältig eingerichtetes Haus, in welchem viele Skulpturen, Bilder und schöne Treppen im italienischen Design zu betrachten waren. Über die Jahre hinweg nahm dieses Perfektionieren der Präsentation ein Ausmaß an, das dazu führte, dass Goethe bereits zu Lebzeiten aus seinem Haus ein Museum gemacht hatte. In seinem letzten Jahrzehnt in Weimar stellte er eigene Arbeiten und sonstige Zeugnisse von sich aus und präsentierte Sammlungen und Bücher, die von ihm handelten.

Goethes stilisierte Präsentationen im eigenen Haus durften nicht gestört werden – auch nicht von seiner Frau Christiane Vulpius. Da ihr gesellschaftlicher Status und ihre Persönlichkeit jedoch nicht zu Goethes Gesamtpräsentation passten, sorgte er dafür, dass sie sich bei Empfängen nicht zeigte (Schulz, 1999, S. 353).

Wie bereits bei der Kommunikations-, Kontrahierungs- und Distributionspolitik gezeigt werden konnte, versuchte Goethe, sich und seine Werke gegenüber der Konkurrenz zu profilieren und differenzieren. Im Ergebnis erreichte Goethe eine Sonderstellung gegenüber der Konkurrenz mit starker Verkehrsgeltung.

Bei der Analyse des Images der Person Goethe ist zunächst Goethes eigene Identität zusammenfassend zu betrachten: Goethe war gern gesehener Gast beim deutschen Hochadel und anderen hochrangigen Persönlichkeiten seiner Zeit. Er verfügte selbst durch seine vielen Titel, Orden und Ämter über einen hohen gesellschaftlichen Status. Zusätzlich zu seinen literarischen und philosophischen Werken be-

Abbildung 3: Goethe empfängt Besucher (Ullstein-Bild, Berlin)

schäftigte er sich erfolgreich mit naturwissenschaftlichen Studien. Im Alter stilisierte sich Goethe als Kosmopolit, der sich vom Zeitgeist gelöst hat und Weltliteratur verfasst. Mit diesem prägnanten Image versuchte sich Goethe, durch Einsatz einer zielgerichteten und erfolgreichen Kommunikationspolitik in der Öffentlichkeit von seinen Konkurrenten zu unterscheiden und zu profilieren.

Ein weiterer zu untersuchender Aspekt ist die Ubiquität. Kann man bei der Person Goethe von Ubiquität sprechen? Wenn man sich auf den menschlichen Körper im Allgemeinen bezieht, so ist dies nicht möglich. Betrachtet man jedoch die Gedanken, Ideen und Erfindungen von Goethes Geist, so ergibt sich ein anderes Bild: Große Teile von Goethes Geist wurden in seinen literarischen und philosophischen Werken, seiner Autobiografie, seinen Gesprächen und Briefen durch das schriftliche Speichern auf Papier festgehalten und somit transportfähig. Wie anfangs gezeigt, ging Goethes Anspruch, als Verfasser von Weltliteratur zu gelten, mit einem möglichst großen Verbreiten seiner Werke im In- und Ausland einher. Wenn man diesen Fakt anerkennt und den Geist Goethes als konserviert in seinen Werken betrachtet, so kann der Aspekt der Ubiquität der Person Goethe ebenfalls als erfüllt gelten.

Den Aspekt der Qualitätsgarantie der Produkte bei Goethe möchte ich unterteilen in allgemeine Produktqualität und Qualitätssicherung:

Über die Qualität der literarischen Werke von Goethe gibt es verschiedene Auffassungen. In welcher Form das Lesen seiner Werke psychologisches Wohlbefinden auslöst, hängt immer vom Leser selbst ab. Goethe hatte eine andere Auffassung zur Produktqualität seiner Werke als bestimmte Kritiker, Käufergruppen und Bevölkerungsgruppen, die die Werke von Goethe nicht kannten, aber trotzdem eine Meinung zu den Produkten hatten. Beispiel: „Es gibt dreierlei Arten Leser: Eine, die ohne Urteil genießt, eine dritte, die ohne zu genießen urteilt, die mittlere, die genießend urteilt und urteilend genießt; diese reproduziert eigentlich ein Kunstwerk aufs Neue." (Beutler, 1948 ff., Bd. 21, S. 337). Nimmt man jedoch das Kriterium der Wertbeständigkeit seiner Werke als Maßstab, ist Goethes Sonderstellung hinsichtlich des ihm zugeteilten Ranges sehr beeindruckend: Goethe gilt als majestätische Galionsfigur der deutschen Literatur (von Müller/Reich-Ranicki, 1995, S. 51 – 53). Bei einer 1984 durchgeführten Umfrage der Zeitschrift STERN wurde gefragt, was zur Kultur unbedingt gehört: 84 Prozent der Westdeutschen gaben Goethe an. Der Literaturhistoriker Friedrich Gundholf stufte 1916 Goethe als größten der drei europäischen Dichter Goethe, Dante und Shakespeare ein (Schneider, 1993, 451 – 452). Unter diesem Kriterium kann die Frage der allgemeinen Produktqualität als bestätigt gelten.

Der zweite Qualitätsaspekt ist die Qualitätssicherung: Die Qualität der Präsentation der Person Goethe kontrollierte dieser selbst und sorgte für ein homogenes und kontinuierliches Erscheinungsbild in der Öffentlichkeit. Die Frage der Qualitätssicherung seiner Werke ist komplizierter: Zum einen belehrte Goethe seinen Verleger Cotta streng, der auf ein schnelles Abliefern eines Werkes drängte, dass „... eine

Ausführung, nicht wie man wünscht, leisten kann, wenn die Arbeit zu einer bestimmten Zeit fertig seyn soll." (Kuhn, 1979, Band 1, S. 68); zum anderen bleibt jedoch die Frage offen, ob Goethe die gleichen Qualitätsansprüche an sämtliche Werke stellte. Zieht man jedoch den Kreis enger auf Goethes letzte Gesamtausgabe, so sieht es anders aus: Goethe bestimmte nicht nur die Auswahl der Werke, sondern auch die Form, deren Gestalt und Anordnung. Aus diesem Blickwinkel betrachtet kann die Frage der Qualitätssicherung als erfüllt gelten.

Goethe wollte seinen Wert durch ein konsequentes Profilieren und Differenzieren seiner Person und seiner Werke gegenüber der Konkurrenz steigern. Dazu setzte er koordiniert und ständig bestimmte Elemente des Marketings ein. Da sich die Elemente Produktkennzeichnung, Qualitätsgarantie, Verkehrsgeltung, Image und Ubiquität auf die Person Goethe anwenden lassen und ein Markenartikelkonzept ergeben, lässt sich Goethe als Marke bezeichnen.

Zusammenfassend lassen sich die strategischen Optionen der Markenpolitik Goethes wie folgt unterteilen: Im horizontalen Wettbewerb wurden Goethes Werke unter der Marke mit einer Dachmarkenstrategie zusammengefasst; im vertikalen Wettbewerb wies Goethe selbst seiner Marke einen sehr hohen Qualitätsanspruch zu, die im internationalen Wettbewerb eine globale Markenstrategie verfolgte.

Der Mensch, die Marke – Goethe ist eine Marke:

„Goethe wird als Markenzeichen verwendet – wie Mercedes, Karajan oder Siemens." (von Müller/ Reich-Ranicki, 1995, S. 51).

5. Quellennachweis

Literatur

Beutler, E. (Hrsg.): Johann Wolfgang von Goethe, Zürich 1948 – 1954, und drei Erg.Bd., Zürich und Stuttgart 1960 – 1971
Biedermann, F. Frhr. von (Hrsg.): Goethes Gespräche ohne die Gespräche mit Eckermann, Leipzig 1929
Brockhaus-Enzyklopädie: in 24 Bd., 19. Auflage, Mannheim 1989
Dichtl, E./Eggers, W. (Hrsg.): Marke und Markenartikel als Instrumente des Wettbewerbs. München 1993
Höfer, A.: Johann Wolfgang von Goethe, München 1999
Müller, F.v./Reich-Ranicki, M.: Betrifft Goethe – Rede und Gegenrede, Frankfurt am Main 1995
Klessmann, E.: Goethe aus der Nähe, München 1994
Kuhn, D. (Hrsg.): Goethe und Cotta: Briefwechsel 1797 – 1832, Textkritische und kommentierte Ausgabe in drei Bänden, Stuttgart 1979
Mayer, H.: Goethe – Ein Versuch über den Erfolg, Frankfurt am Main 1973
Meffert, H.: Marketing, Wiesbaden 1998
Schneider, W.: Die Sieger, Hamburg 1993
Schulz, K.: Goethe, Stuttgart 1999
Skupy, H.-H. (Hrsg.): Das große Handbuch der Zitate, Gütersloh 1993
Unseld, S.: Goethe und seine Verleger, Frankfurt am Main 1991
Victor, W.: Goethe im Gespräch, Berlin und Weimar 1967

Wohlleben, J.: Goethe als Journalist und Essayist, Frankfurt am Main 1981

Abbildungen

ullstein bild, Berlin: Abbildungen 1, 2, 3.

Marlene D. – Diva zwischen Mythos und Marketing

Von Martin Friedemann

1. Vorwort

Kurz vor Beendigung der Arbeit lief ich an einem Kiosk vorbei und sah mir im Augenwinkel die Aufmacher der Titel an, die um die Gunst der Leser buhlten. Ein eiskalter Blick über die entblößte Schulter traf mich: Marlene – als bestrapste Dirne Lola Lola – warf mir vom Titel des *Spiegel* (Karasek, 2000, S. 240 – 252) jenen Blick zu, der sie berühmt gemacht hatte. In ihm manifestiert sich der gesamte Mythos der Diva Dietrich. Grund genug für Hellmuth Karasek, ihm einen exzellenten 13-seitigen Artikel zu widmen. Haben Sie wenig Zeit? Dann lesen Sie seinen spannenden Bericht. Haben Sie ein wenig mehr? Dann lesen Sie seinen und meinen Bericht und haben Teil an diesem faszinierenden Leben.

2. Einleitung

Der Mensch als Marke – ein provozierender Titel, der die Assoziation „Mensch als Marketingprodukt oder Markenmensch" weckt. Aber kann eine Person alle Eigenschaften der Marke besitzen und dennoch Mensch mit eigenem Willen, eigener Persönlichkeit bleiben? Oder sind beide Teile unvereinbar und damit der Aufbau eines Menschen zur Marke automatisch zum Scheitern verurteilt? Fragen, mit denen sich der folgende Beitrag näher beschäftigen wird.

Als Konsument nimmt man ein Produkt nur so wahr, wie es nach außen präsentiert beziehungsweise kommuniziert wird. Kommunikation wird immer wichtiger angesichts eines annähernd gleichen Preis- und Qualitätsniveaus im Sumpf der Produktlandschaft.

Kern dieser Kommunikation bildet der Faktor Image. Deshalb ist die gezielte und geplante Imagegestaltung bei der Produktentwicklung von zentraler Bedeutung. Bezug nehmend auf das Schlagwort „Mensch als Marke" wirft das die Frage auf, ob sich diese Überlegungen auch auf Menschen übertragen lassen. Gerade in der Glamourwelt des Films spricht man immer wieder vom „Star-Aufbau". Die Traumfabrik Hollywood war während der 30er bis 50er weltweit führend in Aufbau und Vermarktung ihrer Stars. Dem Faktor Image kam damals in den Filmstudios eine ähnlich große Bedeutung zu wie in der Produktwelt heute.

In diesen Rahmen passt Marlene Dietrich sowohl zeitlich als auch inhaltlich: Einen Teil ihrer Karriere machte sie unter gestrenger Anweisung der Studiobosse und war stets bemüht, das Bild, das die Öffentlichkeit von ihr im Kopf hatte, mit Leben zu füllen. Perfektion und Disziplin sind das Geheimnis, dass dieses Bild, das einst ihr Image war, heute zum Mythos werden lässt. Denn schon längst ist ihr Image zum Selbstläufer geworden und lebt weiter auch über ihren Tod hinaus.

Aus diesen Überlegungen ergibt sich die Struktur des Beitrags: Er befasst sich zunächst mit den Begriffen „Mythos" und „Image", um im Vorfeld ein einheitliches Grundverständnis herzustellen. Anschließend werden Bezüge zum Thema „Der Mensch als Marke" gebildet. Es folgt eine Systematik zur Imagegestaltung von Produkten, die im Lauf des Beitrags exemplarisch auf Marlene Dietrich angewandt wird: Kapitel 3 erläutert die Vermarktungsstrategien der Studiobesitzer der 30er bis 50er Jahre. Dabei zeigt sich, dass eine gezielte Kontinuität im Starauftritt vor und hinter der Kamera entscheidend die Wahrnehmung des Zuschauers beeinflusst und damit Basis für ein positives Image bildet. Diese Grundlagen werden auf das Beispiel Marlene Dietrich übertragen: Es werden Imageaufbau und -gestaltung genauso erörtert wie die Frage, wer das Bild, das sich bis heute erfolgreich am Markt halten kann, kreiert hat. Die heutige Vermarktung Marlenes ist Gegenstand des 6. Kapitels, bevor diskutiert wird, inwieweit sich Marke und Star annähern. Hierzu werden die Ebenen Marken-/Starimage, Imagegestaltung und Ergebnisse analysiert. Es folgt eine abschließende Betrachtung mit Fazit.

3. Mythos und Image

Der folgende Abschnitt führt in die Begriffe Mythos und Image ein. Dabei steht nicht der wissenschaftliche Diskurs der Begriffe im Vordergrund, sondern es soll der Bezug zwischen den Bezeichnungen und ihre Zuschreibung zu einer bekannten Persönlichkeit aufgezeigt werden.

3.1 Mythos

Der Begriff Mythos stammt aus dem Griechischen und meint Wort, Rede, Erzählung oder Fabel. Im 4. Jahrhundert vor Christus entwickelt sich die Vorstellung, dass der Mythos, im Gegensatz zur logischen Erkenntnis, keine Urteile bildet, sondern Realität darstellen will, für die er keine rationalen Beweise zu erbringen braucht. Es kommt zur Unterscheidung der Begriffe „Logos" und „Mythos": Während der Logos die rationale Wahrheit verkörpert, stellt der Mythos den nicht-rationalen Gegenpol dar.

Barthes sieht im Mythos ein Medium: Er bezieht das Mythische nicht auf einen Gegenstand selbst, sondern auf die Ebene der Mitteilung, die vom Gegenstand ausgeht.

> *„Zu Beginn muss jedoch deutlich festgestellt werden, dass der Mythos ein Mitteilungssystem, eine Botschaft ist. Man sieht daraus, dass der Mythos kein Objekt, kein Begriff oder eine Idee sein kann; er ist eine Weise des Bedeutens, eine Form." (Barthes, 1982, S. 85).*

Mythen bilden damit einen eigenen „Code der Kommunikation" (Zulauf, 1994, S. 21), deren transportierte Inhalte vom Empfänger akzeptiert werden, obwohl sie rational gar nicht begründbar sind.

In der heutigen Zeit des zweckrationalen Denkens und dem Rückgang der Religiosität gewinnt der Mythos als nicht-rationales „Gegengewicht" wieder an Bedeutung. Der Bedarf an Leitbildern wächst mit zunehmender Komplexität und raschem Wandel in der Gesellschaft. Zulauf sieht die Leitbilder einer Generation als Ausdrucksform des Mythos:

> *„Die großen Mythen der Menschheit verbergen sich in den Leitbildern jeder Epoche. Sie äußern sich in den Religionen, Philosophien, politischen Überzeugungen, in der Dichtung, der Malerei, im Theater, in der Musik und im Film." (Zulauf, 1994, S. 26).*

In den meisten Fällen konzentriert sich der Mythos in einer Person, die zum Vorbild wird. Sie vereinigt in sich die Wünsche der Fangemeinde und lebt sie stellvertretend aus. Damit kann der Mythos die Identität und Integration in einem kulturellen und sozialen Kontext fördern. Es besteht die Möglichkeit zur Stabilisierung bestimmter gesellschaftlicher Gruppen, denn meist wird ein Mythos nicht mehr von einer universalen Gemeinschaft getragen, sondern von Teilen der Gesellschaft – eine Folge des herrschenden Pluralismus. Die Formen können im Extremfall stark subjektiv gefärbt und zeitlich begrenzt sein. Oft ergeben sich kurzzeitige Modeerscheinungen, wie sich das zum Beispiel am Aufflammen und Verglühen von Filmstarlets immer wieder beobachten lässt.

Was den Mythos jedweder Person der Öffentlichkeit letztlich am Leben hält, ist das richtige Verhältnis von Nähe und Distanz zum Publikum: Natürlich muss die Person präsent sein, um das Bild in den Köpfen der Menschen zu festigen und ausreichend Projektionsfläche für deren Wünsche zu bieten; dennoch muss ein gewisser Abstand gewahrt bleiben, um die gewünschte Wirkung entfalten zu können. Hat ein begeisterter Fan erkannt, dass hinter dem aufgebauten Konstrukt aus Wünschen und Starqualitäten ein „normaler" Mensch mit Ängsten und Problemen steht, die er selbst auch hat, verschwindet schlagartig der Glanz, den der Mythos verleiht.

> *„Die Nähe ist möglicherweise etwas, was an dem Mythos kratzt. Man muss unterscheiden zwischen dem, was man vom Privatleben eines Stars mitbekommt und dem, was auf der Leinwand passiert. Bei dem, was privat abläuft, muss man tolerant sein. Denn letztlich wird die Realität nichts ändern. Was bleibt, ist immer der Mythos, die Legende oder das Filmbild und die Imagination, die man damit verbindet. Je größer die Distanz wird zu dem, was man von dem Star als Privatperson wahrnimmt, umso weniger beschädigt ist der Mythos. Der Mythos ist etwas, was in der Ferne liegt – ein Produkt der eigenen Imagination. Das ist eine Eigenart des Mythos – dass die Realität dem Mythos nichts anhaben kann." (persönliches Interview mit Werner Sudendorf, Leiter der Nachlassverwaltung von Marlene Dietrich, Deutsche Kinemathek Berlin, vom 2. Mai 2000).*

Wie das folgende Beispiel zeigen wird, verkörpert Marlene Dietrich alle aufgeführten Eigenschaften in sich, so dass sie zweifellos als Mythos bezeichnet werden kann: Trotz mittelmäßiger schauspielerischer Begabung wird sie zum internationalen Superstar durch Ausstrahlung und Disziplin, die sie bei ihrer Arbeit konsequent einsetzt. Ihre Karriere beruht auf nicht-rationalen Gesichtspunkten, auf ihrem Charisma, auf der unbeirrbaren Verkörperung ihres Images.

Die Auffassung, den Begriff Mythos als Botschaft zu verstehen, ist eng mit dem Imagebegriff verknüpft: Beide Begriffe beinhalten eine Identifikations-, Orientierungs- und eine Integrationsfunktion für Zielgruppe beziehungsweise Publikum. So steht Marlene für das Ausleben sexueller Wünsche, die Verführerin und die starke, selbstbewusste Frau. Die Tatsache, dass sie die Gratwanderung zwischen ausreichender Nähe und gezielter Distanz zum Publikum perfekt beherrscht hat, zeigt sich bis heute: Die Faszination des Mythos Marlene Dietrich erstreckt sich über mehrere Generationen hinweg, sogar über den Tod der Diva hinaus – ihr Mythos ist unsterblich.

3.2 Image

Soll ein Produkt auf dem Markt über längere Zeit erfolgreich sein, bedarf es eines eigenen Fingerabdruckes, eines Zeichens, um es von Konkurrenzprodukten zu unterscheiden. Diese Differenzierung zum Wettbewerb kann im Zeitalter annähernd gleicher Produktqualität und Preisgestaltung nur noch über die Kommunikation erreicht werden. Das Image eines Produktes wird damit zum wichtigen Bestandteil beim Aufbau einer Marke. Das folgende Kapitel schafft zunächst ein einheitliches Grundverständnis vom Imagebegriff. Der zweite Teil dieses Kapitels zeigt sieben Merkmale, die die Struktur des Imageaufbaus wiedergeben. Diese Systematik ist von zentraler Bedeutung: Sie dient als Basis, anhand derer in Kapitel 6.1.2 geprüft werden soll, ob sich die Merkmale beim Imageaufbau von Marken auch auf die Imagegestaltung von Stars übertragen lassen. (Siehe hierzu den Beitrag *Wenn Persönlichkeiten wirken; das Image*).

3.2.1 Definition und Merkmale

Die Bildung von Image ist ein komplexer Prozess: Viele Sinneseindrücke formen ein Gesamtbild, das sich in den Köpfen der Menschen verankert. Doch nicht in jeder Person entsteht das gleiche Bild: Jedes Gehirn selektiert Wahrnehmungsreize und ordnet sie in einem zweiten Schritt dem Bezugssystem bisheriger Erfahrungen zu. Dieser Prozess vollzieht sich für jeden Menschen individuell. Neben der Vielschichtigkeit ergibt sich hieraus die zweite Komponente des Images: die subjektive Färbung.

> *„Das Image ist das mentale Bild einer Person zu einem Bezugsobjekt; dazu gehört alles, was die Person über das Objekt weiß, dazu glaubt, sich darunter vorstellt und damit verbindet." (Kotler/Bliemel, 1992, S. 833).*

In der subjektiven Interpretation eines Bezugsobjektes sieht Chajet den zentralen Punkt: „Image ist die Vorstellung von der Wirklichkeit eines Gegenstandes." (Chajet/Shachtman, 1995, S. 42). Diese Aussage impliziert, dass das Image nicht notwendigerweise die Realität ist oder diese zumindest widerspiegelt, sondern dass es vielmehr Ausdruck dessen ist, was ein Mensch für die Realität hält beziehungsweise halten möchte.

Der Markt- und Werbeforschung ist es bisher nicht gelungen, eine einheitliche Definition zu finden, die dem Anspruch von Komplexität und subjektiver Einschätzung gleichermaßen gerecht wird. Um dennoch von einem einheitlichen Grundverständnis für den weiteren Verlauf auszugehen, liegt dieser Arbeit die knappe Definition von Herbst zugrunde:

> *„Images ist sind die Gesamtheit aller Vorstellungen, die ein Mensch bzw. eine Gruppe mit einem Meinungsgegenstand verbindet." (http://www.snafu.de/~herbst/image/sld015.htm, 02.11.1999).*

3.2.2 Konsequenzen für die Imagegestaltung

Der folgende Abschnitt nennt 7 Merkmale, die einem Image zugrunde liegen sollten, um seiner Aufgabe in der Markenführung gerecht zu werden. In Kapitel 5.1.2 wird gezeigt, dass diese Systematik auf die Imagegestaltung von Marlene Dietrich übertragbar ist.

Ist die relevante Zielgruppe für ein Markenprodukt ermittelt, wird im zweiten Schritt ein Bild definiert, mit dem sich die Zielgruppe identifizieren kann. Die Imagekonstruktion basiert auf der Grundlage dieses Idealbildes. Dabei sollte das Image über folgende Leistungsmerkmale verfügen (vgl. Kotler/Bliemel, 1992, S. 470 – 471):

- Das Image sollte eine eindeutige Botschaft beinhalten, die den Hauptvorzug und die Positionierung des Markenprodukts übermittelt.
- Das Image sollte auf eine unverwechselbare Art transportiert werden, die sich von Konkurrenzprodukten abhebt und damit eine Verwechslung ausschließt.
- Die objektiven Produktvorteile sollten emotional unterstützt werden, um nicht nur die rationale, sondern auch die emotionale Verhaltensebene des Verbrauchers anzusprechen.

Koppelmann ergänzt das Merkmal der Kontinuität: „Zur Identifikation gehört neben dem Erkennen auch das Wiedererkennen." (Koppelmann, 1989, S. 267). Wird das Image dem Verbraucher nahe gebracht, bedarf es mehrfacher und vor allem gleich bleibender Anstöße über den Zeitverlauf hinweg, um das Bild im Kopf des Konsumenten zu festigen. Hingegen verwirren wechselnde Gestaltungskonzepte den Kunden und senken seine Kaufbereitschaft. Daraus ergibt sich, dass sich Images nicht über Nacht aufbauen lassen: Sie brauchen Zeit, bis sie entstanden sind und stabil sind.

Diese Beständigkeit gilt auch für die Kommunikationsmedien zur Erreichung des geplanten Images: Es genügt nicht, ein Medium einzusetzen, um die relevante Bezugsgruppe effektiv zu erreichen; vielmehr muss das Image stetig von allen Kommunikationsmedien eines Unternehmens gemeinsam und in harmonischer Abstimmung zueinander verbreitet werden. Dazu gehören Print- und AV-Medien genauso wie das Verhalten der Mitarbeiter. Schließlich muss der Konsument über den Kaufakt hinaus betreut werden. „Nachverkaufende" oder „bestätigende" Werbung dient dazu, den Konsumenten in seinem Kaufverhalten zu bestärken und kognitiven Dissonanzen vorzubeugen. Denn kommen dem Verbraucher nach dem Kauf Zweifel ob seiner Kaufentscheidung, muss das Selbstbild wieder an das Markenimage angeglichen werden. Gelingt es, ein Image aufzubauen, kann dauerhafte Markentreue entstehen.

Chajet sieht in einem Markt der Globalisierung, der Kommunikationsvielfalt und der ständig wachsenden Marketing-Budgets die zentrale Aufgabe in der „Scharfeinstellung des Image" (Chajet/Shachtman, 1995, S. 10). Damit sei es möglich, jene Bekanntheit zu erreichen, die Grundlage oder auch Eintrittspreis für geschäftlichen Erfolg ist.

4. Vermarktung im Hollywood der 30er bis 50er Jahre

Das folgende Kapitel befasst sich mit der Bedeutung des Starimage für die Filmindustrie. Zunächst werden drei wichtige Merkmale aufgezeigt, die einen Star ausmachen. Anschließend wird deutlich, welche Relevanz diese Merkmale für das professionelle Vermarktungskonzept der Hollywoodstudios zwischen 1930 und 1950 haben. (Siehe hierzu den Beitrag *Stars aus der 2. Reihe in Hollywood*).

4.1 Film und Image

Bereits im frühen Film kommt dem Image eine bedeutende Rolle zu: Neue, wechselnde Kameraeinstellungen revolutionieren die Sehgewohnheiten des Publikums; dramatische Close-ups erfordern eine neue Ausgestaltung der Filmpersönlichkeit. Die zentrale Bedeutung des Image im Film und der damit verbundenen Filmindustrie beschreibt Weis sehr eindrücklich:

> *„There's probably been no other artistic medium in this century whose appeal rests so strongly on the human presence, and in which the human image has occupied a place of such primacy and centrality."* *(Weis, 1981, S. 55).*

4.2 Geplante Kontinuität im Starauftritt

Trotz der wesentlichen Bedeutung für die Mediengesellschaft tut sich die Forschung schwer, eine klare Definition und Eingrenzung des Starphänomens vorzunehmen. Der Star ist in seiner Erscheinungsform und -vielfalt derart komplex und in seiner soziokulturellen Ausprägung so vielschichtig, dass eine griffige Einordnung kaum möglich scheint. Korte und Strake-Behrendt schlagen dennoch drei Kategorien zur Systematisierung vor (Faulstich, 1997, S. 11 – 12):

- Erstens bildet ***Erfolg*** eine grundlegende Voraussetzung, um Star-Status zu erhalten.
- Das ***Image*** bildet die zweite Komponente, wobei diese auf sehr subjektiven Einstellungen des Publikums basiert, aber auch gezielt beeinflusst wird durch die Bemühungen der Filmindustrie.
- ***Kontinuität*** bildet die dritte Grundvoraussetzung, um von einer Person als „Star" zu sprechen.

Kontinuität unterscheiden die Forscher in zwei Dimensionen:

- Die ***diachrone Kontinuität*** steht für die Beständigkeit des Starimages bei den Zuschauern über den Karriereverlauf hinweg. Dabei ist die Dauer abhängig von Art, Zielgruppe und Medium des Stars.
- Die ***synchrone Kontinuität*** bezeichnet die konstante Relation zwischen der Filmpersönlichkeit und dem Star als Privatperson. Bei der Letztgenannten wird weiter unterschieden zwischen dem Auftreten des Stars in der Öffentlichkeit und im Privatleben. Diese Dreiteilung wird beim Image von Marlene Dietrich eine zentrale Rolle spielen (siehe Kapitel 5.2).

4.3 Frühe Vermarktung von Stars

Der folgende Abschnitt zeigt die Dominanz der Studios über die Filmschauspieler und demonstriert, welche Konsequenzen die strikte Imagefestlegung für die synchrone beziehungsweise diachrone Entwicklung des Starimage nach sich zieht:

Analog zur Rolle des Images im Marketing, dient der Imageaufbau der Stars primär der Absatzförderung. Damals wie heute gilt der Grundsatz: große Namen, volle Häuser. Die Stars werden als Kassen-Magneten für die Interessen der Produzenten instrumentalisiert:

> *„Der amerikanische Film ließ sich ... selten durch ideologische Nebenabsichten von der Hauptabsicht ablenken: Geld zu machen. Dass der Film eine Ware sei und weiter nichts, eben dies wurde ihm zur Ideologie. Der amerikanische Film feierte ... vor allem sich selbst. Und worin hätte er sich besser feiern können als in seinen Stars?" (Patalas, 1963, S. 14).*

Abgestimmt auf den Publikumsgeschmack legen die Studios das Starimage für eine ganz bestimmte Figur fest. Nicht selten finden die Castings für die Rollen erst anschließend statt. Kurz darauf wird das Image zusammen mit dem ausgewählten Gesicht in der Öffentlichkeit kommuniziert. Die Produzenten bauen ein komplexes Kontrollsystem aus, indem sie „ihren" Stars mehrjährige Exklusiv-Verträge garantieren. Diese Taktik hat weitreichende Konsequenzen: Erstens stellt sie sicher, dass das Starimage von Film zu Film gewahrt bleibt (diachrone Kontinuität); dies gilt zweitens auch für das Image zwischen Filmrolle und Auftritten im öffentlichen Leben (synchrone Kontinuität). Damit kontrollieren die Studioinhaber das gesamte Erscheinungsbild des Stars.

Zweitens werden die Leinwandhelden klar und eindeutig positioniert, um sie von der Konkurrenz abzugrenzen. Eine Variation des Stars in seinem Erscheinungsbild ist nur vorgesehen, wenn der gewünschte Erfolg an den Kinokassen ausbleibt.

Die Strategie der Studios zeigt auffallende Parallelen zum heutigen Marketing und lautet übertragen auf die Markenführung: Das Produkt „Filmstar" soll als Marke etabliert werden und mit Hilfe ihrer Bekanntheit durch das Image den Kassenerfolg garantieren. Damit sollen die Risiken der hohen Produktionskosten im größtmöglichen Umfang aufgefangen werden. Der Aufbau des Starsystems ermöglicht damit die Produktdifferenzierung und soll gleichzeitig die Anpassung an einen schwer kalkulierbaren Markt gewährleisten.

Nur in seltenen Fällen können es sich die Filmschauspieler leisten, Einfluss auf ihr Image zu nehmen. Der einzelne Star ist damit genauso passiv wie das Marketing-Konstrukt „Marke". Seine eigentliche Persönlichkeit – unabhängig vom Starimage – wird unterdrückt beziehungsweise ersetzt durch das der Filmindustrie. Er wandelt sich vom Menschen mit Persönlichkeit zur Markenpersönlichkeit. Dies trifft heute sicherlich nicht mehr gleichermaßen auf die Filmschauspieler zu, und auch schon damals gab es Ausnahmen. Moderne Superstars bestehen sogar auf der Abgrenzung zu ihren Filmrollen: Jack Nicholson oder Al Pacino wählen bewusst ganz unterschiedliche Rollen, um sich nicht in ein Schema pressen zu lassen und den Zuschauern die Bandbreite ihres Könnens zu beweisen.

„Many of today's serious actors ..., though they may have the charisma of old-fashioned superstars, prefer to avoid star status precisely so that they can continue to extend themselves over a wide range of roles often denied to a star." (Weis, 1981, S. 115).

Im folgenden Kapitel wird der gezielte Imageaufbau eines Hollywood-Filmstars am Beispiel Marlene Dietrich illustriert.

5. Marlene Dietrich

Das folgende Kapitel nimmt die bisherigen Ergebnisse als Ausgangslage, um auf das eben der Marlene Dietrich einzugehen. Dabei sollen der Imageaufbau und seine Gestalter im Mittelpunkt stehen. Das gängige Vorurteil kann nicht bestätigt werden, die Dietrich wurde ausschließlich von Joseph von Sternberg kreiert, dem Regisseur vieler ihrer Filme.

5.1 Leben und Karriere

Abbildung 1: Marlene Dietrich am Beginn ihrer Weltkarriere (Quelle: Stiftung Deutsche Kinemathek – Marlene Dietrich Collection)

Am 27. Dezember 1901 wird Maria Magdalena Dietrich in Berlin geboren. Ihr Vater, ein preußischer Polizeioffizier, stirbt früh, sie wächst mit ihrer Schwester bei der Mutter auf. An der Schauspielschule wird sie abgelehnt, so dass sie ihre Karriere als Revuegirl im Varieté der Berliner 20er Jahre beginnt. 1923 heiratet sie den Regieassistenten Rudolf Sieber, ein Jahr später wird die gemeinsame Tochter Maria geboren. Rudolf kümmert sich um das Kind, Marlene um ihre Karriere. Obwohl die beiden nur fünf Jahre gemeinsam verbringen, bleiben sie ihr ganzes Leben verheiratet. Später wird er ein guter Freund und enger Vertrauter der Diva.

1926 dreht Marlene ihren ersten Stummfilm *Der Juxbaron*, es folgen weitere kleine Nebenrollen. In dieser Zeit lernt sie, wie sie sich vor der Kamera zu präsentieren hat. Ihre Lehrjahre tragen Früchte: Sie wird während der Theateraufführung *Die zwei Krawatten* im September 1929 vom amerikanischen Regisseur Joseph von Sternberg entdeckt. 1930 spielt sie die Hauptrolle der Nachtklubsängerin Lola Lola in *Der blaue Engel*.

Die Ufa verlängert den Vertrag nicht, und Marlene verlässt am Abend der Premiere Berlin in Richtung Hollywood – mit 54 Gepäckstücken. An den großen Erfolg des Films anknüpfend dreht sie unter der Regie von Sternbergs noch fünf weitere Filme: *Marocco* (1930), *Dishonored* (1931), *Shanghai Express* (1932) und *The Scarlet Empress* (1932). *The Devil is a Women* (1935) ist ihr letzter gemeinsamer Film.

In dieser Zeit erhält sie insgesamt drei Mal das Angebot von Goebbels, nach Berlin zurückzukehren. Doch sie lehnt jedes Mal entschieden ab. Ihre Schwester Elisabeth, die für die Nationalsozialisten arbeitet, erklärt sie für tot. 1937 wird Marlene Dietrich amerikanische Staatsbürgerin.

Die folgenden Jahre sind nicht von Erfolg gekrönt. Erst 1939 feiert sie ihr Comeback mit *Der große Bluff* an der Seite von James Stewart. Sie kümmert sich nun verstärkt um die US-Soldaten, singt Lieder live und über das Radio und erhält den Dienstgrad des „Captain" der US-Armee.

Nach Kriegsende ist sie in einigen Charakterrollen zu sehen, darunter *Zeugin der Anklage* (1957) und *Das Urteil von Nürnberg* (1961). Verstärkt geht sie nun mit ihren eigenen Evergreens auf Tournee und startet damit eine zweite Karriere. 1960 besucht sie erstmals wieder Deutschland, wo sie auf große Ablehnung stößt. Im Jahre 1976 stirbt ihr Ehemann. Im Jahre 1978 hat sie ihren letzten Leinwandauftritt in *Schöner Gigolo, armer Gigolo*. Kurze Zeit später stürzt sie auf der Bühne in Sydney, bricht sich das Bein und zeigt sich danach nie wieder in der Öffentlichkeit. Die letzten zwölf Jahre ihres Lebens verbringt sie ausschließlich in ihrer Wohnung in Paris, bevor sie dort am 6. Mai 1992 stirbt. Sie wird kurz darauf in Berlin, neben ihrer Mutter, beigesetzt.

5.2 Image der Marlene D.

Der blaue Engel machte aus einer durchschnittlich begabten Schauspielerin, die bis dahin eher in zweitklassigen Filmen agierte, plötzlich – scheinbar über Nacht – einen Superstar. Wie lässt sich dieses Phänomen erklären? Marlene – ein bis dahin verkanntes Genie oder ein beliebig formbares willenloses Wesen, eine fleischgewordene Vision ihrer „Macher"?

Wie kam es zum großen Erfolg der Dietrich? Schließlich ist sie bis heute der größte internationale Filmstar, der Deutschland seine Heimat nennt. Großen Anteil daran haben zweifelsohne das gezielt geplante Image und seine strategische Vermarktung. Doch wer ist dafür verantwortlich? Häufig wird gesagt und geschrieben, dass Marlene durch von Sternberg „entstanden" – ja von ihm „erschaffen" wurde. Das folgende Kapitel dient daher dazu, diese These zu untersuchen und sie auch kritisch zu hinterfragen. Zunächst soll die diachrone Kontinuität im Filmimage untersucht werden. Dabei stehen die folgenden drei Fragen im Mittelpunkt: Was brachte Marlene Dietrich an Qualitäten in die Arbeit mit von Sternberg ein? Welche Bestandteile des Images waren bereits angelegt, mussten jedoch erst „geweckt" werden? Welche Elemente des Image wurden von außen kreiert? Im zweiten Teil wird dann die synchrone Kontinuität in Anlehnung an die dargestellte Systematik analysiert.

5.2.1 Das Image im Film

Um herauszufinden, wie groß der Einfluss von Sternbergs beziehungsweise der Paramount Studios an der Imagegestaltung Marlenes ist, macht es Sinn, beim Filmimage eine Einteilung in drei Phasen vorzunehmen: Der erste Teil zeigt die Zeit Marlene Dietrichs vor der Zusammenarbeit mit Joseph von Sternberg und spiegelt damit das eigene Potenzial Marlenes wider. Der zweite Abschnitt zeigt die Imageveränderungen während der Dreharbeiten zu *Der blaue Engel*. Der dritte Teil befasst sich mit der Folgezeit und der Imagepositionierung in den USA.

5.2.1.1 Leben vor *Der blaue Engel*

Als Marlene Dietrich zum großen Hollywoodstar avanciert, entflammt ein heftiger Streit zwischen den Filmgrößen jener Zeit darüber, wer die „größte Entdeckung dieses Jahrhunderts" gemacht hat. Dabei wird übersehen, dass Marlene zu diesem Zeitpunkt bereits auf eine knapp 10-jährige Bühnen- und Stummfilmkarriere zurückblicken kann. (Eine Tatsache, die die Diva später in ihren Memoiren gerne verschweigt, da nur wenige für sie erfolgreiche Produktionen darunter sind). Schon zu ihrer Zeit als Theaterschauspielerin erinnert sich die Kollegin Käthe Haak an die starke erotische Ausstrahlung, die das Publikum an der jungen Dietrich faszinierte:

> *„(Marlene) spielte vor der Nase des Publikums, sie stand immer ganz vorne auf der Bühne. Sie war sehr, sehr sexy. Sie lag auf dem Boden und schwang ihre atemberaubend schönen Beine ... wir alle redeten ... jeder redete ... Marlenes Name war schon zum Inbegriff für Sex-Appeal, für Schönheit geworden." (Bach, 1993, S. 118).*

Sie selbst scheint sich ihrer Schönheit nicht bewusst zu sein, sie sieht sich nur als unbedeutende Schauspielschülerin. Der Produzent Viktor Barnowski, der sie damals häufig in ihren Rollen sieht, fasst die gängige Meinung über die junge Marlene wie folgt zusammen: Sie sei „sehr jung, blendend frisch, elegant, außergewöhnlich hübsch und ... leicht geheimnisvoll ... Aber ... sie schien sich ihrer vielen Reize nicht bewusst zu sein – außer vielleicht ihrer Beine." (Bach, 1993, S. 99). Dabei besitzt sie schon zu diesem Zeitpunkt genau jene Eigenschaft, die sie für den Film prädestiniert: Sie fesselt ihr Publikum und hebt die Distanz auf, die für gewöhnlich zwischen Bühne und Zuschauer besteht. Dieser räumliche Abstand wird im Medium Film automatisch aufgehoben. Damit ändern sich jedoch auch die darstellerischen Anforderungen an die Schauspieler sowie die beabsichtigte Wirkung auf die Zuschauer. Frieda Grafe beschreibt den Wechsel vom Theater hin zum Film für Marlene wie folgt:

> *„Die Zweidimensionalität der Leinwand hat zugleich Zuschauer und Darsteller wie in eine Ebene gezogen. Die Geschichten, in denen sie spielt, sind läppisch, schauspielerische Qualitäten im alten Sinn nicht mehr gefragt, weil das, was sie ausmacht in Sternbergs Filmen, das Ausspinnen ihrer Eigenschaften ist. Das lädt nicht ein zur Identifikation, sondern löst Faszination aus. Es stimuliert Wünsche." (Grafe, 1978, S. 59).*

Die Dietrich besitzt bereits zu diesem Zeitpunkt Starqualitäten, die primär von ihrer fesselnden Ausstrahlung hervorgerufen werden:

> *„(Marlene) hatte eine sehr seltene Fähigkeit: Sie konnte völlig regungslos auf der Bühne stehen und dennoch die gespannte Aufmerksamkeit des Publikums auf sich lenken ... Marlene stellte sich einfach auf die Bühne, rauchte eine Zigarette – sehr langsam und sexy –, und die Zuschauer vergaßen darüber die anderen Schauspieler. Ihre Pose war so natürlich, ihre Stimme so melodiös, ihre Gestik so knapp, dass sie das Publikum faszinierte wie ein Gemälde von Modigliani ... Sie besaß die Qualität, die einen Star ausmacht: Sie konnte großartig sein, ohne irgend etwas zu tun." (Bach, 1993, S. 124).*

Doch die Kritiker sehen zu dieser Zeit nicht mehr in ihr als eine mittelmäßige Garbo-Imitation. 1929 erkennen sie noch nicht das Potenzial ihrer Ausstrahlung, dieser lasziven, kühlen Erotik, das sie ein Jahr später begeistern wird. Noch fehlt ihr die dritte Dimension, um zu überzeugen: diese tiefe, rauchige Stimme. Später wird die „Versuchung ohne Temperament" (Bach, 1993, S. 133) zu ihrem Markenzeichen. Erst mit dem Tonfilm kann sie dieses wichtige Gestaltungsinstrument einbringen.

Viktor Barnowsky demonstriert, dass Marlenes Image schon eindeutig in Richtung Vamp tendiert, bevor sie von Sternberg für *Der blaue Engel* verpflichten wird. Ihr Charakterbild setzt sich zusammen aus der progressiven Frau, die verführerisch und selbstbewusst zugleich ist. Der Produzent kommentiert den Abschied Marlenes vom Theater wie folgt:

> *„Mit Marlene Dietrich hat das Theater ein Juwel verloren ... Ganz Kind ihrer Zeit ist Marlene Dietrich zum Image geworden, zum Modell und Symbol der verlockenden Frau ... Die Garbo dagegen ist das Symbol der duldenden Frauengestalten ... Vielleicht ist Marlene der Frauentyp von morgen." (Bach, 1993, S. 136 – 137).*

5.2.1.2 *Der blaue Engel* – der nationale Durchbruch

Die Prognose Barnowskys erweist sich als zutreffend: Marlene bringt die idealen Voraussetzungen mit, um die Hauptrolle in *Der blaue Engel* zum Leben zu erwecken. Trotz massiver Widerstände seitens der Produzenten realisiert von Sternberg den Film mit Marlene und verhilft ihr damit zum großen nationalen Durchbruch. (Der Welterfolg stellt sich erst ein mit dem zweiten Film *Marocco*, der in den USA aus marketingstrategischen Gesichtspunkten vor *Der blaue Engel* in die Kinos kommt. Siehe ausführlicher hierzu Kapitel 6.2). Marlene überzeugt in ihrer Rolle der Lola Lola: das vulgäre, aber reizvolle Tingel-Tangel-Starlet spielt sie perfekt. Noch heute ist die Rolle in den Köpfen der Zuschauer auf der ganzen Welt präsent und erweist sich als nicht wiederholbar – auch von den Beteiligten nicht – wie Marlene rückblickend eingesteht:

> *„Ich, das wohlerzogene ... noch ganz unverdorbene Mädchen aus guter Familie, ich hatte, ohne es zu ahnen, eine einmalige Leistung vollbracht, die mir nie wieder gelingen sollte." (Bach, 1993, S. 170 – 171).*

Was macht den Erfolg dieses Films aus? Es sind drei Komponenten, die einzeln schon existieren, doch erst in ihrer Kombination Synergien bilden. Zum einen ist es Marlenes Stimme: Sie, die selbst eine exquisite Erziehung genossen hat, versenkt sich in die Rolle des leichten Mädchens, gepaart mit tiefer Stimme und starkem Dialekt. Das sind Qualitäten, die sie in ihren Stummfilmen überhaupt nicht und auf der Bühne nur bedingt unter Beweis stellen konnte. Zweitens setzt sie ihren Körper bewusst ein, um zu provozieren und zu verführen. Drittens ist es von Sternbergs intime Kameraführung, die diese Bilder perfekt inszeniert.

Doch mit der Geburt des großen Filmstars Marlene Dietrich geht auch ein Teil in ihr zu Ende. Die Lola Lola war die letzte Rolle, die nicht eigens für sie geschaffen worden ist. Damit endet die große Herausforderung, sich einer Rolle anpassen und sich in sie hineinversetzen zu müssen.

5.2.1.3 Imagewandel und -perfektionierung in Hollywood

Die Zeit nach *Der blaue Engel* ist geprägt durch den Neuanfang in Hollywood: Von Sternberg produziert den Film *Marocco*, der das strategische Ziel hat, Marlenes Image in den USA eindeutig zu positionieren. Der Film wird hier vor *Der blaue Engel* in die Kinos gebracht. Dabei schleift er am Image seines Stars und versucht, störende Elemente zu eliminieren. Sein Ziel ist, die Anmutung Marlenes zu veredeln. Es beginnt die Verwandlung vom frechen leichten Mädchen zum charismatisch geheimnisvollen Vamp. Zum Beispiel wird Marlene nahe gelegt, sich 15 Kilo abzuhungern, um dem Bild der Diva eher zu entsprechen.

„Das dralle, blonde deutsche Fräulein war das hässliche Küken, das erst in Amerika mit internationalem Lack veredelt wurde." (Grafe, 1978, S. 57).

Damit nähert sie sich immer stärker von Sternbergs Idealbild an, das inzwischen auch ihres geworden ist. Der Filmkritiker Richard Schickel bezeichnet den Film als reinen „Stardiskurs": „*Marocco* handelt nicht von der Hauptfigur Amy Jolly, sondern ausschließlich von Marlene Dietrich. Sie ist der Inhalt, der Stil, der Sinn und Zweck des Films." (Bach, 1993, S. 185).

Zentrales Thema bildet auch hier die lockende Weiblichkeit, die gepaart ist mit Unabhängigkeit von männlichen Wertvorstellungen. Die Schlüsselszene des Films beinhaltet einen „lesbischen Akzent" (Bach, 1993, S. 186), wie von Sternberg es nennt. So singt Marlene in einer Szene einen französischen Chanson der Jahrhundertwende und trägt dabei Männerkleidung. Zum Ende des Liedes erhält sie von einer Frau aus dem Publikum eine Blume und bedankt sich, indem sie die Frau leidenschaftlich auf den Mund küsst. Danach wirft sie die Blume provozierend dem Legionär, dem männlichen Hauptdarsteller, zu. Diese Szene ist mehr als eine Anspielung auf Marlene Dietrichs private Neigungen. Vielmehr steht sie als Symbol für die selbstbewusste Frau, die bereit ist, in männlicher Kleidung die Männerwelt zu erobern. Damit erfüllt sie das Image der starken, androgynen Frau, das von Sternberg fast fetischhaft ausgestaltet. „Zylinder und Frack sind ihre Rüstung und eine Warnung; die Blume ist Angebot und Kampfansage zugleich." (Bach, 1993, S. 186).

Abbildung 2: Marlene Dietrich mit Charly Chaplin (Quelle: Stiftung Deutsche Kinemathek – Marlene Dietrich Collection)

Die Positionierung Marlenes als elegante Frau mit Ausstrahlung und starkem Sex-Appeal ist sehr erfolgreich. Der Film beschert der Dietrich den weltweiten Durchbruch. Neben ihrer erotischen Ausstrahlung loben Kritiker immer wieder die Intelligenz und den Humor des neuen Paramount-Stars:

„... Vamps with brain are far to seek. And vamps with humour even further. I find all my requisits in the screen charachter of Marlene Dietrich. She has beauty in abundance. She has rich sensous allure. And you have only to look at her eyes to see that she has brains, and at her mouth to see that she has humour." (Garsault, 1978, S. 53).

Während der Dreharbeiten zu Marokko festigt sich nicht nur ihr Image, sondern es entwickeln sich auch langsam Bewusstsein und Sensibilität für die Reaktionen des Publikums, die ihre Gestik und Mimik auslösen. Es entsteht die geheimnisvolle Überlegenheit, die sich in ihrem Lächeln manifestiert. Doch wie weit das Image der Dietrich und das Wesen der Privatperson auseinanderklaffen, zeigt folgendes Beispiel:

> *„Unser erster Film in Amerika hieß* Marocco. *Es war eine schlimme Zeit für mich, denn ich musste nicht nur perfektes Englisch sprechen, sondern außerdem mysteriös sein. Mysteriös-Sein war, entgegen der allgemeinen Ansicht, nie meine Stärke. Ich wusste natürlich, was damit gemeint war, doch mir selbst diese geheimnisvolle Aura zu schaffen, gelang mir nicht; es lag mir fern. Man darf nicht vergessen, dass ich in diesem zweiten Film, den ich unter von Sternbergs Regie drehte, einen völlig anderen Menschen als im Blauen Engel zu spielen hatte. Da war ich ein ordinäres, freches Frauenzimmer gewesen – in* Marokko *aber hatte ich eine geheimnisvolle Frau zu sein." (Dietrich, 1979, S. 77).*

5.2.2 Image in der Öffentlichkeit

Führt man sich Marlenes Auftreten in der Öffentlichkeit vor Augen, kann man feststellen, dass sie dem ausschweifenden Leben der blühenden Metropole Berlin während der zwanziger Jahre sehr zugetan ist. Auch hier zeigt sich, dass Marlene die idealen Voraussetzungen für die Sternberg-Filme bereits mitbringt und nicht erst von Sternberg allein zu dem gemacht wird, was der Betrachter in *Der blaue Engel* auf der Leinwand sieht.

5.2.2.1 Schönheit

Wie die Meinungen der Theaterkollegen zeigen, gilt Marlene schon in den frühen zwanziger Jahren als schön, wenn auch ein wenig molliger als später. Ihr Aussehen fördert zu Beginn gewiss ihre Karriere, doch gleichzeitig hindert es sie daran, von Regisseuren als ernst zu nehmende Schauspielerin angesehen zu werden. Nach einem Vorsprechen bei E. A. Dupont, der gerade an dem Film *Varieté* mit Emil Jannings und Lya de Putti dreht, winkt dieser ab und bemerkt herablassend zu seinem Regieassistenten:

> *„... vielleicht können Sie ihr später mal 'ne Chance geben – wenn Sie für eine Nebenrolle einen Mini-Vamp mit schönen Beinen benötigen." (Bach, 1993, S. 98).*

5.2.2.2 Bisexualität/Wirkung auf Frauen

Die berühmte Kabarettistin Claire Waldoff führt Marlene maßgeblich auf dem Weg zu ihrem persönlichen Stil. Sie ist eine Ulknudel, die als bekennende Lesbe mit ihrem männlichen Auftreten zu dieser Zeit in Berlin niemanden schockieren kann. Marlenes Darstellung auf der Bühne und in der Öffentlichkeit ist davon mit Sicherheit beeinflusst worden. Ferner erteilt sie ihr eine detaillierte Stimm- und Gesangsausbildung. Über die sexuelle Beziehung der beiden wird viel gemunkelt, und Marlene gibt es später freimütig zu, womit „sie Billy Wilders Dinnergäste in Hollywood schockierte" (Bach, 1993, S. 108).

Gerüchte über ihre Schwäche für Frauen und Männer gleichermaßen gibt es immer wieder: Sie hat Affären mit den Schauspielerinnen Claudette Colbert und Lily Damita, der Autorin Mercedes d´Acosta, genauso wie mit vielen männlichen Kollegen (zum Beispiel Douglas Fairbanks, Jean Gabin). Ihre Auftritte in der Öffentlichkeit geben ihr auch für ihre Darstellung auf der Bühne große Selbstsicherheit, von der sie immer wieder profitiert. Durch die berufliche und private Beziehung zu ihrer Mentorin Waldoff lernt sie auch, ihre anziehende Wirkung auf Frauen einzuschätzen. Dieser androgyne Sexus wird im *Der blaue Engel* zum Markenzeichen und Abgrenzungsmerkmal zur langen Liste ihrer Konkurrentinnen. Beobachter nennen es später „Sex ohne Geschlecht; doch im Grunde war es Sex mit jedem Geschlecht – je nachdem, wie der Zuschauer oder Marlene es wollten. Für jeden etwas." (Bach, 1993, S. 108).

5.2.2.3 Mode

Abbildung 3: Neuer Modetrend als Imagemerkmal (Quelle: Stiftung Deutsche Kinemathek – Marlene Dietrich Collection)

Die Verschmelzung von Filmimage und dem Bild in der Öffentlichkeit manifestiert sich auch im Kleidungsstil. Dieser wirkt in der Bevölkerung äußerst Image prägend Ein Tatbestand, den sich insbesondere die Paramount-Studios zu nutze machen, um das gewünschte Image in den Köpfen der Zuschauer zu platzieren. So erhält sie am Tage der Ankunft in New York die Anweisung eines Studiomitarbeiters, ihr graues Kostüm gegen ein langes schwarzes Kleid und einen Nerzmantel zu tauschen, denn anders könne sie in den USA keinesfalls von Bord gehen. Marlene erinnert sich:

> *„Es war zehn Uhr morgens, und ich konnte nicht begreifen, warum ich mich am helllichten Tage so anziehen sollte. Aber ich musste gehorchen." (Dietrich, 1979, S. 69 f).*

Nachdem sie sich in den USA etabliert hat, widersetzt sie sich den Forderungen der Studios:

> *„Später weigerte ich mich grundsätzlich, irgendwelche Kleidervorschriften der Studios zu befolgen, und zog mich immer nach meinem eigenen Geschmack an." (Dietrich, 1979, S. 70).*

Ihr eigener Stil ist praktisch und auffällig zugleich und verfügt erneut über Affinitäten zu Kostümen der Filmrollen. Sie zeigt sich häufig in Hosen, männlich geschnittenen Mänteln und Baskenmützen. Ihre Outfits prägen einen neuen Look in der Modebranche. Die Tatsache, dass viele amerikanische Frauen Anfang der 30er Jahre Männerkleidung tragen und ihren Stil kopieren, weist auf ein großes Identifikations- und Individualisierungspotenzial ihres Starimages hin.

Es entsteht eine Wechselwirkung: Einerseits profitiert sie in ihren Rollen von den Erfahrungen, die sie in der Öffentlichkeit sammelt. Andererseits instrumentalisiert sie die Figuren in ihren Filmen, um ihr Bild unter den Zuschauern zu lenken und zu festigen. Es geschieht häufiger, „dass Marlene sich ihren Filmcharakter im Privatleben zu Eigen machte – ihr legendärer Ruf beruhte sogar darauf, dass ihre Persönlichkeit und ihr Filmimage scheinbar nahtlos ineinander übergingen." (Bach, 1993, S. 129).

5.2.3 Image im Privatleben

„Sie war eine phantastische Schauspielerin – im Leben bald mehr als auf der Leinwand." (O-Ton Maria Riva in: Hunt, 1997)

Das Image von Marlene im privaten Umfeld ist anders als das auf der Bühne. Dennoch ist es schwer, konkrete Aussagen über die Privatperson Marlene jenseits des Schleiers der medienwirksamen Inszenierung zu treffen:

„Wenn man sie im Privatleben sieht, sieht man sie nie ohne Pose. ... Das ist ihr zur zweiten Natur geworden. Sie war der Ansicht, dass das Publikum von ihr erwartet, auch im nichtfilmischen Leben ein Glamourstar zu sein. Und das war sie ja auch." (Interview Sudendorf 2000).

5.2.3.1 Rolle als Mutter

„Im ganz privaten Familienleben hat sie Zuhause die Hausfrau gespielt, aber nicht, ohne dass die Presse das erfahren hat. Sie hat sozusagen alles öffentlich gemacht, um es dann in der Öffentlichkeit zu dementieren." (Interview Sudendorf 2000).

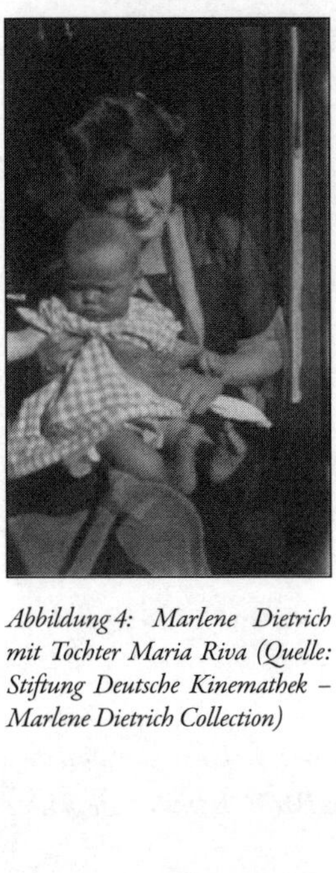

Abbildung 4: Marlene Dietrich mit Tochter Maria Riva (Quelle: Stiftung Deutsche Kinemathek – Marlene Dietrich Collection)

Sie ist bemüht, nach außen das Bild der treu sorgenden Mutter zu wahren, versucht jedenfalls, ihrer Rolle gerecht zu werden. Doch ihre Bemühungen scheitern.

Für Tochter und Ehemann ist die steil ansteigende Karriere Marlenes nicht unproblematisch. Viel Zeit verbringen sie nicht gemeinsam. Tamara Matul wird als Kindermädchen eingestellt. Maria liebt sie von Herzen, bald auch Rudolf Sieber. Sie beginnen eine langjährige Beziehung.

Marlene bemüht sich, ihrer Tochter mehr Aufmerksamkeit zu schenken, will aber auf keinen Fall auf ihre Karriere verzichten. In ihren Memoiren beschreibt sie die Geburt ihrer Tochter als Wunder:

„Ein Haus ohne Kind ist weder ein Haus noch ein Heim ... Plötzlich ist das ganze Weltall wie verwandelt, und alles stellt sich auf einen einzigen Punkt ein: auf das Kind im Kinderbett. Ein Geschenk des Himmels." (Dietrich, 1979, S. 51).

Diese Vorstellung ist gewiss idealisiert, denn die Kindheit Marias ist von großen Entbehrungen geprägt. Gleichaltrige Freunde und ein inniges Verhältnis zu den Eltern fehlen ihr am meisten. Und auch wenn die Dietrich stets bemüht ist, ihre fehlende Anwesenheit auszugleichen, kann sie nie zum Kern ihrer Tochter vordringen. „Ich habe großen Respekt vor der Dietrich, vor der Legende, die sie geschaffen hat. Vor dem ... Menschen allerdings habe ich keinen Respekt." (O-Ton Maria Riva in: *Strauven* 1998).

> *„Marlene als Mutter' (und später auch als Großmutter) sollte ein wichtiges und dauerhaftes Element ihrer künftigen Legende werden, und es gibt keinen Grund zu bezweifeln, dass sie tiefe Muttergefühle nicht nur vorspiegelte. Aber man darf auch nicht übersehen, dass Marlene, als ihr Kind kaum den Windeln entwachsen war, fernab von zu Hause ihre Karriere verfolgte." (Bach, 1993, S. 113).*

In ihrem „Image Marlene" schafft sie es für sich selbst, Mütterlichkeit und Erotik scheinbar bruchlos miteinander zu verbinden. Das Thema greift sie später im Film *Blonde Venus* wieder auf, in dem sie die Rolle der aufopfernden Mutter verkörpert – eine Figur, die sie für sich selbst entwirft. Das stellt einen weiteren Indikator für die Überschneidung vom privaten Image zu dem in der Öffentlichkeit dar.

Zu Beginn ihrer Karriere in Hollywood wird sie von Paramount gezwungen, die Tatsache zu verheimlichen, dass sie Mutter sei: „Da ich eine femme fatale sein sollte, passte Mutterschaft nicht zu dem Bild, das Paramount verkaufen wollte." (Schulz, 1992, S. 93). Begründet wird die Vorschrift damit, dass dies nicht zu ihrem Vamp-Image passe. Marlene Dietrich widersetzt sich entschieden dieser Anweisung und erzählt grundsätzlich bei Interviews, wie sehr sie ihre Tochter vermisse. Wenig später erkennen die Studiobesitzer das Potenzial ihres Stars in der Doppelrolle als Diva und Mutter. Die Vorschrift wird aufgehoben, das Mutter-Kind-Image für die eigenen Interessen instrumentalisiert. Es entstehen vermehrt Aufnahmen von „Mutti Marlene", wie sie sehnsüchtig ihre Tochter in Deutschland anruft.

Drei Ziele verfolgt die Paramount damit: Erstens erfolgt eine eindeutige Abgrenzung zu Greta Garbo, dem Star der MGM-Studios und schärfstem Konkurrenten der Paramount. Zweitens soll das Leinwandimage der Verführerin ein wenig abgemildert werden und drittens der eifersüchtigen Ehefrau von Sternbergs der Wind aus den Segeln genommen werden.

5.2.3.2 Freundin/Zuhörerin

Von Freunden und Bekannten wird sie als gute Zuhörerin gelobt – ein Mensch, auf den man in Notzeiten hundert Prozent bauen kann. Davon ist auch Billy Wilder fest überzeugt:

> *„Marlene ist ein wirklicher Freund. Sie nimmt ehrlich Anteil an allen Problemen. Sie hat einen Freundeskreis von ungefähr fünfzig Leuten, die dauernd bei ihr Hilfe suchen. Ihr seine Schwierigkeiten zu beichten, ist besser, als wenn man zum Psychoanalytiker geht." (Garsault, 1978, S. 83).*

Ihr Freund Maurice Chevalier ergänzt:

> *„Ich habe für sie, aus ganzem Herzen, getan, was ich konnte. Sie würde das gleiche tun. Unsere gegenseitige Freundschaft hat nichts mit Snobismus zu tun. Sie braucht keine Scheinwerfer. Wo auch immer sie gerade*

sein mag, ich bin sicher, Marlene käme sofort, wenn mir ein Unglück zustieße. Mit Marlene befreundet zu sein, ist meiner Ansicht nach mehr als eine Liebesaffäre mit ihr erlebt zu haben. Sie ist in der Freundschaft treu, wie ein Mann." (Garsault, 1978, S. 81).

Ihr Freundeskreis ist Rettungsanker in der Glamourwelt und Leistungsgesellschaft Hollywoods. So sehr sie zielstrebig ihre eigene Karriere vorangetrieben hat, so wenig kann ihr von Freunden Selbstsucht und Egoismus vorgeworfen werden.

5.2.3.3 Putzfimmel

Sie selbst hat nie einen Hehl aus ihrem Putzfimmel gemacht. Ironisierend bezeichnet sie sich sogar selbst als „Queen of Ajax" (von Wysocki, 1978, S. 7). Bis ins hohe Alter ist sie sich nicht zu schade, selbst den Lappen in die Hand zu nehmen, wenn die Sauberkeit in ihrer Garderobe nicht ihren Ansprüchen entspricht. „Sie ist die Liebesgöttin schlechthin, sie ist aber auch die deutsche Hausfrau schlechthin ..." (Garsault, 1978, S. 81).

Marlene versucht stets, sich einen Kern von Privatsphäre zu schaffen, der jenseits des Starrummels liegt, der seit *Der blaue Engel* um sie gemacht wird. Diese Entwicklung birgt ein Paradoxon in sich: Anfangs arbeitet sie Tag und Nacht, um die gewünschte Berühmtheit zu erlangen. Sie instrumentalisiert die Medien, ein Bild von ihrer Privatheit zu zeigen, was der Realität nur in Ansätzen entspricht. Der Preis ist hoch, den sie dafür bezahlt: Das öffentliche Interesse wird so groß, dass sie kaum noch Rückzugsmöglichkeiten hat. Darunter leidet sie, und mehr noch ihre Familie. Ähnlich verhält es sich mit den Freunden. Die Tatsache, dass ihr enger Freundeskreis ebenfalls aus berühmten Persönlichkeiten besteht und damit das öffentliche Interesse auch in der intimsten Privatsphäre präsent ist, repräsentiert einen Umstand, an dem viele Stars zugrunde gehen.

Ein entscheidender Teil ihrer Privatsphäre – ihre Rolle als Mutter – fällt ihrem Starimage zum Opfer. Auch wenn Marlene zu Beginn kein Kalkül vorgeworfen werden kann, trägt sie selbst dazu bei, dass ihre Mütterlichkeit bald in der Öffentlichkeit und auch in den Filmen als strategisches Element vermarktet wird.

5.2.4 Zwischenfazit

Zusammenfassend lässt sich sagen, dass Marlene die meisten Komponenten, die ihr Image prägen, bereits mit in die Zusammenarbeit mit von Sternberg einbringt (Schönheit, Sex-Appeal, Bisexualität, Mutterrolle etc.). Von der vollständigen Imagekonstruktion Marlenes durch den Regisseur allein kann also nicht die Rede sein. Die Leistung von Sternbergs und später der Studios besteht vornehmlich darin, diese Eigenschaften zu kanalisieren und sie medien- bzw. publikumswirksam vor der Kamera und in der Öffentlichkeit in Szene zu setzen. Die Potenziale Marlenes sowie das fachliche Know-how von Sternbergs bilden in Kombination Synergien, die die Grundlage für den großen Erfolg des Dietrich-Images bilden. Dass sich das Image in dieser Form festigen konnte, liegt in der konsequenten Durchführung der synchronen Kontinuität. Die Einheitlichkeit im Auftritt auf der Leinwand und in der Öffentlichkeit überzeugt den Zuschauer und suggeriert, dass Marlene sich voll mit ihrer Rolle identifiziert. Doch diese Verknüpfung hat auch eine Schattenseite, wie Sudendorf mutmaßt:

„Sie hat Privatleben, nicht-filmisches Leben und filmisches Leben miteinander vermengt, so dass man nichts mehr von einander unterscheiden konnte. Sie betonte dann aber immer, privat sei sie ein völlig anderer Mensch. Niemand wusste, wie sie privat war. Und wahrscheinlich wusste sie es zum Schluss selber nicht." (Interview Sudendorf 2000).

Es besteht kein Zweifel daran, dass die synchrone und diachrone Kontinuität im Imageaufbau Teil der Sternbergschen Strategie ist. Doch Marlene als seine gelehrige Schülerin führt seine Anweisungen aus, ist so besessen von ihrem eigenen Bild, dass ihr die Dosierung des Mitteleinsatzes völlig aus der Kontrolle gerät. Wie groß der Anteil der einzelnen Beteiligten an dem „Konstrukt Marlene" war, soll nun erörtert werden.

6. Die Imagegestalter

„Die Bewunderung eines außergewöhnlichen Bildzaubers, die Profitgier der Filmgesellschaften und vor allem Marlene Dietrichs eigener Narzissmus verwandelten das, was hätte sein können, in das, was sein musste: die atemberaubenden, endlosen Nahaufnahmen, die Schleier, die Kostüme, die Beine, die geschlechtslose Erotik; diese unglaubliche Schönheit ... bis das künstlich geschaffene Bild ihre Wirklichkeit wurde. Es gab seltene Augenblicke in ihrem Leben, in denen jener Funke, der den ‚Blauen Engel' zur Explosion gebracht hatte, wieder aufflammte, doch er war zu schwach, um ein weiteres Feuer zu entzünden. Bald erkannte die Dietrich diesen Funken auch nicht mehr. Legenden haben es nicht nötig, nach Verlorenem zu suchen – Legenden sind, was sie sind." (Riva, 1994, S. 83f).

Mit diesem Zitat spricht Maria Riva die drei Komponenten an, die auch diesem Kapitel als Kriterien zugrunde liegen: Erstens ist es zweifelsohne Joseph von Sternberg, der Marlenes Image mit seiner Inszenierungskunst prägt, was sie letztendlich zum Mythos werden lässt. Zweitens gibt es die Studios, die ihren Einflussbereich auf „ihren" Star stets weiter auszubauen suchen. Drittens ist es Marlene selbst, die hart an ihrer Karriere, ihrer Ausstrahlung arbeitet, um eines Tages zum Mythos zu werden. Das folgende Kapitel untersucht das Spannungsfeld der drei Beteiligten und zeigt, wie das Image der Dietrich aufgebaut wird, das ihr wie ein zweites Ich für den Rest ihres Lebens gegenüber steht.

6.1 Joseph von Sternberg

„Das Auge hinter der Kamera, jenes Auge, das das Geschöpf liebt, dessen Bild auf dem Film festgehalten wird, ist Schöpfer der wunderbaren Wirkung, die von diesem Wesen ausgeht und die Lob und Begeisterung bei den Zuschauern auf der ganzen Welt hervorruft. All das ist genau berechnet und nicht zufällig." (Dietrich, 1990, S. 115)

6.1.1 Material und Potenzial

> *„Sie ist in den Händen des Regisseurs ein Werkzeug, das er feilt und verbessert durch seinen Gebrauch. Ein Instrument, das immer stärker wird, indem es sich kennen lernt. Es entdeckt seine Beschaffenheit, seine Nützlichkeit, seinen Wert und seine schönsten Eigenschaften. Ein Instrument der Betörung und Verführung." (von Wysocki, 1978, S. 9).*

Gisela von Wysocki beschreibt hier treffend, was Joseph von Sternberg an Marlene reizt: Er erkennt in ihr das formbare Material, das es ihm ermöglicht, seine eigenen künstlerischen Vorstellungen zu realisieren. Sie ist jung, beruflich vorgebildet, doch im Tonfilm unerfahren. Ihr Ehrgeiz und ihre Lernbereitschaft machen sie zur gelehrigen Schülerin. „Was sie gibt, ist Rohstoff, bereit, sich in Bedeutung zu verwandeln." (von Wysocki, 1978, S. 9). Im Gegensatz zu vielen Film- und Theaterregisseuren vor ihm erkennt er ihr Potenzial: Nach ihrem ersten Vorsprechen soll er gesagt haben: „Ich hatte niemals eine so schöne Frau getroffen, die so völlig unterschätzt und unterbewertet wurde." (Bach, 1993, S. 155). Doch von Sternberg baut ihre Fähigkeiten nicht nur für seine eigenen Zwecke aus, sondern hilft ihr auch, sich ihrer eigenen Werte bewusst zu werden. Daraus entwickelt sich das Selbstbewusstsein, das sie später zur Dietrich – dem Mythos – werden lässt. Steven Bach zitiert sinngemäß das Vorgehen von Sternberg. Er selbst sieht sich als Schöpfer und sie als Produkt seiner Schaffenskraft:

> *„(Ich) steckte sie in den Schmelztiegel, bis ihre Erscheinung mit meinen Vorstellungen verschmolzen war, ließ sie ausleuchten, bis der alchemische Prozess vollzogen war ... (und gestattete ihr), meine Idee zu verkörpern, nicht (ihre)." (Bach, 1993, S. 170).*

Es handelt sich also um einen zweistufigen Prozess: Im ersten Schritt muss das mitgebrachte Potenzial analysiert werden; dieses wird im zweiten Schritt strategisch günstig neu kombiniert und durch weitere Maßnahmen ergänzt, bis Potenzial und Kreation einem Idealbild entsprechen, aus dem sich das Image herauskristallisiert.

6.1.2 Umsetzung der Imagegestaltung

Um die Maßnahmen von Sternbergs zu erläutern, werden nun die Leistungsmerkmale des Images zu Grunde gelegt, die in Kapitel 2.2 dargestellt wurden. Es ist interessant, wie die Strategien, die heute bekannt sind, schon damals, lange vor ihrer Niederschrift, von Praktikern intuitiv eingesetzt wurden.

Kotler/Blieml definieren als erstes Merkmal des Images, dass dieses die eindeutige Botschaft tragen soll. Marlene positioniert sich in der Kategorie Vamp und stellt die starke unabhängige Weiblichkeit dar. Sie verkörpert also eine Frau, die Erfüllung darin findet, Männer in möglichst großer Zahl zugrunde zu richten (vgl. Patalas, 1963, S. 131 – 153). Damit steht sie auf einer Ebene mit Schauspielerinnen wie Greta Garbo oder Jean Harlow, die den gleichen Typ spielen.

Aus dieser Situation ergibt sich das zweite Leistungsmerkmal: Das Image muss sich durch seine unverwechselbare Art vom Konkurrenzumfeld abheben. Im Fall Marlene zeichnen drei Elemente dafür verantwortlich: die geschlechtslose Erotik, die unverwechselbaren Kostüme und das provozierende

Auftreten gegenüber Männern. Während die Garbo durch ihre Unnahbarkeit, Melancholie und ihren Akzent besticht, hebt sich Marlene durch ihren androgynen Sexus von der Konkurrenz ab. Sie ist nicht Liebende oder Geliebte, die sich ihrem Gegenüber hingibt, sondern stets selbst Subjekt. Dabei zieht sie Frauen und Männer gleichermaßen in ihren Bann. In ihren Rollen verkörpert sie stets Lust ohne Erfüllung. Dieses Image spiegelt sich perfekt in ihren Kostümen wider: So trägt sie häufig Zylinder als typisch männliches Attribut, das auch als Symbol der Herrschaft interpretiert werden kann. Dazu bilden Seidenstrümpfe, die von Strumpfbändern gehalten werden, einen provozierenden Kontrast und versinnbildlichen das Lockende. Sie spielt mit den Männern, instrumentalisiert sie für die eigenen Vorhaben.

Die dritte Komponente der Imagegestaltung, die emotionale Unterstützung, ist bei der Dietrich ohnehin stark ausgeprägt. Die laszive, kühle Erotik ist gepaart mit zweideutigen, bisexuellen Szenen, die Frauen wie Männer fasziniert. Daneben spricht sie in ihrer Doppelrolle als Verführerin und Mutter auch jene kritischen Frauen an, die sie sonst als provokant oder pervers ablehnen würden.

Mit genau dieser Diskrepanz spielt von Sternberg nicht nur vor der Kamera: Er sorgt dafür, dass ihr Filmimage nahtlos in das der Öffentlichkeit übergeht. Diese Einheit von Filmimage und Auftritten in der Öffentlichkeit bewirkt zwei Reaktionen beim Zuschauer: Zum einen manifestiert es das geplante Image durch sich wiederholende Anstöße über die Filme hinaus; zum anderen erhöht es die Glaubwürdigkeit des Stars. Ein Schauspieler, der sich auch außerhalb der Studios mit seiner Rolle identifiziert, sie auch in der Öffentlichkeit lebt, wirkt überzeugend und begeistert. Damit wahrt der Regisseur die vierte Komponente der erfolgreichen Imagegestaltung, die Kontinuität, in zweierlei Hinsicht: synchron und diachron. Der Imageaufbau Marlenes wird systematisch geplant, auch wenn es so aussieht, als wäre sie „über Nacht" zum Star avanciert. In Wahrheit steht dahinter ein langer Prozess, der von Sternberg viel Energie und Marlene viele Opfer gekostet hat.

Wie die fünfte Komponente der Imagegestaltung deutlich werden lässt, braucht der Imageaufbau viel Zeit. Auch von Sternberg muss sich in Geduld üben. Bereits vor Marlene hat er einige Filme mit Evelyn Brent gedreht, in denen diese ähnliche Figuren wie die der Lola Lola darstellen sollte. Trotz vergleichbarer Kostüme und Bewegungen fehlt es Brent jedoch an Ausdrucksstärke. Erst in der jungen Dietrich vervollkommnet sich Sternbergs Bild der Figur. Und auch während der Zusammenarbeit feilt er an Marlenes Image, um es zu perfektionieren, was ihm in Hollywood gelingt.

Schließlich ist, sechstens, die Rolle der Medien von großer Bedeutung, um das konstruierte Bild zielgruppengerecht zu verbreiten. Im Fall von Marlene sind neben den Print- und Hörfunkmedien auch die PR- und Werbeabteilungen der Studios essenziell. Letztere sorgen für einen einheitlichen Marktauftritt beim Rezipienten, denn die Resonanz auf große Filmplakate und Anzeigen mit demselben Motiv war überwältigend und nicht so selbstverständlich wie heute.

Nicht zuletzt bleibt die Bedeutung Marlene Dietrichs selbst hervorzuheben, die als Trägerin ihres Starimages ebenfalls als Medium fungiert: Sie muss perfekt bis ins kleinste Detail die Botschaft transportieren, die ihr auf den Leib geschneidert worden war.

Abschließend bleibt die nachverkaufende Werbung, um beim Rezipienten kognitiven Dissonanzen vorzubeugen. Das wird über Merchandisingprodukte oder Verlosungen mit Produkten zum Film erreicht. Schon in den 30er Jahren sind Devotionalien in Ansätzen üblich. So bringen die Studiobesitzer Fanmagazine auf den Markt und vertreiben Porträtpostkarten der Stars.

6.1.3 Dilemma

Die Haltung Marlenes gegenüber ihrem Regisseur ist durchaus ambivalent: Zum einen erklärt sie, ohne ihren großen Regisseur „ein Nichts“ zu sein; zum anderen betont sie ihre persönliche Aufopferung für ihre Rollen und letztlich auch das Image, das sie berühmt gemacht hat:

> *„... Herr von Sternberg ist ein Gott! Ein Gott! Ein Meister! Kein Wunder, dass ihn alle hassen ... Sie wissen, dass er unerreichbar ist. Er malt mit dem Licht wie ein Rembrandt.“ (Riva, 1994, S. 77).*

So beschreibt Maria Riva die Sicht ihrer Mutter gegenüber dem Regisseur. In den Memoiren von Marlene Dietrich kommt die sehr emotionale, leicht verklärte Haltung zum Ausdruck, aus der sie heraus Dinge beschreibt, die mehr als ein halbes Jahrhundert zurück liegen:

> *„Er war mein Vater, mein Bruder, mein Beichtvater. Es gibt nichts, was er nicht war. Er war Kritiker, Lehrer, Ratgeber, Geschäftsmann, Agent, Fürsprecher und Friedensstifter für mich und meinen Haushalt; Manager in jeder Beziehung, angefangen vom Kauf eines Rolls-Royce bis zum Engagement des Chauffeurs. Selbst das Ausstellen eines Schecks lehrte er mich und auch, dass dies eine ernste Angelegenheit ist. Er lehrte mich außer Englisch und Schauspielen tausend andere Dinge, und ich nahm alles an.“ (Dietrich, 1979, S. 79).*

Von Sternberg sieht sich als Schöpfer und Marlene als Kunstwerk, das er geschaffen hat. Marlene dagegen abstrahiert das Image von ihrer eigenen Person, sieht die Frau auf der Leinwand als eigenständige Persönlichkeit:

> *„‚Das Gesicht da oben auf der Leinwand – eine richtige Hafendirne. Sie ist unglaublich! Sie ist fabelhaft!‘ es war das erste Mal, dass meine Mutter von sich selbst in der dritten Person sprach. Von dieser Zeit an sah die Dietrich sich als ein Produkt, das nichts mit ihrem wirklichen Leben zu tun hatte.“ (Riva, 1994, S. 77).*

Das künstlich aufgebaute Image steht der Privatperson Marlene bald wie ein zweites Ich gegenüber. Es nimmt jenseits der Leinwand im öffentlichen und privaten Umfeld der Schauspielerin einen immer größeren Raum ein und drängt die eigentliche Persönlichkeit zunehmend in den Hintergrund. Das Image haftet bald an ihr wie ein Schatten, der sich Zeit ihres Lebens an sie hängt und nicht mehr loslässt – eines der Opfer, das sie als Star für ihre Karriere erbringen muss.

Der Regisseur und „seine“ Schauspielerin werden privat nie wirklich glücklich. Ihre Beziehung gleicht vielmehr einer Symbiose, in der keiner ohne den anderen existieren kann.

„Sternberg wusste, was sie glücklich machen würde, und er wusste, dass er in sexueller und romantischer Hinsicht ihren Wünschen nicht entsprechen konnte. Aber indem er ihr den Starruhm verschaffte, den sie wollte, dem sie ihre ganze Energie und Disziplin zu widmen bereit war, würde sie ihm vielleicht gelegentlich ihre Gunst schenken – was mehr als sexuelle Befriedigung für ihn bedeutete. Vielleicht war sie sein Weg zur künstlerischen Erfüllung." (Bach, 1993, S. 184).

Von Sternberg befindet sich im Dilemma: Er ist sich bewusst, dass er Marlene verlieren würde, sobald sie in der Glamourwelt einen festen Platz erobern würde. Andererseits ist er wie besessen davon, bis dahin sein künstlerisches Bild in ihrer Person aufgehen zu sehen. Er ist davon durchdrungen, „sein Werk" zu vollenden: „Er fürchtete den Tag, der mich in einen Filmstar verwandeln würde, obwohl er alles tat, um diesen Tag herbeizuführen." (Dietrich, 1979, S. 80).

Schließlich kommt alles anders und Sternberg trennt sich von der Diva. Die Zusammenarbeit der beiden ist von endlosen Streitigkeiten geprägt.

6.2 Paramount Studios

„Wir alle lebten gemäß dem Leitbild, das die Filmfirmen für uns aufgestellt hatten. Keiner von uns kam dieser Aufgabe mit großer Begeisterung nach. Es war unser Beruf, und wir taten unser Bestes." (Dietrich, 1979, S. 90)

6.2.1 Abhängigkeit der Künstler von ihren Studios

Wie dargestellt, ist der Druck sehr hoch, den die Studios auf die Schauspieler ausüben. Die Studios haben die Budget-Verantwortung für Film und Vertrieb, bezahlen Darsteller, Regisseure und Setmitarbeiter – kurz, sie können sämtliche Ebenen kontrollieren und ihren Einfluss auch auf darstellerische und inhaltliche Fragen ausdehnen. Das folgende Beispiel der Arbeit hinter den Kulissen zu *Der blaue Engel* demonstriert ihr großes Machtpotenzial:

Die Situation nach Abschluss der Dreharbeiten zu *Der blaue Engel* ist alles andere als Erfolg versprechend: Der Drehplan hinkt fast seit Beginn 14 Tage hinterher, die aufwendigen Tonaufnahmen und der Einsatz mehrerer Kameras lassen die Kosten extrem steigen. Die Studiobesitzer legen dem Produzenten Erich Pommer nahe, Sternberg nach Amerika zurück zu schicken. Dieser ist von Paramount für den Film beurlaubt worden und jede Woche, die von Sternberg länger bleibt, kostet die Ufa eine extra Strafe.

„Das Budget stieg auf zwei Millionen Mark an, womit der Blaue Engel der teuerste Film wurde, den Pommer je gemacht hatte, und der bislang kostspieligste Tonfilm überhaupt." (Bach, 1993, S. 163).

Sternberg muss nach Amerika zurück, ohne die Endfassung seines Films gesehen zu haben und vor allem ohne die Gewissheit, dass seine Hauptdarstellerin zu ihm nach Hollywood kommen könnte. Marlene wird zwar von den begeisterten Paramount-Produzenten ein Vertrag angeboten, sie kann aber nicht zusagen. Der Grund liegt in einer Vertragsklausel, die der Ufa die Option hält, nach Abschluss der Dreharbeiten über eine

Weiterbeschäftigung der Dietrich zu verhandeln. Doch sie lassen die Option fallen. Damit ist der Weg frei und die Dietrich unterschreibt ihren ersten Vertrag bei der Paramount. Darin wird ihr zugesichert, nur unter von Sternberg zu arbeiten. Der Regisseur erzählt später gern, er habe Marlene fünf Minuten Zeit gegeben, sich für oder gegen die Arbeit in Hollywood zu entscheiden. Aber dies ist eine Legende: Er will damit vom enormen Druck ablenken, den die Studios auf ihn und Marlene ausüben.

Im Folgenden wird die Einführung der bis dahin unbekannten Marlene in den USA dargestellt.

6.2.2 Stareinführung und Imagepositionierung in den USA

Die Positionierung der Dietrich erfolgt in drei Phasen, die sich chronologisch entwickeln:

Die ***erste Phase*** beschreibt die Zeit vor Marlenes Ankunft in den USA. Die Bemühungen von Sternbergs mit Unterstützung der Studios zeigen, was man sich vom neuen Star der Paramount erhofft und wie groß der Erfolg eingeschätzt wird, der diesen Aufwand rechtfertigt. Es ist das strategische Ziel, die Erwartungen der amerikanischen Öffentlichkeit zu wecken und zu fokussieren. So ändert er einige biografische Daten, lässt Fragen um ihre Person ungeklärt, so dass sich bereits vor ihrem Eintreffen Geheimnisse um sie ranken. Er macht sie um 2 bis 4 Jahre jünger und nennt nicht das genaue Alter ihres Kindes. Er setzt das Gerücht in die Welt, „Dietrich" sei nur ihr Künstlername, um ihre adelige Familie „von Losch" zu schützen. Ursprünglich sei sie Konzertgeigerin, jedoch habe sie nach einer Verletzung den Beruf aufgeben müssen. Zuletzt sei sie als Schauspielerin in einer „Farce" aufgetreten, wo er sie entdeckt hätte. Die Intention von Sternbergs ist offensichtlich: Er weckt die Neugier der Öffentlichkeit und lobt sich selbst für „seine" Entdeckung.

Mit der ***zweiten Phase***, der Einführung Marlenes in New York, ist das Ziel verknüpft, den neuen Star der Paramount live zu präsentieren und damit das diffuse Bild in den Köpfen der Menschen zu konkretisieren. Es ist geplant, sie von Anfang an als große Diva in der Öffentlichkeit zu zeigen und die Erwartungen zu artikulieren, die die Filmstudios in sie gesetzt haben. Jedoch gestaltet sich die Ankunft in New York aus Sicht der Paramount schwierig, da Marlene noch nicht an die Gepflogenheiten der amerikanischen Presse gewöhnt ist. So begeht sie gleich zwei grobe Verstöße gegen die Einführungsstrategie der Studios: Erstens sorgt Marlenes erste Stellungnahme gegenüber den Journalisten für Schlagzeilen und Ärger bei Paramount und von Sternberg, indem sie mitteilt, sie habe Heimweh nach ihrem „Baby". Damit löste sie eine kleine Sensation aus, denn Kinder passten nicht in das Bild, das man sich von ihr gemacht hatte bzw. machen sollte. Zweitens posiert sie für den New Yorker Fotografen Irving Chidnoff, was ein grober Verstoß gegen den Vertrag mit der Paramount war, denn von Sternberg hatte erzwungen, dass die Dietrich nur in seinem Beisein und mit seiner Zustimmung fotografiert werden dürfe. „Er wollte nicht, dass die Welt eine andere Marlene Dietrich zu sehen bekam als die seine (also nicht einmal ihre eigene)." (Bach, 1993, S. 179). Gegen den Willen von Studioleitung und Regisseur signiert sie die Bilder und schickt sie nach Deutschland, wo sie als Cover vieler großer Zeitschriften gedruckt werden. Hier zeigt sich erstmals, dass sich Marlene den Anweisungen der Paramount und des Regisseurs widersetzt und ihre private Haltung höher bewertet als das konstruierte Image. In Hollywood angekommen beginnt die ***dritte Phase*** der Star-Einführung. Im Filmmekka wächst der Druck auf die Studiobosse. Die Inszenierung muss perfekt gelingen, denn die Konkurrenten und die Multiplikatoren sind hier konzentriert zu finden und beobachten die Lancierung des neuen Paramount-Stars genau. Oberstes Ziel ist es, ein möglichst positives Bild in den Medien zu schaffen. Hier werden aufgrund der schlechten Erfahrungen in New York die Presseevents bis ins kleinste Detail geplant: Die anwesenden Journalisten auf einer Pressekonferenz werden zuvor von den Studios ausgesucht. Sie verpflichten sich, nur Artikel zu verwenden, die von der Publicity-Abteilung (heute PR-Abteilung) geschrieben wurden und Fotos vor der Veröffentlichung freigeben zu lassen.

6.2.3 Vermarktungsstrategien und Pressereaktionen

Kurz nach der Ankunft instrumentalisiert die Paramount das Image Marlenes für die eigene Imagewerbung. Noch vor Drehbeginn zu *Marocco* wird von Marlene Dietrich verlangt, an einem Imagefilm für ihre Studios mit Namen „Paramount on Parade“ mitzuwirken. Unter der Regie von Ernst Lubitsch entsteht eine Art filmische Selbstdarstellung der Paramount Studios. Für den deutschen Markt soll Marlene einen neuen Song von Friedrich Hollaender singen, gekleidet in Frack und Zylinder. Von Sternberg ist schockiert, beruft sich auf seinen Exklusivanspruch, mit der Diva zu arbeiten und bringt das Projekt zum Erliegen. Doch er greift die Idee kurze Zeit später wieder auf und inszeniert für die internationalen Studiovertreter einen noch nie da gewesenen Trailer. Der Werbefilm *Introducing Marlene* entsteht. Die Vertreter sind bestürzt über Marlenes Auftritt in Männerkleidung, doch sie dulden die Darstellung, wissen sie doch um den großen Erfolg, den das Outfit in Berlin hatte.

Die weltweite Vermarktung Marlenes beginnt in Hollywood parallel zu den Dreharbeiten für *Marocco*. Die Fotoserie, die Eugene Roberts Richee von der Dietrich macht, entsteht unter strengen Anweisungen von Sternbergs. Bald ziert ihr Foto Litfaßsäulen und Häuserwände genauso wie Anzeigen und Titelblätter namhafter Zeitschriften auf der ganzen Welt. Das Foto trägt die Bildunterschrift: „Der neue Star der Paramount – Marlene Dietrich.“ (Bach, 1993, S. 187). Filmzeitschriften rufen dazu auf, Fanklubs zu gründen und dies meist nur auf der Basis dieser einzigen Fotografie. Es wurden Artikel über die berühmte Schauspielerin Marlene Dietrich verfasst, obwohl Journalisten bis dahin nicht mehr von ihr gesehen hatten als das eine Bild aus der Anzeige. „Marlene Dietrich war vermutlich die erste Frau der Welt, die dafür berühmt war, dass sie berühmt war.“ (Bach, 1993, S. 187). Die Ausnahme bildet Berlin, wo Marlene im bekannten Frack und Zylinder zu sehen ist. In den anderen Städten bevorzugt Paramount die gemäßigte, sanftere Darstellung ihres neuen Stars, strategisch abgestimmt auf die Imageverschiebung im Film *Marocco*.

Später wird immer wieder geschrieben, bei *Marocco* handle es sich um einen Überraschungserfolg. Diese Meinung kann zurückgewiesen werden: Vielmehr steht dahinter die gezielt geplante Werbe- und Imagekampagne, die die Studiobesitzer ein großes Vermögen gekostet hat. Doch bald zeigt sich, dass sich die Investition kurz- bzw. mittelfristig lohnt. Die Publicity-Kampage zeigt ihre Wirkung. So bringt die New York *Times* bereits vor der Premiere im New Yorker „Rivoli“ einen langen Artikel heraus, versehen mit der Überschrift: *Marlene Dietrich wird über Nacht ein großer Filmstar* und darunter:

> *„Wenn Miss Dietrich die Erwartungen erfüllt, dann ist es das erste Mal in der Geschichte des Tonfilms, dass eine ausländische Schauspielerin über Nacht zu Starruhm gelangt.“ (Bach, 1993, S. 190).*

Lonella Parson schreibt in ihrem Artikel:

„Wir müssen zugeben, dass die Superlative der Paramount im Fall von Miss Dietrich nicht fehl am Platze sind. Ihre Souveränität, ihre Gelassenheit und ihr Raffinement sind faszinierend." (Bach, 1993, S. 191).

6.2.4 Folgen

Marlene auf diese Art und Weise zu vermarkten, war ein guter Schachzug der Studios und hat ihre Publicity gesteigert. Diva und Studiobesitzer stehen in gegenseitiger Abhängigkeit:

„Sie hat mit Marocco *und* Shanghai Express *die Paramount aus der Krise geholt und avancierte zum Star, der Greta Garbo ebenbürtig war. Den hatten sie in Marlene Dietrich gefunden. Sie konnte sich damit vieles, aber eben auch nicht alles erlauben. Denn von den Studios bekam sie die Ressourcen zur Verfügung gestellt, mit denen sie ihr glamouröses Leben finanzierte. Ohne die Studios hätte sie weder solche Kleider tragen noch solche Auftritte haben können." (Interview Sudendorf 2000).*

Doch das Verhältnis zwischen Studios und Diva ändert sich mit ihrer zunehmenden Beliebtheit und dem wachsenden Marktwert der Schauspielerin: Stillschweigend wird toleriert, wenn sie sich immer häufiger den Vorschriften der Produzenten widersetzt, aus Angst, sie könne das Studio wechseln. So wird sie zur „regierenden Königin der Paramount" (Dietrich, 1979, S. 85). Marlene emanzipiert sich und beginnt nach der beruflichen und privaten Trennung von Sternbergs, ihren Stil weiter zu perfektionieren. Dieser wird ihr den Weg für ihre „zweite Karriere" als Diseuse ebnen.

6.3 Marlene selbst

6.3.1 Am Puls der Zeit

Marlene nutzt bereits vor ihrer Filmkarriere das ausschweifende Nachtleben der 20er Jahre ausgiebig. Dadurch entwickelt sie das Gespür für gesellschaftliche Veränderungen und neue Trends. Sie hat den Überblick über das Szene-Publikum Berlins. Aus dieser Kenntnis entwickelt sie erste Vorstellungen und Maßnahmen, wie sie ihr Publikum fesseln und sich selbst in Szene setzen kann. Sie legt damit den Grundstein für ihre weitere Karriere.

„Marlene hat grandios banal den Schlüssel, sich ihre Zeit aufzuschließen, in der Hand." (von Wysocki, 1978, S. 9).

6.3.2 Talent

Wie groß ihr Talent ist, bewies Marlene schon bei den ersten Probeaufnahmen zu *Der blaue Engel*: In ihrer provokanten, gleichgültigen Art entspricht sie während des Vorstellungsgesprächs genau jenem Bild, das von Sternberg von seiner Figur im Kopf hat. Bei den Probeaufnahmen ist er sich sicher: „Sie spielt nicht Lola Lola, sie ist sie ... noch dazu ohne Regieanweisungen." Sternberg staunte: „Sie erwachte zum Leben und reagierte auf meine Anweisungen mit einer Leichtigkeit, der ich nie zuvor begegnet war", meinte er, halb sich selbst lobend, obwohl er ihr überhaupt keine Anweisung gegeben hatte; und sie hatte ihn auch mit keinem Blick um Rat oder Billigung gebeten.

> *„Schweigend war er dabeigestanden, als sich die Glut von Marlenes Persönlichkeit in den Film und die Tonspur einbrannte – und das gleiche passiert heute, wenn man die Aufnahme sieht. ... diese Energie war nicht von einem Regisseur gelenkt worden, und auch weniger durch ein Kameraobjektiv als durch den leidenschaftlichen Wunsch einer Schauspielerin, es richtig zu machen. Und durch ihren Ehrgeiz." (Bach, 1993, S. 157).*

In dieser Situation zeigt sich erneut ihre Besessenheit, alles zu tun, um ein großer Star zu werden.

6.3.3 Strategische Inszenierung

> *„Wenn sie, in* Marocco*, als Nachtklubsängerin vor dem Publikum steht, weiß sie, wie schwach die Möglichkeiten der Natur sind. Ihr Vertrauen gehört den Techniken, sie in Szene zu setzen." (von Wysocki, 1978, S. 12).*

Jeder Augenaufschlag, jeder Hüftschwung ist perfekt antrainiert. Während der Dreharbeiten lässt sich Marlene den Spiegel immer so stellen, dass sie ihre eigene Haltung, Gestik und Mimik jederzeit kontrollieren kann.

6.3.4 Workaholic

So besessen von Sternberg von seiner Hauptdarstellerin ist, so besessen ist diese von dem Wunsch, Karriere zu machen. Die Dreharbeiten zu *Der blaue Engel* ziehen sich häufig bis in die frühen Morgenstunden hin. Zwischendurch fährt Marlene zum Kurfürstendamm, um in *Zwei Krawatten* auf der Bühne zu stehen.

Da es noch keine Synchronisation gibt, werden die deutsche und die englische Version direkt nacheinander gedreht. Die Pausen zwischen ihren Auftritten nützt Marlene dazu, ihr Englisch zu verbessern:

> *„Während der Aufnahmen ... veränderte sich der Stellenwert der deutschen Schauspielerin. Da sie neben den Dreharbeiten ihre Englischkenntnisse intensiv erweiterte und sogar amerikanischen Akzent studierte, begriffen alle im Studio, wie ernst sie es mit dieser Rolle meinte ..." (Schulz, 1992, S. 95).*

Auf der Bühne und am Set gilt Marlene als pünktlich und absolut professionell. Ihre Disziplin wird von allen, insbesondere vom Regisseur, gelobt. Dabei kokettiert sie in ihren Memoiren mit ihren anderen Vorzügen und hebt ihre Disziplin besonders hervor:

> *„Der Charakterzug, der ihn an mir interessierte, war die Tatsache, dass ich ein ‚disziplinierter' Mensch war. Nicht meine Schönheit oder Anziehungskraft faszinierte ihn, sondern die eigenartige, ihm bei Schauspielerinnen fast unbekannte Fähigkeit zur Disziplin zog ihn zu mir hin." (Dietrich, 1990, S. 115).*

Der Regisseur Rouben Mamoulian, der 1933 mit Marlene *Song of Songs* und mit Greta Garbo im selben Jahr *Queen Christina* dreht, beschreibt die Unterschiede beider Darstellerinnen und bringt damit die Zusammenarbeit mit Marlene auf den Punkt:

> *„Dietrich und Garbo, das sind entgegengesetzte Pole. Garbo ist intuitiv, ein natürliches Phänomen ... man braucht nur den rechten Punkt zu berühren, dann bricht es auf. Das ist bei der Dietrich überhaupt nicht; sie besitzt phantastischen Ensemblegeist, niemand arbeitet härter, niemand könnte disziplinierter sein, und wenn sie erst einmal etwas akzeptiert hat, dann macht sie genau das, was man von ihr verlangt. Bei ihr ist alles kalkuliert, bei Garbo alles instinktiv. Dietrich muss sehr sorgfältig ausgeleuchtet werden, man muss dabei vorgehen, wie ein Maler, mit einzelnen Pinselstrichen, während Garbos Gesicht, das lässt sich einfach nicht schlecht photographieren." (Grafe, 1978, S. 60).*

6.4 Zwischenfazit

Zusammenfassend lässt sich sagen, dass es sich bei Marlene weder um eine mythische Erscheinung noch um ein rein konstruiertes Marketingprodukt handelt. Beim Imageaufbau „der Dietrich" handelte es sich um eine Co-Produktion verschiedener Personen, die ihr jeweiliges Know-how einbrachten, um das zu planen und zu verwirklichen, was die Dietrich zu dem werden lässt, was sie heute ist: eine unsterbliche Legende.

Dass im Falle der Dietrich Synergien entstanden und damit die Wirkung des gesamten Konstruktes größer war als die Summe der Einzelkomponenten, mag an den günstigen Voraussetzungen gelegen haben. Die Tatsache, dass der Mythos weder mit anderen Akteuren noch von den Beteiligten selbst wiederholbar war, bestätigt diese These.

Marlene brachte ein großes Potenzial ein, war aber noch flexibel genug, dazuzulernen und sich formen zu lassen. Darüber hinaus besaß sie den Willen, hart an sich selbst und für ihre Ziele zu arbeiten. In Joseph von Sternberg fand sie den Gestalter, der ihre Stärken erkannte und sie vor und jenseits der Kamera sensibel inszenierte. Daneben waren da die Studios als finanzkräftige Partner, die die Ideen und Vorstellungen sowohl materiell als auch emotional unterstützten. Sie sorgten für die nötige Publicity und damit für die enorme Bekanntheit, auf deren Basis sich die treue Fangemeinde entwickeln konnte.

7. Vermarktung Marlenes heute – der Mythos lebt weiter

Das folgende Kapitel zeigt, wie Unternehmen das Image Marlenes heute gewinnbringend nutzen und damit den Mythos der Diva am Leben erhalten.

Die ArtMerchandising & Media AG, die im Dezember 1999 gegründet wurde, vermarktet die Persönlichkeitsrechte der Schauspielerin im deutschsprachigen Bereich und arbeitet eng mit den Angehörigen Marlene Dietrichs und dem Marlene Dietrich Nachlass zusammen. Das Unternehmen sieht in „Celebrities" (gefeierte Persönlichkeiten) ein großes Potenzial, denn Künstlerpersönlichkeiten sind prägend für eine ganze Epoche und können damit zum Markenzeichen werden. Deshalb hat es sich die Firma zum Ziel gesetzt, Kunst in verschiedenen Formen (Celebrities, Fine Art, Photographie) zu Markennamen zu machen und ein einheitliches Markenbild zu etablieren. Dieser Prozess läuft in ständiger Absprache mit Lizenzgebern und Lizenznehmern.

Kern der Produktumsetzung ist es, das Künstlerimage zu einem exklusiven Markenzeichen auszubauen. Das Image von Marlene Dietrich bietet dafür eine gute Ausgangsposition: Es wird vom Unternehmen als schillernd, geheimnisvoll, luxuriös, selbstbewusst, elegant und glamourös dargestellt. Marlene verkörpere die unabhängige, schöne und selbstbewusste Frau und somit Werte, die zeitlos bedeutend sind. Ferner garantiert ihr Mythos große Bekanntheit bei allen Altersgruppen und ist nach wie vor hochaktuell. Als Kernzielgruppe wurden Frauen und Männer im Alter von 28 bis 45 Jahren definiert, unter denen sich vor allem Filmliebhaber und Ästheten befinden.

Die strategische Vermarktung umfasst die Bereiche Merchandising, Promotion und Werbung. Neben ausgewählten Fotografien können unter Zustimmung der Rechtegeber auch Chansons und Film-Footage für die Produktumsetzungen bzw. Funk- und TV-Spots eingesetzt werden. Alle Produktlinien, Verpackungen und Kommunikationsmaßnahmen tragen die Unterschrift – den Markennamen – der Diva. Neben Schmuck, Kosmetik und Parfum sind auch Damenoberbekleidung und verschiedene Accessoires in Planung und teilweise bereits im Handel erhältlich. Zum Beispiel brachte Procter & Gamble die Pflegeserie „Blauer Engel Limited Edition" im Rahmen einer Marlene-Kampagne unter dem Kosmetiklabel Ellen Betrix heraus. Und auch in Zukunft muss nicht auf Marlene verzichtet werden, denn ein Wandkalender mit schwarz-weißen Fotografien erscheint im te Neues Verlag.

Zum 100. Geburtstag der großen Filmschauspielerin im Jahr 2001 werden Events und Benefizveranstaltungen in mehreren Städten rund um den Erdball stattfinden. Peter Riva, der Enkel Marlene Dietrichs, leitet die Eventorganisation und erklärt, welche Veranstaltungen im Einzelnen geplant sind:

> *„There is a multiple nation effort to celebrate her centenary. Berlin, Paris and New York, as well as Tokyo have events planned, museums and so on. Cable channels and theatric releases of her films, documentaries and new products are planned. Artists who could fairly celebrate such an event could be said*

to come from all walks of media, painters to song writers to singers to stage performers to movie actors. We are working with a production team to have a live event in Berlin with modern rock groups and singers who would perform renditions of Marlene 's classic songs as well as their hommages. The lessons in Marlene 's songs, identified with her, Piaff, Coward, Seger, Bacharach, et al, are still as valid today as they were when first recorded. A re-rendition of these songs with or without a duet with Marlene 's voice, will be, no doubt, moving to an audience." (schriftliche Auskunft durch Peter Riva, Managing Director „Die Marlene Dietrich Collection GmbH", sowie Director „Marlene, Inc." und „M. Dietrich, Inc.", vom 17.5.2000).

Die Familie Riva unterstützt die Aktionen und hat sich bei allen Rechtsfragen das letzte Wort gesichert. Sie tut alles, um die Legende zu schützen und am Leben zu erhalten. Werner Sudendorf, Leiter des Marlene Dietrich Nachlasses, erklärt die rechtlichen Hintergründe:

„Man muss differenzieren zwischen den kommerziellen Rechten und den nicht-kommerziellen, museumsnahen Rechten: Die kommerziellen Rechte hat Familie Riva behalten. Sie kontrolliert die Vermarktung, um zum Beispiel den Ruf der Familie zu wahren. Nur zwei Elemente, die dauernd benutzt werden, sind davon ausgenommen: Photos und Homemovies. Die Marlene Dietrich Collection GmbH in München vertreibt die Videos, die Kinemathek ist für Photos zuständig. Erträge werden jeweils aufgeteilt. Die museumsnahen Rechte hat die Kinemathek, die sich auf Ausstellungen und Publikationen beschränkt und somit den weltweiten Vertrieb ausschließt." (Interview Sudendorf 2000).

Das Vorgehen der heutigen Vermarktung ist eindeutig: Ziel ist es, einen Imagetransfer zu erreichen, also das klar definierte, positive Image der Persönlichkeit Marlene Dietrich auf verschiedene Produktgattungen zu übertragen. Bei der Auswahl der Produkte achtet die Familie stets darauf, dass sie zum besonderen Stil der Diva passen. Der Einklang von Produkt und Starimage sind entscheidende Grundvoraussetzung, da sich die Kampagne sonst kontraproduktiv auswirken und das Künstlerimage Schaden nehmen kann. (Siehe hierzu den Beitrag *Imagetransfer zwischen Marke und Prominenten*).

„Marlene had her own style, how does this translate to today 's, and tomorrow 's market? Marlene loved innovation. She was always at the vanguard of technology (first talkie in Germany, early radio and TV, video, etc.). Her brand, if you will, is not limited to the media or manufacturing forms of today, but will grow and adapt to new inventions seamlessly. When you are building upon legend, excellence and a definable style, such advancement is commonplace. Will there be, for example, clothes of a design that Marlene never saw or contemplated (material, etc.)? Yes. The extension of her brand of look and excellence will be nurtured and cultivated as she wanted." (Riva, schriftliche Antwort, 2000).

Das Imagekonstrukt Marlene Dietrich – geplant und entstanden in den 30er Jahren – ist in sich so stabil, dass es über die Jahre nichts an seiner Anziehungskraft eingebüßt hat. Diese Tatsache wird auch nicht dadurch beeinflusst, dass die Person Marlene Dietrich seit fast zehn Jahren tot ist und sich die letzten fünfzehn Jahre ihres Lebens nicht in der Öffentlichkeit gezeigt hat, um eben das Bild, das von ihr entstanden war, nicht zu zerstören. Dabei hat die Dietrich keine Angst vor dem Altern gehabt; vielmehr fürchtete sie, der Legende ihren Glanz zu nehmen.

„Für die meisten von uns wäre das ein furchtbares Opfer. Als hätte sie einen Frankenstein erschaffen, von dem sie sich nicht mehr trennen konnte. Sie sprach ständig davon. Sie sprach von ihrer Legende wie ein Bildhauer von seiner Skulptur." (O-Ton Steven Bach, in: Strauven, *1998).*

Es ist nicht zuletzt diese Disziplin, diese Ehrfurcht vor ihrer eigenen Legende, die sie bis heute auch für die nachfolgenden Generationen zu einer zeitlosen Größe werden lässt.

8. Fazit

Abschließend sollen die wichtigsten Ergebnisse zusammengefasst und systematisiert werden. Im Zentrum stehen die Berührungspunkte zwischen Star- und Markenimage. Dabei werden die Überschneidungen in fünf Kernpunkten gebündelt, wobei vom Starimage ausgegangen wird und anschließend zu prüfen ist, ob das Ergebnis auf das Markenimage anwendbar ist.

Star-/Markenimage als Mittel der Absatzförderung

Marken- als auch Starimage dienen dazu, den Absatz des Unternehmens bzw. Studios zu erhöhen. Janet Staiger diskutiert die verschiedenen Funktionen des Stars für den Hollywoodfilm und benennt den „Star als Produkt" als die erste Funktion (Staiger, 1997, S. 51). Demnach stellen große Stars die Qualitätsgarantie für den Film dar. Somit können die Produzenten und Studiobesitzer zumindest die Erwartungen des Publikums steuern. Ferner dient das Starimage der Produktdifferenzierung. Es personifiziert damit den „USP des Films" und grenzt diesen deutlich zur Konkurrenz ab. Der Star wird zur Marke:

„Zusätzlich entfaltet man eine umfangreiche publizistische Kampagne, um den Namen der Darstellerin einem breiten Publikum als ‚Markenzeichen' des Films bekannt zumachen." (Hickethier, 1997, S. 43).

Hinsichtlich des Absatzes kommt also beiden Imagevarianten dieselbe Funktion zu.

Das Verhältnis zu Zielgruppe bzw. Publikum

Eine Person wird erst zum Star durch das Zusammenspiel mit den Zuschauern. Dafür muss der Darsteller erstens einen Kontakt zum Publikum herstellen, der über die Faszination am Spielen hinausgeht. Er muss auch mit seinem Wesen, seinem Charisma überzeugen. Zweitens sollte sich der Zuschauer soweit mit dem Starimage identifizieren können, dass er Teile des Selbstimage darin wieder entdeckt.

„Zum Star wird ... eine Person erst dann, wenn das Publikum in ihm auf idealisierte, überhöhte Weise Eigenschaften wieder erkennt, die es sich selbst zuschreibt." (Hickethier, 1997, S. 31).

In diesem Aspekt zeigen sich Parallelen zum Selbst- bzw. Idealbild des Markenimage: Beide Images sind abhängig von dem Identifikationsgrad, den Star bzw. Marke dem Konsumenten bieten. Beiden

Imageversionen ist eines gemeinsam: Selbst wenn sie zielgruppenadäquat konstruiert wurden, können sie nur wirken durch die Akzeptanz des Verbrauchers beziehungsweise des Zuschauers.

Star- und Markenimage: Kontinuität im Wandel

Stars sind an Epochen gebunden und funktionieren während dieser Zeit als Identifikationsträger. Sie verkörpern damit immer Werte der Gesellschaft. Charles Chaplin stellt fest:

> *„Each Generation alters the specifications for its stars, reflecting new currents and aspirations in the society at large." (Weis, 1981, S. 25).*

Ändern sich die gesellschaftlichen Bedingungen, verlieren Stars leicht ihre Anziehung und Ausstrahlungskraft, es sei denn, sie unterziehen ihr Image ebenfalls einem Wandel, um wieder „zeitgemäß" zu sein. Auch die permanente Anpassung an sich ändernde Bedürfnisse der Zielgruppe gilt als Erfolgsgarantie – auch in der Markenführung. (Siehe hierzu den Beitrag *Einführung in Marketing und Markenführung*). Doch muss bei beiden Imagebereichen darauf geachtet werden, dass die unverwechselbare Positionierung des Stars/des Produkts nicht verschwimmt und damit nicht mehr eindeutig identifizierbar ist.

Die Abhängigkeit von Medien und Bildern

Der Star ist auf Techniken der Inszenierung angewiesen. Diese bildet die Grundlage seiner Existenz, bildet die Plattform für seine Kommunikation. Denn letztlich lebt der Star vom Bild, das in den Köpfen der Zuschauer entsteht. Auch das Markenimage ist davon abhängig, dass emotionale Faktoren in Bild und Ton umgesetzt werden, um – über die Medien – die Zielgruppe zu erreichen. Entscheidend ist, dass ein gewünschtes Bild beim Verbraucher entsteht, das den Kaufakt positiv beeinflusst.

Die Orientierungsfunktion

In Zeiten gesellschaftlicher und wirtschaftlicher Veränderungen wächst das Bedürfnis der Menschen nach Sicherheit und Orientierung. Der Star in seiner Leitbildfunktion verkörpert und transportiert über das Image die Ideale und Werte der jeweiligen Ära und bietet darüber hinaus die Möglichkeit, sich mit ihm zu identifizieren:

> *„Mit der Veränderung der kulturellen Produktion auf Grund des komplexen Prozesses von Industrialisierung, Urbanisierung und Mobilisierung der Menschen entstand im psychischen Apparat breiter Bevölkerungsschichten ... ein Bedürfnis nach subjektiver und kollektiver Orientierung, nach sinnbildlicher Verkörperung von lebenswertem und erfülltem Leben, das sich in der Nachfrage nach Unterhaltungsprodukten niederschlägt und durch diese beantwortet wird." (Hickethier, 1997, S. 33).*

Gleiches gilt für das Markenimage im Konsumbereich: Es unterstützt die Orientierung und Entscheidungsfindung des Verbrauchers auf einem sich schnell wandelnden Markt. (Siehe hierzu den Beitrag *Wenn Persönlichkeiten wirken: das Image*). Wie diese Ausführungen zeigen, sind die Grundbedingungen im Imageaufbau von Star- und Markenimage durchaus vergleichbar. Die Frage ist, ob das auch beim Ergebnis der Imagegestaltung der Fall ist. Lässt sich ein Star genauso widerspruchslos wie eine Marke dauerhaft ein Image „überstülpen"? Unterzieht er sich jederzeit einem Imagewandel – lässt sich umprogrammieren gemäß einer notwendigen Marktanpassung? Kurzfristig ist das vielleicht möglich wie das Phänomen Boygroups beweist. (Siehe hierzu den Beitrag *Boygroups – tanzende Schokoriegel?*). Mit Sicherheit ist die „unbeständige Größe Mensch" auf Dauer jedoch nicht zu unterschätzen: Die eigenen Gefühle, die unwillkürliche Weiterentwicklung der Persönlichkeit und nicht zuletzt der eigene Wille lassen sich mittel- bis langfristig nicht völlig ausschalten. Denn im Gegensatz zum Produkt unterliegt der Mensch unwillkürlich Gemütsschwankungen, die eine Garantie eines gleich bleibend hohen Qualitätsstandard schlicht unmöglich werden lassen. Stars wie Elvis Presley sind das beste Beispiel dafür, dass Menschen langfristig an diesem Druck zerbrechen können.

Doch was bedeutet dieser Gedanke für Marlene Dietrich? Auch wenn ihr Image bis ins Kleinste geplant war, kann sie nicht als Marketingprodukt bezeichnet werden: Zwar hat sie ihre eigene Persönlichkeit in der Lernphase unter von Sternberg stark zurückgenommen und auf ein Privatleben verzichtet; doch sie nahm dieses Opfer auf sich, weil sie durchdrungen war vom Wunsch, ein Star zu werden. Ihre Willenskraft und Disziplin haben sie dazu gebracht, eine Legende zu werden – und schließlich sind das wesentliche Merkmale ihres Charakters. Von der Aufgabe ihrer Persönlichkeit kann somit nicht die Rede sein.

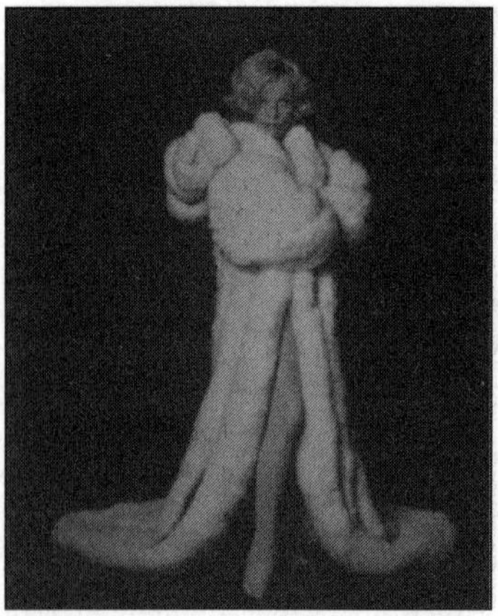

Abbildung 5: Mythos Marlene Dietrich (Quelle: Milton H. Greene, Stiftung Deutsche Kinemathek – Marlene Dietrich Collection)

Ihr starker Wille ermöglichte es ihr auch, sich im Laufe der Zeit gegenüber Regisseur und Studio zu emanzipieren. Diese Entwicklung ist zwar außergewöhnlich für das starre Studiosystem jener Zeit, kann aber dadurch begründet werden, dass sie ihren ersten Film mit Joseph von Sternberg noch außerhalb des strikten Reglements gedreht hat. Sie unterwarf sich den Anweisungen nur, um dazuzulernen und erfolgreich zu werden. Mit dem Erfolg wuchs ihr Selbstvertrauen, sich Vorgaben zu widersetzen und ihre eigenen Vorstellungen zu verwirklichen. Ihre eigene Weiterentwicklung manifestiert sich in ihrer zweiten Karriere als Diseuse, die sie lange nach der Trennung von Joseph von Sternberg und der Paramount begann. Das ständige Arbeiten an ihrem Mythos verlieh diesem eine solche Authentizität und Glaubwürdigkeit, dass er bis heute Bestand hat.

„Marlene ist kein Marketingprodukt, Marlene ist ein Kulturprodukt ihrer Zeit. ... Marlene ist ein Zeichen der Zeit. ... Im Image von Marlene kristallisiert sich die Zeit in ganz verschiedenen Elementen. Zum einen in ... der Mode, zum anderen in den Verhaltensweisen in ihren Filmen, zum dritten im politischen Bereich – wenn wir an die Zeit zwischen 1933 und 1945 denken –, zum vierten in dem Glauben an das ewige Leben. Und diese Melange hebt sie über den Filmstar hinaus. Sie ist immer alles gleichzeitig. Sie ist nicht nur Filmstar, sondern auch politisches Symbol, ... Mutter der Immigranten und ... femme fatale ... und genau diese Widersprüche der Moderne vereinigt sie in sich." (Interview Sudendorf 2000).

9. Literaturverzeichnis

Bach, S.: Marlene Dietrich: Die Legende, New York u.a. 1993

Barthes, R.: Mythen des Alltags, Frankfurt/Main 1982

Chajet, C./Shachtman, T.: Image Design, New York u.a. 1995

Dietrich, M.: Nehmt nur mein Leben, Gütersloh 1979

Dietrich, M.: Ich bin Gott sei Dank Berlinerin, Frankfurt/Main u.a. 1990

Faulstich, W. u.a.: „Kontinuität" – zur Imagefundierung des Film- und Fernsehstars, in: ders. (Hrsg.): Der Star. Geschichte, Rezeption, Bedeutung, München 1997

Garsault, A.: Femme fatale und femme éternelle: Notizen zur Mythologisieung Marlene Dietrichs, in: Sudendorf, W. (Hrsg.): Marlene Dietrich, 2.Teil, München u.a. 1978

Grafe, F.: Das Bild Marlene und wie daraus ihr Image wurde, in: Sudendorf, W. (Hrsg.): Marlene Dietrich, 2.Teil, München u.a. 1978

Herbst, D.: Das Image – Eigene Begriffsverwendung, in: http://www.snafu.de/~herbst/image/sld015.html, 02.11.1999

Hickethier, K.: Vom Theaterstar zum Filmstar, in: Faulstich, W./Korte, H. (Hrsg): Der Star. Geschichte, Rezeption, Bedeutung, München 1997

Hunt, C. (Regie & Drehbuch): Kein Engel – das Leben der Marlene Dietrich, TV-Mitschnitt Bayerischer Rundfunk, München, gesendet am 04.05.1997

Karasek, H.: Der ungeliebte Engel, in: Der Spiegel, Nr. 25 (19.6.2000), S. 240 – 252

Koppelmann, U.: Produktmarketing, Stuttgart u.a. 1989

Kotler, Ph./Bliemel, F.: Marketing Management. Analyse, Stuttgart 1992

Patalas, E.: Sozialgeschichte des Stars, Hamburg 1963

Riva, M.: Meine Mutter Marlene, München 1994

Riva, P.: schriftliches Interview vom 7.5.2000, Wassaic, New York 2000

Schulz, B.: Marlene – die Biografie einer Legende, Bergisch Gladbach 1992

Staiger, J.: Das Starsystem und der klassische Hollywoodfilm, in: Faulstich, W. / Korte, H. (Hrsg): Der Star, München 1997

Strauven, M. (Regie & Drehbuch): Legenden – Marlene Dietrich, TV-Mitschnitt ARD, Leipzig, gesendet am 15.10.1998

Sudendorf, W.: Persönliches Interview in Berlin am 2. Mai 2000

Weis, E.: The National Society of Film Critics on the movie star, New York 1981

Wysocki, G.v.: Metropolitain Lady oder utopische Masken des Weiblichen. in: Sudendorf, W. (Hrsg.): Marlene Dietrich, 2.Teil, München u.a. 1978

Zulauf, S.: Unternehmen und Mythos: der unsichtbare Erfolgsfaktor, Wiesbaden 1994

David Bowie – Die Chamäleon-Marke

Von Beate Behrendt und Roxana Panetta

1. Ein Chamäleon als Marke

Abbildung 1: David Bowie als Marke? (1978)

Überall in der Öffentlichkeit treffen wir auf Menschen, deren Beruf vor allem darin besteht, bestimmten Bildern zu entsprechen, um Kassen zum Klingeln zu bringen: der Schauspieler als Erfolgsgarant für den Film, der Fernsehmoderator als Quotenlieferant, Miss Germany als landeseigenes Aushängeschild. Persönlichkeiten des öffentlichen Lebens werden wie Markenprodukte behandelt, um sie erfolgreich zu machen.

Der Mensch als Marke klingt in vielen Ohren nach Manipulation: Gleich einer Zwangsjacke, in die ein Mensch gepresst wird – ohne Rücksicht auf Verluste. Es gibt viele bekannte Beispiele: Die Diva Marlene Dietrich verbrachte ihre letzten Lebensjahre in Einsamkeit fernab der Öffentlichkeit, um ihren eigenen Mythos der ewigen Schönheit nicht zu zerstören. (Siehe hierzu den Beitrag *Marlene D. – Diva zwischen Mythos und Marketing*). Maria Callas hungerte sich binnen weniger Wochen mager, um ihrem Publikum und ihren Kritikern besser zu gefallen.

Stars müssen bestimmten Vorstellungsbildern – sogenannten Images – in der Öffentlichkeit entsprechen, um ihren Erfolg zu sichern. (Siehe hierzu den Beitrag *Wenn Persönlichkeiten wirken: das Image*). Vor diesem Hintergrund wollen wir einen besonderen Menschen und Star unter die Marken-Lupe nehmen: David Bowie. Wir wollen David Bowie als Marke betrachten.

Bei dem Gedanken, dass gerade David Bowie als Marke gesehen werden könnte, drängt sich die Frage auf: Kann ein Star, der sich nie so verhält, wie man es von ihm erwartet, eine Marke sein? Bowie erfindet sich ständig neu und wird von den Medien als „Meister der Masken" bezeichnet. Eine Marke dagegen definiert sich (im klassischen Markenverständnis) durch die Konstanz ihrer Merkmale, wie hohe Qualität und durch Kommunikation aufgebaute Bekanntheit sowie Convenience, das heißt Preisgleichheit und Verfügbarkeit in allen wichtigen Handelsgeschäften (vgl. Meffert/Burmann, 1996; Domizlaff 1951). Andere, jüngere Markenkonzepte wie das Konzept der identitätsorientierten Markenführung legen den Schwerpunkt auf ein konstantes Markenimage bzw. eine konstante Markenpersönlichkeit. (Einzig der etwas außerhalb dieser Theorien angesiedelte Ansatz der „Fraktalen Marke" von Gerd Gerken (1994) sieht in der Diskontinuität der Marke und ihrer Kommunikation ein Erfolgspotenzial. Erfahrungen zeigen jedoch, dass dieser Ansatz eher zur Korrosion der Marke führt (vgl. Meffert/Burmann, 1996). Wir wollen daher in unserem Beitrag Gerkens „Fraktale Marke" unberücksichtigt lassen).

„David Bowie, Chamäleon unter den Popstars ..." (*Der Stern*, 1983, S. 206) wechselt sein Image immer wieder aufs Neue; das macht es in unseren Augen so spannend, David Bowie als Marke zu betrachten. Dazu bedarf es eines Markenkonzepts, das wir exemplarisch auf David Bowie anwenden. Das identitätsorientierte Markenkonzept von Heribert Meffert und Christoph Burmann (1996) halten wir für die Übertragung besonders geeignet: Es verbindet Markenprodukte mit Identität, woraus die Markenpersönlichkeit resultiert.

Dieses Markenkonzept basiert auf zwei Säulen: dem Produkt bzw. der Dienstleistung eines Unternehmens und der spezifischen Umwelt dieses Produkts bzw. dieser Dienstleistung (das heißt Bezugsgruppen, wie zum Beispiel Konsumenten, Medien, Händler). Die Konsumenten – sprich: das Publikum – und die Medien sind für einen Star von zentraler Bedeutung; erst das Publikum und die Medien machen den Star zum Star und spielen somit im Mensch-als-Marke-Prozess eine entscheidende Rolle. Daher steht im Mittelpunkt unserer Untersuchung eine Umfrage bei 48 Bowie-Fans, den intensiven Konsumenten der Marke Bowie. Die Umfrage soll Aufschluss über das Image bzw. die Images von David Bowie geben.

Bevor wir das Konzept von Meffert und Burmann auf David Bowie als Marke anwenden, skizzieren wir es im folgenden Abschnitt.

2. Strategische Markenführung

Dieser Abschnitt beschäftigt sich mit der identitätsorientierten Markenführung von Heribert Meffert und Christoph Burmann. Wir folgen den wesentlichen Punkten des Arbeitspapiers, das die beiden Autoren 1996 veröffentlichten. Zum einfacheren Verständnis illustrieren wir das komplexe Konzept mit eigenen Beispielen. (Siehe hierzu den Beitrag *Konzepte der Markenführung*).

In den 90er Jahren veränderten sich die Marktbedingungen enorm. (Unter dem Stichwort „Globalisierung" sammeln sich viele Veränderungen, wie die internationale Angleichung der Märkte, der daraus folgende höhere internationale Wettbewerb oder die größere Marken-Konkurrenz durch Zunahme von Handelsmarken. Siehe hierzu den Beitrag *Einführung in Marketing und Markenführung*). Es zeigt sich, dass die bisherigen Markenkonzepte nicht mehr ausreichen, um adäquat auf die Marktveränderungen zu reagieren. Die Marketing-Experten Heribert Meffert und Christoph Burmann schlagen mit ihrem Konzept der identitätsorientierten Markenführung einen neuen Weg ein: Die Marke soll nicht länger nur von der Unternehmensseite betrachtet und konzipiert werden, sondern das Image bei den Bezugsgruppen der Marke wird zu einem zweiten, ebenso wichtigen Ansatzpunkt für die strategische Markenführung.

Meffert und Burmann stellen fest, dass trotz der enormen Marktveränderungen die „unverändert hohe Kaufrelevanz der Marke (...) primär auf eine starke Identität der Marke zurückgeführt" wird (Meffert/Burmann, 1996, S. 13). Die Identität einer Marke wird zum Zentrum der Markenkonzeption.

Es existieren verschiedene Auffassungen von Identität. Allen gemeinsam ist die Beschreibung von Identität als zweiseitigem Phänomen: Die Identität setzt sich aus einem Selbst- und einem Fremdbild zusammen, die aufeinander abgestimmt die Identität prägen. Das Selbstbild ist die Vorstellung, die jemand von sich selbst hat, und das Fremdbild ist die Vorstellung, die ein Außenstehender von ihm hat. Das Übereinstimmen der beiden Seiten führt zur eindeutigen Identität, womit sich das Individuum von seiner Umwelt abgrenzt. Identität ist personenbezogen und kann im erweiterten Sinne auch auf Organisationen übertragen werden. Zum Identitätsbegriff gehören zwei wichtige Faktoren: Vertrauen und Kompetenz. Eine kompetente Person mit ausgeprägter Identität baut bei ihren Mitmenschen Vertrauen auf.

Was heißt dies übertragen auf die Marke? Das Übereinstimmen von Selbst- und Fremdbild führt zu Identitäten, die gepaart mit Kompetenz, Vertrauen erwecken. Genau darin liegt die Chance, die Meffert und Burmann für Markenprodukte sehen: Mittels einer Markenidentität als Kern der Marke lassen sich die Beziehungen zum Kunden intensivieren (vgl. Meffert/Burmann, 1996, S. 3) und damit Wettbewerbsvorteile erlangen (vgl. Meffert/Burmann, 1996, S. 27). Marken sollen mit Hilfe der Identitätskonstruktion Persönlichkeiten werden.

Meffert und Burmann übertragen den Identitätsbegriff auf Markenprodukte: Auf Unternehmensseite formuliert man das Selbstbild der Marke. Es umfasst die Marken bzw. Unternehmensphilosophie sowie alle Markeneigenschaften, die für die Markenidentität wichtig sind. Ein Beispiel: Bei Schokoladen-Marken gibt es Marken mit Exklusivcharakter, die nur in ausgewählten bzw. eigenen Fachgeschäften verkauft werden (zum Beispiel Leysieffer-Schokolade), und andere Schokoladen-Marken, die es in jedem Supermarkt gibt, die sich jedoch stark hinsichtlich ihrer Markenzeichen unterscheiden (zum Beispiel Milka). Bei ersteren sind die Preisstellung und der Verkaufsort für die Markenidentität wichtig, bei letzteren die besonderen Eigenschaften des Markenzeichens (Farben, Formen, Symbole).

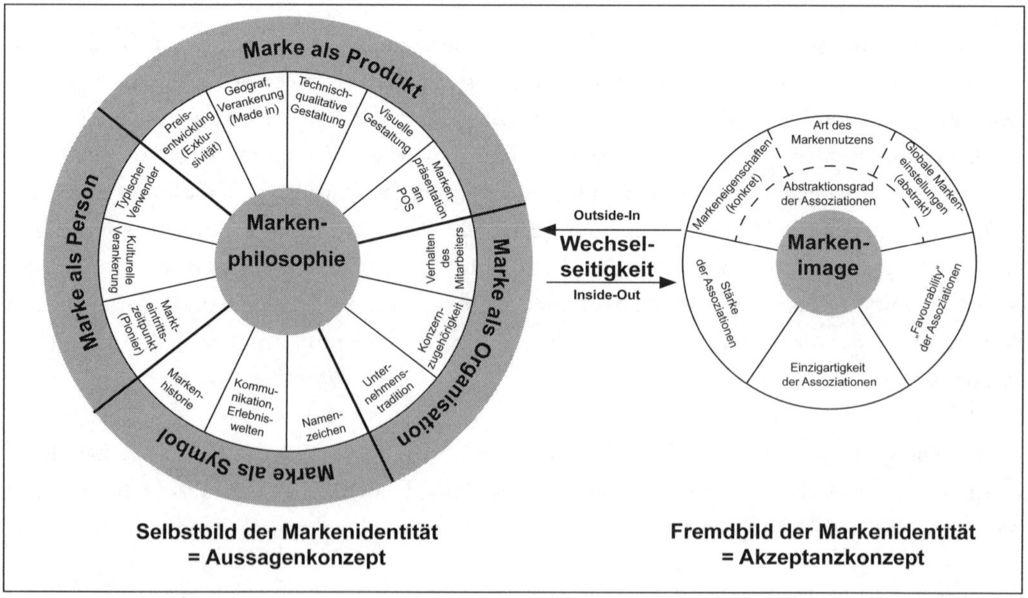

Abbildung 2: Zusammenhang von Selbst- und Fremdbild

Auf Konsumentenseite lässt sich das Fremdbild der Markenidentität feststellen. Es ist die Gesamtheit aller Vorstellungsbilder bei den Konsumenten – das Markenimage. Meffert und Burmann differenzieren das Fremdbild in vier Assoziationsebenen, auf die wir im Anwendungsteil näher eingehen werden.

Die Identität ist nie vollendet, sondern sie entwickelt sich fortlaufend. Fremdbild und Selbstbild beeinflussen sich gegenseitig, was zu Veränderungen der Markenidentität führen kann. Zur Verdeutlichung ein Beispiel: Herr Mustermann möchte seriöser wirken, um bei Geschäftsverhandlungen erfolgreicher zu sein (Selbstbild: mehr Seriosität für mehr Erfolg). Dazu kauft er sich teure Anzüge und trägt sie regelmäßig bei vielen Gelegenheiten. Seine Geschäftspartner bemerken diese Veränderung mit Wohlwollen (Fremdbild: Herr Mustermann wirkt seriöser), und die Geschäfte entwickeln sich zu Herrn Mustermanns Gunsten. Damit wird Herr Mustermann in seinem Selbstbild bestätigt, was seine Haltung, Anzüge zu tragen, bestärkt. Ignorierten die Geschäftspartner jedoch seine Wandlung, müsste sich Herr Mustermann etwas Neues einfallen lassen: Er könnte sein Selbstbild überdenken (Einfluss des Fremdbilds auf das Selbstbild) oder versuchen, den Wert eines gepflegten Äußeren in der Wahrnehmung seiner Geschäftspartner zu steigern und so auf das Fremdbild Einfluss nehmen. Meffert und Burmann greifen dies für das neue Markenkonzept auf. Bei einer bestehenden Marke untersucht man das Markenimage (Fremdbild) und gleicht dies mit dem Selbstbild ab. Falls nötig, wird das Selbstbild verändert und dementsprechend in der Marke realisiert. (Denkbar ist umgekehrt auch die Angleichung des idealen Markenselbstbilds an das bestehende reale Markenfremdbild). Als Kontrolle für die Veränderung des Selbstbildes dient wiederum die Analyse des Markenimages. Hier schließt sich der zirkuläre, strategische Managementprozess der identitätsorientierten Markenführung.

3. David Bowie – der Mensch als Marke

3.1 Bowies Selbstbild

Da ein persönliches Gespräch mit David Bowie nicht möglich war, schließen wir aus uns vorliegendem Material auf sein Selbstbild. Mangels formuliertem Selbstbild David Bowies arbeiten wir mit dem kommunizierten Selbstbild. Abweichungen zwischen kommuniziertem und formuliertem Selbstbild müssen wir vernachlässigen. Unsere Quellen sind schriftliche oder im Fernsehen veröffentlichte Interviews, Pressemitteilungen und -artikel, sowie Sekundärliteratur über David Bowie und sein Werk.

3.1.1 Markenphilosophie als Kern der Markenidentität

Bei David Bowie lässt sich nur schwer eine eindeutige Markenphilosophie feststellen. In seinen steten Veränderungen scheint die Vision des ewigen Fließens und nie Stillstehens zu stecken. Seine vielfältigen Experimente mit verschiedenen Kunstgenres – von der Musik bis zur Bildhauerei – und mit verschiedenen Stilen innerhalb eines Genres sind anscheinend Bowies persönlicher Weg zum Ziel:

> *„David Bowie, gerade 50 geworden, ist seit 30 Jahren wechselndes Exponat seiner eigenen Ausstellungen. Wie mit seinem androgynen Äußeren, so experimentiert er auch mit seinen musikalischen Stilen." (Berliner Morgenpost, 21.06.1997, S. 27)*

Bei genauerer Betrachtung erscheint das Spiel mit den Rollen und Masken je nach Phase unterschiedlich motiviert zu sein. In seiner frühen Zeit versuchte Bowie zunächst, berühmt zu werden:

> *„I play along, absolutely anything to break me through. Because of everybody 's thirst for scandal." (Bowie zit. in: Universal Studios, 1983, S. 1).*

> *„Mit Intelligenz und Einblick, die man normalerweise in dieser Quantität bei Popstars nicht vorfindet, steuerte er seine Karriere zielsicher und selbstbewusst." (ViP-Filmverleih (Hrsg.): Schöner Gigolo – armer Gigolo, 1978, o. S.)*

Anschließend sind es vor allem aufgenommene Stimmungen, die ihn zu seinen Wandeln inspirieren. Und noch später behauptet Bowie, dass er mit seiner Arbeit so weit gehen wolle, dass ihn niemand mehr beachtet, was bis dato nicht eingetreten ist:

> *„Ich möchte eine so kompromisslose Platte machen, dass ich am Ende überhaupt kein Publikum mehr habe." (Bowie der 80er Jahre zit. in:* Der Spiegel, *Nr. 47, 20.11.95, S. 294)*

> *„Ich bin vor allem ein Zusammenfüger: Ich sauge Begeisterungen auf, die ich als Beobachter und Teil unserer Kultur wahrnehme. Ich freue mich einfach immer irrsinnig, wenn ich etwas finde, das eindeutig sagt: Das hier ist die Gegenwart." (Bowie zit. in:* Die Zeit magazin, *Nr. 4, 17.01.97, S. 24)*

> *„Ich liebe es, mit unerprobten, obskuren Methoden zu experimentieren." (Bowie zit. in:* Der Spiegel, *Nr. 47, 1995, S. 298)*

Wenn man die Markenphilosophie als ideelles Ziel begreift, als einen Ort, den man nie erreicht, der einem nur die Richtung vorgibt, scheint bei Bowie die völlige Unabhängigkeit diese Philosophie zu sein. Völlig unabhängig kann Bowie trotz finanzieller und weitestgehender künstlerischer Freiheit nie sein, denn er hängt von den Plattenlabels ab, die seine Alben vermarkten. Ohne sie könnte Bowie sein Publikum nicht erreichen:

> *„Das, was die Leute an mir immer so ‚prätentiös' finden – das ist mein Lebenselixier! Ich kann ohne diese Spiegel meiner Existenz nicht leben." (Bowie zit. in:* Der Spiegel, *Nr. 47, 1995, S. 294)*

Heute hat Bowie ein Maß an finanzieller Unabhängigkeit erlangt, das ihm erlaubt, seinen Ideen nachzugehen, ohne Platten verkaufen zu müssen. Inzwischen verurteilt er den Erfolg bei den Massen, der ihm die finanzielle Freiheit beschert hat.

> *„Ich konnte diesen Erfolg nicht leiden. Bis zu ‚Let 's Dance' war ich so etwas wie ein Held der Subkultur. Und auf einmal musste ich dauernd in Fußballstadien auftreten. Jeder redete mir rein: musikalische Berater, Stylisten – mein Gott, es ist schon ziemlich unfassbar, was für Jacketts und Hosen ich damals trug, von manchen Liedern ganz zu schweigen." (Bowie zit. in:* Der Spiegel, *Nr. 47, 1995, S. 294)*

Um die Kontrolle über sein Gesamtwerk zu behalten, hält Bowie 51 Prozent der Anteile seiner Aktiengesellschaft (vgl. *Berliner Morgenpost*, 21.06.97, S. 27).

3.1.2 Komponenten des Markenselbstbilds

Nicht alle Komponenten sind für das Markenselbstbild relevant:

> *„Durch die spezifische Ausprägung ausgewählter oder aller Merkmale (des Eigenschaften-)Katalogs wird die Identität einer Marke für den Konsumenten wahrnehmbar und erlebbar." (Meffert/Burmann, 1996, S. 38).*

Folgend werden wir nur jene Komponenten des Selbstbilds Bowies aufführen, die wesentlich zu seiner Markenidentität beitragen.

Technisch-qualitative Gestaltung der Produkte

Sie ist eine der wichtigsten Komponenten der Markenidentität, die im weitesten Sinn auch die Breite und Tiefe des Produktprogramms umfasst (Meffert/Burmann, 1996, S. 40). Bowies komplettes „Produktprogramm" hier aufzuzählen, würde den Rahmen sprengen: Es reicht von Tonträgern und Konzerten über Gemälde und Kino-Filme bis zu den Dienstleistungen der Bowie-Bank und der eines Internet-Providers. Eine für das Gesamtwerk Bowies gültige Aussage ist daher nicht möglich. Bowies Produkte sind vor allem Dienstleistungen, deren technisch-qualitative Gestaltung nur schwer objektiv bewertbar ist. In dem kontinuierlich starken Absatz seiner Alben oder in der Bewertung seiner Aktie kann man ein Indiz für hohe Qualität sehen: Bowie verkauft jährlich ungefähr eine Million Platten. Die Bowie-Aktie erhielt sofort nach David Bowies Börsengang 1997 die Bestnote „AAA" durch Moody's (vgl. Berliner Zeitung, 20.11.97, S. 32) – eine der beiden weltweit führenden Rating-Agenturen (vgl. Bankverlag Köln, 1994, S. 86).

Visuelle Gestaltung

Abbildung 3: Bowie never looks the same (v.l.n.r.: 1969, 1971, 1973 1978, 1987, 1999)

Die visuelle Gestaltung (vgl. Meffert/Burmann, 1996, S. 41) der Marke Bowie bezieht sich zum einen auf sein Äußeres, zum anderen auf das Design seiner Produkte. Bowie wechselt sein Äußeres ständig, so wie er seine Rollen wechselt. Diese Veränderungen reichen von der Haarfarbe über die Frisur bis zum Outfit. Ausgehend von den wechselnden Charakteren wandelt sich die visuelle Gestaltung seiner gesamten Produktpalette – vom CD-Cover bis zum Internet-Auftritt. Mit den Aspekten „steter Wandel" und „Avantgardismus" lässt sie sich auf einen Nenner bringen. Die Abbildung 3 veranschaulicht Bowies Wandel.

Markenname, das Markenzeichen oder Markensymbole

Eine Markierung in Form eines wiedererkennbaren Markenzeichens mit wiederkehrenden Farben und Formen (vgl. Meffert/Burmann, 1996, S. 41) gibt es als prägnante David-Bowie-Schriftzüge nur für je eine Phase – meist für die Dauer einer Konzerttour, – dann wird mit dem nächsten Album auch ein neuer Schriftzug entworfen.

Abbildung 4: Bowie Schriftzüge (1983 links, 1987 rechts)

Abgesehen von den Initialen „db", die 1995 im Rahmen der Promotion für die CD *Outside* in der Anmutung eines Logos verwandt wurden und die aktuell auf seiner Homepage zu sehen sind (URL: http://www.davidbowie.com, 01.07.99), gab es nur Anfang der 70er Jahre in David Bowies „Ziggy-Stardust"-Phase etwas wie ein Logo in Form eines aus spitzen Dreiecken stilisierten „Z".

Diese Markierungen wurden eher nebensächlich benutzt und nicht konsequent für die Gestaltung des kommunikativen Auftrittes eingesetzt. Die unterschiedlichen David-Bowie-Schriftzüge und -Symbole betonen den chamäleonhaften Wandel.

Generell ist der Gebrauch eines Logos oder einer Markierung bei Musikern eher unkonventionell. Die Wiedererkennung der Produkte von Musikern ist durch die verschieden gestalteten CD-Cover oder Konzertplakate nicht gegeben. Die Abbildung der Musiker und der Name an sich fungieren als Wiedererkennungszeichen. Kaum einer der großen Stars der Musik-Szene benutzt ein Logo einheitlich. Heavy Metal Bands, wie zum Beispiel „Kiss" oder „Iron Maiden" oder einzelne Sänger wie Robbie Williams bilden hier Ausnahmen.

Markenhistorie

„Nicht zuletzt die Erinnerung an Vergangenes führt dazu, dass eine stark in der Historie einer Marke verwurzelte Markenidentität durch ein vergleichsweise hohes Maß an Emotionalität gekennzeichnet wird" schreiben Meffert und Burmann (1996, S. 42). David Bowie steht seit gut 30 Jahren im Rampenlicht, produziert Platten und veröffentlicht regelmäßig neue Alben. Gerade für jene Fans, die ihn in ihrer Jugend in den 70er Jahren zu schätzen lernten, dürfte diese lange Geschichte wichtig sein: Private Erinnerungen aus der Zeit des Erwachsenwerdens werden mit denen an entsprechende Bowie-Phasen verknüpft.

Die Tatsache, dass Bowie seit 30 Jahren im Showbusiness ist, nutzt er für seine Markenkommunikation nicht. Eine Ausnahme sind die Zusammenstellungen von Bowie-Songs aus verschiedenen Alben, den sogenannten Samplern, die immer wieder auf den Markt kommen.

Kommunikation: Markenspezifische Erlebniswelten

Sind Marken nur schwer durch objektiv-technisch Kriterien unterscheidbar, werden Erlebniswelten durch eine besondere Markenkommunikation aufgebaut (vgl. Meffert/Burmann, 1996, 46). Hierzu gehören Markenmythen und spezifische Welten, in denen die Marke „lebt", wie zum Beispiel Marlboro (Cowboy in der Steppe).

Bei David Bowie sind die Grenzen zwischen markiertem Produkt und kommunikativer Erlebniswelt der Marke fließend: Bowie existiert quasi ausschließlich als Teil einer konstruierten Erlebniswelt, die von LP zu LP, von Tour zu Tour wechselt – Androgynität, Glitterrock, White Plastic Soul, Avantgardismus, Art Murder – die Palette ist unendlich weit. Diese Erlebniswelten sind eine der zentralen Eigenschaften der Marke David Bowie im Bereich der Musik. Der Allround-Künstler Bowie erscheint immerzu in einer Welt, in der nichts bleibt, wie es war.

Verhalten der Mitarbeiter, Serviceorientierung

Bei Meffert und Burmann (1996, 46) wird mit dem Verhalten der Mitarbeiter der Markenorganisation die Serviceorientierung derselben erwähnt. Bei Bowie hat das Verhalten seiner Mitarbeiter wie „Security" und „Personal Assistence" nur auf jene Konsumenten einen Einfluss, die Bowie auf Konzerten, bei Autogrammstunden o. ä. persönlich treffen. Für Bowies spezifische Markenidentität erscheinen sie weniger wichtig. Dagegen ist der Service der Marke Bowie in dem Maße wichtig, wie seine Fans und andere Bezugsgruppen den Kontakt zu „ihrem" Star suchen. Als Service der Marke Bowie sehen wir die Leistungen, die über seine Dienstleistungen hinausgehen: Autogrammstunden (zum Beispiel am 02.12.99 im Virgin Megastore London) oder persönlicher Chat im Bowie-Net, Informationen, Bilder und Videoausschnitte von David Bowies aktuellen Aktivitäten und Veröffentlichungen via Bowie-Net. Als besonderen Anreiz zur Nutzung dieses Angebotes erhält jeder User für seine Aktivitäten im Bowie-Net Bonus-Punkte, für die besondere Belohnungen in Aussicht gestellt werden, wie zum Beispiel ein persönlicher Anruf von David Bowie beim Teilnehmer mit der höchsten Punktzahl.

Durch die ständig wechselnden Plattenlabels, unter denen Bowie produziert, gibt es keine ständigen, offiziellen Fanklubs wie bei anderen Künstlern, sondern nur private Fanklubs, die von Fans in Eigenregie organisiert werden.

Zeitpunkt des Markteintritts

Nicht der Zeitpunkt von Bowies Markteintritt ist für die Marke wichtig, sondern die Zeitpunkte des Markteintritts seiner verschiedenen Produkte (Meffert/Burmann, 1996, S. 48). Sie verleihen Bowie Pionier-Charakter. Der Avantgardismus Bowies und seiner Produkte spielt eine wichtige Rolle bis Anfang der 80er Jahre. Auch heute noch wird Bowie von den Medien das Attribut „Avantgardismus" zugeschrieben, das heißt Bowie versucht seine Vorreiterrolle fortzusetzen. Zum Beispiel wird Bowie die Erfindung des Pop-Videos zugeschrieben (vgl. Savage, 1995, S. 2): Als „pioneer of promotional films and videos" (Gillman, 1986, S. 493) drehte er 1969 mit *Love You Till Tuesday* seinen ersten Promotions-Film – anderthalb Jahrzehnte bevor es den Fernsehsender MTV gab und der Video-Clip populär wurde.

Branchenzugehörigkeit

Die Branchenzugehörigkeit kann sich bei der Ausweitung einer Marke auf den Erfolg auswirken (Meffert/Burmann, 1996, S. 44). Hierbei geht es vor allem um Kompetenz- und Vertrauensübertragung. Einer Körperpflegemarke zum Beispiel traut man Kompetenz auch im Haarpflegebereich zu, jedoch eher nicht im Bereich der Hi-Fi-Technik Dies ist bei Bowie weniger wichtig. Vielmehr betont Zugehörigkeit zu verschiedenen künstlerischen wie auch nicht-künstlerischen Gebieten seinen wechselhaften Charakter, denn David Bowie ist in mehreren Branchen tätig: Er ist Sänger, Gitarrist und Saxofonist, Schauspieler, Plattenproduzent, Maler und Bildhauer, Autor, eine Aktiengesellschaft und eine Bank.

Sonstige Markenkomponenten

Die übrigen Markenkomponenten sind aus folgenden Gründen weniger relevant:

Die ***kulturelle*** bzw. ***geografische Verankerung*** der Marke Bowie scheint eine geringe Rolle zu spielen, denn in den Medien wird in Bezug auf die Qualität seiner Leistungen nie oder nur selten auf seine Herkunft verwiesen. Daraus schließen wir, dass mit den Leistungen Bowies keine speziell englische Tradition oder Kompetenz verbunden wird.

Die ***Preisstellung*** ist bei Produkten wie Tonträgern aller Art sowie Konzertkarten durch den Handel bestimmt. Der Kauf eines Tonträgers wird kaum durch den Preis beeinflusst, da Tonträger und Konzerte aller Rockmusiker im Allgemeinen in einer engen Preisspanne angesiedelt sind. Die Preise der anderen Bowie-Produkte haben wir nicht untersucht, da wir uns vor allem mit Bowie als Musiker beschäftigen.

Die ***Markenpräsentation*** am Verkaufsort unterscheidet sich in ihrer Art nicht wesentlich von der anderer Rockmusiker und ist daher kein zentrales Markenmerkmal für Bowie. Die Präsentation Bowies bei seinen Konzerten dagegen zählen wir zur Markenkommunikation.

Die ***Unternehmenszugehörigkeit*** eines Musikers bezieht sich auf das produzierende Plattenlabel. Zum einen wechselt Bowie dieses oft, zum anderen findet der Plattenkauf nicht (oder nur in Ausnahmefällen) aufgrund der Plattenfirma statt. Allerdings verwundert es bei Bowie, dass er bis heute kein eigenes Plattenlabel für die Vermarktung seiner Alben gegründet hat. Die Kompetenzen der Marke Bowie ließen sich hervorragend auf ein Bowie-Label übertragen, das damit für Avantgardismus und Innovation stünde.

3.2 Fremdbild der Markenidentität David Bowies

Dem beschriebenen Selbstbild der Markenidentität David Bowies steht das Markenimage gegenüber: Das Markenimage stellt das Fremdbild der Markenidentität dar (Meffert/Burmann, 1996, S. 34). Es ist das Ergebnis der subjektiven Wahrnehmung, Deutung und Akzeptanz einer Marke. Das Markenimage beschreibt „Die Gesamtheit aller subjektiven Vorstellungen einer Person von der Marke hinsichtlich der wahrgenommenen Eigenschaften und der Eignung dieser Marke zur Befriedigung der rationalen und emotionalen Bedürfnisse des Individuums." (Meffert/Burmann, 1996, S. 34). Wir gehen davon aus, dass das Vorstellungsbild einer Marke bei intensiven Nutzern weit deutlicher ausgeprägt ist als bei Gelegenheitsnutzern. Daher haben wir das Fremdbild David Bowies in der Vorstellung intensiver Konsumenten der Marke erforscht:

Als Plattform für die schriftliche Umfrage unter 48 deutschsprachigen David-Bowie-Fans Anfang Januar 2000 diente das Neustädter *BowieFanzine* (Fanzine = Magazin von Fans für Fans über einen oder mehrere Stars) *Panic in Detroit*. (An dieser Stelle möchten wir Heike Moschel, Herausgeberin von *Panic in Detroit*, herzlich danken). Der Abo-Verteiler des Fanzines ermöglichte es, Nutzer mit hoher Affinität zur Marke David Bowie in ganz Deutschland (und zum Teil im Ausland) zu erreichen. Wir haben sie zu ihren Einstellungen zu David Bowie befragt, wie sie auf ihn gekommen sind, was sie an ihm mögen, was sie ablehnen. Zwei der insgesamt 34 Fragen waren projektiv formuliert und sollten Aufschluss über die Eigenschaften von Bowie-Fans geben.

3.2.1 Teilnehmer der Umfrage

Die angenommene hohe Nutzung der Marke David Bowie wurde durch das Erfassen der Zahl der Bowie-Tonträger im Besitz der Befragten und der Zahl der von ihnen besuchten Bowie-Tourneen und -Konzerte überprüft und verifiziert.

Tonträger und Konzerte sind die Leistungen, die am häufigsten genutzt werden: Die Befragten besitzen innerhalb einer Spanne von 15 bis 2000 Stück durchschnittlich 237 Tonträger von Bowie (CDs, LPs, Singles) und haben im Schnitt zwei Konzerte pro Tournee besucht – manche sogar bis zu 13 Konzerte auf einer Tournee.

Die Hälfte der Teilnehmer der Umfrage bewertet ihre Beziehung zu David Bowie als „sehr wichtig", ein Fünftel als „wichtig". Drei der Befragten geben an, David Bowie sei ihr „Lebensinhalt", jeder fünfte beschreibt seine Beziehung zu David Bowie als distanziert. Letztere sind Personen, deren Bewunderung für David Bowie den Zenit überschritten hat, die die Aktivitäten Bowies jedoch noch verfolgen.

Die Frage, ob für sie ein Leben ohne Bowie möglich sei, beantworten 13 der 48 Befragten mit „Nein". 30 Fans antworten positiv, teilweise entstand dabei ein offensichtlich großes Bedürfnis, die Antwort „Ja" zu einem „Ja, aber ..." zu erweitern und zu erklären:

> *„Ja, ich kann auch ohne Fernsehen und Schokolade leben, aber es wäre dann sehr langweilig."*

> *„... ohne Bowie wäre mein Leben ärmer, trotzdem ist ein Leben ohne ihn möglich. (Es gibt ja noch Iggy Pop)."*

Physische Markenmerkmale

Die zusätzlichen Erklärungen unterstreichen den Stellenwert David Bowies im Leben der Befragten. Insgesamt hat sich die angenommene hohe Affinität der Befragten zu David Bowie bestätigt und diente als Grundlage für eine nichtrepräsentative, qualitative Ermittlung des Fremdbildes von David Bowie in der Vorstellung seines Publikums.

Die Befragten waren zum Zeitpunkt der Umfrage im Januar 2000 zwischen 17 und 49 Jahren alt. Jeweils die Hälfte der Teilnehmer war weiblich bzw. männlich. Ein Drittel der Teilnehmer entdeckte David Bowie zwischen 1971 und 1982. Ein weiteres Drittel der Fans gab als Zeitpunkt des ersten Kontaktes 1983 an, das Jahr, in dem Bowie mit seinem Album *Let 's Dance* den Nerv des Mainstreams traf und mit den Songs *Let 's Dance* und *China Girl* große Popularität erreichte. Die anderen Fans hörten zwischen 1984 und 1998 erstmals von Bowie. Ein durchschnittlicher Fan aus unserer Umfrage war damit seit 16 Jahren am Bowie-Ball.

3.2.2 Markeneigenschaften

Abbildung 5: Androgyner Bowie (im Film The Man Who Fell to Earth, 1976)

Markeneigenschaften sind die konkreteste Form von Markenassoziationen. Sie beziehen sich unter anderem auf die erwarteten physischen Merkmale des markierten Objektes bzw. der markierten Leistung, den Preis, die Verpackung oder die typischen Käufer und Anwendungssituationen einer Marke (vgl. Meffert/Burmann, 1996, S. 36).

Die „ausdrucksstarke Stimme" David Bowies, der Gesang, „sein Timbre" und auch seine Sprechstimme sind prägende positive Momente aus Sicht des Publikums. Bowies „Gesamterscheinung", „seine Art sich darzustellen", „seine Art zu lachen", „his stage movements" begeistern die Fans und stehen hier stellvertretend für die physischen Merkmale einer markierten Leistung.

Zum äußeren Erscheinungsbild David Bowies – analog zur Verpackung eines Produktes – gehört seine „fremdartige, androgyne Ausstrahlung", seine „Schönheit", sein Make-up und seine Kleidung.

Des Weiteren wurden körperliche Merkmale genannt, wie zum Beispiel die verschiedenfarbig wirkenden Augen, seine charakteristischen Ohren, seine Figur und „his cheekbones" (Wangenknochen). Auf der anderen Seite werden „neue, gerade Zähne", „Bärte" und „kurze Stoppelhaare" kritisiert, die offenbar den Erwartungen seines Publikums widersprechen.

An den Preis der Marke David Bowie werden von den Fans keine besonderen Erwartungen gestellt, weder an die Höhe der Kosten für CDs oder Konzertkarten, die im branchenüblichen Rahmen liegen, noch für den Zugang zum „paid Bowie Net", dem kostenpflichtigen Teil von Bowies Internet-Angebot, das gegen eine Gebühr von 19,90 US-Dollar im Monat genutzt werden kann. Lediglich eine Frau bemängelt Bowies „Flucht ins Internet", die ihr „equipmentmäßig zu teuer" sei.

Gut jeder dritte Bowie-Fan lehnt eine Typisierung von Bowie-Fans ab. Andere geben an, typische Bowie-Fans könne man daran erkennen, dass sie Bowie nachahmen würden, „ein bisschen anders", „nicht normal" aussehen würden, „eher verrückte Typen" seien und „keinem Trend folgen". Dabei seien sie

„nicht zu freakig", „nicht geschniegelt" aber auch „nicht zu bieder". Sie sähen „nett", „intelligent" oder „introvertiert" aus oder so, als ob sie „ihr ganzes Geld für Bowie aus(gäben), nicht für Klamotten".

Abbildung 6: Fans bei einem Bowie-Konzert (Milton Keynes Bowl in England 1983)

Was die mentalen Eigenschaften von Bowie-Fans betrifft, befindet jeder vierte, Bowie-Fans hätten allgemein „einen guten Geschmack" oder seien „musikalisch sehr aufgeschlossen". Ebenfalls jeder vierte meint, Bowie-Fans seien tolerant, schwämmen gegen den Strom, würden sich für viele verschiedene kulturelle Dinge interessieren und seien offen gegenüber Veränderungen.

Auf der anderen Seite bezeichnet gut jeder dritte Bowie-Fans als „durchgeknallte Fanatiker": Sie könnten „ganz schön abgedreht sein", wären „sehr oft exzentrisch", könnten „sehr extrem", „manchmal zu extrem" sein. Außerdem mangele es Bowie-Fans – aus Sicht von jedem Vierten – an Kritikfähigkeit: Sie folgten „blind" einer „Kunstfigur" und würden „ziemlich eingeschränkt denken", wenn es „um ihren Meister" ginge. Jeder Zehnte beschreibt Bowie-Fans als „arrogant", „elitär" oder „abgehoben".

Folgende typische Anwendungen der Marke David Bowie werden beschrieben: David Bowie wird von den Fans am intensivsten durch das Hören von Musik von Tonträgern konsumiert. Konzerte sind eine weitere, sehr wichtige Form der Rezeption von David Bowie. Das Lesen von Presse-Berichten, Büchern oder Fanzines wird ebenfalls als eine wesentliche Variante des Konsums der Marke David Bowie genannt. Videoclips, TV-Interviews und Reportagen haben einen ähnlich hohen Stellenwert. Das Betrachten von Fotos ist von etwas geringerer Bedeutung, sowie auch Kinofilme, Bowie-Sites im Word Wide Web, Audience-Tapes, Radio oder CD-ROMs weniger wichtig sind. Kunstausstellungen, das „paid Bowie-Net", oder persönlicher Kontakt werden fast nicht genannt.

3.2.3 Art des Markennutzens

Meffert und Burmann unterscheiden den Nutzen in Grund- und Zusatznutzen (vgl. Meffert/Burmann, 1996, S. 36). Als Grundnutzen David Bowies werden sein Unterhaltungswert und seine Musik erlebt: Ohne David Bowie sei das Leben „um einiges langweiliger", es wäre „fahl, schal, trivial, banal", „ohne morgendliche, private Sternenstunde", „ärmer" oder „trostloser". Ohne seine Musik wäre das Leben seiner Fans „musikalisch leer", es wäre „ohne die Musik von Bowie nicht vorstellbar", „wäre eine Art ‚Entzug' wie ... kein Kaffee mehr".

Erweiterte Fähigkeiten und Kenntnisse durch David Bowie stellen einen Zusatznutzen für die Fans dar: „Viele Dinge" hätten sie „nicht kennen gelernt ohne Bowies Einfluss", sie würden über „weniger Inspiration" verfügen, „mit wenig Fantasie ... hinter der Masse herlaufen", ihr Englisch wäre schlechter, oder sie wären ohne Bowie auch ohne Internetzugang.

Der Erlebniswert ist ein weiterer zusätzlicher Nutzen für Fans: Ihr Leben wäre ohne Bowie „um einige Erlebnisse ärmer", sie hätten „weniger gute Erinnerungen", „weniger schöne Momente, weniger Tiefgang, weniger Nachdenken, weniger Genuss". Als dritter Zusatznutzen David Bowies wird der Ausbau sozialer Kontakte erlebt: Ohne David Bowie hätten die Fans „weniger gute Freunde", „weniger soziale Kontakte", das Leben wäre generell „ärmer an Kontakten". Die Stärkung des Selbstbewusstseins der Fans wird als Gewinn erlebt: Ohne Bowie wären einige Fans „depressiver", „weniger selbstbewusst", sie hätten „weniger Mut" – „I wouldn't be so open with people. I'm extrovert now". Ein weiterer Zusatznutzen wurde aus der Befriedigung einer Sammelleidenschaft gezogen: Ohne David Bowie gäbe es „nichts zu sammeln", die „CD-Sammlung würde sich halbieren".

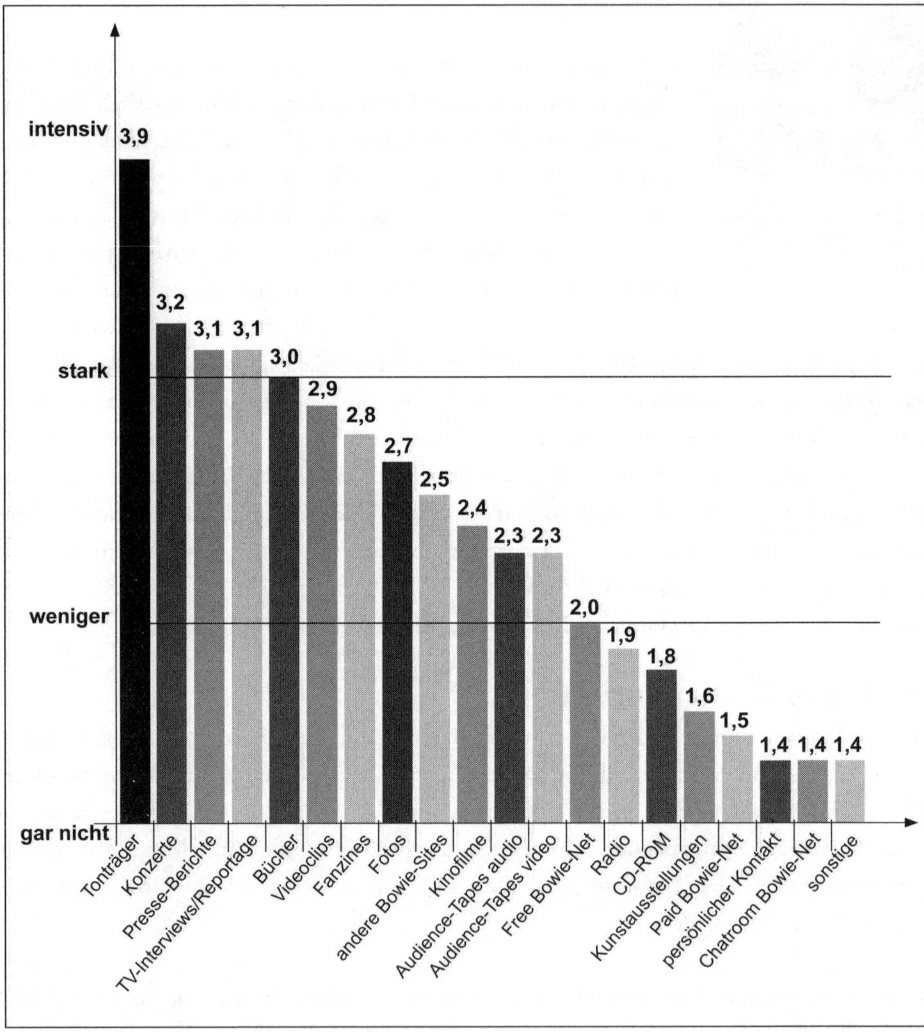

Abbildung 7: Typische Anwendungen der Marke David Bowie (n = 45)

3.2.4 Globale Markeneinstellungen

Die globalen Markeneinstellungen sind gekennzeichnet durch die Markensympathie – die übergreifende, wertende Globalüberzeugung gegenüber einer Marke (vgl. Meffert/Burmann, 1996, S. 36).

Variationsreichtum, Vielfalt, Veränderung, Variabilität oder Unberechenbarkeit werden als zentrale positive Eigenschaften David Bowies genannt. Seine Verwandlung in andere Figuren, seine wechselnden Charaktere, sein Dasein als Allround-Künstler, künstlerische Vielseitigkeit, die Variation von Musik und Erscheinungsbild, seine unterschiedlichen Stile werden von den Teilnehmern der Umfrage bewundert.

Bowies Ausstrahlung, sein „unglaubliches Charisma" und „sein Charme" treffen ebenfalls auf viel Beifall: Bowies „Gesamterscheinung", „seine Art sich darzustellen" faszinieren die Fans. Bowies Musik findet viel Zustimmung: „Schöne" oder „unvergessliche Songs", „Musik, die nie langweilig wird", seine „musikalische Präsenz" werden als wesentliche Vorteile von David Bowie gesehen. Ideenreichtum und Kreativität sind ein weiteres zentrales Merkmal in den Einstellungen gegenüber David Bowie: Sein „Talent, aus Zusammengeklautem Neues zu machen", seine „immer innovativen Ideen" und seine Kreativität sind wesentliche Momente in der Wahrnehmung des Publikums. Intelligenz und Bildung sind ein weiteres Charakteristikum, das zu positiven Einstellungen gegenüber David Bowie führt: Sein „Wissen über bildende Kunst und Literatur", „seine Bildung, sein Intellekt, seine Intelligenz", seine „weit verzweigten Interessen und Wirkungsbereiche" werden ausführlich gelobt.

Als weiteres positiv besetztes Merkmal wird Bowies Experimentierfreudigkeit angeführt: David Bowies „Experimente in der Musik", seine „Freude am Experiment" werden geschätzt. David Bowie wird selbstbewusste Eigenständigkeit zugeschrieben: Er wird beschrieben als „populärer Outsider" mit „Mut zur Peinlichkeit", der „Regeln und Gesetze in Frage" stellt, „völlig frei" ist und „nicht blind der Masse hinterherläuft". Bowies Song-Texte runden die sympathische Seite des Vorstellungsbildes ab: Als positiv werden „vielschichtige Texte", die „sehr schön" seien und David Bowies „Songwriting" erlebt und „dass ich immer noch bei vielen Textstellen sagen kann „Ja, genauso sehe ich es auch".

Als weitere allgemeine Attribute, die als Sympathieträger in der Einstellung gegenüber Bowie fungieren, werden genannt: „so ziemlich alles" oder „alles an ihm", sein „Humor", sein Talent, seine „künstlerische Potenz", Stilgefühl, Drogenfreiheit, „seine total liebe Art gegenüber Fans", Menschlichkeit, „einige Filme", Ausdauer, „Offenheit anderen Künstlern gegenüber", Konzerte und sein „Altern in Würde".

Bei knapp der Hälfte der Befragten gehörten negative Assoziationen zu den globalen Einstellungen gegenüber David Bowie: Mangelnde menschliche Qualitäten wurden Bowie vorgehalten: Er sei „sehr ichbezogen, kalt wie ein Fisch", habe „in der Vergangenheit Leute benutzt", habe „extrem unterentwickelte menschliche Züge" und sei nicht in der Lage, „sich in das Alltagsleben seiner Fans hineinzudenken".

Widersprüchlichkeit erscheint als ein weiteres negatives Attribut: Die Fans beklagen Bowies „Lügen", seinen „Mangel an Zuverlässigkeit bzw. seine Vergesslichkeit bezüglich früherer Aussagen", er verspräche

Abbildung 8: Bowies Kunstwerke erregen Missfallen („Crouch" 1996, Holzkohle und Kreise, im Original farbig)

„Sachen" und habe „dann immer wieder neue Ideen". David Bowies Drogenkonsum „inklusive Zigaretten" wird von seinem Publikum kritisiert: Negativ kommen Bowies „Drogenprobleme" an; es heißt, er „raucht zu viel" und „Kettenrauchen, sogar auf der Bühne, was zur Verminderung seiner tollen Stimme" beitrage.

Bestimmte Phasen in Bowies Karriere werden von einigen abgelehnt: „Blutige Endzeitstimmung" und „Gehabe bei der Outside-Phase", die „Tin-Machine-Zeit", die „Musik zwischen 87 und 90", die LPs *Tonight* und *Never Let Me Down* erscheinen in der Wahrnehmung der Befragten unvorteilhaft.

Missfallen erregen bei einigen Fans „seine Zeichnungen", „einige Interviews von früher", „ein paar Lieder", „Abgeschottetheit", „Anbiederungsversuche bei Beauties à la (sic) Hugh Grant & Liz Hurley", „der Rummel um ihn". Bowie verkaufe sich „manchmal schlecht bei TV-Auftritten", wirke „dann seltsam oder deplatziert". Er veröffentliche zu wenig „alte Sachen", achte „vorwiegend auf Äußerlichkeiten". Weiterhin wird kritisiert, dass er „mit dem neuen Album noch nicht auf Tournee geht."

3.2.5 Stärke der Assoziationen

Die individuelle Stärke der Assoziationen bei den Befragten wurde nicht erhoben. Die häufige Wiederholung einzelner Nennungen quer über alle Fragebögen hinweg lässt jedoch auf einige besonders stark ausgeprägte Assoziationen schließen:

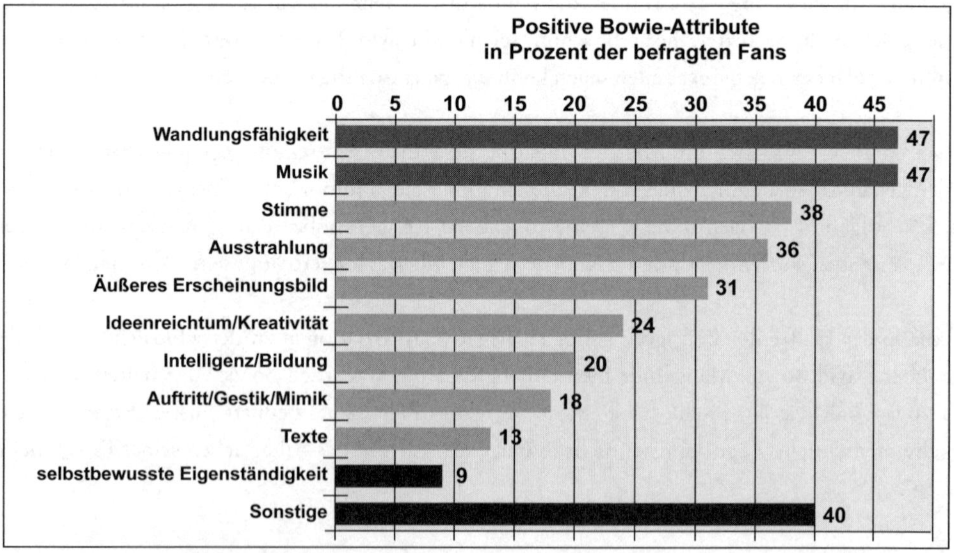

Abbildung 9: Positive Attribute der Marke David Bowie

Die Wandlungsfähigkeit David Bowies und seine Musik wurden von knapp der Hälfte der Befragten als positive Bowie-Attribute genannt: vier von zehn sehen Wandlungsfähigkeit als das zentrale Moment seiner Differenzierung von anderen. David Bowies Wandlungsfähigkeit und seine Musik stehen damit für Assoziationen mit hohem Stellenwert. David Bowies *Outside*-Tour bezeichnen zwei Drittel der Befragten als Lieblings-Tournee, was für die Stärke der positiven Assoziationen des Publikums mit der 96er Tournee spricht. Für knapp die Hälfte ist Bowie ideal „so wie er ist". Der größte Wunsch an David Bowie, den die Hälfte der Befragten äußert, ist „weiterhin noch lange kreativer Output". Zwei Drittel der Fans lehnen bestimmte Bowie-Phasen in den 80er Jahren ab, die für sie stark negativ besetzt sind.

3.2.6 Einzigartigkeit der Assoziationen

Die Einzigartigkeit der mit der Marke verbunden Vorstellungen ist ein weiterer Bestandteil des Markenimages (vgl. Meffert/Burmann, 1996, S. 36). Sie beschreibt nicht austauschbare Merkmale.

Was Bowie hauptsächlich von anderen unterscheidet, ist seine Wandlungsfähigkeit und Vielseitigkeit, die vier von zehn Befragten nannten: „Er verändert sich andauernd und ist unberechenbar und das macht es spannend", Bowie „wird nie langweilig – Veränderung als Prinzip".

Für jeden Dritten besticht Bowie durch seine Persönlichkeit, seine Bildung und seinen Intellekt: Zu Bowies unverwechselbaren Eigenschaften gehöre es, dass er „sehr belesen" sei, über „sprühende Intelligenz" verfüge, „Ironie und Selbstreflektion" besitze. Für jeden Fünften ist er unverwechselbar durch Avantgardismus, Bowie sei „ahead of his times", habe ein „Gespür, neue Strömungen aufzusaugen, zu benutzen ohne zu plagiieren" und verfüge über „Innovationsfreudigkeit". Knapp jeder Fünfte sieht außerdem Bowies Stimme als unverwechselbares Merkmal an. Die äußere Erscheinung Bowies macht ihn für jeden Siebten einzigartig.

Für jeden Dritten üben andere Musiker oder Musikgruppen, wie zum Beispiel Peter Murphy, Bauhaus, U2, Iggy Pop oder Queen eine ähnlich starke Faszination aus. Jeder Sechste sieht eine ebenso starke Passion im Bereich von Kunst oder Musik. Jeder Siebte gibt Fußball als ein Hobby vergleichbarer Intensität an. Andere Leidenschaften, die mit der zu Bowie verglichen werden, sind zum Beispiel die Familie – „junge Familie hat gleichgezogen" – Reisen, der Beruf, Essen, Freunde, Natur, Frauen, Politik oder Wissenschaft.

Geradezu unersetzbar scheint David Bowie für drei Befragte: Ihr Leben wäre „ohne die Musik von Bowie nicht vorstellbar", es wäre „ohne jemanden ... der wichtig genug ist, alles dafür zu tun und dann glücklich zu sein", es wäre ohne Bowie „unvorstellbar", oder sie würden „vom Funkturm springen". Immerhin jeder Fünfte erklärt, es gäbe für ihn keine mit Bowie vergleichbare Leidenschaft, was für die Einzigartigkeit David Bowies als Marke spricht.

3.2.7 Favourability der Assoziationen

Die „Favourability" beschreibt nach Meffert und Burmann die wahrgenommene Eignung der Marke zur Befriedigung individueller Bedürfnisse (vgl. Meffert/Burmann, 1996, S. 36). Das Maß der Bedürfnisbefriedigung hängt zum einen ab vom individuellen Stellenwert der Bedürfnisse, die die Marke befriedigt, zum anderen von der Intensität, mit der die einzelnen Bedürfnisse befriedigt werden.

Die zentrale Bedeutung, die David Bowie im Leben der befragten, intensiven Nutzer der Marke hat (siehe 3.2.1), lässt auf eine allgemein hohe Eignung der Marke David Bowie zur Befriedigung ihrer Bedürfnisse schließen. Die „Favourability" wird von den einzelnen Befragten jedoch unterschiedlich erlebt. Dies verdeutlicht bereits die Selbstbeschreibung der Fans, die sich in Bezug auf Bowie als Fans, Experten, Bewunderer, Genießer, Verehrer, Konsumenten, Maniacs, Beobachter, Geschädigte oder Freaks beschreiben, was darauf hindeutet, dass sie die Marke David Bowie auf unterschiedliche Art und Weise zur Befriedigung unterschiedlicher Bedürfnisse einsetzen.

Bezüglich der Intensität der „Favourability" gibt es Unterschiede: Ist Bowie für die einen wichtig bis sehr wichtig, ist er für andere Lebensinhalt: Bowie gehört für einen der Fans zu seinem Leben „untrennbar dazu", für eine Befragte ist er „einerseits ... mein Gott", andererseits liebe sie „das Menschliche an ihm ..., also wie Verliebtheit auf Dauer". Sie verzichte „lieber auf Fotos etc.", wenn sie merke, „er braucht Ruhe", sie wolle „immer, dass es ihm gut geht", er sei ihr „wichtiger als ich", was hieße, dass Bowies Wohlergehen ihr wichtigstes Bedürfnis ist und sie sich gut fühle, wenn es erfüllt ist. Bowie bereite Freude, sei wichtig und „hilft in Krisen". Für einen Fan ist Bowie „sehr wichtig", er könne sich „nicht mehr vorstellen, ohne ihn zu leben", was bedeutet, dass ohne Bowie offenbar wesentliche Bedürfnisse nicht erfüllt würden.

Andere beschreiben ihre Beziehung zu David Bowie distanzierter und zeigen ein Bedürfnis nach Abgrenzung: Ein Fan beschreibt „starke Zuneigung, die aber nicht in Fanatismus ausartet und auch Kritik zulässt", ein anderer befindet, Bowie sei ihm „als Star egal", er habe „kein Interesse, ihn zu berühren", ein anderer bezeichnet Bowie als „Rollenmodell". Für jeden Sechsten der Befragten gäbe es ohne Bowie „keine wesentliche Änderung" im Leben, was auf eine geringe „Favourability" hinweist.

Es lassen sich Unterschiede in der „Favourability" bezüglich der verschiedenen Anwendungsformen der Marke David Bowie feststellen: So entsprechen Livekonzerte – als eine Form, die Marke David Bowie zu erleben – den Bedürfnissen der Fans besonders stark: Hierbei werden sowohl einzelne Konzerte, die als zweithäufigste Form der Rezeption von David Bowie genannt wurden, als auch persönliche Erlebnisse mit ihm auf den Konzerten angeführt. Jeder zehnte beschreibt eine Konzert-Situation, die für ihn mit einem mehr oder weniger direkten Kontakt zu

David Bowie verbunden war, als schönstes Erlebnis:

> *„Im Sommer 1996 in Bellizona kniete er vorn am Bühnenrand, sang* Aladdin Sane *... sah ... mich an und zeigt[e] auf mich und sich selbst."*
> *„... als er die Dinge, die ich auf die Bühne geworfen hatte, in die Show einbaute"*
> *„... mein[en] David-Bowie-Schal, den ich ihm auf die Bühne geworfen hatte, um seinen Hals zu sehen."*

„... als er sich während des Konzerts für die Blumen bedankte, die wir ihm zum 5. Hochzeitstag ... geschenkt hatten."

Der persönliche Kontakt zu David Bowie hat generell einen sehr hohen Stellenwert: Gut ein Viertel der Befragten beschreibt persönliche Treffen mit David Bowie als schönstes Erlebnis und damit als besonders geeignet zur Befriedigung der individuellen Bedürfnisse:

„... als er mich dieses Jahr vorm Hotel in Dublin mit meinem Namen begrüßte"
„Eine Umarmung von ihm nach einem Konzert in London auf dem Parkplatz der Konzerthalle."
„Dieses Jahr, wo er mich [obwohl] ich ihn zwei Jahre nicht gesehen habe, namentlich wieder erkannt hat und mir die Hand gab."
„Bowie winkte mir zum Abschied zu; Paris, Hotel 1996."

Diese offenbar mit einer hohen „Favourability" verbundene Form, David Bowie zu erleben, ist gleichzeitig eine der am seltensten genutzten und eine von jedem Vierten ersehnte.

Das Teilen von Bowie-Erlebnissen mit anderen hat ebenfalls einen hohen Stellenwert bei den Befragten und wird als sehr beglückend erlebt. So war ein Fan besonders glücklich mit seiner „5-jährigen Tochter auf der Schulter bei der Glass Spider Tour vorm Reichstag", ein anderer beim „ersten Sex zu ‚Station to Station' ". Eine Frau erlebte die Reise zu einem Tin-Machine-Konzert mit Freundinnen als besonders schön. Allein das Hören der Musik David Bowies kann als sehr befriedigend erlebt werden, so zum Beispiel *„Putting Out Fire* hören" oder „mit Hingabe und aller Ruhe *Candidate* hören". Eine Frau legt, wenn sie „nicht gut drauf" ist, „eine gute Bowie-Platte auf und schon geht's besser". „Damit der Tag gut anfängt, gibt's morgens zum Kaffee eine halbe Stunde Bowie", schreibt eine andere.

Bowie-Konzerte, der persönliche Kontakt zu Bowie, gemeinsame Bowie-Erlebnisse mit anderen und das Hören von Bowies Musik sind Erlebnisformen der Marke David Bowie, die dem Grundbedürfnis der Fans nach Unterhaltung besonders stark entgegenkommen.

4. Vergleich von Selbstbild und Fremdbild

4.1 Übereinstimmungen zwischen Selbstbild und Image

„Ich bin unberechenbar" (Bowie zit. in: *Der Spiegel*, Nr. 41, 1999, S. 198), sagt Bowie 1999 und unterstreicht damit seine vom Publikum als zentrales Moment wahrgenommene Wandlungsfähigkeit.

Eine aus Sicht des Publikums nur bedingt vorhandene Einzigartigkeit strebt Bowie selbst offenbar auch nicht an: „Das Streben nach Einzigartigkeit produziert in den meisten Fällen nur Müll. Das Beste, was ein Künstler heute leisten kann, ist die gekonnte Reorganisation von Dingen." (Bowie zit. in: *Der Spiegel*, Nr. 41, 1999, S. 200).

Bowie sagt von sich, dass er „nicht völlig davon überzeugt" sei, dass er „ein großartiger Songschreiber" sei, jedoch wisse, dass er „gut eine Atmosphäre herstellen" könne, und manchmal entstünde daraus „eine akustische Landschaft". Diese Klanglandschaft ist es offenbar, die von seinem Publikum geliebt wird. Die *Outside*, jenes Album, das die Grundlage der bei seinem Publikum beliebtesten 96er Tournee bildete, bezeichnet Bowie selbst als „ein wenig prätentiös und ein wenig pompös", aber er fühle sich „von so etwas eben angezogen". Das Publikum ist von dieser Phase begeistert und Bowie mag sie offenbar auch.

Die Ablehnung bestimmter Phasen in den 80er Jahren durch sein Publikum spiegelt sich bei Bowie wider, der von sich selbst sagt, dass er nie verstehen werde, warum er die beiden Alben *Tonight* (1984) und *Never Let Me Down* (1987), die er „nicht aushalten könne", aufgenommen habe (Bowie zit. in: *Der Spiegel*, Nr. 41, 1999, S. 198). Man merke den Alben an, dass er zu dem Zeitpunkt, zu dem er sie gemacht habe, „jegliches Interesse an der Musik verloren" hätte, so Bowie (zit. in: *Der Spiegel*, Nr. 41, 1999, S. 198). Die beiden Alben hätten fast seine Karriere zerstört, er selbst sei damals „nur noch ein Segment des Mainstreams" gewesen (Bowie zit. in: *Der Spiegel*, Nr. 41, 1999, S. 198) – "Mainstream" hätte ihn „noch nie interessiert" (Bowie zit. in: *die tageszeitung*, 01.10.1999, S. 8) und sei „die Katastrophe des Erfolgs" (Bowie zit. in: *Tip* Nr. 321, 21.01.96, S.21). Er habe auch kommerzielle Alben abgeliefert wie *Let 's Dance* (1983), jedoch habe er sich damals „widerwillig in eine Ecke manövrieren" lassen, von der er sich „später deutlich distanziert" (Bowie zit. in: *die tageszeitung*, 01.10.1999, S. 8) hätte. Davor habe er „noch diesen Kult-Status" besessen und nur für sein „eigenes Publikum" gespielt, das sei „genau der Platz, an den ich gehöre – und wo ich jetzt wieder bin" (Bowie zit. in: *die tageszeitung*, 01.10.1999, S. 8).

Dies deckt sich mit der Aussage der Fans, der ideale Bowie sei „so wie er jetzt ist". Dieser Teil des Images wird von Bowies formuliertem Selbstbild getragen: „Ich glaube, mittlerweile fühle ich mich ziemlich wohl mit mir. Ich weiß ungefähr, was meine Stärken und Schwächen sind." (Bowie zit. in: *Cosmopolitan*, 1996, S. 95).

In einigen Punkten weichen die Vorstellungen des Publikums von Bowies eigenen Vorstellungen ab. Dies betrifft vor allem äußerliche Aspekte: Es wurden seine neuen, geraden Zähne sowie sein Bart kritisiert. Weitere Abweichungen sind: Bowies Zigarettenkonsum, seine Widersprüchlichkeit und seine mangelnden menschlichen Qualitäten. Diese Einwände haben keinen Einfluss auf die positive Grundeinstellung des Publikums gegenüber Bowie, denn sie beziehen sich größtenteils auf weniger essenzielle Merkmale der Marke Bowie oder sind nur schwach assoziiert.

4.2 Fazit für die Marke David Bowie

Das Fremdbild David Bowies in der Vorstellung des Publikums stimmt in den am stärksten assoziierten identitätsbestimmenden Eindrücken mit dem formulierten Selbstbild überein, was die Grundlage einer starken Identität ist und David Bowies Erfolg bei seinem Publikum erklärt. Gerade die Komponente des ständigen Wandels, die der notwendigen Stabilität eines Markenkerns zu widersprechen scheint, erweist sich als konstantes Merkmal, das das Bild von David Bowie in der Vorstellung seines Publikums bestimmt. Rückblickend erkennt Bowie dies selbst:

> *„Neuerdings sehe ich in diesen Veränderungen eine starke Kontinuität." (Bowie zit. in:* Die Zeit magazin, *1997, S. 24).*

Die weitere Annäherung zwischen Selbstbild und Image bei Einstellungsmerkmalen, die weniger stark assoziiert werden, erscheint nicht sinnvoll: Innerhalb des Publikums existieren zu den gleichen Aspekten völlig unterschiedliche Erwartungen und Wünsche, die eine weit geringere Priorität in der Einschätzung David Bowies haben. (Meffert und Burmann gehen auf die individuell zu bestimmende Priorisierung von Merkmalen in ihrem Konzept ein: „... die Bestimmung der für die Markenidentität essenziellen Merkmale einerseits sowie der lediglich akzidentiellen Merkmale andererseits kann letztlich nur markenindividuell und situationsspezifisch erfolgen." (Meffert/Burmann, 1996, S. 37). Zudem würde der Versuch einer Annäherung von Selbst- und Fremdbild durch Anpassung des Selbstbildes an das Fremdbild mit dem Risiko des Verlustes an Authentizität einhergehen. Es ist gerade die selbstbewusste Eigenständigkeit, der Mangel an Anpassung des Künstlers David Bowie, die von seinem Publikum geschätzt werden: Der ideale Bowie sei „völlig frei von irgendwelchen Zwängen, just Bowie". Ein Fan äußerte auf die Frage nach dem idealen Bowie spontan Angst vor Manipulation: „Lasst ihn bitte wie er ist!!! (sic)". Eine Befragte kommentierte die gleiche Frage mit: „Strange question! Soll ich mir einen backen oder `ne Bowie-Barb(ie)-Puppe kaufen?".

Bowie selbst lehnt die Anpassung an externe Erwartungen und Wünsche ab:

> *„Man muss sich ständig fragen, ob man etwas tut, weil man es will, oder weil es das ist, was von einem erwartet wird. An dem Tag, an dem man sich zum Sklaven fremder Erwartungen macht, ist der Weg nach unten vorprogrammiert." (Bowie zit. in: die tageszeitung, 01.10.1999, S. 15). Sein großer Fehler sei es gewesen, dass er „während der 80er Jahre ... vorherzusehen versuchte, was das Publikum wollte ..." (Bowie, zit. in: Rolling Stone, Juni 1997, S. 65).*

Wie lässt sich Bowies kontinuierlicher Erfolg, der bis heute andauert, erklären? Meffert beschreibt einen deutlichen Anstieg der Bereitschaft der Konsumenten, Marken zu wechseln. Diese Bereitschaft kennzeichnet den Drang vieler Konsumenten, auf der ständigen Suche nach Erlebnissen neue, bislang nicht verwendete Produkte zu erwerben. Trotz hoher Zufriedenheit mit den bis dahin verwendeten Marken kommt es auf diese Weise zum regelmäßigen Kauf „fremder" bzw. neuer Marken (Meffert/Burmann, 1996, S. 37). David Bowie entspricht mit seinem zukünftige Entwicklungen vorwegnehmenden Identitätswandel diesem Konsumentenverhalten, dem sogenannten „Variety Seeking Behaviour": der ständigen Suche nach Abwechslung. Er begegnet damit sinkender Markentreue.

Am gezielten Einsatz des Drag-Queen-Covers des Albums *The Man Who Sold the World* (1971), das Aufsehen erregen sollte, wird deutlich, wie David Bowie alles versuchte, um bekannt zu werden und den Durchbruch zu schaffen. Dieses eher explorative Vorgehen weicht inzwischen einem bewussteren Nachdenken, wie beispielsweise über Markenstrategien, wie dieses Zitat verdeutlicht: „Ein Typ in der Werbebranche hat mal was wirklich Interessantes gesagt: ‚Produkt plus Persönlichkeit ergibt Marke". Ich dachte, dass das wirklich cool ist, und ich denke, vielleicht versuche ich es und verwende es für das, was ich tue.". (Interview mit Bowie in: „Über die Kunst, Menschen von ihrem Geld zu trennen"

Themenabend auf arte 17.11.1996). Etwas früher sagte Bowie: „Die Grenze zwischen meinem Leben in der Öffentlichkeit und meinem Privatleben sollte nicht lokalisierbar sein." (Bowie zit. in: *Der Spiegel*, 1993, S. 244), was ebenfalls darauf hinweist, dass er bewusst mit seinem Image spielt. Es bleibt jedoch offen, ob Bowie konsequent ein Markenkonzept für sich anwendet bzw. angewendet hat: David Bowie ist nicht zu fassen – heute experimentiert er mit seinem Image, morgen ist er Opfer eines Images, das er selbst nicht mehr kontrollieren kann.

> *„I guess what I am is what the greatest number of people think I am. And I have no control over that." („Ich meine, ich bin das, was die meisten Menschen denken, das ich bin. Und darüber habe ich keine Kontrolle." (Bowie zit. in: UNCUT Oktober 1999, S. 46)*

5. Literaturverzeichnis

Literatur

Adler, G. in: Music Man, Wien, Juni 1983, S. 4 f.
Bankverlag Köln (Hrsg.): Basisinformationen über Vermögensanlage in Wertpapieren, Köln 1994
Bowie, D. zit. in: Aderhold, K.; david BOWIE das interview in: tip Nr. 3, 21.01.96, S. 21 ff.
Bowie, D. zit. in: Anders, M.; Die Reise ins ich in: Musik Stories, Oktober 1999, S. 8
Bowie, D. zit. in: Anders, M.; „Alles kommt wieder" in: die tageszeitung, 01.10.99, S. 15
Bowie, D. zit. in: Flohr, K. in: Was zieht Sie an, Mr. Bowie? in: Cosmopolitan, Februar 1996, S. 95
Bowie, D. zit. in: Hüetlin, T. und Wellershoff, M.; „Ich bin eine Frage" in: Der Spiegel Nr. 47, 20.11.95, S. 294 ff.
Bowie, D. zit. in: Hüetlin, T.; „Ich bin ein Baby, das strampelt" in: Der Spiegel Nr. 41, 11.10.99, S. 196 ff.
Bowie, D. zit. in: Lynch, K.; David Bowie – A Rock 'n' Roll Odyssey, London 1984.
Bowie, D. zit. in: Roberts, C. in UNCUT, London Oktober 1999, S. 46, S. 63
Bowie, D. zit. in: Simonart, S.; Scary Monster in: Rolling Stone, Juni 1997, S. 60 ff.
Domizlaff, H.: Die Gewinnung öffentlichen Vertrauens. Ein Lehrbuch der Markentechnik, 1951
Edwards, H. und Zanetta, T.: Stardust – The David Bowie Story, New York, 1986
Falke, K.: Meister der Masken in: Musik Express/Sounds Nr. 7, Juni 1983, S. 47
Geisenhanslüke, R. in: Alter Gigolo, reifer Gigolo in: BERLIN Ticket Nr. 5, Berlin, 1. Februar 1996, S. 10
Gerken, G.: Die fraktale Marke, 1994
Gillman, P. & L.: Alias David Bowie – a biography, London 1986
Graf, C.: Am Ende geht´s immer ums Tanzen in: Berliner Morgenpost, Berlin, 21.06.97, S. 27
Hopkins, J.: BOWIE, London 1985
Maeder, S.: Há dez anos que muda de estilo in: miúda a tua revista Nr. 28, Lissabon, 16. August 1983, S. 10 f.
Mecklenburg, K. in: „Etwas Neues liegt in der Luft" in: Musik Express Nr. 3, März 1982, S. 12
Meffert, H. und Burmann, C. [hrsg.]: Abnutzbarkeit und Nutzungsdauer von Marken – Ein Beitrag zur steuerlichen Behandlung von Warenzeichen –, Arbeitspapier Nr.117, Münster 1998.
Meffert, H. und Burmann, C.: Identitätsorientierte Markenführung – Grundlagen für das Management von Markenportfolios, Arbeitspapier Nr. 100, Münster 1996
Meffert, H. und Burmann, C.: Theoretisches Grundkonzept der identitätsorientierten Markenführung, in: Meffert, H./ Burmann, C./Koers, M.(Hrsg): Markenmanagement. Wiesbaden 2002
Mehler, M.: Bowie"s Out of Hiding in: Circus, U.S.A., 14. November 1978, S. 26
o. V.: „Wim Wenders ans Telefon!" in: Der Spiegel Nr.15, Hamburg, 12.04.93, S. 243 ff.
o. V.: Berlin war meine Klinik in: stern, Mai 1983,S. 206o. V.: Bonds, Net and Music, David Bowie jetzt auch als Provider in: direct Nr. 3, Herbst 1998
o. V.: Dekadenz am Ende in: Der Spiegel Nr. 16, Hamburg, 18.04.83, S. 241 ff.
o. V.: Openhartig Interview met Popster Bowie in: Muziek Blad Nr. 5, Niederlande, Mai 1983, S. 4
Perina, U.: Phantasielose Großbanken in: Berliner Zeitung, Berlin, 20. November 1997, S. 32
Ruthenberg, J.v.: Unser Mann im All in: Die Zeit magazin Nr. 4, 17.01.97, S. 24
Savage, J. in: Outside, München, August 1995, S. 2
Simonart, S.: Scary monster in: Rolling Stone, Juni 1997, S. 62
Universal Studios [hrsg.]: David Bowie „Merry Christmas, Mr. Lawrence"in: Universal News, Universal City, Kalifornien, 12.08.83
URL: http://www.davidbowie.com, 01.07.99
Vershofen, W.: Handbuch der Verbrauchsforschung (Bd. 1), Berlin 1940

Abbildungsnachweise

Abbildung 1: Snowdon/National Portrait Gallery: David Bowie 1978 (Photomontage – Einfügung des Schriftzugs „David Bowie" – von R. Panetta)
Abbildung 2: Meffert/Burmann, 2002, 51
Abbildung 3a, Fab 208: David Bowie 1969 (in: Carr, Roy und Shaar Murray, Charles: David Bowie the Illustrated Record, Avon Books, New York 1981, S. 31)
Abbildung 3b, Fab 208: David Bowie 1971 (in: Carr, Roy und Shaar Murray, Charles: David Bowie the Illustrated Record, Avon Books, New York 1981, S. 35)
Abbildung 3c, RCA Records: David Bowie 1973 (in: Carr, Roy und Shaar Murray, Charles: David Bowie the Illustrated Record, Avon Books, New York 1981, S. 43)

Abbildung. 3-D: Ciao 2001 Nr. 28, Juli 1978, S. 39
Abbildung 3e: Concert Concept 1987 (Konzertplakat)
Abbildung 3f: Gregory P./Corbis Sygma in: Der Spiegel Nr. 41, 11.10.99, S 196
Abbildung 4a: Fritz Rau + Hermjo Klein: Serious Moonlight Concert 1983
Abbildung 4b: EMI 1997
Abbildung 5: Constantin-Film: David Bowie in The Man Who Fell to Earth, 1976
Abbildung 6: DER STERN, Nr. 51, 9. Dezember 1976, S. 33
Abbildung 7: Eigene Graphik aus Auswertung der Fan-Befragung
Abbildung 8: Eigene Graphik aus Auswertung der Fan-Befragung
Abbildung 9: Bowie, David: Crouch in: chertavian FINE art: Paintings and Sculpture David Bowie, London 1995

Für einige Abbildungen konnte trotz unserer nachweislich großen Bemühungen kein Urheberrecht verfügbar gemacht werden. Wir bitten die Urheber um ihr Verständnis.

Credits

Wolfram Balzer-Kröhling, Thomas Bauer, Claudia Blach-Radau, Sabine Brandes, Ralf Brösel, Dolly, Sven Darmer, Olaf Dose, Carola Frick, Dajana Gehn, Lutz Giese, Gilly, Marcus Haltaufderheide, Allert van Harten, Michiko Heeg, Anke Krumtünger, Simone Metge, Oliver Passek, Boris Radau, S. Raulfs, Philipp Rohn, Anja Rollshausen, Thomas Rückborn, Sascha, Felicia Siegert, SuperGünni, Anja Tessmer, Christoph Thommen, Alexandra Ucke, Christian Wehner, Stefan Weinschenk, Nicky Young und alle, die an der Fan-Befragung teilgenommen haben und nicht genannt werden wollen.

Stars aus der 2. Reihe in Hollywood

Von Susanne Wischnewski

1. Einleitung

„Some were stars, but most were not." (Clark, 1995, Preface)

Werden wir nach Schauspielern gefragt, fallen uns wahrscheinlich zuerst Marilyn Monroe, John Wayne, Clint Eastwood, Sharon Stone, Robert De Niro, Tom Hanks und Julia Roberts ein. Aber wer sind Ida Lupino, Roy Barcroft, Robert Ryan, Gloria Talbott, John Agar, Cynthia Rothrock, Burt Young, Stefanie Kramer, Robert Davi, Jeff Fahey? Dabei hat Roy Barcroft in viel mehr Filmen mitgespielt als Robert de Niro:

> *„The stars themselves were grinding out pictures at a prodigious rate, but bit players and character actors were involved in dozens of films each year. ... For some, the brief biography or still photograph is all that remains as a remembrance of their often lengthy careers." (McClure, 1972, S. 12).*

Diese Schauspieler spielen in den unzähligen Filmen und Serien, die Tag und Nacht auf den Fernsehkanälen laufen, und von denen die meisten keine Starbesetzung haben. Sie spielen Haupt- und Nebenrollen, aber wir kennen ihre Namen nicht, wahrscheinlich interessieren sie uns auch gar nicht. Wir wollen einfach unterhalten werden. Manchmal erkennen wir ihre Gesichter wieder, vielleicht weil wir sie sogar schon in einem „großen" Film, in Nebenrollen neben den Stars, gesehen haben. Die Unterschiede zwischen Stars und Nebendarstellern bildeten sich schnell nach dem Entstehen der Filmindustrie heraus:

> *„Once the Hollywood star system became more firmly established and divisions within the talent group were intensified, a greater distinction between high-ranking and low-ranking actors also emerged." (Clark, 1995, S. 29).*

Das hat natürlich auch etwas damit zu tun, dass es in keiner Geschichte nur Hauptrollen gibt. Nicht jede Rolle kann mit einem Star besetzt werden: Erstens geben sich einige Stars unter Umständen nicht mit einer Nebenrolle zufrieden, zweitens würden sie eine hohe Gage verlangen und damit die Produktionskosten enorm erhöhen.

Filmstudios müssen, wie andere Wirtschaftsbetriebe auch, kosten- und gewinnorientiert arbeiten. Um rentabel zu sein, müssen vorhandene Kapazitäten ausgelastet werden. Beim Film sind dies zum Beispiel die Ateliers, die Studiotechnik, die Sekretärinnen, Techniker und Assistenten. Es genügt nicht, zwei oder drei teure und aufwendige Produktionen herzustellen, zumal ein Kassenhit in den seltensten Fällen vorherzusagen ist. Deshalb produziert die Filmindustrie jedes Jahr Hunderte von Filmen und Serien. Filme werden heute nicht mehr nur für die Verwertung im Kino gedreht, sondern hauptsächlich für das Fernsehen und den Videomarkt. Die vielen Fernsehstationen in den USA und weltweit müssen ständig mit neuer Ware versorgt werden; die meisten von ihnen senden rund um die Uhr und können nicht immer Wiederholungen zeigen.

Produzenten und Studios können bei der Filmproduktion nach verschiedenen Strategien vorgehen: Entweder produzieren sie neben den großen Starfilmen (A-Filme, siehe Kapitel 4.2.1.1) zusätzlich billige Filme (B-Filme, Kapitel 4.2.1.1), oder sie produzieren von vornherein statt teurer Starproduktionen nur billige Filme in großer Zahl. Ein Produzent kann so das Risiko minimieren, Geld durch weniger erfolgreiche Filme zu verlieren. Verluste, die der eine Film macht, können durch den oder die anderen ausgeglichen werden:

> *„A company could produce many films ... betting that while most might flop, the others would produce enough revenue to make the whole enterprise profitable." (Prindle, 1993, S. 19).*

Diese B-Filme abseits der Starproduktionen müssen möglichst billig, möglichst schnell und möglichst zahlreich produziert und ihre Produktionskosten so niedrig wie möglich gehalten werden. Bei minimalem Einsatz der Mittel (Geld, Ausstattung) sollen Gewinne erzielt werden. Die Qualität der Filme ist dabei gerade so, dass es ausreicht, den Film noch zu verkaufen. Kosten können unter anderem bei den Gagen für Schauspieler gespart werden. Deshalb werden natürlich keine Stars eingesetzt, da diese viel zu teuer sind. Die Produzenten können auf eine riesige Masse an Darstellern zurückgreifen. In Hollywood gibt es mehr Schauspieler als Angehörige anderer (Film-)Berufe:

> *„The membership of the Hollywood branch of the Screen Actors Guild* (die Amerikanische Schauspielergewerkschaft) *is more than 35,000 – twice the number in the Writers, Directors, and Producers put together." (Prindle, 1993, S. 56).*

Bei den meisten dieser Schauspieler zählt nicht der Name und nicht die einzelne Persönlichkeit, sie sind in ihren dargestellten Charakteren austauschbar. Es zählt allein, dass sie immer und in ausreichender Menge zur Verfügung stehen.

Warum sind die Stars aus der 2. Reihe nicht so bekannt wie ihre Kollegen aus der 1. Reihe? Warum sagt Danae Clark „The character actors and screen extras, who occupy the lower strata of the hierarchy and comprise the majority of the acting profession, receive less attention than their luminous colleagues." (Clark, 1995, S. 5)? Um diese Frage zu beantworten, ziehe ich den aus dem Marketing bekannten Vergleich zwischen der Präferenzstrategie und der Preis-Mengen-Strategie. Während die eine auf Qualität zielt, geht es bei der anderen darum, möglichst viel möglichst billig zu produzieren. Ich untersuche, ob sich dieser Vergleich auf Filmschauspieler anwenden lässt: Im Gegensatz zu den Stars der 1. Reihe werden die Stars der 2. Reihe mittels der Preis-Mengen-Strategie vermarktet.

Danksagung

An dieser Stelle möchte ich mich bei all jenen bedanken, die mir engagiert und unermüdlich dabei halfen, Literatur ausfindig zu machen, und ohne deren Hilfe dieser Beitrag nicht zustande gekommen wäre: bei dem freundlichen Kollegen aus der Bibliothek für Visuelle Medien an der Universität der Künste Berlin und vor allem bei Kirsten Lehmann und Lydia Wiehring von Wendrin sowie ihren Kolleginnen aus der Bibliothek der Hochschule für Film und Fernsehen in Potsdam-Babelsberg.

Übrigens reflektiert die Filmliteratur im Grunde genau die Trennung zwischen den „guten", berühmten Filmen und den „schlechten", billigen, weniger bekannten. Es gibt unzählige Bücher über fast alle Stars, sowohl Schauspielstars als auch Star-Regisseure, und es gibt nur sehr wenige Bücher über die weniger bekannten Filmkünstler.

2. Die Schauspieler aus der 2. Reihe

Die Stars aus der 2. Reihe spielen Nebenrollen sowohl in teuren als auch in billigen Produktionen, Hauptrollen in B-Filmen und Haupt- und Nebenrollen in TV-Serien. Kleindarsteller zähle ich auch zu ihnen. Außerdem verdienen viele Schauspieler ihr Geld mit Auftritten in Werbespots und Werbefilmen. Clark charakterisiert sie folgendermaßen:

> *„most of these performers remain nameless, receiving no acknowledgment of their work in the film credits. Their history in the acting profession is a fragmented, discontinous (and often anonymous) narrative that leads nowhere." (Clark, 1995, S. 113).*

2.1 Nebendarsteller

Nebendarsteller verkörpern neben den Hauptdarstellern (in teuren und in B-Produktionen) „alle Rollen, die vom Drehbuch erfordert sind und die ganz unterschiedliches Gewicht haben können." (Rother, 1997, S. 210). Im Amerikanischen werden sie wesentlich aussagekräftiger und treffender „supporting actors", also „unterstützende Darsteller" genannt; Nebendarsteller klingt ja ein wenig abwertend. Sie unterstützen die Handlung und die/den Hauptdarsteller.
Kaum ein Zuschauer kennt sie:

> *„Gerade in der Geschichte Hollywoods sind die Namen derjenigen Legion, die nie den ganz großen Durchbruch schafften, aber in Hunderten von Filmen wichtige Rollen spielten." (epd Film 5/99, S. 21).*

Mit ein wenig Glück werden einige von ihnen bei der Oscarverleihung in der Kategorie „Bester Nebendarsteller" erwähnt. Wer den Preis gewinnt, steht für kurze Zeit im gleichen Rampenlicht wie die Stars. Manchmal haben die Zuschauer dann den Fernseher aber schon wieder ausgeschaltet – interessanter ist, wer den Oscar für die beste Hauptrolle bekommen hat, und das sind eben die Stars.

Eine weitere Bezeichnung für Nebendarsteller ist „Charakterdarsteller/Character Actor", um herauszustellen, dass sie unterschiedlichste Charaktere verkörpern können, „während ein Star häufig nur Varianten einer einzigen Figur (Persona) abliefern kann." (Monaco, 2000, S. 34). Laut Clark wurden die Nebendarsteller nicht als Persönlichkeiten wie die Stars, sondern als Darsteller im Wortsinne gesehen. Dafür stehen die englischen Wörter „personality" und „impersonality" (impersonator = Darsteller):

> *„Supporting actors, in other words, were valued more for the labor they performed; they were viewed as ‚impersonators' (actors possessing impersonatory skills) rather than as ‚personalities'."*

Es wird also eher die handwerkliche als die künstlerische Seite des Berufs betont. Dass kaum ein Zuschauer ihre Namen kennt, ist nicht überraschend, denn die „studios spent less time and energy selling the images of character actors to the public." (Clark, 1995, S. 26).

Häufig sind Nebendarsteller auf Rollen-Typen festgelegt, sie spielen „mit nur geringer Variation vergleichbare Charaktere in Filmen verschiedener Regisseure" (Rother, 1997, S. 211). Für diese Art der Besetzung von Rollen gibt es den Begriff „Typecasting", auf den ich in Kapitel 4.2.2.2 eingehe.

2.2 Hauptdarsteller in B-Filmen

Auch in den schnell gedrehten, billigen Filmen gibt es Hauptrollen, die aus Kostengründen nicht mit Stars besetzt werden können. B-Filme bringen ihre eigenen Stars hervor, deren Namen oft nur eingefleischte Fangemeinden kennen. Dem breiten Publikum sind sie nicht bekannt, denn sie haben „zwar überwiegend Hauptrollen gespielt ..., nie aber den ganz großen Durchbruch" geschafft (Arnold/von Berg, 1985, S. 9).

Manche dieser B-Film-Darsteller schaffen den Absprung in die 1. Reihe: John Wayne zum Beispiel begann seine Karriere als Darsteller in B-Western. Rita Hayworth, Robert Mitchum und Humphrey Bogart spielten in B-Filmen, bevor sie zu Stars wurden. Es ist diese Hoffnung, zum großen Star aufzusteigen, die immer wieder so viele junge Menschen nach Hollywood gehen lässt, um Schauspieler zu werden.

2.3 Darsteller in Serien

Das sind die Schauspieler, die in den unzähligen TV- oder Video-Serien mitspielen. Manche von ihnen können zu unseren ganz persönlichen Stars werden oder zu Stars einer Fangemeinde, etwa die Schauspieler von Science-Fiction-Serien wie *Star Trek*. Unter Umständen kennen die Zuschauer dann aber die Figur, die sie verkörpern, besser als ihre Namen.

Die Arbeit als Serienschauspieler ist sehr hart: Täglich werden viele Szenen in hohem Tempo gedreht. Manche Serien laufen über zehn Jahre und länger, wie zum Beispiel *Gunsmoke* (*Rauchende Colts*), die von 1955 bis 1975 produziert wurde. Das bedeutet für die Schauspieler, jahrelang die gleiche Rolle zu spielen, ohne viele Möglichkeiten, sich künstlerisch zu entwickeln. Hinzu kommt, dass die Hauptdarsteller erfolgreicher Serien vom Publikum manchmal so mit ihren Figuren identifiziert werden, dass die Zuschauer sie in anderen Rollen gar nicht sehen wollen. Kann sich jemand Don Johnson in einer anderen Rolle als dem Action-Helden aus der Serie *Miami Vice* vorstellen? Der Schauspieler ist damit in einer künstlerischen Sackgasse. Häufig bleibt ihm nichts anderes übrig, als weiterhin ähnliche Serienrollen zu spielen.

Wie für B-Film-Darsteller gilt auch für Serien-Schauspieler, dass mancher spätere Star hier seine Karriere begonnen hat: Sharon Stone zum Beispiel spielte eine ihrer ersten Rollen in einer Episode der Detektivserie *Mike Hammer* in den frühen 80er Jahren.

2.4 Kleindarsteller

Kleindarsteller, auch Komparsen, im Amerikanischen „extras" oder „screen extras", spielen kleine, kleinste Rollen, „meist ohne Dialog, vor allem in Massenszenen" (Rother, 1997, S. 176). Sie sind in Polizei-Serien in Uniform mit am Tatort, spielen Theater-Gäste, Fußgänger und Touristen auf Flughäfen. Unter den Schauspielern bilden sie die größte Gruppe: „sometimes estimated as high as 90 percent of the acting profession." (Clark, 1995, S. 19). Schon 1933 waren im Central Casting Bureau in Hollywood offiziell 18.000 Kleindarsteller registriert (vgl. Clark, 1995, S. 48).

Komparsen brauchen aus Sicht der Filmproduzenten noch nicht einmal Talent, da sie oft lediglich eingesetzt werden, um Szenen mehr Atmosphäre zu verleihen:

> *„... extras were used in films predominantly as objects to dot a landscape (hence the term ‚atmosphere players'), and their filmic presence required little or no skill." (Clark, 1995, S. 26).*

Ihre Namen kennt niemand, kein Filmlexikon erwähnt sie, bestenfalls tauchen sie am Ende der langen Abspänne großer Filme auf. Aber auch hier hat mancher Star angefangen: „Und wer gut aufpasst, kann unter dem Gerichtssaal-Publikum Bruce Willis entdecken, der damals noch als Komparse seinen Lebensunterhalt verdiente", im Film *The Verdict* von 1982 (*Süddeutsche Zeitung*, 2./3.12.00).

3. Vermarktungsstrategien und Marktmechanismen

Nicht nur für die Stars, sondern für alle Schauspieler gilt: Sie sind eine Ware, die verkauft werden muss, um Gewinn zu erzielen: „From a capitalist perspective, stars are a means (a commodity) to an end (the reproduction of capital)." (Clark, 1995, S. 4). Sie sind Bestandteil des Produkts Film. Ohne Schauspieler käme kein Film zustande, genauso wenig wie ohne Regisseur, Kameramann und Techniker. Aber Schauspieler sind der am besten sichtbare Bestandteil und derjenige, mit dem die Zuschauer normalerweise einen Film identifizieren: „Actors held the dubious distinction of being the only production workers who were visibly present in the industry's products." (Clark, 1995, S. 26). Um die Schauspieler als Marken zu betrachten, ziehe ich den aus dem Marketing bekannten Vergleich zwischen Präferenz- und Preis-Mengen-Strategie.

Mit dem Begriff Marketing werden alle Handlungen eines Unternehmens bezeichnet, die auf den Markt gerichtet sind. Marketing bedeutet die Verwirklichung der Unternehmensziele unter Berücksichtigung der Wünsche und Bedürfnisse der Verbraucher. (Siehe hierzu den Beitrag *Einführung in Marketing und Markenführung*).

Ein Unternehmen hat zur Vermarktung seiner Produkte verschiedene Möglichkeiten. Becker unterscheidet vier Arten von Marketingstrategien: Marktfeldstrategien, Marktstimulierungsstrategien, Marktparzellierungsstrategien und Marktarealstrategien (vgl. Becker, 1998, S. 147). Die Präferenz- und die Preis-Mengen-Strategie sind Marktstimulierungsstrategien, welche die „Art und Weise der Marktbeeinflussung und -steuerung (Stimulierung)" festlegen (Becker, 1998, S. 179).

Zur Beeinflussung des Marktes gibt es zwei Mechanismen: den Qualitätswettbewerb und den Preiswettbewerb. Beim Preiswettbewerb wird der Markt mit dem Preis gelenkt:

> *„Der klassische Preiswettbewerb vertraut auf die (alleinige) Wirksamkeit eines möglichst niedrigen Preises als Lenkungsmittel." (Becker, 1998, S. 180).*

Der Qualitätswettbewerb wird mit nicht-preislichen Mitteln geführt. Zum Beispiel haben die Produkte eine besonders hohe Qualität, eine spezielle Ausstattung oder ein besonderes Image. Daher wird die Präferenzstrategie auch als Hochpreis- oder Markenartikelkonzept bezeichnet, die Preis-Mengen-Strategie als Niedrigpreis- oder Discountkonzept.

Die meisten Märkte lassen sich in drei Marktschichten unterteilen: den unteren Markt, den mittleren und den oberen Markt. Im unteren Markt werden Produkte im Preiswettbewerb vermarktet, im mittleren und oberen Markt führen die Produkte den Qualitätswettbewerb. Das ist vergleichbar mit einer Pyramide – die Basis bilden einfache Produkte, die billig und schnell produziert werden, die Spitze Markenartikel, deren Herstellung aufwendiger ist.

3.1 Die Präferenzstrategie

Mit der Präferenzstrategie werden Produkte von hoher Qualität vermarktet, die neben „Basisleistungen auch Zusatzleistungen (Zusatznutzen)" (Becker, 1998, S. 180) für den Verbraucher bieten . So vermarktete Produkte müssen einen „nutzenspezifischen, möglichst innovativen Leistungsvorteil" (Becker, 1998, S. 207) haben. Dieser Vorteil muss einzigartig sein im Vergleich zu einem Produkt der gleichen Produktgruppe. Beispiele sind höhere Leistung bei technischen Geräten, höhere Waschkraft durch spezielle Inhaltsstoffe bei einem Waschmittel, spezielle Rezeptur für eine Schokolade, besondere Ausstattung bei Autos oder ein besonderes Image. Außerdem sollte das Produkt attraktiv und hochwertig verpackt sein. Kaufentscheidend für den Verbraucher sind die Eigenschaften des Produktes, nicht sein Preis.

Hierzu müssen beim Verbraucher qualitative Präferenzen, das heißt Vorzugsstellungen vor anderen Produkten, aufgebaut werden. Der Erfolg einer Präferenzstrategie ist davon abhängig, „ob es gelingt, den Kunden Produkte (Leistungen) zu bieten, die sie überdurchschnittlich (überragend) einschätzen und damit bewirken, dass Kunden diese Angebote anderen konkurrierenden Leistungen gegenüber bevorzugen (präferieren)." (Becker, 1998, S. 207). Dazu muss das Produkt sehr gut den Bedürfnissen der Abnehmer entsprechen. Präferenzen bilden sich nicht nur aufgrund objektiver Produkteigenschaften, sondern sind „in hohem Maße auch von subjektiven Vorstellungen des Verbrauchers" abhängig (Becker, 1998, S. 183).

Produkte, die eine solche Vorzugsstellung haben, sind laut Becker Marken. Deshalb wird die Präferenzstrategie auch als Markenstrategie oder Markenartikelkonzept bezeichnet. Zielgruppe sind Markenkäufer, die bereit sind, einen hohen Preis für das Produkt zu bezahlen:

„Die Verbraucher wissen und akzeptieren, ... dass Markenware (Markenartikel) verglichen mit Nicht-Markenartikeln einen höheren, zum Teil deutlich höheren Preis haben." (Becker, 1998, S. 185).

Hersteller und Handel haben daher große Preisspielräume. Sie können den Preis unter Umständen erhöhen, aber auch Sonderpreisaktionen durchführen.

Um die angestrebte hohe Qualität der Produkte zu erreichen und zu halten, muss im Unternehmen ein umfassendes Qualitätsmanagement betrieben werden. Alle Bereiche des Unternehmens müssen ein starkes Qualitätsbewusstsein entwickeln. Kunden erwarten von einem Markenartikel immer Spitzenqualität. Außerdem muss bei den Kunden langfristig ein Markenimage aufgebaut werden. (Siehe hierzu den Beitrag *Wenn Persönlichkeiten wirken: das Image*). Hier zeigen sich die Nachteile der Präferenzstrategie: es sind hohe Investitionen in Herstellung und Vertrieb notwendig, und der Hersteller muss ein hohes Know-how im Marketing haben. Er muss genau wissen, wie und wann er welche Instrumente des Marketinginstrumentariums einsetzt.

3.2 Die Preis-Mengen-Strategie

Bei der Preis-Mengen-Strategie wird auf den konsequenten Aufbau von Leistungsvorteilen und Präferenzen verzichtet. An die Stelle des Leistungsvorteils, mit dem die Präferenzstrategie operiert, tritt bei der Preis-Mengen-Strategie der Preisvorteil. Die Produkte stehen in einem aggressiven Preiswettbewerb. Der Preis für das Produkt muss so niedrig wie möglich gehalten werden. Der Konsument wird nicht über objektive oder subjektive (Qualitäts-)Vorteile an das Produkt gebunden, sondern allein über den Preis – er ist das kaufentscheidende Kriterium. Die Zielgruppe dieser Strategie sind sogenannte Preiskäufer, „das sind absolut preisbewusste Käufer, die sich jeweils für das billige bzw. billigste Produkt einer Warengruppe entscheiden" (Becker, 1998, S. 215).

Billig bedeutet aber nicht zwingend, dass das Produkt von schlechter Qualität ist. Es ist von durchschnittlicher Qualität, es weist „niedrige(re) Qualität im Sinne von (Mindest-)Standardqualität" (Becker, 1998, S. 215) auf. Die Qualität muss genauso durchschnittlich gehalten werden, wie es gerade noch ausreicht, dass das Produkt gekauft wird. Wenn die Qualität eines Produktes dauerhaft zu niedrig ist, findet sich kein Käufer. Das Produkt ist einfach verpackt, ohne Umverpackung, es dominiert die Zweckmäßigkeit.

Produkte, die so vertrieben werden, sind vor allem Waren des täglichen Bedarfs: Grundnahrungsmittel wie Salz, Mehl, Zucker, Brot, Käse, Wurst, außerdem einfache Kosmetika wie Duschbad und Haarshampoo, Wasch- und Spülmittel und Toilettenpapier. Es sind Produkte mit Basisleistungen, die einen Grundnutzen bieten. Je niedriger der Preis für diese Produkte ist, umso eher wird der Kunde sie kaufen. Im Handel werden solche Produkte entweder zu niedrigen (Preis-Mengen-Strategie) oder auch zu hohen und sehr hohen Preisen (Präferenzstrategie) angeboten. Ein Beispiel: Butter gibt es in jedem Supermarkt für ca. 90 Cent zu kaufen, und es gibt Premiumbuttermarken, die zu einem höheren Preis angeboten werden. Denn „in jedem Markt besteht Platz für bzw. Nachfrage nach der preiswerten Alternative, oder anders ausgedrückt: in grundsätzlich jedem Markt gibt es nicht nur präferenzstrategische

Optionen, sondern auch Wahlmöglichkeiten für preis-mengen-strategisches Agieren" (Becker, 1998, S. 215).

Beim Verkauf der Produkte wird kein großer Aufwand betrieben. Weil sie zum täglichen Bedarf gehören, sind viele von ihnen nicht erklärungsbedürftig. Es sind „‚Schnelldreher' mit geringen Marketing-, Lager- und Handlingkosten." (Becker, 1998, S. 223). Die Produkte werden kaum oder gar nicht beworben, und wenn, dann nur am Verkaufsort selbst (beispielsweise durch Lautsprechereinspielungen) oder in Angebotsbroschüren der Handelskette, die am Verkaufsort ausliegen und via Postwurfsendung verteilt werden. Oft liegt die Ware aber einfach im Regal, ohne spezielle Hinweise wie Aufsteller oder Plakate. Sie wird schlicht unter ihrem Produktnamen verkauft – Salz als Salz, Mehl als Mehl. Nicht unter dem Namen einer bestimmten Marke, wie „Bad Reichenhaller Knoblauch Jod-Salz" oder „Dr. Oetkers Cremepudding". Zum Verkauf der Produkte sind daher nur geringe Kenntnisse im Marketing notwendig.

Obwohl die Produkte unter keinem speziellen Markennamen angeboten werden, wird bei ihnen nicht auf jegliche Markierung verzichtet, im Sinn des Hinweises auf die Zugehörigkeit zu einer Gruppe. Klassisch eingesetzt wird die Preis-Mengen-Strategie beim Vertrieb von Handelsmarken. Eine Herstellermarke wird vom Produzenten mit seiner Hersteller-Markierung versehen („Dr. Oetkers", „Müller-Milch", „Ferrero-Küsschen", „Zewa-Softies"). Herstellermarken werden mittels der Präferenzstrategie vermarktet. Handelsmarken werden von beliebigen Herstellern produziert und erst vom Händler mit seiner speziellen Händler-Markierung versehen. Beispiele für Handelsmarken sind die „Hausmarken" von Supermarktketten wie Tengelmann („Master Product", „A+P"), Rewe („ja!") und Schlecker („AS"). Der Name des Herstellers spielt dabei keine Rolle. Der Handel kann sich damit dem Kunden gegenüber als eigenständiger Anbieter profilieren.

Für die Industrie stellen Handelsmarken wiederum „die Möglichkeit dar, freie Produktionskapazitäten ... auszulasten, ohne selbst die Vermarktung ... übernehmen zu müssen." (Becker, 1998, S. 221). Mittlerweile gibt es Unternehmen, „die hauptsächlich oder ausschließlich Handelsmarken produzieren und damit bewusst eine (offene) Preis-Mengen-Strategie betreiben." (Becker, 1998, S. 221).

Die Verkaufspreise für preis-mengen-strategisch vermarktete Produkte müssen dauerhaft niedrig sein. Der Hersteller muss daher sehr große Mengen dieser Waren produzieren und die Kosten von Herstellung und Vertrieb so gering wie möglich halten, um langfristig rentabel zu arbeiten und die Existenz seines Unternehmens zu sichern. Da die Produkte aber keine besonderen Merkmale aufweisen (durchschnittliche Qualität), können sie auch kostengünstig, das heißt in Massenproduktion, produziert werden. Weitere Kostenersparnis wird dadurch erreicht, dass Überkapazitäten der Hersteller ausgeschöpft werden. Die Erfolgschancen des preis-mengen-strategischen Konzepts liegen in der „konsequente(n) Nutzung von Kostenvorteilen" (Becker, 1998, S. 233). Bei kostengünstiger Massenproduktion bestehen dann auch Ertragschancen.

Trotzdem sind die Gewinn-Margen kleiner als bei präferenzstrategisch vermarkteten Produkten. Ziel bei der Vermarktung mit der Preis-Mengen-Strategie sind hohe Umsätze. In erster Linie sollen Marktanteile geschaffen werden. Im Gegensatz zur Präferenzstrategie, bei der die Erzielung eines Gewinnes im Vordergrund steht. Langfristig muss ein preis-mengen-strategisch agierendes Unternehmen natürlich trotzdem Gewinne machen, um seine Existenz nicht zu gefährden.

Dieser Preis- und Kostendruck ist ein Nachteil, weil preis-mengen-strategisch angebotene Produkte im ständigen Preiswettbewerb mit Konkurrenzprodukten stehen. Geht ein Konkurrent mit dem Preis herunter, muss der andere nachziehen, sonst kann er sein Produkt kaum noch absetzen. Es besteht sogar die Gefahr, bis zur Preisuntergrenze und darunter anbieten zu müssen, was nicht rentabel ist und damit ein Existenzrisiko für das Unternehmen darstellt. Durch den ständigen Preisdruck können keine dauerhaften Präferenzen beim Konsumenten aufgebaut werden, das Produkt entspricht immer nur durchschnittlich den Bedürfnissen der Kunden. Zum Aufbau von Leistungsvorteilen gegenüber anderen Produkten ist keine Zeit, denn wenn das Konkurrenzprodukt billiger wird, muss der Anbieter sofort nachziehen, um wettbewerbsfähig zu bleiben.

3.3 Die Vermarktungsstrategien im Vergleich

Präferenzstrategie	Preis-Mengen-Strategie
Produkte stehen im Qualitätswettbewerb	Produkte stehen im Preiswettbewerb
Hochpreis-Konzept durch Aufbau von Präferenzen möglich	Niedrig-Preis-Konzept, auf den Aufbau echter Präferenzen wird verzichtet
Qualität vor Quantität	Quantität vor Qualität
Kundenbindung erfolgt durch ein klares Markenimage	Kundenbindung erfolgt über eine aggressive Preispolitik
Marketingmix:	
überdurchschnittliche Produktqualität attraktive Verpackung starke Werbung, starker persönlicher Verkauf	durchschnittliche Produktqualität rationelle Verpackung kaum Werbung, primär Verkaufsförderung
Vorteil:	
Aufbau einer eigenständigen Marktposition möglich, mittel- und langfristig hohe Ertragschancen (Gewinn vor Umsatz)	es müssen keine Mittel für aufwendige Media-Werbung eingesetzt werden, bei kostenoptimaler Fertigungsstruktur bestehen Ertragschancen (Umsatz vor Gewinn)
Nachteil:	
hoher Einsatz von Mitteln (monetäre, Personal) notwendig, vor allem für innovative Produktentwicklung, hohes Management- und Marketing-Know-how erforderlich	Gefahr, durch den Konkurrenzdruck allmählich bis zur Preisuntergrenze oder noch darunter anbieten zu müssen, hohes Existenzrisiko

Abbildung 1: Vergleich der Präferenzstrategie mit der Preis-Mengen-Strategie (vgl. Becker. 1998, S. 231 – 232)

3.4 Anwendung in der Filmindustrie

Den oberen und mittleren Markt, also den Markt, der mittels der Präferenzstrategie bearbeitet wird, besetzen die Filme mit weltbekannten Stars. Diese Filme befriedigen das Bedürfnis der Zuschauer nach großen bekannten Stars (vielleicht auch nach dem Lieblingsstar), nach Unterhaltung und teurer Ausstattung. Den schlichten Wunsch nach Ablenkung durch Unterhaltung befriedigen die Filme, die den unteren Markt einnehmen – all die Billigproduktionen, die häufig nur für Fernsehen und Video hergestellt werden.

Für die Produktion von Filmen mit Starbesetzung bedeutet die Präferenzstrategie, dass nicht nur der oder die Stars selbst für Qualität stehen, sondern vom Drehbuch bis zum fertigen Film muss eine hohe Qualität eingehalten werden. Studiodekorationen sollten möglichst lebensecht wirken, die Kostüme werden beispielsweise von bekannten Modemachern entworfen, Spezialeffekte und Sound müssen sorgfältig und aufwendig produziert sein. Bekannte Regisseure stehen für den Zuschauer für Qualität und bieten den Filmproduzenten mehr Erfolgsgarantie.

Bevor ein Film mit Stars in die Kinos kommt, wird er ausführlich beworben – mit TV- und Kino-Werbung, Plakaten, Anzeigen. Die Stars treten, meist im Rahmen von Filmfestivals und Premieren, persönlich auf (Pressekonferenzen, Talkshows). Der finanzielle Erfolg eines großen Films mit Starbesetzung ist auch davon abhängig, dass dieser Film international, wenn möglich weltweit verliehen wird. Deshalb muss er auch weltweit beworben werden. Hinzu kommt der Aufwand für Merchandising, das ist die Vermarktung von filmfremden Produkten, beispielsweise T-Shirts, Spielfiguren etc., mit Motiven des Films; das betrifft vor allem Fantasy-Filme wie *Jurrassic Park* und die *Stars Wars*-Filme.

Die Stars der 1. Reihe werden mit der Präferenzstrategie vermarktet. Ihr Name ist ihr Markenname. Bei den Stars der 2. Reihe ist nicht der Name des einzelnen Schauspielers relevant, sondern dass diese Darsteller immer vorhanden sind, immer verfügbar für Film- und Serien-Produktionen. Ist ein Schauspieler nicht frei, kann sofort ein anderer einspringen. Deshalb werden die Stars der 2. Reihe mit der Preis-Mengen-Strategie vermarktet.

4. Vermarktung nach der Preis-Mengen-Strategie

Die Produktion von Filmen ist in erster Linie von ökonomischen Belangen bestimmt. Nur, wenn ein Film wirtschaftlich hergestellt und verliehen wird, also wenn er seine Produktionskosten wieder einspielt und möglichst Gewinn abwirft, kann ein Produzent langfristig überleben; künstlerische Ansprüche sind dabei zweitrangig:

> *„the American movie has evolved not purely as art or communication, but as a commodity which is produced, distributed, and exhibited under market conditions that inevitably influence the kinds of films made, who makes them, and how they are distributed to the public. Film must be viewed in light of this tension between products and profits." (Wasko, 1982, S. xix).*

4.1 Preis

Produkte, die nach der Präferenz- oder der Preis-Mengen-Strategie vermarktet werden, unterscheiden sich für den Verbraucher vor allem im Preis: relativ hohe Preise bei der Präferenzstrategie und möglichst niedrige Preise bei der Preis-Mengen-Strategie. Der Zuschauer kann einen Schauspieler natürlich nicht direkt „kaufen", sondern er zahlt immer für den Film, in dem der Schauspieler mitspielt. Es ist nicht möglich, die Eigenschaften der Vermarktungsstrategien an den Schauspielern allein festzumachen. Die Darsteller müssen immer im Kontext der Filmproduktionen gesehen werden. Daher ist es notwendig, den Preis eines Films generell zu betrachten. Wie bei allen Produkten bildet sich auch bei Filmen der Preis am Markt zwischen Hersteller, Handel und Verbraucher. Die von den Produzenten hergestellten Filme werden über Filmhändler und Verleihe in die Kinos, Videotheken und ins Fernsehen gebracht. Der Zuschauer schließlich konsumiert die Ware.
Um einen möglichst hohen Gewinn pro Film zu erzielen, muss der Umsatz gesteigert, der Film also möglichst oft verwertet werden. Dabei hat sich eine Kette gebildet, die auf ähnliche Weise jeder Film durchläuft:

- Erscheinen im Kino (Ausnahme bilden viele B-Filme)
- Erscheinen als Leih-Video beziehungsweise Leih-DVD
- nahezu gleichzeitiges Erscheinen im Pay-TV (Pay-per-View)
- Erscheinen als Kauf-Video bzw. Kauf-DVD
- Erscheinen im werbefinanzierten Fernsehen
- (speziell für Deutschland) Erscheinen im öffentlich-rechtlichen Fernsehen

Selbstverständlich gibt es auch Ausnahmen: Zum Beispiel laufen viele europäische Produktionen sehr schnell im öffentlich-rechtlichen Fernsehen, da die Sender Co-Produzenten sind, aber für die „Blockbuster" trifft es so zu.

Im Idealfall bezahlt der Zuschauer für den gleichen Film an der Kinokasse, in der Videothek oder im Pay-TV, für die Kaufkassette/DVD und letztlich im TV über die Fernsehgebühren beziehungsweise Werbegelder. Dabei geht es der Filmindustrie darum, die Kaufkraft der Zuschauer möglichst optimal abzuschöpfen. Ein Film, der in den Premierenkinos ein paar Wochen gelaufen ist, kann anschließend noch in kleineren Sälen gezeigt werden. Erst wenn die Zuschauerzahlen in den großen, gut ausgestatteten und damit teuren Kinos deutlich nachlassen, wird er in die nächste Verwertungsstufe, in kleinere und billigere Kinos oder in den Videoverleih gegeben. Wie sehr die Filmkonzerne an einer von ihnen gesteuerten Verwertung interessiert sind, zeigt der Regionalcode auf DVDs, eine technische Sperre, die verhindern soll, dass eine in den USA bereits erhältliche DVD auch in Europa abgespielt werden kann.

Der Preis für die Kinokarte, die Leihgebühr für das Video usw. bestimmt sich je nach gewählter Marketingstrategie. Der Zuschauer bezahlt relativ hohe Preise für Filme, die mittels der Präferenzstrategie mit einem erheblichen Werbeaufwand vermarktet werden. Für das „Erlebnis Kino" in den großen Multiplexhäusern und die dort gebotene Premiumqualität bei der Vorführung muss er tiefer in die Tasche greifen.

Um neben den gewinnträchtigen A-Filmen auch die zur Auslastung und Risikominimierung produzierten B-Filme mitzuverkaufen, hat sich die Praxis des „Blockbuchens" etabliert: Will ein Filmhändler oder ein Kinobetreiber einen Film mit Staraufgebot erwerben, muss er gleichzeitig „im Paket" viele zweitrangige Produktionen mit abnehmen:

> *„A major distributor poised to supply a film everyone expects to be a hit will offer it only to those exhibitors who agree to also take a group of less desirable movies; this practice is called block booking." (Prindle, 1993, S. 20).*

Üblich ist außerdem, dass diese Filme vor dem Kauf nicht angeschaut werden können, das nennt sich „blind bidding". Diese Praxis setzt sich fort: Der Filmhändler gibt seine Ware in gleicher Form an den Verleih oder die Fernsehsender weiter. Ihm entstehen dabei für die B-Filme keine zusätzlichen Werbekosten, da er sie nur im Paket mit dem teuren A-Film weiterverkauft. Blockbuchen bedeutet also, dass mehrere billige Produktionen zu einem geringen Preis – da sie quasi „mitgekauft" werden müssen – verkauft werden. Die B-Filme werden also mit der Preis-Mengen-Strategie vermarktet.

In Kinos tauchen B-Filme heute weniger auf, sie werden meist direkt für den TV- und Videomarkt (und dessen Zielgruppen) produziert. (Bis in die 60er Jahre wurden B-Filme in kleinen Vorstadt- und in Auto-Kinos in den sogenannten „double features" (Doppelvorstellungen) gezeigt. In einer Vorstellung wurden zwei Filme angeboten, entweder ein Starfilm und ein B-Film oder zwei B-Filme. Der Zuschauer konnte sich für einen Eintrittspreis zwei Filme anschauen). Videofilme liegen einfach im Regal der Videothek und werden in der Regel auch dort nicht weiter beworben. Im Fernsehen werden die Filme dann nur noch abgespielt, weil sie durch den Erwerb der imageträchtigen A-Filme im „Blockbuchen" bereits bezahlt sind. Es wird auch hier kein weiterer Vermarktungsaufwand betrieben. Die werbefinanzierten Sender müssen nur noch Werbekunden akquirieren. Für bestimmte Produkte ist dabei von Vorteil, dass B-Filme häufig auch ganz bestimmte Zielgruppen ansprechen (siehe Kapitel 4.3.1, Genre-Filme).

4.2 Kosten

Um Filme preiswert zu machen, ist es notwendig, sie so billig wie möglich herzustellen und zu vertreiben, das heißt, die Produktions- und Distributionskosten müssen so gering wie möglich gehalten werden. Einer der Unterschiede zwischen Präferenzstrategie und Preis-Mengen-Strategie ist die Art und Weise, in der die Waren hergestellt werden. Auf der einen Seite werden Star-Filme aufwendig und teuer produziert, auf der anderen Seite gibt es die Massenproduktion von billigen Filmen mit der Notwendigkeit, die Herstellungskosten so weit wie möglich zu senken, dabei aber die Qualität immer auf einem Level zu halten, wie es ausreicht, den Film noch zu verkaufen.

Verantwortlich für die Kosten einer Filmproduktion ist der Produzent, übergeordnet allen anderen Entscheidungsträgern. Kosten können nicht nur bei den Schauspielern gespart werden; daher beschreibe ich zunächst generell, wo beim Film Möglichkeiten liegen, die Kosten niedrig zu halten.

4.2.1 Kosten beim Film

„The $ 90,000 it cost to make all of Space Master X-7 – all of it – wouldn't buy a four-minute sequence of ‚Star Wars" or ‚Raiders of the lost Ark"." (Weaver, 1988, S. 64)

4.2.1.1 Low-Budget/A- und B-Filme

In Hollywood werden Filme generell in zwei Kategorien eingeteilt, in „A"- und „B"-Titel (auch „A"- und „B-Movies" oder „-Pictures"). Sie unterscheiden sich vor allem hinsichtlich ihres Budgets. Diese Kategorisierung entstand schon während der Studioära in den 30er Jahren, als es üblich war, Filme in „double features" (Doppelvorstellungen) zu zeigen. Der A-Film war dabei „der mit größerem Produktionsbudget realisierte Qualitätsfilm", der im Programm als zweiter eingesetzte B-Film „der kürzere und billiger hergestellte Film" (Rother, 1997, S. 21 und 38).

A-Filme haben etablierte Stars, die als Kassenmagneten wirken und werden meist weltweit verliehen. B-Filme werden mit kleinerem Budget (daher auch der Begriff „Low-Budget-Produktion"/„Low-Budget-Film") produziert, die Darsteller sind weniger oder nicht bekannt, sie kosten weniger Honorar als bekannte Stars. Außerdem sind „Beschränkungen in Ausstattung und Ausführung ... für Low-Budget-Produktionen unvermeidlich." (Rother, 1997, S. 190). Sie werden für die Verwertung im Kino höchstens landesweit vertrieben oder nur für TV und Video produziert. A-Titel werden stärker beworben als B-Titel (vgl. Daniels, 1998, S. 88/89).

Für B-Filme gilt ganz besonders: Sie werden nur produziert, weil dazu eine rein wirtschaftliche Notwendigkeit besteht. Wie bei den Handelsmarken, die entstanden, weil Hersteller ihre Überkapazitäten auslasten wollten, werden B-Movies hergestellt, weil Überkapazitäten bei den Studios genutzt werden müssen. In den 30er bis 50er Jahren hatten die großen Studios, die sogenannten „majors", spezielle Produktionsgesellschaften, die das B-Segment bedienten. Nach der Zerschlagung der „majors" in den späten 50er Jahren durch die Anti-Trust-Gesetze entstanden zunehmend unabhängige Produktionsgesellschaften, die „independents" (oder „indies"). Da die „independents" wenig Kapital hatten, spezialisierten sich viele von ihnen auf die Produktion von B-Filmen. Auch heute werden B-Filme größtenteils von unabhängigen Produktionsgesellschaften hergestellt; den Verleih übernehmen in manchen Fällen die großen Studios.

Wenn mit niedrigem Budget gedreht wird, muss der Film nicht automatisch von schlechter Qualität sein, wie umgekehrt ein hohes Budget nicht zwangsläufig zu hoher Qualität führt. Angestrebt ist bei der Produktion von B-Filmen eine durchschnittliche Qualität – der Film muss gerade so gut sein, dass er genügend Zuschauer anzieht, um seine Kosten einzuspielen. Das Publikum konsumiert solche Filme, weil es unterhalten werden möchte. Es geht nicht um besonders logische Storys, nicht um die Schauspieler, sondern um Unterhaltung, den Zeitvertreib und natürlich: die Schaffung von Werbeumfeldern, besonders im Fernsehen und beim Video.

4.2.1.2 Einsparpotenziale beim Film

Kleine Budgets werden eingehalten, indem ein Film in möglichst kurzer Zeit produziert wird und in Orten, die billiger als Hollywood sind. Produzenten können auf bereits fertiges, älteres Filmmaterial („stock footage" oder „stock shot") zurückgreifen und Dekorationen und Kostüme aus alten Produktionen wieder verwenden.

Drehzeiten

Je schneller ein Film fertig ist, desto früher kann er seine Investitionen wieder einbringen. Dabei ist nicht nur wichtig, an wie viel Tagen ein Film gedreht wird; Zeit kann ebenso im Vorfeld und in der Nachproduktion („post production" = Schnitt und Synchronisation) gespart werden. Für viele Low-Budget-Produktionen werden Drehbücher sehr schnell geschrieben und „Crew" (die technischen Angestellten beim Film) und „Cast" (die Schauspieler) schnell zusammengestellt. Nach ihrer Fertigstellung werden die Filme so schnell wie möglich auf den Markt gebracht, um die Produktionskosten in kürzester Zeit wieder einzuspielen. Bei der Produktion von B-Filmen in den 50er Jahren war es zum Beispiel üblich, einen Film innerhalb einer Woche, manchmal sogar in noch weniger Zeit, fertig zu stellen. Der B-Film-Darsteller Robert Clarke sagte in einem Interview zu dem Film *The Astounding She-Monster*:

> *„I remember that the director, Ron Ashcroft, planned to make that feature in a week 's time and I think we ended up making it in five days.* ***That*** *was the astounding part of that picture!" (Weaver, 1988, S. 81, Hervorhebung im Original).*

Die Beteiligten sind sich durchaus im Klaren, dass in so kurzen Drehzeiten meist keine besonders wertvolle Qualität entstehen kann. Eine dem Film, der Story, den Umständen angemessene Qualität ist ausreichend. Der Regisseur Lee Sholem wurde Lee „Roll'em" Sholem genannt, weil er dafür berühmt war, Drehpläne immer einzuhalten. Er antwortete auf die Frage, wie oft er eine Szene drehte, bevor sie fertig war:

> *„Normally I would get any scene within three or four takes. You* ***have*** *to. You can 't go ten, twelve, fifteen takes, waiting to get something absolutely perfect – none of the shows I made required that." (Weaver, 1988, S. 287/288, Hervorhebung im Original).*

Arbeitszeiten

Wenn Filme innerhalb von fünf Tagen gedreht werden, müssen die ganze Crew und die Schauspieler mehr als acht Stunden am Tag arbeiten. Auf die Darsteller trifft zu, was Clark die „ranks of ordinary craft workers (who fulfill the capitalist demand for efficiency)" nennt (Clark, 1995, S. 6).

Drehorte

Häufig wählen Studios und Produzenten Drehorte („locations") außerhalb von Hollywood, zum Beispiel kleinere Städte. Außerhalb Hollywoods haben die Schauspielergewerkschaften keinen Einfluss mehr auf die Gestaltung der Honorare und Löhne. Schauspieler müssen also nicht nach Tarif bezahlt werden, das ist kostengünstiger. Auch die Lebenshaltungskosten sind in kleineren Städten niedriger als in Hollywood, so dass während der Produktion weniger Geld für Verpflegung und Unterkünfte bezahlt werden muss.

Bei Serien ist es üblich, die gesamte Produktion ins Ausland zu verlegen. So ist zum Beispiel Kanada zum beliebten und wichtigen Standort für die Filmproduktion geworden: „Die Produktionskosten sind niedriger als in den USA, kanadische Städte sehen wie US-amerikanische Städte aus, was für die Optik eines Films oder einer Serie wichtig ist". Die Regierung der kanadischen Provinz British Columbia unterstützt die Filmindustrie finanziell, „um möglichst viele Firmen zu animieren, sich in Kanada niederzulassen." Berühmte Beispiele sind die Serien *Stargate* oder *Akte X*, „deren erste fünf Staffeln ausschließlich in Vancouver und Umgebung entstanden." (alle Lukas/Kern, 1999, S. 106).

„Stock footage"/„Stock shot"

„Stock footage" oder „Stock shot" bezeichnet bereits für andere Filme gedrehtes Filmmaterial, das in neuen Filmen in einem neuen Zusammenhang verwendet wird. Das kann sowohl Filmmaterial aus nicht realisierten Filmen als auch solches aus älteren Produktionen sein. Dieses Material spart die Herstellung eigener Aufnahmen und wird zum Beispiel bei aufwendigen Action-Szenen mit Stunts und Explosionen, Massenszenen oder einfach als Atmosphäre-Material für Straßenszenen eingesetzt. Filmmaterial wird quasi „recycelt".

Dekorationen und Kostüme

Zur Ausstattung von Filmen gehören Bühnenbilder, Dekorationen und Kostüme, die oft sehr teuer und aufwendig hergestellt werden. Damit sich so hohe Investitionen lohnen, reicht es nicht, Kostüme und Dekorationen in nur einem Film einzusetzen. Sie kommen nach einer Produktion in den Fundus und können für weitere Filme genutzt werden.

Einer der Gründe für die Produktion der Detektivserie *Magnum* war, dass die ehemaligen Produktionsstätten für die Krimiserie *Hawaii 5-0* nach der Einstellung der Serie leer standen und nach einer Möglichkeit gesucht wurde, sie wieder zu nutzen (vgl. Keller, 1997, S. 110).
In der Literatur werden Fälle beschrieben, in denen Schauspieler ihre Kostüme selbst zum Drehen mitbringen mussten, um überhaupt eine Rolle zu bekommen. Dies betraf vor allem Kleindarsteller oder Darsteller, die in Horror-Filmen für kurze Auftritte in den Kostümen von Monstern steckten:

> *„These two fellows were forced to build the leech costumes in order to get the job. They* ***were*** *paid money for the building of them, but the job did come ‚with costume'." (Weaver, 1988, S. 226, Hervorhebung im Original).*

Clark berichtet von einem Fall, in dem Kleindarsteller gebeten wurden, zu den Dreharbeiten Hut und Mantel zu tragen und jeweils noch einmal Hut und Mantel mitzubringen. Sie sollten die zweiten Kleidungsstücke an Puppen hängen, die zur Füllung des Hintergrundes eingesetzt wurden. Für diese zusätzliche Leistung wurde den Kleindarstellern aber nichts bezahlt. Das Studio sparte Geld, da es nur die Hälfte der Kleindarsteller bezahlen musste (vgl. Clark, 1995, S. 114).

4.2.2 Kosten bei den Schauspielern

Es gibt so viele Schauspieler in Hollywood, dass man von ihnen fast als einem „Massenprodukt" sprechen kann. Mit der Praxis des „Typecasting" wird eine Übersicht über diese Masse geschaffen (Kapitel

4.2.2.2). Außerdem betreiben die Schauspieler mit ihren häufig sehr langen Filmografien selbst eine Massenproduktion von Filmen (Kapitel 4.2.2.3). Zunächst aber gehe ich auf ein nahe liegendes Argument beim Senken der Produktions- und Distributionskosten ein, die Bezahlung der Darsteller.

4.2.2.1 Gagen/Honorare

Da die Gesamtkosten für B-Filme und Serien schon so gering wie möglich gehalten werden müssen, bleibt für die Entlohnung aller Beteiligten nicht viel Spielraum. Das gilt sowohl für die Schauspieler als auch für den Drehbuchautor, den Regisseur, den Kameramann, die Techniker und so weiter.

Wenn es darum geht, Arbeitsverträge abzuschließen, sind die Schauspieler aus der 2. Reihe im Vergleich zu ihren Star-Kollegen häufig in einer Position, die ihnen nicht viel Verhandlungsspielraum lässt. Fordert ein Darsteller zu viel Geld, kann er mühelos durch einen anderen ersetzt werden, weil es so viele Schauspieler gibt. Durch das in Hollywood praktizierte „Typecasting" (siehe Kapitel 4.2.2.2) ist die Wahl eines geeigneten neuen Darstellers für den Produzenten sehr einfach. Oder die Rolle des Darstellers wird einfach gestrichen: Äußert zum Beispiel ein Serien-Schauspieler Unzufriedenheit mit seiner Gage, kann es passieren, dass er aus der Serie „herausgeschrieben" wird, womit sein Engagement beendet ist. Außerdem müssen Schauspieler immer damit rechnen, keine weiteren Angebote mehr zu bekommen, wenn sie zu deutlich protestieren. Schon für das Hollywood der 30er Jahre beschreibt Clark:

> *„Whereas the distinguished stars could arrange contracts that guaranteed high wages and specified certain favorable working conditions, most of the industry's actors – especially screen extras – were not in a position to bargain. If they spoke out against abuses they were seldom reemployed at the same studio; and since they were never sure of continuous work, most actors kept quiet." (Clark, 1995, S. 34).*

Der Konkurrenzdruck unter den Schauspielern wächst dadurch enorm. Sie befinden sich untereinander nicht nur in einer künstlerischen, darstellerischen Konkurrenz, sondern auch noch in einer Lohnkonkurrenz. Es besteht sogar die Gefahr, dass Schauspieler für so wenig Geld arbeiten, dass es zur Existenzsicherung nicht ausreicht, und sie deshalb Nebenjobs annehmen müssen.

Natürlich gibt es gewerkschaftliche Mindestlöhne, aber die meisten Schauspieler arbeiten freiberuflich und sind nicht Mitglied der Gewerkschaft. Robert Clarke, ein B-Schauspieler in den 50er Jahren, beschrieb, wie viel Geld er verdient hat und unter welchen Bedingungen dabei gearbeitet wurde:

> *„And I got paid only $175 for the* ***whole picture****. The S.A.G.* (Screen Actors Guild, die Amerikanische Schauspielergewerkschaft) *minimum then was $175 a week; today it's $ 375 a day. We got scale – and we worked from 6:30 in the morning till eight or nine at night every day, six days straight. With overtime, I think my check was for $ 210, and no residuals, ever." (Weaver, 1988, S. 79, Hervorhebung im Original).*

Heute verdienen „Rund zwanzig Prozent der Mitglieder der Screen Actor`s Guild (SAG) ... weniger als 5.000 Dollar im Jahr" (*SZ*, 25.10.00). Das ist im Vergleich zu Serienstars wie George Clooney (*Emergency Room*) oder Heather Locklear, die für eine Folge der Serie *Melrose Place* rund 40.000 Dollar erhielt (vgl. Keller, 1996, S. 72) sehr wenig. Aber sogar die 5.000 Dollar pro Jahr waren schon ungewiss: Bisher gab es in den USA nämlich eine Regelung, dass Schauspieler aus Auftritten in Werbespots Tantiemen bekommen, wenn die Spots wiederholt werden. Diese Regelung stammte noch aus der Zeit des Live-Fernsehens. Die Betreiber des Kabelfernsehens kamen auf die Idee, die Auftritte mit einer einmaligen Gage abzugelten, und die Werbeproduzenten wollten dies gern auf das ganze Fernsehen ausdehnen. Daraufhin traten im Jahr 2000 viele Schauspieler, auch Stars der 1. Reihe, in den mit circa sechs Monaten längsten Streik in der Geschichte der Filmindustrie:

> *„Hier haben sich tatsächlich eine Reihe von Superstars – Tom Hanks, Bruce Willis, Harrison Ford und Susan Sarandon etwa – für ihre Kollegen eingesetzt, die keiner kennt, für jenen unglamourösen Teil von Hollywood, in dem es ums nackte Überleben geht.“ (SZ, 25.10.00)*

Die Schauspielergewerkschaft konnte so erreichen, dass die alte Regelung nicht nur beibehalten wird, sondern auf das Kabelfernsehen ausgedehnt wird, und die Gewerkschaft außerdem die Kontrolle über die Verwertung der Werbespots im Internet bekommt.
Kleindarsteller arbeiten unter noch schlechteren Bedingungen als ihre Kollegen: In den 30er Jahren war es in Hollywood ungeschriebenes Gesetz, die Gehälter der Kleindarsteller auf das geringste Level zu drücken, wogegen sie sich kaum wehren konnten:

> *„Extras could be paid minimal wages, and their chances of repeated use by a studio often depended upon their willingness to work below current wage standards and outside established labor guidelines.“ (Clark, 1995, S. 19)*

Da der Kostendruck in der Filmindustrie nicht abnimmt, wird sich an solchen Praktiken seit den 30er Jahren nicht viel geändert haben.

Bei der Distribution, also dem Verleih der Filme, bieten die Schauspieler aus der 2. Reihe im Gegensatz zu den Stars den Vorteil, dass sie kaum fordern können, in welchem Umfang und wie der Film beworben wird. Ein Starfilm wird normalerweise mit großem Budget vermarktet. Daher können sich die Produzenten von B-Filmen Stars sowohl wegen der hohen Gagenforderungen als auch wegen der Folgekosten für die Distribution nicht leisten. Es gibt auch hier Ausnahmen – manchmal spielen Stars in kleineren Filmen mit, die nicht als „Blockbuster“ in die Kinos kommen, sondern ohne aufwendige Werbung nur über Videotheken und/oder das Fernsehen vertrieben werden.

4.2.2.2 Typecasting

Beim „Casting“ werden die Darsteller für eine Produktion zusammengestellt. Die Produzenten können hierbei aus der riesigen Masse von Schauspielern, die sich in Hollywood um ein Engagement bemühen, auswählen. Die Wahl eines geeigneten Darstellers wird durch das „Typecasting“ erleichtert: Typecasting ist eine Systematik, nach der Schauspieler in bestimmte Gruppen eingeteilt werden. Casting bedeutet in der Übersetzung aus dem Englischen „Rollenverteilung“, Typecasting ist demnach die Besetzung einer Rolle mit einem bestimmten Typ Schauspieler. Andersherum entsprechen die meisten Rollen/ Charaktere in Drehbüchern schon bestimmten Typen. Typecasting bezieht sich also ebenso auf den zu spielenden Charakter/die zu spielende Rolle. Diese Praxis stammt aus dem Theater, wo Rollen in bestimmten „Fächern" besetzt werden. Es gibt zum Beispiel das Fach der Jungen Naiven („Faust's Gretchen") oder der Komischen Alten.

Schon während der Studio-Ära wurde von den Filmstudios Typecasting betrieben. In dieser Zeit standen viele Schauspieler bei den Studios unter festem Vertrag. Sie waren sogenannte „contract players" und wurden in Rollen eingesetzt, die einem bestimmten, speziell auf sie zugeschnittenen Schema entsprachen: „Since most contracts stipulated that actors must accept the roles „offered" to them, most actors found themselves playing the same type of role over and over again." (Clark, 1995, S. 23); selbst viele Stars hatten im Studiosystem keine freie Rollenwahl.

Dass ein Schauspieler als Typ eingesetzt wird, hat weniger mit seinem darstellerischen Talent zu tun, als vielmehr mit seinen äußeren Merkmalen, wie Alter, Haarfarbe, Gestalt/Statur: „actors were categorized according to social types based on race, age, sexual stereotype, and so on." (Clark, 1995, S. 19). Mit ihrer äußeren Erscheinung und wiederkehrenden Eigenarten prägen die Schauspieler dann einen Typ, „der in verschiedenen Filmen variiert, mitunter standardisiert eingesetzt wird." (Rother, 1997, S. 42). Im Film *Mary, Queen of Scots* gibt es die Figuren schottischer Lords – rohe, breitschultrige und bärtige Männer. Für solche Rollen werden passende Darsteller gebraucht, die ein Produzent am einfachsten und schnellsten über das Typecasting findet.

Auch die Stars der 1. Reihe verkörpern bestimmte Typen: Bei Cowboy fällt einem sofort John Wayne ein, bei Sexsymbol Marilyn Monroe und als Action-Held, mit mittlerweile weichem Kern, Bruce Willis. Diese verschiedenen Typen werden genauso für B-Produktionen und Serien benötigt. Aber eben massenhaft, nicht nur einmal, weil der Bedarf an Filmen so hoch ist.

Typecasting hilft, Filmfiguren für den Zuschauer auf den ersten Blick zuzuordnen. Die Figuren sind zum Beispiel leicht in „Gute" und „Böse" unterteilbar. In den Western der 30er bis 50er Jahre gab es vor allem drei Rollenschemata: „Heroes" (die Helden und Guten), „Heavies" (die Bösen) und „Sidekicks" (die Begleiter der Helden). Viele der Darsteller aus jener Zeit verkörperten immer wieder den gleichen Typ, einmal auf eine Rolle festgelegt, konnten sie aus dem Schema nicht mehr ausbrechen.

Zum Beispiel „Heavies"

Die Gegenspieler der strahlenden Helden sind, „was sie in amerikanischen Filmen ... für die Schurkenrolle prädestiniert, ... nicht ***schön***" (Arnold/von Berg, 1985, S. 30, Hervorhebung im Original). Sie haben besondere körperliche Merkmale oder Eigenarten im Gesicht, die sie zum „Bösewicht" machen: „Al Ferguson's piercing eyes and sharp nose immediately branded him as a villain, a role he portrayed in most of his films." (McClure, 1972, S. 168). Die Schauspieler müssen finster aussehen, wenn sie „finstere" Typen spielen: „He played primarily villainous roles, usually as one of the gang and certainly looked menacing enough for the part." (McClure, 1972, S. 183). Natürlich ereilt die meisten Bösen das gleiche Schicksal: „applause could be expected when he finally got what he deserved." (McClure, 1972, S. 173). Dem Schauspieler Jack Ingram ging es besonders schlecht: „Before the cameras Jack Ingram was killed more times than anyone can remember." (McClure, 1972, S. 142).

Zum Beispiel „Sidekicks"

Vor allem in Komödien und Western sind „Sidekicks" die meist komischen, etwas verschrobenen ständigen Begleiter der Hauptdarsteller. Häufig sind sie all das, was der Held nicht ist: alt, hässlich oder verkrüppelt, und sie haben vielleicht eine Fistelstimme. Auf ihre Kosten wird gern ein Scherz gemacht, und sie stecken im Zweifel die Prügel ein, die eigentlich für den Star bestimmt ist. Sie sind eine Art Sancho Panza.

Typecasting führt oft zur klischeehaften Darstellung von Figuren, die manchmal gefährlich nahe daran ist, rassistische Vorurteile zu bedienen: So war zum Beispiel der „Sidekick" in den B-Western der 30er bis 50er Jahre ein kleiner runder Mexikaner – „always in trouble and always with a keen eye for the senoritas." (McClure, 1972, S. 115).

Was Typecasting für die Darsteller bedeutet

Die Rollenschubladen werden von vielen Darstellern als einengend empfunden: Sie zählen nicht als Individuum, als Persönlichkeit, sondern lediglich als Typ, den sie verkörpern. Oft bleiben sie im Laufe ihrer Karriere in der gleichen Schublade stecken, ihnen werden immer wieder die gleichen Rollen angeboten:

> *„He started his screen career playing ‚heavies' and has been at it ever since." (McClure, 1972, S. 150).*

Dabei würden sie vielleicht gern auch einmal eine völlig andere Rolle spielen.
Es gab so viele Darsteller, über die fast schon Standardsätze gesagt werden: „During his career he usually performed as a ‚heavy'." Oder:

> *„‚Just one of the gang' would be the best description of Frank McCarroll. Most ‚still' shots depict him holding a gun on someone or about ready to." (McClure, 1972, S. 155, 191).*

Das trifft manche Stars der 1. Reihe genauso: Dennis Hopper war es leid, darauf zu warten, von einem Regisseur nicht als brutaler, leicht psychopathischer Gangster besetzt zu werden. Er produzierte selbst einen Film, in dem er sich in der Hauptrolle einmal völlig gegen den Strich besetzte (*Acts of love*, 1996). Diese Möglichkeit haben viele Stars der 2. Reihe mangels Geld natürlich nicht. Ihnen bleibt nichts anderes übrig als Robert Ryan, einem B-Schauspieler der 50er bis 70er Jahre: „Er lehnte sich nicht gegen die starre Unsinnigkeit des Typecasting auf, das so oft Spontaneität in lähmende Routine ummünzt". Robert Ryan fand für sich einen Modus, damit umzugehen:

> *„den Ehrgeiz durch Vielseitigkeit zu brillieren, ... entwickelte er nicht. Aber er arbeitete hart und beharrlich an seinen Seelenkrüppeln und Widerlingen. ... und der innere Abstand, den er zur Filmindustrie besaß und den er gerne amüsiert kundgab, wird ihm dabei ein nützliches Hilfsmittel gewesen sein." (Arnold/von Berg, 1985, S. 142).*

Roy Barcroft hingegen, Schauspieler in B-Western der 30er bis 60er Jahre, der auch der „King of Heavies" genannt wird, weil er fast immer Schurkenrollen spielte, hatte gar keine Probleme mit dieser Festlegung:

„I think I like the roles best where I could be the dirtiest, meanest, unkempt individual possible. ... I enjoyed doing those very much." (McClure, 1972, S. 134).

Für viele bedeutete das Typecasting, dass das Publikum zwar ihre Gesichter kannte, nie aber ihre Namen. So war der Western-Darsteller Lew Meehan „familiar to audiences even if the name was not. He was one of many regular henchmen who were not usually around at the end of the film.". Oder Art Dillard, der „one of the many familiar faces seen in the western film" war, aber „a stuntman and rarely received any official notice for his screen portrayals." (McClure, 1972, S. 195, 162).

... und für die Produzenten

Ein Produzent, Regisseur oder „Casting Director" muss nicht für jede Produktion umständlich nach geeigneten Darstellern suchen. Er öffnet eine „Schublade" und „entnimmt" einen Schauspieler. Steht ein Darsteller nicht zur Verfügung, kann problemlos ein anderer aus dem gleichen Rollenfach ausgewählt werden. Außerdem wird dadurch, dass mehrere Schauspieler verfügbar sind, die dem gleichen Typ entsprechen, vermieden, dass einzelne Darsteller in Machtpositionen kommen. Gäbe es nur wenige Schauspieler eines Typs, hätten diese bessere Möglichkeiten, über Gagen und Arbeitsbedingungen zu verhandeln. Das würde die Arbeit der Produzenten erschweren. Typecasting hilft, möglichst effizient und billig Rollen zu besetzen.

4.2.2.3 Karrieren

Viele der Schauspieler aus der 2. Reihe haben im Laufe ihrer Karriere mehr Filme gedreht als Stars der 1. Reihe. Unter Umständen sind sie sogar länger im Geschäft. Sie betreiben sozusagen an sich selbst „Massenproduktion". Über den Serien-Schauspieler Cameron Mitchell *(High Chaparral)* schreibt Keller:

„Mitchell bewältigte bis zu acht Filme pro Jahr und brachte es so bis zu seinem Tod im Jahr 1994 auf eine Filmographie von imposanter Länge." (Keller, 1997, S. 89).

Die Darsteller in B-Western der 20er bis 60er Jahre haben enorm viele Filme gedreht. Zum Beispiel Tom Mix, der in „nearly 400 movies during his career" mitwirkte (McClure, 1972, S. 72). Roy Barcroft brachte es auf „nur" die Hälfte, auf 200 Filme in seiner über 30-jährigen Karriere. Olin Francis, „a large, broad-shouldered man and specialized in playing the desperado" spielte 40 Jahre in B-Western (S. 170). Edmund Cobb war „one of the lead ‚heavies" for more than 25 years." (S. 138/139). George Plues, zwar „Rarely receiving billing" wie viele seiner Kollegen, spielte aber „in films for 35 years. He normally executed the role of one of the countless henchmen in many horse operas." (S. 202).

Arbeitslosigkeit

Mit industrieller Produktion tritt das Problem der Arbeitslosigkeit auf. In Hollywood herrscht ein ständiges Überangebot an Darstellern, auf jede Rolle bewerben sich Hunderte von Schauspielern. Bekommen sie über lange Zeit kein Engagement, sind sie im Grunde arbeitslos und bestreiten ihren Lebensunterhalt mit Gelegenheitsjobs. Laut Prindle betrug die Arbeitslosenrate im Jahr 1993 unter den Schauspielern, die Mitglied der Gewerkschaft sind, 85 Prozent (vgl. Prindle, 1993, S. 7).

Von der Schauspielerei allein leben zu können, ist oft nicht mehr als eine Hoffnung. Wenn dies für einige Schauspieler vielleicht noch möglich ist, trifft es für die tausenden von Kleindarstellern schon gar nicht mehr zu. In den 30er Jahren wurden sie eher über ihre Arbeitslosigkeit als über ihre Beschäftigung charakterisiert: „Extras ... were defined more by their unemployment than by their employment." (Clark, 1995, S. 26). Die Gewerkschaft der Schauspieler, die Screen Actors Guild, stellte schon 1933 fest, dass die Mehrheit der Hollywood-Schauspieler „was barely able to keep alive on the scraps they get from the industries table." (Clark, 1995, S. 60).

Ein weiteres Problem ist das Alter: Für ältere Darsteller ist es schwierig, Engagements zu bekommen, da täglich neue, junge Talente auf den Markt drängen, und Jugendlichkeit für die amerikanische Gesellschaft ein Ideal ist. Auch die wenigen Schauspieler in Hollywood, die ein (regelmäßiges) Engagement haben, fühlen stets den „hungry mob" (Prindle, 1993, S. 8) hinter sich, der nur auf die kleinste Gelegenheit wartet, sich selbst nach vorn zu schieben.

4.3 Qualität

„They were paying me, and I figured that they were doing what was best for everybody concerned." (Weaver, 1988, S. 8)

Auch billige Filmproduktionen müssen eine bestimmte Qualität haben, eine Qualität, die gerade noch ausreicht, dass der Film beim Publikum erfolgreich ist. Erfolgreich bedeutet, dass er mindestens seine Kosten wieder einspielen muss. Die Qualität muss nicht sehr gut sein, sie darf aber auch nicht ganz schlecht sein. Was entsteht, ist durchschnittliche Qualität, die bei Filmen erreicht wird, indem erfolgreiche Konzepte kopiert werden.

4.3.1 Genre-Filme

Filme, die thematische oder stilistische Gemeinsamkeiten besitzen, sind Genre-Filme. Ein Genre-Film ist eine Art konfektionierter Film, der gekennzeichnet ist durch „eine typische soziale oder geografische Lokalisierung, durch spezifische Milieus oder Ausstattungsmerkmale, Figuren- oder Konfliktkonstellationen" (Rother, 1997, S. 141). Genre-Filme werden nach einem bestimmten Schema produziert: „a familiar type of story, written to the requirements of a formular, offering stereotypical characters facing standard problems in a recognizable setting". Sie beruhen auf dem „‚the-same-but-different' entertainment" (Prindle, 1993, S. 26/27).

Das Publikum verbindet mit einem Genre feste Erwartungen in Bezug auf das Thema, die Dramaturgie (spannend oder romantisch) und die Ausstattung. Es kann sicher sein, dass „the story elements that thrilled them in the past are present in the current offering." (Prindle, 1993, S. 26/27). Genre-Filme haben daher bei der Vermarktung den Vorteil, dass sie nicht erklärungsbedürftig sind. Die Nennung des Genres zusammen mit dem Filmtitel versorgt die Zuschauer mit den notwendigen Informationen; sie wissen, was sie erwartet.

Typische Genres für das Kino sind der Western, das Musical, Horrorgeschichten, Actionfilme und Familienmelodramen. Im Fernsehen gibt es die Situation Comedy („Sitcom"), Detektiv- und Polizeigeschichten und „Soaps". Im Low-Budget-Bereich bildeten sich außerdem eigene Genres heraus. Zum Beispiel in den 60er Jahren die sogenannten „Surf-Comedies". Das waren Teenagerkomödien, die meist am (kalifornischen) Strand spielten, wo sie auch billig gedreht werden konnten. Es wurde kein künstliches Licht benötigt, kein Studio, keine Bauten und keine aufwendige Garderobe.

Der Begriff des Genre-Films ist allerdings nicht gleichbedeutend mit B-Film. Es gibt sehr viele Genre-Filme, die mit großem Budget und Staraufgebot gedreht werden, zum Beispiel Western mit John Wayne, Actionfilme mit Arnold Schwarzenegger, Liebesgeschichten mit Julia Roberts.
Bei der Produktion von Genre-Filmen kann auf Vorhandenes, etwa Dekorationen und Kostüme (siehe Kapitel 4.2.1), zurückgegriffen werden. In fast jedem Genre-Film gibt es Standardbauten:

> *„die Fassade der Backsteinmietskaserne, die Stadt des Mittelwestens, das Südseedorf und, natürlich, die Straße der Wildwestfilme, auf der Dutzende von Leinwandhelden ihrem Tod entgegengegangen waren." (Macdonald, 1976, S. 90).*

Durch Kombinationen von Schauspielern und leichte Änderungen der Geschichten bieten die Filme gerade soviel Verschiedenheit, um immer wieder das Publikum anzuziehen:

> *„genres provided a simple and convenient way of simultaneously maximising the use of capital assets, and minimising the risks of misjudging audiences or exhibitor expectations." (Kerr, 1986, S. 22).*

4.3.2 Serien

Eine (regelmäßige) Folge in sich abgeschlossener Filme, die um eine oder mehrere Hauptfiguren kreisen, wird Serie genannt. Es gibt Film-Serien, zum Beispiel die *James Bond*-Filme oder TV-Serien. Meist funktionieren sie nach dem Genre-Muster. Serien sind das Rückgrat des Fernsehens; es gibt Polizei-Serien, Western-Serien, Science-Fiction-Serien etc. Wie für Genre-Filme gilt auch für Serien, dass nicht alle von ihnen mit niedrigem Budget gedreht werden. *Dynasty (Denver-Clan), Star Trek* und die *James Bond*-Filme sind sehr teuer und aufwendig produziert.

4.3.3 Schauspieler

In standardisierten Geschichten entsprechen auch die Rollen Standards. Hier hilft das Typecasting, den geeigneten Typ zu besetzen. Eine individuelle Rollengestaltung oder besondere schauspielerische Merkmale der einzelnen Darsteller interessieren dabei nicht. Wichtig ist, dass der Schauspieler dem Typ der Rolle entspricht. Dabei kann eigentlich nur eine durchschnittliche Leistung entstehen, da die Schauspieler unter Umständen gar nicht so gefordert werden, wie es ihren Fähigkeiten entspricht.

Hinzufügen möchte ich, dass die „künstlerische Qualität" der Filme oder der darstellerischen Leistung – was immer man darunter versteht – nicht Thema dieses Beitrages ist. Jonathan Ross gibt eine treffende Charakterisierung:

„When talking about the cinematic style of low budget film-makers, what you see on screen, and the way in which it got there, is, more often than not, determined by budget and not because of some personal vision.“ (Ross, 1993, S. 71).

5. Zusammenfassung

Die Merkmale der Preis-Mengen-Strategie – niedrige Preise, kostengünstige Massenproduktion und durchschnittliche Qualität – können auf die Stars der 2. Reihe angewendet werden: Die Filme und Serien, in denen sie spielen, erhält der Zuschauer zu einem im Vergleich mit den Filmen der Stars der 1. Reihe geringen Preis, gleichzeitig in größerer Menge, aber meist in schlechterer, durchschnittlicher, Qualität.

In Hollywood gibt es unzählige Schauspieler, die mittels Typecasting in eine für Produzenten überschaubare Ordnung gebracht werden. So können Rollen schnell und problemlos besetzt werden. Fällt ein Darsteller aus, kann sofort ein anderer eingesetzt werden. Gleichzeitig stellt das Typecasting eine Standardisierung von Rollen dar und hilft damit, eine durchschnittliche Qualität der schauspielerischen Leistung zu erreichen und zu halten.

Die Kosten für Herstellung und Distribution eines Films können zu Lasten der Schauspieler niedrig gehalten werden, weil sie, aufgrund der harten Konkurrenzsituation untereinander, in einer ungünstigen Verhandlungsposition sind. Verlangt ein Darsteller eine zu hohe Gage, kann der Produzent sofort einen anderen engagieren, der bereit ist, für weniger zu arbeiten.

Die Schauspieler der 2. Reihe sind aber das Fundament des Filmgeschäfts. Mit den B-Filmen und Serien, in denen sie auftreten, wird der Bedarf an Unterhaltungsfilmen für das Fernsehen und den Videomarkt gedeckt und gleichzeitig das Risiko der Produzenten minimiert, mit wenigen teuren Produktionen erfolgreich sein zu müssen. So wie Arnold und von Berg B-Filme charakterisieren, sind die Stars aus der 2. Reihe die „Hausmannskost“ (S. 86) des Filmgeschäfts.

6. Nachbemerkung

Wie gehen die Stars der 2. Reihe damit um, dass sie vielleicht nie den Absprung in die 1. Reihe schaffen oder geschafft haben? Wie beurteilen sie selbst ihre Arbeit in billig und schnell produzierten Filmen? Zunächst einmal geht es den Schauspielern darum, ihren Lebensunterhalt zu verdienen. Darin unterscheiden sie sich nicht von allen anderen Menschen. Robert Clarke hatte zum Beispiel eine Familie zu versorgen:

„I did these quickies because I was raising two boys and trying to help support my wife; the money was there, and it seemed to be the thing to do at the time.“ (Weaver, 1988, S. 91)

Seiner Kollegin Gloria Talbott machte die Arbeit außerdem auch Spaß:

> *„Anybody who tells you they 're acting just for the love of it is in the hierarchy of 5 percent. For most working actors there's usually a monetary consideration involved in it. But how nice to be paid for something that isn't hard, and that you like to do!" (Weaver, 1988, S. 341).*

Viele der Darsteller sind sich durchaus darüber im Klaren, dass die Filme, in denen sie spielen, nur von durchschnittlicher Qualität sind, „But, hey, I took the money and ran.", sagte John Agar, ein Schauspieler aus den 50er Jahren (Weaver, 1988, S. 14). Folgende Aussage von einem Filmproduzenten steht stellvertretend für alle Beteiligten an solchen Produktionen: „we weren't great talents, we were just trying to make movies." (Weaver, 1988, S. 217). Anthony Eisley betrachtete seine Arbeit ganz einfach als Job, der getan wird, der ihm aber immer noch mehr Spaß machte als Gelegenheitsjobs:

> *„I finally got to the point where it was like, ‚Oh, well – some people work at the shoe store, some people work in the butcher shop. I 'll work in the studios, and a job's a job.' There are naturally aspirations and so forth that you have, but it 's better than working in a restaurant!" (Weaver, 1988, S. 142).*

Wie Eisley wollen viele Schauspieler auch einfach nur arbeiten, spielen, egal was, abgesehen davon, dass die meisten froh sind, überhaupt ein Engagement zu haben. Lucille Ball, in den 50er und 60er Jahren eine bekannte und beliebte Seriendarstellerin, sagte über den Beginn ihrer Karriere als B-Schauspielerin beim Filmstudio RKO:

> *„Mir war egal, ob B- oder D-Picture, solange ich arbeiten konnte." (Keller, 1997, S. 13).*

Viele Schauspieler mit klassischer Theaterausbildung halten es nicht für unter ihrer Würde, in B-Filmen aufzutreten und spielen sogar so intensiv, als würden sie in A-Filmen mitwirken. Richard Gordon, ein Produzent von Horrorstreifen in den 50er Jahren, sagte über einen seiner Stars:

> *„Michael Gough was an actor with great classic background and stage training. Like Boris Karloff years earlier, he was the type of person who, once he agreed to do the thing, entered into the spirit of it and treated it just the same way as if he were appearing in a production of Macbeth! He didn 'tregard it as beneath him or as a joke or anything else." (Weaver, 1988, S. 192).*

Auch bei den *Star Trek*-Produktionen werden erfahrene Theaterschauspieler eingesetzt:

> *„das Besetzungsbüro steckt gerne Bühnendarsteller in die schweren Kostüme der prominenteren ‚Star Trek'-Aliens: es gehört Technik dazu, durch all das Latex zu dringen" (epd-Film 5/99, S. 27).*

Die Schauspieler haben selten Starallüren, sie wissen, was von ihnen erwartet wird, und vor allem, in welcher Zeit. Der Regisseur Jerry Warren sagte über den Schauspieler Bruno Ve Sota:

„He knew he had to wing it fast, do this and get that before the sun went down, and that there was no time to be a prima donna." (Weaver, 1988, S. 377).

Einige sehen mit etwas Wehmut auf ihre Karriere. Anthony Eisley zum Beispiel sagt rückblickend:

„I was hoping to be a light comedian, which of course didn 'thappen. ... Then when I got a Warner Bros. contract ... I had visions of being the next Jack Lemmon. Instead they put me in „Hawaiian Eye", and I have no complaints about that, but it wasn 't what I thought they would have in mind for me. So I never really got to do what I felt that I did best." (Weaver, 1988, S. 132).

Andere sind mit dem, was sie erreicht haben, zufrieden, auch wenn sie keine Superstars geworden sind. Zum Beispiel Roy Barcroft: „I really do enjoy my work and have enjoyed most of my roles." Und – sie nehmen sich und ihre Arbeit auch nicht allzu ernst:

„They enjoyed their work tremendously, did not take themselves too seriously, and nearly always felt that they were a part of a unique and entertaining contribution to the history of the American film." (McClure, 1972, S. 134, 12).

7. Literaturverzeichnis

Arnold, F. und von Berg, U. (Hrsg.): The Late Late Show, Berlin 1985
Becker, J.: Marketing-Konzeption, München 1998
Clark, D.: Negotiating Hollywood: the cultural politics of actors" labor, Minneapolis 1995
Daniels, B.: Movie Money: understanding Hollywood"s (creative) accounting practices, by Bill Daniels, David Leedy and Steven D. Sills, Beverly Hills 1998
Keller, H.: Kultserien und ihre Stars, 3 Bände, Berlin, 1996, 1997, 1998
Kerr, P. (Hrsg.): The Hollywood Film Industry, London 1986
Lukas, C. und Kern, C.: Stargate, München 1999
Macdonald, R.: Die Küste der Barbaren (Originaltitel: The Barbarous Coast), Zürich 1976
McClure, A.F. und Jones, K.D.: Heroes, Heavies and Sagebrush, New Jersey 1972
Monaco, J.: Film und Neue Medien, Lexikon der Fachbegriffe, Reinbek bei Hamburg 2000
Prindle, D.F.: Risky Business: the political economy of Hollywood, Colorado 1993
Riepe, M./Distelmeyer, J./Horst, S./Worschech, R./Mihm, K./Merschmann, H.: Supporting Actors, in: epd Film 5/99
Ross, J.: The Incredibly Strange Film Book, London 1993
Rother, R.: Sachlexikon Film, Reinbek bei Hamburg 1997
Süddeutsche Zeitung (SZ), München, 25.10.2000, 2./3.12.2000
Wasko, J.: Movies and Money, Financing the American Film Industrie, New Jersey 1982
Weaver, T.: Interviews with B Science Fiction and Horror Movie Makers, Jefferson, North Carolina 1988

Die Vermarktung von Prominenten

Von Peter Olsson

Warum werden Prominente in der Werbung eingesetzt?

1. Was sind Prominente?

Von der Wortbedeutung her sind Prominente „herausragende Personen" (lat. prominere: herausragen). Der Brockhaus beschreibt sie als „tonangebende Persönlichkeiten", Meyers Lexikon verbindet mit dem Begriff diejenigen Personen, „die aufgrund ihrer öffentlichen Ämter oder ihrer beruflichen Berühmtheit besonderes Ansehen genießen und darum als repräsentierende Eliten ihrer Gesellschaft gelten".

2. Die Geschichte der Persönlichkeitsvermarktung

Werbung mit Prominenten ist keine Erfindung der Neuzeit, sondern kann bis ins 19. Jahrhundert zurückverfolgt werden. Waren es im 19. Jahrhundert eher Monarchen, Adlige und Staatsmänner, die zu Werbezwecken herangezogen wurden, so suchen die Unternehmen ihre Stars heutzutage im Sport-, Musik- und Film-/ Entertainment-Bereich.

Werbung mit Prominenten wurde in den 20er Jahren in den USA verstärkt durchgeführt. So verpflichtete Unilever zur Markteinführung seiner „Lux Toiletteseife" amerikanische Filmstars wie Joan Crawford oder Ginger Rogers.

In Deutschland begann der Konkurrenzkampf der Marken so richtig erst mit dem Wirtschaftswunder in den 50er Jahren. Verbraucherwünsche richteten sich nun nicht mehr nur auf lange Entbehrtes, sondern auch auf Begehrtes. Da sich die Produkte in Qualität und Preis kaum oder gar nicht unterschieden, war es entsprechend schwer, Konsumenten ein bestimmtes Produkt näher zu bringen. Stars sollten den entsprechenden Impuls bei der Kaufentscheidung für eine bestimmte Marke auslösen. Somit bedienten sich Werbestrategen gerne des Glamours der Filmwelt um Käufer anzusprechen. Marlene Dietrich war der erste deutsche Filmstar, der als Werbeträger eingesetzt wurde. (Siehe hierzu den Beitrag *Marlene D. – Diva zwischen Mythos und Marketing*)

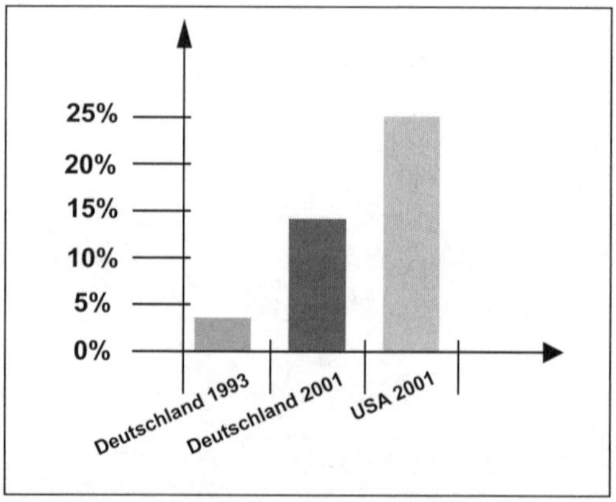

Abbildung 1: Anteil an Prominenten in der TV-Werbung

Während heute in den USA schon jeder vierte TV-Spot mit einem Prominenten besetzt wird, in Deutschland ist es nur jeder zehnte Spot, allerdings mit steigender Tendenz. Das Potenzial, mit Hilfe von bekannten Persönlichkeiten eine Marke emotional begehrlich zu machen und damit zu differenzieren, ist hier also bei weitem nicht ausgeschöpft.

3. Die Rahmenbedingungen für Werbung heute

Der Konkurrenzkampf der Marken wird im 21. Jahrhundert durch hohe Ausgaben für Werbung in den Medien geführt. Allein die Anzahl der jährlich gesendeten TV-Spots hat sich seit 1992 fast verfünffacht. Bis zum 35. Lebensjahr hat „Otto Normalverbraucher" etwa 150.000 Werbespots gesehen, darüber hinaus unzählige Anzeigen und Plakate.

Dies alles wird vom Konsumenten nicht immer positiv aufgenommen. Ganz im Gegenteil, in der heutigen Zeit versucht der Großteil der Bevölkerung Werbung aus dem Weg zu gehen. Dies führt zu einem immer härter werdenden Kampf um die Aufmerksamkeit des Verbrauchers.

Um trotz der ca. 2.000 Werbebotschaften, die einen Bundesbürger täglich erreichen, noch Beachtung zu finden, suchen Unternehmen nach neuen Wegen, ihre Marke als emotionale Orientierungshilfe strategisch zu positionieren. Der richtige Einsatz einer Persönlichkeit in die Unternehmenskommunikation kann dieses Ziel unterstützen.

4. Was erreichen Prominente in der Werbung?

Vor dem geschilderten Hintergrund können Testimonials als „Gesichter von Marken" wesentliche Beiträge leisten, die Aufmerksamkeit der Verbraucher auf die Marke zu lenken. Sie können als nahbare und sympathische Markenbotschafter den direkten und schnellen Weg finden, um Marken ins „Herz" der Verbraucher zu transportieren.

Die Werbung ist im Zeitalter der Informationsüberflutung immer mehr auf Schlüsselreize angewiesen. Der Einsatz von Prominenten dient als „Eyecatcher", da ihr Auftreten mit einem hohen Unterhaltungswert verbunden wird.

Von jeher finden wir Bekanntes sympathischer und bevorzugen es gegenüber Unbekanntem. Regelmäßig ziehen wir vor einem Regal jene Produkte in die engere Auswahl, von denen wir wenigstens die Marke oder die Packung kennen. Vor allem bei der Masse täglicher Bedarfsgüter „funktioniert" unser Einkauf unbewusst nach dem Prinzip „kenn ich, kauf ich". Daher stimulieren Prominente schon allein über ihren Beitrag zur Förderung der Werbe- beziehungsweise Markenbekanntheit den Verkauf.

Umfragen weisen nach, dass Prominente dem von ihnen beworbenen Produkt zu einer überlegenen Kaufpräferenz verhelfen können – verstärkt natürlich bei ihrer Fangemeinde.

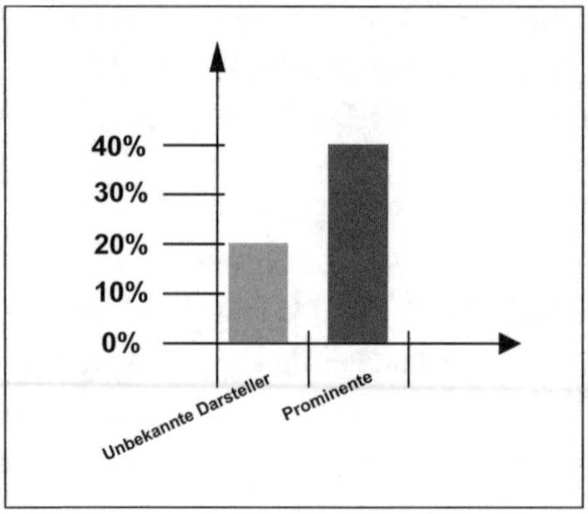

Abbildung 2:
Impactwert von Werbung

Die Vorteile beim Einsatz bekannter Persönlichkeiten in der Werbung sind daher unbestritten: Sie sind Multiplikatoren, die in allen Bereichen des Kommunikations-Mix eingesetzt werden und mit deren Hilfe Marken schnell Bekanntheit aufbauen und Imageziele erreichen können.

Was macht Werbung mit Prominenten erfolgreich?

1. Medien-Mix und Öffentlichkeitsarbeit

Durch das inhaltliche Zusammenwirken der verschiedenen Medien, aber auch durch die fortschreitende Verflechtung der Medienkonzerne werden Prominente ein Thema auf immer zahlreicheren Kanälen. Für die Markenverantwortlichen bietet dies die Chance, ihre Botschaft über ein breites Kommunikationsspektrum zu transportieren. Voraussetzung dafür sind allerdings medienübergreifende integrierte Konzepte, die die Kommunikationsbeiträge der verschiedenen Kanäle bündeln, um die Verbindung von Marke und Testimonial konsistent zu präsentieren und im öffentlichen Bewusstsein erfolgreich zu verankern.

Mindestens genauso wichtig wie die Werbewirkung an sich ist die Öffentlichkeitsarbeit, da die Marke durch den prominenten Protagonisten über Fernsehen und Publikumspresse ins Blickfeld der Öffentlichkeit rückt, bei Events und Incentives Mitarbeiter motiviert und Kundenpflege garantiert. Darüber hinaus wird das Erreichen mittel- und langfristiger Umsatz- und Absatzziele durch den visuellen Einsatz von Prominenten am Point of Sale in den nächsten Jahren erheblich an Bedeutung zunehmen.

Mit diesem übergreifenden Einsatz der Prominenten können die Marketingziele – Erhöhung der Bekanntheit und Emotionalisierung der Marke – erreicht werden.

2. Die wirkungsvollen Eigenschaften des Prominenten

Neben der Bekanntheit bei den Verbrauchern und dem Image in der Öffentlichkeit kommt der Glaubwürdigkeit und Sympathie in der Zielgruppe die größere Bedeutung zu. Erst an zweiter Stelle folgen Erfolg, Charakter, Prestige und Vertrauenswürdigkeit sowie Affinität zu Produkt und Marke.

Um das Risiko bei der Auswahl von Prominenten zu mindern, empfiehlt es sich, bereits im Vorfeld Daten über

- die visuelle Bekanntheit (Eyecatcher-Funktion)
- den Sympathiegrad (Me-too-Effekt)
- die subjektive Werbeeignung (Produkt-Fit)
- das Image-Profil (um Dissonanzen mit dem Markenbild und einen damit verbundenen Glaubwürdigkeitsverlust zu vermeiden)

des Prominenten zu erheben.

Prominente Werbetestimonials werden hinsichtlich ihrer „Berufskategorie“ in erster Linie aus den Bereichen Sport, Musik und Unterhaltung rekrutiert. Bedingt durch ein starkes Medieninteresse auf der einen Seite und steigende Popularität der Sport-, Musik- und TV-Branche auf der anderen Seite, verkörpern Sportler, Musiker und Schauspieler gesamtgesellschaftliche Ideale und emotionale Wertevorstellungen wie Erfolg, Leistung und Dynamik. Zudem erfüllen sie in besonderem Maße wichtige werbliche Voraussetzungen wie allgemeine Bekanntheit und Sympathie bei den Verbrauchern.

3. Der Marken-/Produktbezug des Prominenten

Die Affinität des Prominenten zur Marke/zum Produkt ist ein wesentlicher Erfolgsfaktor. Dadurch wird die Glaubwürdigkeit verstärkt. Prominente verkörpern relevante Erfolgsprinzipien in unserer Gesellschaft. Daher ist auch ihr „Körper“ ausreichend, um Produkt/Marke in Bezug zu einem Erfolgsprinzip setzen zu können. Ein direkter Bezug wie Zitate oder wörtliche Rede ist nicht erforderlich. Allerdings müssen Erfolgsprinzip und Werbesujet sich gegenseitig fördern, damit der Promi „wirkt“.

Es ist aber keineswegs so, dass Prominente eine effiziente Werbewirkung nur entwickeln, wenn sie für Marken rund um ihr Betätigungsfeld werben. Es lassen sich zahlreiche naheliegende Partner rund um das Betätigungsfeld des Prominenten finden. Aber die Affinität zur Marke bzw. zum Produkt spielt eine wichtigere Rolle. Boris Becker für AOL oder Angela Merkel für Sixt sind hier positive Beispiele. Denn beide Motive sind sehr wirksam für die Marken. Sie zeigen, dass die psychologischen Qualitäten des Erfolgsprinzips, das der Prominente verkörpert, entscheidend sind. Und die sind nicht an sein ursprüngliches Erfolgsterrain gebunden. Im Gegenteil: Die Konsumenten sind daran interessiert, zu sehen, wie sich das Promi-Erfolgsprinzip auch auf anderen Gebieten in Szene setzen lässt.

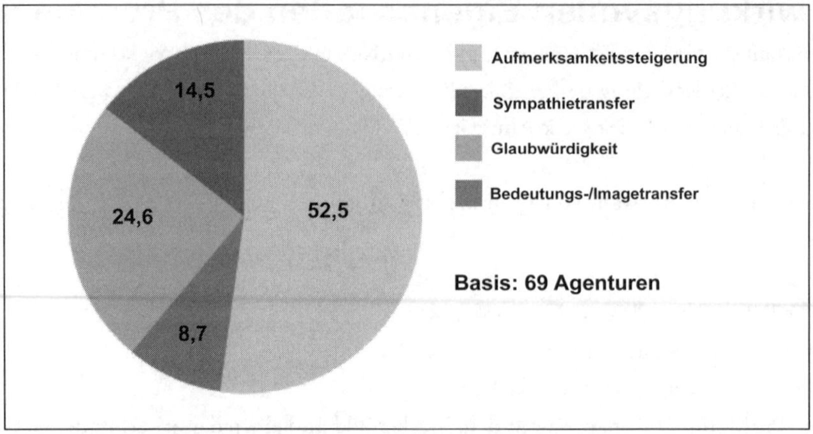

Abbildung 3: Wichtigstes Wirkkriterium eines prominenten Testimonials

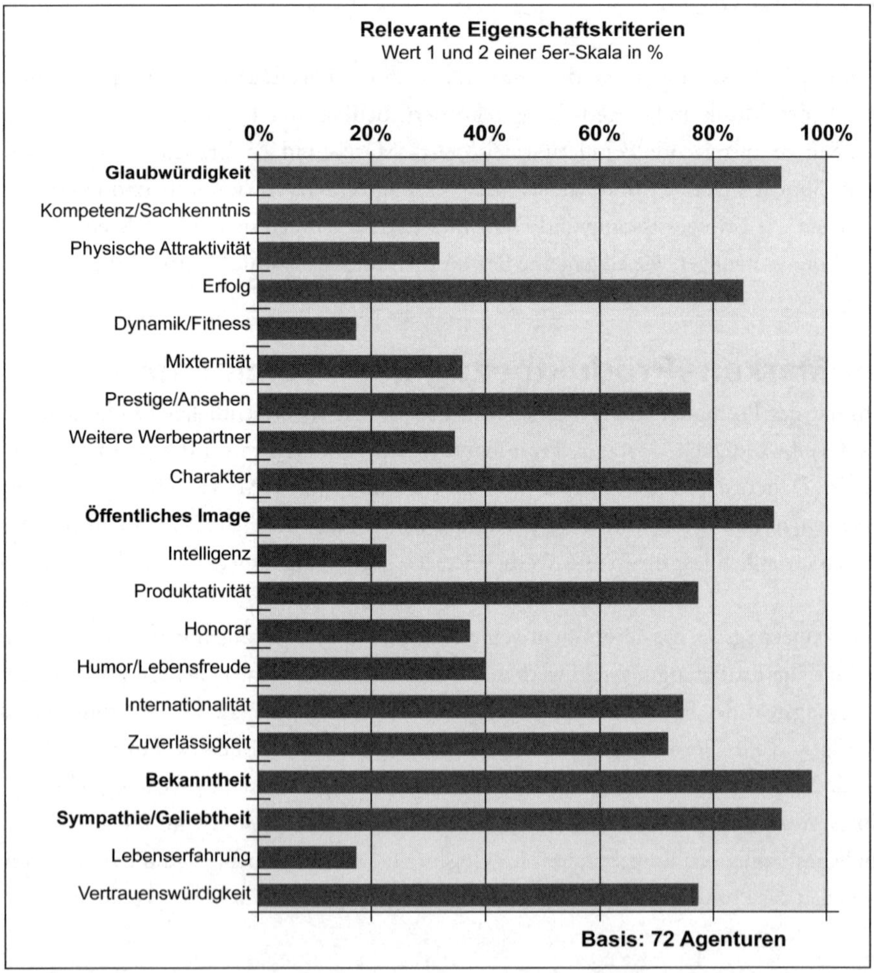

Abbildung 4: Relevante Eigenschaftskriterien

4. Ständige TV-Präsenz des Prominenten

Die Grundvoraussetzung für den Erfolg einer Persönlichkeit ist eine starke und glaubwürdige Medienpräsenz, da diese Bekanntheit und Aktualität garantiert. Es gibt praktisch keine Prominenten ohne TV-Präsenz. Erfolg und TV-Präsenz korrelieren in hohem Maße. Dies hat auch Einfluss auf die Bewertung der Konsumenten: Ständige TV-Präsenz eines Promis wird als Erfolgsindikator gewertet.

5. Die Glaubwürdigkeit des Prominenten

Man könnte meinen, dass die werblichen Aussagen von Prominenten nicht geglaubt werden, weil sie gekauft sind. Dazu lässt sich sagen, dass niemand von einem Prominenten erwartet, dass er umsonst Werbung für ein Unternehmen macht. Die Konsumenten prüfen daher letztlich nur, ob sich Marke und Werbung in ein stimmiges Gesamtbild fügen. Die werblichen Aussagen sind dann glaubhaft, wenn sie mit dem Erfolgsprinzip kombiniert werden können.

6. Die Marke im Vordergrund

Werbung muss mit dem Erfolgsprinzip, das ein Prominenter verkörpert, ein positives Förderungsverhältnis eingehen. Sonst überstrahlt der Prominente die Werbebotschaft, das heißt, man macht Werbung für den Promi. Der Überstrahl-Effekt ist genau genommen nur ein Hinweis auf eine sich gegenseitig unterstützende Verbindung zwischen Werbesujet und Prominentem. Fördern sich beide Seiten, so wird auch die Werbung unmittelbar wahrgenommen. Erfolgreicher Werbung gelingt es, die Marke in den Vordergrund zu stellen – sie ist der Held und nicht der prominente Protagonist.

7. Das strategische Vorgehen

Aus der Sicht der Unternehmen/Werbeagenturen spielen folgende strategischen Überlegungen zum Einsatz von Prominenten in der Werbung eine Rolle:

Die Ausgangssituation

- Entsteht eine neue Kampagne, die auf das Testimonial abgestimmt ist?
- Existiert bereits eine Kampagne und soll diese nur durch den Einsatz einer Persönlichkeit verstärkt werden?
- Sollen zusätzlich zu einer existierenden Kampagne Tools wie Promotions, Events, Mediakooperationen, etc. eingesetzt werden?

Die Ziele

- Welche Gefühle sollen mit einer Kampagne verankert werden?
- Welche Kompetenz soll das Produkt/der Presenter ausstrahlen?
- Welche Eigenschaften werden dem Prominenten tatsächlich zugeschrieben?
- Lassen sich die gewünschten Imagetransfers verifizieren?
- Stimmt das Ergebnis mit dem Werbeziel überein?
- Hat der Prominente auch persönlich irgendeinen Bezug zum Produkt?

Die Auswahlkriterien

- Sympathie- und Bekanntheitswerte
- Branchen-/Produktaffinität
- Attraktive Story (Erfolge und Image)
- Nationale und internationale Popularität
- Glaubwürdigkeit/Kommunikationskompetenz
- Aktualität
- Welche mediale Plattform bringt der Prominente in die Partnerschaft mit?
- Welche anderen Partner hat der Prominente? (Bestehende Werbeverträge)
- Welches Skandal-Risiko besteht?

Für werbetreibende Unternehmen empfiehlt es sich, sowohl für die Auswahl der Prominenten externe Berater in Anspruch zu nehmen. Der Vorteil einer solchen Vorgehensweise ist, dass die Experten bereits über Profile von Prominenten verfügen und erfahren sind in der Anwendung professioneller Methoden zur Ermittlung des Sponsoren-Fits. Keinesfalls sollte nur aus dem Bauch heraus entschieden werden, ob ein Prominenter für ein bestimmtes Produkt/eine bestimmte Marke geeignet ist oder nicht.

Das Prominenten-Management

1. Die drei Bausteine für die Wertbeständigkeit eines Prominenten

Das Management des Prominenten muss eine klare Strategie entwickeln und verfolgen, um die Persönlichkeit und Medienpräsenz während der gesamten Partnerschaft konstant hoch zu halten.

Voraussetzung für die erfolgreiche Vermarktung einer Persönlichkeit sind die folgenden drei Bausteine:

Persönlichkeit

- Charakter/Aussehen/Ausstrahlung/Auftreten/Rhetorik/Ausbildung/Professionalität/Einstellung/Glaubwürdigkeit
- Eine starke Persönlichkeit, die das Image und die Sympathie beeinflusst, ist sehr wichtig.
- Sie muss jedoch sehr authentisch wirken und klare positive Attribute vermitteln.

Leistung/Erfolg

- Rekorde/Titel/Auszeichnungen/Heldenstatus/Kampfgeist/Teamgeist
- Der konstante und aktuelle Erfolg garantiert Bekanntheit und unterstreicht zusätzlich die Persönlichkeit.

Konstante Medienpräsenz

- Fachpresse/Kolumnen/Events/TV-Auftritte/Interviews/Homestorys/Charity/Internet

- Eine starke Präsenz in relevanten Medien schafft die Aktualität und dient als „Transporter" des Prominenten. Sie funktioniert zusätzlich als Plattform für die Umsetzung der Partnerschaft.

Sind diese drei Bausteine nicht im Gleichgewicht, wird der Wert eines Prominenten stark herabgesetzt. Der größte Erfolg eines Testimonials während der Auswahlphase und eine Wertbeständigkeit während der gesamten Partnerschaft wird dann erzielt, wenn alle drei Bausteine in gleichem Maße zutreffen.

2. Das Drei-Phasen-Modell zur Bestimmung der richtigen Positionierung eines Prominenten

Es gilt, auf der Basis eines markenorientierten Verständnisses individuell vernetzte Konzepte und Plattformen zu entwickeln und sukzessive auszubauen und dabei Marktlücken und Trends zu erkennen.

Um die Persönlichkeit richtig zu positionieren, hat The Performers für die Talent-Vermarktung ein Drei-Phasen-Modell entwickelt, das als Grundlage für alle Vermarktungsstrategien der prominenten Persönlichkeiten dient und darauf abzielt, potenziellen Unternehmen eine Entscheidungsgrundlage zur Verfügung zu stellen.

Bezüglich der drei Bausteine Persönlichkeit, Leistung/Erfolg und konstante Medienpräsenz wird eine Ist-Analyse durchgeführt. Da der wichtigste Aspekt für eine erfolgreiche Promiwerbung der Fit des Prominenten zur Marke/Produkt ist, beginnt die Analyse mit dem Drei-Phasen-Modell.

Phase 1: Selbsteinschätzung
In der Selbsteinschätzung wird mit Hilfe eines individuell erstellten Fragebogens die Einstellung des Prominenten zu Branchen und Marken erhoben. Der Fragebogen umfasst über 60 Fragen zur Selbsteinschätzung, zu persönlichen Präferenzen, zur Karriereplanung, etc.

Phase 2: Einschätzung der Öffentlichkeit
Die zweite Stufe beinhaltet eine repräsentative Marktforschungsuntersuchung der Zielgruppe und zielt darauf ab, den visuellen Bekanntheitsgrad, das Sympathiepotenzial sowie das Imageprofil sowie Branchen- und Produkt-Affinität des Prominenten zu ermitteln.

Phase 3: Expertenmeinungen
In der dritte Phase werden persönliche Gespräche mit Insidern aus der Industrie sowie aus dem Agenturwesen über Werbepotenzial und Branchenaffinität geführt, um Expertenmeinungen bei dem weiteren Vorgehen berücksichtigen zu können.

Aufgrund der aus den drei Phasen gewonnenen Erkenntnisse werden die Vermarktungsstrategie festgelegt und optimale Partner für die Klienten gefunden.

Ziel des Modells ist die richtige Positionierung des Stars und der kontinuierliche Aufbau der Persönlichkeit zur Marke.

Durch die konsequente Umsetzung dieser Philosophie ist es möglich, den Wert des jeweiligen Testimonials für den Werbepartner über Jahre hinweg konstant zu halten und sogar zu steigern.

3. Fallbeispiel der Agentur The Performers – Oliver Bierhoff & Dany Sahne

Ausgangssituation

Dany Sahne wurde von der Bevölkerung als kalorienhaltiges Genussprodukt angesehen, das nicht als tägliches Nahrungsmittel, sondern als ein „besonderes Extra" galt. Diese Positionierung widersprach dem aufkommenden Fitnessgedanken, der durch die Wellness- und Gesundheitswelle Mitte der 90er Jahre immer stärkeren Einfluss auf die Ernährungsgewohnheiten bekam. Die Folge: Die Umsätze von Dany Sahne stagnierten.

Ziel und Strategie

Steigerung der Umsätze von Dany Sahne durch eine Positionierung, die das Produkt zu einem regelmäßigen Bestandteil des „Warenkorbs" macht. Daher sollte das Produkt in den Segmenten Wellness, Fitness und Gesundheit deutlich positioniert werden. Eine Testimonialkampagne mit einer Sportpersönlichkeit sollte den Imagetransfer zur Sportlichkeit, Leichtigkeit und Gesundheit erreichen.

Umsetzung und Erfolg

Die Anforderungen an das Testimonial waren damit klar definiert: Eine Persönlichkeit aus dem Sport, die neben hohen Awareness- und Sympathiewerten vor allen Dingen durch gutes Aussehen und eine ausgesprochene Lockerheit die Attribute des Fitnesstrends verkörperte, musste gefunden werden. Mit Oliver Bierhoff wurde die Rolle des Testimonials optimal besetzt. Er erfüllte mit seiner damaligen Bekanntheit von ca. 65 Prozent sowie einem Sympathiewert bei den Bierhoff-Kennern von 68 Prozent nicht nur die Grundvoraussetzungen, sondern brachte mit seinem smarten und integren Erscheinungsbild und seiner exponierten Stellung im deutschen Fußball alle Faktoren mit, die eine glaubwürdige Partnerschaft benötigte.

Abbildung 5: Oliver Bierhoff und Dany Sahne, TV-Spot

Die Kampagne umfasste einen Fernseh- und Radiospot, die in zwei Flights jeweils zwei mal drei Wochen geschaltet wurden. Der erste Flight lief vernetzt auf allen relevanten Vollprogrammen im TV und im Radio. Der zweite Flight konzentrierte sich ausschließlich auf das Medium TV. Dass Oliver Bierhoff als Testimonial für Dany Sahne erfolgreich wirkte, belegen die Zahlen: Dany Sahne konnte den Umsatz im Jahr der Testimonialkampagne um 9,8 Prozent steigern!

Ein Interview mit Peter Olsson

Der Schwede Peter Olsson, Chef der Münchner Agentur The Performers, vermarktet neben Stars wie Brad Pitt, No Angels und Uwe Ochsenknecht auch die Fußballprofis Michael Ballack und Oliver Bierhoff.

Hier ein Gespräch, das der Herausgeber dieses Buches, Prof. Dr. Dieter Herbst, im November 2002 mit Peter Olsson über die Vermarktung von Prominenten führte.

Wie sind Sie in den Bereich Vermarktung von prominenten Persönlichkeiten gekommen?
Ich gehe seit 1996 mit Oliver Bierhoff neue Wege in der Persönlichkeitsvermarktung. Nach dem Golden Goal und dem EM-Triumph von Wembley haben wir über 17 Verträge abschließen können. Dabei hat mich die Herausforderung einen Star als Marke zu positionieren sehr gereizt und ich habe darin eine Marktlücke gesehen.

In der Zwischenzeit sind Sie mit Ihrer Agentur The Performers Teil eines großen Netzwerkes. Ist das nicht ein Widerspruch zur individuellen Starbetreuung?
Nein, das ist kein Widerspruch. Auslöser war das Bedürfnis der Kunden nach emotionalem Markenaufbau, wobei hier jede Konzeption nur erfolgreich ist, wenn eine erstklassige Umsetzung garantiert wird und der direkte Zugriff auf medienrelevante Rechte garantiert ist. Und für die Kommunikation von starken Marken wie zum Beispiel Allianz, DaimlerChrysler, Coca-Cola, etc. spielt der Aufbau und die Vermarktung eigenständiger Markenproperties eine immer stärkere Rolle. Pokemon ist mittlerweile mehr wert als Nintendo. Durch die Einbindung der Agentur in das Netzwerk finden starke Persönlichkeiten professioneller zu starken Marken.

Aus welchen Gründen heraus entscheiden sich Unternehmen für die Kommunikation mit einem Prominenten?
Die Veränderung der Rahmenbedingungen in der Kommunikation veranlasst viele Unternehmen umzudenken. Schließlich gilt es für werbetreibende Unternehmen sich aus der Masse der täglich über 2000 Werbebotschaften hervorzuheben und in den Köpfen der Verbraucher zu verankern. Bei gleichbleibendem Investment bekommen die Unternehmen immer weniger Awareness. Werbung braucht heute keine Argumente mehr für Produkte, denn die meisten Produkte sind sowieso austauschbar. Werbung braucht allein Aufmerksamkeit, und die gewährleisten Prominente.

Darüber hinaus können Testimonials eine Marke mit Emotionen aufladen und ihr „ein Gesicht" geben. Dieses Gesicht kann ein Produkt neben der klassischen Kommunikation auch bei Events, Incentives oder verkaufsfördernden Maßnahmen erlebbar machen – Markenführung zum Anfassen. Da lohnt sich der Einsatz von Persönlichkeiten in der Werbung für die Unternehmen.

Die Wirkung von Promi-Werbung ist schon signifikant höher als bei „normalen" Kampagnen. Gerade die Verkaufsförderung und die Platzierungen am Point of Sales wird durch einen Promi optimiert. Ein Beispiel dafür ist die Partnerschaft Nestlé/Lion und Oliver Kahn für die Weltmeisterschaft 2002. Durch diese Maßnahme erwirkte das Unternehmen eine bessere Produktplatzierung im Handel, dies wiederum führte zu einem deutlichen Anstieg des Umsatzes.

Auf welche Bedenken der Unternehmen treffen Sie bei dieser Art von Kommunikation?
Viele Unternehmen scheuen den Einsatz von Promis aus der Angst, der Star überstrahlt die Marke. So zumindest lautet oft das Argument. Allerdings überstrahlt der Prominente die Marke nur dann, wenn die Affinität zwischen Produkt und Persönlichkeit nicht stimmig ist und die Marketingstrategie nicht richtig umgesetzt wird.

Dabei kann durch eine Werbepartnerschaft mit einem Prominenten auch mit mittleren Etats eine respektable Medien-Präsenz sowie eine hervorragende Kommunikationswirkung erreicht werden, wenn das Konzept stimmt.

Was ist bei einer professionellen Vermarktung einer Person zu berücksichtigen?
Wer professionell Prominente vermarkten will, muss dem Werbekunden mehr bieten als nur Hochglanz-Fotos. Image-Daten aus der Marktwirtschaft und im Idealfall persönliche Affinitäten des Promis zu bestimmten Marken verringern das Risiko einer unglaubwürdigen Partnerschaft. Beratung über realistische Kommunikationsziele und Konzept-Entwicklung auf dem Weg von der innovativen Idee zur konkreten Umsetzung runden das Angebot einer professionellen Full-Service-Agentur ab. Die Professionalisierung im People-Business nimmt glücklicherweise zu, auch weil sich die Persönlichkeiten stärker für das Thema Vermarktung interessieren. Allerdings schauen meine Stars häufig überrascht, wenn ich ihnen sage, dass ich mich in erster Linie als Vertreter der Unternehmen betrachte. Doch diese Einstellung, die Person als Marke und aus der Sicht potenzieller Partnerfirmen zu sehen, hat sich bewährt. Was nützt es, wenn ich jemanden vertrete, aber keine Sponsoren für ihn finde. Also muss ich verstehen, was die Unternehmen wollen.

Nach welchen Kriterien entscheiden Sie sich für die Aufnahme einer Persönlichkeit in Ihrer Agentur?
Typen, bei denen die Voraussetzungen stimmen und von denen wir überzeugt sind, dass sie für Partnerschaften geeignet sind: starke und klare Persönlichkeit, erfolgreich, populär, smart und seriös. Eigenschaften, die nun mal nicht auf jeden Prominenten zutreffen.

Wie wichtig ist die Leistung des Prominenten?
Die permanente Leistung und außergewöhnliche Erfolge sorgen zwar für die größere Bekanntheit – und das ist die Basis – aber das allein reicht noch nicht. Entscheidend für die optimale Vermarktung

ist die Persönlichkeit, und dazu gehören der Charakter, die Ausstrahlung und die Sympathiewerte. Ebenso wichtig ist eine kontinuierliche Medienpräsenz – der schwierigste Teil. Verliert eine dieser drei tragenden Säulen an Kraft, muss neu justiert werden – zugunsten der anderen.

Um den Fit einer Persönlichkeit zu einer Marke/einem Produkt zu gewährleisten, sollten bei der Auswahl eines Prominenten für einen Werbepartner folgende Kriterien beachtet werden:

- Bekanntheit und Sympathie in der werberelevanten Zielgruppe
- Affinität zu Marke und Produkt
- Ausstrahlung, Persönlichkeit
- Professionalität, Einstellung
- Skandal-Risiko
- Bereits bestehende Werbeverträge

Wie wichtig ist die Glaubwürdigkeit für eine Partnerschaft?
Die wichtigste Voraussetzung für den Erfolg einer Partnerschaft zwischen werbetreibenden Unternehmen und Prominenten ist die Glaubwürdigkeit. Wenn die Zielgruppe die Werbebotschaft des Testimonials nicht annimmt, dann kann ein Sportler oder Schauspieler noch so prominent und erfolgreich sein.

Radikaler als Erfolglosigkeit oder mangelnde Glaubwürdigkeit wirken sich nur noch Dopingfälle oder andere Verfehlungen aus. So musste der Energiekonzern RWE die Werbekampagne mit dem designierten Fußball-Bundestrainer Christoph Daum notgedrungen einstampfen, nachdem dieser wegen Drogenenthüllungen in die Schlagzeilen geraten war.

Wie positionieren Sie eine prominente Person? Nach welchen Kriterien, nach welcher Strategie erfolgt der Imageaufbau?
Dafür habe ich in den letzten Jahren das Drei-Phasen-Modell zur Bestimmung des Vermarktungspotenzials und der passenden Strategie entwickelt. Nach dem persönlichen Vorgespräch mit mir bekommt die Person in der ersten Phase einen umfassenden Fragebogen mit zum Teil sehr persönlichen Fragen. Hierbei geht es um Selbsteinschätzung, persönliche Präferenzen und geplante Karriereschritte. Letzteres ist gerade im Hinblick auf die Zukunft einer Partnerschaft sehr wichtig. Denn es zählen nicht nur die vergangenen Erfolge. Aber auch bestimmte Bindungen zu Produkten (Person X liebt schon immer Nutella), auf die man aufbauen kann, und natürlich Produkte/Branchen, die absolut tabu sind, werden abgefragt.

In der zweiten Phase wird durch repräsentative Marktforschungsdaten die visuelle Bekanntheit, der Sympathiegrad, das Imageprofil sowie die Branchen- und Produkt-Affinität in unterschiedlichen Zielgruppen abgefragt. Damit definieren wir die Einschätzung der Öffentlichkeit.

In der dritten Phase führe ich sehr viele persönliche Gespräche mit führenden Werbeagenturen, frage sehr offen nach dem Potenzial des Stars und gewinne so wichtige Expertenmeinungen.

Schließlich werden diese drei Phasen exakt analysiert und münden in Abstimmung mit dem Prominenten in die Positionierung, der „Masterplan" entsteht. Nach Fertigstellung der Imagebroschüre gehen wir dann aktiv auf den Markt und wenden uns an potenzielle Unternehmen.

Der größte Erfolg mit Oliver Bierhoff war für mich nicht, insgesamt 17 Partner gefunden zu haben, sondern vielmehr die Tatsache, dass all diese Partner durch die Marktforschung treffsicher selektiert werden konnten.

Wie weit reicht die Toleranzgrenze der Unternehmen?
Da es hier um Menschen geht, kann man nicht alle Dinge im Vorfeld berücksichtigen. Ziel ist natürlich immer eine erfolgreiche Partnerschaft. Aber selbstverständlich sind Werbeverträge leistungsbezogen und enthalten Ausstiegsklauseln für den Fall von Skandalen. Allerdings muss in solch einem Fall der Skandal differenziert betrachtet werden, das heißt, man sollte zunächst die Situation analysieren und schauen, um welche Art von Skandal es sich handelt, und dann eine Entscheidung treffen. Dabei sind natürlich kriminelle Handlungen, Drogenmissbrauch und Doping die schädlichsten Vorkommnisse.

Nach welchen Kriterien werden die Honorare definiert?
Grundsätzlich gibt es keine Preisliste, dies wäre sogar unseriös. Aber niemand erwartet ernsthaft, das ein Prominenter kostenlos Werbung für ein Unternehmen macht. Der Preis entsteht auf Basis des Masterplans. Berücksichtigt wird, dass die Anzahl von Partnern begrenzt ist, wie viele Tage die Persönlichkeit zur Verfügung stehen kann und natürlich, welche kommunikativen Plattformen vom Partner genutzt werden können (zum Beispiel Musik-Tour, Produkt-Placement bei TV-Auftritten etc.).

Anschließend wird evaluiert, wie wichtig der potenzielle Partner für die eigene Image-Entwicklung ist und ob der Partner durch Promotions und anderes mehr diese Entwicklung unterstützt. Des weiteren ist das Honorar abhängig von Medium, Territorium, Vertragsdauer, etc. Dabei entwickeln wir zunächst mit dem Partner das Konzept und erst dann wird das Honorar verhandelt. Ziel ist immer, eine Win-win-Situation zu erreichen.

Wie haben Sie Oliver Bierhoff zur Marke gemacht?
Die Vermarktung von Oliver Bierhoff begann nach seinem „Golden Goal" zum Gewinn des EM-Titels in England 1996. Oliver schaute sich zu diesem Zeitpunkt nach einem Management um und ich realisierte, dass deutsche Fußballer extrem schlecht vermarktet wurden. Das führte nach langen Gesprächen zu einem neuen Ansatz, nämlich der Idee, einen Star als Marke zu positionieren. Oliver fand diese Idee Klasse und wir entschlossen uns daraufhin prinzipiell zur Zusammenarbeit. Besondere Herausforderung: Als Italien-Legionär war Oliver Bierhoff meist nur im unmittelbaren Umfeld von Länderspielen in den deutschen Medien präsent.

Dann entwickelte ich das Drei-Phasen-Modell, das die Grundlage für die Entwicklung des Masterplans wurde. Ein Masterplan umfasst die Positionierung, die Image-Entwicklung, das Sozial-Engagement, die Karriere-Planung, die bevorzugten Partner und die Bestimmung von Services (Rechtsanwalt, Finanzberatung , etc.).

Zu Beginn wurde sehr genau die Ausgangslage sondiert. Aus allen drei möglichen Perspektiven, die ein Sponsorship bestimmen, wurden die möglichen Partnerschaften beleuchtet:

Oliver Bierhoff selbst beantwortete einen Katalog von 60 Fragen. Welche Einstellung hat er selbst zum Sponsoring? Für was würde er werben und für was nicht. Die Bevölkerung wurde in einer repräsentativen Marktforschungsstudie um ihre Meinung zu Oliver Bierhoff befragt. Was denkt der potenzielle Kunde über ihn? Dann wurden Experten aus Agenturen in persönlichen Gesprächen befragt. Was benötigen werbetreibende Unternehmen und ihre beratenden Agenturen – also die potenziellen Sponsoren – für Entscheidungshilfen?

Die aus diesen Ergebnissen resultierenden Positionierungs- und Vermarktungsunterlagen erlaubten es interessierten Unternehmen, sich ein erstes Bild vom Werbewert Bierhoffs zu machen: Neben einem Porträt des Fußballers wurden Meinungsforschungsergebnisse mit Imagefaktoren und Branchenaffinitäten vorgestellt. Dazu kam ein Vermarktungsprofil aus möglichen Werbe- und PR-Maßnahmen, Lizenzrechten und TV-Auftritten. Eine klassische Vita mit persönlichen Daten und eine Kurzfassung des Fragebogens über persönliche Vorlieben brachten den Menschen Bierhoff näher.

Die minutiöse Analyse und Vorarbeit, die als Basis für den Abschluss zahlreicher Verträge diente, zeigt selbst jetzt noch kurz vor Ende der aktiven Karriere Wirkung. Gerade wurden neue Botschafter-Verträge mit Nike und Coca-Cola bis 2007 unterzeichnet. Übrigens: Nur Sportler mit sehr hohen Sympathiewerten verkraften gleichzeitige Auftritte für mehrere Marken ohne an Wirkung zu verlieren.

Hiermit haben wir das erste Mal eine Vermarktungs-Strategie für die Zeit nach Beendigung der aktiven Laufbahn eines Sportlers entwickelt und umgesetzt, was für mich zeigt, dass es tatsächlich gelungen ist, den Prominenten zur Marke zu machen.

Fußballer als Marke

Von Miriam Herzberg

1. Einleitung

Relevanz des Themas

Abbildung 1: Oliver Bierhoff kann als Pionier der Vermarktung von Fußballern bezeichnet werden (Quelle: www.bierhoff.de)

Fußball ist immer noch Volkssport Nummer Eins in Deutschland: Etwa 40 Prozent der Deutschen interessieren sich für Bundesliga, UEFA-Cup, Champions League und die Spiele der Nationalmannschaft. Allerdings ist Fußball seit einigen Jahren nicht mehr Fußball im klassischen Sinne, sondern Fußball ist zu einer von Marketing-Maßnahmen reorganisierten Sportart geworden: Immense Summen werden für die TV-Rechte-Vermarktung von Fußballspielen gezahlt, Fußballvereine gehen an die Börse, große Vermarktungsagenturen kaufen sich teilweise oder im Rahmen der Komplettvermarktung in die Fußballvereine ein.

Sportler im Allgemeinen und Fußballer im Speziellen gehören in Deutschland zu den Identifikationsfiguren, zu den Stars schlechthin. Junge, gut aussehende Spieler werden inzwischen allerdings nicht nur wegen ihrer sportlichen Leistung bewundert: Sie haben auch durch Magazine, wie zum Beispiel Bravo Sport, den Stellenwert von Pop- oder Filmstars erreicht. Teenager-Hysterie gab es schon immer:

> *„Neu ist nur der Doppelpass zwischen der Welt der Popbands und der des Fußballs." (Biermann, 1997, S. 33).*

Mit dieser Entwicklung einhergehend ist die Vermarktung von einzelnen Fußballern in den letzten Jahren immer populärer gewonnen; einzelne Leistungs- und Sympathieträger werden immer häufiger professionell vermarktet. Der Ausgangspunkt dieser Entwicklung ist bei Oliver Bierhoff anzusetzen, der seit seinem Golden Goal bei der Europameisterschaft 1996 und seiner anschließenden Omnipräsenz in der Werbung als Vorzeigebeispiel der professionellen Vermarktung gilt.

Kombination aus Mensch und Marke

Marken gewinnen in der Wirtschaft immer mehr an Bedeutung, da sie in übersättigten Märkten mit austauschbaren Produkten die einzige Möglichkeit sind, sich von der Konkurrenz dauerhaft zu differenzieren. Der Konsument vertraut Marken, sie geben ihm Orientierung in einer schnelllebigen Welt.

In den vergangenen Jahren wird gerade im Zusammenhang mit Pop- und Filmstars immer häufiger die Frage diskutiert, ob auch Menschen Marken sein können. Da Fußballer, wie oben erwähnt, zu Stars mit neuen Zielgruppen geworden sind, soll in diesem Zusammenhang folgende Frage geklärt werden: „Welchen Beitrag können Markenführungskonzepte zur Vermarktung von Fußballern leisten?". Hierzu werden zu Beginn des Beitrags werden die Rahmenbedingungen und generelle Charakteristika wie Markenbekanntheit, Markenpersönlichkeit und Markenidentität erläutert. Darauf folgt die Übertragung der

Komponenten der identitätsorientierten Markenführung auf Fußballer. Am Ende dieses Beitrags wird die Frage beantwortet, ob oder unter welchen Bedingungen Fußballer als Marken bezeichnet werden können.

2. Rahmenbedingungen

2.1 Professionalisierung des Fussballs

Fußball gilt spätestens seit dem Gewinn der Weltmeisterschaft 1954 als Deutschlands Volkssport Nummer Eins mit jahrelang steigenden Zuschauerzahlen, hohen Einschaltquoten bei jeder Liveübertragung und einer Massenfaszination, die sonst keiner Sportart zuteil wird. Fußball wird der Gruppe der Populärsportarten zugeordnet, zu denen in Deutschland auch Tennis, Formel 1 und der Straßenradsport gehören (vgl. Hahn, 1998, S. 8.). Laut UFA Fußball-Studie 1998 ist das Interesse an Fußball im Gegensatz zu 1994 von 61 auf 74 Prozent gestiegen, die Zahl der Stadionbesucher nahm von 9 auf 14 Millionen zu (vgl. Ufa Sports GmbH, 1998, S. 6).

Faszination

Sport verfügt grundsätzlich über zahlreiche Erlebnisdimensionen, wie Spannung, Technik, Kampf oder Schnelligkeit. Die Faszination am Sport erklärt sich durch Elemente wie Spaß, Unterhaltung, Spannung, Geselligkeit und dem Interesse an der betreffenden Sportart. (Siehe hierzu den Beitrag *Mit Mensch-Marken faszinieren*).

Speziell Fußball ist so beliebt, weil er leicht zu verstehen ist und als Synonym für Ausdauer, Dynamik, Technik, Tradition, Volksnähe und Spannung gilt. Ein Fußballspiel ist – wie jedes Spiel – nicht plan- oder voraussehbar und hält somit Überraschungsmomente bereit. (Siehe hierzu den Beitrag *Dienstleistungsmarketing – Konzept für den Menschen als Marke?*). Fußball löst bei Fans Emotionen aus, die sich innerhalb kürzester Zeit von Freude und Ausgelassenheit bis hin zu extremer Begeisterung oder Wut entwickeln können: „Fußball ist Spektakel und Ritual zugleich." (Hiel, 1991, S. 136).

Kommerzialisierung

Als Marken werden nicht nur die verstanden, die sich durch Sponsoring im Fußballumfeld engagieren, sondern auch die Bundesliga selbst. Champions League, UEFA-Cup oder Europa- und Weltmeisterschaften gelten inzwischen als Marke und werden dementsprechend kommuniziert: „Fußball ist die Summe vieler Marken." (Ufa Sports GmbH, 1998, S. 7).

Vereine sehen sich als Markenartikel und ziehen zur Bewertung ihres Markenstatus den Dreiklang von Bekanntheit, Sympathie und Fanpotenzial heran: Es ist für die Vereine wichtig, hohe Sympathiewerte zu erhalten, um ihre Fanpotenziale zu erhöhen. Hohe Sympathiewerte wirken sich aber auch in der Fernsehberichterstattung aus, denn mit hohen Einschaltquoten lassen sich große Vermarktungssummen rechtfertigen.

„Kommerzialisierung und Professionalisierung des Sports bedeutet also, dass der Markt als Austauschmechanismus innerhalb des Sports und mit anderen Systemen (wie etwa von Sport, Wirtschaft und Medien) zunehmend an Bedeutung gewinnt." (Andresen, 1994, S. 56).

Kommerzialisierung bedeutet aber auch, dass die Individualisierung und die Absicht, möglichst viel Geld zu verdienen, den von Sepp Herberger geforderten Mannschaftsgeist („Elf Freunde müsst Ihr sein!") in vielen Fällen ersetzt hat: Spieler werden zu Einzelkämpfern, denen ihr persönlicher Erfolg oder die Akquisition von Werbeverträgen wichtiger ist als der Teamgeist. „Fußball ist nicht mehr Fußball. Fußball ist Marketing.". Diese Meinung zahlreicher Experten begründet sich aus den Ereignissen der letzten Jahre und aus der Entwicklung, dass Marketing inzwischen als Nebeneinander eigenständiger Marketingstrategien für Spieler, Klubs, Ligen und Events gesehen wird. Im Rahmen der Kommerzialisierung planen immer mehr Fußballvereine, an die Börse zu gehen (Beispiel Borussia Dortmund) oder sie wenden sich an professionelle Vermarktungsagenturen.

2.2 Steigende Verehrung der Fussballer

In den letzten Jahren hat nicht nur eine Professionalisierung des Fußballs, sondern auch ein Wandel der Spieler selbst stattgefunden:

„Kaum, dass sie einen Ball geradeaus spielen können, werden sie gehätschelt und getätschelt, mit Geld zugeschüttet, zu nationalen Helden erklärt und als solche gefeiert. Jedes Wort gewinnt durch millionenfache Verbreitung das Gewicht einer Regierungserklärung, und sei es noch so unsinnig oder einfach dahingeplappert." (Freudenreich 1997).

Es wundern sich nicht nur Präsidenten von Fußballvereinen, wie beispielsweise Gerd Niebaum von Borussia Dortmund darüber, dass Fußballer inzwischen wie Popstars behandelt und angehimmelt werden. In diesem Zusammenhang gilt besonders die *Bravo Sport* als das „Verkündigungsblatt und Anheizer der Teenie-Fußballer-Mania" (Biermann, 1997, S. 33), die mit dieser Art der Berichterstattung neue Zielgruppen erschließt. Die Themen, ähnlich dem Mutterblatt, beschäftigen sich mit den Beziehungen der Fußballer, mit ihren Vorlieben für Musik, Filme und Autos und verkaufen sich alle zwei Wochen in tausendfacher Auflage.

Die wesentliche Triebkraft dieser Entwicklung vermutet der Leiter des Instituts für Sportpublizistik in Köln, Professor Josef Hackforth, im Fernsehen als Leitmedium. Es ist eine Boulevardisierung der Sportberichterstattung ausgehend vom Privatsender SAT.1 zu beobachten: In den letzten Jahren wandelte sich die Sportschau zu Fußballshows wie *ran* oder *ranissimo*, die nicht nur an der Leistung der Spieler auf dem Platz, sondern auch an deren privatem Umfeld interessiert sind. Fußballer werden zu Ikonen der Unterhaltungsindustrie, der es ansonsten an wirklichen Helden fehlt, und Uli Hoeneß, Manager des FC Bayern München, bezeichnet die Profis des FC Bayern München nicht mehr als Fußballer, sondern als Entertainer (Freudenreich 1997).

Abbildung 2: Fußballer, wie hier Michael Ballack, werden verehrt wie Popstars (Quelle: Website Bayern München, http://www.fcbayern.t-online.de/imperia/md/images/fotogalerien0203)

Fußballer eignen sich als Helden oder Ikonen, weil sie nicht nur für Kinder und Jugendliche, sondern auch für die meisten älteren Fans als Vorbilder fungieren. Der Fußballer bietet für den Fan ein großes Identifikationspotenzial. Erhard Thiel zitiert in seinem Buch *Sport und Sportler – Image und Marktwert* Ergebnisse der Umfrage des Dr. Salcher Team, in der attraktive Attribute im Leben eines Spitzensportlers abgefragt wurden. Am meisten werden sie um ihr Geld beneidet, sie leisten etwas, was andere nicht können, was aber als erstrebenswert angesehen wird. Weiterhin haben sie den Erfolg, von dem jeder träumt, sie führen ein attraktives Leben, und sie haben die Möglichkeit, zu Weltbürgern zu werden (vgl. Thiel, 1991, S. 33).

Nach Hansi Müller in den 70er und 80er Jahren war Lars Ricken von Borussia Dortmund vor einigen Jahren der erste, der besonders von den weiblichen Fans verehrt wurde, jedoch aufgrund eines Werbespots für Nike und darauf folgender sportlich schlechter Leistungen in die Kritik geriet. (Der Spot begann mit den Worten: „Ich sehe Männer in Nadelstreifen" und kritisierte die Kommerzialisierung. Lars Ricken als gut verdienender Jungstar wurde durch diesen Werbespot für die Fans unglaubwürdig und galt von diesem Zeitpunkt an als arrogant.). Inzwischen rückt bei der Vernetzung von Markenwelten und Popkultur der Fußball immer mehr in den Hintergrund. So hat beispielsweise die Süddeutsche Zeitung über Mehmet Scholl berichtet, dass dieser beim „Familientag" einer Lebensmittelkette auf der Theresienwiese mit Gekreische empfangen und mit Kuscheltieren beworfen wurde.

> *„Der Trubel um den Bayernstar mit den niedlichen Hasenzähnen steht exemplarisch für eine neue Form von Heldenverehrung in der Bundesliga." (Biermann, 1997, S. 31).*

Es ist bei der jungen Zielgruppe und vor allen Dingen bei einer weiblichen Zielgruppe oft nicht entscheidend, ob jemand Tore schießt oder dauerhaft erfolgreich ist: Solange der Spieler gut aussieht und sich zu artikulieren weiß, wird er verehrt:

> *„Wer sich in die Herzen der ganz jungen Fans spielen will, der sollte nicht nur jung sein, sondern auch so locker, flapsig und schlagfertig wirken, wie diese selber gerne wären (‚Herr Scholl, wie war es, als der Kanzler in die Kabine kam? – Eng!') " Biermann, 1997, S. 32).*

Grund für die mögliche Verbindung zwischen einem Fußballer und einer Marke „ist die wachsende Präsenz von Sport in den Medien, allen voran im Fernsehen. Fußballtrainer wie Winfried Schäfer, Ottmar Hitzfeld und Erich Ribbeck tauchen fast so oft auf dem Bildschirm auf wie manche ‚Tagesschau'-Sprecher. Athleten und ihre Sponsoren nutzen die Bühne, die ihnen der Ausbau der Sportberichterstattung und das gestiegene gesellschaftliche Interesse am Sport geliefert haben." (Karle, 1999).

In der Studie *Sportstars vor der Kamera* von IFM Medienanalysen und der ESB Europäischen Sponsoring Börse wurden zwischen Juli 1998 und Juni 1999 alle im Fernsehen ausgestrahlten Sportbeiträge ausgewertet, um Aussagen über die Attraktivität von Sportarten und Sportlern als Testimonials treffen zu können. Ergebnis: 57,8 Prozent der ausgewerteten Interviews wurden im Fußballsektor gesendet, die restlichen 42,2 Prozent entfielen auf alle anderen Sportarten. (Formel 1, Tennis, Radsport, Leichtathletik, Basketball, Boxen, Skispringen und andere Sportarten). Interessant ist, dass Ottmar Hitzfeld, der Trainer von Bayern München, im Untersuchungszeitraum 2.373 Interviews mit einer Gesamtdauer von 22 Stunden, 32 Minuten und 51 Sekunden gegeben hat. Der Exnationalspieler Lothar Matthäus belegte mit 1.520 Interviews und einer Sendedauer von 9 Stunden, 20 Minuten und 51 Sekunden den vierten Platz (vgl. Deck/Michler, 1996, S. 26).

Im Zusammenhang mit den vorgestellten Rahmenbedingungen und der Tatsache, dass immer mehr Fußballer als Einzelsportler vermarktet werden, stellt sich die Frage, ob Fußballer eine Marke sind oder wie sie zu einer solchen werden können. Es muss angemerkt werden, dass sich die Betrachtung der Fußballer hauptsächlich auf Bundesligafußballer oder Fußballer im internationalen Geschäft bezieht, da sich Fußballer, die in der Regionalliga spielen, aufgrund mangelnder Bekanntheit nicht zu einer nationalen oder internationalen Vermarktung eignen.

3. Übertragung der identitätsorientierten Markenführung auf Fussballer

3.1 Markenbekanntheit

Das Konzept der identitätsorientierten Markenführung setzt Bekanntheit voraus, wenn die Betrachtung der Wechselseitigkeit von Selbst- und Fremdbild vorgenommen wird. Da auch im Fall der Fußballer die Bekanntheit als Grundvoraussetzung für die Vermarktung gilt, soll sie an dieser Stelle genauer betrachtet werden.
Das Image eines Fußballers muss über drei Komponenten verfügen, um ihn zu einem Vorbild zu machen:

1. Die Bekanntheit gilt als Grundvoraussetzung, um die Medienwirkung und Aufmerksamkeit zu erzeugen.
2. Die Sympathie eines Fußballers schafft Akzeptanz bei der Zielgruppe, also bei den Fans.
3. Um sich zu einer Vermarktung zu eignen, ist als dritter Faktor die Glaubwürdigkeit notwendig, um eine Akzeptanz im Zusammenspiel mit dem Unternehmen oder einer Marke zu sorgen. Eine Übervermarktung kann dazu führen, dass der Spieler unglaubwürdig wird (vgl. Thiel, 1991, S. 43; Andresen, 1994, S. 142).

Die Bekanntheit eines Fußballers hat ihren Ursprung in einer außergewöhnlichen sportlichen Leistung. Da Fußball in Deutschland die Sportart mit der meisten Sendezeit im Fernsehen darstellt, wird ein Fußballer sehr schnell sehr bekannt, wenn er in einem Spiel oder über einen längeren Zeitraum gute

Leistungen bringt, kuriose Tore schießt oder sich durch kontroverses Verhalten in das Blickfeld der Medien bringt.

Durch die Berichterstattung in den Medien können Fußballer in kürzester Zeit zu Helden oder zu Verlierern werden: Oliver Reck, der aufgrund eklatanter Torwartfehler in seiner Zeit bei Werder Bremen immer wieder als „Pannen-Olli" bezeichnet wurde, sagt zu diesem Thema:

> *„Heute sehe ich das viel gelassener. Mit Teilen der Presse habe ich zwar immer noch meinen Kampf, aber letztendlich leben wir Spieler von den Medien, und die Medien wiederum leben von uns." (Rollmann, 1997, S. 86).*

Neben der Bekanntheit sind Sympathie und Glaubwürdigkeit zu betrachten: Wer eher durch Werbung oder ein ausschweifendes Privatleben auffällt, ohne sportliche Leistung zu bringen, ist zwar bekannt, kann auch sympathisch sein, aber nicht glaubwürdig. Dieses Phänomen kann an dem ehemaligen Nationalspieler Mario Basler beobachtet werden: Es ist bekannt, dass dieser trotz seiner Verpflichtung als Fußballprofi raucht, trinkt und ausgiebig feiert. Die Glaubwürdigkeit ergibt sich einerseits aus der sportlichen Leistung, aber auch aus dem dazugehörigen Verhalten, das die Öffentlichkeit von einem Fußballer erwartet: „Plötzlich erscheinen die Posen arrogant, plötzlich wird jede Geste, jede Antwort auf Reporterfragen auf die Goldwaage gelegt." (Albus/Kriegeskorte, 1999, S.158).

Bei der Markenbetrachtung und Bekanntheitsmessung ist es wichtig, dass sowohl Verwender als auch Nicht-Verwender befragt werden. Bei einer Übertragung auf Fußballer muss darauf geachtet werden, in welcher Zielgruppe die Bekanntheit gemessen wird: Wer sich nicht für Fußball interessiert, kennt unter Umständen die Spieler nicht. Die Unternehmen müssen prüfen, ob dieser Nicht-Verwender in Zukunft zur Zielgruppe gehören soll, bei der Kommunikation mit Fußballern muss dies ebenso beachtet werden.

Zusammenfassend kann gesagt werden, dass Bekanntheit die Grundvoraussetzung für den Erfolg eines Fußballers ist und sich in der Regel aus der herausragenden sportlichen Leistung ergibt. Wenn diese Leistung kontinuierlich gezeigt wird, sich daraus eine entsprechend hohe Bekanntheit ergibt, und diese mit Sympathie und Glaubwürdigkeit kombiniert wird, sind die Voraussetzungen geschaffen, die einen Fußballer dauerhaft zur Marke werden lassen.

3.2 Markenpersönlichkeit

Die Überlegungen zur Markenpersönlichkeit sind entstanden, weil man vermutet hat, dass nicht nur Menschen, sondern auch Marken eine Persönlichkeit besitzen können. Die Markenpersönlichkeit als wichtigstes Element des Markenimages geht davon aus, dass Menschen die Marken kaufen, deren Markenpersönlichkeit ihrer eigenen Persönlichkeit am ehesten entspricht. Bei Marken wird des Weiteren darauf geachtet, dass sie Persönlichkeiten bekommen, die möglichst einzigartig sind, um sich von der Konkurrenz zu unterscheiden. (Siehe hierzu die Beiträge *Einführung in Marketing und Markenführung* sowie *Konzepte der Markenführung*).

Menschen haben bereits von Natur aus eine ihnen eigene Persönlichkeit, die sie von ihren Mitmenschen differenziert. Bei Fußballern kommt zur menschlichen Persönlichkeit die sportliche Persönlichkeit hinzu, also die Art, wie sie sich auf dem Fußballplatz präsentieren. Je mehr Übereinstimmungen es zwischen menschlicher und sportlicher Persönlichkeit gibt, desto glaubwürdiger tritt der Spieler auf.

Rainer Hahn stellt im Rahmen des Personality-Scouting Kriterien auf, wann ein Sportler als Persönlichkeit bezeichnet werden kann:

„Eine Persönlichkeit wächst im Laufe des ständigen Austausches mit den Medien, der Wirtschaft und der Präsenz in der Öffentlichkeit. Sie gibt sich jederzeit souverän, ohne sich anzubiedern. Sie zollt der Konkurrenz und ihrem Umfeld Respekt und erkennt deren Leistung an. Sie kann zugleich führen und motivieren; die Leistungsfähigkeit und Effektivität des Umfeldes steigt. Echte Persönlichkeiten sind ständig bereit, weiter zu lernen und zu optimieren. Sie können als Individuum und als Teammitglied glänzen. Eine Persönlichkeit muss nicht immer auf dem obersten Treppchen stehen, um weltweites Ansehen zu genießen. Persönlichkeiten haben Weitblick und sind in der Lage, visionär zu denken." (Hahn, 1998, S. 5).

Hahn ist der Meinung, dass es in Deutschland nur noch wenige Persönlichkeiten im Sport gibt. Er zählt lediglich Ausnahmesportler zu den wirklichen Persönlichkeiten, wie zum Beispiel Boris Becker und Steffi Graf. In kleineren Sportarten sieht er den Rodler Georg Hackl, den Leichtathleten Dieter Baumann (vor dem Doping-Skandal) oder den Skispringer Dieter Thoma als Persönlichkeiten. Die Fußballer Lothar Matthäus oder Oliver Bierhoff bezeichnet er als „Sportler mit Ausstrahlung" mit Ähnlichkeit einer Persönlichkeit (vgl. Hahn, 1998, S. 7).

3.2.1 Gestaltung der Markenidentität

„Die Identität entsteht immer aus einer Kombination mehrerer Merkmale oder Eigenschaften, die aufeinander abgestimmt sein müssen und letztlich ein und dieselbe Person bzw. Markenpersönlichkeit widerspiegeln." (Meffert/Burmann, 1996, S. 36).

Die Identität eines Unternehmens wird bestimmt durch gegenwärtige Elemente und Strukturen, die historische Entwicklung und deren Rückwirkung auf die eigene Bewusstseinslage und die Umwelt, durch seine Unternehmenskultur als Verknüpfung von Geschichte, Werten und Verhaltensnormen und durch seine Potenziale und Grenzen (vgl. Birkigt/Stadler/Funck, 1998, S. 68).

Genauso wie sich die starke Markenidentität nur über einen längeren Zeitraum entwickelt, wächst die Identität eines Fußballers erst im Laufe mehrerer Jahre heran. Die Identität setzt sich – ähnlich der Unternehmensidentität – aus der gegenwärtigen Situation des Spielers, aus seiner Entwicklung im Laufe der Jahre, aus seiner Einstellung und Haltung bestimmten Problemen gegenüber und aus der Planung für die Zukunft zusammen. Die generelle Bedeutung der Markenidentität für die Einstellung und das Verhalten gegenüber der Marke wird beeinflusst von der Stärke der persönlichen Identität des Individuums.

Auch bei Fußballern kommt es darauf an, von wem die Identität bewertet wird: Wenn ein Fußballer von den Fans als „ihre Marke“ angesehen und akzeptiert werden will, darf seine Identität nicht zu unterschiedlich zu der seiner Fans sein. Rainer Holzschuh, Chefredakteur des *kicker Sportmagazin*, ist der Meinung, dass Anti-Fan-Verhalten dem Fußballer und seiner Identität trotz guter sportlicher Leistung schaden kann. Anti-Fan-Verhalten kann mehrere Aspekte enthalten: Es tritt auf, wenn Spieler den Fans zeigen, wie gleichgültig sie ihnen sind oder dass sie sowohl finanziell als auch allgemein über ihnen stehen. Die Fans dürfen nicht das Gefühl bekommen, dass die Spieler abheben. Die Spieler sind verpflichtet, sich darauf zu besinnen, wer ihren Erfolg nicht nur finanziell unterstützt. (Interview Rainer Holzschuh, Chefredakteur *kicker Sportmagazin*, 10.01.2000).

Im weiteren Verlauf des Kapitels werden die vier Identitätsmerkmale, das Image des Fußballers, die sechs Typen und die 13 Komponenten der Markenidentität auf Fußballer übertragen.

3.2.2 Die vier Identitätsmerkmale

Die starke Identität ist durch vier Merkmale gekennzeichnet:

Individualität: Bei Menschen entsteht Individualität bereits aus den vorhandenen biologischen Merkmalen. Entsprechend ist auch bei Fußballern die Individualität dadurch gewährleistet, dass sich jedes Individuum zunächst durch Äußerlichkeiten, aber auch durch innere Werte von anderen unterscheidet. Die Individualität der Person des Fußballers kann unterstützt werden durch seine Art, Fußball zu spielen: Zum Beispiel betonen Ausnahmespieler, wie sie mit dem Ball umgehen, Freistöße, Elfmeter oder Tore schießen bzw. durch Kampfgeist und Einsatz auf dem Spielfeld.

Kontinuität der essenziellen Merkmale: Um Kontinuität zu gewährleisten, müssen wichtige Merkmale der Person oder Marke über einen längeren Zeitraum hinweg konstant bleiben. Meffert/Burmann unterscheiden akzidentielle Merkmale, die variabel sind, ohne dass sich die Identität ändert und essenzielle Identitätsmerkmale, die eine Person oder eine Marke identifizierbar machen. (Siehe hierzu den Beitrag *Konzepte der Markenführung*). Akzidentielle Merkmale eines Fußballers sind beispielsweise der Verein, bei dem er spielt, sein Kleidungsstil oder seine derzeitige Finanzsituation. Diese Merkmale können sich ändern, ohne dass sich die Identität des Spielers ändert. Essenzielle Merkmale, wie Geschlecht, Geburtsdatum sowie bestimmte Körpermerkmale oder seine Art, Fußball zu spielen, hingegen machen den Fußballer identifizierbar und bestimmen seine Identität. Die Bestimmung der für die Markenidentität des einzelnen Fußballers essenziellen Merkmale kann nur speziell für jeden Spieler und situationsbedingt erfolgen. Um allerdings eine ausgeprägte Identität aufzubauen und zu pflegen, muss die Kontinuität der essenziellen Merkmale gewährleistet sein.

Konsistenz: Im Gegensatz zur Kontinuität bezieht sich die Konsistenz nicht auf einen Zeitraum, sondern auf einen konkreten Zeitpunkt, bei dem vermieden werden sollte, dass Widersprüche in der Markenkommunikation entstehen. Wenn ein Fußballer als starke Persönlichkeit gelten will, muss er seine Persönlichkeitsmerkmale widerspruchsfrei kommunizieren. Er kann entweder immer gleich bleibend auftreten oder die Konsistenz im ständigen Wandel sehen.

Wechselseitigkeit: Erst im Zusammenhang mit dem Identitätsmerkmal der Wechselseitigkeit definieren Meffert/Burmann den Begriff der Markenidentität: Die Stärke der Identität wird demnach zum Großteil davon geprägt, wie ähnlich Selbst- und Fremdbild sind – im Idealfall stimmen sie überein. Eine starke Identität kann nur dann entstehen, wenn ein Austausch zwischen der Innen- und Außenwelt der Marke, also in diesem Fall zwischen Selbst- und Fremdbild des Fußballers stattfindet. Wenn ein Fußballer selbst etwas völlig anderes von sich denkt als die Fans, kann sich keine glaubwürdige und prägnante Markenidentität bilden. Erst bei einer Übereinstimmung zwischen Selbst-, Fremdbild und im Idealfall noch mit der Identität des Konsumenten, also des Zuschauers, kann der Fußballer zu einer starken Marke werden. Eine Marke entsteht durch das Vertrauen der Konsumenten, das sich in Identität als notwendige und Kompetenz als hinreichende Bedingung aufgliedern lässt (Meffert/Burmann, 1996, S. 24). Ein widerspruchsfreies, konsistentes und zuverlässiges Verhalten eines Fußballers ist nur dann möglich, wenn er ein klares Bild von sich selbst und seiner Vergangenheit hat. Erst mit einer starken Identität wird er von anderen als verlässlich und vertrauenswürdig anerkannt. Menschen ohne Identität wird kein Vertrauen entgegengebracht.

Wie zu Beginn erwähnt, ist die Kompetenz – also die sportliche Leistung – Grundvoraussetzung für alle weiteren Elemente, die den Fußballer als Marke ausmachen: Wer nicht auf Dauer durch sportliche Leistung auffällt, kann keine glaubwürdige Identität als Fußballer aufbauen und mit dem Vertrauen der Fans rechnen. Doch: „Leistung allein macht noch kein Idol." (Thiel, 1991, S. 19).

Über die Leistung und die Glaubwürdigkeit hinaus muss der Fußballer über Charisma verfügen und ein entsprechendes Image besitzen, um zu einem Idol zu werden. (Siehe über Charisma den Beitrag *Mit Mensch-Marken faszinieren*).

3.2.3 Markenidentität und Image

Images sind Vorstellungsbilder von einem Meinungsgegenstand. (Siehe hierzu den Beitrag *Wenn Persönlichkeiten wirken: das Image*). Sie beeinflussen die Wahrnehmung und das Urteilsvermögen von Menschen. Die Identität und das Image eines Menschen können sich annähern oder nahezu übereinstimmen, allerdings kann das Image immer nur das Abbild der Identität sein.

Die Markenidentität entsteht durch den Austausch zwischen internen und externen Bezugsgruppen. Die Image bildende externe Meinung der Konsumenten steht dabei im Mittelpunkt (vgl. Meffert/Burmann, 1996). Verwender und Nicht-Verwender können ein sehr ambivalentes Bild der Marke entstehen lassen. Verwender sind im übertragenen Sinn Menschen, die sich für Fußball interessieren oder Fans. Nicht-Verwender sind Menschen, die sich nicht für Fußball interessieren und somit keine Fußballer kennen. Entsprechend des Fußballinteresses variieren die Sympathie- und Imageeinschätzungen über Fußballer: Während Fußballfans die Spieler einzeln bewerten und Qualitäten, wie beispielsweise Leistungsstärke, Kampfgeist, Ausdauer, Torgefährlichkeit, Fitness oder Übersicht schätzen, werden Nicht-Kenner eher den Fußball allgemein und nicht speziell den Spieler bewerten. Da sie keine Fans sind, werden vermutlich eher Merkmale wie „Dynamik", „Schnelligkeit", „Kraft" genannt. Menschen, die Fußball ablehnen, werden den Sport entsprechend der gängigen Vorurteile mit Begriffen wie „Prolltum", „Vokuhila-Träger", (Bezeichnung für die typische Fußballerfrisur: „Vorne kurz, hinten lang")

„Gewalt“, „Primitivität“ oder „Vermarktungs-Overkill“ charakterisieren. Das Image des Fußballers kann also lediglich von externen Bezugsgruppen bewertet werden, die einen Bezug zum Fußball haben.

Aus welchen Faktoren setzt sich das Image des Fußballers zusammen? Das Image wird in erster Linie beeinflusst von seiner sportlichen Leistung. Zusätzlich trägt die Vereinszugehörigkeit zur Imagebildung bei: Wer beim FC Bayern München spielt, hat ein anderes Image als ein Spieler von Hansa Rostock. Während Spieler beim Rekordmeister München als Stars gelten und sich meist dementsprechend verhalten, gelten Vereine wie Hansa Rostock oder VfL Wolfsburg als die „Underdogs“. Das Image eines Spielers wird auch dann geprägt, wenn die sportliche Leistung konsequent qualitativ hochwertig ist und beispielsweise eine Nominierung für die Nationalmannschaft zur Folge hat. Darüber hinaus wird das Image des Fußballers bestimmt durch die Langfristigkeit seiner Karriere:

> *„Langjährige Erfolge schmieden ein beständiges Image und halten den Marktwert genau so beständig auf hohem Niveau. Wichtig: Erfolge müssen über einen längeren Zeitraum bestätigt werden.“ (Thiel, 1991, S. 132).*

Gerade heutzutage spielen neben der sportlichen Leistung auch andere Faktoren eine Rolle, wenn das Image eines Fußballers bewertet wird: So trägt gerade bei jungen Spielern, wie zum Beispiel Mehmet Scholl oder Christoph Metzelder, ein attraktives oder ein „cooles“ Aussehen zur positiven Imagebildung bei. Da Fußballer mit dem Vorurteil leben müssen, eher als primitiv oder dumm (als Beispiel drei bekannte Zitate: „Mailand oder Madrid – Hauptsache Italien!“ (Andreas Möller), „Das wird alles von den Medien hochsterilisiert.“ (Bruno Labbadia), „Ich fliege irgendwo in den Süden – vielleicht nach Kanada oder so.“ (Mehmet Scholl) charakterisiert zu werden, wirkt es sich positiv aus, wenn sich ein Fußballer (im Notfall durch entsprechende Kurse) fehlerfrei artikulieren kann und nicht jeden Satz mit dem obligatorischen „Ja gut, ich meine ...“ beginnt.

Fußballer, die durch außergewöhnliche sportliche Leistungen Schlagzeilen machen, werden zu Personen des öffentlichen Lebens und erscheinen inzwischen auch aufgrund ihres Privatlebens in Lifestyle- oder Klatschmagazinen: Zum Beispiel wurde ausführlich über die Liaison des Bayernspielers Lothar Matthäus mit Maren Müller-Wohlfahrt berichtet, der wesentlich jüngeren Tochter des Mannschaftsarztes der Bayern. In diesem Zusammenhang erschien in der Gala vom Februar 2000 in der Rubrik „Glamour-Check“ ein Bericht, in dem überprüft wurde, ob der prominente Fußballer „Zauber und Glanz“ besitzt. (Trotz seiner Vorliebe für Versace und Prada und seinen ganz persönlichen Modetipps („Der Gürtel muss zu den Schuhen passen.“) wurde Lothar Matthäus als zu „kernig-männlich“ bezeichnet, um über wirklichen Glamour zu verfügen).

Wenn ein Fußballer heute bereit ist, sich dem Medieninteresse zu stellen und sich zu einer Person des öffentlichen Lebens machen zu lassen, muss er sich dessen bewusst sein, dass sein Image nicht nur von der sportlichen Seite, sondern auch von zahlreichen anderen Faktoren mitbestimmt wird.

3.2.4 Typen der Markenidentität

Die vorgestellten Typen der Markenidentität beziehen sich auf Individuen, Gruppen und Objekte (zum Beispiel Marken). Als Betrachtungsweise existieren die Innen- und die Außenperspektive. Zur Charakterisierung der Markenidentität des Fußballers wird eine Kombination aus den Faktoren „Individuum" (der Fußballer) und „Objekt" (Marke) vorgenommen.

Die Innenperspektive des Individuums – die persönliche Identität oder Ich-Identität – wird gleichgesetzt mit der Innenperspektive des Objektes, dem Selbstbild der Markenidentität. Gleichzeitig entspricht die Außenperspektive des Individuums – die soziale Identität – der Außenperspektive des Objektes und somit dem Fremdbild der Markenidentität.

Das Selbstbild der Marke entsteht durch interne Gruppen, wie beispielsweise Führungskräfte, Mitarbeiter oder Eigentümer. Die persönliche Identität oder die Ich-Identität eines Fußballers ist das Bild, das er von sich selber hat. Die Wurzeln der Ich-Identität eines Fußballers liegen in der Biografie des Spielers. Nur durch eine starke Identität kann ein Fußballer glaubwürdig auftreten und somit die Basis für das Entstehen von Vertrauen von außen schaffen. Ein Wechsel der Identität oder der Persönlichkeit kann nur sehr langsam realisiert werden. Im Zusammenhang mit der sozialen Identität (oder auch dem Fremdbild der Markenidentität) wird der Fußballer von außen eingeschätzt – Personen urteilen also anhand bestimmter Kriterien über die Identität des Fußballers. Bei einer Marke sind dies externe Bezugsgruppen, wie beispielsweise Kunden, Lieferanten, Handel oder Behörden. Externe Bezugsgruppen des Fußballers sind der Fußballverein, für den er gerade spielt, der Vorstand, der Trainer, die Mannschaftskollegen, die Fans, die Medien und sein Familienumfeld.

3.2.5 Komponenten der Markenidentität

Nachdem anhand des Images die Außenperspektive des Fußballers erläutert wurde, soll nun auf den Markenkern und die Markenphilosophie, also den Fußballer selbst eingegangen werden. Meffert/ Burmann (1996) gehen davon aus, dass sich die Markenphilosophie als Selbstbild der Marke aus 13 Unterpunkten zusammensetzt. Es wird an dieser Stelle geprüft, ob eine Adaption auf Fußballer in allen Punkten möglich ist.

3.2.5.1 Technisch-qualitative Gestaltung

Die technisch-qualitative Gestaltung der Marke gehört zu den wichtigsten Komponenten der Markenidentität. Allgemeine Grundvoraussetzung ist die hohe Qualität. Sie wird heutzutage als selbstverständlich vorausgesetzt. Auch bei Fußballern gilt die fußballerische Qualität und die allgemeine sportliche Leistung als Grundvoraussetzung, damit sie in den Medien vertreten sind und Teil des öffentlichen Lebens werden. Wenn die Marke durch Leistung überzeugt und der Markenkern konstant bleibt, kann sie durch die Markenpolitik jede Identität „verpasst" bekommen. Auch Fußballer können sich vieles erlauben, wenn ihre sportliche Leistung stimmt.

Produkte bleiben Produkte und werden nicht zu Marken, wenn sie sich nicht durch einzigartige Merkmale differenzieren. Fußballer bleiben Mitläufer, wenn sie nicht durch besondere Eigenschaften aus der Masse der zahlreichen Spieler herausstechen: Zum Beispiel wurde Dieter Eillts, ehemaliger Abwehr-

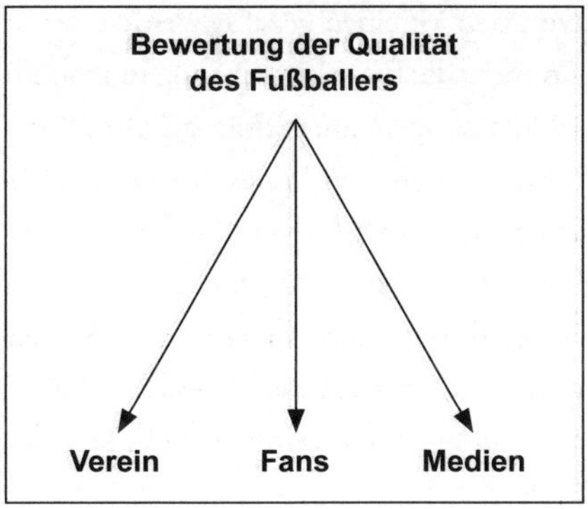

Abbildung 3: „Dreieck" zur Beurteilung des Fußballspielers

spieler von Werder Bremen und Nationalspieler, immer als der ruhige, zurückhaltende Spieler beschrieben, der zwar als Leistungsträger für die Mannschaft unabdingbar war, der aber kein Alleinstellungsmerkmal hatte, das ihn als Marke interessant und einzigartig gemacht hätte.

Bei jungen Spielern gibt es kaum Möglichkeiten, die restlichen Kriterien zur Markenbildung zu erfüllen, wenn die technisch-qualitative Gestaltung nicht gewährleistet ist. Bei älteren Spielern, die möglicherweise eine erfolgreiche Karriere bereits beendet haben, steht nicht mehr die aktuelle Qualität, sondern die Markenhistorie im Vordergrund (siehe unten).

Die Beurteilung der Qualität des Spielers setzt sich aus einem Dreieck aus Verein, Fans und Medien zusammen. Während der Fan eher im privaten Bereich mit Freunden über die Leistung des Spielers fachsimpelt, kann sich eine Beurteilung von Seiten des Vereins für den Fußballer positiv oder negativ auswirken. Bei konstant schlechter Leistung wird beispielsweise sein Vertrag nicht verlängert, und er muss sich nach einem neuen Arbeitgeber umsehen.

Die Qualitätskontrolle der Medien äußert sich über die reguläre Berichterstattung hinaus in Kategorien wie „Spieler", „Verlierer", „Pechvogel" und „Mannschaft des Tages", „Mannschaft des Jahres" oder in der inzwischen berühmt-berüchtigten Benotung durch das *kicker Sportmagazin*, die regelmäßig von den meisten Fußballern gelesen und je nach Beurteilung akzeptiert oder kritisiert wird. Entscheidend ist, dass Sportler auch als Marke in erster Linie Sportler bleiben müssen. So sagte Oliver Bierhoff beispielsweise in einem Interview:

„Ich bin nicht der Clown, der auf Befehl tanzt." (o.V., 1997b, S. 94).

3.2.5.2 Preisstellung/Exklusivität

Die technisch-qualitative Gestaltung als Grundvoraussetzung gibt einen groben Rahmen für das Preisniveau der Markenprodukte vor: Wenn also Fußballer in der Bundesliga oder in internationalen Ligen der höchsten Klasse spielen, ist die Exklusivität bereits gegeben. Vor der Betrachtung der Preisstellung muss für Fußballer eine andere Definition vorgenommen werden:

Der Fußballer selbst ist für den Fan nicht zu kaufen. Allerdings ist das Umfeld des Spielers mit dem Erwerb von Eintrittskarten oder Merchandisingartikeln käuflich zu erwerben. Die Preise variieren von Fußballverein zu Fußballverein: Zum Beispiel muss der Fan beim FC Bayern München wesentlich mehr für eine Eintrittskarte zahlen als der Fan in Rostock. Ähnlich verhält es sich mit der Preisgestaltung von Trikots oder weiteren Merchandisingartikeln.

Die Preisstellung bezieht sich ebenfalls auf die Summen, die von den Vereinen gezahlt werden, wenn Fußballer den Verein wechseln (Ablösesumme) oder auf die Summen, die für seine Leistung monatlich gezahlt werden. Im Zusammenhang mit der Preisstellung hat 1996 das sogenannte „Bosman-Urteil" für einen Umbruch in der Fußballbranche gesorgt: Jean-Marc Bosman wollte den Verein wechseln, aber er wurde von seinem aktuellen Verein nicht ablösefrei abgegeben. Bosman sah daraufhin die Ablösesumme als Verletzung des Rechts auf freie Wahl des Arbeitsplatzes an und klagte bis zum Europäischen Gerichtshof. Er bekam Recht und seitdem müssen Vereine keine Ablösesummen mehr für Fußballer bezahlen, deren Vertrag ausgelaufen ist. Besteht allerdings ein Vertrag, müssen nach wie vor Ablösesummen bezahlt werden, die sich nach Jahresgehalt, Spielstärke, Alter und Vereinszugehörigkeit des Spielers errechnen.

Bedingt durch den Wegfall der Ablösesumme sind in den letzten Jahren die Gehälter der Fußballprofis schwindelerregend gestiegen, so dass einige Fans sich nicht mehr mit den Spielern ihres Vereins identifizieren können. Die Fußballvereine und auch die Fußballer laufen Gefahr, dass sie sich aufgrund ihrer Einkommen zu weit von der Basis, ihren Fans, entfernen. Laut Internet-Umfrage des *kicker Sportmagazins* vom 15.02.2000 sind 62 Prozent der User der Meinung, dass sich die Spieler zu weit von den Fans entfernt haben.

Als Deutschlands Medien-Mogul Leo Kirch im Sommer 2002 Konkurs anmelden musste, änderte sich die Situation des deutschen Fußballs entsprechend den Entwicklungen in Europa: Die vormals horrenden Gelder aus den TV-Verträgen reduzierten sich deutlich, und fast alle Vereine in der 1. und 2. Bundesliga mussten auf Großteile ihres Etats verzichten. Dies führte dazu, dass die meisten Spielerkader verkleinert, die Gehälter der breiten Masse sowie Prämien gekürzt und erstmals zahlreiche Bundesligaprofis arbeitslos wurden. Im Zusammenspiel mit den Fans sind Experten allerdings der Meinung, dass sich das Gebilde „Profi-Fußball" auf ein gesundes Maß zurecht schrumpft. Tendenzen wie „sparen", „Angst vor Arbeitslosigkeit", „leistungsorientiertes Denken" und „Reduktion auf das Wesentliche" sorgen dafür, dass sich der Abstand zu den Fans wieder ein wenig verringert.

3.2.5.3 Visuelle Gestaltung

Unter der visuellen Gestaltung eines Fußballers kann sein Aussehen verstanden werden, das in den letzten Jahren immer wichtiger geworden ist. Wie erwähnt, werden Bundesligafußballer inzwischen von Mädchen verehrt wie Popstars, und es gehen Frauen zum Fußball, weil sie die Spieler attraktiv finden. So werden beispielsweise regelmäßig von der Gala die „schönsten Spieler der Bundesliga" gewählt. Die visuelle Gestaltung ist Geschmackssache – wie beim Design der Konsumgüter – und wird von unterschiedlichen Menschen unterschiedlich beurteilt. Das Äußere eines Fußballers kann sich aus verschiedenen Kategorien zusammensetzen: Die Bewertung bezieht sich auf die Physiognomie, den durchtrainierten Körper, das Gesicht, die Frisur und die Kleidung. Auch außergewöhnliche Merkmale, wie beispielsweise die O-Beine von Pierre Littbarski, können als Markenzeichen für einen Fußballer wirken. Darüber hinaus wird das in den Medien kommunizierte Äußere des Top-Fußballers bestimmt durch Statussymbole wie teure Autos und Hobbys, wertvollen Schmuck, schöne Frauen oder imposant Grundstücken bzw. Häuser, die er sich aufgrund seines hohen Einkommens leisten kann.

3.2.5.4 Markenname, Markenzeichen, Markensymbole

Der Markenname ist beim Fußballer bereits gegeben und muss nicht entwickelt werden. Wer also gute Leistungen bringt, ist in den Medien vertreten und wird mit jeder Nennung seines Namens bekannter. Jede Berichterstattung ist Werbung für den Spieler.

Durch die Nennung des Namens existiert im Sport- und Fußballbereich ein Phänomen, das den Markennamen mit einer geringen Veränderung zu einer Art Markenzeichen werden lässt: Fußballer bekommen einen Spitznamen, der die Distanz zwischen den Fans und dem Fußballer verringern soll:

Abbildung 4: Fußballer erhalten von ihren Fans Kosenamen (Quelle: http://www.fcbayern.t-online.de/imperia/md/images/fotogalerien0203)

„Ein unnahbares Idol kann man mit dem Spitznamen in eine persönliche Beziehung zu sich selbst setzen – damit nimmt man der Aura des Spitzensportlers Anonymität, Distanz und Kälte. Öffentliches soll privatisiert werden, das Fußballstadion wird auf Wohnzimmerformat verkleinert und den großen Namen soll ihre Bedrohlichkeit genommen werden." (Kaiser, 1997).

Es eignet sich entweder der Vor- oder Nachname eines Fußballers als Grundlage für einen Spitznamen. So bekam der Südafrikaner Sean Dundee schnell den Spitznamen „Crocodile", Gerd Müller, bekannt als „Bomber der Nation", wurde als „Kleines dickes Müller" bezeichnet, Lothar Matthäus heißt aufgrund seines Dialektes in Fachkreisen „Loddar" und Mario Basler wurde in seinen erfolgreichen Zeiten in Anlehnung an ein Computerspiel „Super-Mario" genannt. Besonders verbreitet bei der Schaffung von Spitznamen (nicht nur im Fußball) ist das verniedlichende „i" am Ende des Namens, um Sympathie zu bekunden. So weiß jeder Fußballfan, von wem die Rede ist, wenn beispielsweise von Olli (Oliver Kahn), Scholli (Mehmet Scholl), Litti (Pierre Littbarski), Klinsi (Jürgen Klinsmann), Didi (Dieter Hamann), oder Basti-Fantasti (Sebastian Deisler) die Rede ist.

Bei der Erteilung eines Spitznamens werden auch Eigenschaften, Verhaltensweisen oder Ereignisse aufgegriffen: So wurde der Torjäger Jonathan Akpoborie zu „Akpo-Torie", Jupp Heynckes aufgrund seiner Gesichtsfarbe zu „Osram", Jupp Derwall wegen seines grauen Haares zum „Häuptling Silberlocke", Thomas Häßler aufgrund seiner Berliner Herkunft und dementsprechendem Dialekt zu „Icke", Manfred Kaltz aufgrund seiner Einsilbigkeit zum „Schwätzer", Edgar Schmitt wegen seiner wiederholten Torerfolge im Europapokal zum „Euro-Eddy", Willi Lippens wegen seines Gangs zur „Ente" oder Franz Beckenbauer aufgrund seines seriösen Äußeren und seiner Omnipräsenz zum „Kaiser Franz".

In einigen Fällen werden die Spitznamen nicht als Verniedlichung, sondern als gezielte Überzeichnung negativer Eigenschaften eingesetzt.

„Sie kommen dem Massengeschmack entgegen, der es kurz, griffig, pointiert mag. Mitspieler und vor allem Gegenspieler pflegen mit Spitznamen Klischees, mit denen sie ihren Kollegen auch außerhalb des Spielfelds ein Bein stellen können." (Kaiser 1997).

So wurde beispielsweise der Torhüter des FC Bayern München Oliver Kahn aufgrund seiner Figur und seines Benehmens als Orang-Utan bezeichnet, bei Auswärtsspielen mit Bananen beworfen und mit Affen-Schreien begrüßt. Wie bereits erwähnt, ist Oliver Reck der „Pannen-Olli", der als wehleidig bezeichnete Schalker Stürmer Andreas Möller gilt als „Heulsuse" oder „Schwalbenkönig". Während der Weltmeisterschaft 1998 in Frankreich bezeichnete Harald Schmidt den damaligen Stürmer des FC Bayern München Jürgen Klinsmann als „Warmduscher" und „Schwaben-Schwuchtel". Generell ist anzumerken, dass der Name als erstes Erkennungszeichen eines Fußballers anzusehen ist. Spitznamen werden aufgrund von Sympathie (und in Einzelfällen auch Antipathie) für die Spieler erfunden, können als eine Art Markenzeichen gelten und sollen die Nähe zwischen Fans und Spieler verdeutlichen. Von Markensymbolen im Sinne eines Logos kann bei Fußballern nicht gesprochen werden.

3.2.5.5 Geografische Verankerung

Die ursprüngliche Komponente sagte aus, dass die Markenidentität nur in Kombination mit der bewusst betonten geografischen Verankerung möglich ist. Bei Fußballern kann dieses Element der Markenidentität nur teilweise aufrechterhalten werden, da eine ständige geografische Veränderung in der Karriere eines Fußballers als erstrebenswert gilt.

Generell könnte der derzeitige Verein des Spielers als dessen geografische Verankerung bezeichnet werden. Allerdings liegt für die meisten Fußballer der Reiz des Erfolges darin, vom eigenen Verein zu hochkarätigen Vereinen mit großen Namen zu wechseln. Dies können sowohl der Rekordmeister FC Bayern München, aber auch Vereine aus Italien, Spanien oder England sein (zum Beispiel AC Mailand, Real Madrid und Manchester United).

„Mit der Bundesliga veränderte sich die Szene innerhalb weniger Jahre tief greifend Es verschwand die lokale Bindung zum Verein, zur Region. Spieler wurden gekauft und verkauft, wurden zu mobilen Arbeitnehmern ihres Sports." (Thiel, 1991, S. 133/34).

Die Ausnahmen bilden Spieler, die bei einem Verein beginnen, dort über eine lange Zeit spielen und letztlich ihre Karriere beenden. Auch Spieler, die lange bei einem Verein bleiben, sind eher die Ausnahme, wie zum Beispiel Axel Roos vom 1. FC Kaiserslautern, Marco Bode bei Werder Bremen, Ralf Weber oder Uwe Bindewald bei Eintracht Frankfurt und inzwischen auch Oliver Kahn oder Mehmet Scholl vom FC Bayern München.

3.2.5.6 Kulturelle Verankerung

Bei Fußballern ist eine Art kultureller Verankerung durch ihre Heimat vorgegeben. Dies wird besonders deutlich, wenn ein Spieler einen starken Dialekt hat oder sich gern in der Kleidung seines ursprünglichen Wohnortes zeigt.

Die kulturelle Verankerung des Fußballers wird auch dann bedeutsam, wenn er internationale Turniere spielt oder wenn er aufgrund seiner Herkunft aus der Masse heraussticht. Bei Fußball-Weltmeisterschaften, Europameisterschaften oder Olympischen Spielen spielt es eine Rolle, aus welchem Land der einzelne Fußballer stammt. Besonders bei diesen internationalen Wettbewerben ist die Identifikation der Zuschauer mit der Mannschaft ihres Heimatlandes groß, und die Fußballer werden im Erfolgsfall zu nationalen Helden. Gerade in Deutschland gibt es viele Menschen, die sich nicht für den Bundesligafußball interessieren, die aber während internationaler Wettbewerbe „ihre Jungs" unterstützen.

Während der Turniere findet sich die kulturelle Verankerung in der Beschreibung der teilnehmenden Teams. So steht die deutsche Spielweise für Disziplin, Fleiß und Kampfgeist, die Spielweise der Brasilianer hingegen für Ballzauber, Spielkunst und Geschicklichkeit. Anders verhält es sich, wenn deutsche Bundesliga-Mannschaften an internationalen Wettbewerben wie der Champions League oder dem UEFA-Cup teilnehmen: Da in deutschen Teams inzwischen Fußballer aller Nationalitäten vertreten sind, werden die kulturell geprägten Eigenschaften dieser Spieler im Sinne der Mannschaftsleistung gewürdigt. Dies gilt im Gegenzug ebenfalls für deutsche Fußballer, die im Ausland spielen. So wurden beispielsweise an Oliver Bierhoff in Italien neben seiner Flexibilität und Offenheit besonders seine „deutschen Tugenden" geschätzt.

3.2.5.7 Markenhistorie

Meffert/Burmann (1996) gehen davon aus, dass die Markenidentität durch ihre Geschichte geprägt sein kann. Besonders bei Marken, die seit langer Zeit auf dem Markt sind, bietet die vorhandene Nostalgie Orientierung und Sicherheit für die Konsumenten, da sie bereits gelernt haben, für welche Werte die Marke steht. Die Hinwendung zur Markenhistorie ist gekoppelt an ein hohes Maß an Emotionalität.

Die Markenhistorie eines Fußballers kann gleichgesetzt werden mit einer Art Karrierehistorie. Für die Karrierehistorie ist es nicht so wichtig, wo sie begonnen hat, sondern viel mehr wie lange sie bereits andauert und welche Stationen der jeweilige Fußballer wie erfolgreich durchlaufen hat. Wer auf Dauer in seinem Verein gute Leistungen bringt, wird interessant für andere Vereine, und mit einem Wechsel des Vereins sind im Idealfall finanzielle und gesellschaftliche Verbesserungen verbunden.

Die Karrierehistorie bietet – in Anlehnung an die klassische Markenhistorie – für die Fans die Möglichkeit zur Orientierung und zur Emotionalität: Zum Beispiel haben die Fans von Lothar Matthäus das Gefühl, diesen Menschen schon lange zu kennen und ihn in allen Phasen seiner 20-jährigen Profikarriere begleitet zu haben. Sie wissen aufgrund der langen Erfahrung mit Lothar Matthäus, was sie von ihm erwarten können. An diesem Punkt kann eine direkte Überleitung zur Komponente der Branchenzugehörigkeit geschaffen werden, denn die Karrierenhistorie eines Fußballers wird besonders dann wichtig, wenn seine aktive Laufbahn endet und dieser sich nach neuen Aufgaben umsehen muss.

3.2.5.8 Branchenzugehörigkeit

Fußballer sind oft schon in jungen Jahren erfolgreich und müssen in dieser Zeit besonders viel Engagement für den Profisport aufbringen. Die Berufsausbildung kommt meist zu kurz. Nur die wenigsten Fußballer haben Abitur gemacht, nur wenige haben eine Ausbildung begonnen oder sogar abgeschlossen. So ergibt es sich, dass Fußballer aufgrund ihrer Karrierehistorie, aber auch ihrer Branchenzugehörigkeit in artverwandten Berufen zu finden sind: Ex-Profis arbeiten zunehmend als Repräsentanten von Sportartikelherstellern, als Co-Kommentatoren für Fußballübertragungen, als Kolumnisten für Sportzeitschriften, als Sportdirektoren ihrer ehemaligen Vereine oder als Trainer im aktuellen Bundesligageschehen.

Ein Beispiel für die Wichtigkeit der Karrierenhistorie ist der DFB-Kurzlehrgang für Trainer, der im Januar 2000 stattfand und auf großes Interesse in der Branche stieß: In diesem Modellversuch hat der Deutsche Fußball Bund ehemaligen Fußballprofis die Chance gegeben, in einer Art Crashkurs den Trainerschein zu erwerben (vgl. Wurm/Dobbertin, 1999, S. 17/18). Teilnehmer dieses Kurses waren ehemalige Fußballprofis und Nationalspieler, wie zum Beispiel Matthias Sammer, Dieter Eilts, Jürgen Kohler, Pierre Littbarski, Guido Buchwald, Jürgen Klinsmann, Stefan Kuntz, Andreas Köpke, Andreas Brehme oder Stefan Reuter. Sie alle bekamen nur aufgrund ihrer Markenhistorie die Chance, den Lehrgang von 600 auf 450 Lehrgangsstunden zu verkürzen und die unterschiedlichen Fächer wie Sportmedizin, Management, Sportrecht oder Psychologie im Schnellverfahren zu durchlaufen.

Im weiteren Sinne kann ebenfalls von Branchenzugehörigkeit gesprochen werden, wenn Kinder von berühmten Fußballstars in der Fußballbranche einsteigen. Zum Beispiel wollte Stefan Beckenbauer, der 31-jährige Sohn von Franz Beckenbauer, ebenfalls Fußballer werden. Inzwischen ist er Jugendtrainer beim FC Bayern München geworden. Es findet eine Image- oder Markentransferstrategie statt, da Stefan Beckenbauer auf die Bekanntheit seines Vaters zurückgreifen kann. Das öffnet im Idealfall Türen, kann aber auch dazu führen, dass der Erwartungsdruck der Öffentlichkeit sehr hoch ist und Stefan Beckenbauer an den Leistungen seines Vaters gemessen wird.

3.2.5.9 Unternehmens- und Konzernzugehörigkeit

Bei Marken kann eine Unternehmens- und Konzernzugehörigkeit identitätsstiftend wirken, wenn beispielsweise ein Tochterunternehmen vom guten Ruf eines Unternehmens profitieren kann oder unter negativen Schlagzeilen mitleidet. Bei Fußballern kann der Verein, für den sie spielen, als Basis für eine Unternehmens- oder Konzernzugehörigkeit angesehen werden. Ebenso wie für Marken besteht auch für Fußballer die Chance, von ihrer Vereinszugehörigkeit zu profitieren, oder es besteht das Risiko, darunter zu leiden. Es muss angemerkt werden, dass sich die Faktoren Fußballer und Verein gegenseitig bedingen.

In einem erfolgreichen Verein hat ein ebenso erfolgreicher Fußballer die Chance, zu einem nationalen Star zu avancieren. Es wird viel über den Verein berichtet, und wenn er selber durch Tore oder konstante Leistung auffällt, wird sein Name ebenso häufig in den Medien kommuniziert. Ein Einzelfußballer, der hingegen schlecht spielt oder verletzt ist, kann sich hinter einer erfolgreichen Mannschaft und dem Namen des Vereins für eine gewisse Zeit „verstecken“. Im Normalfall hat das zur Folge, dass der Spieler auf der Bank oder auf der Tribüne sitzt. Wenn er allerdings aufgrund von Personalmangel als Stammspieler gilt und weiterhin eingesetzt werden muss, wirkt sich seine negative Leistung negativ auf den Verein aus. Ebenso kann eine schlechte Vereinsposition den Ruf des Fußballers negativ beeinflussen. In der Regel wird aber in der Branche respektiert, wenn ein Einzelfußballer gute Leistungen bringt.

Zum Beispiel wurde Sebastian Deisler am Ende der Saison 1998/99 von 26 Vereinen umworben, die ihm Angebote unterbreiteten, obwohl sein damaliger Verein Borussia Mönchengladbach am Ende der Saison abstieg. In diesem Fall trifft eher die These zu, dass der Verein von der guten Leistung des Spielers profitiert. Bei einer schlechten Leistung von Verein und Spieler besteht eine gegenseitige negative Beeinflussung der beiden Faktoren.

Generell ist zu sagen, dass die Vereinszugehörigkeit das Image des Fußballers beeinflusst: Da sich Vereine und Fußballer gegenseitig prägen, kann es für Fußballer problematisch werden, wenn sie während der Saison bekannt geben, dass sie den Verein wechseln, der künftige Verein feststeht und diese beiden Vereine am Ende der Saison in Konkurrenz treten. Der Spieler muss sich grundsätzlich zu dem Verein bekennen, dem er zu diesem Zeitpunkt vertraglich verpflichtet ist. Wenn sein aktueller Verein absteigt und er zu einem Verein wechselt, der in der Bundesliga bleibt, ist die Situation unkompliziert. Die Lage wird schwierig, wenn sich die Situation umgekehrt darstellt, das heißt, dass sein aktueller Verein mit seiner Hilfe gewinnen muss, um nicht abzusteigen, mit der Folge, dass sein zukünftiger Verein in diesem Fall absteigt.

Eine weitere Form der Unternehmens- und Konzernzugehörigkeit tritt ein, wenn ein Fußballer für die Nationalmannschaft nominiert wird. Eine schlechte Leistung bei einem Länderspiel oder einem internationalen Wettbewerb wirkt sich negativ auf das Image des Spielers im Bundesligageschehen und im schlechtesten Fall auch auf den Verein aus.

	Gute Spielerleistung	**Schlechte Spielerleistung**
Gute Vereinsleistung	Beide Faktoren können voneinander profitieren.	Spieler profitiert vom Verein. Negative Beeinflussung des Vereins.
Schlechte Vereinsleistung	Negative Beeinflussung des Spielers. Verein profitiert vom Spieler.	Beide Faktoren beeinflussen sich negativ.

Abbildung 5: Gegenseitige Beeinflussung von Vereins- und Spielerleistung

3.2.5.10 Markenkommunikation

Die Markenkommunikation spielt bei der Entwicklung der Markenidentität nach wie vor eine entscheidende Rolle. Sie kommuniziert wichtige Botschaften an die ausgewählte Zielgruppe und sorgt für den Aufbau von Markenbekanntheit und das Entstehen des Markenimages.

Fußballer haben den Vorteil, dass eine gewisse Kommunikation quasi automatisch entsteht, wenn sie durch gute sportliche Leistungen auffallen. Wenn sie aber auf Dauer auf dem Markt bekannt und interessant bleiben wollen, müssen sie sich – ähnlich den Popstars – um die Kommunikation mit ihren Fans bemühen. Diese kann auf ganz unterschiedlichen Ebenen stattfinden. Die vollkommen integrierte Kommunikation ist bei Fußballern nur bedingt möglich, weil bei einer professionellen Vermarktung immer der Sport im Vordergrund stehen muss. Sämtliche Aktionen müssen auf den Trainingsplan des Fußballprofis abgestimmt sein, damit seine sportlichen Leistungen gewährleistet sind.

Die professionelle Vermarktung muss dem Sportler möglichst viel Arbeit abnehmen und ihn nicht mit Werbe- und Repräsentationspflichten überlasten. Bei Oliver Bierhoff war nach seinem Golden Goal, das Deutschland 1996 zum Europameister machte, eine genaue Koordination der Termine nötig, da er bei nur einem freien Tag pro Woche 25 Tage pro Jahr für seine Sponsoren einplanen musste.

Die Möglichkeiten der Kommunikation umfassen das Spektrum vom persönlichen Kontakt über die Kommunikation durch Massenmedien, die Kommunikation über den Fußballverein bis hin zur interaktiven Kommunikation im Internet. Im Folgenden werden die einzelnen Kommunikationsmöglichkeiten genauer betrachtet.

Persönlicher Kontakt

Der persönliche Kontakt zwischen dem Fußballer und dem Fan findet selten statt und manifestiert sich eher im Ritual, dass der Fan sich jedes Heimspiel ansieht und so eine Art persönlichen Kontakt herstellt. Über den Spieltag hinaus besteht die beste Möglichkeit der direkten Kontaktaufnahme für den Fan, wenn er zum Training gehen und den Fußballer dort um ein Autogramm bitten kann. Ansonsten müssen Fans auf öffentliche Veranstaltungen warten, wie zum Beispiel Autogrammstunden, bei denen sich die Fußballer für ein bis zwei Stunden für die Signierung von Trikots, Autogrammkarten oder Postern zur Verfügung stellen. Autogrammstunden finden oft in Kooperation mit den Partnern der Fußballvereine statt.

Oft findet die Kontaktaufnahme gekoppelt mit von Sponsoren organisierten Events statt: Zum Beispiel veranstaltet der Sportartikelhersteller adidas in Kooperation mit dem Deutschen Fußball Bund einmal im Jahr den DFB-adidas CUP, bei dem in Deutschland insgesamt 30.000 Nachwuchstalente gesichtet werden, und die Kinder somit die Chance bekommen, mit einigen ihrer Vorbilder in Kontakt zu treten.

Eine weitere Möglichkeit der Kontaktaufnahme entsteht, wenn Medien wie das *kicker Sportmagazin* Fußballer in Schulen schicken, und sie den Kindern im Klassenzimmer für Fragen zur Verfügung stehen. Meist wird die theoretische Fragestunde mit einer Möglichkeit zum praktischen Training kombiniert. Im Nachhinein wird der Tag in den entsprechenden Medien dokumentiert. Es hat sich in den letzten Jahren verbreitet, dass aktuelle Fußballspieler wie René Tretschok von Hertha BSC oder ehemalige Fußballstars wie Karl-Heinz Rummenigge oder Hansi Müller ihre eigenen Fußballschulen eröffnen.

Persönlicher Kontakt der besonderen Art kann entstehen, wenn Fußballer sich aus dem reinen Fußballumfeld entfernen und sich als Musiker oder Sänger versuchen: So gab es beispielsweise die Band „Keksi & Die Falschen Freunde" von Dieter Hamann, Alexander Zickler und Christian Ziege vom FC Bayern München, die das Lied *Ohne Dich* aufgenommen haben oder *Das tragische Dreieck* mit Marco Haber, Fredi Bobic, Gerhard Poschner vom VfB Stuttgart, die gemeinsam mit Pur-Sänger Hartmut Engler das Lied *Steh auf* 20.000 mal verkauften (vgl. Biermann, 1997, S. 34).

Der Fußballverein

Über den persönlichen Kontakt des einzelnen Fußballers hinaus werden offizielle Termine von den Fußballvereinen vorgegeben. So gehören beispielsweise eine Saisoneröffnungs- oder Abschlussfeier, ein Stadionfest, eine Sponsorenveranstaltung oder ein Tag der offenen Tür zum Pflichtprogramm des

Bundesligaspielers. In Zeiten der Professionalisierung des Fußballs ist es für Fußballvereine besonders wichtig, den Kontakt zum Fan aufrecht zu erhalten und durch oben genannte Veranstaltungen gezielt die Nähe zwischen Fußballer und Fan wieder herzustellen. Darüber hinaus kommuniziert ein Fußballverein über Merchandisingartikel mit den Fans. Es werden inzwischen Millionensummen mit Merchandising umgesetzt: Neben den klassischen Artikeln wie Autogrammkarten, Postern oder Kalendern, auf denen die Spieler zu sehen sind, kann sich der Fan inzwischen sein Trikot mit dem Namen und der Rückennummer seines Lieblingsspielers beflocken lassen. (Bei einer Beflockung werden Name und Nummer des Spielers manuell mit Hilfe eines Spezial-Bügeleisens auf das normalerweise unbeschriftete Trikot „gedruckt".).

Massenmedien

Die Massenmedien, besonders das Fernsehen, waren Auslöser für den Fußball-Boom der letzten Jahre: Immer mehr Spiele werden übertragen, die Spielübertragungen werden für den Zuschauer attraktiver gestaltet und die Berichterstattung ist immer ausführlicher geworden. Während sich die Fußball-Berichterstattung in den öffentlich-rechtlichen Sendern weiter auf die Übertragung von Länderspielen und Übertragungen der Welt- und Europameisterschaften konzentriert, hat sich SAT.1 im Jahr 1992 in das Bundesligageschäft eingekauft, und seit Sommer 2000 kann der Fußball-Fan jedes Bundesligaspiel live im Pay-TV-Sender Premiere sehen. Des Weiteren wurden die Sender Deutsches Sport Fernsehen (DSF) und Eurosport gegründet, die sich intensiv mit dem Thema Fußball auseinandersetzen.

Die Fußball-Berichterstattung im Fernsehen, die oft als inflationär bezeichnet wird, dehnt die reine Übertragung der Spiele aus mit Vor- und Nachberichten, Interviews, Expertenmeinungen und Hintergrundgeschichten. Ergänzt wird die Live-Berichterstattung durch Sendungen wie die *Sportschau*, *Das aktuelle Sport-Studio*, *ran*, *ranissimo*, etc., in denen Fußballer, Trainer und Vorstände viel häufiger als früher die Chance erhalten, vor einem Millionenpublikum zu kommunizieren. „Und an jedem Spieltag spuckt die ‚Mythen-Maschine' einen neuen Heiligen aus." (o. V., 1997 a, S. 165).

Die häufigeren Auftritte im Fernsehen haben zur Folge, dass Fußballer zu interessanten Werbeträgern werden, die mit Sponsorenlogos auf Hemdkrägen, Basecaps, Hemden oder Pullovern oder als Testimonials von den Zuschauern wahrgenommen werden.

> *„Medien haben heute die Funktion einer Popularisierungsspirale: Je mehr Fernsehpräsenz, um so mehr Popularität. Je mehr Popularität, umso mehr Werbeeinnahmen. Je mehr Werbeeinnahmen, umso mehr Top-Veranstaltungen. Je mehr Top-Veranstaltungen, umso mehr Fernsehpräsenz." (Andresen, 1994, S. 209; zitiert nach Muckenhaupt, 1988, S. 292).* (Siehe hierzu den Beitrag *Imagetransfer zwischen Marken und Prominenten*).

Da die Fußball-Berichterstattung im Radio bis auf die legendäre Konferenzschaltung des WDR am Samstag Nachmittag immer mehr an Bedeutung verloren hat, muss die Betrachtung der Printmedien in den Vordergrund rücken: Neben jeder Tageszeitung beschäftigen sich vor allem Magazine wie *Sport-Bild*, das *kicker Sportmagazin* oder die *Bravo Sport* – wenn auch mit unterschiedlichen Zielgruppen – mit dem Thema Fußball. Das *kicker Sportmagazin* steht für Fußballkompetenz und gilt gerade bei jüngeren Lesern als altmodisch. Diejenigen Fußballinteressierten, die nicht lediglich an der sportlichen Ausrichtung, sondern auch an den Nebenerscheinungen interessiert sind, greifen eher zur *Sport-Bild*, Teenager lesen *Bravo Sport*.

Vereinzelt kommunizieren Fußballer in Massenmedien durch Auftritte in Talkshows, in Jahresrückblicken oder durch Gastspiele in Fernsehfilmen: Zum Beispiel hatte Berti Vogts nach seinem Rücktritt als Bundestrainer einen Kurzauftritt in einer *Tatort*-Folge.

Internet

Inzwischen verfügen alle Bundesligavereine über eigene offizielle Homepages: Zum Beispiel sind unter www.fcbayern.de, www.bayer04.de, www.herthabsc.de, www.fck.de, www.borussia-dortmund.de oder www.schalke04.de Informationen rund um den Verein, den Spielbetrieb und die Fußballer abzurufen.

Durch das Internet haben sich auch für die Fußballer selbst völlig neue Möglichkeiten ergeben, national oder sogar international näher mit ihren Fans in Kontakt zu treten. Oliver Bierhoff sieht seine Homepage als „längst überfällig gewordene Kommunikationsplattform, über die ich mit meinen Fans kommunizieren möchte. Weil ich in Italien spiele, ist mir diese Nähe sehr wichtig." (o. V., 2000). Auf Spieler-Homepages finden sich zum Beispiel allgemeine News, der Besucher kann sich für einen Newsletter anmelden, es gibt Interviews sowie Fußballtipps von den Stars. Oft gibt es private und sportliche Infos und Fotos, die Nähe zu den Fans aufbauen sollen. Inzwischen verfügen so gut wie alle bekannten Profis über eine eigene Homepage, wie zum Beispiel Mario Basler (www.mariobasler.de), Sebastian Deisler (www.sebastian-deisler.de) und Michael Ballack (www.michael-ballack.com). Andere Profis kommunizieren beispielsweise unter der Sammeladresse www.fussballprofis.de. Eine weitere Möglichkeit der Kommunikation über das Internet sind Star-Chats, die entweder von den Vereinen selbst oder in Kooperation mit Fernsehsendern oder Zeitschriften organisiert werden. Die Medien kommunizieren den Chat-Termin und in dieser Zeit steht der Fußballer seinen Fans für Fragen zur Verfügung.

3.2.5.11 Verhalten der Mitarbeiter

Meffert/Burmann (1996) sehen im Verhalten der Mitarbeiter der Markenorganisation eine der wichtigsten Quellen der Markenidentität: Erst durch die Serviceorientierung einer Marke kann Markenloyalität entstehen, denn die Servicementalität beeinflusst stark die vom Kunden wahrgenommene Markenidentität.

Bevor die Übertragung auf Fußballer geprüft wird, muss eine Abgrenzung vorgenommen werden: Das Verhalten von Mitarbeitern kann nur im Zusammenhang mit dem Verein beleuchtet werden. Da allerdings in diesem Fall nicht der Verein, sondern der Fußballer als Marke untersucht wird, erscheint es sinnvoll, das Verhalten des Fußballers mit dem des Mitarbeiters gleichzusetzen. Das heißt, dass der Fußballer selbst als Aushängeschild und Mitarbeiter zum eigenen Vorteil zu betrachten ist. Der Kunde ist in diesem Fall der Fan. Erst wenn der Fußballer die Serviceorientierung verdeutlicht, kann Kundenloyalität entstehen, die sich in diesem Fall in Bewunderung, einer Art „Fantum" und in der Bereitschaft niederschlägt, für sein Vorbild Geld auszugeben.

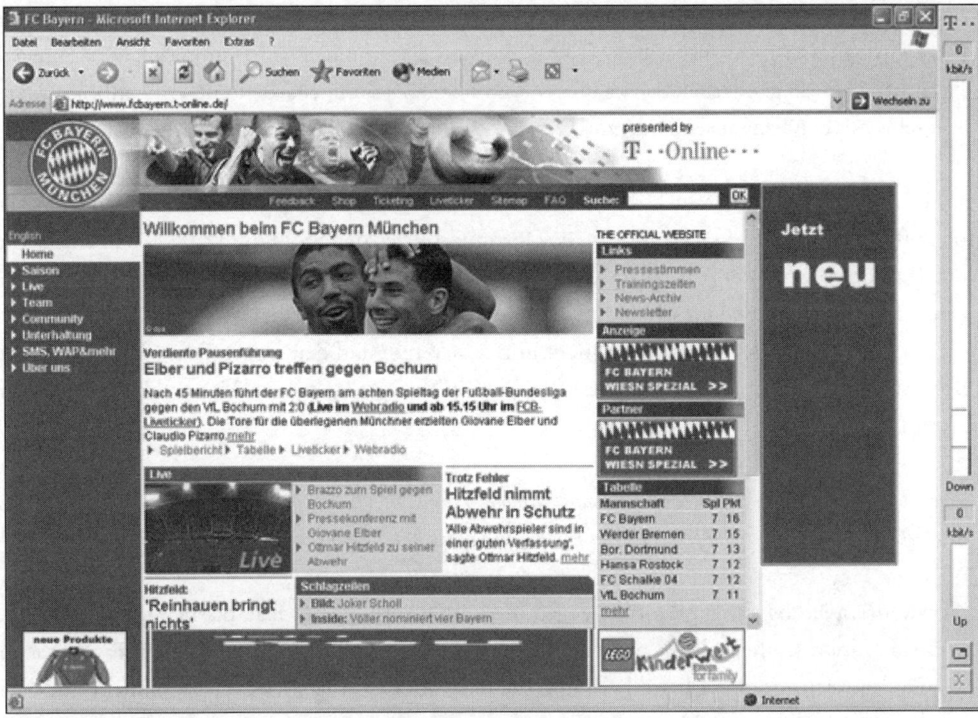

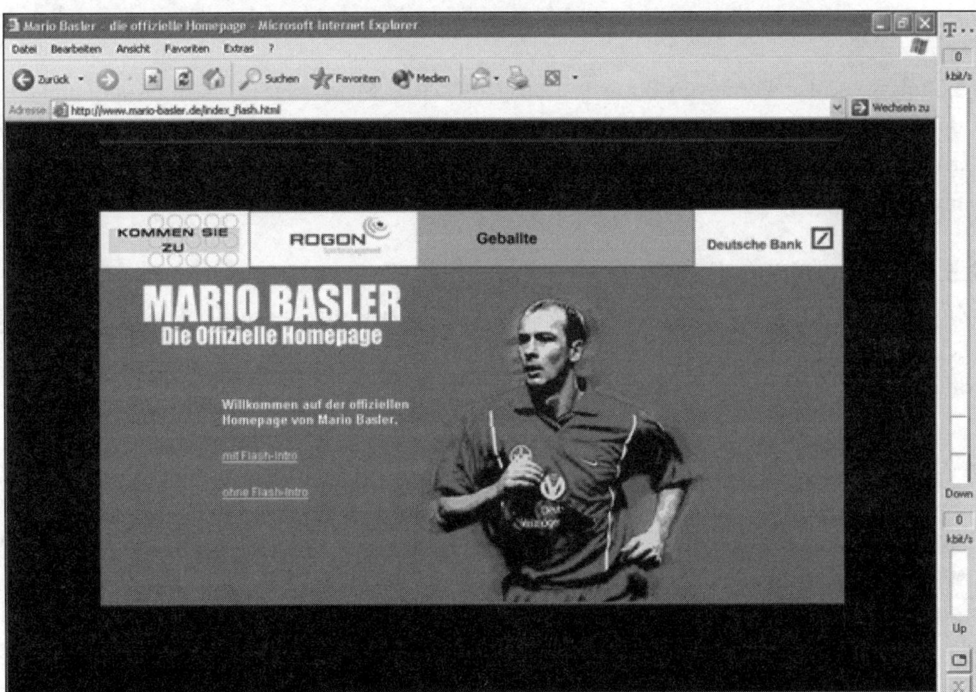

Abbildungen 6 und 7: Jeder Fußballverein hat mittlerweile seine eigene Website (Quellen: www.fcbayern.de, www.mario-basler.de).

Service seitens des Fußballers bedeutet, für die persönliche Kommunikation zur Verfügung zu stehen, das heißt, Autogrammstunden zu geben, Trikots und Autogramme auch am Trainingsplatz zu signieren, sich eventuell in der Jugendarbeit zu engagieren und sich in Zusammenarbeit mit den Fanbeauftragten eines Vereins mit den Fans auseinanderzusetzen und Nähe zu ihnen aufzubauen.

Wenn die fußballerische, aber auch die Serviceleistung nicht stimmt, reagieren die Fans so wie in der Saison 2000/2001 im Heimspiel von Borussia Dortmund gegen den SSV Ulm 1848: Die Borussia-Fans hielten Transparente mit der Aufschrift „Scheiß Millionäre – kämpft endlich!" hoch, um ihren Unmut über die Leistungen ihrer Mannschaft zu bekunden. Sie bezeichneten die Spieler als „Abzocker", die möglichst viel Geld verdienen, sich aber nicht mit dem Verein und denjenigen Fans identifizieren, für die Borussia Dortmund seit Jahren eine Art Religion ist. So sagte Rolf-Arnd Marewski, Leiter des Fanprojektes Dortmund e.V.:

> *„Die Fans fühlen sich überrollt von Entwicklungen. Von Modernisierung, von der Kommerzialisierung des Fußballs. Sie sehen sich oft zum akustischen und optischen Hintergrund degradiert." (Müller, 1999).*

Die Serviceorientierung spricht deutlich gegen die Distanzierung vom Fan, da dieser aufgrund guter Betreuung Produkte kaufen soll, die mit dem Spieler in Verbindung stehen. Wer ein Anti-Fan-Verhalten an den Tag legt, sich von den Fans abhebt und die Basis aus den Augen verliert, kann nicht mit deren finanzieller oder typischer Fan-Unterstützung rechnen. Wer die Spieler als „Abzocker" bezeichnet, wird davon absehen, ihnen mit dem Erwerb von Merchandising-Artikeln zu noch mehr Geld zu verhelfen.

Als Lösungsvorschlag wurde von Borussia-Manager Michael Maier angeboten, die Kommunikation mit den Fans zu verstärken, die Nähe zu ihnen wieder aufzubauen und somit „Kommerz mit Herz" zu praktizieren. Dazu gehört, sich mit den Mitgliedern der Fanklubs und den Fanprojekten zu beschäftigen und aktuelle Probleme mit ihnen zu diskutieren.

3.2.5.12 Präsentation der Marke am POS

Im Zusammenhang mit Marken ist der Absatz-Ort oft der einzige Ort, an dem der Konsument eine persönliche Beziehung zu einer Marke aufbauen kann. Das Verhalten der Verkäufer und physische Merkmale bestimmen die Wahrnehmung des Konsumenten beim Kauf der Marke.

Als Point of Sale können bei einem Fußballer die Orte genannt werden, an denen er in Kontakt mit den Fans tritt. Diese Orte sind das Stadion, der Trainingsplatz oder Orte, an denen Events oder Autogrammstunden stattfinden. Der wichtigste Faktor der Eigenpräsentation des Fußballers liegt in der sportlichen Leistung. Wenn er außerhalb des eigentlichen Spielfeldes auf seine Fans trifft, prägt allerdings sein Verhalten in dieser Situation am stärksten den Eindruck auf die Fans, da dieser Kontakt direkt und nicht über Umwege zustande kommt. Neben der sportlichen Leistung und dem Verhalten eines Fußballers wirkt aber auch die Art, wie er sich kleidet, welches Auto er fährt, in welchem Rahmen er mit den Fans in Kontakt tritt und inwieweit er sich auf sie einlässt.

3.2.5.13 Zeitpunkt des Markteintritts

Marken haben die Möglichkeit, entweder als Pionier oder als Folger in den Markt einzutreten. Wer als Pionier in den Markt drängt, wird auch Pioniere mit einer ähnlichen Identität als Konsumenten ansprechen. Wer abwartet, welche Marken sich durchsetzen und dann auf den Markt kommt, setzt auf eine Zielgruppe, die ebenfalls zu den Folgern gezählt werden kann.

Fußballer beginnen bei ausreichendem Talent sehr früh mit der Konzentration auf die Karriere in der Bundesliga. Seit der schlechten Leistung der Nationalmannschaft bei der Weltmeisterschaft in Frankreich 1998 wird in Deutschland speziell die Nachwuchsarbeit mit jungen Talenten gefördert: Spieler, die schon in den Jugendnationalmannschaften wie der U 18 oder U 21 spielen und sich etwas später oder gleichzeitig in der Bundesliga durchsetzen, können als Pioniere bezeichnet werden. In seltenen Fällen kommt es vor, dass Spieler wie beispielsweise Michael Preetz bei Hertha BSC, erst mit Mitte 20 zu konstant guter Leistung finden und sozusagen Folger sind.

Speziell bezogen auf die Einzelvermarktung von Fußballern kann Oliver Bierhoff aus mehreren Gründen als Pionier bezeichnet werden: Er hat bei der Europameisterschaft 1996 in England das erste und das letzte Golden Goal geschossen – die Deutsche Nationalmannschaft wurde Europameister und er schlagartig europaweit bekannt. Darüber hinaus war er der erste Fußballer, der von der ISPR (= Internationale Sportrechte-Verwertungs-GmbH) auf Basis eines 4-Stufen-Modells professionell vermarktet wurde und somit in der Lage war, im Laufe von vier Jahren zahlreiche hoch dotierte Werbeverträge zu unterzeichnen.

3.3 Markenidentität als Managementprozess

Die Schaffung einer starken Markenidentität liegt nach Meffert/Burmann (1996) in den Händen der Manager des Unternehmens: Das Management muss die Markenidentität nach innen und außen festigen, die Markenaktualität und Markensympathie steigern und hohe Markenloyalität der Konsumenten erzielen durch ein klares Bild sowie Vertrauen in die Marke.

Die Übertragung auf Fußballer ist insofern möglich, als dass die gerade genannten Aufgaben auch auf Fußballer zutreffen. Seit einigen Jahren kümmern sich neben den jeweiligen Spielerberatern immer mehr Agenturen um die professionelle, langfristig angelegte Vermarktung von Fußballern. Dabei stellen sich die Spieler mit ihrer Identität, Persönlichkeit und ihrem Image zur Verfügung; die Agenturen kümmern sich um die Ist-Analyse, die optimale Positionierung, eventuelle Veränderungen des Images und um den Marketingmix Übergeordnetes Ziel ist, mit einem professionellen Marketingkonzept, kontinuierlicher PR-Arbeit und strategischer Planung (abhängig von dem einzelnen Fußballer) möglichst exklusive oder zahlreiche Werbeverträge zu schließen und eine Zukunftsplanung zu realisieren. Das Management kann demzufolge mit den Spielerberatern im sportlichen Bereich und mit den Vermarktungsagenturen gleichgesetzt werden.

3.4 Fazit

Generell lassen sich alle im Konzept der identitätsorientierten Markenführung erwähnten Komponenten auf Fußballer übertragen. Lediglich bei der geografischen Verankerung gibt es gewisse Einschränkungen.

Bei Marken können Aussagen über die Bedeutung der verschiedenen Identitätskomponenten für die tatsächliche Ausprägung der Markenidentität nur unter Berücksichtigung der jeweiligen Rahmenbedingungen des Einzelfalls getroffen werden. Auch bei Fußballern kann über die jeweilige Image-, Persönlichkeits- oder Identitätskomponente nur im Einzelfall entschieden und geurteilt werden. Jeder Spieler ist ein Unikat, der bestimmte Kriterien erfüllt und andere nicht.

Grundsätzlich verfügt jeder Fußballer bei konstanter sportlicher Leistung über die Voraussetzung, zu einer Marke zu werden. Ob er jedoch von den Konsumenten als solche gesehen wird, hängt davon ab, wie stark der Grad der Übereinstimmung zwischen seinem Selbst- und Fremdbild ist, wie glaubwürdig er sich in der Öffentlichkeit bewegt und inwiefern Nähe zu den Fans aufgebaut werden kann. Wenn ein Konsument einer regulären Marke kritisch gegenübersteht, und sie für ihn nicht die Kriterien erfüllt, die zu einer starken Marke gehören, wird er sie nicht zu seiner Marke machen. Sie ist für ihn nicht glaubwürdig, und es gibt keine Rechtfertigung für einen höheren Preis als den einer Handelsmarke. Wer als Fußballer nicht glaubwürdig ist und nicht auf die Unterstützung und das Vertrauen der Fans bauen kann, kann auch nicht durch gezielte Kommunikation zu einer Marke gemacht werden.

Bei der Schaffung einer Marke ist das Markenmanagement für den künftigen Markenerfolg verantwortlich. Bei Fußballern wird diese Aufgabe auf die Vermarktungsagenturen übertragen, die sich langfristig um den Aufbau oder die Zukunftsgestaltung der Marke Fußballer kümmern.

4. Schlusswort

Anhand des Konzeptes der identitätsorientierten Markenführung wurde geprüft, ob Fußballer als Marke bezeichnet werden können. Es hat sich gezeigt, dass dieses Konzept fast völlig auf Fußballer übertragbar ist. Allerdings muss diese Überprüfung situationsspezifisch und individuell für jeden Spieler vorgenommen werden. Theoretisch kann also jeder Fußballer vermarktet werden, wenn er über einen längeren Zeitraum konstante sportliche Leistungen bringt und über die Faktoren Bekanntheit, Sympathie und Glaubwürdigkeit verfügt. Allerdings schlägt jede Vermarktungsstrategie fehl, wenn der sportliche Erfolg ausbleibt oder der Spieler in Skandale verwickelt wird. Es ist die Aufgabe des Markenmanagements, also Vermarktungsagenturen, die Markenführung strategisch zu planen und langfristig auszurichten.

Kritiker sind nach wie vor der Meinung, dass man Sportler im Allgemeinen und Fußballer im Speziellen nicht wie Produkte behandeln und demnach auch nicht als Marke bezeichnen darf. Es bleibt abzuwarten, ob diese Kritik in den nächsten Jahren abnimmt und ob sich die Kritiker in Zukunft an die Einzelvermarktung von Fußballern gewöhnen. Es hat sich bereits in der Vergangenheit gezeigt, dass

Veränderungen stets mit Skepsis wahrgenommen wurden: So galt Fußball in Deutschland zu Beginn des Jahrhunderts als „englischer Affensport“ (Siemes, 2000, S. 71), und lange Zeit durfte niemand in Deutschland Fußball spielen, ohne bestraft zu werden. Die Bevölkerung verurteilte das rohe Spiel und war der Meinung, dass Fußball niemals in der Lage sein werde, den bis dahin typisch deutschen Sport, das Turnen, von seiner Position zu verdrängen.

Die Einzelvermarktung von Fußballern wird in Zukunft vermehrt aus einer Kooperation zwischen sportlichen Beratern und Vermarktungsagenturen bestehen, und sie wird die Weisheit „Wichtig ist auffem Platz“ ablösen, die vom ehemaligen Bundesliga-Trainer Otto Rehhagel gepriesen wurde.

Fußballer sind heute nicht mehr nur Sportler, sie sind eingebunden in eine von Marketing-Maßnahmen geprägte Fußballwelt und müssen sich darin zurechtfinden. Dazu gehört neben der Verpflichtung gegenüber dem Verein ebenso der Umgang mit der Presse und die Vermarktung einzelner Fußballer. Abschließend kann gesagt werden: „Fußball ist nicht mehr das, was es mal war!“. Aus Vermarktungssicht ist dies auch gut so!

5. Literaturverzeichnis

Literatur

Aaker, D.A.: Building Strong Brands, New York 1996
Albus, V./Kriegeskorte, M. (Hrsg.): Kauf mich!, Köln 1999
Andresen, C.: Sportler als Werbeträger, Sportwissenschaftliche Dissertationen und Habilitationen, Band 34, Hamburg 1994
Beck, O.: Drei Unten, Drei Oben – Oder: Wie das Fernsehen den Sport an die (Tor-) Wand stellt, Sport-Report, Berlin 1998
Becker, J.: Marketing-Konzeption, 5. Auflage, München 1993
Birkigt, K./Stadler, M.M./Funck, H.J.: Corporate Identity, 9., völlig überarbeitete Auflage, Landsberg/Lech 1998
Dichtl, E./Eggers, W. (Hrsg.): Marke und Markenartikel als Instrumente des Wettbewerbs, München 1992
Esch, F.-R. (Hrsg.): Moderne Markenführung, Wiesbaden 1999
Ewert, C.: Personality Marketing, Zürich 1993
Faulstich, W./Korte, H. (Hrsg.): Der Star, München 1997
Großhans, G.-T./Möhrmann, R. (Hrsg.): Fußball im deutschen Fernsehen, Frankfurt a. Main 1997
Haedrich, G./Tomczak, T.: Strategische Markenführung, Stuttgart 1990
Haedrich, G./Tomczak, T.: Produktpolitik, Stuttgart/Berlin/Köln 1996
Herbst, D.: Corporate Identity, Berlin 1998
Keller, I.G.: Das CI-Dilemma, 2. Auflage, Wiesbaden 1993
Kistner, T./Weinreich, J.: Das Milliardenspiel, Frankfurt am Main 1998
Kotler, P./Bliemel, F.: Marketing Management, 8. Auflage, Stuttgart 1995
Kroeber-Riel, W.: Strategie und Technik der Werbung, 4. Auflage, Stuttgart/Berlin/Köln 1993
Meffert, H.: Marketing, 8. Auflage, Wiesbaden 1998
Meffert, H./Burmann, C.: Identitätsorientierte Markenführung, Arbeitspapier Nr. 100, Wissenschaftliche Gesellschaft für Marketing und Unternehmensführung e. V. 1996
Muckenhaupt, M.: Schaffen die Massenmedien eine neue Wirklichkeit des Sports?, in: Gieseler, K./Gruppe, O./Heinemann, K. (Hrsg.): Menschen im Sport 2000. Dokumentation des Kongresses „Menschen im Sport 2000", Schorndorf 1988, S. 289 – 303.
Rein, I./Kotler, Ph./Stoller, M.: High Visibility, Contemporary Publishing Company 1997
Rollmann, J.: Beruf: Fußball-Profi, Sport-Report, Berlin 1997
Séguéla, J.: Hollywood wäscht weißer, Landsberg am Lech 1983
Seidl, C./Beutelmeyer, W.: Die Marke ICH, Wien/Frankfurt 1999
Simon, H.-J.: Die Marke ist die Botschaft, Hamburg 1994
Stockmann, B.: Werbung im Fernsehen, 19. Aktualisierung, München 1998
Thiel, E.: Sport und Sportler, Landsberg/Lech, 1991
Trosien, G./Dinkel, M.: Verkaufen Medien die Sportwirklichkeit, Aachen 1999

Zeitungsartikel / Studien

Ahlers, E.: Bitte nicht wörtlich nehmen, Handelsblatt vom 30.04.1999
Angenendt, C.: Oliver Bierhoff – Starwerbung ohne Risiken und Nebenwirkungen, in: Brockes, H.-W. (Hrsg.) Leitfaden Sponsoring & Event-Marketing, D 3.4, 1 – 11, Düsseldorf 1994
Biermann, C.: Helden für die Kinderzimmer, Hattrick, März 1997, S. 30 – 37
Biermann, H.: Gestatten, Sebastian Deisler, ein neues Jahrhunderttalent, Die Welt vom 13.03.1999
Böhm, A./Kammertöns, H.-B./Willeke, S.: Gemeinsam sind wir schwach, Die Zeit vom 22.10.1998
Brannasch, A.: Sport ist überall da, wo der Verbraucher ist, Sports, Juli 1995
Canal, R.: Das Knie im Kopf, kicker Sportmagazin vom 16.01.2000, S. 12
Deck, R./Michler, K.: Sportstars vor der Kamera – Saison 1998/99, herausgegeben von ESB Europäische Sponsoring-Börse/IFM Medienanalysen Karlsruhe, St. Gallen 1999
Francken, G./Hacke, D.: Die Strippenzieher, Stern vom 13.01.2000
Franzke, R.: Fußball 2000 – Die Vereine, Kicker Sportmagazin vom 17.01.2000
Freese, G./Vorholz, F.: Seine Marke muss man pflegen, in: Die Zeit Nr. 38 vom 16.09.1999, S. 23
Freudenreich, J.-O.: Die ver-rückte Sicht der Stars, Stuttgarter Zeitung vom 6.2.1997
Geldmacher, E.H.: Gedanken zur Markenführung, Skript zu einem Vortrag bei Scholz & Friends Berlin am 26.04.1998
Geyer, M.: Der Held aus Cyberspace, Der Spiegel 17/1998 vom 20.04.1998, S. 238 – 241
Gierl, H.: Prominente Testimonials in der Produktwerbung", planung & analyse 3/97, S. 50 – 53
Groll, M./Klewenhagen, M.: Player im Sportrechtehandel, SPONSORs 1/00, S. 14 – 23

Groß, M.: Es lebe die Show, Der Spiegel Nr. 52/99 vom 27.12.1999

Hahn, R.: Personality-Scouting in der Sportvermarktung, in: Brockes, H.-W. (Hrsg), Leitfaden Sponsoring & Event-Marketing, D 2.5, 1 – 18, Düsseldorf 1998

Hägele, M.: Sind wir nicht alle ein bisschen ‚Lodda„?, Frankfurter Rundschau vom 10.11.1999

Heigl, N.: Ist Image machbar?, in: Brockes, H.-W. (Hrsg.): Leitfaden Sponsoring & Event-Marketing, B 4.2, 1 – 11, Düsseldorf 1995

Heise, W.: Der Beckham von Berlin, BZ vom 18.06.1999

Hoeltzenbein, K./Sußebach, K.: Der soll doch nicht das Ave Maria singen, Interview mit Norbert Pflippen, Berliner Zeitung Nr. 254 vom 30./31.10.1999, S. 44

ISPR: Präsentationsfolder Lothar Matthäus 1999

Ickstadt, C.: Golden Goal für die Marke, Interview mit Oliver Bierhoff, HORIZONTmagazin 1/98: „Macht der Marke" vom 29.10.1998, S. 8 – 10

Kaiser, A.: Mit Icke, Ente, Tante Käthe und uns Uwe auf dem heimischen Sofa, Frankfurter Allgemeine Zeitung vom 03.04.1997

Karle, R.: Mensch wird mit Marke vereint, HORIZONT Report 8/1999 vom 25.2.1999

Karle, R.: Sportstars statt Sparbuch, HORIZONT Report 7/2000 vom 17.02.2000, S. 114 (2000a)

Karle, R.: Sportler brauchen Laufbahnberater, Interview mit Peter Olsson, in: HORIZONT Report 7/2000 vom 17.02.2000, S. 114 (2000b)

Kicker Sportmagazin: Sonderheft zur Weltmeisterschaft 1998 in Frankreich, 1998

Kirschhofer, A.v.: Wäscht Hollywood (noch) weisser?, planung & analyse 3/97, S. 34 – 37

Kramer, J.: Der ewige Lothar, Der Spiegel 14/1999 vom 05.04.1999, S. 236 – 238

Kuhl, A.: Basti fantasti ist solo, BZ vom 08.07.1999

Marwedel, J.: Matthäus, 38 – Der Mann der Zukunft, Welt am Sonntag vom 20.06.1999

Müller, O.: Kämpfen genügt nicht, Die Welt vom 14.02.2000, S. 32

Munzinger-Archiv/Internationales Sportarchiv: Sebastian Deisler, 1999, S. 1 – 3

o. V.: Siegfried und Odysseus, Der Spiegel Nr. 21/1994 vom 23.05.1994, S. 164 – 169

o. V.: Sisyphos, live, Der Spiegel Nr. 44/1997, S. 156 – 165 (1997a)

o. V.: Ich bin nicht der Clown, der auf Befehl tanzt, w&v Nr. 42/97 (1997b)

o.V.: Vermarkter lieben Persönlichkeit, HORIZONT 37/97 vom 11.09.1997 (1997c)

o. V.: Marken auf dem Prüfstand, w&v Nr. 48 vom 3.12.99, S.130/131 (1999a)

o. V.: Der Kaiser spricht mit den Zwergen, w&v Nr 46 vom 19.11.99, S. 36 (1999b)

o. V.: Boris kehrt zurück ans Netz, w&v Nr 40 vom 8.10.99, S.14 (1999c)

o. V.: Turnschuh-Duell im Fernsehen, w&v Nr. 33 vom 20.08.99, S. 8 (1999d)

o. V.: Besser als Beckenbauer, w&v Nr. 36/99, S. 20 (1999e)

o. V.: Er kauft Rathäuser und verleiht Sekretärinnen, Handelsblatt-Serie „Wie Spitzensportler ihr Geld anlegen": Thomas Helmer, Handelsblatt vom 19.2.1999 (1999f)

o. V: Lothar Matthäus bei ISPR unter Vertrag, SPONSORs 2/99, S. 34 (1999g)

o. V: Sebastian Deisler Close-up, Bravo Sport, Nr. 19/1999 (1999h)

o. V.: Oliver Bierhoff: Nähe zu den Fans via Internet, Die Welt vom 03.02.2000

Priefer, C.: Bastis Ring-Geheimnis, BZ-Sport vom 07.10.1999, S. 62

Schröter, R.: Und ewig lauert das Fettnäpfchen, w&v, Nr. 42/97, S. 94 – 100

Schümann, H.: Was ist an Basti so fantasti?, Stern 36/1999 vom 02.09.1999, S. 200/201

Selldorf, P.: Der deutsche Hammer und ein Aushilfskellner, Süddeutsche Zeitung vom 04./05.09.1999

Siemes, C.: Zeitläufe, Die Zeit vom 20. Januar 2000, S. 71

UFA SPORTS GmbH: UFA FußballStudie 98 – Marketinginformationen für Vereine, Medien und Werbung, Hamburg 1998

Wenig, P.: Probleme der Teenie-Stars, Welt am Sonntag vom 10.10.1999

Wurm, O./Dobbertin, L.: Freitag, 19.45 Uhr: Gruppenarbeit, Sport-Bild 2/2000 vom 12.01.2000, S. 17/18

Zils, O.: Der Fan ist ein Riesenmultiplikator, HORIZONT 5/2000 vom 03.02.2000, S. 38

Websites von Politikerinnen und Politikern

Von Nicola Döring

Einleitung

Spätestens seit Mitte der 1990er Jahre gilt es „drin zu sein" im Internet, am besten auch mit einer eigenen Homepage. Eine fehlende oder defizitäre Online-Präsenz ist jedenfalls schlecht für das Image. Das gilt längst nicht nur für Unternehmen und Persönlichkeiten aus der Computerbranche oder aus dem Medienbereich, sondern auch für die Politik: Im Zuge des Bundestagswahlkampfes 1998 sind Parteien und Mandatsträger erstmals verstärkt mit eigenen Homepages online gegangen (Rilling, 1998; Bieber, 1999), und mit der Bundestagswahl 2002 hat das Internet nun „endgültig seinen Segen als Wahlkampfmedium erhalten" (politik-digital.de, eMind@emnid & 3-point concepts, 2002, S. 3; Bieber, 2002).

Da der Markt des politischen Wettbewerbs zwischen Parteien und Kandidaten zunehmend Ähnlichkeiten mit dem Konsumgütermarkt aufweist (Arnold, 2001) und Politik in der Medien- bzw. Fernsehgesellschaft verstärkt über Personen und weniger über Programme und Parteien vermittelt wird (Ohr, 2002), gewinnt Personality Marketing als Bestandteil politischer Öffentlichkeitsarbeit an Bedeutung. Die Politiker-Homepage als personalisiertes – dabei potenziell sehr umfangreiches und wandlungsfähiges – eigenredaktionell betreutes Medienangebot mit potenziell großer Reichweite ist gut geeignet zur Pflege der Personenmarke.

Mussten sich die Kanzlerkandidaten der Bundestagswahl 2002 bei den legendären Fernsehduellen an ein striktes Reglement halten, so konnten sie auf ihren Websites www.gerhard-schroeder.de und www.edmund-stoiber.de in Eigenregie umfassende Selbstdarstellung betreiben (siehe Abbildung 1) – Seite an Seite mit www.joschka.de, www.guido-westerwelle.de oder www.gabizimmer.de. Doch nicht nur von Spitzenkandidaten auf Bundesebene wird professionelle Online-PR erwartet: „Alle Kandidaten müssen das Internet nutzen, um der Tatsache Rechnung zu tragen, dass circa 40 Prozent ihrer potenziellen Wähler Zugang zum Internet haben", fordert die Studie „eCandidates 2002" (politik-digital.de, eMind@emnid.de & 3-point concepts, 2002, S. 47), die sämtliche Kandidaten-Homepages einer Checklisten-Evaluation unterzog, wobei als Bewertungskriterien die in einer Repräsenativumfrage ermittelten Wünsche der Bürgerinnen und Bürger herangezogen wurden.

Der vorliegende Beitrag beschäftigt sich mit der Frage, wie Politikerinnen und Politiker in Deutschland mit Hilfe von Websites ihre Personenmarke pflegen und welche spezifischen Chancen und Risiken mit diesem Online-Engagement verbunden sind.

1. Die Politiker-Homepage als neues Online-Format

Politiker-Homepages lassen sich als eigenständige Web-Präsenzen einzelner Mandatsträgerinnen und -träger definieren, die oft unter eigenem Domainnamen (www.vorname-nachname.de), manchmal aber auch nur unter Provider-Adressen (zum Beispiel home.t-online.de/home/vorname.nachname) angeboten werden. Politiker-Homepages als Teilgruppe persönlicher Homepages (Döring, 2001) sind von standardisierten Politiker-Profilen abzugrenzen, die etwa auf den Websites des Bundestages, der

Abbildung 1: Web-Duell der Kanzlerkandidaten 2002 ohne Redezeitbeschränkung und ohne journalistische Moderation

Länderparlamente, der Fraktionen und Parteien untergebracht sind und neben Porträtfotos typischerweise nur einige wenige biografische und bürokratische Angaben enthalten.

Im Feld der mittlerweile recht ausdifferenzierten politischen Online-Kommunikation (zum Überblick siehe zum Beispiel Bieber, 1999, 2002; Geser, 1998; Joos, Bilgeri & Lamatsch, 2001; Leggewie & Bieber, 2001; Meier-Walser & Harth, 2001; Siedschlag, Bilgeri & Lamatsch, 2001; Rilling, 1998) wird mit der Politiker-Homepage (synonym: Kandidatendomain, Politiker-Website) hier ein spezifisches Online-Format fokussiert, das durch doppelte Personalisierung gekennzeichnet ist: Der einzelne Politiker bzw. die einzelne Politikerin steht zum einen im Zentrum der Darstellung und hat zum anderen die alleinige Kontrolle über das Medienangebot.

Die Politiker-Homepage zeichnet sich durch einen Mix unterschiedlicher Textgattungen aus (1.1), wobei sich jedoch eine Konventionalisierung des Formats abzeichnet (1.2). Für die Wirkung der Politiker-Homepage als neuem Online-Format sind crossmediale Strategien entscheidend (1.3).

1.1 Mix unterschiedlicher Textgattungen

Die persönliche Homepage im WWW ist mehr als eine bloße virtuelle Visitenkarte. Charakteristisch für persönliche Homepages ist generell ein Mix unterschiedlicher Textgattungen (vgl. Döring, 2001): Man findet Lebensläufe, Arbeitsproben, Familienfotos, Urlaubsberichte, Selbstinterviews, Stellungnahmen, Zeugnisse, Wunschlisten, Tagebücher, Gästebücher, Kinderzeichnungen, Hochzeitszeitungen, Briefe, Gutachten, Reden, Mitarbeiterverzeichnisse, Kontaktadressen, Wegbeschreibungen, Pressemitteilungen usw. ... Diese Einzelelemente werden in unterschiedlicher Weise strukturiert und visuell aufbereitet, wobei persönliche Homepages bislang typischerweise nicht sehr multimedial gestaltet sind, sondern im Wesentlichen aus illustriertem Hypertext bestehen.

1.2 Konventionalisierung des Formats

Trotz der immensen inhaltlichen und formalen Gestaltungsspielräume zeichnet sich bei persönlichen Homepages die Tendenz zur Konventionalisierung des Formats ab: Ein Lebenslauf mit Foto, berufliche und private Informationen, Kontaktadressen und Links gehören zum Standard. Für persönliche Homepages von Politikern (im Unterschied etwa zu persönlichen Homepages von Musikern, Sportlern, Wissenschaftlern oder Schülern) haben sich zudem berufsspezifische Konventionen etabliert. So werden Informationen zum Beruf bei Mitgliedern des Bundestages typischerweise gesplittet in Arbeit im Wahlkreis und Arbeit im Bundestag; zudem werden die einzelnen Politikfelder, auf die sich ein Mandatsträger spezialisiert hat, separat abgehandelt. Als Arbeitsproben haben Reden (in Form von Manuskripten oder Videoaufzeichnungen), in Parlamenten vorgebrachte Anfragen oder mitgestaltete Veranstaltungen besonderes Gewicht. In den Linksammlungen finden sich vor allem Verweise auf Partei und Fraktion sowie auf politische Kampagnen. Ein weiteres Spezifikum der Politiker-Homepage sind die interaktiven Elemente, mit denen Bürgern die Gelegenheit zur Kontaktaufnahme und politischen Beteiligung gegeben werden soll.

Eine Politiker-Homepage profiliert sich im Spannungsfeld von gestalterischer Konvention einerseits, die den Nutzern die Orientierung erleichtert, und Innovation andererseits, die bei den Nutzern Interesse und Neugier weckt und die Individualität des Mandatsträgers unterstreicht. Hinsichtlich Image-Pflege, für die visuelle Kommunikation eine große Rolle spielt, ist zu konstatieren, dass überwiegend kein einheitliches parteibezogenes Corporate Design anzutreffen ist. Parteienlogos und Parteienfarben als Symbole der Parteienmarke werden zwar meist in die individuellen Webauftritte eingebunden, gerade bei Spitzenpolitikern dominieren aber nicht selten Symbole der Personenmarke (vor allem Gesicht, Gestalt, Stimme, Name, Signatur; siehe Abbildung 1 und Abbildung 2). Insbesondere im Wahlkampf wird für die Etablierung der Personenmarke auf Kandidaten-Homepages zusätzlich entsprechendes Werbe-Material zum Download angeboten (zum Beispiel Bildschirmschoner oder elektronische Postkarten mit Kandidaten-Porträts).

Abbildung 2: Websites der beiden PDS-Abgeordneten im 15. Bundestag: Petra Pau betont mit dem Logo die Personenmarke, Gesine Lötzsch die Parteienmarke

1.3 Crossmediale Strategien

Die Politiker-Homepage ist ein personalisiertes Online-Format, das ebenso wie die Parteien-, Fraktions- oder Kampagnen-Homepages auf Außenwirkung ausgerichtet ist und somit von der parteiinternen Online-Kommunikation in Intranets abzugrenzen ist. Eine Exploration der mit der Suchmaschine Altavista abrufbaren Verlinkungsstrukturen („link:www.zielhomepage.de") zeigt, dass prominente Politiker-Homepages zwar von mehreren Dutzend Websites angelinkt werden, es sich dabei aber hauptsächlich um selbstreferenzielle Verweise innerhalb der Berufspolitik und entsprechender Institutionen handelt (zum Beispiel Parteien- oder Fraktions-Homepage verweist auf Politiker-Homepage).

Nicht nur ist die Politiker-Homepage im Kontext anderer politischer wie nicht-politischer Online-Formate zu sehen, sie ist auch in ihren Wechselwirkungen mit Offline-Formaten (vor allem TV-Formaten: vgl. Sarcinelli & Tenscher, 1998; Tenscher, 1998) zu betrachten. Seien es Formate, bei denen die Politiker selbst zu Wort kommen (zum Beispiel Reden auf Wahlkampfveranstaltungen, Talkshow-Auftritte, Radio-Interviews oder Presse-Interviews) oder Formate, in denen über sie berichtet wird.

Zwar gewinnt das Internet durch wachsende Nutzerzahlen an Bedeutung – nach wie vor sind es aber die traditionellen Massenmedien Fernsehen, Radio und Presse, die die breite Bevölkerung erreichen und den größten Teil des medialen Zeitbudgets auf sich vereinen: Durchschnittlichen fast 3,5 Fernsehstunden pro Tag stehen rund 0,5 Internetstunden gegenüber – und noch immer sind es weniger als die Hälfte der Bundesbürger ab 14 Jahre (44 Prozent), die überhaupt online gehen (Eimeren, Gerhard & Frees, 2002, S. 359). Die Wirkungsmacht von Online-Formaten ist deswegen nicht nur von ihren originellen und innovativen Qualitäten, sondern auch von ihrer gelungenen Verknüpfung mit traditionellen Offline-Formaten abhängig – crossmediale Strategien sind gefragt. Bei den Berliner Senatswahlen 2001 nutzte beispielsweise der damalige Spitzenkandidat der PDS, Gregor Gysi, seinen Wahlkampf-Slogan als Homepage-Adresse, die er dann auch auf Plakaten und an seinen Rednerpulten annoncierte: www.take-it-gysi.de.

2. Funktionen der Politiker-Homepage

Websites sind Pull-Medien, das heißt sie müssen von den Nutzern zielgerichtet ausgewählt und aktiv abgerufen werden. Das Fernsehen als Push-Medium dagegen bringt Wahlwerbung oder andere Politik-Informationen breit gestreut an alle Zuschauer des Senders und erreicht damit auch politisch Uninteressierte, Unentschlossene, Politikverdrossene oder Gegner der jeweiligen Partei. Dass diese Breitenwirkung dem World Wide Web nicht eigen ist, spricht jedoch nicht gegen das Netzmedium, denn es verfügt über eigene Qualitäten und steht nicht in einem Konkurrenz-, sondern eher in einem Ergänzungsverhältnis zu den traditionellen Massenmedien: Die Fernseh-Präsenz eines Politikers mag etwa netzaktive Bürger dazu veranlassen, seine Website aufzusuchen und sich dort an der Quelle zu informieren.

Websites sind nicht nur Distributionsmedien, sondern auch Interaktions- und Kommunikationsmedien: Sie erlauben in größerem Maße als die traditionellen Massenmedien eine aktive Nutzerbeteiligung. Diese Optionen auszuschließen hieße, ein Webangebot zu gestalten, das im Grunde nicht mediengerecht ist – und auf eine bloße Hochglanzbroschüre im Netz hinausläuft. Andererseits bergen gerade die interaktiven Elemente Risiken – nicht zuletzt weil ihre Qualität vom Nutzerverhalten abhängt.

Die Politiker-Homepage richtet sich an bestimmte Zielgruppen innerhalb der Internet-Population (2.1) und will für diese als eine Plattform der Information (2.2) sowie der Interaktion (2.3) fungieren.

2.1 Zielgruppen

Politiker-Homepages sind auf zwei Zielgruppen zugeschnitten: Bürger und Journalisten. Bei den netzaktiven Bürgern, die im Pull-Verfahren eine Politiker-Homepage abrufen, handelt es sich um überdurchschnittlich politisch interessierte und aktive Personen. Es sind auch nicht durchgängig anonyme

Web-Surfer, die eine Politiker-Homepage besuchen, sondern teilweise Personen aus dem realen sozialen Umfeld der jeweiligen Mandatsträger: Parteifreunde, Kollegen, Bekannte, Familienangehörige.

Anhand der Homepage-Inhalte und ihrer sprachlichen und grafischen Aufbereitung lässt sich die Gruppe der adressierten Bürger noch weiter einengen: Angesprochen wird eindeutig ein politisch vorgebildeter Durchschnittsmensch. Eine gezielte Ansprache unterschiedlicher Bevölkerungsgruppen mit ihren spezifischen Interessen und Vorkenntnissen (zum Beispiel Kinder, Jugendliche, Arbeitslose, Senioren) findet nicht statt. Politiker-Homepages von Mandatsträgern in bundesdeutschen Parlamenten sind überwiegend nur deutschsprachig verfasst. Sie enthalten darüber hinaus Zugangsbarrieren für Menschen mit besonderen sensorischen oder kognitiven Bedürfnissen (zum Beispiel aufgrund von Blindheit oder einer Lernstörung). Entsprechende Versäumnisse, die zum Ausschluss ganzer Bevölkerungsgruppen von dem jeweiligen Webangebot führen, widersprechen nicht nur demokratischen Prinzipien, sondern werfen auch ein negatives Licht auf die Webkompetenz (vgl. entsprechende Kritik bei politik-digital.de, eMind@emnid & 3-point concepts, 2002).

2.2 Informations-Plattform

Um politikinteressierte Bürger sowie Journalisten durch die Homepage von der eigenen politischen Leistung zu überzeugen und gleichzeitig Medienkompetenz unter Beweis zu stellen, gestalten Mandatsträger ihre Websites als Informations- und Interaktions-Plattformen.

Ohne journalistische Vermittlung können Politiker mit ihrer PR-Arbeit per Homepage multimedial, tagesaktuell und detailliert direkt an die Bürger herantreten – sofern sie ihr Webangebot als Informations-Plattform professionell gestalten und pflegen. Die Bürger wiederum können sich auf diese Weise jeder Zeit über einzelne Mandatsträger umfassend informieren, was in quantitativ und qualitativ vergleichbarer Weise weder über die Massenmedien noch über herkömmliches PR-Material möglich ist. Journalisten, die mittlerweile regelmäßig im Web recherchieren (News Aktuell & Forsa, 2000), erhalten Zugriff auf gebündelte und im Idealfall auch aktuelle Informationen zu einzelnen Mandatsträgern.

Bei der Image-Pflege geht es Politikern heute selbstdarstellerisch darum, sowohl kompetent als auch sympathisch zu wirken und somit die Eigenschaften des Fachexperten und die des Medienstars zu vereinen (Schütz, 1999). Die klassischen Massenmedien erfordern und erschweren diesen selbstdarstellerischen Balanceakt gleichermaßen: Für eine elaborierte Sachanalyse wird Politikern immer weniger Sendezeit eingeräumt (Jäckel, 1999). Die Darstellung der menschlichen Seiten rückt in den Vordergrund, erfordert neue Inszenierungsleistungen und birgt erhebliche Vulnerabilitätsrisiken (vgl. Holtz-Bacha, 2001), etwa wenn eine zu intime Selbstdarstellung als peinlich oder lächerlich empfunden wird.

Unter diesen Bedingungen einer zunehmend fernsehvermittelten und von „Talkshowisierung" geprägten Politik (Sarcinelli & Tenscher, 1998; Tenscher, 1998) kann das Format der persönlichen Homepage ausgleichend wirken: Politische Positionen und der Alltag der politischen Arbeit lassen sich detailliert und ungekürzt darstellen – ohne Verschlagwortungszwang. Die spezifischen Optionen der Homepage zur beruflichen Selbstdarstellung (zum Beispiel Imagegewinne hinsichtlich zugeschriebener

Problemlösekompetenz, politischer Vertrauenswürdigkeit, Managerqualitäten oder kommunikativer Kompetenz) werden dementsprechend von den Politikern besonders gewürdigt (Mayer, 2001, S. 115):

> *„Eine Homepage bietet die Möglichkeit für jeden Politiker, seine Botschaften und seine politischen Aktivitäten im Original ins Netz zu stellen. Ich habe seit nunmehr fünf Jahren eine eigene Homepage. Seit Beginn dieser Wahlperiode stelle ich alle parlamentarischen Aktivitäten einschließlich Pressemeldungen, Grundsatzpapieren und Anfragen unter <www.m4m.de> ins Netz. (...) Daraus könnte sich künftig auch ein gewisses Regulativ für allzu einseitigen und fantasievollen Journalismus ergeben."*

Textgattungen, mit denen auf Politiker-Homepages berufliche Selbstdarstellung betrieben wird, sind in erster Linie Pressemitteilungen, die auf diesem Wege erstmals nicht nur Journalisten, sondern auch Bürgerinnen und Bürgern direkt zugänglich sind, Stellungnahmen zu aktuellen Themen, Manuskripte oder Videoaufzeichnungen von Reden, Querverweise zu Online-Informationen der Partei oder auch Hinweise auf politische Aktionen, Aufschlüsselung von Einnahmen und Ausgaben des Abgeordneten, Beschreibungen eines typischen Tagesablaufs und manchmal sogar ein Blick in das Arbeitszimmer per Webcam (zum Beispiel bei www.hans-joachim-otto.de). Für welchen Wahlkreis und welche Politikbereiche eine Politikerin oder ein Politiker zuständig ist, welchen Gremien er oder sie angehört und welche Aktivitäten der aktuelle Terminplan enthält – solche personalisierten Detailinformationen über die politische Arbeit eines Mandatsträgers sind gebündelt rund um die Uhr keinem anderen Medium als einer gut gepflegten persönlichen Homepage zu entnehmen. Durch das Angebot eines Newsletters können sich Nutzer auch per E-Mail im Push-Verfahren informieren lassen, wenn neue Inhalte auf die Homepage gestellt werden.

Dem „Human Touch" wird durch private Selbstdarstellung auf der Homepage Genüge getan, was die Entwicklung parasozialer Bindungen zu Politikern (Gleich, 1999) möglicherweise erleichtert, ohne dass Politiker wie bei Liveauftritten im Fernsehen unter Zugzwang geraten. (Siehe hierzu den Beitrag *Parasozial interagieren mit Medienfiguren*). Aspekte des persönlichen Lebensstils lassen sich ausführlich und auch multimedial präsentieren, dabei jedoch in ihrem dargestellten Privatheitsgrad genau kontrollieren bzw. dosieren. Der Politiker kann sich auf der Homepage als erreichbarer Mitmensch präsentieren, ohne sich jedoch Journalisten oder Bürgern unmittelbar auszusetzen. Die Textgattungen, mit denen politikferne Personenmerkmale auf Politiker-Homepages vermittelt werden, sind autobiografische Narrationen, Selbstporträts und Familienfotos, Nennung von Hobbys, Beschreibung der Lebensphilosophie, aber auch Kochrezepte, Wanderwege, Buch-, Reise-, Web- und Ausgeh-Tipps.

2.3 Interaktions-Plattform

Mit interaktiven Elementen vermitteln Politiker Erreichbarkeit, Diskussionsbereitschaft und Bürgernähe sowie Medienkompetenz. Dabei sind drei Gruppen von interaktiven Elementen auf der Politiker-Homepage zu unterscheiden:

- ***Technische Interaktion:*** Nutzern wird die Möglichkeit geboten, mit dem System zu interagieren im Sinne symbolischer Partizipation – etwa durch elektronische Umfragen (E-Votes), Tests oder Spiele.

- ***Soziale Interaktion:*** Nutzern wird die Möglichkeit geboten, mit dem Politiker und/oder mit anderen Homepage-Besuchern zu interagieren – etwa im elektronischen Gästebuch, im Online-Forum oder per E-Mail.
- ***Transaktion:*** Nutzern wird die Möglichkeit geboten, per Online-Formular im Sinne materialer Partizipation eine Parteispende oder einen Parteieintritt vorzunehmen.

Mandatsträger können die Bürger-Aktivitäten auf ihrer Homepage beobachten und auswerten, in Dialoge mit Homepage-Besuchern eintreten und sogar freiwillige Helfer aus diesem Kreis rekrutieren. Interaktive Elemente sollen Interessantheitsgrad und Unterhaltungswert einer Politiker-Website für die Bürger steigern. Eine niederschwellige Beteiligung an politischen Online-Diskursen auf der Homepage kann bei aktiven Nutzern im Sinne medialer politischer Partizipation zudem eine Identifikation a) mit der Rolle des Bürgers und b) mit dem politischen System begünstigen (Bucy & Gregson, 2001).

3. Nutzung von Politiker-Homepages

Im März 2002 verfügten 31 Prozent der Landespolitiker und 56 Prozent der Bundespolitiker in Deutschland über eine – auf Parlaments-Websites gelistete – eigene Homepage (Döring, 2002). Ein Jahr zuvor betrieben 48 Prozent der Bundespolitiker eine Homepage (Bilgeri & Lamatsch, 2001, S. 315); 1998 waren es noch 29 Prozent (Rilling, 1998). Die Verhältnisse in Großbritannien, Kanada und den USA sind vergleichbar (Taylor, 2002). Doch wie werden diese Webangebote genutzt? Wie viele Website-Besuche (3.1) werden registriert und wie kommen sie zustande? Wie verlaufen Gästebuch-Kommunikation (3.2) und E-Mail-Kommunikation (3.2) im Zusammenhang mit Politiker-Homepages?

3.1 Website-Besuche

Im Januar 2002 schickten wir einen standardisierter Kurzfragebogen an sämtliche N=303 in der Evaluationsstudie von politikdigital.de (2001) berücksichtigten homepageaktiven Bundestagsabgeordneten mit der Bitte, sich an einer kommunikationswissenschaftlichen Erhebung zu beteiligen. Binnen 14 Tagen gingen n = 47 auswertbare Antworten ein (Rücklaufquote: 15 Prozent; 32 Prozent Politikerinnen und 68 Prozent Politiker; Parteizugehörigkeit: CDU/CSU: 38 Prozent; SPD: 40 Prozent; FDP: 8 Prozent; B90/Grüne: 13 Prozent; PDS: 32 Prozent). Die Antworten stammten teils von den Mandatsträgern selbst, teils waren sie im Auftrag von ihren Mitarbeitern geschrieben worden. Bei den wöchentlichen Website-Besuchen berichteten die n = 47 befragten Bundespolitiker sehr unterschiedliche Zahlen: Das Spektrum reichte von 60 bis 7.500 registrierten Abrufen der eigenen Homepage pro Woche. Der Mittelwert lag bei 1.400 wöchentlichen Homepage-Besuchen. Bemerkenswert ist, dass zwei Drittel der Befragten über die Reichweite der eigenen Homepage keine Auskunft erteilen konnten oder wollten. Offensichtlich gehört eine systematische und leicht zugreifbare Webstatistik nicht zum Standard im Abgeordnetenbüro.

Etwa ein Viertel der Online-Nutzer gibt in Befragungen an, bereits mindestens einmal eine Politiker-Homepage abgerufen zu haben (Döring, 2002). Dabei zeigt sich eine deutliche Varianz der Abruf-Häufigkeiten: In einer eigenen Befragung einer Stichprobe von N = 105 studentischen Internet-Nutzern berichteten 5 Prozent wöchentliche und 23 Prozent monatliche Besuche auf Politiker-Homepages. 32 Prozent wandten sich dagegen nur ein Mal im halben Jahr und die übrigen 41 Prozent noch seltener diesen Webangeboten zu. In erster Linie wurden die Homepages von Bundespolitikern (oft von Ministerinnen und Ministern) abgerufen. Landes- und Kommunalpolitiker aus Deutschland sowie ausländische Politiker (zum Beispiel Präsident der USA) wurden dagegen seltener im Web aufgesucht.

Wer auf eine Politiker-Homepage surft, gelangt dorthin – laut Angaben der n = 105 studentischen Befragten – am häufigsten über folgende Wege: Suchmaschine (59 Prozent), Parteien-Homepage (39 Prozent), Domainname (37 Prozent), Bundestags-Homepage (33 Prozent) und Homepage der Stadt/ Region (22 Prozent). Während beim Zugang über Parteien-, Bundestags- oder Regional-Homepages teilweise erst die Konfrontation mit dem entsprechenden Link zum Klicken animieren mag, ist beim Zugang über Suchmaschinen oder Domainnamen klar, dass eine bestimmte Zielpolitikerin bzw. ein bestimmter Zielpolitiker im Pull-Verfahren aktiv angesteuert wird.

Welchen Elementen der Homepage schenken die Website-Besucher die meiste Aufmerksamkeit? Stellungnahmen zu aktuellen Themen sowie persönliche Informationen waren die Spitzenreiter bei den Informations-Elementen. Bei den Interaktions-Elementen gewann der E-Mail-Kontakt. Im Rahmen von externen Evaluationsstudien und/oder im Rahmen der Selbstevaluation wäre den Präferenzen der Nutzer für einzelne Homepage-Elemente noch genauer nachzugehen. Ein einfaches Instrument für eine solche Akzeptanz-Forschung ist der Online-Fragebogen auf der Homepage.

Zudem wären Interview-Studien wünschenswert, die untersuchen, wie sich die Nutzung von Politiker-Homepages in den medialen Alltag einfügt. Exemplarisch sei hier die per eigenem Leitfaden-Interview ermittelte Mediennutzung eines 44-Jährigen, politisch sehr interessierten Studienrats geschildert (vgl. Döring, 2002): Im Durchschnitt greift er zwei bis drei Mal pro Monat auf Politiker-Homepages zu. Meist ist ein Zeitungsartikel oder Fernsehbericht Anlass des Homepage-Besuchs: „Hauptgrund ist die Kontaktaufnahme und der zweite Grund ist, um exakt und ausführlich die Position nachzulesen, die meistens in Zeitungsartikeln nur in einem Satz oder als Zusammenfassung angegeben ist. Zum Beispiel ‚Möllemann will die Partei zu 18 Prozent bringen", dann gucke ich auf die Homepage von Möllemann, die und die Rede auf dem Parteitag, oder so." Seiner Erfahrung nach ist die Qualität der Homepages bei den „wichtigen Leuten von großen Parteien" sehr gut und zum Beispiel „jede Bundestagsrede exakt drin".

Wenn er Kontakt aufnimmt, dann um Politiker zu bestärken, die „eine Minderheitenmeinung ausdrücken" oder um Politiker zu kritisieren, die er „von der Position her nicht ausstehen kann": „Was weiß ich, wenn die Grünen diskutieren, den Benzinpreis hoch zu setzen, dann schreibe ich hin: „Ey, macht das" und bei Westerwelle eben, wenn er das Wort „getürkt" benutzt, dann frage ich nach, warum." Mit der Beantwortung seiner E-Mail-Anfragen hat er durchgängig gute Erfahrungen gemacht. Die E-Mail-Antwort einer Politikerin zur Haltung christlicher Politiker gegenüber dem Militäreinsatz der Bundeswehr in Afghanistan hat er sogar in seinem Schulunterricht eingesetzt.

Als politisch interessierter Bürger möchte er zwar an politischer Kommunikation mit Mandatsträgern teilnehmen, allerdings ist er nicht bereit, übergroße Kosten dafür in Kauf zu nehmen, denn schließlich bilde er sich nicht ein, mit seinen Beiträgen „die politische Landschaft zu verändern". Der niederschwellige E-Mail-Kontakt kommt da gerade recht:

> *„Es ist ganz einfach so, ich sitze beim Frühstück, lese eine Meldung und dann denke ich mir: so ein Idiot, oder: endlich sagt das mal einer, richtig, und dann maile ich dorthin. Das ist ja kein Aufwand, das ist eine Sache von 'ner halben Minute, wenn ich eh am Computer sitze, oh, dem wollte ich doch noch, zack. Briefe habe ich eigentlich nie geschrieben an irgendwelche Politiker. Weil, da finde ich auch die Adresse nicht. Im Netz, da gibst du es in die Suchmaschine ein und schon bist du auf der Homepage. Das ist ja das Tolle an dem Medium."*

Bei diesem politisch interessierten Informanten wirkt die aktiv-symbolische mediale Partizipation offensichtlich identitätsstärkend, wobei der symbolische Charakter der Einflussnahme in seiner begrenzten Wirksamkeit reflektiert wird. Gerade die hier beschriebene Medienintegration in den Alltag (zum Beispiel spontane Webrecherche oder E-Mail-Anfrage im Zuge der Zeitungslektüre) profitiert von der Asynchronität der Medien WWW und E-Mail. Als Lehrer ist der Informant auch Multiplikator und setzt – wie einige seiner Kollegen – Politiker-Homepages als Informationsquellen und Diskussionsgrundlagen im Politikunterricht ein (Kerber, 2001, S. 297, 300).

3.2 Gästebuch-Kommunikation

Soziale Interaktion ist im Zusammenhang mit Politiker-Homepages öffentlich im Gästebuch und privat per E-Mail möglich. Elektronische Gästebücher erlauben es den Homepage-Besuchern, in mehr oder minder identifizierbarer Weise (zum Beispiel Angabe von Pseudonym, Realname, E-Mail-Adresse und/oder Homepage-Adresse etc.) selbst netzöffentliche Beiträge zu hinterlassen sowie die bereits vorliegenden Beiträge zu lesen. Die Gästebuch-Einträge werden mit Datum und Uhrzeit chronologisch archiviert, wobei der Homepage-Betreiber bei Bedarf sowohl einzelne Beiträge als auch das gesamte Gästebuch löschen kann.

Ein elektronisches Gästebuch unterscheidet sich insofern vom webbasierten Online-Forum (Newsboard) als es keinem bestimmten Thema gewidmet ist (on-topic), sondern offen für Einträge jeder Art ist (off-topic; vgl. Diekmannshenke 2000). Online-Foren, in denen auf der Politiker-Homepage etwa dezidiert über konkrete Politikbereiche des Mandatsträgers diskutiert werden soll, existieren bislang sehr selten (zum Beispiel www.juergenwmoellemann.de; siehe Abbildung 3).

Im Dezember 2001 befanden sich laut eigener Auszählung elektronische Gästebücher nur auf 20 Prozent aller Homepages von Mitgliedern des Bundestages. Die Zahl der abrufbaren Gästebuch-Einträge variierte zwischen 1 und 299: 1 bis 10 Beiträge waren in 33 Prozent der Gästebücher zu finden, 10 bis 100 Beiträge in 60 Prozent und mehr als 100 in 7 Prozent der Gästebücher, wobei unterschiedliche Archivierungszeiträume zu beachten sind.

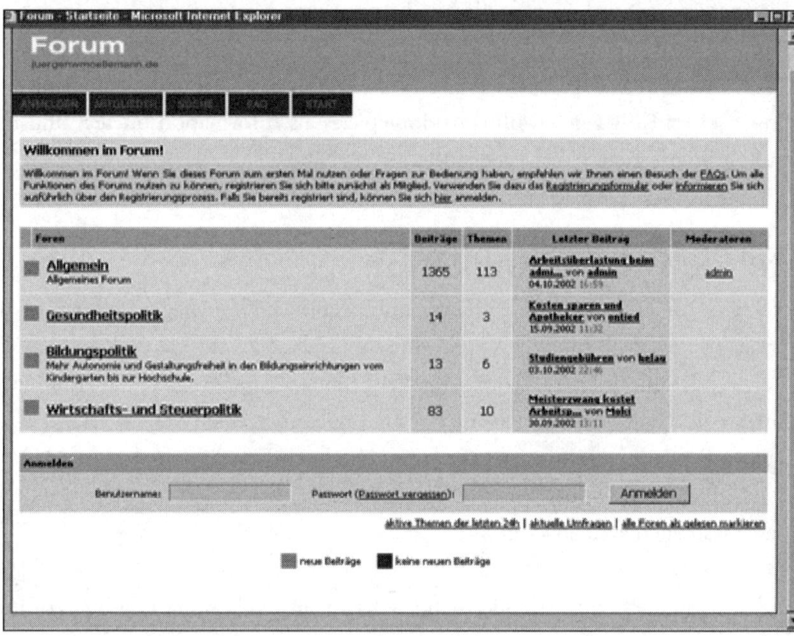

Abbildung 3: Elektronisches Gästebuch auf der Homepage von Angelica Schwall-Düren (87 Einträge seit Januar 1999) und Online-Forum auf der Homepage von Jürgen Möllemann (1.474 Einträge seit Juli 2002)

Stellt man in Rechnung, a) wie unaufwendig im Vergleich zu anderen Formen aktiv-symbolischer Partizipation (zum Beispiel Leserbrief) ein Gästebuch-Eintrag zu bewerkstelligen ist und dass b) je nach Bedarf sowohl Anonymität, Pseudonymität als auch Identifizierbarkeit realisierbar sind, muss man die tatsächlichen Beitragszahlen als sehr gering einstufen: Selbst bei den zehn meistgenutzten Gästebüchern gehen im Durchschnitt nur etwa zwei bis drei neue Einträge pro Woche ein – kein Vergleich zu dem beträchtlichen Leserbriefaufkommen, das die verschiedenen Printmedien verzeichnen. Dieser Befund sehr geringer tatsächlicher Akzeptanz eines medialen Angebotes zu aktiv-symbolischer Partizipation lässt die in Umfragen artikulierten Bürgerwünsche als eher praxisfern erscheinen: 32 Prozent der Bundesbürger finden es wichtig oder sehr wichtig, sich auf Politiker-Homepages in ein Gästebuch oder Forum eintragen zu können (politik-digital.de, eMind@emnid & 3-point concepts 2002, S. 17) – obwohl sie es vermutlich nie tun werden.

Inhaltlich zerfallen die Gästebuch-Einträge laut einer eigenen explorativen Inhaltsanalyse von n = 519 Gästebuch-Einträgen in vier große Gruppen (vgl. Döring, 2002):

- Unterstützende Beiträge (zum Beispiel Lob für die Homepage, Glückwunsch zu gewonnenen Wahlen, Ermutigung zum Weitermachen),
- Kritische Beiträge (zum Beispiel Kritik der Homepage, Kritik politischer Entscheidungen),
- Hilfe suchende Beiträge (zum Beispiel Bitte um Unterstützung bei einer Informationsrecherche oder einer Auseinandersetzung mit Behörden) und
- Apolitische Beiträge (zum Beispiel Unsinnsbeiträge, Verwechslungen).

Gerade in unterstützenden Beiträgen wird durch persönliche Anrede in der Du-Form und/oder durch Verweise auf persönliche Treffen und gemeinsame Aktivitäten offenkundig, dass zum Publikum einer Politiker-Homepage nicht nur unbekannte Bürger, sondern gerade auch Personen aus dem realen sozialen Umfeld des Politikers bzw. der Politikerin gehören. Ein solcher Publikums-Mix ist für persönliche Homepages generell typisch (vgl. Döring, 2001, S. 337). Beiträge mit realweltlichen und intimen Bezügen nehmen teilweise die von Diekmannshenke (2000, S. 153) identifizierte Form des Gästebuchklatsches an und liefern jenseits des politischen Diskurses bei der Lektüre einen gewissen Unterhaltungswert, wie der folgende Eintrag vom 7.11.2001 (00:14 Uhr) aus dem Gästebuch von Klaus Riegert, CDU (www.klaus-riegert.de) belegen mag:

> ***„Guten Abend***
> *Wir haben heute Abend gegeneinander Fußball gespielt und haben im Restaurant miteinander gesprochen. Ich war jetzt neugierig auf Ihre Homepage. Sie haben mir Ihre Karte überreicht, um einen Termin für eine Besichtigung mit anschließender Diskussion zu vereinbaren. Das fand ich nett. Ich hoffe, dass Interesse bei meinen Sportskameraden vorhanden ist.*
>
> ***Gruß Jürgen Peschel*** *(Mannschaftskapitän MSV Altliga)*
>
> *PS. Meine Frau fand es übrigens unmöglich, dass ich mich negativ über das Aussehen von Fr. Merkel geäußert habe. Sie ist der Meinung, dass Fr. Merkel eine sehr beeindruckende Persönlichkeit ist.“*

Sowohl in kritischen Beiträgen als auch in apolitischen Beiträgen finden sich immer wieder Beschimpfungen und Beleidigungen. Dass Politiker solche Einträge nicht löschen, mag manchmal darauf zurückzuführen sein, dass sie sie gar nicht entdecken, scheint aber überwiegend einem selbst auferlegten Zensur-Verbot zu entspringen. Schließlich kann es auch als souveräner Umgang mit Kritik oder Angriffen gewertet werden, wenn diese „unzensiert" stehen bleiben (vgl. Herbst, 2001, S. 112) – und am Ende womöglich durch unterstützende Beiträge anderer Homepage-Besucher diskreditiert werden.

Da Gästebuch-Nutzer in Hilfe suchenden Beiträgen (sowie in unterstützenden Beiträgen) teilweise recht persönliche Informationen enthüllen, werden Fragen des Datenschutzes virulent. Im Sinne einer professionellen Online-PR sollten Politiker ihre Datenschutz-Maßnahmen jeweils auf der Website publik machen (vgl. Hunter, 2002). Dass private und persönliche Äußerungen nicht nur in E-Mails, sondern auch in öffentlichen Gästebüchern zu finden sind, deutet auf Defizite in der Medien- bzw. Netzkompetenz der Homepage-Nutzer hin.

So gut wie nie äußern sich die Politiker selbst in ihren Gästebüchern, Angelika Schwall-Düren, SPD (www.schwall-dueren.de), die regelmäßig Gästebucheinträge öffentlich beantwortet, stellt eine der wenigen Ausnahmen dar.

3.3 E-Mail-Kommunikation

Während nur auf einer Minderheit von 20 Prozent der Politiker-Homepages elektronische Gästebücher zu finden sind, werden E-Mail-Adressen durchgängig auf den Politiker-Websites angeboten. Eine telefonische Repräsentativbefragung von Bürgerinnen und Bürgern aus Erfurt und Kassel zeigte im Jahr 2000, dass 9 Prozent der Bürgerinnen und Bürger schon mindestens ein Mal einen Politiker per E-Mail kontaktiert hatten. Auf herkömmlichem Wege (Brief, Telefon) waren dagegen 27 Prozent der Befragten an Politiker herangetreten (Emmer, 2001, S. 8). Insbesondere hinsichtlich der Briefkommunikation ist hier in Zukunft aus Ökonomie-Gründen mit Substitutions-Effekten zu rechnen – sofern die Politiker mitmachen.

Die n = 53 von Herberger (2000) per E-Mail befragten (und somit E-Mail-aktiven) Mitglieder des Bundestages lobten ausdrücklich die verbesserten Kontaktmöglichkeiten zu den Bürgern und das Zusammenspiel von E-Mail-Kommunikation und Homepage, etwa weil sich bestimmte E-Mail-Anfragen mit dem Verweis auf die entsprechende Online-Information im Web einfach beantworten ließen. Andererseits monierten die MdB aber die Überflutung mit Massenmails oder die Zusendung von Anfragen von Bürgern außerhalb des Wahlkreises, die dann weitergeleitet werden müssen. Eine aktuelle Studie unter britischen Abgeordneten zeigte, dass nur 5 Prozent die E-Mail, 75 Prozent aber den postalischen Brief als Kommunikationsweg bevorzugen (Taylor, 2002).

Die Zahl der E-Mail-Anfragen bezüglich Homepage variierte bei den per E-Mail befragten (und somit besonders E-Mail-aktiven) n = 47 MdB (siehe Abschnitt 3.1) zwischen 0 und 100 pro Woche. Damit nahm der Homepage-induzierte E-Mail-Verkehr mit Bürgern nur einen geringen Anteil am gesamten wöchentlichen E-Mail-Volumen im Abgeordneten-Büro in Anspruch: Von den rund 30 bis 40 täglichen E-Mails, die im Abgeordneten-Büro eingehen (zum Beispiel büro-, fraktions- und parteiinterne Kommunikation), beziehen sich durchschnittlich nur 1 bis 2 (also circa 5 Prozent) auf die Homepage. Journalisten melden sich nach wie vor eher per Telefon als per E-Mail.

Das Spektrum der E-Mail-Inhalte scheint thematisch breit gefächert zu sein, wobei techniknahe und tagesaktuelle Themen vergleichsweise häufiger auftreten (Mayer, 2001). Wie wichtig ein professionelles E-Mail-Management für Politiker ist, illustriert die Schilderung von Michael Roth (2001, S. 121 f.):

> *„Waren es erst nur relativ wenige Bürgerinnen und Bürger, die sich mit Anliegen, Kritik und Kommentaren via E-Mail an mein Büro und mich wandten, ging die Zahl durch Medienberichterstattung über meine Homepage sprunghaft in die Höhe. (...) Da muss eine Schülerin in spätestens drei Tagen eine Hausarbeit über die Arbeit des Bundestages angefertigt haben und bittet mich um Hilfe bei der Recherche. Da erklärt mir ein Bürger wortreich, warum es gotteslästerlich sei, Tiere zu verspeisen. Da überschütten uns Lobbyorganisationen mit Protestmails zur anstehenden Betriebsverfassungsreform. Da bittet ein Schwerbehinderter um Unterstützung beim Streit mit der Krankenkasse. Komplizierte Probleme werden nicht dadurch einfacher, dass sie als E-Mail an mich herangetragen werden. Wer eine halbwegs fundierte, aussagekräftige Antwort erwartet, muss sich gedulden: Das will nicht jeder akzeptieren, gelegentlich fragen Bürger schon 24 Stunden nach Eingang ihrer E-Mail besorgt nach, warum sie immer noch keine Antwort erhalten haben. Um nicht im Wust von E-Mails zu ersticken, muss man Mut zum Löschen haben.“.*

Unter den strategischen Mängeln der Online-PR wird oftmals gerade eine unzuverlässige Beantwortung von E-Mails moniert (Klaus/Röttger, 1998, S. 227f.). Eine E-Mail-Adresse auf der Homepage zu publizieren, de facto aber überhaupt nicht, zu spät oder zu knapp zu antworten, frustriert die Nutzer und verhindert Dialog. Die Geschwindigkeit des E-Mail-Feedbacks ist deswegen auch ein gängiges Kriterium für Rankings von Politiker-Homepages (siehe 4.1). In einem eigenen Responsivitäts-Test antworteten auf eine studentische E-Mail-Anfrage in der Vorweihnachtszeit 2001 28 Prozent von N = 303 homepagebetreibenden MdB binnen einer Woche (9 Prozent binnen eines Tages) – und zwar überwiegend sehr aussagekräftig und persönlich. Die Länge der E-Mail-Antworten variierte zwischen 17 und 738 Wörtern (Mittelwert: 155 Wörter). Insgesamt ging bei diesem Test die geringe Antwortzahl mit hoher inhaltlicher Qualität einher, wobei die E-Mails zu 58 Prozent von den Politikern selbst geschrieben waren, zu 42 Prozent von Mitarbeitern (vgl. Döring, 2002). Politiker, die binnen einer Woche per E-Mail antworten, sind zwar eine Minderheit, bieten aber ein ernst zu nehmendes Gesprächsangebot.

4. Öffentliche Berichterstattung über Politiker-Homepages

Es sind vor allem drei Zusammenhänge, in denen Politiker-Homepages zum Gegenstand der öffentlichen Berichterstattung werden: Rankings (4.1), Events (4.2) und Skandale (4.3).

4.1 Rankings

Der nennenswerten (und langsam wachsenden) Verbreitung von Politiker-Homepages steht – insbesondere im Vorfeld von Wahlen – eine nicht unbeträchtliche öffentliche Aufmerksamkeit für diese Medienangebote gegenüber. So führen die von Journalisten und Politikwissenschaftlern betriebenen Online-Portale politikerscreen.de (2001: „MdB-Webtest“) und politik-digital.de (1998, 2001: „Der große Abgeordneten-Test“) regelmäßige Checklisten-Evaluationen durch und stellen auf dieser Basis Qualitäts-Rankings der existierenden Politiker-Homepages auf, wobei im letzten Ranking die formalen und inhaltlichen Qualitätskriterien sogar aus einer repräsentativen Bürgerumfrage abgeleitet wurden (politik-digital.de/eMind@emnid/3-point concepts, 2002: „eCandidates 2002“). Die jeweiligen Homepage-Siegerinnen und -Sieger werden in den Massenmedien ausführlich gewürdigt und annoncieren ihren Ranking-Platz typischerweise mit einem entsprechenden Banner auf ihren Homepages.

Die bisherigen Evaluationsberichte stimmen in der normativen Aussage überein, dass Homepage-Abstinenz oder ein qualitativ minderwertiges Homepage-Angebot für Politiker heutzutage nicht akzeptabel seien, schließlich müssten Mandatsträger in der Informationsgesellschaft Medienkompetenz beweisen und vorleben sowie ihre politische Arbeit durch zeitgemäßen Medieneinsatz maximal effizient und demokratisch gestalten (vgl. Bilgeri/Lamatsch, 2001; Foerster, 1998; politik-digital.de, eMind@ emnid & 3-point concepts, 2002; Wenzel, 2000). Im Gesamtergebnis kommen der *MdB-Webtest* von politikerscreen.de (2001; N=275 MdB-Homepages, Januar 2001; Noten 1 bis 6; 90 Prozent Noten 3 bis 6) und *Der große Abgeordneten-Test* von politik-digital.de (2001; N = 303 MdB-Homepage, März 2001; 0 bis 100 Punkte; 91 Prozent < 67 Punkte) dennoch zu dem Schluss, dass nur 10 Prozent der existierenden MdB-Homepages gute Noten verdienen, während rund 90 Prozent mittelmäßig bis schlecht einzustufen sind. Testsieger wie zum Beispiel der für sein Homepage-Engagement bekannte Rezzo Schlauch (www.rezzo-schlauch.de) können unter diesen Bedingungen also einen öffentlichen Image-Gewinn verbuchen.

Angesichts der von Fachleuten einmütig zugeschriebenen Relevanz – bei gleichzeitig nachgewiesenen Qualitätsmängeln – bleiben Politiker-Websites Gegenstand der kritischen öffentlichen Berichterstattung.

4.2 Events

Um zusätzliche Aufmerksamkeit für die eher statischen Homepage-Angebote zu generieren, werden virtuelle Events inszeniert. Denn allein die Existenz einer Politiker-Website oder ihr turnusmäßiger

Relaunch haben nicht genügend Nachrichtenwert für die Massenmedien. Eventcharakter hatten in der Vergangenheit das Domain-Grabbing (also die Nutzung einer Domain fremden Namens) sowie virtuelle Sprechstunden.

Katherina Reiche, CDU (2001, S. 142) beschreibt nicht ohne Stolz Beispiele für Domain-Grabbing als PR-Gags im Rahmen politischer Öffentlichkeitsarbeit:

> *„Der CDU-Brandenburg gelang im Wahlkampf 1999 ein besonderer Internet-Coup. Durch sogenanntes „Domain-Grabbing“ wurden Internetsurfer, die die Namen der SPD-Spitzenkandidaten www.manfred-stolpe.de und www.regine-hildebrand.de angewählt hatten, direkt auf die Wahlkampfhomepage der CDU geführt. Neben dem Netz-Erfolg sorgen solche ungewöhnlichen Aktionen auch für Öffentlichkeit in den Medien und damit für sehr erwünschte Synergie-Effekte bei der PR-Arbeit.“*

Rezzo Schlauch (Bündnis 90/Grüne) griff im Jahr 2000 den Wahlkampfslogan „Projekt Südwind“ der baden-württembergischen CDU sowie den Werbeslogan „der wilde Süden“ des süddeutschen Rundfunks SDR auf, reservierte sich selbst die Domainnamen www.projektsuedwind.de und www.derwildesueden.de, über die man bis heute auf seine Homepage geleitet wird (Schlauch, 2001, S. 116). Inwieweit derartige Strategien bzw. „Mogelpackungen“ tatsächlich Imagegewinne bringen, ist jedoch fraglich, ganz abgesehen davon, dass Domain-Grabbing mit dem Namens- und Domainrecht kollidiert.

Die Online-Sprechstunde, bei der sich ein Politiker zu einem festgelegten Termin zum Live-Chat mit den Bürgern in einem Chatroom auf seiner Homepage einfindet, ist in erster Linie ein PR-Instrument: „Die Bild- und Tondokumentation eines Chats im Fernsehen oder die Rezension der virtuellen Sprechstunde in der Tagespresse sind typische Verknüpfungen politischer Onlineveranstaltungen mit Offline-Formaten (Bieber, 2002, S. 282). Die griffige Bezeichnung „Online-Sprechstunde“ gekoppelt mit massenmedialer Berichterstattung über entsprechende virtuelle Events hat offensichtlich zu einer starken nominellen Nachfrage geführt: In einem Repräsentativsample von N = 1.056 Personen der deutschen Wohnbevölkerung stuften 52 Prozent Online-Sprechstunden (das heißt regelmäßige Chats) mit Politikern auf deren Homepages als „wichtig oder sehr wichtig“ ein. Da nur 3 Prozent der Politiker-Homepages heute diese Option bieten, lässt sich hier eine mangelnde Erfüllung von Bürgerwünschen durch Politiker monieren (politik-digital.de, eMind@emnid & 3-point concepts, 2002, S. 17, 42).

Doch wie ist es eigentlich um die entsprechende mediale Partizipations-Bereitschaft der Bürger bestellt? Hierzu sind die Erfahrungen mit der geringen Akzeptanz von Gästebüchern heranzuziehen. Und zu berücksichtigen ist auch, dass nur 44 Prozent der Bevölkerung ab 14 Jahre in Deutschland das Internet nutzen und davon wiederum nur maximal 23 Prozent regelmäßig (mindestens einmal wöchentlich) chatten (Eimeren, Gerhard, Frees, 2002, S. 347, 355). Insofern scheint es sehr unwahrscheinlich, dass eine nennenswerte Zahl von Bürgern sich regelmäßig zu einem fixen Zeitpunkt (zum Beispiel Mittwoch um 17 Uhr) auf einer konkreten Politiker-Homepage einfindet, um dort (gegebenenfalls nach einer Wartezeit) mit dem Zielpolitiker (oder einem Vertreter) einen (für Chat-Ungeübte sehr mühsamen) getippten (öffentlichen oder privaten?) Dialog zu führen. Möglicherweise ist die „Online-Sprechstunde“ eher eine Metapher für die niederschwellige Erreichbarkeit von Politikern, von der sich gerade Nicht-

Nutzer beeindrucken lassen, während Internet- und Chaterfahrene die praktische Umsetzbarkeit und den Nutzwert sowohl für die Bürger als auch für die – von Chat-Kommunikation (zusammenfassend Beißwenger, 2001) oft nicht minder überforderten – Politiker nüchterner einschätzen.

4.3 Skandale

In wenigen Einzelfällen waren bislang Politiker-Homepages Anlass für Skandale beziehungsweise skandalisierende Berichterstattung: Am 14. April 1996 kritisierte die *Welt am Sonntag*, dass die PDS-Politikerin Angela Marquardt von ihrer persönlichen Homepage auf die Online-Ausgabe der Zeitschrift *radikal* verlinkte, in der in Nummer 154 ein „Kleiner Leitfaden zur Behinderung von Bahntransporten aller Art“ stand. Es folgten weitere Medienberichte, die Sperrung der Marquardt-Homepage durch den Provider, eine Hausdurchsuchung und schließlich ein spektakulärer Prozess wegen „Beihilfe zu einer Anleitung zu Straftaten“ sowie „Beihilfe zu einer Billigung von Straftaten“, der 1997 mit Freispruch endete (für eine Dokumentation des Falles siehe www.angela-marquardt.de).

Der Skandal um die Marquardt-Homepage reflektiert den Problemkomplex extremistische Online-Angebote und Internet-Zensur, während es im Zusammenhang mit der Homepage der SPD-Familienministerin Christine Bergmann um Sex und Pornografie im Internet ging: So titelte die *Bild* am 19. März 2000: „Internet-Skandal mit „Link des Monats“ – Familien-Ministerin vermittelt Callboys“. Hintergrund war ein Link zum frauenspezifischen Web-Katalog „PowerCat“ (in dem sich auch eine sexualitätsbezogene Rubrik befindet) auf der Homepage des Ministeriums von Christine Bergmann (www.bmfsfj.de). Durch den Medienbericht alarmiert, äußerte sich Bergmann betroffen und ließ den Link entfernen (siehe zum Fall auch Baur, 2000). Die öffentliche Diskussion um beide Skandale umfasst einerseits eine Auseinandersetzung mit den Besonderheiten des Internet, andererseits wurde sie aber auch politisch instrumentalisiert, etwa als Beleg für die Verfassungsfeindlichkeit der PDS oder die mangelnde Kompetenz im Umgang mit Jugendschutz ausgerechnet im Bundesministerium für Familie, Senioren, Frauen und Jugend beziehungsweise bei der zuständigen Ministerin.

Doch die Homepage kann nicht nur Anlass von Krisen und Skandalen sein, die kann auch als Instrument der Online-Krisen-PR (Herbst, 2001, S. 153 ff.) genutzt werden. Skandalberichterstattung in den Massenmedien erhöht zuverlässig die Homepage-Zugriffe. Hier bestünde also für die vom Skandal betroffenen Politiker die Gelegenheit, Bürgern und Journalisten ereignisnah Hintergrundinformationen und Stellungnahmen zum Fall zu liefern. Bislang wird von dieser Option jedoch kaum Gebrauch gemacht. Im Gegenteil: Eine skandalbedingt verstärkte öffentliche Aufmerksamkeit für das Webangebot führt nicht selten zur Löschung von Gästebüchern oder sogar der gesamten Website.

Nachdem am 20. Juli 2002 der Hunzinger-Kredit des Bündnisgrünen Cem Özdemir bekannt geworden war, wurde sein Gästebuch täglich mit Dutzenden (meist sehr wütenden, sarkastischen und beschimpfenden) Neueinträgen bestückt. Einige der Gästebuch-Schreiber – darunter auch Partei-Mitglieder – forderten Özdemir auf, sich zu den Einträgen im Gästebuch endlich zu äußern, was er aber nicht tat. Anlässlich des Skandals veröffentlichte das Netzmagazin *Telepolis* am 25. Juli 2002 eine Glosse zu Özdemirs Homepage, in der die Eitelkeit des Politikers kritisiert, der sehr rege Gästebuch-Diskurs aber ignoriert wurde (Lorscheid, 2002). Am 26. Juli 2002, dem Tag seines Rücktritts, wurde Özdemirs Homepage gelöscht – nur die Rücktrittserklärung blieb erhalten (www.oezdemir.de), wodurch nicht nur eine Fortsetzung des Bürgerdiskurses im Gästebuch unterbunden, sondern auch die bereits gelaufene Diskussion unsichtbar gemacht wurde.

5. Pflege von Politiker-Homepages

Für die Planung und Pflege des Webangebots stehen Politikern als Vorlage mittlerweile sogenannte Homepage-Baukästen zur Verfügung (5.1), doch das homepagebezogene Kommunikations-Management (5.2) sowie die Evaluation (5.3) sind bislang immer noch unterentwickelt.

5.1 Homepage-Baukästen

Das Erstellen und Pflegen einer Homepage ist, je nach Umfang und Anspruch, mehr oder minder kostenintensiv, was den Einsatz von Zeit, Geld und Personal betrifft. Um sich als Instrument der Politik-PR bewähren zu können, muss die Politiker-Homepage hinsichtlich Form und Inhalt strategisch geplant und mit anderen PR-Maßnahmen (zum Beispiel mit Auftritten in Radio und Fernsehen, Presseinterviews, eigenen Printmedien, Veranstaltungen usw.) abgestimmt werden (vgl. Abschnitt 1.3 zu crossmedialen Strategien). Zudem muss für die Homepage-Pflege ein Workflow entwickelt werden, der Aktualisierungen und Ergänzungen, die Betreuung von Gästebüchern, die Bearbeitung von E-Mail-Anfragen und letztlich auch eine fortlaufende Qualitätskontrolle enthält.

Wie Politikerinnen und Politiker die Homepage-Produktion organisieren und finanzieren, welche Zielgruppen sie im Auge haben und welche strategischen Ziele sie verfolgen, wurde bislang nicht systematisch untersucht. Es liegen lediglich anekdotische Stellungnahmen einzelner besonders homepageaktiver Mandatsträger vor (zum Beispiel Mayer 2001; Reiche 2001; Roth 2001; Schlauch 2001; Westerwelle 2001). Diese betonen im Einklang mit der PR-Forschung die Notwendigkeit eines professionalisierten Ansatzes, der etwa die Beschäftigung von seriösen Web-Agenturen beinhaltet anstelle von „Schüler-Start-Ups“ oder „laienhaften Bastelstuben“ (Roth 2001) sowie auf die konsequente Integration der Online-Kommunikation in die sonstigen Arbeitsprozesse im Abgeordnetenbüro Wert legt (Schlauch 2001).

Es zeigte sich, dass 40 Prozent der n = 47 von uns befragten homepageaktiven Mitglieder des Bundestages einen externen Webdesigner beziehungsweise eine Web-Agentur mit der Homepage-Erstellung beauftragt hatten; dabei handelte es sich oft um semiprofessionelle Dienstleister und um kleine Unternehmen aus den Wahlkreisen der Abgeordneten. Die Agenturen sind dann meist auch dem Impressum oder Quelltext der jeweiligen Homepages zu entnehmen. Beispiele für Web-Agenturen, die eine Politiker-Homepage erstellt haben, sind www.face2net.de, www.web-projektion.de, www.uniserve.de oder www.petra-productions.de. Die übrigen 60 Prozent der Befragten ließen ihre Homepages von Mitarbeitern oder Praktikanten im eigenen Büro erstellen.

Die Kosten für die Ersterstellung der Homepage variierten dementsprechend sehr stark: Das Spektrum reichte von 0 Euro (zum Beispiel Praktikant) bis 10.000 Euro (professionelle externe Webagentur), bei einem Mittelwert von knapp 1.000 Euro. Die jährlichen Betriebskosten schwankten ebenfalls deutlich von 0 Euro bis 7.000 Euro, mit einem Mittelwert von 650 Euro. Die laufende Pflege der Homepage wurde überwiegend von Mitarbeitern oder Praktikanten im Abgeordnetenbüro erledigt (89 Prozent) und nur selten von einer externen Agentur übernommen (11 Prozent). Drei der befragten Politiker gaben an, sich selbst an der Homepage-Pflege zu beteiligen. Die finanziellen Kosten für die Homepage werden durch die Abgeordneten selbst getragen, wobei keine sichtbaren Zusatzkosten anfallen, wenn bereits eingestellte Mitarbeiter sich der Homepage-Pflege widmen.

Professionalisierung im Bereich der Politiker-Homepages liegt dabei einerseits in der Verantwortung der einzelnen Politikerinnen und Politiker, wird aber zunehmend auch durch die Parteien unterstützt: SPD und CDU/CSU stellen ihren Parteimitgliedern in den internen Parteinetzen sogenannte Homepage-Baukästen zur Verfügung, die das Erstellen einer Homepage erleichtern. Die FDP bietet in Zusammenarbeit mit einem Provider einen kostenpflichtigen und umfassenden Service zur Erstellung von Politiker-Homepages, der vom Design bis zum tagesaktuellen Content auf die Bedürfnisse von politischen Homepage-Anbietern eingeht und auch Online-Kampagnen unterstützt (http://info.org.liberale.de/).

Auf der Homepage der PDS finden sich unter dem Stichwort „Netzbaukasten" (www.pds-online.de/service/netzbaukasten/) Gestaltungsrichtlinien für die Homepages von PDS-Politikern (zum Beispiel Einbindung von PDS-Logos; weißer Hintergrund; Basisfarben: weiß, schwarz, rot; keine Hintergrundmusik), die zusammen mit einer Agentur entwickelt wurden, ein einheitliches Online-Erscheinungsbild der Partei fördern sollen und bislang von einer Teilgruppe der PDS-Politiker befolgt werden (siehe oben Abbildung 2). Schließlich gehen auch die Evaluations- und Ranking-Studien (vgl. Abschnitt 4.1) zunehmend dazu über, Handlungsempfehlungen im Baukasten-Prinzip anzubieten (sehr ausführlich zum Beispiel politik-digital.de, eMind@Emnid & 3-point concepts, 2002).

5.2 Kommunikations-Management

Interaktive Komponenten sind die riskantesten Elemente der Politiker-Homepage. Elektronische Gästebücher und Online-Foren dürfen nicht sich selbst überlassen bleiben, weil imageschädigende oder gar illegale Inhalte eingestellt werden können. Aufgrund ihres drogenpolitischen Engagements wurde beispielsweise das Gästebuch der Bündnisgrünen Christa Nickels (www.christa-nickels.de) von „Freunden der bekennenden Hanffraktion" in großer Menge mit Beiträgen bestückt. Nachdem Nickels zunächst in einem Meta-Kommentar an die Gruppe appelliert hatte, ihr Gästebuch nicht zu überfluten und in den Gästebucheinträgen keine Links auf illegale Webangebote unterzubringen, hat sie mittlerweile das Gästebuch gelöscht.

Viele prominente Politiker verzichten nicht umsonst von vorne herein auf Gästebücher. Gästebücher und Foren müssen moderiert und nach transparenten Regeln geführt werden, dies ist zeitaufwendig und auch konfliktträchtig (etwa wenn das Löschen von Beiträgen von Nutzern als Zensur verstanden wird). Ein Anmelde-Verfahren gibt Überblick über Nutzerschaft und Nutzeraktivität (zum Beispiel im Online-Forum bei www.juergenwmoellemann.de). Neben der Problematik heikler oder illegaler Inhalte und ihrer Sanktionierung werfen Gästebücher und Foren auf Politiker-Homepages die Frage ihrer eigentlichen Funktion auf. Selbst für die im Vergleich zur Gästebuch-Kommunikation etwas regere Forums-Kommunikation auf den Partei-Homepages (zum Beispiel http://forum.cdu.de/) ist schließlich bislang eine Einbettung in politische Entscheidungsprozesse unklar (Rogg, 2001, S. 37):

> *„Obwohl die Foren der Parteien zu den interaktiven Kernbestandteilen der virtuellen Parteizentralen gehören, liegt ihr hauptsächlicher Nutzen für die Parteien derzeit noch im Marketingbereich, da die Tatsache, dass es ein Forum und auch einen Chat gibt, wichtiger zu sein scheint als die Einbeziehung in den politischen Prozess. Dies zeigt sich auch daran, dass die Mehrzahl der Foren zwar redaktionell begleitet, aber nicht wirklich ausgewertet wird, und dass selbst dort, wo diese Auswertung stattfindet, sie nicht in die Foren zurück vermittelt wird. Für die Teilnehmenden ist der Effekt ihrer Beteiligung nicht ersichtlich."*

In gewisser Weise als „Black Box" erweist sich nicht selten auch der auf der Homepage angegebene E-Mail-Briefkasten. Hier wäre den Besuchern mitzuteilen, in welchem Zeitraum mit Antworten zu rechnen ist, ob der Politiker selbst antwortet oder seine Mitarbeiter und wie zum Beispiel der Datenschutz gewährleistet wird (Hunter, 2002).

5.3 Evaluation

Webstatistiken und Online-Fragebögen auf der Website sind einfache Instrumente der Selbstevaluation, die eine Anpassung der Website an Nutzerwünsche und Nutzerverhalten ermöglichen, aber bislang ungenügend ausgeschöpft werden. Die künftige Forschung zu Politiker-Homepages sollte sich von der Produkt-Orientierung (Evaluation der Homepages anhand von Merkmals-Checklisten) in Richtung auf eine Nutzer-Orientierung bewegen. Dabei geht es nicht nur darum, die mehr oder minder praxisfernen Wünsche von netz- oder homepageabstinenten Bürgern an das mediale Format zu erheben, sondern die tatsächlichen Nutzungsweisen zu beschreiben und auch ihre Wirkungen zu untersuchen. Eine Reihe von interessanten experimentellen Designs sind möglich: Verschiedene Varianten einer Politiker-Homepage könnten Probanden vorgelegt werden, um zu ermitteln, welche inhaltlichen oder formalen Aspekte der Homepage das Image des jeweiligen Politikers beeinflussen. Dabei sind unmittelbare Wirkungen (Vergleich von Vorher- und Nachher-Einstellungen zum Politiker etwa hinsichtlich Politikkompetenz, Medienkompetenz, Glaubwürdigkeit, Sympathie) und mittelfristige Wirkungen (zum Beispiel nach einigen Wochen) zu differenzieren. Schließlich ist auch der Frage nachzugehen, welche Wirkungen aktive politische Meinungsäußerungen oder Anfragen im Gästebuch, Forum oder per E-Mail auf die Bürger haben – wiederum in Abhängigkeit davon, wie Politiker jeweils reagieren.

Die Frage, ob Politiker-Homepages über ihre Informations- und Interaktions-Elemente echte partizipative Funktionen erfüllen, oder es sich in der Praxis vornehmlich um Pseudo-Partizipation handelt, wird sich angesichts der Heterogenität der Homepage-Angebote und Homepage-Nutzer weder pauschal noch ohne eine empirische Analyse des Anbieter- und Nutzerverhaltens beantworten lassen (zur Überwindung der technikdeterministischen Polarisierung von „Netzoptimismus" und „Netzpessimismus" siehe Winkel, 2001). Dabei gehören zur medialen politischen Partizipation (Bucy & Gregson, 2001) einerseits auf symbolischer Ebene ein Zugewinn an politischer Orientierung und eine Stärkung der Identität als demokratischer Bürger (zum Beispiel durch Beschäftigung mit Politik, öffentliche politische Meinungsäußerung), andererseits auf materialer Ebene aber auch die tatsächliche Einflussnahme auf politische Entscheidungsprozesse. Enorme Image-Gewinne wären also vermutlich für Politiker zu verbuchen, deren Webangebot empirisch nachweisbar partizipative Effekte bringt, die bislang zwar erhofft, aber kaum umgesetzt werden (vgl. Leggewie & Bieber, 2001). So bietet etwa Matthias Berninger (Bündnis 90/Grüne) in der Rubrik „Kontakte" auf seiner Homepage (www.berninger.com) folgende „Angebote":

> ***„Hilfe***
>
> *Das Grundgesetz räumt allen BürgerInnen die Möglichkeit ein, sich mit Bitten oder Beschwerden direkt an den Bundestag zu wenden. Hierfür gibt es den sogenannten Petitionsausschuss. Wenn Sie also zu einem bestimmten Thema Fragen haben oder in einem konkreten Fall Unterstützung wünschen, helfen wir gerne weiter. Senden Sie bitte Ihre Mail an das Bundestagsbüro in Berlin.*
>
> ***Schriftliche Anfragen – Kleine Anfragen – Große Anfragen***
> *Bundestagsabgeordnete haben die Möglichkeit, die Regierung über sogenannte Schriftliche Anfragen, Kleine Anfragen oder Große Anfragen zu allen Bereichen ihrer Politik und ihres Handelns zu befragen. Wenn Sie eine Frage haben, mit der Sie sich an der Regierungskontrolle beteiligen möchten, prüfen wir gern, ob wir daraus eine offizielle Anfrage machen können und informieren Sie über das Ergebnis. Bitte mailen Sie uns Ihre Anfrage an das Bundestagbüro in Berlin."*

Bürgerorientiert wird hier Information mit einem Kommunikationsangebot verknüpft und konkrete Einflussnahme auf politische Entscheidungsprozesse angezielt. Einem „informierten Zuschauer" kann solcherlei Unterstützung im Idealfall dazu verhelfen, zum „interventionsfähigen Bürger" oder sogar „Aktivbürger" zu werden. Denn für politische Beteiligung ist nicht nur Kenntnis der Sachfragen, sondern auch Einblick in tatsächlich vorhandene Einflusschancen und Beteiligungsmöglichkeiten notwendig (vgl. Massing, 2001). Im Sinne der Evaluation wäre nun interessant, wie viele Bürger auf diesem Wege bei dem Abgeordneten Vorschläge eingereicht haben und ob und wie diese umgesetzt wurden.

6. Fazit

Die Homepage ist für Politiker heute ein wichtiges Instrument zur Pflege ihrer Personen-Marke. Denn Homepage-Abstinenz oder ein unprofessionelles Webangebot können nicht nur die politikinteressierten Internet-Nutzer enttäuschen, sondern durch öffentliche Berichterstattung in der breiten Bevölkerung für Image-Schäden sorgen: „Newspapers are unable to resist bashing politicians personal homepages" (BBC, 2000). Ein solides inhaltliches Fundament der Politiker-Homepage bilden berufliche und private Informationen, wobei Stellungnahmen zu aktuellen politischen Themen besonders gewünscht sind. In Aufbau und Design ist die richtige Balance zwischen der Orientierung an Homepage-Konventionen und Symbolen der Parteienmarke einerseits und Individualismus und Symbolen der Personenmarke andererseits zu finden.

Die interaktiven Elemente der Politiker-Homepage – allen voran Gästebücher und Foren sowie die E-Mail-Kommunikation – bedürfen einer verbesserten strategischen Planung. Hier stehen idealistischen Visionen einer verstärkten Bürgerbeteiligung beziehungsweise einer verbesserten Beziehung zwischen Politikern und Bürgern bislang eher ernüchternde Ergebnisse gegenüber: Gästebücher erweisen sich als Orte des Klatsches, in denen sich Politiker so gut wie nie zu Wort melden und die im Krisenfall einfach gelöscht werden. Wie mit Gästebuch-Einträgen im Abgeordneten-Büro umgegangen wird, inwiefern sie als Anregungen betrachtet werden, unter welchen Bedingungen eine öffentliche oder private Antwort des Politikers zu erwarten ist – all dies liegt bislang im Dunkeln. Im Sinne der Transparenz wäre es wünschenswert, dass Politiker auf ihren Homepage annoncieren, wie sie mit Gästebuch- oder Forums-Einträgen und mit E-Mail-Anfragen verfahren. Online-Sprechstunden mögen durch ihren Event-Charakter als PR-Instrument manchmal nützlich sein, doch eine zuverlässige und aussagekräftige E-Mail-Kommunikation wird den Bedürfnissen der Bürger vermutlich eher gerecht.

7. Literaturverzeichnis

Arnold, M.: Qualitative Politik- und Wahlforschung als Markenforschung, planung & analyse 1/2002, S. 47 – 51

Baur, D.: Panik auf dem Boulevard: Familienministerium öffnet Tür zu Sex-Sites, Der Spiegel, 29. März 2000, http://www.spiegel.de/politik/deutschland/0,1518,70967,00.html

BBC: Do MPs lack dot.commons sense? BBC Homepage, UK, 7 December 2000. http://news.bbc.co.uk/hi/english/uk/newsid_1055000/1055881.stm

Beißwenger, M. (Hrsg.): Chat-Kommunikation, Stuttgart 2001

Bieber, C.: Politische Projekte im Internet, Frankfurt/Main 1999

Bieber, C.: Online-Wahlkampf 2002, Media Perspektiven 6/2002, S. 277 – 283. http://www.ard-werbung.de/_mp/

Bilgeri, A. & Lamatsch, D.: Offliner 2001 – Abgeordnete meiden die Datenautobahn, in: Joos, K., Bilgeri, A. & Lamatsch, D. (Hrsg.): Mit Mouse und Tastatur, München 2001, S. 315 – 322

Bucy, E.P. & Gregson, K.S.: Media Participation: a legitimazing mechanism of mass democracy, New Media & Society, 3 (3), 2001, S. 357 – 380

Diekmannshenke, H.: Die Spur des Internetflaneurs – Elektronische Gästebücher als neue Kommunikationsform, in: Thimm, C. (Hrsg.): Soziales im Netz, Opladen 2000, S. S. 131 – 155

Döring, N.: Persönliche Homepages im WWW, Medien & Kommunikationswissenschaft, 49 (3), 2001, S. 325 – 349

Döring, N.: Politiker-Homepages zwischen Politik-PR und Bürger-Partizipation, Publizistik, 3/2002

Eimeren, B.v:, Gerhard, H. & Frees, B.: Entwicklung der Onlinenutzung in Deutschland: Mehr Routine, weniger Entdeckerfreude, Media Perspektiven 8/2002, S. 346 – 362

Emmer, M.: Elektronische Agora? Digitale Spaltung? Der Einfluss des Internet-Zugangs auf politische Aktivitäten der Bürger. (Online Publikation) http://www-ifmk.tu-ilmenau.de/pwm/forschung/politische-netznutzung.pdf, 2001

Foerster, U.: Wahlkreis, weltweit, Spiegel-Online. 24. Juni 1998, http://www.spiegel.de/netzwelt/politik/0,1518,13594,00.html

Geser, H.: Auf dem Weg zur Neuerfindung der politischen Öffentlichkeit. (Online-Publikation) URL http://socio.ch/intcom/t_hgeser06.htm, 1998

Gleich, U.: Parasoziale Bindungen zu Politikern?, in: Winterhoff-Spurk, P. & Jäckel, M. (Hrsg.): Politische Eliten in der Mediengesellschaft, München 1999, S. 151 – 167

Herberger, M.: Über die Erfahrungen der Bundestagsabgeordneten mit E-Mail, JurPC Web-Dok. 52/2000, Abs. 1 – 22. http://www.jurpc.de/aufsatz/20000052.htm

Herbst, D.: Internet-PR, Berlin 2001

Holtz-Bacha, C.: Das Private in der Politik: Ein neuer Medientrend?, Aus Politik und Zeitgeschichte, Nr. 41/42 2001, http://www.das-parlament.de/

Hunter, C.: Political Privacy and Online Politics: How E-Campaigning Threatens Voter Privacy, First Monday, 7 (2), February 2002, http://firstmonday.org/issues/issue7_2/hunter/index.html

Jäckel, M.: Die Krise der politischen Kommunikation, in: Winterhoff-Spurk, P. und Jäckel, M. (Hrsg.): Politische Eliten in der Mediengesellschaft, München 1999, S. 31 – 56

Joos, K., Bilgeri, A. und Lamatsch, D. (Hrsg.): Mit Mouse und Tastatur, München 2001

Kerber, M.: Inter- und Intranet – Chancen für den Politikunterricht, in: Bundeszentrale für politische Bildung (Hrsg.): Politikunterricht im Informationszeitalter – Medien und neue Lernumgebungen, Schriftenreihe Band 374, Bonn 2001, S. 295 – 302

Klaus, E. & Röttger, U.: Medium, Organisation, Nutzung: Bedingungen erfolgreicher Öffentlichkeitsarbeit im Internet, in: Neverla, I. (Hrsg.): Das Netz-Medium, Opladen 1998, S. 219 – 243

Leggewie, C. & Bieber, C.: Interaktive Demokratie, Aus Politik und Zeitgeschichte, Nr. 41 – 42/5. Oktober 2001, http://www.das-parlament.de/

Lorscheid, H.: Romeo und Julia auf schwäbisch, Telepolis, 25.7.2002. http://www.heise.de/tp/deutsch/inhalt/glosse/12964/1.html

Massing, P.: Bürgerleitbilder und Medienkompetenz, in: In Bundeszentrale für politische Bildung (Hrsg.), Politikunterricht im Informationszeitalter – Medien und neue Lernumgebungen. Schriftenreihe Band 374, Bonn 2001, S. 39 – 50

Mayer, M.: Neue Dimensionen politischer Partizipation durch das Internet, in: Meier-Walser, R.C. und Harth, T. (Hrsg.): Politikwelt Internet, München 2001, S. 114 – 119

Meier-Walser, R. C. und Harth, T. (Hrsg.): Politikwelt Internet, München 2001

News Aktuell & Forsa: Media Studie 2000 – Journalisten Online, (Online-Publikation), http://www.newsaktuell.de/de/media_events/media_studien/mediastudie, 2000

Ohr, D.: Der personalisierte Wähler, planung & analyse 1/2002, S. 16 – 21

politik-digital.de: Der große Abgeordneten-Test, http://www.politik-digital.de/e-demokratie/test/abgeordnetentest, 1998

politik-digital.de: Der große Abgeordneten-Test, Frühjahr 2001, http://www.politik-digital.de/e-demokratie/test/mdbtest2001, 2001

politik-digital.de, eMind@Emnid & 3-point concepts (mit Unterstützung der Initiative D21): eCandidates 2002, http://www.politik-digital.de/e-demokratie/e-candidates, 2002

politikerscreen.de: MdB-Webtest, http://www.politikerscreen.de/webtest, 2001

Reiche, K.: Das Internet öffnet die Augen, in: Joos, K., Bilgeri, A. und Lamatsch, D. (Hrsg.): Mit Mouse und Tastatur, München 2001, S. 137 – 142

Rilling, R.: Diese Seite der Politik befindet sich noch im Aufbau, SPW Zeitschrift für Sozialistische Politik und Wirtschaft, 6/1998, S. 31 – 35, http://www.spw.de/heft698/r-rilling.html

Rogg, A.: Computervermittelte Partizipation und die großen deutschen Parteien, in: Sieschlag, A., Bilgeri, A. und Lamatsch, D. (Hrsg.): Kursbuch Internet und Politik, Band 1/2001, Elektronische Demokratie und virtuelles Regieren, Opladen 2001, S. 27 – 46

Roth, M.: Bürgernähe, Transparenz und Interaktivität: Schöne neue Politikwelt?, in: Joos, K., Bilgeri, A. und Lamatsch, D. (Hrsg.): Mit Mouse und Tastatur, München 2001, S. 118 – 127

Sarcinelli, U. & Tenscher, J.: Polit-Flimmern und sonst nichts?, in Walter Klingler (Hrsg.), Fernsehforschung in Deutschland, Baden-Baden 1998, S. 303 – 318

Schlauch, R.: Wishful tinking – Zum Verhältnis von Internet und Politik, in: Joos, K., Bilgeri, A. und Lamatsch, D. (Hrsg.): Mit Mouse und Tastatur, München 2001, S. 107 – 117

Schütz, A.: Selbstdarstellung in der Politik: Techniken und ihre Wirkung, in: Winterhoff-Spurk, P. und Jäckel, M. (Hrsg.): Politische Eliten in der Mediengesellschaft, München 1999, S. 105 – 120

Siedschlag, A., Bilgeri, A. & Lamatsch, D. (Hrsg.): Kursbuch Internet und Politik, Band 1/2001, Elektronische Demokratie und virtuelles Regieren, Opladen 2001

Taylor, C.: Pity the politicians. NUA Analysis, August 19, 2002. http://www.nua.ie/surveys/analysis/weekly_editorial/archives/issue1no310.html

Tenscher, J.: Politik für das Fernsehen – Politik im Fernsehen, in: Sarcinelli, U. (Hrsg.): Politikvermittlung und Demokratie in der Mediengesellschaft, Opladen 1998, S. 184 – 208

Wenzel, S.: Inder für den Bundestag? Politik-Digital.de. http://www.politik-digital.de/e-demokratie/test/parteientest/inder.shtml, 2000

Westerwelle, G.: Die Rückkehr der Bürgerdemokratie, in: Joos, K., Bilgeri, A. und Lamatsch, D. (Hrsg.): Mit Mouse und Tastatur, München 2001, S. 21 – 29.

Winkel, O.: Die Kontroverse um die demokratischen Potenziale der interaktiven Informationstechnologien, Publizistik, 46 (2), 2001, S. 140 – 161.

Boygroups – tanzende Schokoriegel?

Von Sabine Biniek und Markus Koch

1. Intro

Die Enge ist erdrückend – kein Platz zum Atmen, die Luft zum Zerschneiden dick. Geschosse fliegen durch die Luft. Es herrscht ein ohrenbetäubender Lärm. Überall kreischende und weinende Kinder, die alle in dieselbe Richtung drängen. Ihre Gesichter sind gezeichnet von den Entbehrungen und den Strapazen der zurückliegenden Stunden. Viele können sich kaum noch auf den Beinen halten, sacken stumm in sich zusammen. Die Sanitäter kommen mit dem Bergen der regungslosen Körper kaum noch hinterher ...

Die Szenerie eines Massenunglücks, so möchte man meinen, und das ist auch gar nicht so weit gefehlt: Wir sind Zeugen eines Boygroup-Konzertes, einer jener vornehmlich aus vier oder fünf Jungen bestehenden Musikgruppen, die seit einigen Jahren nicht mehr aus den Medien wegzudenken sind und sich in Zeiten stagnierender Plattenverkäufe zu einem enorm wichtigen Wirtschaftsfaktor in der Musikindustrie entwickelt haben.

Fast jeder hat schon einmal etwas von den „Backstreet Boys“ oder „Take That“ gehört, spätestens dann, wenn die eigene Tochter in die Pubertät kommt oder sich ein enttäuschter Fan aus Verzweiflung über die Auflösung seiner Lieblingsgruppe aus dem Fenster stürzt und die Presse ausführlich darüber berichtet. „Dabei sehen die doch alle gleich aus und machen auch noch alle dieselbe Musik!“, so die fast einhellige Meinung derer, die nicht unbedingt der typischen Boygroup-Zielgruppe zuzurechnen sind.

Ob die einzelnen Boybands tatsächlich untereinander austauschbar sind, warum sie teilweise schon nach zwei bis drei Jahren wieder von der Bildfläche verschwinden, wieso sie beim Heranwachsen von Jugendlichen durchaus eine wichtige Rolle spielen und vor allem ob man Boygroups als (Marken-)Produkte bezeichnen kann: Diesen und noch vielen weiteren Fragen sind wir in Gesprächen mit Experten der Medien- und Musikbranche auf den Grund gegangen. (Diese persönlichen Interviews wurden im Jahr 2000 geführt.).

Unsere Interviewpartner waren:

- Jan Weyrauch, Redakteur, Radiomoderator und Buchautor
- Uwe Schneider, Journalist und Gründungsmitglied der Musikgruppe „The Teens“
- Philipp Eisenberg, Produktmanager bei Sony Music
- Jan Bolz, Geschäftsführer der BMG Ariola München GmbH
- Prof. Dr. Peter Wicke, Musikwissenschaftler an der Humboldt-Universität Berlin

2. Die Interviews

Interview mit Jan Weyrauch

Jan Weyrauch, Jahrgang 1968, ist seit 1993 Redakteur und Moderator bei „Radio Fritz", dem Jugendsender des Ostdeutschen Rundfunks Brandenburg und Autor des Buches „Boygroups – Das Teenie-FANomen der 90er", erschienen im extent-Verlag.

Was macht die typische Boygroup aus?
Boygroups sind Gruppen von mindestens drei Jungs, meistens allerdings vier oder fünf. Sie müssen jung und knackig sein, gut aussehen und eine gewisse Ausstrahlung mitbringen. Für die Boygroup-Mitglieder ist es wichtiger, sich gut bewegen zu können, als ein Instrument zu beherrschen. Wenn sie anfangen, sind sie um die 18 Jahre alt und hören meistens mit 23 wieder auf.

Sie werden nach bestimmten Kriterien bzw. bestimmten Charakteren zusammengesetzt, das heißt man sucht sich – quasi vom Reißbrett – fünf Jungs aus, die sich in den seltensten Fällen vorher persönlich kennen gelernt haben. Sie werden von Managern oder Produzenten zusammengesucht und sind für eine bestimmte Zielgruppe gedacht. Der eine ist der nette, vernünftige Schwiegersohn in spe, der andere ist der Hübsche, der Süße, einer verkörpert den harten und ein bisschen raueren Typ, so dass für jeden Geschmack etwas dabei ist.

Kann man Gruppen, wie beispielsweise „Echt" oder die frühen „Ärzte", als Boygroups bezeichnen?
Bei den „Ärzten" würde ich es nicht machen. Die „Ärzte" sind eine Band, die entstanden ist: Die kannten sich von der Schule und haben dann angefangen, Musik zu machen. So entstehen eigentlich die meisten Bands. Die sind auch sehr lange herumgetourt und haben drei, vier Jahre gebraucht, bis sie die ersten größeren Erfolge hatten. Und dabei hatten sie keinen perfekten Musikproduzenten oder Manager in der Hinterhand, der ihnen gesagt hat: „So müsst ihr sein!", sondern sie haben sich das selbst erarbeitet.

Bei Boygroups ist die Entstehungsgeschichte wie beschrieben, obwohl die Gruppen immer behaupten werden, dass sie schon vorher zusammen Musik gemacht haben. Das Zusammenstellen der Bands läuft meistens über Castings, bei denen zum Beispiel per Zeitungsannonce oder aus Katalogen von Model-Agenturen Jungs gesucht und dann ausgewählt werden. Die „3. Generation" ist ein sehr gutes Beispiel dafür: Da waren zwei Leute, die eigentlich eine Filmproduktionsfirma betreiben, und die sich überlegt haben: „Geldverdienen können wir auch mit einer Boygroup.". Und so haben sie dann diese Boygroup zusammengestellt.

Bei „Echt" ist das ein bisschen schwieriger: Das war auch schon vorher eine Band, die dann bei einem Festival entdeckt worden ist. Man hat ihnen einen Produzenten an die Hand gegeben – ein Mitglied von „Selig“ – der schreibt die Lieder, der produziert sie, und ich meine, man hört es der Musik an: Im Prinzip ist das wie „Selig“, von Jüngeren gesungen. Die haben auch Schlagzeug- und Gitarrenunterricht bekommen und sind richtig geformt worden. Aber das Produkt ist immerhin „echter“ als die anderen Boygroups, weil sie ihre Instrumente selbst spielen. Das war auch der Trend der letzten Zeit: Man ist weggegangen von jenen Boygroups, die nur singen und tanzen, hin zu jenen, die eine echte Band verkörpern, also selbst die Musik machen. Trotz allem würde ich „Echt“ als Boygroup bezeichnen. Wenn man allerdings den Begriff daran fest macht, dass diese Gruppen nur singen und tanzen und keine Instrumente spielen, dann ist „Echt“ wiederum keine Boygroup. Auf der anderen Seite sind sie eine gemachte Band. Man sieht: Die Übergänge sind fließend.

Spielt es für die Fans eine Rolle, ob die Band künstlich zusammengestellt wurde oder sich die Mitglieder schon vorher kannten?

Auf jeden Fall braucht man eine Geschichte. Wenn du keine Geschichte hast, oder wenn die Geschichte ist: „Wir sind aus der Retorte entstanden oder zusammengecastet worden, weil wir vorher bei irgendwelchen Modelagenturen mit unseren Fotos waren“, dann ist das eine viel uninteressantere Geschichte, als wenn du erzählst: „Ich hab den und den auf der Schule kennen gelernt, und wir haben damals schon immer Scheiße gebaut und unsere Lehrerin verarscht.“. Solche Geschichten werden regelrecht für die Gruppen zusammengebaut – eine richtige „falsche“ Historie also.

Was macht die Boygroups so faszinierend für ihre Fans?

Das hat viel damit zu tun, dass die Erwartungen, die weibliche Teenies an Jungs haben, relativ perfekt gestillt werden: Die Boygroups ermöglichen den Fans, eine imaginäre Beziehung zu ihnen aufzubauen. Man kann sich in die Jungs verlieben und schon in der Fantasie alles ausprobieren, was man mit einem wirklichen Jungen machen würde: Man kann sich vorstellen, mit ihm auszugehen, mit ihm zu knutschen oder sogar ein bisschen mehr. Aber man läuft nie Gefahr, dass man das in die Tat umsetzen muss. Denn das will man ja in dem Alter, in dem die Fans sind – so zwischen 12 und 14 Jahren – noch gar nicht wirklich. Man träumt lieber vom Kuss, als dass man wirklich eine andere nasse Zunge im eigenen Mund haben will. Hierfür sind die Jungs natürlich perfekt: Sie sehen alle immer gut aus, denn sie werden ja danach ausgesucht, was sie verkörpern. Darüber hinaus verleiten die Texte immer zum Träumen. Der Fan wird stets direkt angesprochen: Auf der CD *Everything Changes* von „Take That“ kommt 200 Mal das Wort „You“ und 62 Mal das Wort „Love“ in den Texten vor, Wiederholungen im Refrain nicht mitgerechnet. Die Fans werden also immer direkt angesprochen und dadurch an die Boygroup gebunden.

Wie sieht der typische Boygroup-Fan aus?

Überwiegend weiblich. Wenn man zu einem Konzert geht, sieht man fast nur Mädchen. Und die sind alle in einem bestimmten Alter: Die ersten gehen mit acht oder neun Jahren ins Konzert, wenn sie dürfen. Aber die Kern-Fangruppe würde ich schon zwischen 12 und 14 Jahren einordnen – also genau in der Pubertät. Es gibt natürlich auch ältere Fans, so 17 bis 18 Jahre alt, aber danach bröckelt es rapide ab. Nach 18 hört man kaum noch jemanden, der sagen würde: „Ich bin Fan der Boygroup XY“, da schämt man sich eher dafür.

Irgendwann fängt man an zu realisieren, wen man da eigentlich gut gefunden hat und wie einem das verkauft wurde – man bekommt einen gewissen Abstand dazu. Man braucht die Jungs der Boygroup einfach nicht mehr, wenn man den ersten eigenen Freund hat, oder wenn man hinterfragt: „Was soll die Schwärmerei, ich komme doch eh“ nicht an den Jungen ran.“. Das hört mit einem Mal auf, und man sieht die Dinge realistischer. Das ist eine Frage des Alters.

Das Träumerische und Schwärmerische gehört auf jeden Fall zu den Teenie-Fans dazu. Mental sind die Fans dem Traumjungen ganz nah, aber die körperliche Distanz ist sehr weit, quasi unüberbrückbar. Sollten sie ihrem Traumboy einmal gegenüberstehen, wird diese körperliche Distanz plötzlich aufgehoben. Dann wird automatisch der mentale Abstand vergrößert – einfach, weil sie ansonsten nicht mehr mit der Situation zurecht kämen: Der Traumtyp ist plötzlich viel zu nah, und dann werden die kreischenden Fans mit einem Schlag sehr, sehr schüchtern. Natürlich ist das irgendwie verständlich: Da ist ein Typ, von dem sie immer geträumt haben, und plötzlich stehen sie dem gegenüber. Ich war bei solchen Meet-and-Greet-Treffen dabei. Da war es wirklich so, dass die Teenies gewartet haben, und wenn sie dem Jungen dann allein ihre Rose überreichen durften, wurden sie plötzlich sehr ängstlich. Solange die Boygroup aber noch nicht da war und die Fans im Zimmer auf sie warteten, waren sie die ganze Zeit total aufgedreht. Sobald die Boys im Zimmer waren: Kein Wort mehr!

Begrenzt die Altersspanne der Fans und das Älterwerden der Boygroup-Mitglieder automatisch die Lebensdauer der Bands?

Die durchschnittliche Lebensdauer liegt zwischen drei und fünf Jahren, da das Teenie-Fan-Sein nur während der Pubertät funktioniert und im Prinzip jede Teenie-Generation ihre eigenen Boygroups, ihre eigenen Idole braucht. Viel länger halten sich die Gruppen nicht. Dann kommen neuere und jüngere Bands zum Zuge.

Es gibt natürlich wenige Ausnahmen, wie die „Backstreet Boys“, die jetzt so 23 bis 24 Jahre alt sind. Die versuchen gerade, das Boygroup-Image abzulegen, weil sie genau wissen, dass sie als Boygroup nicht mehr durchkommen. Die müssen sich jetzt neue Fans erarbeiten, aber trotzdem die alten Fans halten, um sich zu einer ernsthaften Popgruppe zu entwickeln.

Welche Rolle spielt der Name der Boygroup?

Boygroups werden als Marke verkauft, und die Marke muss einen Namen haben, der möglichst griffig ist. „Boys“ bietet sich an, wenn man eine Boygroup machen will. Dann weiß man gleich, woran man ist.

Aber die Rolle des Namens würde ich nicht überbewerten. Zum Beispiel finde ich den Namen „N`Sync“ nicht sehr gelungen: Man kann ihn nicht aussprechen, man weiß nicht, was er bedeutet. Es ist kein sehr griffiger Name. Trotzdem haben sie es hoch geschafft. Klar, ein schöner Name ist immer gut, aber mit einem schlechten kannst du trotzdem erfolgreich sein. An das Abkürzen, wie beispielsweise CITA für „Caught In The Act“ oder BSB für „Backstreet Boys“, wird mittlerweile sicher auch schon gedacht.

Warum sind Boygroups gerade in Deutschland so erfolgreich?
Die sind auch in Amerika sehr erfolgreich: Die „Backstreet Boys" wurden zuerst auf dem amerikanischen Markt angeboten, aber man wollte sie damals nicht. Es war ein deutscher Promoter von der BMG (Bertelsmannn Media Group, Anm. d. A.), der sie gut fand und für den deutschen Markt kaufte. Deshalb haben sie in Deutschland angefangen. Aber es ist nicht so, dass der deutsche Markt für Boygroups besser ist als der amerikanische oder der französische Markt. Zum Beispiel war „Worlds Apart" in Frankreich ziemlich groß, aber hier nur mäßig erfolgreich. Die haben extra Lieder mit französischen Texten gesungen. Oder „Take That" und „East 17": Die haben in England angefangen; die Gruppe „Boyzone" in Irland. Es ist nicht so, dass der deutsche Markt ein spezieller Markt ist. Die Teenies sind relativ ähnlich; sie haben dieselben Bedürfnisse, überall auf der Welt.

Wie kommt es, dass die Fans bestimmte Lieblingsbands haben, obwohl die Boygroups einander sehr ähnlich sind?
Jede Fan-Generation will ihre eigenen Idole haben. Es ist langweilig, dasselbe gut zu finden wie die große Schwester. Das ist eine Zeit lang vielleicht gut, solange man noch ganz jung ist – da findet man alles toll, was die große Schwester auch gut findet. Aber irgendwann will man seine eigenen Sachen haben. Dass die eigenen Sachen im Prinzip die gleichen sind, nur mit anderen Personen, ist in diesem Fall völlig egal – Hauptsache, man kann es die eigenen nennen. So funktioniert das mit Boygroups: Also wenn die große Schwester zum Geburtstag eine Puppe bekommt, will man auch eine Puppe haben. Man will aber nicht die gleiche, sondern man will seine eigene haben, die ein bisschen anders aussieht. Und das trifft für die Boygroups auch zu. Deshalb gründet man für die verschiedenen, nachwachsenden Teenie-Generationen verschiedene Boygroups, und zwar immer nach dem gleichen Konzept.

Was könnten die Boygroups bzw. die hinter den Gruppen stehenden Produktmanager tun, um sich stärker zu differenzieren?
Ich weiß gar nicht, ob das gewünscht ist. Wenn das gewünscht wäre, würde das auch gemacht werden. Ich glaube, anders darf man gar nicht sein, weil das Konzept sonst nicht mehr funktioniert. Boygroups werden gegründet, um Geld zu machen. Warum sollte mehr investiert werden, wenn sich das gar nicht lohnt? Boygroups funktionieren so, wie sie im Augenblick funktionieren. Natürlich müssen sie sich ein bisschen abheben. Das wird zum Beispiel über die neuesten Klamotten gemacht.

Etwas anderes sind die Boygroups, die wieder anfangen, Instrumente zu spielen, wie beispielsweise „Hanson", „The Moffats" oder „Echt". Das war auch nötig, da viele Fans es offensichtlich schon satt hatten, immer neue Boygroups zu sehen, die toll tanzen und singen können. Jetzt ist eher wieder die rockigere und grungigere Ecke angesagt.

Warum singen die Boygroups immer über Themen wie Liebe und Verlust und klammern Themen wie Politik und Umweltverschmutzung aus?
Über ernste Themen zu singen bedeutet, dass man reflektiert – man muss dann schon ein bisschen über sein Leben nachdenken. Popmusik ist ja eigentlich keine Musik, die reflektieren, sondern glücklich machen soll. Popmusik will „zukleistern", was nicht negativ gemeint ist. Du hörst Popmusik, um dich von deinen wirklichen Problemen abzulenken. Und wenn ich mich ablenken will, ist es nicht das richtige,

einen Text zu hören, der von Aids oder vom Tod der Schwester handelt. Unangenehme Themen, wie zum Beispiel Vergewaltigung, sind den Fans eben schwer zu verkaufen. Andererseits wäre es natürlich den Versuch wert, sich auf diese Weise abzuheben. Auf jeden Fall würde man damit Aufmerksamkeit erregen, und die Teenie-Presse würde darüber schreiben.

Wie wichtig sind die Medien für den Erfolg einer Boygroup?
Sehr wichtig, denn Boygroups müssen immer präsent sein. Insbesondere die Teenie-Presse transportiert ja alles zu den Fans, was die Boygroup gerade macht. Boygroups sind auf die Medien angewiesen, denn es ist ganz wichtig, dass der Fan ständig das Gefühl hat, dass die Boygroup ihm nah ist. Das kann die Boygroup nur über die Medien schaffen, oder inzwischen auch über Fan-Seiten im Internet, die auch von den Boygroups selbst oder vom Management gefüttert werden. Dort können sich die Fans auch untereinander austauschen.

Können Boygroups mit Markenprodukten verglichen werden?
Im Prinzip ja. Aber es sind auch Menschen, die dahinter stecken. Es sind vor allem immer sehr junge Menschen, die du noch formen kannst und die von ihren Verträgen her extrem geknebelt sind. Im Prinzip unterschreiben sie, dass sie als perfektes Produkt funktionieren: Sie müssen zusichern, dass sie in einer bestimmten Zeit keine Freundin haben dürfen, und dass sie keine Drogen nehmen. Insofern würde ich sagen: Ja, es sind Markenprodukte. Man versucht, den Faktor Mensch durch Verträge so klein wie möglich zu halten, indem man sagt: „Wenn ihr in der Öffentlichkeit Alkohol trinkt, fliegt ihr raus. Ihr müsst zu den Fans immer nett sein, oder genau das Gegenteil, damit ihr das entsprechende Image bekommt!“. Sie müssen nach diesen Regeln leben, sonst funktioniert das „Produkt Boygroup“ einfach nicht.

Interview mit Philipp Eisenberg

Philipp Eisenberg, geboren am 24.02.1972 in Tübingen. Nach dem Abitur 1991 Studium der Gesellschafts- und Wirtschaftskommunikation an der Universität der Künste Berlin. Parallel dazu diverse Praktika und Jobs, unter anderem bei PolyGram, Bertelsmann und Time Warner. 1996 Abschluss der Studiums mit der Diplomarbeit „Popstar als Marke – Über strategische Kommunikationsplanung und künstliche Identitäten in der Popmusik“. Ab 1997 Tätigkeit als Produktmanager bei der BMG Berlin Musik GmbH (Bertelsmann AG). Betreuung von Künstlern wie Eiffel 65, Touché, Keimzeit etc. Heute arbeitet Eisenberg bei Sony Music.

Was unterscheidet einen Popstar von einem Schokoriegel oder einem Deodorant?
Das kommt auf die Perspektive an. Für den Konsumenten gilt: Einen Schokoriegel kaufe ich mir, wenn ich Appetit auf etwas Süßes habe, einen Deostick, wenn ich nicht schlecht riechen möchte. Das ist der Primärnutzen. Parallel bekomme ich, sofern es sich um Marken handelt, Emotionen, irgendetwas zwischen einer unspektakulären Positionierung und einer faszinierenden Erlebniswelt.

Für den Kauf der CD eines Popstars gibt es zwei kaufauslösende Momente: Erstens, die Musik gefällt mir, die Komposition, die Produktion, die Stimme – was auch immer! Die rein akustische Wahrnehmung ist für mich ein Genuss, und daher gehört die CD in meine Sammlung. Zweitens: Der Interpret fasziniert mich, seine Story, seine Lebenseinstellungen. Und mit dem Hören seiner Musik lebe ich nach seinen Regeln, tauche ich ab, fühle mich bestätigt. Eine Philosophie darzustellen, das kann eine menschliche Marke besser als eine Produktmarke.

Bei Popmusik kann man nicht von einem Primär- und Sekundärnutzen sprechen, denn die sind nicht klar definier- bzw. trennbar. Nehmen wir die Produktionen von Stefan Raab: Big-Seller wie „Maschendrahtzaun" oder „Wadde hadde dudde da" würden ohne die Story dahinter nicht funktionieren! Für Zlatko gilt das gleiche. Diese Songs kaufe ich nicht primär, weil sie mir über die akustische Wahrnehmung gefallen, es ist die Story! Ich sage es in vollem Ernst: Ein Zlatko hätte mit einem *Alle meine Entchen* genau so viele Platten verkauft!

Welche Bezeichnung hältst du für treffender: Boygroups sind Produkte, oder Boygroups sind Dienstleister?
Viele sagen, die „Beatles" oder die „Comedian Harmonists" wären Boygroups gewesen. Ich verstehe darunter von einer Plattenfirma oder von Produzenten zusammengestellte Formationen von meist vier bis fünf Jungs, die den Zweck haben, ihr vorgesetzte Musik bedingungslos darzubieten und dadurch junge Teenie-Fans zu begeistern und zum Konsum von CDs, Merchandising-Produkten, Konzerttickets etc. zu bewegen. Boygroups sind somit Dienstleister.

Auffällig ist die Fan-Star-Beziehung: Ein Fan-Dasein bis zur Selbstaufgabe ist nirgendwo so ausgeprägt, wie bei Boygroups und ihren Anhängern. Welche Rolle spielen die Markenschlüssel, wie beispielsweise Bandname oder Bandlogo?
Bandname und Bandlogo haben die gleiche Bedeutung wie das Markenzeichen: Das, wofür eine Band steht, wird komprimiert zu einem Zeichen. Es ist eine Chiffre und kann so bequem in andere Bereiche des Alltags eindringen. Von großen Popstars gibt es mittlerweile ja fast alles – vom Bettbezug bis zum Parfum. Eine interessante Einnahmequelle, die nicht selten mehr einbringt als der Verkauf der Tonträger selbst.

Wo liegt die Kernzielgruppe einer Boygroup?
Das geht im Alter von 13 Jahren los und endet bei 19 Jahren. Hierzu gibt es zahlreiche Untersuchungen. Besonders junge Mädchen in der Pubertät sind gefährdet.

Welche Maßnahmen sind geeignet, um diese Zielgruppe zu erreichen?
Fernsehen ist das wichtigste Medium: Um die nicht selten künstlichen Lebenswelten der Popstars perfekt darzustellen, gibt es das Musikvideo – „VIVA TV" und „BRAVO TV" auf RTL2 sind hier meinungsprägend. Natürlich sind Konzerte und Startreffs, einfach Events, die kollektiv erlebt werden können, auch sehr wichtig.

Welche Möglichkeiten siehst du, um die Bands besser voneinander abzugrenzen? Welche bisher noch nicht besetzten Positionierungsräume könnten erschlossen werden?

Es gibt natürlich Parallelen zwischen dem Look einer Band und ihrer Musik: Boygroups machen sehr kommerzielle Popmusik für ein breites Publikum. Dementsprechend ist auch ihr Aussehen ohne viele Ecken und Kanten. Und letztendlich sind es meist die Eltern, die die CDs und Konzertkarten bezahlen – bei einer Horrorkabinett-Band hätten sie sicher Skrupel. Viel Spielraum sehe ich daher nicht.

Es gab mit „Painted Love" bereits eine virtuelle Boygroup, die aus vier Comic-Figuren bestand. Das Projekt hat es sogar in die Charts geschafft. Da ist also noch vieles machbar. Ansonsten ermöglichen auch Mythen das Abgrenzen: Da ist beispielhaft die „Kelly Family" zu nennen, das Antiprogramm zum Topmodel und zur Leistungsschau; ökologische Werte und „Back to the Roots", gepaart mit vielen religiösen Motiven und etwas Wanderzirkus. Perfekt!

Warum geht die Werbung für Boygroups eigentlich nie über reine Informationswerbung hinaus, nach dem Motto: „Die neue Single ist da – Kauf sie dir!"?
Was sollte die Werbung sonst kommunizieren? Das Image kann ich in 10- oder 20-Sekundenspots nicht aufbauen. Das mache ich über Public Relations, in der Musikbranche „Promotion" genannt, das heißt über das Musikvideo, Fotos und Interviews.

Wie wichtig sind die Medien für den Erfolg der Boygroup? Welche Rolle spielen sie beim Imageaufbau?
Die Medien spielen die elementare Rolle: Sie sind praktisch alleiniges Bindeglied zwischen Band und Fan. Ohne Medien keine Präsenz, ohne Präsenz kein Imageaufbau, ohne Imageaufbau kein Popstar!

Verfolgst du eine bestimmte Strategie beim Aufbau des Bandimages?
Als Produktmanager hat man bis zu zehn Singles oder Alben gleichzeitig auf dem Tisch, die vermarktet werden wollen. Es bleibt also wenig Zeit für derartige Planungen. Die Amerikaner sind da fortschrittlicher: Da gibt es richtige Abteilungen, die sich mit Bandimages befassen. Gespräche über den Look der Band oder Ratschläge, in welche Richtung man Interviews geben sollte, aber das ist praktisch schon alles.

Welche Aufgaben hat der Produktmanager?
Der Produktmanager ist für die Vermarktung von Tonträgern zuständig und entwickelt Marketingkonzepte. Er versorgt die TV-, Print- Radio- und Klubpromotion sowie den Vertrieb mit Informationen, und er entwickelt Vermarktungsstrategien gemeinsam mit diesen Abteilungen. Er ist für die Auswahl von Fotografen, Videoclipregisseuren, Grafikern usw. zuständig und somit für den Stil und Look des Künstlers.

Wie sieht Deine Rangliste der für eine Boygroup wichtigsten Medien aus?
„VIVA", „VIVA" und nochmals „VIVA". Wenn dieser Sender einem Video eine Rotation gibt, ist das die halbe Miete. Das gilt praktisch für alle Songs, nicht nur für die von Boygroups. Daher ist der Andrang groß. „VIVA" wählt pro Woche aus 80 Videos nur sechs für eine „N1-Rotation" (N1-Playlist: Liste der neuen Videos, die „VIVA" circa 14 Mal pro Woche spielt, Anm. d. A.). Wenn ich mir die letzten Wahlergebnisse vom 10.05.2000 ansehe – „Blümchen", „Backstreet Boys", „Scooter", „A*Teens" – dann erkennt man, dass der Sender gern Bands und Formationen unterstützt, denen man etwas Konstruiertes vorwerfen kann.

Wie sieht der klassische Lebenszyklus einer Boygroup aus?
Bislang gab es immer zwei Varianten: Entweder hat die Band enorm viel Geld verdient und macht daher Schluss, oder die Band hat kein Geld verdient und es kommt zu irgendwelchen Rechtsstreits. Identitätskonflikte der Interpreten einer Boygroup sind fast die Regel; plötzlich sind sie „echte Musiker" und wollen „ihr eigenes Ding machen". Das gekoppelt mit großem Erfolg bedeutet oft das Ende. Das heißt natürlich nicht unbedingt, dass diese Künstler solo unerfolgreich sein müssen! Es gibt eine Story und es existieren bereits Fans.

Reicht die Dauer dieses Zyklus aus, um eine individuelle Markenpersönlichkeit aufzubauen?
Eine Single mit guter Promotion – Video, Interview in den relevanten Formaten, Homestorys – reicht meiner Meinung nach aus, um eine Persönlichkeit aufzubauen.

Hat der Musikmarkt noch Platz für weitere Boygroups, oder ist er schon weitestgehend gesättigt?
Gute Musik und gutes Marketing sind die Instrumente zum Erfolg. Einen guten kommerziellen Song mit Hitpotenzial wird jeder Radiosender spielen, auch wenn er von einer Boygroup stammt. Für TV und Print gilt es bei neuen Bands generell, Überzeugungsarbeit zu leisten. Grundsätzlich kann man aber sagen, dass neue Formationen, denen man auf den ersten Blick etwas Konstruiertes und Austauschbares vorwerfen kann, heutzutage mit Skepsis betrachtet werden. Diese Acts müssen sich erst einmal beweisen. Konstruiert ist zwar mindestens jeder zweite Act, aber vier bis fünf aalglatte, grinsende Typen, das will heute doch keiner mehr sehen.

Sind Boygroups eine vom Aussterben bedrohte Art?
Gruppen von vier bis fünf gestriegelten Sunnyboys, die bunte Kleidung tragen, ständig lachen und synchron tanzen, die wird es sicher nicht mehr so massiv geben. Dass aber konstruierte Acts generell auch in Zukunft die Charts stürmen werden, davon bin ich überzeugt.

Wie sieht die Zukunft aus: Müssen eventuell neue Identifikationsmodelle für die Jugendlichen her?
Es gibt reichlich Identifikationsmodelle und täglich kommen mehr dazu. Seht Euch das Spektrum an Popstars an, die zurzeit am Markt sind, das ist enorm vielschichtig. Für jeden ist etwas dabei: Für Proleten und Intellektuelle, jung, alt, links, rechts, hetero, homo, und so weiter.

Sind Boygroups Marken, so wie Produkte Marken sein können?
Absolut! Eine Boygroup kann ich ebenso konzipieren wie eine Produktmarke. Und die Instrumente zur Führung sind ebenfalls identisch. Boygroups, im klassischen Sinne, sind moderne Marken mit kurzem Lebenszyklus. Sie sind von ihrer Markenseele her stets enorm trendorientiert. Den Machern fehlt der Mut zur Tiefe, und so werden sie nie einen Mythos aufbauen können, wie er bei klassischen Marken zu beobachten ist. Die Identifikation mit einem Popstar kann einen Fan in ähnlicher Weise befriedigen, wie ein Konsument durch die Verwendung einer Marke befriedigt wird.

Würdest du die Boygroups als Ganzes als Marke bezeichnen, beispielsweise „Gattungsmarke", oder kann jede einzelne Band für sich die Kriterien für ein Markenprodukt erfüllen?
Jede Boygroup ist für sich eine Marke.

Interview mit Uwe Schneider

Uwe Schneider, Jahrgang 1964, Journalist; ist Gründungsmitglied der Band „The Teens", hat eine Firma für Medienprojektionen und ist Consultant verschiedener europäischer Radiostationen, unter anderem für den Sender Freies Berlin (SFB)

Die Gruppe „The Teens" gelten als die erste deutsche Boygroup. Was unterscheidet die Gruppe von heutigen Boygroups?

„The Teens" waren keine gecastete Band. Sie sind also nicht von einem Management zusammengestellt worden, sondern ziemlich gesund gewachsen. Einfach aus der Idee heraus, dass zwei Leute sagten: „Mensch, wir könnten doch versuchen, eine Band zu gründen.", ein weiterer sich hinzugesellte, ein weiterer und noch ein weiterer und urplötzlich war es dann anderthalb Jahre später eine fünfköpfige Band. Dann kam die Plattenfirma, danach kam die Industrie, und dann kam auch erst der Erfolg. Das ist der ganz große Unterschied.

Zum anderen: Das Geschlecht ist logischerweise identisch, aber wir sind eine klassische Rockband, die auch Instrumente spielt und nicht nur singt und tanzt. Tanzen konnten wir nie so gut, aber singen und Instrumente spielen konnten wir. Und das ist ein weiterer großer Unterschied zu den heutigen Boybands, die in erster Linie durch Tanz und Gesang bestechen und im Regelfall von den Managements gecastet werden. Wie bei einer Musical-Audition, wo man ja auch vorsingt, vortanzt und schauspielt.

Ist dies für eine Band der gesündere Weg, sich selbst zusammen zu finden?

Wir haben die Band damals nicht mit dem Gedanken gegründet, Erfolg zu haben, sondern um Musik zu machen. Ich habe Gitarrenunterricht genommen, irgendwann als ich sieben oder acht Jahre alt war und habe nicht daran gedacht, irgendwann einmal ein großer Rockstar zu werden. Ebenso ging es meinem Mitgründer, der eigentlich nur Spaß daran hatte, ein bisschen Schlagzeug zu spielen. Das wir uns dann beide auf dem Schulhof trafen und die Idee hatten, eine Band zu gründen, war eine glückliche Fügung. Da hat noch keiner an den großen Erfolg gedacht. Und als wir die erste Platte machten, waren wir mächtig stolz darauf. Dass die Verkaufszahlen so immens nach oben schnellten, damit hat keiner von uns gerechnet. Davon sind wir erst einmal erschlagen worden, obwohl das natürlich ein schönes Gefühl war, auf einmal vor vielen Leuten zu spielen.

Meinst du, dass es auch für die Fans wichtig ist, dass es sich um eine gewachsene Band handelt?

Das ist den Fans völlig egal. Letztlich ist das auch für den Musiker egal, ob er nun von einem Produzenten angesprochen wird, der ein Marketing-Konzept im Sinn hat, oder ob die Musiker sich zufällig treffen.

Bei uns hat sich niemand damit auseinandergesetzt, was in der Öffentlichkeit besser ankommen würde und ob wir nun einen blonden oder rothaarigen Gitarristen haben. Das ist heute völlig anders, denn die Leute werden zusammengestellt. Es werden ganz bestimmte Typen gesucht: Da muss ein Blonder her, der singen kann, und wenn der nicht blond ist, dann müssen die Haare gefärbt werden, ansonsten wird ein anderer gesucht. Das war bei uns eben nicht so. Insofern war unser Erfolg vielleicht eher ein Zufallsprodukt nach dem Motto: Zur richtigen Zeit am richtigen Ort mit dem richtigen Titel.

Was fanden die Fans an euch so faszinierend?

Wahrscheinlich unsere Natürlichkeit: Wir waren für die Fans schon immer etwas Erreichbares, speziell natürlich für die deutschen Mädels. Aber auch im europäischen Ausland, wo wir unterwegs waren, zum Beispiel Skandinavien, Italien, Spanien, Schweiz und Österreich. Da waren wir ganz normale Jungs, weil wir auch ein paar tausend Kilometer entfernt die Schulbank gedrückt haben und eben nicht solche künstlichen Barbie-Puppen darstellten, wo man nicht wusste: „Wo kommen die denn her und was machen die eigentlich?". Wir haben ja auch keinen Hehl daraus gemacht, dass wir ganz normale Eltern haben, ganz normal zur Schule gegangen sind und genauso Probleme hatten wie alle anderen auch. Der einzige Unterschied bestand darin, dass wir in der Zeit nach der Schule, nach den Hausaufgaben – so sie denn wirklich stattgefunden haben – uns dann um Musik kümmerten und nicht auf den Fußballplatz gegangen sind.

Aber wenn die Band unerreichbar ist, dann hat das doch einen gewissen Reiz, oder?

Natürlich hat das eine gewisse Faszination, aber das wollten wir nicht, denn so haben wir uns nie gesehen. Selbstverständlich haben wir es genossen, auf der Bühne zu stehen und Erfolg zu haben. Sich abzuschirmen hat ja eigentlich nur für sich selbst den Vorteil, ein bisschen in Ruhe gelassen zu werden. Aber wenn du Erfolg hast, dann genießt du ihn auch. Und dieses Abschirmen mit meterhohen Zäunen und hinter irgendwelchen Bodyguards hinterherzulaufen, das wollten wir vermeiden.

Also sind „The Teens" der „Kelly Family" ähnlicher als „N'Sync"?

Wenn man so möchte eigentlich eher „Kelly Family". Viele Leute belächeln die „Kelly Family", aber eines muss man denen einfach lassen: Das ist auch eine ziemlich gewachsene Geschichte, obwohl da mittlerweile auch ein Marketingkonzept dahinter steckt. Es war einfach so, dass der Papa gesagt hat: „Du musst mal ein bisschen Flöte spielen, du spielst Gitarre, und du kannst singen", und dann haben die in der Familie ja offensichtlich ein Talent, auch ein bisschen Musik zu machen. Der eine mehr, der andere weniger. Insofern kann man den Erfolg von „The Teens" eher mit dem Erfolg der „Kelly Family" vergleichen, wenngleich wir nicht über verschiedene Generationen auf irgendwelchen Straßenfesten gespielt haben, sondern tatsächlich vom Schulhof in Diskotheken, von den Diskotheken in die Konzerthallen und dann in die Arenen gegangen sind.

„The Teens" ist eine deutsche Gruppe. Warum habt Ihr keine deutschen Texte gemacht?

Das hatte damit zu tun, dass wir klassisch mit Cover-Titeln angefangen haben, mit Rock-and-Roll-Sachen und so weiter. Da liegen natürlich Jerry Lee Lewis oder Bill Haley näher als Peter Kraus. Insofern waren wir mit englischsprachigen Songs dem wahren Rock and Roll näher, als wenn wir in irgendeiner anderen Sprache, vielleicht sogar noch in Deutsch, gesungen hätten. Allerdings haben wir in der Anfangszeit auch einige deutsche Titel geschrieben. Nur internationaler klang es in Englisch, auch mit dem Namen „The Teens". Wir hätten uns ja auch „Die Zehnjährigen" oder „Die-zwischen-10-und-19-Jährigen" nennen können, oder „Die Heranwachsenden" – aber wir haben uns damals für „The Teens" entschieden. Ich dachte, „Teenager" ist zu lang, und „Teens" war eigentlich ganz okay. Interessanterweise erschienen dann zwei, drei Jahre später sogar Porno-Magazine unter dem Namen „Teens". Wir haben auch versucht, dagegen zu klagen, das ging aber leider nicht.

Irgendwann kam unser Trommler auf die Idee, ein Nummernschild mit unserem Bandnamen zu machen. Das war über Jahre hinweg unser Logo. Und deswegen: Mit dem Namen „The Teens“ ganz deutsche Sachen zu singen, wäre auch ein bisschen ungewöhnlich. Und zum damaligen Zeitpunkt gab es noch nicht diese großen Überlegungen: Muss eine deutsche Band nun unbedingt deutsch singen? Denn man hatte noch den Schlager, der sehr erfolgreich war und sein eigenes Segment hatte und zu keinem Zeitpunkt in irgendeiner Kritik stand, und es gab die englische Musik, die völlig separat davon existierten durfte, ohne dass es Ressentiments gab. Insofern war dieser Gedanke, dass man als Deutscher deutsch singen müsste, nicht so vorherrschend, wie es heute teilweise ist, wenn man mit sogenannten seriösen Musikjournalisten darüber diskutiert.

Glaubst du, dass ihr eine gewisse Vorreiter-Rolle gespielt habt?
Unsere Vorreiter-Rolle bestand darin, dass wir zeigen wollten, dass es junge Leute gibt, die in der Lage sind, noch etwas anderes zu tun, als Fußball zu spielen. Und es gab ja, nachdem wir die ersten Erfolge mit der ersten Single und LP hatten, Unmengen von plötzlich auftauchenden Teenie-Bands, wie zum Beispiel „Speedy“, „Hot Legs“ und wie sie alle hießen. Dies waren irgendwelche Leute, die von Managements auf die Schnelle zusammengestellt wurden. Die hatten mehr oder weniger Substanz, aber vom Erfolg her waren sie nahezu bedeutungslos.

Gab es gezielte Überlegungen, wie man euch am besten in die* Bravo *bringen könnte, zum Beispiel über euer Outfit?
Nein, wir haben das angezogen, was wir wollten. Es gab mal ab und zu ein paar Vorschläge für Fototermine in die Richtung: „Mach doch das mal ein bisschen bunter“. Aber das war es dann auch schon. Wir hatten hier unseren speziellen Laden, der poppige Klamotten aus London importiert hat, die in der damaligen Musikszene als hip galten – alles ein bisschen bunter und außergewöhnlicher als normal. Wir haben uns dann natürlich für Cover-Fotos und ähnliche Geschichten dementsprechend angezogen. Aber wir hatten keinen Stylisten, der gesagt hat: „Färb' dir mal die Haare!“. Die *Bravo* kam von sich aus und hat gesagt: „Das ist etwas natürliches, das ist ein Phänomen, das hatten wir bislang nicht.“ Es gab zwar davor die „Bay City Rollers“, von denen man ja gerüchteweise sagt, dass sie – wie die Boygroups heute – zusammengestellt wurden. Die „Rollers“ trugen auf der Bühne diese Schotten-Klamotten, aber sahen zivil vollkommen anders aus. Das war bei uns nicht so: Wir sahen eigentlich mehr oder weniger immer gleich aus. So wie wir in die Schule gegangen sind, so standen wir auch auf der Bühne, und so sind wir auch zu Presseterminen gekommen.

Damals gab es noch kein „MTV“ oder „VIVA“: Welche Rolle hat die* Bravo *für euch gespielt?
Es gab damals nicht nur die *Bravo*, sondern auch *Popcorn*, *Pop Rocky* und viele andere. In Österreich hieß das Pendant *Rennbahnexpress*. *Viva* hieß – glaube ich – die Zeitung in Spanien, es gab also schon verschiedene Jugend-Postillen, wenngleich die *Bravo* wahrscheinlich immer federführend war.

Klar war die *Bravo* mit für den Erfolg ausschlaggebend. Es gab einen Bericht in der *Bravo*, mit dem Titel *Hits von der Schulbank*, der noch vor der ersten großen Fernsehsendung erschien. Aufgrund einiger Presseartikel, die hier in Berlin in der *B. Z.* erschienen sind – „Die Spree City Rollers“ wurden wir damals genannt – wurde die *Bravo* auf uns aufmerksam. Klar, die ständige Präsenz in der *Bravo* hat natürlich zur

Popularität beigetragen. Allerdings war der Ausschlag für alles unser Auftritt in der Fernsehsendung *Der Große Preis* mit Wim Thoelke. Es gab damals tatsächlich noch Sendungen wie zum Beispiel *Disco*, mit denen man Platten verkaufen konnte. Heute hat sich das ja alles in verschiedene Kanäle segmentiert, und es gibt jetzt auf jedem Kanal und in jedem Medium, vor allem auch durch die ganzen neuen Medien, eigene Helden. Nicht einmal mehr „VIVA", es sei denn, „VIVA" investiert sehr viel Sendezeit oder eine Heavy-Rotation (ca. 25-malige Ausstrahlung eines Videos pro Woche, Anm. d. A.) für einen Newcomer, was sie aber fast nie oder nur selten tun.

1982/83 haben sich „The Teens" aufgelöst. Was waren die Gründe für die Trennung?
Die Band gab es seit 1976, 1978 kam die erste Single und 1983 haben wir uns getrennt, also waren wir sieben Jahre zusammen. Sechs bis sieben Jahre sind eine sehr lange Zeit: In der Regel liegt die Halbwertszeit bei zwei bis drei Jahren. Das heißt ungefähr anderthalb Jahre Aufbauzeit, ein halbes Jahr bis ein Jahr richtigen Erfolg haben und abkassieren, dann läuft es runter.

Wenn man sich die Tradition der Boygroups anschaut, beginnend mit den „New Kids On The Block" über „Take That" und jetzt bis zu diesen 20 bis 30 Gruppen, die wir zeitweise hatten, zum Beispiel „Touché" und „Caught In The Act" und wie sie alle heißen, da sind sieben Jahre kein schlechter Schnitt. Insofern sind wir als Boyband auch nicht klassisch zu verstehen, denn uns gab es ja schon viel früher, als die Mechanismen im Marketing noch ganz anders funktioniert haben und auch nicht so explizit ausgefeilt waren.

Zum anderen ist es so, dass eine Boyband einen bestimmten Trend setzt. Wenn der nicht mehr weiter zu erfüllen ist, dann ist das Produkt mehr oder weniger unten durch. Dann muss was Jüngeres nach. Das hat auch ein bisschen was mit Jugendwahn zu tun. Als wir aufgehört haben, waren wir so um die 18. Das ist das Alter, wo die Boybands heute anfangen.

Wir sind aber für uns den Weg gegangen, der marketingtechnisch vielleicht der falsche war, der aber unserer Überzeugung nach der richtige war: Wir wollten mehr in die gitarrenlastigere, rockigere Richtung gehen, was nicht wirklich die Musik von kleinen Mädchen ist, die unsere Kernzielgruppe war. Wir wollten mehr Leute von sogenannten Fachzeitungen davon überzeugen, in unsere Konzerte zu kommen und „richtige" Kritiken über uns zu schreiben. Darauf haben wir jede Menge Energie verwendet. Wir waren sehr stolz über eine halbwegs seriöse Kritik in solchen Fachblättern. Darüber haben wir uns mehr gefreut, als über eine Doppelseite oder einen Starschnitt in der *Bravo*, was kommerziell gesehen natürlich vollkommen schwachsinnig ist. Aber für uns war das viel wichtiger. Das Geld hat uns so gut wie nie interessiert. Wir wollten als Musiker anerkannt werden.

Hinzu kam, dass die Medien nach fünf, sechs Jahren „The Teens" sagten: „Wir müssen jetzt mal etwas anderes aufbauen." Aber für uns war das in Ordnung, denn es ging uns vorrangig um den Spaß – im Gegensatz zu den heutigen Boybands, wo es ja nur noch darum geht, ein Produkt zu etablieren, um möglichst viel Nutzen herauszuholen und wo man sich am Ende des Tages hinsetzt, die Tantiemen teilt und feststellt, dass auf der Haben-Seite der Künstler deutlich weniger übrig bleibt, als auf der Haben-Seite der eigentlich Verantwortlichen.

Wie beurteilst du Versuche von Gruppen, wie zum Beispiel den „Backstreet Boys", das Boygroup-Image abzustreifen, um als „richtige" Musiker akzeptiert zu werden?
Die Frage verwundert mich zutiefst, denn meiner Meinung nach sind die „Backstreet Boys" schon tot – faktisch gibt es die doch schon gar nicht mehr. Sie sind von „N'Sync" abgelöst, und „N'Sync" wird es nicht anders ergehen. Da gibt es dann wieder irgendetwas Neues. Ob das jetzt wieder fünf Jungs sind, wo wir einen Blonden, einen Schwarzhaarigen, einen mit Bart und einen mit etwas schmuddeligen Klamotten haben – das ist ja immer das gleiche Muster – das wird abzuwarten sein.

Der Geschmack der Teenies wechselt ziemlich schnell. Inwiefern es dann ein Mitglied dieser Bands schafft, musikalisch zu überleben, das bleibt abzuwarten. Aber sie werden wohl nie diese großartigen Erfolge haben, wie wir sie zum Teil noch bei Weltstars wie Michael Jackson oder Phil Collins hatten und teilweise ja immer noch haben. Die Inflation an Popstars hat in den vergangenen Jahren immens zugenommen. Die wirklichen großen Weltstars gibt es nicht mehr.

Würdest du sagen, dass heutzutage nichts mehr ohne gezielte Marketingmaßnahmen läuft, insbesondere PR?
Es gibt ja diese sogenannten „One-Hit-Wonder" (Fachausdruck für einen Künstler, der nur einen Hit hat und dann wieder in der Versenkung verschwindet, Anm. d. A.), wo man von den Plattenfirmen oft zu hören bekommt, dass da ein riesiges Marketingkonzept dahinter steckt. Fakt ist aber: Die bekommen einen Titel, halten ihn für gut, schmeißen ihn auf den Markt, und wenn die Resonanz da ist, dann läuft es, und dann wird nachgeschoben. Mit ein bisschen Glück kann man schon eine Menge erreichen.

Man kann natürlich auch mit einem knallharten Marketing-Kalkül, siehe „Backstreet Boys", siehe „N'Sync", siehe Boybands schlechthin, einen Act am Markt durchsetzen. Aber dass Plattenfirmen eine Menge Geld in die Marketingstrategie investieren, ohne zu wissen, was passiert, das gibt es heute nur noch ganz selten. Einen Newcomer von Null auf Hundert aufzubauen, das erlauben sich höchstens noch verhältnismäßig kleine Produktionsfirmen, die, wie auch immer, mal ein Budget dafür haben.

Im Regelfall kommt die Platte auf den Markt, dazu gibt es ein paar Aufsteller, ein paar Interviews, lancierte Termine, ein paar Fotos und fertig. Vielleicht spendiert man noch einen Videoclip. Dann guckt man, ob es sich durchsetzt, und ob es in irgendwelche Rotationen von Hitradios geht, respektive ob „VIVA" es aufnimmt, und dann kann die Maschinerie laufen. Obwohl man auch sagen muss, dass die Produktionen dieser Boybands sehr hochwertig sind. Die sind wirklich gut gemacht. Die haben alle internationalen Standard, speziell die amerikanischen Boygroups. Auch die gesanglichen Fähigkeiten sind nicht schlecht. Ich glaube aber, dass die Zeit der klassischen Boygroups mittlerweile vorbei ist.

Ist es für den Erfolg einer neuen Boygroup wichtig, sich von den am Markt befindlichen Bands zu unterscheiden?
Eigentlich sind die Boygroups alle unterschiedlich, denn es sind immer andere Leute. Aber vom Prinzip her sind eben immer ein Blonder, ein Schwarzhaariger, ein Großer, ein Kleiner und ein Schmuddeliger dabei. Mal sind es vier, mal sind es fünf. Im Regelfall können sie alle tanzen, dummerweise haben sie fast alle den gleichen Choreografen; das sieht also alles sehr identisch aus. Von der Musik her lehnt man sich

an den Sound der erfolgreichen Boybands an. Also wird es immer ein Abklatsch sein. Einen neuen Stil sehe ich momentan nicht. Ich vermute, es wird jetzt ein wenig in die rockige Richtung gehen, denn das war lange nicht da. Leider konzentriert sich die Industrie eher auf die Plattenkäufer zwischen 14 und Anfang 20 – alles, was darüber passiert, ist faktisch tot. Ich frage mich nur, wenn es tatsächlich so wäre: Wer kauft dann die Platten von Tina Turner und Phil Collins? Der Jugendwahn der Medien, der auch die Plattenindustrie befallen hat, wird sich ein bisschen relativieren. Denn die Leute, die tatsächlich das Geld in der Tasche haben und nicht darüber nachdenken, ob sie nun 30, 40 oder 50 DM für eine CD ausgeben, das sind die, die sich schon etabliert haben und in der Regel schon deutlich über 25 Jahre alt sind. Da muss ein Umdenken stattfinden.

Sind Boygroups Marken, so wie Produkte Marken sein können?
Absolut! Allerdings sind Gruppen, wie beispielsweise „Touché", höchstens für ein klitzekleines Fansegment ein Markenprodukt, aber mit einer sehr kurzen Halbwertszeit. Das geht ein bis zwei Jahre lang, und dann schwingen die Fans zu anderen Produkten über. Interessanterweise kommen dann die ganz jungen Musikhörer irgendwann auf die Leute, die schon ewig am Markt sind. Die Kompatibilität zwischen Boygroups und der Musik, die Phil Collins macht, ist ja sehr groß. Boybands sind aber auf jeden Fall Markenprodukte, allerdings immer nur für eine ganz spezielle Zielgruppe.

Für die Leute, die nichts mit dieser ganzen Szene zu tun haben – ich sage mal die Generation, die vielleicht einmal einen Titel von den „Backstreet Boys" oder „N'Sync" gehört hat, ohne sie tatsächlich auseinander halten zu können – für die ist „Boyband" natürlich ein bestimmter Begriff, so nach dem Motto: Aha! Schokoriegel – Süßigkeit. Aber ob das nun „Bounty" ist, „Snickers" oder wie auch immer diese Schokoriegel heißen, das können die Leute doch gar nicht mehr auseinander halten.

Also können sich die einzelnen Gruppen nicht genug voneinander differenzieren?
Nein, definitiv nicht. Dafür sind sie zu uneigenständig. Da fehlt einfach der USP (Unique Selling Proposition = einzigartiger Verkaufsvorteil eines Produktes, Anm. d. A.), obwohl die Managementfirmen und die Fanklubs, auch die einzelnen Bandmitglieder der Boygroups, sicherlich sagen werden, dass ihr USP da und dort liegt. Der ist aber für jemanden, der damit nicht so direkt vertraut ist, wahrscheinlich weniger erkenn- und nachvollziehbar, denn die Musik ist austauschbar und die Optik ist es auch.

Um das mal auf einen anderen Level zu bringen: Wo ist der Unterschied zwischen einem „VW Sharan", einem „Ford Galaxy" und einem „Seat Alhambra"? Das ist letztendlich immer das gleiche Auto, nur das immer eine andere Marke dahinter steht, teilweise andere Motoren drin sind, und das zu unterschiedlichen Preisen. Trotzdem gibt es Leute, die kaufen den Ford, es gibt Leute, die kaufen den VW und andere kaufen den Seat, weil er vielleicht günstiger ist.

Aber es werden zu den Autos jeweils andere Lebenswelten transportiert bzw. in der Werbung kommuniziert. Was transportieren die Boygroups?
Ich glaube nicht, dass einzelne Lebenswelten, sondern einzelne Charaktere transportiert werden, die dann in der Summe das Bild einer Boyband ergeben. Beim Plattenverkauf geht es auch sehr viel um den Sympathie-Effekt einer Boygroup als solchen, also um die Homestorys. Um die Musik geht es also eher

sekundär. Es geht darum, dass die Mädels sagen: „Das ist mein Held, mein Favourite, der Junge XY hat so ein süßes Lächeln", also eine reine Projektionsfläche für den Wunsch nach dem ersten Freund. Das war bei „The Teens" vielleicht sogar ähnlich: Es war nicht unbedingt die Musik, die für unsere Fans im Vordergrund stand.

Interview mit Jan Bolz

Jan Bolz, geb. am 15.08.1960 in Wetter/Ruhr. Nach dem Studium der Betriebswirtschaftlehre an der Universität Hamburg (Abschluss: Diplom-Kaufmann), Tätigkeit in diversen leitenden Funktionen, unter anderem bei der Ufa Universum Film GmbH und der Bertelsmann AG. Seit Juli 1998 Geschäftsführer der BMG Ariola München GmbH.

Wie stehen die Chancen für neue Boygroups auf dem deutschen Markt? Welche Kriterien müssen neue Gruppen erfüllen?

Aus meiner Sicht stehen die Chancen eher nicht so gut, weil das Segment Boygroup eigentlich schon wieder abgefeiert ist. Es läuft mit den „Backstreet Boys", mit „N'Sync", mit „Caught In The Act", mit „Take That" und wie sie alle heißen schon jahrelang in Deutschland und hat hier sehr gut funktioniert. Die Welle ist nach Amerika geschwappt, funktioniert dort hervorragend und ist da gerade auf dem Höhepunkt. Bei uns ist der Höhepunkt aber schon überschritten.

Zu den Kriterien für neue Boygroups: Darüber könnte ich natürlich ganze Bücher füllen. Aber ganz wichtig ist: In Deutschland müssen die Gruppen präsent sein. Und wenn wir heute erfolgreiche Boygroups haben, nehmen wir einmal die „Backstreet Boys", dann ist das Problem, dass die jetzt in Amerika so erfolgreich sind, dass sie nur noch peripher nach Europa und nach Deutschland kommen, wo sie ja ihren Anfangserfolg hatten. Darunter leidet ihr Produkt extrem, weil die Fans – überwiegend natürlich die weiblichen Fans – ihre Idole nahe bei sich haben und live vor Ort sehen möchten. So haben die alle begonnen, und so haben die auch alle ihren Erfolg begründet. Das ist in diesem Segment so, dass Sie präsent sein müssen, und wenn Sie nicht mehr präsent sind – auch wenn Sie die Größten und Besten sind – dann verlieren Sie Ihr Publikum. Genau das ist bei den Boygroups momentan der Fall. Deutsche Boygroups sind sehr schwer zu etablieren. Wir haben das selbst versucht mit einer Gruppe namens „Touché". Das wird aber nicht so dankbar aufgenommen wie Boygroups aus den Original-Ländern, so möchte ich es einmal nennen, wie zum Beispiel den USA, Kanada oder England, weil die deutschen Boygroups zu sehr den Touch des Nachbarn haben. Es gibt Segmente, wo so etwas funktioniert, nehmen wir einmal die Gruppe „Echt". Da ist wiederum genau zutreffend, dass das sozusagen meine Mitschüler sind, oder aus der Schule nebenan. Aber „Echt" würde ich nicht unbedingt als Boygroup bezeichnen.

Ist es für den Erfolg einer Boygroup wichtig, sich von den anderen Gruppen zu differenzieren und neue Positionierungsräume zu besetzen? Oder könnte es sogar von Nachteil sein, wenn man sich zu sehr unterscheidet?

Wenn Sie die Gruppen und auch die Fans fragen würden, dann ist das für sie wichtig, dass sich einzelne Gruppen differenzieren, dass sie also anders sind. Bei der von uns gesignten (unter Vertrag genommenen, Anm. d. A.) Gruppe „N'Sync" – neben den „Backstreet Boys" die größte Boygroup in Amerika – ist es beispielsweise so, dass viele sagen: „Die differenzieren sich nicht." Wir sagen aber: Die differenzieren sich schon, weil es andere Persönlichkeiten sind. Wir sind ja diejenigen, die mit den „Backstreet Boys" und auch mit „N'Sync" in Deutschland gestartet sind. „N'Sync" haben wir deutlich jünger positioniert und damit auch differenziert. Zu der Zeit, als die „Backstreet Boys" liefen, hatten sie deutlich ältere Fans, so im Alter zwischen zwölf und zwanzig Jahren. Bei „N'Sync" ging das deutlich runter, fast bis auf sechs Jahre, weil die auch eine etwas andere Art von Musik gemacht haben. Fragen Sie jetzt aber eine Hausfrau oder Ihre Eltern, dann würden die Ihnen antworten: „Die sehen alle gleich aus und machen alle dieselbe Musik.".

Sie haben erwähnt, dass Sie die „Backstreet Boys" und „N'Sync" nach Deutschland geholt haben. Nun ist ja der Aufbau einer neuen Boygroup sehr teuer. Verlässt man sich bei der Entscheidung über eine solche Investition auf sein Bauchgefühl oder gibt es im Vorfeld Marktuntersuchungen oder Ähnliches?
Da habe ich mich voll auf mein Bauchgefühl verlassen. Wir wünschen uns immer, dass wir mit Marktforschung arbeiten könnten. Das Problem in unserem Bereich ist aber – anders als bei Markenartiklern – dass unsere Lebenszyklen extrem kurz sind: Wenn wir eine Platte auf den Markt werfen, hat sie in der Regel einen Lebenszyklus von zwei bis drei Monaten und ist dann weg. Sie können gar nicht so einen Aufwand betreiben, wie beispielsweise Procter & Gamble für „Pampers", und fragen: Ist das besser, wenn die Verpackung hell- oder dunkelrosa ist, oder sonst irgendetwas. Auch der Aufwand, die Fans wirklich statistisch genau zu erfassen und zu fragen: „Was wollt Ihr, und wie wollt Ihr es?", lohnt und funktioniert nicht.

Wir gehen da von einem anderen Ansatz aus: Wir fragen uns „Gefällt uns Profis die Musik? Glauben wir an diese Musik, und glauben wir, dass das ein neuer Trend ist, den wir setzen können und der von den Konsumenten angenommen wird?" Dabei täuschen wir uns natürlich ab und zu. Aber wir gehen mehr von unserer Erfahrung und von unserem Musikverständnis aus und hoffen, dass wir möglichst oft damit richtig liegen. Ich betone aber: Wir liegen nicht immer richtig damit.

Ich nenne Ihnen ein paar Vergleichszahlen: Wenn wir eine Gruppe launchen (herausbringen/etablieren, Anm. d. A.), wie damals die „Backstreet Boys" oder „N'Sync", nehmen wir einen Betrag von ein bis zwei Millionen D-Mark in die Hand, um das hier in Deutschland hin zu bekommen. Später in Amerika nimmt man dann natürlich Millionen von Dollars. Dann weiß man aber auch schon: Die Gruppe hat in Europa funktioniert, und dann ist das Risiko geringer. Aber das Anfangs-Investment sind ein bis zwei Millionen D-Mark. Das ist für uns sehr viel, weil sich das eben auf viele Gruppen verteilt. Wenn Sie damit in irgendeine Konsumgüterindustrie gehen würden, dann würde Sie jeder auslachen. Denn das ist das, was die in einer Woche für Schaltungen im Fernsehen ausgeben.

Spielt die Musik bei der Entscheidung für oder gegen eine neue Boygroup tatsächlich eine so große Rolle? Wie zu lesen war, gab es zum Beispiel bei „N'Sync" zuerst die Gruppe und dann wurde ihr die Musik auf den Leib geschrieben.
Mit „N'Sync" war das so: Ich bin nach Orlando/Florida geflogen, weil wir dort die Verbindung zu den Machern von den „Backstreet Boys" hatten. Die haben gesagt: „Wir haben da was Neues.". Das war dann die Gruppe „N'Sync", die uns a cappella vorgesungen hat. Das waren Stücke, die wir zwar später nie ver-

wendet haben, aber eindeutig erkennen konnten: Die haben stimmlich das Potenzial, um in der Weltspitze mit zu mischen. Kombiniert mit den richtigen Musikstücken, sprich: mit den richtigen Produzenten, waren wir uns damals sicher, etwas herausholen zu können.

Verfolgen die Plattenfirmen beim Aufbau des Bandimages bestimmte Strategien? Oder wird das Image eher von den Medien gemacht?
Ich kann beide Fragen mit ja und nein beantworten. Fangen wir einmal damit an, ob wir das Image bestimmen: Ja, selbstverständlich. Wir arbeiten mit daran, weil das eine unserer Kernkompetenzen ist. Das hört man zwar ungern, vor allem die Fans, weil die dann sofort sagen würden: „Die mögen wir nicht mehr.". Sie meinen, dass wir unsere Künstler manipulieren würden. Das damalige Image der Boygroups ist stark amerikanisch geprägt gewesen, weil dieser amerikanische Touch hier in Deutschland gut angekommen ist. Das Image, das wir damals gewählt haben, war das sehr cleane Image: Saubere, nette, liebe Jungs, wo jede Mutter sagt: „Den könnte ich mir auch als Schwiegersohn vorstellen."

Sehen Sie Unterschiede zwischen dem amerikanischen und dem europäischen Markt im Hinblick auf die Vermarktung von Boygroups?
Witzigerweise haben wir dieses Mal das Phänomen, dass das Boygroup-Syndrom in Europa kreiert wurde und dann nach Amerika hinübergeschwappt ist, anders als es sonst der Fall ist. Ansonsten würde ich sagen, dass es prinzipiell keine wesentlichen Unterschiede bei der Vermarktung gibt. Das liegt auch daran, dass wir muttersprachliche Jungs genommen haben, die es natürlich einfacher haben, in Amerika erfolgreich zu sein. Hätten wir deutsche, schwedische, finnische oder englische Bandmitglieder ausgewählt, wäre es in Amerika schwierig geworden. Hier in Deutschland ist das umgekehrt, weil die Fans anders funktionieren: Spricht man hier mit einem Jugendlichen und fragt ihn: „Fändest du es gut, wenn Deine Lieblingsgruppe Lieder auf deutsch singt und du mitsingen kannst?", würde der sagen: „Das ist ja Schlager. Das finde ich ganz schrecklich!". Es ist halt dieser „Touch des etwas Anderen", der hier in Deutschland und in Europa gut funktioniert – ein Phänomen, das es in Amerika natürlich nicht gibt, weil die Weltsprache im Musikbereich Englisch ist.

Können Boygroups als Markenprodukte bezeichnet werden?
Ganz klar: Ja! Sie können heute fast weltweit das Kürzel BSB nennen, und jeder weiß eigentlich, dass damit die „Backstreet Boys" gemeint sind. Das liegt daran, dass es sehr geschickt und mit viel Aufwand gelungen ist – nicht immer alles geplant, das gebe ich zu – einen Markennamen zu kreieren und durchzusetzen. Vor vier oder fünf Jahren konnten Sie eigentlich kaum eine Tageszeitung aufschlagen, in der nichts über die „Backstreet Boys" stand, dass im Konzert fünfzig Fans ohnmächtig geworden sind, oder dass 12.000 Leute die Band gesehen haben. Und da wurde sehr lange, sehr ausführlich darüber berichtet: Im Fernsehen, im Radio; eigentlich auf allen medialen Kanälen. Und dadurch ist der Markenname so bekannt geworden.

Wie sieht das mit dem Markennamen „N'Sync" aus?
Bei „N'Sync" ist das ein bisschen schwieriger gewesen: Wenn Sie nach Amerika gehen, ist das ein Markenbegriff. In Deutschland hat er sich nie richtig durchsetzen können, weil die Gruppe hier nie solche Erfolge hatte wie die „Backstreet Boys". Die „Backstreet Boys" waren in Deutschland immer um ein

vielfaches größer als „N'Sync"; in Amerika sind sie gleich auf. Es gibt mittlerweile viele, die „N'Sync" in Amerika als populärer erachten als die „Backstreet Boys". Für viele Deutsche ist „N'Sync" nur eine schwer aussprechbare, leere Worthülse. Übersetzt bedeutet der Begriff: „In sich synchron", und damit können die Amerikaner extrem viel anfangen. Sie benutzen diesen Begriff des „in sync"-seins auch sehr oft. Das ist für die ein echter Begriff, und deswegen hat er sich in Amerika durchgesetzt. In Deutschland ist es wirklich nur ein Name und kein Markenbegriff.

Da die Boygroups einander ja sehr ähnlich sind, stellt sich die Frage, ob jede einzelne Gruppe für sich die Anforderungen an ein Markenprodukt erfüllen kann, oder ob man die Boygroups insgesamt als eine Art Gattungsmarke betrachten muss?

Ich würde fast beides mit ja beantworten: Als Ganzes ist es eine Marke, da sich unter dem Boygroup-Segment jeder sofort etwas vorstellen kann. Und da denkt man zurzeit wirklich an Gruppen wie die „Backstreet Boys". Wenn Sie die gleiche Frage vor dreißig Jahren gestellt hätten, dann hätten die Leute gesagt: Die „Beatles", die ja letztendlich, wenn Sie den Begriff weit auslegen wollen, auch eine Boygroup waren. Was jede einzelne Gruppe als Markenprodukt betrifft, so kann man in Amerika sehr gut sehen, dass da sehr wohl zwischen den einzelnen Boygroups als Markenprodukte unterschieden wird. Aber noch einmal zur Gattungsmarke: Das kann man gut mit Markenprodukten wie „Pampers" oder „Fixies"-Windeln vergleichen, oder noch besser: „Tempo"-Taschentücher. Sie haben den Begriff „Tempo" als einen Oberbegriff, mit dem jeder ein Papiertaschentuch in Verbindung bringt. Trotzdem gibt es „Tempo"-Taschentücher, „Softies" und noch viele andere Marken.

Reicht der oft sehr kurze Lebenszyklus der Boygroups aus, um eine individuelle Markenpersönlichkeit aufzubauen?

Sehr häufig nicht. Wir haben bei den beiden großen Gruppen „Backstreet Boys" und „N'Sync" das Glück gehabt, dass unsere Planung bezüglich ihrer Markenpersönlichkeit aufging, wobei man sagen muss, dass man bei der Planung sehr oft vom realen Leben eingeholt und überholt wird. Nehmen wir die Gruppe „Take That" als ein anderes Beispiel aus unserem Hause: Da wurde eine Handvoll Jungs in fast jugendlichem Alter genommen, zusammengepackt und in einer Zeit von etwa zwölf Monaten zu Weltstars entwickelt. Die wurden, wo immer sie auftraten, umjubelt und begeistert empfangen. Auf einmal bekamen sie dann aus allen Richtungen extrem gute Angebote, ob es nun Fernsehen oder auch Werbung war. Innerhalb kürzester Zeit wurden die Jungs sehr reich, und so etwas verändert natürlich die Persönlichkeit. Und Leute, die vor einem Jahr noch wunderbar miteinander zurecht gekommen sind, kommen nach einem Jahr nicht mehr miteinander aus. Die leben unter extremen Bedingungen, weil diese Boygroups durchschnittlich fast 300 Liveauftritte im Jahr haben, ständig im gleichen Tour-Bus fahren, im gleichen Flugzeug fliegen, also immer auf engstem Raum miteinander leben müssen. Und nur die Gruppen, die in der Lage sind, miteinander über Freundschaft oder Professionalität auszukommen, können sich länger am Markt halten. Die Regel ist leider, dass sich die meisten nach zwei bis drei Jahren trennen.

Wie würde eine von Ihnen kreierte Boygroup aussehen, und wie würden Sie diese am Markt positionieren?

Wenn ich das so klar beantworten könnte, dann würde ich die Gruppe am liebsten schon morgen am Markt platzieren. Aber ich kann Ihnen ein paar Kriterien nennen: Wir werden sicherlich, weil das zyklisch stattfindet, von diesem sauberen Image des netten Jungen von nebenan wegkommen. Wir werden auch davon wegkommen, dass die Jungs nur gut singen können müssen. Es wird sehr viel mehr wieder auf Musik ankommen. Das heißt, heute müsste sich eine Boygroup von den vorherigen dadurch unterscheiden, dass die Mitglieder Instrumente spielen, dass sie also auch andere musikalische Qualitäten mitbringen, selbst ihre Musik schreiben und damit eine andere Art von Authentizität herüberbringen. Auch das ganze Outfit muss anders aussehen, weil die Teenies sich ja immer von der Generation ihrer Eltern abheben möchten; und wenn die Eltern immer akkurat gekleidet sind und kurze Haare haben, dann wollen die Kids halt lässige Klamotten und lange Haare bei den Boygroups sehen und auch selbst so herumlaufen.

Interview mit Peter Wicke

Prof. Dr. Peter Wicke, Jahrgang 1951, ist Professor für Theorie und Geschichte der populären Musik und Direktor des Forschungszentrums populäre Musik am Seminar für Musikwissenschaft der Humboldt-Universität Berlin sowie Adjunct Research Professor am Department of Music der Carleton University Ottawa, Kanada. Seit 1998 ist er Mitglied des deutschen Musikrates. Prof. Dr. Wicke ist Autor zahlreicher Bücher und Artikel zu theoretischen, historischen und kulturpolitischen Problemen der populären Musik.

Was macht eine typische Boygroup aus?

Die Frage ist gar nicht so leicht zu beantworten, wie sie sich im ersten Moment anhört. Man kann natürlich sagen, dass das eine Gruppe von meist vier oder fünf Boys ist, die sich vor allem dadurch auszeichnen, dass sie gemeinsam auf der Bühne stehen. Ich vermeide bewusst zu sagen, dass sie gemeinsam Musik machen, weil das nicht das Entscheidende daran ist, sondern dass sie auf der Bühne stehen. Mit anderen Worten: Die Repräsentation eines bestimmten Images mit allem, was an gruppendynamischen Beziehungen dazu gehört. Das ist wohl entscheidender als das, was am Ende tatsächlich klingt und als Song herüberkommt. Denn musikalisch ist das Phänomen nicht unbedingt neuartig oder spektakulär, denn wenn man will, kann man auch die „Beatles" schon als Boygroup bezeichnen. Das hat aber kein Mensch gemacht, weil da eine andere Ebene wichtiger war, als die Tatsache, dass da vier männliche Wesen auf der Bühne stehen.

Was wünschen sich die Fans von den Boygroups? Was fasziniert sie an ihren Lieblingen?

Das kann man schwer beantworten, weil das eher Projektionen sind: Die Boygroups verkörpern nicht etwas ganz Bestimmtes, was sich das Publikum wünscht, und weil dieser Wunsch durch die Gruppen verkörpert wird, sind sie so populär. Das muss man eher umgekehrt sehen: Durch die Beziehungen zwischen den Mitgliedern – gerade weil es nicht nur einer ist, sondern mehrere – ist das Ganze eine soziale Projektionsfläche, auf die man sich selbst mit seinen eigenen Vorstellungen und der sozialen Positionierung projizieren kann. Ist das nur einer, dann ist das natürlich viel konkreter, und das passt eventuell nicht. Unter Umständen ist es nicht so leicht, sich in den Typen hinein zu versetzen, der da auf der Bühne steht – selbst wenn man das Umfeld mag. Die Gruppenbeziehung relativiert und konkretisiert es zugleich: Relativieren in der Form, dass keiner der Typen dominant ist bzw. alleine da ist: Konkretisieren insofern, dass jeder dieser Typen ein Typ für sich ist. Das sind also keine leeren Platzhalter, die da miteinander agieren. Und es werden ja auch in der Fanpresse mit großem Aufwand die Unterschiede zwischen diesen verschiedenen Typen herausgearbeitet und Wert darauf gelegt, dass jeder eine Individualität für sich ist. Und insofern wird es konkretisiert. Und genau dieses Relativieren und Konkretisieren, dieses Doppelmoment ist es, was das Ganze so ungeheuer attraktiv macht und dann eben erlaubt, alles Mögliche darauf zu projizieren. Und das ist aber, im Unterschied zu früheren Formen solcher Massenprodukte, in einer Weise individualisiert und subjektiviert, dass man das gar nicht allgemein fassen kann.

Es ist also wichtig, dass für jeden Fan etwas dabei ist?
Ich kann es auch so sagen: Die Verbindung zwischen Privatheit und einem solchen massenkulturellen Produkt ist entscheidend. Und je vielfältiger das Projektionsangebot ist, desto privater bleibt auch meine Reaktion. Sie können es bei einem einzelnen Star natürlich immer ablesen, denn da gibt es ja keine anderen Möglichkeiten. Sie müssen nicht darüber spekulieren, wer es nun ist, mit dem sie sich da identifizieren, denn da ist ja nur einer, der als Identifikationsangebot in Frage kommt. Bei den Gruppen ist das aber etwas anderes. Sie wissen nämlich nicht, wenn jemand Fan von einer Gruppe ist, für wen er da speziell Fan ist. Das heißt also: Der Vorgang, der eigentlich noch viel öffentlicher ist, ist zugleich aber auch viel privater.

Welche Rolle spielen die Markenschlüssel Bandname und Bandlogo?
Die spielen schon eine Rolle, aber die Rolle ist nicht spezifisch, denn das Phänomen finden Sie nicht nur da. Das Namen zu Markenzeichen werden, die in Logos symbolisiert sind, ist eine relativ alte Entwicklung im popmusikalischen Zusammenhang. Das findet sich hier natürlich umso professioneller gehandhabt. Die Professionalisierung, mit der man damit umgeht, gewinnt immer größeres Gewicht.

Sie haben ja schon das Image der Gruppen angesprochen. Verfolgen die Plattenfirmen bestimmte Strategien beim Aufbau der Images für Boygroups?
Die Bands sind meistens gecastet und keine Zufallsprodukte, das heißt natürlich versucht man, Strategien zu verfolgen. Auch die Typen sind sehr sorgfältig danach ausgesucht, ob sie zusammen passen oder nicht, wie sie zusammen passen und wofür sie zusammen passen sollen.

Auf der anderen Seite darf man natürlich nicht übersehen: Das ist nicht DIE Plattenfirma: Die Kette zwischen der Entstehung solcher Produkte und ihrer Vermarktung am Ende durch die Plattenfirma ist ziemlich lang. Das ist nicht notwendigerweise alles unter dem Dach einer bestimmten Plattenfirma. Das können unabhängige Produzenten sein, das können aber auch Agenturen sein, die so ein Produkt herstellen und dann verkaufen. Es gibt also kein bestimmtes Schema. Es ist vielmehr so, dass die Produkte von jemandem hergestellt werden, in der Hoffnung, damit ein kommerziell erfolgreiches Produkt geschaffen zu haben. Und die Plattenfirmen kaufen das, was sich am Markt einkaufen lässt an solchen Halbfertigprodukten und vermarkten dies. Und wenn am Ende etwas herauskommt, dann ist es gut. Wenn man also immer nur „die Plattenfirma" sagt, dann sieht das so aus, als sei da unter einem Dach so etwas ganz Manipulatives und Konspiratives im Gange, aber so ist das nicht: Das ist vielstufig über Marktbeziehungen vermittelt.

Die Plattenfirmen fungieren also letzten Endes nur noch als Vertrieb?
Ja. Das sind Vertriebsfirmen, was anderes ist das nicht. Das schließt aber nicht aus, dass auch dort immer wieder der Versuch unternommen wird, Produktkonzepte zu entwickeln, sich Partner zu suchen, denn am Ende ist es ja ihr Geld, mit dem die Produkte vorfinanziert werden. Aber letztendlich sind es dennoch Vertriebsfirmen, bzw. Vertriebsorganisationen und nichts anderes.

Sehen sie in den USA ein fortschrittlicheres Herangehen beim Aufbau von Boygroups?
Das kann man nicht mehr trennen: Das ist eine transnationale Industrie geworden, die Firmendächer sind global, besser gesagt transnational. Das wiederum heißt, dass es keine nationalen Unterschiede gibt. Das ist aufgehoben in einem globalen Gesamtkonzept und Gesamtkontext, in dem dann bestimmte Medien die dominante Rolle spielen.

Eine andere Frage ist, wie der Kontext aussieht, auf den das Ganze trifft. Und das ist zum Teil ganz verschieden: Auf Grund der Tatsache, dass es in Europa – trotz kultureller Unterschiede zwischen den Ländern – immer noch relativ überschaubare Marktzusammenhänge gibt, wird ein viel spezielleres und zielgenaueres Marketing möglich, als in einem so fragmentierten und dadurch diffus gewordenen Massenmarkt wie in den USA. Das ist das eine. Zum anderen haben sie innerhalb dieser vergleichsweise kleinen, europäischen Länder eine viel homogenere Situation, dass die Jugendlichen aus den Mittelschichten, die das ja tragen, vergleichbare soziale Bedingungen aufzuweisen haben. Wenn Sie sich Amerika anschauen, dann ist das soziale Spektrum viel größer: Mittelschicht ist dort nicht unbedingt gleich Mittelschicht, und die in der Geschichte und der kulturellen Tradition wurzelnden Vergleichbarkeiten sind dort häufig nicht anzutreffen. Und sie haben die großen ethnischen Gruppierungen, die eine viel ausgeprägtere Differenzierung mit sich bringen, als das in Europa der Fall ist, wo sich zwar die einzelnen Länder schon voneinander unterscheiden; aber innerhalb dieser kleinen Einheiten ist das wesentlich homogener als in den USA. Das Marketing ist dadurch natürlich viel einfacher.

Wie stehen die Chancen für eine neue Boygroup, den Durchbruch zu schaffen?
Ich bin kein Guru, das kann ich Ihnen nicht sagen. Es ist auch ganz gefährlich, über so etwas zu spekulieren. Ich würde erst einmal von einer gewissen Marktsättigung ausgehen, denn wenn Produkte über eine längere Zeit so prägend sind, ist eine Marktsättigung immer nahe liegend.
Aber es ist gefährlich, so etwas voraussagen zu wollen, denn das Faktorengefüge, das hinter solchen Entwicklungen und Prozessen steht, ist so komplex. Das kann schon morgen zu Ende sein, das kann aber auch morgen zu einem richtigen Boom werden, der alles andere zur Vorgeschichte macht. Das weiß niemand. Und das ist auch gut so, denn insofern ist es auch nicht von irgendjemandem manipulierbar.

Ist es wichtig für eine neue Boygroup, dass sie neue Positionierungsräume besetzt und sich somit von den schon am Markt befindlichen Gruppen zu differenzieren?
Das ist immer so, denn Sie haben keine Chance, Aufmerksamkeit an sich zu binden, wenn Sie nur eine Zweitversion von etwas sind, was schon da ist. Das ist eine ganz banale Grundeinsicht. Es gibt doch keinen Grund, irgendetwas zu kaufen, was schon vorhanden ist und was man schon kennt.

Befragt man die Fans, warum sie eine bestimmte Boygroup besonders mögen, nennen sie immer dieselben Gründe: „Die können besser tanzen, die sind netter als die anderen und sehen auch besser aus." Wie kommt diese Reduzierung auf einige bestimmte Eigenschaften zustande?

Das ist nur die verbalisierte Außenseite: Solche kulturellen Beziehungen reichen so tief in die Subjektivität von allen. Das macht natürlich die Musik so reizvoll: Das ist nicht unbewusst, denn ich weiß schon, worauf ich höre, aber es ist Profis vorbehalten, dass passend in Worte zu übersetzen. Und das können natürlich Jugendliche nicht, müssen sie auch nicht können. Das wiederum verleitet dann häufig dazu, aus ihren Antworten zu schlussfolgern: Das ist doch immer dasselbe Banale. Das ist es aber nicht! Sie brauchen sehr differenzierte Forschungsinstrumente, um herauszufinden, was da wirklich abläuft. Die, die wir haben, sind zum Teil gar nicht differenziert genug, um da wirklich auf alles eine Antwort zu geben. Aber selbst das, was wir wissen, ist ein eindeutiges Indiz dafür, dass das, was Jugendliche in diesem Zusammenhang selbst verbalisieren, nicht für die Sache selber genommen werden darf.

Transportieren Boygroups Lebenswelten, die sich von Gruppe zu Gruppe unterscheiden?

Ich glaube, dass „Projektionsfläche" angemessener ist als „Transport", weil es nicht darum geht, irgendwoher etwas zu holen, was einem selbst fehlt, sondern es geht vielmehr um eine Art Spiegel. Sie müssen davon ausgehen, dass wir in einer enorm komplexen Welt aufwachsen, die es uns im Prinzip kaum noch ermöglicht, uns reflektiert irgendwo einzuordnen und zu positionieren. Das ist für den Einzelnen nicht mehr überschaubar, das ist viel zu komplex, viel zu diffus, viel zu fragmentiert. Also gibt es das Bedürfnis, einen Spiegel zu finden, der einen selber erkennen lässt, wer man ist. Nun liegt so ein Spiegel natürlich auch jenseits von Ihnen, das heißt, das sind Sie nicht selber. Sie gucken sich zwar ins Gesicht, aber dennoch über etwas, das von Ihnen entfernt ist. Und das ist ein ganz entscheidendes Moment, um auch Subjektivität auszubilden, denn ich kann nicht „Ich" sagen, wenn ich mich von anderen nicht unterscheiden kann. Wenn aber das andere zu so einer diffusen, unüberschaubaren und unübersichtlichen Masse wird, dann bin ich ein Atom darin, das sich aber nicht orientieren kann, und wenn es sich nicht orientieren kann, dann kann es auch nicht so richtig eine Ich-Beziehung und damit auch eine Ich-Stärke entwickeln. Und das ist ein entwicklungsnotwendiges Moment, das geradezu zwingend geworden ist. Insofern geht es nicht darum, zu unterstellen, dass dort irgend etwas in die Köpfe von Jugendlichen hinein manipuliert wird, was sie ohne das gar nicht hätten, sondern es geht eher um den durchaus souveränen Vorgang, in diesem so komplex gewordenen Zusammenhang des Aufwachsens zu sich selbst zu finden. Diese Spiegel sind natürlich nicht neutral, aber es ist ja auch nicht so, dass jemand zu irgendetwas genötigt wird. Insofern ist die Souveränität am Ausgangspunkt schon sehr wichtig. Diese Spiegel sind in ihrer kulturellen Substanz noch wirkungsmächtiger, und dennoch ist es wichtig, dass man die Relation nicht umdreht.

Sind Boygroups Marken, so wie Produkte Marken sein können?

Sie sind zum einen eine Marke, wie jedes andere Produkt: So werden sie hergestellt, so werden sie vertrieben, so werden sie beworben. Aber das ist nicht spezifisch für Boygroups: Das gilt eigentlich für jeden Popstar. Zum zweiten sind sie natürlich aber auch ein spezifisches, kulturelles Produkt, das besondere Charakteristika hat. Sie sind drittens auch ein Image, das heißt, das Produkt wird repräsentiert, bevor es eine Marke ist. Es ist ein Bild davon da, das mit dem Markensymbol in einem Zusammenhang steht, aber das Markensymbol ist nicht identisch mit dem Image. Das Image ist breiter und umfassender. Das

Markensymbol steht symbolisch für die Kombination aus Image und Produkt und bildet ein Symbol ab, das sozusagen auf dem Marktplatz das Produkt vertritt.

Kann jede einzelne Boygroup für sich die Kriterien an ein Markenprodukt erfüllen, oder sind Boygroups vielmehr als Ganzes als eine Art Gattungsmarke zu betrachten?
Eine Gattung ist das schon, aber Sie kaufen ja nie das Ganze. Insofern ist immer das Einzelne das Produkt. Alles andere sind Klassifizierungen, die außerhalb der realen Zusammenhänge vorgenommen werden. Keiner hört „die Boygroups" als solche, sondern jeder hört nur ganz bestimmte. Und „die Boygroups" als solche sind nur etwas für den von außen kommenden Betrachter, der sich die Welt sortiert und der Schubfächer aufmacht und sagt: Das gehört alles da hinein, weil das alles Jungs sind, die auf der Bühne stehen, und das wiederum gehört alles in jene Schublade, weil es alles Mädchen sind usw. Aber das ist nichts Reales.

Es gibt also schon wesentliche Unterschiede zwischen den einzelnen Boybands?
Ja, diese abstrakten Klassifikationen spielen in den realen kulturellen Prozessen keine Rolle: Kein Mensch hört beispielsweise Blues, sondern man hört bestimmte Songs, die andere dann als Blues bezeichnen und aus irgendwelchen Gründen so einordnen. Aber „den Blues", die Gattung Blues, können sie nicht abstrakt hören; die gibt es abstrakt nicht. Kein Mensch kann heute mehr alles hören, weil es viel zu viel gibt. Insofern wählt jeder aus. Dass er sich in den Diskursen dann gern symbolisch als der Blues-Liebhaber oder was auch immer präsentiert, hat ja nichts mit seinem realen Verhalten zu tun, denn da wählt er ganz genau so aus. Sie können jede Kunstform immer nur konkret aufnehmen, nicht abstrakt.

Reicht der oft recht kurze Lebenszyklus von Boygroups aus, um eine individuelle Markenpersönlichkeit aufzubauen?
Das geht heute immer schneller – der Prozess hat sich ungeheuer beschleunigt; Zeiträume spielen angesichts der global gewordenen Kommunikationsmöglichkeiten und ihrer Geschwindigkeit keine Rolle mehr. Alles ist eine Frage des eingesetzten Kapitals: Je mehr Geld man hineinsteckt, umso schneller geht das. Man kann gleichzeitig auf der ganzen Welt präsent sein, wenn man das will. Das kostet jedoch einen Haufen Geld, und solche Investitionen macht man nicht, wenn man nicht eine Gewinnerwartung hat, die das realistisch macht. Insofern geht es meist stufenweise und dauert ein bisschen länger. Und wenn sich etwas als erfolgreich herausgestellt hat, ein bestimmtes Terrain, dann werden die Stufen natürlich immer kürzer. Man durchläuft sie immer schneller, und man überspringt auch welche, solange, bis einer drastische Verluste erlitten hat. Dann ändern sich die Philosophien wieder, und dann geht es wieder anders lang.

Worin liegt dieser begrenzte Lebenszyklus begründet?
In erster Linie hat es wohl mit der Umlaufgeschwindigkeit des Kapitals in der Musikindustrie zu tun: Jede in ein Produkt investierte Mark kommt ja irgendwann wieder an ihrem Ausgangspunkt an, und dann ist aus der Mark eventuell 1,20 DM oder was auch immer geworden. Dann müssen Sie dies wieder in neue Produkte investieren. Die Produktabfolge ist immer schneller geworden: Sie brauchen in immer kürzerer Zeit immer mehr Produkte. Das übersteigt natürlich die physischen Möglichkeiten dessen,

was da auf der Produzentenseite, wenn es denn nur ein Produzent wäre, schlicht physisch möglich ist. Also müssen es schon einmal viele sein. Nun haben sich diese Kreisläufe immer weiter verkürzt und damit natürlich auch die Halbwertszeiten der Produkte.

Der zweite Punkt, der das Ganze ebenfalls immer schneller gemacht hat, liegt im Verhältnis zum Publikum und dem Umgang mit den Zielgruppenstrukturen: Langfristige Produkte bergen immer das Risiko, dass Sie in etwas investieren, was sich angesichts der immer schneller und flexibler gewordenen Marktzusammenhänge irgendwann als Klotz am Bein erweisen könnte. Die schnelle, hochgradig zielorientierte Vermarktung, und dafür lieber in einer Zeiteinheit mehrere solcher Vorgänge, ist eine erfolgreichere Strategie, als die vor 20 Jahren, wo man lieber auf langfristige Karrieren gesetzt hat. Die langfristigen Karrieren haben auch noch eine ganze Reihe anderer Nachteile: Nicht nur, dass das Publikum immer untreuer wird und einen ständigen Bedarf nach Neuem hat; es hat auch damit zu tun, dass Sie sich dann in die Abhängigkeit von Künstlern bringen: Wenn Sie ein Produkt herausbringen, dann ist das abgefackelt und damit ist es gut. Wenn sie aber so einen Mann wie Bob Dylan haben, der 40 Jahre Musik macht, dann haben Sie das große Problem, dass sie in völliger Abhängigkeit von dessen Produktivität sind. Und die Abhängigkeit hat natürlich in Krisenzeiten auch zu Konflikten geführt, wenn – und Bob Dylan ist da ein schönes Beispiel – die Platte vor Weihnachten nicht fertig ist. Dann ist das Weihnachtsgeschäft natürlich vorbei. Das ist eine Katastrophe, wenn der Markt eng ist. Wenn Sie da viele Möglichkeiten haben, dann kaufen Ihnen das die Leute auch noch nach Weihnachten ab; diese Situation haben wir aber nicht mehr. Musik ist nicht mehr das einzige, das um die Freizeit und das Taschengeld von Jugendlichen konkurriert. Da sind viele andere Sachen dazu gekommen. Da müssen Sie sich heutzutage schon sehr genau überlegen, wie Sie damit umgehen. Das sind alles Gründe, warum das immer kurzlebiger wird.

Wird es Boygroups auch noch in fünf oder zehn Jahren geben?
Es wird mit Sicherheit immer Gruppen von Jungs oder Mädchen geben, die zusammen Musik machen, genauso wie es immer gemischte Gruppen geben wird. Das Phänomen Boygroup, sprich also die Kategorie, das damit verbundene Image, der damit verbundene Markenbezug, der ist mit Sicherheit endlich. Aber wo die Endlichkeit liegt, das kann ich Ihnen nicht sagen. Vieles spricht dafür, dass das Ende nahe ist, aber da würde ich mich nicht festlegen wollen.

Wie werden diese Märkte gefunden? Gibt es so etwas wie Marktforschung in der Musikindustrie?
Das gibt es auch, ja, aber das ist nicht der entscheidende Punkt. Das läuft eigentlich von unten nach oben. Das heißt, das ist ein ungeheuer dynamischer Prozess von „Talent-Scouting", was eben junge Leute vor Ort machen, die genügend Raum bekommen. Das ist auch nicht organisiert, das sind keine Angestellten der Industrie oder so etwas, sondern wer sich dazu berufen fühlt, der kann das tun. Der zieht durch die Klubs und guckt, ob er irgendwo etwas findet. Das ist sozusagen der erste Schritt zum Manager-Sein: Das man sich, wenn man irgendetwas gefunden hat, das noch keiner kennt, als Vermittler anbietet, um eine Plattenfirma zu finden. Und dann geht das so stufenweise immer weiter. Und der Prozess ist einfach nur sehr effizient organisiert und sehr schnell. Wenn also etwas gefunden wird, dann wandert es schnell die Stufenleiter nach oben. Das dauert nicht mehr Jahre.

Aber das ist nicht so, dass da irgendwo an Schreibtischen jemand sitzt und sich die Welt zurecht denkt und sagt: Also hier haben wir eine Marktlücke, da könnten wir mal ein Produkt gebrauchen. Solche Überlegungen spielen erst ganz am Ende des Prozesses eine Rolle, wo es um sehr viel Geld geht. Dort wird dann irgendwann eine richtiggehende Investitionsentscheidung getroffen, aber da ist das Produkt längst da. Und da spielen dann wirklich nur noch Kostenfaktoren und Markterwartungen eine Rolle, und dafür gibt es auch Analysen. Die wissen dann schon, wie der Markt aussieht, zum Beispiel bei den 12 bis 16-Jährigen, welches Kaufkraftpotenzial die haben, wie viele Produkte im vorigen Jahr abgesetzt wurden. Dann kann man sich ausrechnen, verglichen mit der wirtschaftlichen Lage, wie das Kaufkraftpotenzial aussieht, was zu erwarten ist, wie es sich entwickelt, ob es mehr oder weniger wird, wie viele Produkte schon auf dem Markt sind, ob man eine Chance mit einem neuen Produkt hat usw. Denn da gibt es ja objektive Grenzen, egal wie gut das Produkt ist. Das ist schon mit einem gewissen Risiko verbunden, denn wenn man auf dieser Ebene einsteigt, dann muss man das mit richtig viel Geld machen, und wenn das Risiko zu hoch ist, dann wird es halt gelassen. Die haben natürlich auch noch Marktforschungsinstitute, die ihnen das noch ein bisschen genauer machen; das macht dann aber jede Firma für sich.

Warum wurde bisher eigentlich kein ernsthafter Versuch unternommen, vom üblichen Boygroup-Schema abzuweichen?

Das Schema besteht ja darin, dass Sie unterschiedliche Typen haben. Die Möglichkeiten sind da natürlich begrenzt, wenn das glaubwürdig bleiben soll, auch angesichts der Altersgruppe. Da hat man ja nur ganz enge Grenzen. Die Grenzen sind zudem durch die existierenden Medienleitbilder bedingt. Also die Typen, die da auf der Bühne stehen können, wenn sie populär werden sollen, sind nicht alle denkbaren, sondern sind nur die, die durch die Medien als Leitbilder vorgegeben sind, zum Beispiel in Filmen usw. Das ist die eine Seite.

Die andere Seite: Diese Typen müssen in einen Gruppenzusammenhang eingebunden sein, der auch als Gruppenzusammenhang erkennbar und unterscheidbar ist. Das dürfen nicht nur fünf Individualisten sein, die zufälligerweise auf der Bühne stehen. Das macht man mit relativ simplen Tricks: Die bekommen alle dieselben Klamotten an, oder die werden immer zusammen fotografiert; ob die sich privat überhaupt riechen können, das ist ja dafür alles gar kein Thema. Und damit haben Sie sozusagen dieses Muster. Das dieses Muster immer wieder bedient wird, hängt damit zusammen, dass die Industrie natürlich bemerkt hat, es geht gar nicht darum, wie die Typen konkret sind – abgesehen von den Grundbedingungen – sondern es sind nur Projektionsflächen. Bei einem Spiegel ist ja auch ausreichend, dass er eine bestimmte Größe hat und das er eine bestimmte Klarheit hat, damit Sie sich darin erkennen können. Mehr ist nicht nötig. Er muss also eine bestimmte Beschaffenheit haben. Ansonsten sind Sie es aber, die aus dieser allgemeinen Beschaffenheit, die aber dennoch keine abstrakte ist, sondern eine sehr konkrete, etwas machen, das etwas ganz Individuelles, was Subjektives für Sie ist. Denn was zwischen Ihnen und Ihrem Spiegelbild abläuft, das wissen nur Sie und niemand anderes. Das ist aber ohne Vorhandensein des Spiegels, der gesellschaftlich produziert wird und von Ihnen gekauft werden muss, nicht möglich. Und das ist hier etwas Analoges. Boygroups sind ein besonderer Spiegel, nämlich ein kultureller Spiegel für Subjektivität. Was sich zwischen Ihnen, Ihrer Subjektivität und dem Spiegel, der Ihnen Ihre Subjektivität zurückwirft, abspielt, das wissen auch nur Sie. Und genau wie dieser Spiegel, so hat auch eine solche Gruppe mit ihrem Image nur die allgemeinen, für das Funktionieren notwendigen Voraussetzungen. Und von denen dürfen Sie auch nicht allzu weit abweichen. Also der Spiegel darf nicht zu klein sein, sonst erkennen Sie sich nicht darin, zu groß auch nicht, denn sonst ist er unhandlich. Insofern bleiben sie auch alle in diesem Rahmen, der da vorhanden ist.

Warum hat man aber nicht versucht, unter Beibehaltung des herkömmlichen Schemas eine Art Mehrwert zu schaffen, wie er beispielsweise bei der „Kelly Family" zu finden ist und von den Fans begeistert angenommen wird?

Das Boygroup-Modell ist nicht das einzige, das in der Popmusik funktioniert. Die „Kelly Family" ist ein schönes Beispiel, wo eine heile Familienwelt transportiert wird. Das ist eine andere Möglichkeit. Aus der Tatsache, dass das alles Musik ist, ist ja nicht zu schlussfolgern, dass das alles dasselbe Produkt ist, sondern sie unterscheiden sich sehr gravierend, und zwar nicht nur, weil das alles andere Songs sind und andere Spiele und andere Formen des Musizierens, sondern es sind wirklich andere Produktwelten. Da gibt es eben solche, die Botschaften verkaufen oder transportieren, da gibt es solche, die für bestimmte Werte stehen, also Werte verkörpern, und da gibt es solche, die eben Projektionsflächen verkörpern. Und mehr darf eine Boygroup auch gar nicht leisten wollen. Wenn sie das tut, dann ist sie gar nicht mehr geeignet.

Sie wollen ja auch, wenn Sie in einen Spiegel gucken, nicht noch eine Botschaft da vorne drauf lesen, sondern Sie wollen Ihr Spiegelbild darin sehen, und zwar ungestört und nicht, dass Ihnen da irgend jemand noch einen Spruch zum Tage daraufpinselt. Genauso ist das hier. Das Transportieren von Botschaften funktioniert an dieser Stelle einfach nicht, denn Sie wollen Ihre Subjektivität. Sie wollen sich nicht schon wieder erzählen lassen, was Sie denken sollen. Wer die Boygroups benutzt, der möchte nicht, dass ihm ein anderer erzählt, was er zu denken hat. Der möchte sich auch nicht mit einer Botschaft auseinandersetzen, und das ist auch vollkommen legitim. Sie lesen ja auch nicht bloß Ihr Spiegelbild, sondern auch noch eine Zeitung. Und das sollten Sie nicht verwechseln. Und man sollte das auch nicht kombinieren und die Zeitung auf das Spiegelbild kleben. Dann sehen Sie sich nämlich nicht mehr darin. Insofern wäre das wirklich sehr kontraproduktiv. Und daher ist auch die Kritik an dem Produkt Boygroup völlig deplatziert Die haben eine wichtige Funktion, und diese Funktion ist alles andere als banal. Die wird nicht besser, wenn man eine Botschaft darauf pappt, denn dann verfehlt man diese Funktion. Wenn man eine Botschaft transportieren oder Werte verkörpern will, dann braucht man andere Produkte. Boygroups sind dafür nicht geeignet.

3. Outro

Tja, was sind sie denn nun, unsere Boygroups? Sind es tatsächlich tanzende Schokoriegel, die erfunden, hübsch verpackt, kräftig beworben und dann auf den Markt geworfen werden, um einer bestimmten Zielgruppe gut zu schmecken? Um es kurz zu sagen: Genau so ist es! Boybands sind Produkte und unterliegen somit denselben Gesetzen, die für andere Produkte, die man in jedem Supermarkt finden kann, auch gelten. Bezeichnenderweise heißen die bei den Plattenfirmen für die Gruppen zuständigen Berater ja auch „Produkt"manager und nicht Band- oder Musikgruppenbetreuer. Boygroups wollen nun mal auch an den Mann, oder vielmehr an die junge Frau gebracht werden. Hierbei verfügen sie über eine so eng eingrenzbare, kaufbereite und immer kaufkräftiger werdende Zielgruppe, dass jeder Produktmanager aus der Konsumgüterindustrie vor Freude feuchte Augen bekäme.

Die Käufer des Produkts Boygroup, also die Fans, zeichnen sich durch ein auffällig hohes Involvement aus: Ihre Lieblinge begleiten sie schließlich in einem äußerst wichtigen Lebensabschnitt, nämlich dem des Erwachsenwerdens, und bieten ihnen dabei eine ideale Projektionsfläche. Deshalb ist vielen Fans auch kein Aufwand zu groß, um ihrer Lieblingsgruppe möglichst nahe zu sein, ihr eventuell sogar nachzureisen und jeden Schnipsel, den sie über die Bands finden können, zu sammeln und nach und nach mit Postern und Starschnitten ihre Kinderzimmertapete zu überkleben. Leichtfertigerweise könnte man jetzt natürlich sagen, dass es dabei überhaupt keine Rolle spielt, welche Gruppe sich die Teenies an ihre Wände heften, da die einzelnen Bands für den Außenstehenden kaum auseinander zu halten sind.

In unseren Experten-Gesprächen dürfte jedoch deutlich geworden sein, dass die Boygroups durchaus in der Lage sind, eine individuelle Markenidentität aufzubauen und sich beispielsweise über die unterschiedlichen Eigenschaften der jeweiligen Gruppenmitglieder voneinander zu unterscheiden. Und das, obwohl sie alle nach einem ähnlichen Schema funktionieren und agieren und somit ihre eigene Gattung bilden. Im Gegensatz zu manchen anderen Künstlern aus der Musikbranche werden aber keine tief gehenden Werte, Botschaften oder Lebenswelten transportiert, denn diese würden die Funktion der Boygroups eher beeinträchtigen als unterstützen.

Es gibt jedoch andere, für eine Marke wesentliche Eigenschaften, die sich bei den Boygroups finden lassen: So haben die Bands meist griffige Namen, die im besten Falle auch Rückschlüsse auf das Produkt zulassen, wie bei den „Backstreet Boys“, „Boyzone“ oder der deutschen Gruppe „The Boyz“. Bei der Namensfindung sehen sich die Verantwortlichen ähnlichen Schwierigkeiten gegenüber wie bei der Benennung anderer Markenprodukte auch: Im Zuge nahezu weltweiter Vermarktung ist ein über die kulturellen Grenzen hinweg verständlicher Name enorm wichtig geworden. Allerdings wird gerade was die Markennamen der Boygroups betrifft ein steter Identitätsaufbau vernachlässigt, ändert sich doch die grafische Darstellung der Gruppennamen teilweise von CD-Veröffentlichung zu CD-Veröffentlichung. Dem Erfolg der meisten Boygroups tut dies jedoch keinen Abbruch.

Dies haben sie zu großen Teilen den Medien zu verdanken, die sie zu einem überall und jederzeit verfügbaren Gut machen und ohne die sie im Bewusstsein der Öffentlichkeit gar nicht existieren würden: Fast jeder kann sich mittlerweile unter dem Begriff „Boygroup“ etwas vorstellen. Die Medien sind es auch, die die oftmals künstlich geschaffene Markenhistorie einer Band kommunizieren und damit maßgeblich zur Identitätsbildung beitragen.

Das Zauberwort in der Musikbranche heißt Promotion: Jedes Meet-and-Greet-Treffen wird in Wort und Bild festgehalten; jede Home-Story groß aufgezogen und jede Möglichkeit konsequent genutzt, sich in Rundfunk, Presse oder Fernsehen zu präsentieren. Die Tatsache, dass es sich bei den Boygroups um menschliche Produkte handelt, macht solche Aktionen überhaupt erst möglich und interessant. Denn wer, abgesehen natürlich von einigen Marktforschern, möchte schon ein Treffen mit einem Schokoriegel gewinnen oder wissen, wie es bei Snickers zu Hause aussieht?!?

Den für die herkömmlichen Konsumgüter und Dienstleistungen verantwortlichen Marketingleuten bleibt also nichts anderes übrig, als zur Bekanntheitssteigerung und Profilierung ihrer Produkte in erster Linie auf die klassischen Werbeformen zurück zu greifen, also beispielsweise das Schalten von Anzeigen oder TV-Spots. Natürlich gibt es diese auch für Boygroups, allerdings haben sie dann meist reinen Informationscharakter und tragen kaum zum Imageaufbau bei. Hierfür sind gezielte Promotion und vor allem auch die jeweils zur aktuellen Single-Auskopplung produzierten Videoclips viel besser geeignet, die man auf den eigens zu ihrer Ausstrahlung geschaffenen Sendern wie etwa „MTV" oder „VIVA" bewundern kann.

Trotzdem ist der zum Anforderungsprofil an eine Marke gehörende Aufbau einer unverwechselbaren Markenpersönlichkeit bei den Boygroups nicht immer einfach, denn sie unterliegen strengen, ausschließlich am kommerziellen Erfolg orientierten Marktmechanismen, die dazu führen, dass viele Bands eine recht kurze Halbwertszeit haben. Dieser kurze Produkt-Lebenszyklus bedingt wiederum, dass das Verfolgen einer zeit- und kostenintensiven, identitätsorientierten Markenführung oftmals als nicht lohnend erachtet wird.

Eine wichtige Rolle spielt in diesem Zusammenhang der „Faktor Mensch", denn wenn die meist zwar planmäßig aber menschlich gesehen dennoch willkürlich zusammen gestellten Mitglieder der Boybands irgendwann feststellen, dass sie gar nicht so wunderbar miteinander auskommen, wie es im allgemeinen nach außen hin kommuniziert wird, dann ist die Auflösung der Gruppe oft nicht mehr zu vermeiden – ein Problem, das unter den verschiedenfarbigen Insassen einer „M&M"-Packung nicht entstehen könnte. Zwar wird versucht, den unberechenbaren menschlichen Faktor durch entsprechende Verträge möglichst klein zu halten; ganz ausschalten kann man ihn natürlich nie.

Die Tatsache, dass wir es bei den Boygroups mit lebenden Markenartikeln zu tun haben, bringt also einerseits viele Chancen mit sich, birgt aber andererseits mindestens genauso viele Risiken. Doch von diesen Risiken wollen die Teenie-Fans gar nichts wissen. Ihnen geht es vielmehr darum, den von ihnen so heiß verehrten Boyband-Mitgliedern möglichst nahe zu sein, mit ihnen unter Umständen auch ihre erste – wenn auch imaginäre – Beziehung einzugehen, ihnen in ebenso imaginären Gesprächen ihre Probleme anzuvertrauen, ihnen vielleicht sogar ein Stück weit nachzueifern und mit anderen Fans in Tagträumen zu schwelgen, während im Hintergrund die Songs der favorisierten Gruppe aus den Boxen der heimischen Stereoanlage tönen, wobei die Musik eine eher untergeordnete Rolle zu spielen scheint. Ebenso das Geld: Die aktuelle CD der Lieblingsband gehört ebenso zur obligatorischen Grundausrüstung eines richtigen Fans wie die neuesten Merchandisingartikel, also beispielsweise mit den Konterfeis der entsprechenden Bandmitglieder oder ihrem Bandlogo versehene Federtaschen, Schlüsselanhänger oder Bettwäsche, in der es sich wunderbar mit den Stars kuscheln lässt – natürlich wieder rein imaginär. Dabei können sich die Fans einer Sache immer sicher sein: Die Boygroups und die hinter den Kulissen wirkenden Verantwortlichen wissen auch ohne Marktforschung ziemlich genau, was das Publikum von ihren Lieblingen erwartet; und somit wird es – gemäß der dem Inlay der ersten „Touché"-CD entnommenen Devise: „As long as you tell us what you want we'll always give you what you need!" – wohl auch in Zukunft Boygroups oder boygroupähnliche Musikprodukte geben, die ihre Fans in Ekstase versetzen und Konzerthallen in wahre Schlachtfelder verwandeln.

Boygroups: Markenprodukte aus Fleisch und Blut, denen zur absoluten Vollkommenheit eigentlich nur noch der Schokoladenüberzug fehlt.

Thank Yous

Vielen Dank an unsere Gesprächspartner, ohne die der Beitrag in dieser lebendigen Form nicht zustande gekommen wäre. Vielen Dank auch an unsere heimliche Lektorin Bettina Ueberlein, die selbst nach der x-ten Überarbeitung nicht müde wurde, alles noch einmal zu lesen, um dann erneut etwas daran auszusetzen. Unser Dank gilt natürlich auch den unzähligen M&M's, Snickers, Balistos und sonstigen Schokoriegel, die als Untersuchungs- und Motivationsobjekte herhalten mussten.

Marke Mensch oder – „kann heute jeder ein Star werden?“

Von Thomas Anders

Schwarzer Anzug Foto: Guido Karp/ FansUNITED. com

„Kann heute jeder ein Star werden?", fragen die einen neugierig, die anderen kritisch. Die Tatsache, dass Sie mich gebeten haben, diese Frage für Sie zu untersuchen, heißt im Grunde ja: Sie unterstellen mir, dass ich etwas von Stars verstehe. Das ehrt mich und dafür vielen Dank!

Offensichtlich hat sich in unserer Wahrnehmung gegenüber den prominenten Repräsentanten der Unterhaltungsbranche etwas verändert. Es scheint, als ließen sich Menschen heute nach denselben Prinzipien entwickeln und vermarkten wie ein Produkt. Herr Jedermann von nebenan kann morgen schon ein Star sein. Dieser Eindruck polarisiert die Öffentlichkeit.

Aber was steckt dahinter? Einige Aspekte beschäftigen mich besonders. Ist der Star als Produkt wirklich eine neue Entwicklung? Kann man Menschen überhaupt wie ein Produkt behandeln und kalkulieren? Warum funktioniert im einen Fall, was in einem anderen total schief geht? Und was bedeutet es für einen Star, eine Marke zu sein?

Wie sie vielleicht wissen, hatte ich die Möglichkeit, beide Seiten der Medaille kennenzulernen. Seit fast 20 Jahren bin ich Sänger der Popgruppe Modern Talking und sozusagen ein Produkt der Plattenindustrie. Seit einigen Jahren arbeite ich auch als Produzent für junge Nachwuchstalente. Ich beschäftige mich mit der Frage, was sind die Faktoren für den Erfolg. Ich suche nach Menschen, mit denen ich meine musikalischen Visionen verwirklichen kann, aber auch nach Persönlichkeiten, die Star-Potenzial haben.

Dabei drängt sich mir die Frage auf, inwiefern Dieter Bohlen und ich zu Anfang unserer Karriere Star-Qualitäten besaßen. Glauben Sie mir, wenn Sie meine Eltern in meiner Jugend gefragt hätten, „Wird Ihr Sohn ein Star?", hätten sie die Hände über dem Kopf zusammen geschlagen. Ich war ein netter Junge und konnte gut singen, aber ein Star? Eine Marke?

1982 machte ich als Bernd Weidung – so mein bürgerlicher Name – Abitur, studierte ein paar Semester Musikwissenschaft und Germanistik und war nebenbei Sänger. Mit 21 Jahren erlebte ich ein persönliches Erdbeben: Aus Bernd Weidung wurde Thomas Anders. Aus dem Mensch wurde eine Marke. Eine Marke mit einem polarisierendem, aber äußerst erfolgreichen Image. Der Thomas Anders von damals war der romantische Sänger der Gruppe Modern Talking. Markenzeichen: langes, lockiges Haar, rosa Lipgloss und NORA-Kette.

Dank engagierter Berichterstattung in der Medien, allen voran die *Bild Zeitung*, kannte mich bald ganz Deutschland. Die Marke Thomas Anders begann ihre Wirkung zu zeigen. Mein Image – im Guten wie im Schlechten – verfolgte mich bis ins neue Jahrtausend. Wenn Stefan Raab heute Thomas Anders auf die Schippe nimmt, hängt er sich eine NORA-Kette um. An dieser Stelle möchte ich noch einmal ausdrücklich betonen – ich trage sie seit über 12 Jahren nicht mehr!

Marke Mensch – kein schöner Ausdruck, aber ein Thema, an dem der Star nicht vorbeikommt. Medien und Industrie bedienen sich immer häufiger der „Promis", um Botschaften zu transportieren und Produkte zu verkaufen. „Human brands" nennt sich das Geschäft mit Namen und Gesichtern in der Werbebranche. Kylie Minogue rekelt sich auf dem neuen Ford und hat zugleich einen Sponsor für ihre aktuelle Europa-Tournee. Der Automobilhersteller wiederum knüpft über die Sängerin Kontakt zur jungen Zielgruppe und erscheint endlich einmal in der *Bravo*.

Die Print-Medien – egal ob Hochglanz-Magazin oder Apothekerblatt – locken auf ihren Titelblättern mit prominenten Gesichtern und mit prominenten Storys, weil alles, was Promis erzählen, doch irgendwie interessanter ist. Ein Star mit einer hohen Popularität und hoher Glaubwürdigkeit ist praktisch unbezahlbar. Wer zieht leichter Aufmerksamkeit auf sich? Wer gibt einer schwachen Marke Profil und wer, wenn nicht der Star, ist die beste Projektionsfläche für Träume und Sehnsüchte.

Bitte glauben Sie mir, ich bin nicht eitel und Koketterie liegt mir fern. Wenn ich diesen Begriff jetzt für mich reklamiere, dann nur im Sinne und Dienste dieses Vortrags: Bohlen und ich avancierten in den 80er Jahren zu Stars, manche sagen Superstars.

Die Plattenverkäufe allein erklärten das Phänomen Modern Talking nicht. Obwohl wir von Anfang an sehr viele Tonträger verkauften, wusste zunächst niemand so genau, wer hinter dieser Musik steckte. Die Plattenfirma wählte für unser erstes Album bewusst ein Cover ohne Gesichter, stattdessen schmückte sie es mit einem Turnschuh und einem Lackschuh. Zwei Charaktere – der sportliche und der elegante Typ – waren von vorneherein festgelegt. Ich werde jetzt nicht erläutern, wer der Turnschuh und wer der Lackschuh war.

Weißer Anzug, Foto: Wolfgang Wilde

Die eigentliche Karriere begann, als Modern Talking für die Öffentlichkeit sichtbar wurde. Unsere eigenwillige Optik erregte Aufmerksamkeit. Wir waren offensichtlich im wahrsten Sinne des Wortes markant. Die Medien entdeckten das bizarre Popduo und wir wurden quasi über Nacht zu Stars. „Unsere Goldjungs" titelte die *Bild Zeitung* und eröffnete eine nicht enden wollende Serie von Artikeln über Modern Talking. Über ein Jahr waren wir in jeder Ausgabe der *Bravo*. Und wir lieferten den Medien Stoff! Kein Fettnäpfchen war zu groß, kein Trainingsanzug zu peinlich.

Frauen und Männer rannten scharenweise zum Friseur und sagten „Ich will Haare wie Thomas Anders". Obwohl wir durchaus dem Zeitgeist entsprechend gekleidet und geschminkt waren, hinterließen unsere gegensätzlichen und überzeichneten Charaktere einen einschlägigen Eindruck in der Unterhaltungswelt. In der intellektuellen Szene provozierten wir verzweifelte Fragezeichen. Wir standen für schlechten Geschmack und für Musik, die offiziell niemand mochte. Und doch gefielen wir Millionen.

Das ist wie mit McDonald's oder der *Bild Zeitung*. Da geht auch niemand hin, bzw. die liest ja angeblich auch keiner. Den einen gefielen wir, weil sie mit uns den Alltag vergessen konnten, den anderen, weil wir so dankbare Ziele für spitze Zungen und Schadenfreude waren. Wir wurden zu einer Marke, die bis heute funktioniert. Modern Talking steht auf der Verpackung und jeder weiß, was drin ist.

Die langen Schatten, die eine solch starke Profilierung mit sich brachte, sollte ich erst in den folgenden Jahren richtig zu spüren bekommen. Nach der Auflösung von Modern Talking startete ich als Solokünstler eine Welttournee von über drei Jahren; zum Teil mit 85.000 Besuchern pro Konzert. In England und Amerika produzierte ich einige Soloalben, u. a. mit Elton John-Produzent Gus Dudgeon. Auf dem US-Markt und in Südamerika veröffentlichte ich ein spanisch-sprachiges Album und hatte einen Nummer-Eins-Hit in Argentinien. Doch die Medien in Deutschland schenkten den neuen Projekten und dem Solokünstler Thomas Anders wenig Beachtung.

Das Branding Modern Talking war einfach stärker.

Mehr denn je ist heute eine gute Marketing-Strategie ein elementarer Baustein auf dem Weg zum Erfolg. Die aktuellen Konzepte, Stars unter den Augen der Öffentlichkeit zu suchen und aufzubauen, haben allerdings die Glaubwürdigkeit der neuen Künstler ins Wanken gebracht. Reality-TV-Bands wie die No Angels stehen im Kreuzfeuer der Kritik, weil sie ein Produkt der RTL II-Serie „Popstars" sind und gecastet wurden. Ich muss gestehen, dass ich die Aufregung nicht ganz teilen kann. Vielmehr sehe ich, dass die vertrauten Wege der Künstler-Selektion transparent gemacht wurden und dass sich heute fast jeder bei irgendeinem Casting bewerben kann. Ich sage bewerben kann – das heißt noch lange nicht, dass jeder ein Popstar wird.

Vielleicht hängt das Unbehagen, dass viele Menschen angesichts der „Fließband-Stars" empfinden, mit anderen Faktoren zusammen. Mir fällt auf, dass man den Begriff „Star" neu definieren und differenziert betrachten muss. Der Star war früher ein Mythos. Ein Mensch, der sich für sein Publikum durch eine außergewöhnliche Leistung auszeichnete. Er war unerreichbar, fast wie ein Außerirdischer, der in einer ganz anderen Welt lebte als wir. Es bestand eine tief greifende und respektvolle Distanz zwischen Star und Fan.

Diven wie Marlene Dietrich oder Maria Callas repräsentierten diesen Typ perfekt. Aber auch Popgruppen wie die Beatles waren unantastbar. Ich erinnere mich noch gut an die Zeit, als ich mir nicht vorstellen konnte, jemals auf einem Bildschirm zu erscheinen. Er war das Universum für Stars und es war mir ein Rätsel, wie sie dahin gekommen waren.

Heute ist der Prozess der „Star-Werdung" weitgehend transparent und damit entmystifiziert. Es ist klar, das auch Stars keine Übermenschen sind, die plötzlich vom Himmel fallen. Der Weg vom Akne geplagten Schüler zum smarten Mädchenschwarm einer Boygroup ist nachvollziehbar und erhält gerade durch diese Metamorphose seinen Reiz. Er spiegelt den wahrgewordenen Traum von Hunderttausenden von Jugendlichen wieder. Star sein und Star werden ist erlebbar und erreichbar geworden.

Ein weiterer Aspekt, der angesichts des Medienzeitalters unsere Wahrnehmung und unseren Umgang mit Stars stark beeinflusst hat, ist der enorm gestiegene Bedarf an Stars. Über 30 Fernseh-Kanäle brauchen 24 Stunden am Tag Futter. Zahllose Magazine und Zeitungen wollen ihren Lesern ständig neue Gesichter und neue Sensationen bieten. Egal, welchen Knopf ich drücke oder wo ich mich gerade aufhalte, auf x Wegen schallen mir Songs, Videos oder Reportagen von Stars und solchen, die es werden wollen, entgegen. Manchmal fällt es mir schwer, nicht abgestumpft und angenervt zu reagieren.

Als man, lange vor der Erfindung von MTV, Stars sehen wollte, musste man oft jahrelang auf ein Konzert oder eine Show warten. Ich freute mich immer wochenlang auf die Starparade mit Rainer Holbe und lag weinend unter dem Wohnzimmertisch, wenn Abba einen Auftritt absagte. Wenn ich Pech hatte, konnte ich bei einem Konzert gerade einmal die Haarspitze meines Idols sehen. Trotzdem war es jedes mal „der aufregendste Tag meines Lebens“. Heute werde ich von echten und sogenannten Stars medial überschwemmt, solange ich mich dieser Welt nicht bewusst entziehe. Das Merkmal Masse ist aber ein Widerspruch zur klassischen Definition des Stars, der das einzigartige und schwer erreichbare verkörpert. Deshalb unterscheiden die Boulevard-Medien heute zwischen A, B und C Prominenten. Ich würde hierzu sagen: Stars, Stars auf Zeit und Sternchen.

Non-Stop-Unterhaltung und modernes Konsumverhalten lassen sich nicht vom Trend der schnellen Stars trennen. Die Boulevard- und Teenie-Magazine berichten, dass sich die Treue der Fans zu ihren Stars in den letzen Jahren rapide verkürzt hat. Gestern Backstreet Boys, heute Britney Spears – morgen Marilyn Manson? Die Konsumenten des dritten Jahrtausends sind schwer berechenbar und schnell gelangweilt.

Dementsprechend scheint die Unterhaltungs-Industrie nicht mehr darauf warten zu wollen, dass ausgereifte Stars irgendwann an ihre Tür klopfen. Das neue Konzept lautet: Wir machen unsere eigenen Stars. Ausgeklügelte Marketing-Strategien scheinen – wenn man nur seine Hausaufgaben richtig macht – die Zauberformel zum Erfolg. „Die Praxis heißt Zlatko“, schreibt Claudia Cornelsen, PR-Managerin und Autorin in ihrem Buch „Lila Kühe leben länger“. Zlatko, der Container-Held aus der Big-Brother-Show von RTL II, war weder ein Wunder noch Genie, und doch war er für einige Monate ein Star. Aber ein Star im herkömmlichen Sinne? Nicht Zlatko war das Medientalent, sondern das Team der Produktionsfirma Endemol, dem es gelungen ist, aus schwächsten Qualifikationen mit geringsten Mitteln ein Medienereignis zu machen. Darum hat Zlatko als Star auch nicht lange überlebt, seine Popularität sank so schnell wie sie kam. Er und die anderen Container-Musiker haben jedoch den Eindruck erweckt, jeder könne ein Star werden.

Im Laufe der letzten zehn Jahre haben die Medien zahlreiche interaktive Konzepte entwickelt, die bei ihrer Zielgruppe die Hemmschwelle, sich im Fernsehen, Radio oder in der Presse zu präsentieren, stark herabgesetzt hat. „Mitmachen“ heißt heute die Devise. „Be A Star!“, verspricht der Bildschirm. Die *Bild am Sonntag* castet Grand-Prix-Teilnehmer und zukünftige Teenie-Stars. Selbst Hunde werden inzwischen angesprochen. Bello und Rex sind aufgefordert, sich doch beim nächsten Hunde-Casting zu bewerben. RTL und SAT.1 sind auf jeden Fall dabei. Echt Spitz! Talentierte und Untalentierte finden ein Forum, um sich ihrer Umwelt zu präsentieren. Aber sind sie deswegen gleich Stars?

Erfolgreichstes Beispiel in jüngster Zeit für die neuen Konzepte ist die Etablierung der Popgruppe No Angels. Selbst die größten Kritiker müssen zugeben, dass die Idee dahinter genial ist. Die Münchner Produktionsfirma Tresor TV kaufte das Fernsehformat „Popstars – du bist mein Traum" von einem englischen Lizenzhändler. Das Konzept kam aus Australien und war dort bereits mit Traumquoten von 30 Prozent und mehreren Nummer-Eins Hits der gecasteten TV-Band ein Knüller. 2001 ging RTL II mit der Reality-Show an den Start.

Die Idee: Der Prozess der Künstler-Selektion findet in der Öffentlichkeit statt. Die Gruppe No Angels hatte ein Millionenpublikum, einen Plattenvertrag und einen Song, bevor es sie überhaupt gab. Der Rohbau des Erfolgs stand fest, bevor es einen Inhalt gab. So machten die Produzenten auch kein Geheimnis daraus, dass Musik für sie ein Geschäft ist.

Wer hatte nun was von wem bei der Traumhochzeit zwischen Fernsehproduktion und Plattenindustrie?

Erstens der Fernsehsender.

RTL II hat zunächst eine mehrteilige, spannende Story mit einem dramaturgischen Handlungsstrang, der alles enthält, was das wahre Leben zu bieten hat: Jubel, Tränen, Freundschaft, Eifersucht, Talent und vor allem Nicht-Talent, über das man so schön lästern kann. Der Sender sorgt dafür, dass die Gruppe, bevor es eine CD gibt, bekannt wird. Es entsteht ein Act aus der Zielgruppe. Der Sender erntet traumhafte Quoten und erobert sich einen Spitzenplatz im Herzen der jungen Zuschauer. Ist die Single in den Charts, freut er sich noch mehr, weil er mitverdient und die Fans RTL II einschalten, um das neueste über ihre Stars zu erfahren. Er macht Gewinne mit Merchandising, Lizenzhandel und anderen Marketing-Instrumenten.

Zweitens die Musikindustrie.

Ohne Fernsehpräsenz kann man heute kaum mehr neue Acts breaken. Die Plattenfirma Polydor hat durch die „Popstars"-Sendung eine Band, die bereits vor ihrem Bestehen eine breite Promotion-Plattform besitzt. Der lange und kostspielige Weg des Künstleraufbaus und des Künstler-Marketings reduziert sich extrem. Die Identifikation der Fans findet bereits in der Entstehungsphase der Gruppe statt. Die Zuschauer folgen der neuen Band bei ihrem Lernprozess auf Schritt und Tritt. Der erste Live-Auftritt findet bei dem Musik-Event. „The Dome" von RTL II statt. Danach folgen „Top Of The Pops" von RTL und sehr schnell können sich auch andere Sender und Medien dem neuen Popstar-Ereignis nicht mehr entziehen. Die bestmögliche Promotion für die neue Band ist gesichert. Damit musikalisch-qualitativ nichts schief geht, sitzen in der Jury Vertreter der Plattenfirma, die die zahllosen Bewerber prüfen.

Drittens die Zielgruppe.

Die Zielgruppe kann endlich einen Blick hinter die Kulissen werfen. „Wie werde ich ein Star" ist kein Geheimnis mehr, die Demokratisierung des Star-Lebens beginnt. Jeder kann theoretisch mitmachen. Die Zuschauer sind dabei, wenn es um die Realisierung eines Traumes geht: Der Fan wird zum Star.

Und viertens – das sollte man nicht vergessen – fünf überglückliche Mädchen, für die ein Traum in Erfüllung gegangen ist. Dazu kommen 10.000 andere, für die fast ein Traum in Erfüllung gegangen wäre.

Das Konzept ging auf: Die No Angels sind Stars. Das Album *Elle'ments* verkaufte sich über eine Million mal. Alle Singles der Gruppe schossen an die Spitze der Charts. Skandale, zum Beispiel das No Angel-Sängerin Nadja mit dem Thema Drogen in Verbindung gebracht wurde, hat die Gruppe schadlos überstanden, weil die Fans zu ihren Idolen hielten. Die Kids betrachten ihre Liebling-Stars nach Fehltritten noch viel mehr als welche von ihnen – die No Angels sind für sie tolle Girls mit den üblichen Problemen und Fehlern ihrer Altersgruppe. Eine PR-Strategie mit zahlreichen Interviews und Reportagen in den einschlägigen Teenie-Magazinen und in der Boulevard-Presse untermauerte den Eindruck „wir sind ganz normal und können das alles selbst kaum glauben“. Eine Aussage, die in der jungen Generation ankam.

Eigentlich können sich die No Angels beruhigt in die Riege der Sex Pistols einreihen. Wie vielleicht einigen von Ihnen wissen, waren auch die Heroen der Punkbewegung der 70er Jahre gecastet und das Ergebnis einer wohlkalkulierten Marketing-Strategie von Malcom Mc Laren und Vivienne Westwood. Die beiden englischen Modedesigner wollten mit der zusammengebastelten Band ihr Image als Enfants Terrible der Londoner Modeszene etablieren und ihre Klamotten besser verkaufen.

Was ist aber nun der Stein des Anstoßes?

Die Kritiker haben den Eindruck, dass Promotion wichtiger ist als die Musik. Hätten die No Angels ihre Musik auch so gut verkauft, wenn Sie hinter geschlossenen Türen gecastet worden wären? Sicher nicht! In erster Linie ging es hier aber auch nicht um Musik, sondern um eine Show. Das ist eigentlich schade, denn es gibt es keinen Grund, warum nicht auch gecastete – auch TV-gecastete Acts – gute Musik machen können.

Aber der zerstörte Mythos des Stars untergräbt die Glaubwürdigkeit der gesamten Branche. Die Kritiker sagen, die Künstler dieser Projekte wirkten wie Produkte. Sie seien künstlich und austauschbar. Die neuen Stars seien Marionetten und keine Typen, die inspirieren oder Vorbild sein können. Die Musik der gecasteten Gruppen wirke wie aus der Konserve. Die Künstler verfügten über keine großen musikalischen Fähigkeiten. Nach wie vor besteht aber eine Sehnsucht nach „echten“ Stars.

An dieser Stelle macht es Sinn, sich Gedanken über den Prozess des Star-Werdens zu machen. In meinen Augen wird niemand als Star geboren. Man sagt das zwar landläufig gerne, doch nach meiner Erfahrung sieht die Realität anders aus. Eine Reihe von persönlichen Qualifikationen und äußeren Bedingungen und deren perfekte Verquickung müssen gegeben sein, damit sich ein Mensch mit Star-Potenzial entfalten kann und in der Öffentlichkeit erfolgreich agiert.

Jeder Star muss zunächst einmal entdeckt werden. Dafür gab es schon immer bestimmte Wege, die sich im Prinzip nicht geändert haben. Was sich heute Casting nennt, war früher der Talentwettbewerb. Sie ahnen nicht, wie vielen Veranstaltungen dieser Art ich mich bereits in den 70er Jahren ausgesetzt habe und glauben Sie mir, die überwiegende Anzahl meiner renommierten Musiker-Kollegen auf der ganzen Welt hat es genauso gemacht. Egal, ob eine geniale Stimme gesucht wird, oder die nächsten Rolling Stones, irgendwann ist jeder Musiker gezwungen, sich zu präsentieren, sich irgendeiner Form von Wettbewerb zu stellen. In Amerika nennt man diesen Vorgang Auditions, und es ist der direkteste Weg für junge Menschen, ihr unentdecktes Talent den Profis der Branche zu präsentieren. Auf diesem Wege finden sie finanzielle Unterstützung und fachliches Know-how.

Sind die Wettbewerbe öffentlich, kann sich der Amateur und Newcomer beim Publikum erproben und eventuell rechtzeitig die Notbremse ziehen, um doch lieber eine Banklehre zu machen. Das und nichts anderes passiert bei den Castings dieser Tage. Nur, dass dieser Prozess früher im kleinen Rahmen, bei regionalen Festen oder hinter den Türen der Plattenfirmen stattfand. Heute geschieht es vor Augen eines Millionenpublikums mit einer Bewerberanzahl, wie sie es noch nie gegeben hat. Für die letzte „Popstars"-Staffel, aus der die ebenfalls erfolgreiche Band Bro'Sis hervorging, haben sich über 11.000 Menschen beworben.

In der immensen Anzahl der Bewerber liegt natürlich auch die Problematik der Casting-Methode. Bei einem Casting, dass in der Regel im Minuten-Takt abgewickelt wird, kann man die Ernsthaftigkeit und die Motivation der Bewerber oft nicht wirklich ausloten. Erst bei der gemeinsamen Arbeit stellt sich heraus, ob der Jugendliche den notwendigen Willen und genug Charakterstärke für eine Künstler-Karriere mitbringt. Beflügelt von der Idee „heute kann jeder ein Star werden", bewerben sich viele junge Menschen, die zwar berühmt werden wollen, aber keine eigenen künstlerischen Visionen haben. Viele bewerben sich einfach, weil sie nicht wissen, was sie sonst machen sollen. Ich habe selbst immer wieder erlebt, wie Teenager, die bei einem Casting ausgewählt wurden und keinerlei musikalischen Erfolg vorweisen konnten, als erstes eine Limousine und einen Bodyguard gefordert haben. Ein Freund aus der Schule wird kurzerhand zum Manager ernannt und diktiert mit verspiegelter Sonnenbrille die Bedingungen. Das Interesse an der Musik äußert sich in solchen Fällen entweder in unrealistischen Vorstellungen oder in gar keinem Interesse. Ein weiterer großer Konfliktpunkt ist die Frage, wie die Mitglieder der neu gecasteten Band untereinander auskommen. Hier zeigt sich der elementare Unterschied zwischen einem gecasteten Act und einer „Schulband", also einer Band, deren Mitglieder sich selbst zusammen gefunden haben und die bereits seit einiger Zeit zusammen proben. In einer Schulband ist der Weg der Künstlerselektion bereits abgeschlossen, bevor die Gruppe in die Öffentlichkeit tritt. Die Band hat sich sozusagen selbst gecastet und versucht, ihre optimale Besetzung zu finden. Bei den Proben und den ersten Gigs schleifen sich Ecken und Kanten ab, es zeigt sich, wer in die Gruppe passt und wer nicht und wie man mit Meinungsverschiedenheiten umgeht. In dieser Phase zeigt sich, wem die Musik und die Band wirklich wichtig ist. Der Austausch eines Musikers, der die gemeinsamen Ziele der Band nicht unterstützt, ist noch kein Problem. Gleichzeitig hat die Band Spielraum, ihre musikalischen Möglichkeiten auszutesten und einen eigenen Stil zu entwickeln. Diese Zeit hat der Casting-Act nicht. Bei einem Casting-Act muss eine Hand voll wildfremder Menschen mit den unterschiedlichsten Charakteren und Vorstellungen in kürzester Zeit ein eingespieltes, harmonisches Team werden. Meiner Meinung nach sind das die größten Unsicherheitsfaktoren, mit denen der Produzent und die Plattenfirma rechnen müssen.

Trotzdem sind auch gecastete Künstler in der Lage, hochwertige Musik zu machen – aber man muss es ihnen zugestehen. Für viele Menschen ist die musikalische Glaubwürdigkeit einer Schulband höher, weil die Mitglieder Instrumente in den Händen halten. Diese Meinung teile ich nicht, weil sie nichts über die musikalische Qualität der Formation oder des Künstlers aussagt, die für mich immer an erster Stelle steht. In meinen Augen ist es nicht notwendig, dass eine Girlgroup schon im Sandkasten zusammen Musik gemacht hat. Was sagt das über ihr Talent beim Singen und Tanzen aus? Zählt ein Gitarren-Akkord mehr als eine gute Stimme, das klassische „Instrument“ der Pop-Interpreten? Und warum sollen alle Künstler eigene Lieder schreiben, wenn es geniale Komponisten gibt, die aber kein Bühnen-Charisma haben oder einfach nicht singen können? Was wäre die Musikwelt ohne Boney M., die Gruppe von Produzent und Sänger Frank Farian, der selbst lieber im Hintergrund arbeitet. Diese „Arbeitsteilung“ hat es schon immer gegeben. Frank Sinatra hat seine Hits nicht selbst komponiert, seine Songs wurden von fleißigen Komponisten für ihn geschrieben. Würde deswegen jemand seine Genialität in Abrede stellen? Es ist also keine Frage des wie, sondern eine Frage des was.

Qualitäts-Unterschiede zählen früher wie heute.

Robbie Williams startete seine Karriere mit einem Boygroup-Casting und hat als Mitglied von Take That keine eigenen Songs vorgetragen. Heute ist er – spätestens nach seinen Interpretationen der Sinatra-Klassiker – ein Superstar, der sich fast alles erlauben kann. Vom Pop-Rüpel bis zum eleganten Lebemann verkörpert er jede seiner Rollen glaubwürdig und charmant. Seine Qualitäten – eine ausdrucksvolle Stimme, hohe Bühnenpräsenz und ein starkes Persönlichkeits-Profil – heben ihn von der Masse der Pop-Interpreten ab. Es gibt sicherlich Stars, die mehr CDs verkaufen als Robbie Williams, aber nur wenige vereinigen Qualität und Originalität so ansprechend wie der englische Entertainer, auf den die wenigsten – nach Verlassen der Ex-Boyband Take That – einen Pfifferling gegeben hätten.

Die Tatsache, dass sich heute jeder für eine Star-Karriere bewerben kann und zahllose Castings im Schnelldurchlauf abgehalten werden, bedeutet nicht, dass jeder ein Star wird. Denn gerade bei Castings sieht man sich einer besonders großen Anzahl von Konkurrenten gegenübergestellt, die es erst einmal zu toppen gilt. Allein das erfolgreiche Durchlaufen eines solchen Wettbewerbs ist eine große psychologische Leistung, die bereits bestimmte Fähigkeiten und Qualitäten voraussetzt. Ich selbst war Mitglied in einer Jury und habe junge Talente gesucht. Ohnmachtsanfälle, spektakuläre Stürze, totaler Stimmausfall – keine Panne, die bei einem Casting nicht passieren kann. Wer einen Meter vor einem jungen Menschen steht und sieht, wie dieser all seinen Mut zusammen nimmt, um vor einer strengen Jury, oder einem gnadenlosen Publikum und zahllosen Konkurrenten aufzutreten, der wird das Anliegen des Bewerbers ernst nehmen und sorgfältig, aber auch realistisch prüfen.

Wenn ich Künstler suche, ist es mir wichtig, den Act nicht vorher komplett zu konzipieren, sondern den Menschen anzuschauen, um herauszufinden, welches Talent und Star-Potenzial in ihm schlummert. Es ist entscheidend, mit dem Künstler zusammen ein Konzept zu entwickeln, mit dem er sich identifizieren kann. Es gibt unseriöse Caster, die lieblose, unprofessionelle Projekte auf den Markt werfen und den Ruf der ganzen Branche ruinieren, und die junge Menschen tatsächlich wie Produkte behandeln. Die Medien steigen leider oft nur allzu leicht auf solche unausgereiften Themen ein und lassen sie genauso schnell wieder fallen. Es entsteht der berechtigte Eindruck von Fast-Food-Stars. Junge Talente werden verheizt.

Ich glaube diese Rechnung geht nicht auf.

Für die Zukunft der Musikindustrie ist es wichtig, dass die Profis und die Visionäre der Musikbranche sich deutlich von unprofessionellen Methoden distanzieren und auf Qualität setzen. Die Musik und der Künstler müssen im Vordergrund stehen.

Auch wenn die Popstars-Macher mit ihrer Show nicht Beethoven neu erfinden wollten, aber das Casting führte ein professionelles Team aus der Musikbranche durch, das in der Lage war, fünf Talente aus dieser unglaublichen Bewerberzahl heraus zu filtern. Die No Angels Lucy, Vanessa, Jessica, Sandy und Nadja überzeugten das Publikum mit ihrem Einsatz und ihrem Können. Im Mai stürmte die Gruppe mit dem Titel *Something About Us*, den sie selbst geschrieben haben, wieder von Null auf Platz Eins der Single-Charts. Die No Angels haben bewiesen, dass sie kein One-Hit-Wonder sind, sondern das „Popstars"-Casting als Sprungbrett für eine Karriere mit Perspektiven nutzen konnten.

Die These, dass man mit dem richtigen Marketing-Konzept Stars auf Knopfdruck produzieren kann, kann ich nicht bestätigen. Die Wechselwirkung der einzelnen Faktoren, die zum Erfolg führen, ist zu komplex und unbeständig, um sie jedes mal in ihrer Gesamtheit bestimmen zu können. Es gibt in der Musikbranche zahllose Beispiele für perfekt vorbereitete Projekte, die jämmerlich scheiterten und keiner weiß so recht warum.

Letztes Jahr versuchte sich RTL an einem ähnlichen Konzept wie „Popstars".

„Deine Band" hieß die Show, die total floppte, obwohl die Zuschauer bei diesem Format sogar über die Bandmitglieder abstimmen durften. Im Nachhinein analysierte man, dass die Qualität der Sendung wohl nicht hoch genug gewesen sei und dass man ein erfolgreiches Konzept nicht wiederholen könne. Als RTL II die neue Staffel von „Popstars" startete, aus der die Band Bro'Sis hervorging, war die Skepsis in der Branche groß und kaum jemand glaubte, dass sich der Erfolg der No Angels wiederholen ließe. Weit gefehlt. Bro'Sis debütierten sogar noch erfolgreicher als ihre Vorgänger: Der Song *I believe* verkaufte sich in der ersten Woche nach Veröffentlichung fast 800.000 Mal und war sofort auf Platz eins in den Charts.

Wenn Sie mich fragen, ob die aktuellen Mittel der Künstlerselektion tragfähig für die Zukunft sind, sage ich Massen-Castings nein, exclusivere Castings bedingt ja, doch TV-Shows wie „Popstars" und ähnliche Formate werden in ihrer jetzigen Form zunehmend an Reiz verlieren. Die neue Casting Show von RTL II, „Teenstar", erhält lange nicht mehr soviel Beachtung wie ihre erfolgreichen Vorgänger. Die Medienmacher müssen sich etwas neues ausdenken.

Ein letztes Wort zum Image des Stars, womit wir auch wieder beim Thema Marke Mensch wären.
Es ist eher eine Ausnahme, ein Leben lang ein Star zu sein.

Manche Stars nutzen sich ab, werden langweilig. Andere stolpern im Laufe der Zeit über ein Ereignis, das ihre Karriere beeinträchtigt und den Ruf ruiniert.

Einige Stars stolpern aber auch einfach über ihr Image.

Ein starkes Image, dass eine gewisse Zeit für den Erfolg gesorgt hat, kann auf Dauer zum Verhängnis werden. Drei Jahre profitierte ich während der ersten Modern-Talking-Ära von meinem Thomas Anders-Image. In dem Augenblick, als die Gruppe aufgelöst wurde, wurde es zu einer Falle, aus der mich die Medien und die Öffentlichkeit über Jahre nicht raus ließen. Anders als ein Produkt, dass niemand fragt, ob es sich mit seinem Image wohl fühlt und bei dem man mehr oder weniger erfolgreich herum experimentieren kann, kann ein Image, das nicht mehr oder noch nie gepasst hat, für einen Menschen eine unerträgliche Belastung sein und seine Kreativität und Persönlichkeit zerstören

„Ich bin nicht der, für den ihr mich haltet“, klagt Max Frisch's „Stiller“.

Der Schweizer Autor hat die Bürde des unzutreffenden Images, des falschen Bildes, in zahlreichen Büchern aufgearbeitet. „Du glaubst mich zu kennen, aber in Wahrheit siehst du in mir doch nur, was du sehen willst“, klagt Stiller.

Marketingprofis verfahren oft auf diese Weise und drängen ihrem Star ein Image auf, das der Künstler nicht wirklich trägt. Die Folge ist mangelnde Authentizität. Manchmal steht das Image dem Erfolg des Schützlings irgendwann im Wege und behindert seine Weiterentwicklung. Vor allem in Deutschland liebt das Publikum verlässliche Schubladen. Die Medien tun ihr ihriges und ziehen gerne immer wieder die alten Geschichten heraus. Immer wieder werden die gleichen Fragen gestellt, die gleichen Stempel aufgedrückt, die gleichen Klischees bedient. Bis heute werde ich auf meine Ex-Frau Nora angesprochen, mit der ich seit vielen Jahren nicht mehr zusammen bin. Gerne werde ich auch gefragt, wann ich mir denn die Haare abgeschnitten hätte, so als müsste es erst gestern gewesen sein. Ein Image ist hartnäckig! Hat man es erst einmal, will es die Öffentlichkeit immer wieder bestätigt sehen. Ohne den guten Max Frisch überstrapazieren zu wollen, „Du gestattest nimmer, dass ich mich wandle“, bedauert Stiller.

Und seien Sie ehrlich, wer von Ihnen hat bei der Durchsicht des des Inhaltsverzeichnisses nicht gedacht: Aahhh, Thomas Anders, dass ist doch der kleine Partner von Dieter Bohlen, der, der immer so eine komische Kette trägt. Ich bin gespannt, was der zu sagen hat. Hoffentlich singt er nicht!

Ich kann Sie als Markenmacher nur bitten: gestatten Sie den Stars, dass sie sich wandeln. Eine Anekdote, die zeigt, wie stark ein Image sein kann: Ich wollte in einer Boutique mit Kreditkarte bezahlen. Die Verkäuferin drehte sich weg, und ich bekomme mit, wie sie aufgeregt bei der Geschäftsleitung anruft und flüstert: Ich hab' hier ein Riesenproblem. Hier steht Thomas Anders mit einer gefälschten Kreditkarte, auf der Bernd Weidung steht, was soll ich tun? Da wusste ich, dass ich für die Leute Thomas Anders bin und sonst niemand.

Wenn man in der Öffentlichkeit steht, ist es sehr wichtig, sich mit seinem Image zu identifizieren, sonst kann man auf Dauer auch andere nicht überzeugen. Im Zeitalter der Stars, die nichts können, respektieren inzwischen viele Menschen den langjährigen, musikalischen Erfolg von Modern Talking. Darüber freue ich mich, doch wenn ich in die Zeitung schaue, habe ich den Eindruck, dass professionelle, seriöse Leistung fast langweilig ist.

Ich frage mich, muss man eigentlich einen Knall haben, um Aufmerksamkeit zu erwecken? In welcher Medienlandschaft leben wir eigentlich? Wo geht es hin?

Sex sells und Skandale würzen jeden medialen Beitrag besser als künstlerische Leistung. Und gleichzeitig häufen sich die Klagen über Stars, die es angeblich nicht mehr gibt. Das irritiert. Der Star ist und bleibt ein Rätsel ... Wenn Sie mich fragen: „Kann heute jeder ein Star werden?" würde ich sagen: Viele können ein Sternchen werden, aber nicht jeder ein Star.

Schauspieler als Marke – Gespräch mit Jürgen Vogel

Bearbeitet von Ralph-Patrick Chukwuedo

Zum Thema „Charakter und Image" hatten wir Gelegenheit, mit dem Schauspieler Jürgen Vogel zu sprechen, der dankenswerterweise zu einer Veranstaltung in die Universität der Künste Berlin kam. Wir erlebten einen engagierten, gut vorbereiteten Künstler, der Spaß hatte, sich zum Thema mitzuteilen und seine Meinung anschaulich darzustellen. Mit treffenden Anekdoten und kleinen szenischen Einlagen verstand er es, seine Standpunkte zu untermauern und zu vermitteln. Diese Diskussion ist hier in Auszügen nachzulesen.

Foto: Ulrike Meier

Worauf beruht die Faszination von Stars?

Ja, wenn ich das wüsste, dann wäre ich ein bisschen schlauer. Ich kenne das von mir selber: Wenn ich Sachen mag, dann finde ich natürlich auch die Personen gut, die dahinter stecken. Auf der Berlinale habe ich zum Beispiel Leonardo DiCaprio gesehen, und ich vermute, dass die Faszination, die er auslöst, die Begeisterung für etwas Unerreichbares ist. Und Unerreichbarkeit löst Bewunderung aus. Wenn dann auch noch hinzukommt, dass man mag, was derjenige macht, und das im eigenen Leben eine besondere Bedeutung hat, dann fühlt man sich dadurch einfach angezogen. Ich denke da an Musik oder Filme, die mich besonders berühren. Aber ich kann es natürlich nicht verstehen, wenn jemand bei mir so etwas empfindet, dann denke ich immer nur – Hey, ich bin`s doch! – aber das gehört halt irgendwie dazu.

Was glaubst du, was die Leute zum Beispiel bei Leonardo DiCaprio zum Schreien bringt und in die Begeisterung treibt?

Bei Leonardo glaube ich, ist es ein Phänomen: Ich muss in diesem Zusammenhang an James Dean denken, der war nicht nur so ein Kerl, sondern hatte auch eine verletzliche Seite. So einen Typus gab es bis dahin in der Kinogeschichte noch nicht. So eine Mischung aus Kerlsein, aber trotzdem auch verletzlich sein. Weinen können, Gefühle zeigen, dieser Typus hat durch Leonardo gerade ein Comeback gefeiert. Leonardo ist auf seine Art sehr vielseitig. Er hat zum Beispiel einen Film mit Robert DeNiro gemacht, in dem er dessen Stiefsohn spielte. In der Rolle war er als Schauspieler einfach fantastisch Nur sein gutes Aussehen ist es auf keinen Fall. Da kommt auch noch ein Stück richtiges Können und Talent hinzu. Das hat er auch schon mehrfach unter Beweis gestellt. In *Romeo & Julia* hat er mir auch sehr gut gefallen, in dieser Neuverfilmung hat er einfach klasse gespielt.

Leonardo ist so ein Schauspieler und darüber hinaus noch verdammt jung für das, was er da tut. Er hat sehr früh mit der Schauspielerei angefangen und deshalb auch eine sehr eingeschworene Fangemeinde. Er ist sozusagen ein Popstar oder – noch besser – ein richtiger Welt-Star. Das finde ich bei ihm auch wirklich berechtigt. Und wenn man sich den *Strand* ansieht – ich habe den Roman ja nicht gelesen, insofern war das für mich wahrscheinlich einfacher – kann ich nur sagen, dass er ein begnadeter Schauspieler ist.

Ich habe die Erfahrung gemacht, wenn Leute einen Roman gelesen haben und dann die Verfilmung sehen, dass – egal welcher Film das ist –, er keine Chance hat, dagegen anzugehen. Also selbst bei *Einer flog übers Kuckucksnest*, wo ja viele sagen, dass ist ein ganz klasse Film, da sagen die Leute, die das Buch gelesen haben, da ist längst nicht das drinnen, was in dem Roman drin ist. Also insofern kann man die Leute nie zufrieden stellen, was ich auch verstehen kann, weil jeder beim Lesen eigene Fantasiebilder aufbaut. Die kann man in keinem Film halten. Jeder Mensch hat so eine ganz eigene, spezielle Fantasie und das kann in einem Film gar nicht erfüllen. Aber für mich, als derjenige, der fast nicht liest, war das natürlich viel einfacher. Ich habe mich einfach hingesetzt und mich berieseln lassen.

Es gibt sehr viele Szenen, in denen Leonardo wirklich hervorragend spielt. Ich denke selten während eines Filmes: „Das ist wirklich schwer zu spielen“ und urteile gleich darauf: „Man, dass hat er sehr gut gemacht!“. Das ist natürlich immer wieder eine Bestätigung dafür, dass er tatsächlich erfolgreich ist. Das ist für ihn sicherlich nicht immer einfach. Auf der Berlinale-Party zu *The Beach* saß er eigentlich nur so rum und sah sehr genervt aus.

Was glaubst du, wie er das sieht, wenn er nach Berlin kommt und so ein Remmidemmi und Trubel um ihn herum erlebt?
Egal wo er hinkommt, tobt die Menge. Er hat kaum Privatleben und in Amerika wird es wahrscheinlich noch viel schlimmer sein als hier, viel aggressiver, hysterischer. Da wird er richtig verfolgt. Durch seinen Erfolg gibt er ein Stück von seinem Leben weg, von seiner Jugend, von seiner Unbefangenheit, einfach irgendetwas machen zu können. Dafür hat er aber eine sehr enge Clique von Freunden, die er schon aus jungen Jahren kennt und mit denen er immer herumzieht, Orgien feiert und von Party zu Party geht. Das stelle ich mir dann wieder ganz angenehm vor. Also er ist nicht allein gelassen. Er hat seine kleine eigene Familie, die gewachsen ist und die er sich über die Jahre bewahrt hat.

Es gibt Schauspieler, die in Filmen immer nur sich selbst spielen. Die werden dann auch nur so besetzt. Andere schlüpfen in Rollen. Welcher Typ ist DiCaprio?
Das kann man meiner Meinung nach so nicht sagen: Wenn man in dem Job ist, dann gehe ich davon aus, dass man auch Schauspieler ist. Ein Schauspieler, der sich selbst darstellt, ist nicht unbedingt ein schlechter Künstler. Was man früher immer so abfällig als Selbstdarsteller beschimpfte, stimmt heute so nicht mehr.

Ich glaube nicht, dass man Sachen wirklich spielen kann. Ich glaube nicht, dass ich Goethe spielen kann, keiner kann das. Den Anspruch, zu sagen „Den spiele ich jetzt und entferne mich völlig von mir selbst und spiele jemand anderen!", halte ich für den größten Fehler des Berufs. Man kann kein anderer sein. Das habe ich im Laufe der Zeit für mich langsam erkannt. Dieser Irrtum, das zu glauben, befördert einen in eine künstliche Welt. Auch privat denkt man dann immer, man sei doch schließlich Schauspieler und könne alles spielen. Wenn man es gut kann, dann ist man ganz besonders, und wenn man es nicht kann, dann ist man eben nicht so gut. Es ist ein große Fehler zu glauben, man könne von seiner eigenen Kleinheit weg huschen in eine Großartigkeit hinein. Die Künstler möchten Theater spielen, die großen klassischen Rollen, sie lenken sich aber oftmals nur davon ab, dass sie genauso kleine Hosenscheißer sind, wie jeder eben. Das Schauspiel bekommt so eine ganz perverse Wichtigkeit.

Ich halte das für total falsch und dadurch wird auch oft die Performance von den Leuten so künstlich und so unecht. Die berühren den Zuschauer gar nicht mehr, weil sie versuchen, alles andere zu sein als menschlich, oder einfach, oder sie selbst. Schauspielerei bedeutet etwas ganz anderes, und zwar, dass man versucht, eine Rolle wie eine Jacke zu sehen: Die versucht man anzuziehen und geht dann damit umher.

Foto: Ulrike Meier

Manche Jacken fühlen sich ganz bequem an, weil sie gut passen. Also das heißt, wenn ich weine, dann weine ich so, wie ich weine, denn ich kann nicht weinen wie Goethe. Ich weiß doch gar nicht, wie der geweint hat. Ich kann nur versuchen, einen Teil meiner Persönlichkeit in die Figur einzubringen und mir vorzustellen, wie Goethe das vielleicht gemacht hätte. Und ich versuche dabei einfach, etwas Echtes zu erzeugen. Durch mein Spiel versuche ich die Leute in die Geschichte hineinzuziehen. Wenn ich so einen Umweg mache und mich frage, wie hat wohl Goethe geweint, der hatte bestimmt eine ganz eigene Art zu weinen, dann mache ich es mir schwer und den Zuschauern schwer, das nachzuvollziehen.

Natürlich versuche ich von mir aus zu gehen, weil das das Direkte, das Ehrliche und das Wesentliche ist. Ich glaube, dass ganz viele Leute sich da verlieren und gar nicht mehr wissen, was sie da eigentlich tun. Schauspieler zu sein ist ein Beruf, das ist ein Handwerk in dem Sinne, dass man bestimmte Sachen beherrschen muss. Man muss schon wissen, wie man läuft und wie das mit dem Licht ist und so weiter, das kann jeder lernen.

Und dann gibt es so etwas, das hat mit dem Wettrennen, man kann das oder man kann das nicht, nichts zu tun. Es gibt einfach Menschen, die stehen da, man guckt den an und denkt, der berührt mich. Der muss gar nichts machen, er kann gar nichts dafür. Der hat einfach irgendein Gesicht, oder der hat einen Blick. Dieser Mensch zieht einen an. Oder man hat das Bedürfnis, diesen Menschen einfach nur zu drücken oder was auch immer. Dafür kann der nichts. Das ist manchmal bei Musikern so. Das ist auch bei vielen andere Menschen so, das kann bei einem ganz normalen Menschen auch so sein. Man betrachtet zum Beispiel den Schuster von nebenan und denkt: „Der sieht aus wie Robert DeNiro". Das passiert mir oft, dass ich denke: „Der hat ein tolles Gesicht" oder „Der sieht gut aus". Wenn der mit mir spricht, dann klingt das so wichtig. Da kann der gar nichts für. Als Schauspieler hat man das mit viel Glück vielleicht. Zusätzlich lernt man dann noch das Handwerk, damit man diese ganzen technischen Dinge beherrscht, die jeder wirklich lernen kann. Das andere mit der Ausstrahlung ist wirklich reine Glückssache.

Woher kommt das Starimage? Wer macht das? Sind das die Zuschauer, die dem Star erliegen, oder was könnte es sein?
Ich glaube, da kommen mehrere Faktoren zusammen: Es ist schon so, auch in den USA, dass das Publikum entscheidet, wer Star ist und wer nicht.

Die meisten Stars sind Identifikationsfiguren: Es gibt welche, in die man sich hineindenken kann, und es gibt ein paar, die sind ganz besondere Typen. Meist sind diese besonderen Typen, die irgendwie prägnant sind, nicht unbedingt für die breite Masse relevant. Deswegen werden sie auch nie die ganz großen Stars werden. Die wirklich großen Stars bieten also große Identifikationsfläche für viele Leute. Aber es gibt noch eine andere Sache, die ein Star bietet, und das ist Fläche für Träume. Damit meine ich, dass ein Star etwas repräsentiert, was jemand anders gerne sein möchte. Zum Beispiel Leonardo DiCaprio.

Meiner Meinung nach gibt es den Identifikationsschauspieler, der das Gesicht für die breite Masse ist, der kann viele verschiedene Sachen spielen. Daneben gibt den, der so ganz über allem steht, der das verkörpert, was man selber gerne wäre. Deswegen sagt Leonardo DiCaprio wohl auch, sein Bild hätte sich völlig verselbstständigt Die Leute projizieren Dinge auf ihn, mit denen er wahrscheinlich persönlich überhaupt nichts zu tun hat. Aber er steht einfach dafür, er ist ein Bild, das man mit solchen Dingen ausfüllt und dadurch wird er zu so einem Mega-Star.

Foto: Ulrike Meier

Hindert der Facettenreichtum in der Darstellung, auf den ein geschulter, exzellenter Schauspieler im klassischen Sinn häufig Wert legt, auf dem Weg zum Star?
Es ist seltsamer Weise so – manchen Schauspielern ist das scheinbar nicht bewusst –, dass sie immer gleich aussehen. Die haben in verschiedenen Rollen häufig noch nicht einmal andere Sachen an. Die machen das extra, um immer wieder den Wiedererkennungswert zu haben, und um auf gar keinen Fall anders zu sein.

Das geht noch viel weiter: Wenn man mal mit so jemandem dreht und im Drehbuch steht, dass diese Person: „Scheiße, verdammte Scheiße! So eine Wichse!" sagen soll, dass sie sich weigert, so etwas zu sagen. Die Argumentation ist: „Also entschuldige mal, so etwas sind die Leute von mir doch gar nicht gewöhnt. Ich will mich doch nicht unbeliebt machen. Ich sage doch nicht auf einmal „Scheiße“ und „so eine Wichse“, was soll denn das!“. Das hat mit der Rolle gar nichts mehr zu tun. Sondern der möchte sich bei den Leuten anbiedern und auf keinen Fall Kraftausdrücke von sich geben. Das geht bis in die Schauspielerei rein, das wird bis in die Rolle getragen. Und deswegen werden die Rollen nicht mehr so gespielt, wie es eigentlich im Drehbuch steht. Es wird eher eine Eitelkeitsschiene gefahren, nach dem Motto: „Ich will immer gut aussehen, immer Lederjacke an haben, meistens noch eine coole Pause machen dürfen, bevor ich was sage.“ und so weiter. Das machen aber nicht nur ältere, das machen auch sehr viele jüngere Schauspieler.

Es gibt auch so eine Identifikation mit der Figur, die sie darstellen wollen, aber gar nicht sind. Keiner ist immer cool und keiner sieht immer gut aus, schon gar nicht ein echter Mensch, und schon gar nicht die Figur, die du da spielst. Denn wenn die Figur heult, die man spielt, dann läuft auch Rotz aus der Nase. Aber, wenn das so jemandem passiert beim Dreh, und der sieht das nachher, dann will der noch einen Versuch. Und wenn man dann mal nachfragt, dann stellt sich heraus, dass der Auslöser dafür die bloße Angst ist, die Zuschauer könnten sich ekeln. Das ist doch völlig egal. Wenn es für die Rolle gut ist, dann darf auch Rotz laufen. Schafft doch Authentizität.

Foto: Ulrike Meier

Du hast gesagt, dir sei wichtig, dass das alles authentisch ist. Wie ist das bei dir? Du liest ein Drehbuch, und bei den Dreharbeiten sagt der Regisseur zu dir: „Mach das so und so“, und du denkst: „Nein, so würde der jetzt nie reagieren“?

So ist das nicht: Die Vorstellung ist falsch, dass Zusammenarbeit mit einem Regisseur so ist, dass der sagt, er hätte hier gerne ein Husten oder auf gar keinen Fall, dass man weint.

Die Zusammenarbeit ist viel mehr wie eine Partnerschaft: Da existiert ein großes Vertrauen. Man trifft sich vorher, spricht über die Rolle und dabei lernt man, über bestimmte Punkte abzuchecken, was für ein Mensch ist das, den man darstellen soll. Und man weiß natürlich, ein Schauspieler und ein Regisseur, die können auch ganz große Kriegsgegner werden während der Arbeit. Das sind schon zwei Positionen, die sich entweder ganz arg lieben, oder eben bekriegen. Das checkt man aber vorher ab. Und deswegen kann man dieses Problem total umgehen. Es gibt Menschen, die aus Eitelkeit sagen, „Das was ich sage, dass musst du auch so machen!“. Aber es gibt Regisseure, die die Figur, um die es geht, gemeinsam mit dem Schauspieler zum Leben erwecken möchten. Wenn man diese Partnerschaft hat, gibt es keine Probleme. Da hat man als Schauspieler die Möglichkeit, etwas zu spielen und wenn es dem Regisseur nicht gefällt, etwas anderes auszuprobieren. Man muss auch als Schauspieler mehrere Möglichkeiten haben, die Rolle zu spielen und nicht nur auf die eigene Vorstellung pochen. Man muss versuchen, mehrere Möglichkeiten zu haben und die findet man auch. Also ich hatte da noch nie Probleme beim Drehen.

Sucht man sich als Schauspieler die Rollen selber aus oder gibt es jemanden, der dir diese Entscheidung abnimmt, oder Empfehlungen gibt?

Also ich suche mir meine Rollen selber aus. Manchmal stellt man sich als Schauspieler doof und gibt diese Entscheidung weg, oder tut so, als würde man das alles nicht selbst entscheiden. Aber man hat immer die Verantwortung, denn auch wenn was nicht so klasse war, muss man dazu stehen und sagen „Ja, das habe ich gemacht, da brauchte ich Kohle." Das finde ich völlig legitim. Zu sagen, dass man sich selber darüber im Klaren ist, dass die Rolle schlecht war, dass man aber versucht hat, das beste daraus zu machen, denn mit der Rolle war sehr viel Geld zu verdienen. Viele schieben dann die Schuld auf ihren Agenten, aber das ist Quatsch. Man hat immer die Entscheidung, etwas zu machen oder nicht. Dass der Agent oft Einfluss ausüben will, ist klar, denn der will schließlich auch Geld verdienen. Man muss einfach lernen, selbst die Verantwortung zu übernehmen, denn zu allem, was man macht, muss man später auch Stellung nehmen.

Wird das in den USA stärker gesteuert, um bewusst das Image eines Schauspielers aufzubauen oder zu stärken?

Die Leute haben immer so viel Macht, wie man ihnen als Schauspieler gibt. Und dazu gibt es auch in Deutschland Ansätze: Es gibt zum Beispiel bei Privatsendern häufig Redakteure, die sich sehr wichtig vorkommen. Da kann es schon mal sein, dass da irgendein Redakteur im Karstadtanzug aus München angereist kommt und sich, während man gerade mit seinem Regisseur arbeitet, über irgendwelche Texte beklagt. Der will dann, dass einige Szenen, in denen Kraftausdrücke benutzt wurden, noch einmal in stubenreiner Version gedreht werden. Solche Leute muss man dann einfach wegschicken vom Dreh. Und ich denke, dass es solche Situationen auch in den USA gibt.

Nur da ist es so, dass die Leute eine ganz andere Haltung zu ihrem Beruf haben, als ich es zum Beispiel habe: Da ist schleimen und kriechen in der Gesellschaft verankert. Ich habe das so erlebt, dass das auch in normalen Jobs so ist: Wenn man beispielsweise Kellner ist, man wird erniedrigt ohne Ende. Wenn derjenige dann aber aufsteigt, dann erniedrigt er wiederum einen anderen mit dem Gedanken „Na, das musste ich auch machen, so habe ich auch angefangen!". In den Staaten kann jeder vom Tellerwäscher zum Millionär werden, aber man muss richtig Arschkriechen. Und das weiß jeder und da sind sie auch noch stolz drauf. Und das macht auch jeder Schauspieler so: „Ich musste früher immer Castings machen und ich habe immer vorgesprochen ...". Ich finde dieses Vorsprechen ganz erniedrigend. Ich finde dieses Vorspielen und auch Probe spielen – „Jetzt zeig doch mal was du kannst!", „Mach doch mal einen Witz!" – ich finde das menschenverachtend. Das hat mit dem Beruf auch gar nichts zu tun. Und das können die amerikanischen Schauspieler richtig gut, das machen alle, da ist jeder Entertainer. Jeder Kellner kann stundenlang Witze erzählen, der kann die Gäste unterhalten, zum kaputtlachen. Also jeder Amerikaner ist meiner Meinung nach ein super Schauspieler. Die haben da überhaupt keine Hemmungen zu zeigen, zu machen, das ist Wahnsinn. Jeder Amerikaner erzählt auch ganz laut, jeder erzählt da eine Story, jeder hat auch Pointen in seiner Story, die aus dem Leben gegriffen werden. Jeder hat das gelernt, im richtigen Moment eine kleine Anekdote anzubringen, das ist irre.

Foto: Ulrike Meier

Du würdest also sagen, dass die Schauspieler ihr Image selber machen und es nicht vom Agenten oder Produzenten gesteuert wird?

Wenn ich zum Beispiel ein Interview gebe, dann beeinflusse ich durch mein Auftreten und meine Art, die Fragen zu beantworten, was der Journalist später tatsächlich schreibt. Ich sitze dann so schüchtern da und man fragt mich so eine Sache, dann antworte ich vielleicht: „Ach ich weiß auch nicht so genau, hat mich total berührt die Rolle." Dann weiß ich genau, was der Journalist dann schreiben wird. Das heißt für mich, dass ich mein Image schon selber mache und das Bild beeinflussen kann, das die Öffentlichkeit von mir hat. Ich präsentiere mich schließlich selbst und wenn ich da immer weinend stehen würde, dann würde man über mich sagen, dass ich ein hochsensibler Mensch sei. Oder ich fletze mich hin und gähne gelangweilt und gebe cool meine Antworten, dann heißt es „der Jürgen Vogel was für ein Hallodri!", „Ein Raubein mit seiner Schnoddersprache.". Genauso kannst du dann auch deine Agenten beeinflussen, in dem du ihnen nicht so viel Entscheidungen überlässt und selber entscheidest, was du spielen willst oder nicht.

Wie denkst du: Wie ist dein Image in der Öffentlichkeit und welcher Teil vom Image nervt dich?

Also mein Image gefällt mir ganz gut, da nervt mich eigentlich gar nichts. Das habe ich, glaube ich, ganz gut hingekriegt. Was ich immer so lese, geht in Richtung „Hallodri", der „Junge von der Straße". Meine Zähne sind auch ganz häufig Thema. Da kamen schon Bemerkungen wie „Vampir", „Gartenzaun" oder „Latten". Die Leute schreiben sich da wirklich stundenlang aus. Meine Herkunft, Hamburg-Schnell, ist auch immer ganz wichtig. Das soll dann immer irgendetwas bedeuten. „Einen Tag war er auf der Schauspielschule, dann hat er es geschmissen!" Es ist halt so, ich kann im Grunde machen, was ich will, ich kann sagen, was ich will, man nimmt es mir nicht übel. Ich kann auch Sachen sagen, die man eigentlich nicht sagen sollte, wenn man in der Öffentlichkeit steht, und bei mir lacht man da nur drüber. Mein Image ist einfach so, dass ich alles machen kann, und deswegen finde ich es auch so klasse. Wenn ich ein Image hätte wie Sascha Hehn, dann hätte ich ein Riesenproblem.

Was ist der Unterschied zwischen deinem Image und dem von Till Schweiger?

Das ist eine gute Frage! Ich glaube, ein Image hat auch immer mit der Persönlichkeit zu tun. Till hat man es übel genommen, dass er gut aussieht. Leute, die auf Dinge stehen, die mit Schönheit nichts zu tun haben, nehmen ihm sein gutes Aussehen übel. Die allerwenigsten kennen ihn, wie er wirklich ist, ich kenne ihn privat und ich finde ihn gut, er ist ein guter Typ. Aber sein Image ist richtig scheiße. Es wird über ihn immer geschrieben, dass er in der Lindenstraße angefangen hat, so gut aussehend ist, der Vergleich mit James Dean kam, und das ist doch undankbar so ein Image.

Also wenn man gleich mit dem ersten oder zweiten Kinofilm in so einen Olymp gehoben wird, dann weiß man schon, der wird es schwer haben. Der hat gar keine Chance. Auch andere Schauspieler, die mit ihrem ersten Film ganz viel Erfolg haben, werden es sehr schwer haben, denn der erste Film prägt das Image und das, was man da spielt, das ist man und damit wird man sein Leben lang identifiziert. Sein erster Film war *Der bewegte Mann* und der große Durchbruch kam dann mit *Knocking on heavens door*. Und diese Filme, die er gemacht hat, gehen auch sicherlich in die deutsche Kinogeschichte ein.

Komischer Weise muss man auch ganz ehrlich sagen, dass in der Filmbranche alle dazu neigen, Probleme damit zu haben, dass jemand Erfolg hat. Das ist in den Deutschen sowieso: Es gibt ein Problem mit Erfolg, mit schnellem Erfolg, überhaupt mit erfolgreichen Menschen, mit Menschen, die sich auch nicht dafür entschuldigen, dass sie Erfolg haben, sondern die einfach dazu stehen, dass sie Erfolg haben. Das hat der Till auch gemacht, das war auch das Einzige, was er tun konnte. Wobei wir es doch schon ganz gerne haben, wenn jemand seinem Erfolg eher demütig begegnet, mit bescheiden gesenktem Kopf.

Schauspieler hingegen, die Filme machen, die erfolglos sind, so wie ich zum Beispiel, die haben hier in Deutschland eine größere Lobby. Ist es nicht eigentlich so, dass die Leute, die deine Filme ansehen, ein schlechterer Ansprechpartner für Image sind? Wer guckt zum Beispiel „Die Piraten" oder „Das Leben ist eine Baustelle"? Und wer guckt „Knocking on heavens door"?
Es gibt in Deutschland ein Publikum von circa 200.000 Personen, die ganz andere Filme ansehen, zum Beispiel Filme von Jim Jarmush, Pedro Almodovar oder El-Ferrara-Filme. Das ist so eine ganz bestimmte Richtung von Film, so ein bisschen Art-House und so ein bisschen schwierig. Da geht es nicht nur darum, im Kino Popcorn zu essen, sondern die wollen etwas anderes. Und das ist das Publikum, das mir persönlich am Herzen liegt, das ich ansprechen will, weil ich auch diese Richtung von Filmen gut finde. Wenn ich Zuschauerzahlen betrachte von Filmen, die ich gut finde, dann bekomme ich Depressionen. Manchmal sind das nur 50.000 Zuschauer, aber auch bei amerikanischen Filmen. Ich denke dann immer: „Das kann doch nicht wahr sein!".

Taxi Driver war damals ein Flop. Der Film ist erst Jahre später, Jahrzehnte später, zum Kultfilm geworden. Als der raus kam, war das ein absoluter Flop für Martin Scorsese. Heute geht der Film als bester Film aller Zeiten in die Geschichte ein. Irgendwie deprimierend teilweise. Und Till hätte sicherlich auch lieber ein anderes Publikum, das ihn mag und ihm sagt, „Du bist geil, du bist töfte und super!". Das hat er nicht. Das ist meiner Meinung nach mit Neid verbunden. Also ich finde, dass es ganz wichtig ist, dass es Identifikationsfiguren gibt für mehrere Millionen. Wenn es die nicht geben würde, dann würde doch auch keiner ins Kino investieren. Weil, wenn immer nur diese 200.000 Leute Filme gucken, dann gibt es bald keine Filme mehr. Also wir profitieren alle davon, dass es eine Vielfalt gibt, und dann muss es auch diese Massenidentifikationsfiguren geben, so diese Leute, wie man gerne wäre, oder der liebe Sohn von nebenan. So etwas muss es geben, aber es muss dann auch diese andere, anspruchsvollere, schwierigere, die cineastische Schiene bedient werden.

Ist es dir egal, was du in der Zeitung über dich liest?
Mir gefällt es nicht, wenn man mich persönlich angreift. Aber das war bis jetzt eigentlich immer noch im Rahmen. Filmkritiken, muss ich ehrlich sagen, lassen mich eher kalt. Ich weiß, dass die meisten Filme die ich mache, der Masse oder auch der Presse nicht gefallen. Die meisten Kinofilme die ich gemacht habe, waren nicht die Kassenrenner. Ich habe bis jetzt in meinem Leben zwei Filme gemacht, die wirklich gut liefen und das waren *Kleine Haie* und *Die Apothekerin*.

„Das Leben ist eine Baustelle“ war auch gut, weil für so einen Film waren es schon viele Zuschauer, aber im Vergleich zu anderen deutschen Filmen war das nicht gut. Aber ich habe viel mehr Probleme, wenn ich ein Drehbuch lese und ich weiß, das ist für eine ganz andere Klientel gemacht. Das liest man dann schon, da sind so nette Schoten drin, das ganze ist nie richtig traurig, auch nie richtig lustig, das ist immer so im Mittel. Sönke macht das ganz gut. Der schreibt immer in so einem Stil, dass die Geschichte einen nie so richtig berührt, aber auch nie wirklich komisch ist. Das ist so eine bestimmte Art zu schreiben über Figuren, die nicht ganz schlecht, aber auch nicht ganz gut sind. Da denke ich dann gleich immer beim Lesen solcher Drehbücher, dass ich das nicht schaffe. Was soll ich da spielen, das ist furchtbar. Oder ich brauche Geld.

Wenn du jetzt so Sachen liest, wie „Jürgen Vogel betrunken in Kneipe“, oder einfach Erfundenes, was geht da in dir vor?
Bis jetzt habe ich da noch nicht so Probleme mit gehabt. Es wurde auch noch nie etwas über mich geschrieben, was nicht stimmt. Ich finde, wie gesagt, mein Image hilft mir sehr auch im Alltag. Man erwartet einfach kein super korrektes Verhalten von mir, wie zum Beispiel vom Darsteller des Traumschiff-Kapitäns. Mein Image hilft mir da manchmal einfach. Ich kann mich auch mal daneben benehmen, ohne dass man mir das übel nimmt, denn es wird im Grunde auch von mir erwartet, „Der ist halt so ein Vogel, der Herr Vogel!“ Ein Beispiel: In der Zeitung würde stehen „Jürgen Vogel fotografiert bei Sexorgie im Hotel. Koks im Hotelzimmer gefunden.“. Klar würde ich nach so einer Sache weiter Filme machen. Aber es gibt hier in Deutschland so Leute, die würden danach nicht mehr drehen. Und wenn ich das tatsächlich gemacht hätte, dann müsste ich auch dazu stehen, hätte ich kein Problem mit. Ich würde vielleicht beteuern, dass das ein Ausrutscher war, aber das würde mir in meinem Job nichts wegnehmen oder kaputt machen.

Das klingt bei dir so unkompliziert: „Ich bin halt so, wie mich die Leute sehen und darum kann ich alles machen!“. Ist das tatsächlich so?
Nein, es ist nicht richtig, zu sagen, dass ich so bin, wie mein Image. Ich sage nur, ich habe im Rahmen meines Images die Freiheiten, alles machen zu können, wenn ich es möchte, ohne dass man mir das übel nimmt. Mein Image gibt mir unheimlich viele Freiheiten. Es gibt so ein Image, da muss man Angst haben in der Öffentlichkeit zu pupsen. Das geht bis in die Privatsphäre. Es gibt so Images, die machen einem das Leben schwer. Zum Beispiel das Saubermann-Image, unter dem man einen gesundheitsorientierten, ordentlichen, netten, adretten Jungen versteht. Der würde nie Fäkalbegriffe in den Mund nehmen. So wie sich Mütter einen Sohn oder Schwiegersohn wünschen. Ich glaube, dass dieses Image privat eine Qual ist. Dich kann doch niemand mehr leiden, da kann man doch gar nicht mehr auf die Straße gehen, ist doch furchtbar.

Wenn jetzt ein Film gut gelaufen ist, rufen dich da Leute an, die an deinem Image feilen oder es verändern wollen? Und wie sieht das bei Kollegen aus?
Ich glaube, da denkt hier in Deutschland keiner so richtig nach. Wir verstehen uns nicht als Produkt. In Amerika ist das anders: Da ist man als Schauspieler ein richtiges Produkt und man muss sich auch als das verstehen. Und ein Film ist auch ein Produkt, das ist auch noch ein Unterschied zu hier. Hier wird eher der Anspruch erhoben, dass ein Film ein künstlerisches Meisterwerk ist und ein Schauspieler ist ein

Schauspieler. Also hier kommt niemand auf einen Schauspieler zu, um einen Skandal zu konstruieren. Hier in Deutschland werden keine Typen gemacht.

Foto: Ulrike Meier

Was machst du, wenn dir dein Image nicht mehr gefällt, um es zu ändern?
Wenn ich möchte, dass mich Leute mit anderen Sachen identifizieren, dann muss ich andere Rollen spielen.

Glaubst du, man würde dir eine Mutation vom Pöbler zum Saubermann abnehmen? Bist du da noch glaubwürdig?
Ich will auch nicht den Kapitän vom Traumschiff mimen. Aber ich sag das mal so: Es ist wichtig, dass man als Schauspieler ein breites Spektrum hat. Also nur immer das Gleiche wäre schlimm. Ich versuche ganz oft, mich selber auf die Probe zu stellen und probiere andere Rollen einfach aus. Die Filme hat nur meistens keiner gesehen, weil die ganz erfolglos waren. Das nenne ich immer Experimental-Projekte, die ich sehr gerne mache. Die mache ich aber auch nur für mich, um zu sehen, ob ich in eine für mich völlig untypische Rolle schlüpfen kann, ohne den Film kaputt zu machen. Also kann ich einen katholischen Priester spielen in einem Mädcheninternat, ohne mich lächerlich zu machen. Das habe ich übrigens letztes Jahr probiert – in der Schweiz läuft der Film ganz gut ...

Liegt das vielleicht daran, dass die Leute in der Schweiz den Jürgen Vogel nicht so vor Augen haben? Weil die nicht so wahrgenommen haben, was du bis jetzt gemacht hast?
Also ich glaube, wenn man etwas richtig gut gemacht hat, dann kriegt man sie alle. Also wenn ich es richtig gut mache, dann nimmt man mir auch den Priester ab, oder ich habe es nicht gut gemacht. Also das liegt dann auch wirklich an mir. Wenn da was nicht klappt, dann habe ich was nicht richtig gemacht, dann war ich nicht gut. Kann schon sein, dass ich einigen in der Rolle nicht so gut gefalle, aber die haben trotzdem die Geschichte verfolgt, sind da mit eingestiegen, haben über mich in der Rolle gelacht, und das muss man schaffen. Das ist zwar schwer, aber das versuche ich wirklich gerne. Es gibt häufiger Filme, die ich so mache.

Warum würdest du so eine Rolle nicht spielen wollen, wie die des Kapitäns vom Traumschiff?
Ich bin niemand, der solche Rollen prinzipiell ablehnt, aber beim Film sind meistens die Rollen interessant, in denen man jemanden verkörpert, der gesellschaftlich außen steht. Diese Rollen sind interessant für mich als Schauspieler. Wenn ich Maler werden möchte und jemand mich vor die Wahl stellt, entweder zwischen Kästchen ausmalen oder mit Farbeimern auf die Leinwand zu spritzen, dann würde ich mich für die Eimer entscheiden. Und genauso ist es mit den Rollen: Wenn mir jemand eine Rolle anbiete, in der ich nur Kästchen auszumalen habe, oder eine in der ich richtig gestalten und an der Rolle arbeiten kann, dann würde ich immer letzteres vorziehen. Es gibt kaum Rollen, zum Beispiel Anwaltsmilieu oder Schwiegersohn, bei denen man sagt, das ist eine gute Rolle. Der macht das und hat das gemacht, dann hat er noch die Großmutter vergewaltigt, da fehlt einfach die Vielschichtigkeit in

den Figuren. Das gibt es bei uns nicht. Man schreibt diese Rollen langweilig, und darum sind sie auch langweilig. Man gibt diesen Figuren einfach keine Spannung.

Warum ist für einen Großteil der Bevölkerung die Welt durch eine Kamera betrachtet interessanter als die Wirklichkeit? Welche Maschinerie steckt dahinter, dass diese Tendenz zurzeit ansteigt?
Film ist immer wie eine Reise: Der soll einen raus bringen aus dem eigenen kleinen Leben. Es gibt da so eine Theorie, dass in den Zeiten, in denen es den Menschen schlecht geht, das Kino boomt. Wenn man an die Vergangenheit denkt, nach dem 2. Weltkrieg, in den 50er Jahren, hat der Film seinen Höhepunkt gefeiert, auch in Deutschland mit diesen ganzen Komödien. Und das kommt jetzt gerade wieder, diese plumpe Unterhaltung und das liegt daran, dass es den Leuten schlecht geht. Flucht, Ablenkung, Popcorn essen, abschalten, sich voll dröhnen und das kommt jetzt auch immer mehr von außen. Alles wird immer lauter, immer bunter und schneller. Es geht auch gar nicht mehr so um die Geschichte, es ist weniger Geschichte und weniger Berührung, es ist vielmehr so ein Abdröhnen. Je schlechter es den Leuten geht, desto größer ist die Sehnsucht nach etwas Besonderem, weil alles ist so normal und blöd, nichts ist schön und nichts ist mehr zu bewundern, die Politiker sind blöd und alles geht den Bach runter, nur Modells werden Stars, und es gibt auch keine guten Schauspieler mehr – die stehen nur noch da und knattern. Das berührt einen nicht mehr, und dann doch lieber schön, reich und erfolgreich als Vorbild, als hässlich und auch noch schlecht.

Was sagst du zu Phänomenen wie Gildo Horn?
Das ist Trash. Das ist aber eine Notlösung. Damals als sie die *Lindenstraße* gemacht haben, die *Lindenstraße* war doch der Anfang von ganz viel, *Lindenstraße* war wirklich der Beginn einer neuen Ära des Fernsehens im Grunde genommen, und ich weiß, dass sie damals ein paar Blöcke gedreht und gesendet haben, und es war grausam. Sie hatten vier Blöcke gesendet, aber elf gemacht und es hat kaum einer eingeschaltet. Die Tendenz war im Laufe der vier Blöcke sogar abnehmend. Dann haben sich die Leute vom WDR gefragt, was sie mit den noch nicht gesendeten Blöcken machen sollten und haben nach kurzer Krisensitzung beschlossen, das ganze einfach durchzuheizen. Und was ist passiert? Stück für Stück haben die Leute es gefressen. Und genauso ist es mit *Gute Zeiten – Schlechte Zeiten*. Man serviert den Leuten etwas, und es wird gefressen. Und dann fangen sogar die an, sich das anzusehen, die das so richtig schlecht finden. Wir kennen das doch alle, da schaltet man ein und regt sich die ganze Zeit über den Mist auf und denkt: „Das gibt es doch nicht, ist das schlecht!“. Das Ganze bekommt so eine Eigendynamik. Vielleicht ist das so eine kleine Gesellschaftsperversion. Damit hantieren ganz viele Menschen, darauf werden auch Soaps aufgebaut.

Wie ist es passiert, dass du einen Film mit Geißendörfer gedreht hast?
Da brauchte ich Geld.

War dir von vornherein klar, dass das kein toller Film wird?
Ja, damit habe ich gerechnet.

Du sagtest eben, dass das Image stark mit den Rollen zusammenhängt, die man spielt. Was kann man als junger, unerfahrener Schauspieler tun, wenn man merkt, dass man in eine Schiene rutscht bzw. gerutscht ist, die einem nicht gefällt?
Auf eine bestimmte Art und Weise ist man einfach festgelegt. Wenn ich in den Spiegel schaue, dann weiß ich, dass ich festgelegt bin auf bestimmte Sachen. Da muss man ganz ehrlich sein. Man muss natürlich auch lernen, sich selber einzuschätzen: Sich fragen, was kann ich repräsentieren? Womit fühle ich mich wohl? Ich habe immer die Sachen gespielt, die ich verstehe, die ich kenne oder die mich interessieren.

Was passiert, wenn es bei einem Schauspieler in der Anfangszeit mit der Rollenauswahl nicht so gut geklappt hat, und man findet sich auf einmal mit einem Image wieder, dass einem überhaupt nicht gefällt?
Ich glaube, dass das Image gar nicht so ein Problem ist. Mein Image ist nur sehr extrem, weil meine Rollen sehr extrem sind. Wenn man als normaler Mensch in diesen Job als Schauspieler reinrutscht, dann werden einem auch normale Rollen angeboten. Ich habe von Anfang an sehr extreme Rollen gespielt. Immer irgendwelche Straßenjungs, immer am Rande der Existenz. Das wird auch nicht jedem angeboten, dass muss auch nicht jeder spielen. Damit will ich sagen, dass meine extremen Rollen, die ich gespielt habe, im Laufe der Jahre auch sehr extrem mein Image beeinflusst haben.

Du hast ein gewachsenes Image, aber wenn man zum Beispiel Till Schweiger betrachtet, bei dem alles recht schnell ging, dann fragt man sich doch: Wie wird er sein undankbares Image wieder los?
Ich glaube gar nicht, dass er das loswerden will. Ich glaube, ihm geht es mehr darum, dass er nicht so behandelt werden will, wie er behandelt wird. Also Till ist nach wie vor einer der erfolgreichsten deutschen Schauspieler, den es je gab. Till ist der erste Mensch, den ich kenne, der für einen Film eine Million Mark bekommen hat. Das war damals ein Skandal in der Branche. Aber warum soll er es nicht verdienen, wenn er es auch wieder einspielt? Es ist ja finanziell nicht ungerechtfertigt, denn er hat mit den Filmen, die er gemacht hat, auch viel eingespielt. Ich glaube, dass ihn mehr das Menschliche dahinter genervt hat. Und da muss man noch sagen, dass die Leute, die Erfolg haben, häufig zu so Leuten wie mir kommen und quengeln, dass sie auch mal so eine Rolle spielen wollen, wie ich. Aber solche Rollen werden denen dann auch nicht angeboten. Das ist tragisch, aber dafür haben sie Erfolg.

Was sagt deine Tochter, wenn sie deine Filme sieht?
Die sieht meine Filme nicht.

Was würde sie sagen? Würde sie dich in deiner Art wieder erkennen?
Sie hat da mal was gesehen und meinte, „Ich kann das nicht sehen, wenn du immer so traurig bist, oder stirbst". Das will sie nicht sehen. Das ist bei meinen Filmen wirklich so: Die sind nicht unbedingt Programm für meine Kinder. Das finde ich auch ganz gut so.

Gibt es Sachen, die du dir überhaupt nicht zutraust?
Ich bin ein sehr neugieriger Mensch, aber es gibt einfach Dinge, die man nicht kann. Ich weiß jetzt nicht so konkret was, aber es gibt manchmal Drehbücher, die ich so lese und denke: „Das kann ich nicht". Womit das auch immer zu tun hat, ob mit der Rolle oder mit der Art, in der das Buch geschrieben ist, aber es ist so, man kann nicht alles.

Ist es manchmal so, dass dir das Drehbuch und die Rolle gefallen, dir das Ganze an irgendeiner Stelle aber zu weit geht?

Mir geht nichts zu weit – ich würde alles machen, was ich gut finde! Also alles, was die Figur machen könnte, das finde ich spannend. Ich bin da nicht so eitel. Wenn ich da auf einen Tisch scheißen sollte, und das für die Rolle Sinn macht, dann mache ich das, das ist mir dann egal. Aber es ist eine ganz andere Sache, wenn man merkt, dass man was einfach nicht kann, und das ist schlimm. Also, wenn man versucht, eine Sprache zu sprechen, weil die Figur nun einmal so spricht, und das nicht so klappt, dann habe ich wirkliche Probleme. Zum Beispiel die Sprache des Priesters, den ich letztes Jahr gespielt habe: Das war ein Riesenproblem für mich. Ich kam an meine Grenzen, Kirchenverse, Gebete und Beichte abnehmen. Alleine der Gang war sehr schwer für mich. Man ist ja in so einer Rolle verhaltener, eine bisschen Verklemmung spielt da auch eine Rolle, Unsicherheit und so. Da kommt man schon an seine persönlichen Grenzen, und das finde ich wirklich schwierig. Alles andere ist kein Problem, zumal man in dem Job sowieso lernt, seine Hemmungen abzulegen.

Inwiefern hat sich, dadurch dass immer so viel über Deine Zähne geschrieben und gesprochen wird, deine eigene Einstellung zu deinen Beißerchen verändert?

Verändert hat sich meine Einstellung zu meinen Zähnen nicht. Die sind einfach ein Teil von mir und ich steh total auf meine Zähne. Aber es muss tragisch sein, wenn man auf Druck von außen mit sich unzufrieden wird. Man hört ja häufig von Frauen, Brustvergrößerung oder -verkleinerung, so etwas gibt es bei Männern sicher auch, bestimmt. Aber mit meinen Zähnen ist das voll okay. Das habe ich mir auch geschworen, dass ich meine Zähne nie machen lasse, es sei denn, ich könnte ohne sie nicht mehr beißen.

Danksagung

Besten Dank an die Fotografin Ulrike Meier, die uns die sechs Fotos von Jürgen Vogel zur Verfügung gestellt hat! Kontakt zu Ulrike Meier: Tel. 0172/3202482, E-Mail: YAGOZWEI@aol.com.

Faszination Drag Queens

Von Thorsten Kadel

1. Einleitung

Was haben hochhackige Schuhe, Make-up und Perücken in einem Buch über Konzepte moderner Markenführung zu suchen?

Dem Thema Drag Queens ist aus Markensicht bisher wenig Aufmerksamkeit geschenkt worden. Ich selbst wusste wenig über Drag Queens, als ich begann, mich mit diesem Thema zu beschäftigen. Da dies sicher auch einigen Lesern so geht, stellt der erste Teil dar, was Drag Queens sind und veranschaulicht die Vielseitigkeit des Themas an Beispielen.

Je mehr ich mich mit Drag Queens beschäftigte, desto weitreichender und faszinierender wurde es. Also schien es nahe liegend, auf sie ein Markenkonzept anzuwenden, dass auf Faszination aufbaut – dies um so mehr, als der Erfinder dieses Systems, Prof. E. H. Geldmacher, schon oft sein visionäres Verständnis gezeigt hat. (Siehe hierzu die Beiträge *Faszination – Gemeinsamkeiten zwischen Marken und Menschen* sowie *Mit Mensch-Marken faszinieren*). Im zweiten Teil wird daher das von ihm entwickelte Markenführungssystem auf Drag Queens angewendet.

Literatur zu diesem Thema, vor allem aus marktwirtschaftlicher Sicht, ist selten und so lässt es sich kaum vermeiden, dass die entwickelten Thesen zum Teil spekulativ bleiben. Das ist jedoch durchaus beabsichtigt – es sollen neue Ideen für ein neues Marketingkonzept entwickelt und getestet werden, wie geeignet bereits existierende Markenkonzepte sind, um Prognosen zu liefern.

Im letzten Abschnitt werden die entwickelten Thesen konkret in die Praxis übertragen. Sowohl die Sicht der Vermarktenden als auch der Vermarkteten wird dabei betrachtet. In beiden Fällen sind die Akteure noch jung – es soll hier bewusst die Anwendbarkeit für neue Entwicklungen getestet werden, statt ein Konzept an etablierten Akteuren abzugleichen.

2. Faszination der Drag Queens

Siegmund Freud schrieb einst, die erste Unterscheidung, die wir bei einem Menschen machen, sei, ob es sich um einen Mann oder eine Frau handele, und dass wir diese Entscheidung sicher und ohne zu zögern treffen. Doch offenbar sind die Dinge nicht immer so einfach:

Drag Queens, oder kurz Drags, sind – einfach ausgedrückt – Männer in Frauenkleidern, obwohl dies nur eine unzureichende Erklärung für deren Vielschichtigkeit und Facettenreichtum ist: Je nachdem, ob man das Auftreten von Drag Queens aus historischer, kulturwissenschaftlicher, anthroposophischer oder politischer Sicht betrachtet, wird man zu völlig unterschiedlichen Darstellungen kommen – der Feminismus wird eine andere Erklärung als die Psychologie für sich beanspruchen. Viele andere Möglichkeiten ließen sich anfügen.

In diesem Beitrag soll es darum gehen, Drag Queens aus marktwirtschaftlicher Sicht zu betrachten. Dabei soll sowohl der Frage nachgegangen werden, wie sich Drag Queens als Marke aufbauen und etablieren lassen, als auch inwiefern sie sich als Werbeträger eignen.

2.1 Begriff

Der Begriff Drag Queen stammt aus dem Englischen „schleifen, schleppen" und ist die lautmalerische Beschreibung des Geräuschs, das lange Frauenkleider erzeugen, wenn sie auf dem Boden schleifen. Das Deutsche bietet kein brauchbares sprachliches Äquivalent. In anderen Sprachen gibt es dies: in Thailand heißen sie „katoi", in Indonesien „waria", in China nennt man sie „tan" und in Japan „onnagata" (vgl. Chermayeff et al., 1998, S. 17 f.).

Die erste Beschreibung aus dem Jahr 1850 wertet: „Drag is to wear women`s clothes for immoral purposes." (Baker, 1994, S. 60). Für viele scheint die Vorstellung von Männern in Frauenkleidung mit Perversion oder sozialem Randgruppendasein verbunden. Auch die Annahme, dass das Tragen von Frauenkleidung mit Homosexualität gleichzusetzen sei, scheint weit verbreitet: Der Dictionary of American Slang behauptet: „Drag: A male homosexual who enjoys dressing like a woman (... or) affects pronounced femine behaviour." (Chapman, 1995, S. 114). Die Beobachtung, dass häufig eine Verbindung zwischen den Drag Queens und der Schwulenszene besteht, macht diese Erklärung zwar nicht richtiger, wird aber bei der späteren Betrachtung der möglichen Zielgruppen von Bedeutung sein (siehe unten).

Um zu beschreiben, wie Drag Queens als menschliche Marken betrachtet werden können, erscheint es mir wichtig, den Begriff von häufig damit in Zusammenhang gebrachten Begriffen abzugrenzen:

Häufig scheint die Vorstellung einer Drag-Queen-Show zu implizieren, dass es sich um ***„Travestie"*** handelt. Auch wenn viele bei Travestie hauptsächlich an Verkleidung, in der Regel von Männern als Frauen denken, bezeichnet der Begriff ***„Travestie"*** allgemein die Verspottung ernster Stoffe (vgl. Karrer, 1977, S. 17 f.). Das kann eine Drag Queen tun, muss es aber nicht.

Mit ***„Transvestismus"*** wird allgemein der „Drang zum Tragen von Kleidern des anderen Geschlechts" beschrieben (Mackenson, o.J., S. 434). Transvestismus wurde lange hauptsächlich aus medizinischer und psychologischer Sicht betrachtet, aber auch der Einzug in den Kontext kulturwissenschaftlicher Studien ist, so wichtig er auch im Zusammenhang mit der Beschäftigung mit Drag Queens erscheinen mag, nicht Thema dieses Artikels. (Detailliert wird dieses Thema beispielsweise in den „Queer-Studien" der Humboldt-Universität zu Berlin behandelt).

„Transsexualität" hat zunächst nichts mit Drag Queens zu tun: Transsexuelle glauben – grob vereinfacht dargestellt – im falschen Geschlecht geboren zu sein und ändern ihr Geschlecht durch chirurgische Eingriffe. Drag Queens hingegen sind per definitionem Männer. Frauen, die diese Kunstform ausüben, nennen sich „Drag Kings".

So verschieden wie die Erscheinungsformen sind die Gründe der Drag Queens: Als Gemeinsamkeit kann der Wunsch nach Erfolg angesehen werden. Bei menschlichen Marken im Allgemeinen muss dieser nicht unbedingt monetärer Art sein; bei Drag Queens kann das Verständnis von Erfolg zusätzlich von vielfältigen persönlichen Gründen motiviert sein. Es gibt Leute, die für längere oder kürzere Phasen ihr Geschlecht verändern und andere, die jede Festlegung vermeiden wollen. Die Frage nach der Verbindung mit sexuellen Orientierungen ist dabei in diesem Zusammenhang sekundär.

2.2 Entwicklung

Blickt man in die Geschichte der Männer in Frauenkleidung, kann man zunächst eine Unterscheidung vornehmen: Zum einen gibt es Männer, die eine weibliche Rolle auf der Bühne spielen, ohne dass der Rollentausch erkannt werden muss oder für das Verständnis der Rolle relevant ist. Diese werden in der Literatur häufig als „Male Actress“ bezeichnet. Sie sind nicht zuletzt durch das englische Shakespeare-Theater bekannt geworden. Zum anderen gibt es Männer, die dadurch unterhalten, dass sie sich als Frau anziehen. Sie werden häufig als „Female Impersonator“ bezeichnet (vgl. Baker, 1994, S. 20 f.). Ein weltweit bekannter Vertreter ist der Australier Barry Humphries, bekannter als Dame Edna.

Historisch lassen sich unzählige bekannte und unbekannte Vertreter von Männern in Frauenkleidung finden. Spuren lassen sich bis zu den Griechen, den Azteken, den Inkas und nach Ägypten verfolgen. Auch in China und Japan war diese Form von Kunst weit verbreitet (vgl. Chermayeff et al., 1994, S. 12 – 20). In Europa sind „männliche Schauspielerinnen“ seit dem 13. Jahrhundert aufgrund des damaligen Verbots der Kirche für Frauen, auf der Bühne zu stehen, fester Teil der britischen Theatertradition. Auch politisch hat man sich die Verkleidung zu Nutze gemacht und zahlreiche Männer als weibliche Spione geschickt. So konnte der in Frankreich geborene Charles Genèvieve Louis Auguste André Timothée d`Eon Beaumont im 18, Jahrhundert erfolgreich als „Lia de Beaumont“ am russischen Hof spionieren (vgl. Chermayeff et al., 1994, S. 25).

Heute wird das politische Engagement der Drag Queens häufig unterschätzt. Gerade zu Beginn des öffentlichen Kampfes um Toleranz und Anerkennung, Ende der Sechziger Jahre, kommt ihnen maßgebliche Bedeutung zu: Da sie ihre Andersartigkeit offen zur Schau trugen, mussten sie auch stets für sich selbst, für Akzeptanz und Toleranz kämpfen, die es ihnen ermöglichen würde, dass auch ihre Freiheit geschützt wird.

Den Drag Queens fällt eine herausragende Rolle beim Stonewall-Aufstand 1969 in New York zu, dem Aufstand von Homosexuellen gegen ihre Unterdrückung, und dem daraus folgenden „gay rights movement“. Auch heute gibt es Gruppen mit einer vorwiegend gesellschaftlich-politischen Ausrichtung, wie zum Beispiel der international agierende „Orden“ der „Schwestern der perpetuellen Indulgenz“.

Diese Aspekte mögen eher unbedeutend wirken; will man jedoch Drag Queens als Werbeträger einsetzen, muss man sich über mögliche Implikationen bewusst sein. Will man sie wirksam vermarkten, muss man sich die Frage stellen, aus welchen Faktoren das Interesse an ihnen resultieren kann.

Abbildung 1: Der australische Entertainer Barry Humphries als Dame Edna (aus: Baker, Roger: Drag, London, 1994)

Abbildung 2 und 3: Charly Chaplin im Film „A Woman" aus dem Jahr 1915; Jack Lemmon und Toni Curtis im Film "Some like it hot" (aus: Baker, Roger: Drag, London, 1994)

Auch wenn es häufig so scheinen mag, als seien große Auftritte der Drag Queens in den Medien ein typisches Phänomen der 90er Jahre, ist das Auftreten von Männern in Frauenkleidung auch im 20. Jahrhundert nicht neu. Doch so wie sie im Theater nicht bewusst als eigene Kunstform wahrgenommen wurden, blieben sie auch im Kino weitgehend unbeachtet und tauchten eher als Form des konventionellen Humors oder als Psychose auf. Charlie Chaplin spielte schon 1914 im Kino in Frauenkleidung (zum Beispiel *The Masquerade* und *A Busy Day*). Abbildung 2 zeigt ihn im Film *A Woman* (1915).

Den ersten deutschen Beitrag zu diesem Thema lieferte 1919 Ernst Lubitsch. Und wer kennt nicht den Klassiker *Manche mögen's heiß* (Original: *Some like it hot*, Abbildung 3) mit Jack Lemmon und Toni Curtis aus dem Jahr 1959. Auch die *Rocky Horror Picture Show* (1975) oder die berühmte *Benny Hill Show* Ende der 70er Jahre auf BBC sind berühmt geworden, blieben jedoch im Bereich des Satirischen.

Größere Öffentlichkeit gab es erst 1995, als Patrick Swayze, Wesley Snipes und John Leguiziamo in Steven Spielbergs *To Wong Foo* drei Drags spielten, obwohl dies lediglich eine mit bekannten Schauspielern besetzte Kopie des bereits Anfang der 90er Jahre erschienenen australischen Klassikers *Priscilla – Queen Of The Desert* war.

Die Gründe für die veränderte Rezeption können nicht isoliert betrachtet werden: Der Stonewall-Aufstand war nur einer von vielen Aspekten des Kampfes um Toleranz und Liberalisierung in den 60er Jahren, der schließlich jene gesellschaftlichen Veränderungen herbeiführte, die auch zum Erfolg der Drag Queens beitrugen. Als David Bowie in den 70ern in Frauenkleidern oder als androgyner Außerirdischer in Nicolas Roegs Film *Der Mann, der vom Himmel fiel* auftrat, und das seinem Erfolg genauso wenig schadete wie sein *Coming-out-Konzert* am 3. Juli 1973 im Londoner Hammersmith Odeon, stand er dem Teil einer Generation gegenüber, deren Lebensstilkonzept sich zu ändern begann. (Siehe hierzu den Beitrag *David Bowie – Die Chamäleon-Marke*).

Abbildungs 4: Divine (Quelle: John Waters: Schock, Verlag Monika Nüchtern, München)

Das Aufbegehren gegen traditionelle Werte wie Disziplin und Gehorsam bei gleichzeitiger Aufwertung von individuellen Bedürfnissen prägte die Forderungen dieser Generation, die auch Divine zum Star werden ließ: John Waters hatte mit seinem Nachbarn Super-8 Filme gedreht, die in den 60er Jahren völlig überraschend sehr erfolgreich wurden, vor allem aber jenen Nachbarn als Divine bekannt machten. Er kann als die erste menschliche Marke im Sinne dieses Artikels betrachtet werden: „Als Sänger(in) mit den schrillen Tönen, den vogelnestartigen Frisuren, den verschrobeneleganten Klamotten war Divine ein Markenartikel geworden." (Huber, 1989, S. 60). Ein Markenartikel, der für Selbstironie, Urgewalt und Glittercharme stand. Filme wie *Mondo Trasho, Multiple Maniacs* (1970) und *Female Trouble* (1975, Abbildung 4) machten Divine berühmt. Er wurde sogar so weit mit seiner Marke identifiziert, wie es allenfalls aus Sicht traditioneller Markentheorien wünschenswert erscheinen kann: „Ich bin ein Kerl, viele wollen das nicht begreifen, Fummel und Perücken sind nur meine Arbeitsklamotten. Dieses dicke Weib bin ich nur auf der Bühne." (Huber, 1989, S. 60). Zur selben Zeit machten beispielsweise die englische Danny La Rue oder die französische Coccinelle „Drag" zu einer respektierten Kunstform, die jedoch nur einem kleinen Teil der Bevölkerung bekannt war (vgl. Baker, 1994).

Inwieweit Drag Queens sich zur Ansprache bestimmter Zielgruppen eignen, lässt sich betrachten anhand positiver Werte, die für die heutige Gesellschaft kennzeichnend sind: das Ausleben emotionaler Bedürfnisse, die Betonung von Freizeit, Eigenständigkeit, Genuss, Abenteuer, Spannung, Individualität, Kreativität, Spontaneität und Selbstverwirklichung. Das hat zu einer Erlebnis- und Genussorientierung geführt, die traditionellere Werte wie Disziplin und Gehorsam abwertet (vgl. Raffee/Wiedmann, 1994, S. 423 – 444, in: Herbst 1998).

Drag Queens sind dabei Ausdruck der Existenz und der Anerkennung pluralistischer Lebensstile, die auch zu einer größeren Akzeptanz gegenüber Schwulen führte. Das veränderte Bewusstsein ihnen gegenüber und Ausdruck des stärker werdenden Selbstbewussteins sind beispielsweise die ständig steigenden Teilnehmer- und Zuschauerzahlen des alljährlich stattfindenden Christopher Street Days: Während im deutschen Entstehungsjahr 1979 lediglich 400 Teilnehmer gezählt wurden, es 1984 noch rund 2.000 waren, zählte die Parade im 2001 Jahr alleine in Berlin über 500.000 Teilnehmer. Genauso änderte sich die öffentliche Reaktion: Bundestagspräsident Wolfgang Thierse und der Regierende Bürgermeister von Berlin Klaus Wowereit sprachen auf der Abschlusskundgebung, Bundeskanzler Gerhard Schröder richtete ein Grußwort an die Veranstalter und über 270 Artikel berichteten über das Ereignis (Siegessäule, *CSD-Magazin* 6/1998, S. 18).

In diesem Umfeld konnte sich Anfang der 90er Jahre – beginnend in New York – in vielen Metropolen eine starke Drag Queen Szene bilden: „Miss Demeanor", „Mascene" oder „Hillary" kamen aus New York nach Berlin, die dortige Szene entwickelte sich jedoch weitgehend eigenständig. Berlin beheimatet noch immer recht eigenwillige Formen der Drags, wie zum Beispiel die „Trash Queens", ironisch-liebevoll auch als „Trümmertransen" bezeichnet.

Wo liegt das Interesse, diesen Veränderungen aus marktwirtschaftlicher Sicht Beachtung zu schenken? Dass sich Emotionen oft besser verkaufen lassen als Argumente, ist für die psychologisch orientierte Markenbeschreibung nichts Neues. Drag Queens verkaufen Träume. Sie sind Gegenpol zu konformistischen Stereotypen. Zwar konnte der Marlboro-Mann bis heute überleben, wurde aber von androgynen Schönheitsidealen, wie sie vor allem Calvin Klein populär machte, in weiten Teilen abgelöst. Drag Queens können ein neuer Trend sein, der sich nicht in diese Schemata einordnen lässt. Dadurch erregen sie Aufmerksamkeit – der erste notwendige Schritt, um ein Produkt zu verkaufen – ohne sich auf überkommene Stereotypen beziehen zu müssen. Ein solches Vorgehen soll im folgenden Abschnitt systematisiert werden.

3. Anwendung des GER-Markenführungssystems

Ermut H. Geldmacher hat mit dem GER-Markenführungssystem ein für menschliche Marken geeignetes Konzept entwickelt. Es leitet sich aus den Erkenntnissen aus dem Kommunikationsbereich ab und baut auf Faszination auf: „Faszination ist sowohl Sachen wie Personen, Körperlichem wie Geistigem eigen – gewissermaßen als Ausstrahlung." (Geldmacher, 1989, S. 4). (Siehe hierzu auch den Beitrag *Mit Mensch-Marken faszinieren*). Diese Faszination muss die Drag Queen auf den Konsumenten ausüben, um als Marke im Sinne dieses Konzeptes betrachtet werden zu können.

Seine Theorie hat er in der Systematik des „GER"-Markenführungssystems zusammengefasst, wobei „GER" für „Greater Efficiency Rules" steht. Geldmacher definiert die Marke als „eine durch besondere Produkt-, Angebots-, Preis- und Kommunikationsfaszination gekennzeichnete Ganzheit" (1989, S. 6). Die Marke sei „das kommunikative Begegnungsobjekt, das unbewusst, bewusst oder signalhaft bewusst wahrgenommen wird ... Die Marke als Ganzheitsphänomen ist es, die dem Konsumenten im Markt begegnet" (1989, S. 1). Statt durch Hinzufügen eines weiteren Aspekts möglicherweise den Ganzheitsaspekt aus den Augen zu verlieren, soll seinem Konzept folgend versucht werden, ein komplexes Phänomen handhabbar zu machen.

Wie kann die Faszination einer Drag Queen systematisiert werden? „Faszinationen vollziehen sich ... durch alles, was die fünf Sinne des Menschen anspricht." (Geldmacher, 1989, S. 2). Der Konsument ist dabei Integrationsfaktor, der eine große Faszination empfinden soll. Zur Beurteilung der Marke müssen die einzelnen Faktoren in eine Suchfeldanalyse integriert werden:

- ***Sensory perception:*** die fünf Sinneswahrnehmungen visuell, auditiv, olfaktorisch, organoleptisch, taktil/haptisch

- *Engramme:* die gelernten, über Erlebnis und Erfahrung gebildeten, objektiven und subjektiven Einspeicherungen
- *Communicative code:* die Wiedererkennbarkeit vor allem in der verbalen und visuellen Umsetzung

Die wesentlichen Suchfelder bei der Beurteilung einer Markenganzheit sind dabei
- Produktfaszination
- Angebotsfaszination
- Preisfaszination
- Kommunikationsfaszination (vgl. Geldmacher, 1989, S. 2).

Mit Hilfe dieser Suchfelder können Kommunikationsaspekte für die Vermarktung von Drag Queens nun konkret analysiert werden:

Die ***Produktfaszination*** inszeniert die Drag Queen durch perfektes Make-up und Styling: den „Look einer perfekten" Frau. Extravaganz und Glamour werden durch Kostüm, unkonventionelle Lebensführung und die Exklusivität der Kunstform ausgedrückt. Durch ein individuelles Styling und ein unverwechselbares Auftreten, beispielsweise durch eigenwilligen Humor, wird ein einzigartiges Image geschaffen.

Die ***Angebotsfaszination*** ergibt sich durch die Gesamtheit der äußeren Erscheinungsform und die damit verbundenen Assoziationen sowie durch die Leistung, die die Drag Queen bei ihrem Auftreten erbringt. Ihr Angebot fasziniert durch die individuelle Mischung dieser Faktoren.

Durch die kabarettistische Darstellung ihres Charakters übernimmt sie Identifikationsfunktion. Ihre Stärken und Schwächen sind übersteigert und offensichtlich. Sie erlebt die Dinge, die jedem im Alltag passiert sind oder sein könnten, spricht Probleme an und Tabuthemen aus. Sie gewinnt ihre Sympathie dadurch, dass sie das Publikum einbezieht, an ihrer „eigenen" Geschichte teilhaben lässt, ihm ihre Wünsche und Vorstellungen näher bringt und ihre Ängste ausspricht.

Die Drag Queen verkauft einen Traum. Will man sie als Marke etablieren, muss man hier ansetzen: Drag Queens gehören eher in den Bereich des Mythischen, Mystischen und Irrealen. Ihre Rolle kann man bedingt mit der vergleichen, die früher der Hofnarr einnahm: Sie erklären die Welt aus einer anderen Perspektive und halten uns den Spiegel vor Augen. Sie kommentieren, ohne moralisierend zu sein, oder sind einfach Unterhaltungsfaktor und dabei im gewissen Sinne frei von den gängigen Konventionen. Ihre Inszenierung ist oft so perfekt, dass man sich willkürlich oder unwillkürlich der Illusion hingibt, die Frau könnte echt sein. Um Simone de Beauvoir weniger existenzialistisch zu interpretieren, wenn sie sagt: „Man kommt nicht als Frau auf die Welt, man wird es": Die Vorstellung, dass Geschlechter stets Inszenierungen sind, wird bei Drag Queens überdeutlich. Drag Queens sind dabei eine eigene Kunstform, scheinen als „Wanderer zwischen den Geschlechtern" selbst das Unmögliche möglich gemacht zu haben, ohne das man sich wirklich sicher sein kann: „Drags are an awesome representation of the third sex, one gifted with magical powers and invested with divine authority, uniting male and female into the undifferentiated sexuality of the primal creative force. The drag has two faces. The secular mask is comic and allows her to take on the role of the court jester, with privilege to challenge the laws of society and to crash through the boundaries that separate male from female." (Baker, 1994, S. 20).

Diese Ambivalenz ist eine der großen Faszinationen der Drag Queens. Sie scheinen sogar unabhängig von anatomischer Körperlichkeit, denn sie können sowohl ein anderes als auch mehrere Geschlechter sein. Drag Queens sind anders, lassen sich nicht in gesellschaftliche Normen einordnen, verstoßen gegen gängige Konventionen, und sind durch ihre Inszenierung und ihren Glamour mystisch und beinahe irreal. Sie trauen sich all das zu tun, was „echte" Frauen vielleicht gerne tun würden. Sie verkörpern jene Zügellosigkeit, die ihre Zuschauer im Alltag so selten antreffen, weil die Angst besteht, für ein derartiges Verhalten stigmatisiert zu werden. Die Drag Queen hingegen kann mit ihrem Make-up auch die inszenierte Weiblichkeit mitsamt allen Stigmata ablegen.

Die ***Preisfaszination*** muss bei der Anwendung des Konzepts, das nicht explizit für Menschen, geschweige denn für Drags entwickelt worden ist, in ihren Begriffen flexibel betrachtet werden: So lässt sich der Preis nicht nur monetär ausdrücken, da es hier ja nicht um den Besitz eines Produktes geht. Dennoch gibt es jenen Preis, den man für den Auftritt bezahlen muss, der aber – anders als bei vielen Showstars – in der Regel nicht im Bereich eines Prestigepreises liegt. Das Prestige resultiert hier aus anderen Faktoren, beispielsweise der Exklusivität der Show, die häufig aus dem begrenzten Zugang oder der Kommunikation ausschließlich innerhalb einer Szene resultiert. Um klassische Produkte handelt es sich wieder im Bereich der Bild- oder Tonträger mit Aufnahmen der Drag Queen, um nur einige Möglichkeiten zu nennen. Hier lässt sich durch eine gezielte Kommunikation und limitierte Distribution auch ein gewisses Prestige erzielen.

Die ***Kommunikationsfaszination*** basiert auf der Wechselwirkung rationaler und emotionaler Wirksamkeiten. „Damit ist gemeint, dass der Markenname alleine bereits häufig Assoziationen hervorruft, zum Beispiel Asbach Uralt, Porsche." (Geldmacher, 1989, S. 4). Genau das ist die Vermarktungsstrategie für Drag Queens: Ihr Name muss Assoziationen hervorrufen und den Rahmen bestimmen, in dem Erwartungen gestellt werden: Divine verspricht eine andere Show als Ru Paul – entsprechend muss die Kommunikation gestaltet werden. Die Drag Queen muss sich selbst zur Marke machen, um aufzufallen, um besonders zu sein. Drag Queens sind klassifizierbar: Sie sind elegant oder trashig, vulgär oder edel, zurückhaltend oder provokant, aber nie alles zugleich.

Die Drag Queen muss ein konkretes Image aufbauen, um einzigartig zu sein. Image ist die Summe „aller subjektiven Vorstellungen einer Person von der Marke hinsichtlich der wahrgenommenen Eigenschaften und der Eignung dieser Marke zur Befriedigung der rationalen und emotionalen Bedürfnisse des Individuums." (Meffert/Burmann, 1996, S. 34). (Siehe hierzu den Beitrag *Wenn Persönlichkeiten wirken: das Image*). Das Image der Drag Queen muss zwar mit ihrer eigenen Persönlichkeit übereinstimmen; da ihr Auftreten in der Öffentlichkeit aber immer „Show" ist, bestehen viele Möglichkeiten, eine authentisch wirkende Person zu kreieren.

Das Interesse für die Privatperson ist in der Regel geringer als bei Schauspielern oder Politikern, zumal das Wiedererkennen des Menschen schwierig ist, den man nur als verkleidete Drag Queen gesehen hat.

Damit bieten sich interessante Möglichkeiten zur planbaren Inszenierung der Marke, bei der die private Integrität dennoch gewahrt werden kann. Gerade dieses Spannungsverhältnis zwischen öffentlicher Person und dem weitgehend unbekannten Privatleben erzeugt Neugier.

Mit ihrem selbst gewählten Image wird sie das Gesamtprodukt, das der Zuschauer sehen will. Auf sie kann er seine Wünsche, Ängste und Sehnsüchte projizieren. Nicht zuletzt dadurch, dass sie bereits dagegen verstoßen hat, scheint die Drag Queen frei von Konventionen – ihr Übertreten der gesellschaftlichen Normen ist ja bereits wenigstens von jenem Teil der Gesellschaft toleriert worden, der sie gerade sieht. Der kleine Teil, der sie weder toleriert noch ignoriert, sondern lautstark protestiert, ist zugleich der, der sich hervorragend für ihre Publicity nutzen lässt.

Die Kommunikationsfaszination ist auch deshalb das herausragende Merkmal menschlicher Marken, da sie selbst zu kommunizieren im Stande sind. Die Drag Queen steht auf der Bühne, kommuniziert mit uns und wir über sie. Über sie – als Drag, nicht als Privatperson – wird berichtet, denn ihr ungewöhnliches Leben scheint interessant für den „Normalbürger".

Genau wie bei einer klassischen Marke ist der Name bei der menschlichen Markierung das erste Profilierungsmerkmal. Für die Drag Queen bedeutet das, einen Namen zu finden, der einprägsam ist, indem er Assoziationen hervorruft. Diese Verbindung kann durchaus ironisch oder sarkastisch sein: „Divine" ist nicht unbedingt, was man sich unter göttlich vorstellt, und Namen wie „Gonorrhoe", „Schlachterin" oder „Biggy van Blond" prägen sich wegen ihrer hohen Assoziativität hervorragend ein. Zusammen mit Ausstrahlung und Auftreten und der kommunizierten Publicity ergibt sich daraus der Markencharakter, der sie grundsätzlich differenziert und profiliert.

Soll die Drag Queen erfolgreich als Marke etabliert werden, muss – laut Geldmacher – ein Umfeld für ihre Positionierung definiert werden. Dazu kann sie bewusst Assoziationen ihres kulturellen Umfelds einbeziehen, seien dies geografische oder historische Stereotypen. Damit entwickelt sie individuelle Attribute, die sie betont, und damit ein Image, das auf entsprechenden Kanälen angemessen kommuniziert werden muss. Das Umfeld hängt auch vom Ort ihres Auftretens ab (dieser Aspekt soll weiter unten im Zusammenhang mit der Zielgruppenbeschreibung diskutiert werden).

Das Zusammenspiel aller genannten Faktoren lässt eine Markenpersönlichkeit entstehen, eine „unverwechselbare Ganzheit ihres Erscheinungsbildes", die – ähnlich einem Menschen – eine Rolle spielt in der Markengesellschaft. Sie besitzt einen Charakter, der unverwechselbar dieser Marke zugeordnet wird, und damit ein eigenes „Markenschicksal" (vgl. Geldmacher, 1989, S. 4). Geldmacher bezeichnet dies als „Marken-Charisma", das „alle Faszinationen, die eine Marke ausstrahlt, die sie zu einer Besonderheit macht, und ihre Alleinstellung im Markt kennzeichnet" vereine (1989, S. 4). Als Mensch, als Star und als Marke muss für die Drag Queen eine derartige unverwechselbare Persönlichkeit, Charakter und Charisma geschaffen werden, damit sie die definierte Rolle in der Gesellschaft und für den Einzelnen spielen kann.

Zusammengefasst ergibt sich die Ganzheit der Markenfaszination auch für eine Drag Queen also aus dem Zusammenspiel folgender Faktoren:

- Markenpersönlichkeit,
- Markencharakter,
- Markenrolle: das Verhalten im Markt in Vergangenheit, Gegenwart und Zukunft,
- Markenfundus: das über sie gelernte „Wissen", das bewusst ist oder bewusst gemacht werden kann,
- Markenkern: die Identität, die sich aus dem Markenschlüssel, dem Markencharakter, der Markenrolle und dem Markenfundus ergibt (vgl. Geldmacher, 1989, S. 4).

Ziel der Kommunikation ist die Reflexion auf die dargestellte Faszination. Die Entwicklung der Kommunikationsstrategie beinhaltet daher die Aspekte einer entsprechenden Kommunikationsform und die Festlegung der Zielgruppe. Die Kommunikation durch die Medien ermöglicht den Drag Queens die notwendige Popularität, die Zeitungen erhoffen sich im Gegenzug höhere Auflagen, die Fernsehanstalten höhere Einschaltquoten. Medien übernehmen so die Vermittlerrolle zwischen der Drag Queen und den Konsumenten.

Für ihre Betrachtung als Markenartikel bedarf es nicht unbedingt der Öffentlichkeit durch Massenmedien: Durch Selektion und Inszenierung kann bei den Rezipienten ein gewünschtes Bild vermittelt werden. Da aus der heutigen Vielzahl existierender Medien jedes seine eigenen Möglichkeiten und Gesetzmäßigkeiten mit sich bringt, ist es wichtig, sich im Zuge der Verknüpfung der Medien auch auf intermediale Inszenierungsformen zu verstehen. So verkauft sich ein Musikstar schon lange nicht mehr über seine Stimme, sondern vielmehr über das Bildmaterial, das in Musikvideos, Zeitschriften oder Fernsehauftritten vermittelt wird.

Entscheidend für die Wahl des adäquaten Kommunikationsmediums ist die anzusprechende Zielgruppe. So unterschiedlich das Angebot der Drag Queens ist, so schwierig lässt sich jedoch allgemein die Zielgruppe beschreiben. Es mag plausibel erscheinen, die potenzielle Zielgruppe auch angesichts des Mythos, sie sei „hochwertig" und „lukrativ" (*Der Spiegel* 24/1996), in einer „homosexuellen Zielgruppe" zu suchen. Hier ergeben sich jedoch sowohl Schwierigkeiten in der Definition als auch in der Legitimation einer solchen Zuordnung: Zum einen sprechen Drags weder explizit noch implizit ausschließlich Schwule an; zum anderen lässt sich eine so große und verschiedenartige Gruppe nicht sinnvoll zusammenfassen. Weiterhin stößt man auf Schwierigkeiten bei Erhebungsmethoden und Repräsentativität der Studien, so dass eine derartige Segmentierung insgesamt problematisch erscheint (vgl. Mack, 1999). Trotz der Schwierigkeiten, diese Zielgruppe als Ganzes zu beschreiben, können potenzielle Konsumenten innerhalb von Teilgruppen gesucht werden. Eine Ansprache von Gruppen innerhalb der „schwulen Szene" erscheint nämlich durchaus möglich.

Ein denkbarer Einsatz von Drag Queens ist das Szene-Marketing. Szenen definieren sich durch „gleiche Wertorientierung, gleiche Interessen, eigene Sprach- und Zeichencodes, gleiche Kleidung, eigene Locations, gleiches Konsumverhalten und gleiches Freizeitverhalten" (Merks, in Gerken/Merks, 1996, S. 35). Eine wichtige Voraussetzung im Szenemarketing ist die authentische, nicht aufgesetzt wirkende

Abbildung 5: Drag Queens in der Werbung am Beispiel der Zigarettenmarke West (Quelle: Reemtsma)

Ansprache der Szenenmitglieder, die man vor allem durch eine persönliche Beziehung („relationship") gewinnt. Dafür eignen sich Drag Queens durch ihre in der Regel enge Verbindung zur Schwulenszene: Selbst wenn sie selber nicht notwendigerweise schwul sein müssen, sind sie fester Bestandteil schwuler Kultur.

Aus dem gleichen Grund eignen sich Drag Queens für Event-Marketing und Sponsoring-Maßnahmen: Beim Sponsoring von Gay-Events können Drags als augenfälliges Symbol das Engagement der Firma verdeutlichen und so zum gewünschten Firmenimage beitragen. Es ist anzunehmen, dass die Einstellung Schwuler gegenüber Werbung, die sich explizit an sie richtet, sehr positiv ist (*HORIZONT* 19/1996). Die Beispiele hierfür sind zahlreich: Die Fluggesellschaft Virgin Airlines bekam für ihre speziell an homosexuelle Männer und Frauen gerichtete Werbekampagne Dankesbriefe und konnte Hunderte von Neukunden verzeichnen, die sich konkret auf diese Werbung bezogen (*Der Spiegel* 24/1996, S. 97; W&V 19/1996, S. 20). Unternehmen wie Quantas, Telstra oder Pepsi präsentieren sich in Sydney als stolzer Sponsor des „Gay and Lesbian Mardi Gras" (Mardi Gras Informationsbroschüre 2000, S. 6).

Ein Beispiel für eine konkret mit einer Drag Queen umgesetzte Kampagne zeigt Abbildung 5: ein Plakat des Konzerns Reemtsma für seine Zigarettenmarke „West".

Der Einsatz von Drag Queens bietet einen weiteren Vorteil: Viele Firmen sehen bei zu starker Aktivität in der schwulen Szene die Gefahr eines „backlash" seitens ihrer heterosexuellen Kunden – gerade deutsche Unternehmen äußern oftmals Bedenken hinsichtlich der Reaktionen ihrer heterosexuellen Konsumenten (*Der Spiegel* 24/1997, 97). Der Einsatz von Drag Queens kann diese Gefahr minimieren. Ihnen gegenüber gibt es weniger Vorbehalte, weil ihr Auftritt „Kunst" und „Illusion" darstellt.

Die Drag Queen dient in der Regel als „Eyecatcher" (Blickfänger), die der Erotik als klassischer Aufmerksamkeitserreger Konkurrenz machen soll. Eine Studie der Gesellschaft für rationelle Psychologie hat die wachsende „Gleichgültigkeit gegenüber erotischen oder sexuellen Darstellungen von Männern" festgestellt (Kreutzer, 1998, S. 121). Die Untersuchung des Gießener Psychologieprofessors Klaus Moser aus dem Jahr 1997 hat ergeben, dass die Wirkung von Sex-Appeal „beim derzeitigen Forschungsstand als ungeklärt betrachtet werden muss" (Kreutzer, 1998, S. 121). Nur mit Sex operierende Anzeigenmotive verpuffen häufig, weil Textbotschaft und Marke kaum wahrgenommen werden. Hier können Drag Queens einen Akzent setzen: Sie vermarkten nicht unbedingt das Bild des neuen Mannes, wohl aber das Bild einer neuen Zeit.

4. Praxis

4.1 Allgemeine Situation

Verglichen mit den denkbaren Einsatzgebieten und des meist begrenzten Werbeetats scheint die professionelle Vermarktung von Drag Queens unentwickelt: So interessant das Szene-Marketing sein kann, so schwierig ist es für viele Unternehmen, den richtigen Zugang zu finden. Große Unternehmen versuchen häufig, mit Trend Scouts zu Informationen zu kommen. Aber auch damit ist ein dauerhafter Zugang zur Szene nicht garantiert. Die meisten Drag Queens promoten sich weitgehend selbst und haben wenig Erfahrung mit professioneller Vermarktung. Es scheint also an einer Schnittstelle zwischen Subkultur und Marketing zu mangeln. Drag Queens sind meistens „Ein-Mann-Unternehmen". Es mangelt an überregionaler Bekanntheit, Rechtsschutz und Hilfe bei der Vertragsabwicklung.

Drag Queens sind keinesfalls nur in ihrer abgegrenzten, schwulen Szene erfolgreich: Um authentisch zu wirken, werden immer häufiger echte Drag Queens statt Schauspieler in die Werbung vermittelt, denen sich dadurch Welten eröffnen, die ihnen bis dahin verschlossen blieben, wie jene von Daimler-Chrysler, Viag Intercom oder Hennessy. Musikproduktionen, Fernsehen und Presse zeigen großes Interesse.

Eine der wenigen jungen Agenturen, die sich speziell auf die Vermarktung von „Dragqueens und Dragkings, Clubkids und anderen Extremen" spezialisiert hat, ist die 1999 gegründete Berliner Agentur „Superstar Management". In deren Kartei finden sich Namen wie „Kaspar Kamäleon", „Marteina Ahwie-süß!" und „Gérôme Castell", die Insidern durchaus ein Begriff sind, deren Bekanntheit aber, genau wie die von Superstar-Management selbst, kaum über Berlin hinausreicht. Darunter ist auch Biggy van Blond, die als aussichtsreicher zukünftiger „Superstar" gehandelt wird. Bevor dieses Superlativ Berechtigung hat, sind wohl auf beiden Seiten noch einige Anstrengungen nötig, um den Berliner Raum zu verlassen.

Hier soll nicht gezeigt werden, ob das Mensch-als-Marke-Konzept geeignet ist, jede Lokalberühmtheit als künftigen Star darzustellen. Es kann aber durchaus als Instrument verwendet werden, um Prognosen über die Erfolgsaussichten von Menschen, die sich vielleicht auf dem Weg dorthin befinden, und Bewertungskriterien für deren Auftreten und Kommunikationsstrategien zu entwickeln. Statt das Konzept an einem etablierten Star abzugleichen, will ich deshalb hier am Beispiel einer jungen Drag Queen aus Berlin dessen Brauchbarkeit für zukünftige Entwicklungen testen.

4.2 Das Beispiel Biggy van Blond

Auf die Frage, wer sie sei, antwortet Biggy van Blond: „Ich selbst klassifiziere mich als ‚professionelle Blondine' – das sagt alles und nichts". Es sagt etwas über ihre Professionalität in Bezug auf ihre Selbstdarstellung – unterstellt, dass das tatsächlich nicht alles ist – und sagt gar nichts über den Menschen, der hinter Biggy steht. Tatsächlich soll ihr echter Name nicht genannt werden und nur der „Star" Biggy van Blond betrachtet werden.

Der Mann, der hinter Biggy van Blond steht, ist Mitte der 70er Jahre geboren und entwickelte schon während seiner Schulzeit in Berlin-Neukölln sein Leben als Biggy.

Bekannt wurde Biggy van Blond in Berlin vor allem durch ihre Fernsehshow *Auf Draht* im Regionalsender tv-Berlin und durch Gastrollen in ZDF- und RTL-Fernsehserien. Die *Berliner Morgenpost* meint:

*„Derzeit ist Biggy van Blond auf dem besten Weg, zum Kultstar zu avancieren. Wie man das wird? Entweder man liefert möglichst viel Kult, oder man benimmt sich einfach wie ein Star." (*Berliner Morgenpost, *3.6.99, S. 32).*

Wenn es tatsächlich so einfach ist, wäre wohl das Konzept des „Celebrity Marketing" überflüssig. Oder Biggy ist bereits so perfekt, dass sie das Konzept der menschlichen Marke schon lebt. Beides ist offensichtlich nicht der Fall. Daher soll in Anlehnung an das GER-Markenführungssystem betrachtet werden, was das „Produkt" Biggy kennzeichnet, was es bietet und wie es in der Öffentlichkeit kommuniziert wird. Zitiert wird dabei – soweit nicht anders erwähnt – Biggy van Blond aus einem Interview, das ich für diesen Beitrag mit ihr geführt habe.

Abbildung 6: Biggy van Blond (Quelle: Jörn Hartmann)

Das „Produkt"

Biggy van Blonds Karriere begann im Alter von 16 Jahren (ohne dass man die Stufen notwendigerweise als Karriere bezeichnen müsste). In diesem Alter moderierte sie im Berliner „a-ha", einem schwulen Jugendklub in Berlin, und „aus dem Spaß entstand eine Figur". Der Partyveranstalter Bob Young sah sie wenig später in seinem Klub „90°" und eröffnete ihr Kontakte und ein interessiertes Publikum in der Berliner Partyszene. Das ist ein Weg, der als durchaus exemplarisch für Drag Queens angesehen werden kann: Das erste Publikum ist oft die heimische Schwulenszene.

Die Gastrolle in der Fernsehserie *Gute Zeiten, Schlechte Zeiten* war der Zugang zum Fernsehen. Dort spielte sie eine Bühnentravestiekünstlerin, kurz danach eine Transsexuelle im ZDF Krimi *Beckmann und Lankowski.* Vorübergehend konnte sie sich beim Lokalsender tv-Berlin etablieren: Zunächst nur als Urlaubsvertretung begann sie dort die Call-In-Sendung *Auf Draht* zu moderieren; der Erfolg war so groß, dass sie einen festen Moderatorenvertrag erhielt.

Als „Call-In"-Sendung steht *Auf Draht* exemplarisch für ein weiteres Kriterium, das menschliche Marken von den klassischen abgrenzt: Die wechselseitige Kommunikation: Biggy kann sich hier in der Sendung mit aktuellen Inhalten beschäftigen und so flexibel reagieren, während sie durch die Telefonanrufe in der Sendung direktes Feedback erhält.

Angebotsfaszination

Der Name ist kurz und einprägsam, der lange Vokal am Ende macht ihn klangvoll. „Biggy" lässt sich in vielen Sprachen aussprechen und hat keine (mir bekannte) Bedeutung. Der Zusatz „van" impliziert, wie von ihr beabsichtigt, ein „adlig-glamouröses" Image. Mit der Wahl des Begriffs „Blond" schafft sie nicht nur eine Identifikationsebene für Blonde, sondern auch Projektionsfläche für unterschiedliche Assoziationen – von der schönen, eleganten Blondine bis hin zum blonden Dummchen. „Blond kommt von den glamourösen Filmdiven à la Marilyn Monroe, die vielen Blondinenwitze kamen erst später".

Biggy van Blond ist die Inkarnation der Blondine, der perfekten Blondine, motiviert vom Grundsatz: „Jede Traumfrau sollte mindestens einmal blond sein", das einem ihrer Lieblingsbücher von Diane Brill entstammt. Der Name ist zugleich Markenzeichen: Biggy ist blond, glamourös und freundlich.

Abbildung 7: „Phänomen Biggy van Blond: glamourös, freundlich und – irgendwie blond" (PRINZ) (Fotoquelle: Andre Hercher, Jörn Hartmann (3), TV-Berlin Archiv)

Kommunikationsfaszination

Biggy van Blonds Auftreten in der Öffentlichkeit wirkt angesichts ihrer noch lokal begrenzten Bekanntheit verhältnismäßig professionell: Dies beginnt beim Styling, das die Illusion vermittelt, einer echten „Diva" gegenüberzustehen, bis hin zur widerspruchsfreien Kommunikation in den lokalen Medien verschiedener Genres. So berichten nicht nur die Schwulenmagazine wie *Siegessäule* und *Sergej* über sie, sondern auch die *Bild*, die *Berliner Morgenpost* und die *Berliner Zeitung*. Sie ist in verschiedenen Radiosendern zu hören und im Fernsehen zu sehen. Dabei ist die Berichterstattung selten kritisch, und ihr Image wird ausnahmslos in ihrem Sinne transportiert. Das mag daran liegen, dass das Interesse an negativer Berichterstattung angesichts einer noch nicht allzu weit reichenden Bekanntheit relativ gering ist, ist aber auch Indiz dafür, dass sie ihrerseits die Kommunikation mit den Medien souverän beherrscht.

Persönliche Kontakte zur Presse sichern ihr gute PR, wobei dies als „Lokalberühmtheit" natürlich leichter möglich ist als bei einer deutschlandweiten Promotion. Außerdem beeinflusst sie ihr Image, indem sie selbst für verschiedene Zeitungen schreibt, beispielsweise in der *Bild-Zeitung* unter dem Titel *Heute von Szene-Diva Biggy van Blond* oder in einer regelmäßigen Kolumne in der Zeitschrift *Sergej*.

Sieht sie sich selbst als Markenartikel? „Unbedingt. Ich muss genauso unverwechselbar sein und auf mein Image achten, zum Beispiel die ‚offizielle Version', dass ich immer aufgetranst aus dem Haus gehe ...". Damit hat sie eine fast völlige Übereinstimmung des von ihr vermittelten Selbstbilds mit dem von ihr verbreiteten Fremdbild erreicht.

Preisfaszination

Biggy van Blond ist nicht zuletzt wegen der Mischung aus Persönlichkeit und inszenierter Person erfolgreich. Auf die Frage nach der Motivation antwortete sie: „Auf jeden Fall ist Biggy ein Drang, erst viel später habe ich gemerkt, dass sich damit auch Geld verdienen lässt." Die Antwort auf ihren Preis blieb genauso taktisch – „Das kommt auf das Budget an, das dahinter steckt – für eine Fernsehserie bin ich natürlich wesentlich teurer als für eine Berliner Party der „Houseboys"".

5. Schlussbetrachtung

Die Zeitschrift *Männer aktuell* befand 1998: „Biggy alias Alexander ist zwar noch keine deutsche Ru Paul, aber abwarten.". Biggy hat sicher das Potenzial zu einer vermarktbaren Drag Queen. Ob sie es entsprechend entwickeln kann und ob sie das überhaupt will, wird die Zukunft zeigen.

Wie für jeden Star beinhaltet die perfekte Vermarktung persönliche Opfer, die langfristig nicht zu unterschätzen sind. Inwieweit der wahre Mensch hinter der Ware Mensch zurückstehen muss, ist letztendlich auch Frage der Motivation und der Identifikation mit dem angestrebten Ziel. Bei all dem sollte ein entwickeltes Marketingkonzept genug Freiraum für persönliche Entscheidungen beinhalten.

Im dargestellten Konzept ist das möglich, die grundsätzliche Entscheidung muss aber die Vermarktung der eigenen und der dargestellten Person bejahen. Dies kann für Drag Queens nicht immer als selbstverständlich angesehen werden – schließlich ist ein Teil ihrer Motivation die Unabhängigkeit von geltenden Regeln. Drag Queens wollen nicht immer die Orientierungs- und Leitbildfunktion wahrnehmen, die man allgemein als grundlegend für Marken ansieht, sondern oft Freiräume in der Gesellschaft schaffen oder für sich beanspruchen; was eine systematische Planung ihrer „Karriere" äußerst schwierig gestaltet. Diese Tatsache stellt das Konzept keinesfalls grundsätzlich in Frage, sondern ist eine persönliche Entscheidung jeder einzelnen Drag Queen, die das für und wider einer professionellen Vermarktung im Voraus sorgfältig abwägen muss. Die Entscheidung dafür eröffnet Welten, die Drag Queens bisher verschlossen blieben.

6. Literaturverzeichnis

Literatur

Baker, R.: Drag, London 1994
Chapman, R. L. (Hrsg): The Macmillan Dictionary of American Slang, London 1995.
Chermayeff, C. et al.: Drag Diaries, San Francisco/München 1998
Geldmacher, E. H.: Das GER-Markenführungssystem, Seminarskript, 1989
Geldmacher, E. H.: Basisinformationen zum Vortrag „Gedanken zu Markenführung", Berlin/Niederteufen 1983/98
Gerken, G./Merks, M.: Szenen statt Zielgruppen, Frankfurt/Main 1996
Herbst, D.: Seminarskript „Menschen als Marke", www.dieter-herbst.de/marke.htm, 4/99
Huber, H.: Leben, Lieben, Legenden, Frankfurt 1989
Karrer, W.: Parodie, Travestie, Pastiche, München 1977
Kreutzer, D.: Kauf mich! Männer in der Werbung, Berlin 1998
Mack, K.: Homosexuelle – eine neue Zielgruppe im Marketing. Chancen und Grenzen des Segments homosexuelle Männer, Diplomarbeit an der Universität der Künste, Berlin 1999
Mackenson, L.: Fremdwörterlexikon, Köln, o.J.
Meffert, H./Burmann, C.: Identitätsorientierte Markenführung, Wissenschaftliche Gesellschaft für Marketing und Unternehmensführung e.V., Arbeitspapier Nr. 100, Münster 1996

Presse

Der Spiegel, Nr.24/1997: Hochwertige Zielgruppe, S.96 – 97
HORIZONT Nr. 19/1996: Schwulen-Werbung ist nicht länger tabu, S. 44
Siegessäule Nr. 6/1998: CSD-Chronik, S. 12 ff.
Sydney Gay and Lesbian Mardi Gras Festival Guide 2000, S. 11
Werben & Verkaufen, Nr.19/1996. Zielgruppe Homosexuelle, S. 20

Mensch nach Maß: Der virtuelle Marken-Star

Von Catriona McLaughlin

1. Einleitung

Menschliche Medienstars haben Konkurrenz bekommen. Diese Konkurrenz ist zwar nicht „echt“, aber durchaus real: Die virtuellen Stars sind da! Sie kommen aus dem Computer und können alles, was ein Star können muss: Singen, tanzen, perfekt aussehen. Überall in der Presse treten sie auf – der Medien-Hype um virtuelle Stars wie Lara Croft und E-Cyas nimmt viel Raum ein. Können die künstlichen Markenstars aus dem Computer menschliche Stars ersetzen? Oder sind sie nur kurze Erscheinungen unserer Zeit, die populär geworden sind aufgrund durchdachter Strategien von Marketingexperten, um Musik, Spiele und die noch unpersönliche Welt des Internet an den Nutzer zu bringen? Werden die Menschen ihrer überdrüssig, sobald sie sich an die virtuellen Menschen gewöhnt haben, und die Besonderheit, das zu können, was ein Mensch auch kann, nicht mehr so besonders ist? Auf Antworten wird man warten müssen. Aufgrund der Neuartigkeit des Phänomens ist dieser Beitrag als Anregung und Ausblick zu verstehen.

Für die große Karriere brauchen die virtuellen Stars zunächst Starpotenzial. Sie müssen den Anforderungen jener Menschen genügen, die ihre Fans werden sollen. Aus diesem Gedanken ergibt sich die Frage, die in diesem Beitrag genauer untersucht werden soll: Haben die virtuellen Figuren das Potenzial zum Star, und wenn ja, verkörpern sie den perfekten Markenmenschen? Um sich der Antwort dieser Fragen zu nähern, soll das Phänomen der digitalen Menschen genauer untersucht werden.

2. Der virtuelle Mensch am Rande der Menschlichkeit

2.1 Der Avatar

In der Medienwelt spricht man von „Avataren“, die künftig immer mehr Aufgaben übernehmen werden. Wer und was ist ein „Avatar“, also ein digitaler Mensch? Das Wort „Avatara“ stammt aus der hinduistischen Mythologie und bedeutet „Herabkunft“. Bezeichnet wurden damit jene Gottheiten, die in die Haut eines Lebewesens schlüpften, um auf Erden zu wandeln. Aufgegriffen wurde das Wort erstmals in dem Science-Fiction Roman „Snow Crash“ (Stephenson 1984), um digitale Kunstmenschen zu bezeichnen. Inzwischen ist „Avatar“ ein fest stehender Begriff.

Was vor einem Jahrzehnt wie wilde Träumerei schien, ist teilweise Wirklichkeit geworden: Ideen aus der einstigen Subkultur das Cyberpunk werden auf einem breiten Markt vertrieben. Gedankenanstöße sammeln die Macher (Int. 1/Köder). (Für diesen Beitrag wurde eine Reihe von Interviews geführt. Die Angaben hierüber sind im Literaturverzeichnis aufgelistet.). In Büchern wie den Bestsellern von William Gibson (Gibson 1984; 1995) und in Cyberwelten wie *Telepolis* (w/1). (Die Internetquellen sind im Quelleverzeichnis ausführlich aufgelistet.).

Die Visionäre sprechen von einer Zukunft, in der es viele Menschen gibt, die nicht aus Fleisch und Blut, sondern aus dem Computer entstanden sind. Allerdings steckt die Entwicklung der virtuellen Menschen noch in den Kinderschuhen. Da die Schaffung digitaler Menschen viel Zeit und Geld erfordert, stellt sich die Frage nach deren Nutzen.

2.2 Nutzen digitaler Menschen

Zum Nutzen digitaler Menschen äußert sich Daniel Thalmann, Experte für virtuelles Leben:

> *„The ultimate Reason for developing realistic-looking Virtual Humans is to be able to use them in virtually any scene that re-creates the real world. (...) a virtual scene (...) is not complete without people (...) With the new developments of digital and interactive television and multimedia products, there is also a need for systems that provide designers with the capability for embedding realtime simulated humans in games, multimedia titles and film animations. (...) More complex virtual human embodiment increases the natural interaction within the environment.“ (Thalmann, 1999).*

Die neuen Welten, die in Computern entstehen, werden also von und mit Figuren besetzt, die aufgrund ihrer Ähnlichkeit mit dem Menschen kommunikationsstark sind. Warum also nicht digitale Ebenbilder schaffen?

Abbildung 1: Cir@ kann sowohl im Netz als auch auf Messen eingesetzt werden

Unternehmens- und Markenrepräsentant im Internet

Zurzeit steigt die Zahl der Firmen, die virtuelle Menschen vermarkten (w/2), denn mit der rasanten Entwicklung der Servicewelt des Internets sind auch die Polygonwunder hoch im Kurs. (Polygone sind seit den Anfängen der 3-D-Grafik das gebräuchlichste Mittel, um 3-D-Objekte aufzubauen. Polygon bedeutet „Vieleck“, kann also zum Beispiel ein Dreieck, Viereck usw. sein. In 3-D-Spielen sind dreieckige Polygone Standard. Alle 3-D-Objekte werden also in Dreiecke unterteilt; so wäre zum Beispiel ein einfacher Würfel aus zwölf Polygonen zusammengesetzt (sechs viereckige Seiten, von denen jede in zwei Dreiecke unterteilt würde). Verständlicherweise ist es nicht ohne weiteres möglich, eine runde Oberfläche aus Dreiecken zu formen. Hier hilft nur der Einsatz von sehr vielen kleinen Polygonen, die eine Rundung bilden, was aber sehr rechenintensiv ist und somit hohe Anforderungen an die Hardware stellt.). Immer mehr Firmen kaufen virtuelle Ansprechpartner für ihre Website. Die meist weiblichen, attraktiven Wesen mit geschwungenen Augenbrauen und knappen Oberteilen dienen als Führer, Berater und Ansprechpartner. Zum Beispiel soll „Vee“ jungen Menschen eine Versicherung näher bringen, „Cora“ eine Bank.

Ziel von Avataren ist vor allem, die unpersönliche Welt des Internets ansprechender zu gestalten und dem Kunden die Interaktion mit dem Medium zu vereinfachen. Die humanoid anmutenden Repräsentanten sollen den Aufbau persönlicher Beziehungen zur Marke erleichtern, denn zu einem „Menschen“ fasst man leichter Vertrauen und wird stärker emotional an die Marke gebunden als durch einen Schriftzug (Int. 2/Köder). Deshalb werden Avatare in den Augen der Visionäre bald unverzichtbar für die Markenführung und im One-to-One-Marketing sein. Gezielte Ansprache kann ohne großen Aufwand betrieben werden (S/ID-Media 10.3.2000).

Dank fortschreitender Technik wird der Unterschied zwischen echt und virtuell immer kleiner. Avatare können schon erstaunlich viel. Jedoch ist ihre Existenz begrenzt, denn sie können nur das ausführen, wofür sie programmiert sind. Deshalb wird noch einige Zeit vergehen, bis sie echte Menschen von ihren Arbeitsplätzen verdrängen.

Andere Einsatzbereiche

Neben ihrem Einsatz als Unternehmensrepräsentanten könnten digitale Doppelgänger in vielen anderen Bereichen nützlich sein, zum Beispiel bei der Simulation von Trainings- und Lerninhalten, in der Bauindustrie, in der Chirurgie, bei Architekturfragen, virtueller Psychotherapie, Errichtung von Arbeitsstätten im Internet sowie für die globale Zusammenarbeit von Menschen (Int. Oest).

Zunächst ist es die Unterhaltungsindustrie, für die virtuelle Menschen als Stars besonders interessant sind (Int. Capin). Auf diesen Bereich soll im folgenden Teil eingegangen werden.

2.3 Virtuelle Menschen als Stars

2.3.1 Entwicklung von Starqualitäten

Virtuelle Menschen treten erstmals in den Cyberromanen der frühen 60er Jahre auf. Seit den achtziger Jahren verbreiten sie sich zunehmend (Schröder, 1994). Einer der bekanntesten Zukunftsromane voller virtueller Welten ist der Bestseller „Neuromancer“ von William Gibson (Gibson, 1984). Erste Einsätze von digitalen Charakteren im Fernsehen beginnen 1984, als die teilanimierte Figur Max Headroom in der gleichnamigen britischen TV-Serie auftritt. Allerdings ist die Technik noch so begrenzt, dass ein Schauspieler Max darstellen muss und diese Aufnahme später in die Filmsequenzen eingeblendet wird. Auch Max wird – wie die Cyberstars heute – durch die Medien populär. Auch er arbeitet im Bereich der Talkshowmoderation, produziert ein eigenes Musikvideo und wirbt für starke Marken wie „Coca Cola“ (w/3). In den neunziger Jahren machten interaktive digitale Charaktere bei den Kindern Furore, wie zum Beispiel die aus Japan stammenden Tamagotchis. Diese kleinen digitalen Haustiere, die man per Tastendruck pflegt, sind auch in Deutschland erhältlich.

1996 werden die Medien auf zwei besondere Frauen aus den von Männern dominierten Kunstwelten aufmerksam: Lara Croft, die animierte Heldin aus dem Computerspiel „Tomb Raider", und Kyoko Date, das „Gesangswunder" aus Japan. Sie sind offiziell die ersten virtuellen Stars, die sogar über Lebenslauf und Hobbys verfügen. 1997 erscheinen der selbst ernannte Star „E-Cyas" (w/4) sowie die mitunter singenden „Webmodels" (w/5) auf dem Cybermarkt. Lara, Kyoko, E-Cyas, Webmodels – sie sind Beispiele für Stars aus dem Computer und werden deshalb im Folgenden beschrieben.

Abbildung 2: Lara Croft ist eine der bekanntesten Avatare im Internet

2.3.1.1 Lara Croft

Mit ihrem letzten Spiel *Tomb Raider IV: The last Revelation* ist Lara gefragt wie vor fünf Jahren. Allein die rund 4.000 Fan-Pages machen sie zur „most wanted"-Frau des Internet (w6). Der Erfolg der von Core Design geschaffenen Lara als Star war weder geplant noch vorhersehbar. Sie ist eine Spielfigur, die nicht für Liveauftritte etc. konzipiert ist; im Kinofilm erhält sie ein menschliches Double.

Die Körperproportionen halfen den Marketingstrategen wesentlich bei der Akzentuierung ihrer Strategie: Die Lara-Figur ist nicht nur durch ihre inneren Werten gekennzeichnet, wie zum Beispiel Intelligenz und Stärke; auch ihre äußeren Maße sind üppig – auch wenn sie im Lauf der Zeit auf etwas menschlicheren Umfang gekürzt wurden. Diese Kombination war erfolgreich: Von den ersten drei *Tomb Raider*-Spielen wurden über acht Millionen Exemplare für beide Konsolen verkauft.

Die Marketingstrategien für die einzelnen Länder sehen unterschiedlich aus: Während es in den USA Lara-Schokoriegel zu kaufen gibt und 20 Meter hohe Werbewände die Großstädte schmücken sollen, ist die Werbestrategie in Europa wesentlich zurückhaltender: Lara soll nicht „verpulvert" werden. Kooperationen mit anderen Herstellern werden nur wohlüberlegt eingegangen, um dem Image von Lara nicht zu schaden (Int. Green-Kayser).

Innerhalb von fünf Jahren hat sich Lara zur Ikone entwickelt. Wieso gerade Lara, die nur über 20.000 Polygone verfügt? Klarer Fall für die PR-Managerin Sascha Green-Kayser: Lara ist populär, weil sie die erste weibliche Protagonistin eines bisher von muskelbepackten Rambos beherrschten Bereiches ist. Sie hebt sich also ab – nicht nur weil sie Britin statt Amerikanerin ist wie die anderen Actionhelden. Außerdem kommt die Figur Lara nicht allein daher, sondern sie hat eine Geschichte. Die Details ihres spannenden „Lebenslaufes" werden erst nach und nach bekannt gegeben. Zum Beispiel ist sie im neuen Spiel als 16-Jährige zu sehen. Diese ausgearbeitete Persönlichkeit hat Lara einen Vorteil gegenüber den vielen anderen Avataren verschafft.

Lara wird auf allen Ebenen erfolgreich vermarktet, doch sie ist hauptsächlich im Computerbereich angesiedelt. Dies scheint die Fans nicht zu stören. Genau so wenig, dass die Traumfrau aus Pixeln besteht. Im Gegenteil: So kann sie noch perfekter werden (Int. Oest): Während Michael Jackson seine stetige Aufhellung noch mit einer Hautkrankheit erklären muss und Cher öffentlich zu ihrem Silikonspeicher steht, müssen die virtuellen Stars sich hinsichtlich ihres Erscheinungsbildes nicht rechtfertigen – der Anspruch der Natürlichkeit besteht nicht mehr. Stattdessen lassen sich Veränderungen stets als „technischer Fortschritt" bezeichnen. Als zusätzlichen Anreiz für pubertierende Fans gibt es Programme, die der Inhaber von Lara, Eidos, verflucht: Mit ihnen kann man das Objekt seiner Begierde nackt spielen lassen. Mit welchem Filmstar geht das schon?

2.3.1.2 Kyoko Date

Neben dem Kraftkraut Lara Croft wirkt Kyoko Date, das konstruierte Ideal einer 17-jährigen Jugendlichen, eher wie ein zartes Wiesenblümchen (w/7). Entwickelt haben sie die Star- und Musikagentur HoriPro Inc. und die Werbeagentur Hakahudo aus Japan.

Kyoko entwickelte sich zum Star nicht wie Lara, sondern sie war sorgfältig geplantes Experiment: Nach 18 Monaten Entwicklungszeit startete das DK-96-Projekt (Digital Kid 1996) mit 40.000 Polygonen in die Welt seiner Erschaffer. Ein zehnköpfiges Team hatte ausschließlich an ihren Gesichtszügen gearbeitet, für ihre Bewegungen hatten professionelle Tänzerinnen Modell gestanden. Das Budget von 1,4 Millionen Dollar schien gut angelegt, denn bald nach ihrem Erscheinen galt sie als neues Medienwunder: Sie moderierte Musiksendungen, hatte eine eigene TV-Show und brachte Musik-CDs heraus (zum Beispiel *Love Communication*). Allerdings floppte die CD trotz Medienrummels, der sogar bis nach Europa schwappte.

Kyoko ist trotz des regen Interesses inzwischen vom Markt verschwunden. Im europäischen Markt trat Kyoko überhaupt nicht in Erscheinung – vielleicht, weil ein japanisches Ideal nicht sonderlich kompatibel mit Europa ist. Im Land der Tamagotchis fiel die Einführung eines Kunstmenschen schon deshalb leichter, weil im technikversierten Japan künstliche Celebrities und singende Trickfiguren wie Sailormoon, Manga und Pokemon an der Tagesordnung sind. Damit entfallen die Gewöhnung und das ethische Hinterfragen.

Kyoko war aber nur ein Experiment, ihre Etablierung wurde nicht weiter verfolgt. Stattdessen entwarf die gleiche Agentur eine virtuelle Band mit einer blonden Sängerin, deren Name „Busena" schon auf ihre Vorzüge hinweist. Dieser zweite Versuch schlug fehl: „Busena" wurde ein Flop. Seitdem ist man zur erfolgreichen Vermarktung von Trickfilmfiguren wie Pokemon zurückgekehrt.

2.3.1.3 E-Cyas

Angesichts des Schicksals von Kyoko scheint es fraglich, ob ein „Cyberstar" in Deutschland erfolgreich sein kann: Viele Menschen haben noch keinen Internetzugang und betrachten die derzeitige Entwicklung eher mit Skepsis und Befremden als mit Enthusiasmus und Begeisterung. Dennoch kommt ein weiterer virtueller Mensch aus Deutschland: Der männliche Avatar „E-Cyas" wurde von der deutschen Firma ID Media in Zusammenarbeit mit Silicon Graphics konzipiert und 1997 vorgestellt. Im Zeitraum von zwei Jahren entwickelte die aus Aalen stammende ID-Media-Gruppe mit 30 Entwicklern und einem Aufwand von etwa einer halben Million Euro den aus 500.000 Polygonen bestehenden Datenmenschen. Anfang 2000 brachte „er" die Musiksingle „Are u real?" auf den deutschen Markt.

Im Fernsehen trat er bereits auf, weitere Auftritte sind geplant. Bald soll der Avatar auch live auftreten können, ermöglicht durch Projektion eines undurchsichtigen 3-D-Hologramms. Doch das soll, so seine Macher, nicht in den Vordergrund treten. Der Trend geht in Richtung Internet. So werden wir ihm also im Cyberspace begegnen. Aber obwohl er angeblich circa 100 E-Mails am Tag bekommt, ist noch nicht ersichtlich, ob er überhaupt ein Star werden kann. Jedenfalls geben sich seine Betreiber größte Mühe: Sie schlossen einen Plattenvertrag mit der Plattenfirma Edel, die Anteile an VIVA besitzt. Sie produzierten das teuerste Musikvideo Europas, das auf dem Teenie-Musiksender VIVA gezeigt wurde, und auf Platz 80 der deutschen Charts stagnierte. Zum Star wollte ID Media ihn auch aufgrund anderer Pläne machen: So soll der männliche Avatar später in Form von Star-Testimonials mit Werbung für andere Marken eingesetzt werden. (Siehe hierzu den Beitrag *Imagetransfer zwischen Marken und Prominenten*). Durch diesen Ansatz sehen sich die Macher der Schwierigkeit ausgesetzt, einen Star aus dem Nichts zu entwickeln (Int. Koeder 10.03.2000).

2.3.1.4 Webmodels

Einen großen Vorteil haben die Stars aus den Rechenmaschinen: Sie sind immer „perfekt" und einsatzbereit und können – wie ein Produkt – überall gleichzeitig in Erscheinung treten. Sie haben weder Allüren noch Drogenprobleme, keine dunkle Vergangenheit, und sie machen keine unüberlegten Aussagen (w/8). Auf diese Kernkompetenz stützt sich eine weitere deutsche Firma: Sie vertreibt virtuelle Models wie „Tyra", „Aimee" und andere via Internet, die auch im TV erscheinen und präsentieren können und dafür ähnliche Gagen wie ihre echten „Kolleginnen" erhalten. Außerdem ist auch für „Aimee" und „Tyra" eine Solokarriere vorgesehen. Für „Tyra" wurde bereits die House-CD *Dreamworld* produziert (w/9).

Abbildung 3: Selly ist nach Aussagen Ihrer Erschaffer 28 Jahre alt, selbstbewusst, attraktiv und spricht zehn Sprachen fließend.

Diese Avatare sind Beispiele für die Technisierung des Unterhaltungsbereiches. Hört man ihren Erschaffern zu, scheint ihren schillernden Karrieren in der Multimediagesellschaft nichts mehr im Wege zu stehen. Um diese Einschätzung besser beurteilen zu können, werden im folgenden Abschnitt einige Vor- und Nachteile erläutert.

2.3.2 Vorteile virtueller Markenstars

Digitale Menschen besitzen keine menschlichen Eigenschaften, die beim Gleichsetzen mit einer Marke störend wirken, wie zum Beispiel inkonsistente Qualität, Alter, Krankheit und Tod. Allüren von Stars behindern die Zusammenarbeit – virtuelle Stars haben keine. Sie sind körperlich und psychisch nicht anfällig, was weitere Unsicherheiten beseitigt und horrende Honorare beiseite lässt. Zwar sind auch die Virtuellen nicht billig, doch liegen ihre Gagen unter denen menschlicher Stars.

Weitere Vorteile ergeben sich aus der Formbarkeit und Anpassungsfähigkeit: Der digitale Mensch kann entsprechend der Zielgruppenanalyse in seinem Auftreten genau auf die Bedürfnisse und Erwartungen der Zielgruppe abgestimmt werden. Mundbewegungen und Mienenspiel sowie das Erscheinungsbild können dem jeweiligen Sprachraum und den Anforderungen des nationalen Marktes entsprechen – digitale Menschen können blond oder mandeläugig sein (w/10). Ein weiterer Pluspunkt ist die Vielfachverwertung, die auch bei E-Cyas stark erwogen wird, zum Beispiel durch neue Möglichkeiten bei Promotion und Merchandising, ständigen Kontakt mit den Fans, Omnipräsenz bei Auftritten zum Filmstart etc. Ähnliches betreibt Disney mit seinen Zeichentrickfiguren schon seit Jahren und erzielt damit die meisten Einnahmen. Allein deshalb wäre ein digitaler Star für fotorealistische Filme ausgesprochen wirtschaftlich.

Die Stars sind zwar nicht aus Fleisch und Blut, doch ist jeder menschliche Filmstar im Grunde genommen virtuell. Man kann ihn nicht berühren, sein Bild wird uns nur durch Medien vermittelt. Die Distanz zu ihm ist somit, so argumentiert man, genauso groß wie zu einem digitalen Star (Int.1/Köder). Die durch seine Digitalität zusätzlich entstehende Distanz soll durch die ständige Präsenz und Möglichkeit zur Kontaktaufnahme via Internet aufgehoben werden.

2.3.3 Nachteile des virtuellen Stars

Zunächst bedarf es bei der Einführung eines virtuellen Stars viel Aufklärung: Die Digitalität, die den Star anfangs interessant macht, wirkt gleichzeitig verwirrend auf den Verbraucher. Damit ergibt sich die nächste Schwierigkeit: die Akzeptanz des Kunstmenschen. Ist der virtuelle Mensch das „Goldene Kalb" des Informationszeitalters? Wie gefährlich ist es, wenn virtuelle Welten zunehmend unseren Alltag bestimmen? Wer steuert diese Entwicklung und welche neuen Risiken entstehen? Diese Diskussion begleitet eine Entwicklung, deren Auswirkungen nicht abzusehen sind und daher kritisches Hinterfragen notwendig macht. Die bedingungslose Akzeptanz bleibt deshalb auf Zielgruppen beschränkt, bei denen solche Überlegungen nicht im Vordergrund stehen. Weiteres Problem ist, dass Avatare unwirtschaftlich sind: Die Schaffung von E-Cyas kostete eine halbe Millionen Euro, für die Entwicklung und Einführung muss ein Vielfaches gerechnet werden. Andererseits ist bei fortschreitender Entwicklung zu erwarten, dass sich diese Investition lohnen wird.

Virtuelle Stars können zwar überall zugleich sein, aber nur mit der entsprechenden Technik kann der virtuelle Star auftreten. Außerdem ist er aufgrund seiner Digitalität nicht greifbar. Das sind menschliche Medienstars meist zwar auch nicht, aber es wäre zumindest möglich. Die Identifikation mit dem künstlichen Geschöpf fällt schwerer, denn jenes ist nicht – so wie die menschlichen Stars – genauso Mensch wie wir und somit potenzieller Partner oder Freund.

Wenn es so weit kommen sollte, dass zwischen dem virtuellen und dem menschlichen Star nicht mehr unterschieden wird, könnte sich für das Medienereignis „Virtueller Mensch" ein weiteres Problem ergeben: Wenn seine Digitalität nichts Besonderes mehr ist, müssen neue substanzielle Merkmale geschaffen werden, die Starqualitäten verleihen. Außerdem bleibt der digitale Star zwar jung, bedarf aber trotzdem der ständigen Pflege, denn die Technik altert wesentlich schneller als ein Mensch. Damit ergibt sich aus dem Vorteil ein Nachteil: Der Zwang der Jugend bestimmt, dass der Avatar auf dem Stand der Technik sein muss. Auch muss er sich interessant halten, denn einem virtuellen Menschen fehlt das Privatleben, das einen Star für viele interessant macht.

Das fehlende Privatleben scheint ein wichtiger Faktor zu sein. Hierzu Olaf Schirm, Gründer der Avatar-Firma „Vierte Art":

> *„Damit Leute einem Star die Stange halten, braucht es etwas, das sie reizt, sein Leben zu verfolgen ... Wenn wir die Avatare zu gut machen, können wir gar nicht gewinnen. Wir müssen etwas erzeugen, das anders ist." (Freud 2000).*

Bei E-Cyas ist daher eine Liebesaffäre mit einem anderen Avatar im Fernsehen geplant (Int. 4/Koeder).

2.4 Ausblick

Im Moment sind diese Animationen interessant und medienwirksam, weil sie neu sind. Aber es ist nur eine Zeitfrage, bis die Aufschrift „Neuheit" hinfällig wird und es weiterer Qualitäten bedarf, um diese humanoiden Produkte dauerhaft interessant zu machen.

Aber ist ein Star schon ein Star, nur weil seine Kreateure behaupten, er sei einer? Zwar ist allgemein bekannt, dass viele Stars aus der Retorte stammen, wie zum Beispiel die Boygroups, (Siehe hierzu den Beitrag *Boygroups – tanzende Schokoriegel?*) aber nie war es so offensichtlich wie bei den digitalen Kunstmenschen. Bleibt die Frage, ob die künstlich geschaffenen Wesen von der Masse akzeptiert werden. Allerdings reagieren jetzt schon Menschen auf die teilweise noch rudimentären Nachbildungen wie auf ihre Kollegen aus Fleisch und Blut (Int. 5/Köder). Die modernen Mittel der Massenkommunikation erlauben es, eine Beziehung aufzubauen, die in der realen Welt nicht existiert: Ich kann mit dem virtuellen Menschen chatten, seine Musik hören, seine Interviews lesen, seine Bilder anschauen. Diese Starattribute scheinen gerade der jungen Zielgruppe auszureichen, und so ist sie Zielgruppe Nummer Eins der künstlichen Stars, die aus dieser Gruppe viele, wahrscheinlich sogar ernst gemeinte Briefe erhält.

Eine weitere Einschränkung wird bei Stars aus dem Internet deutlich: Was nutzt die Chatmöglichkeit mit dem Star oder sein Internetauftritt, wenn die Menschen nicht ausreichend vertraut sind mit dem Medium, in dem die Stars existieren? ID Media hat dieses Problem aufgegriffen und zur Daseinsberechtigung ihres Avatars gemacht: Er soll junge Mädchen an die Welt des Internet heranführen, denn der multimedialen Unterhaltungsindustrie ist der Mädchenmarkt mit einem hohen Potenzial an Gewinn noch nicht erschlossen (Communications of the ACM 01/02).

Um populär zu werden, muss der Star etwas verkörpern. Die Cyberstars verkörpern in der Vision ihrer Erschaffer den Zeitgeist der Mediengesellschaft und sind Spiegel der Gedanken um die Wörter „multimedial" und „Internet" (Int. 6/Köder). Aber erst, wenn die Konsumenten das Computerprodukt Star annehmen, kann dies den virtuellen Menschen tatsächlich zum Star machen.

3. Technik, die begeistern soll

Die Schöpferrolle einzunehmen, ist dem Menschen nicht neu, das weiß man spätestens seit Mary Shellys *Frankenstein* und Fritz Langs *Metropolis*. Neu ist auch nicht, dass Stars geschaffen werden. Neu ist, dass die Fantasy-Welten der Cyberliteratur allmählich Wirklichkeit werden. Doch bis zur perfekten Umsetzung der perfekten Kreation liegt noch viel Arbeit vor den „Schöpfern": Um die virtuellen Menschen glaubhaft umzusetzen, ist die geeignete Technik und viel Know-how in realen und virtuellen Welten erforderlich. Zwar wirken sie jetzt schon natürlich genug, um sie als Statisten beim Film einzusetzen, aber die Latte ist höher gelegt: Heerscharen von Programmierern und Designern sind angesetzt, das Erscheinen der Kunstmenschen so zu verbessern, dass sie Hauptrollen spielen und Stars werden können (w/10).

3.1 Umsetzung

Die Technik, die bei den menschlichen Stars eher für Faltenreduzierung und Mikrofoneinstellung wichtig ist, ist für den virtuellen Star essenziell, denn nur durch sie kann er als Star auftreten.

3.1.1 Virtuelle Menschen im realen Raum

Für die Umsetzung der Internetpersönlichkeiten in die Realität liefern die Firmen verschiedene Ansätze: Für den Film von Lara Croft wählt man ein menschliches Double. Anders eine Hürther Firma, die Bewegungen, Mimik und Sprache durch Datenanzüge (Motion Capture) und Projektion von Schauspielern hinter der Bühne auf die Figuren auf der Großleinwand oder auf eine unsichtbare Schicht aus Eiskristallen projizieren lässt, um die Cybermenschen in Echtzeit agieren zu lassen (Freud 2000, S NoDNA). E-Cyas soll in Zukunft als blickdichtes Hologramm live auftreten können (Int. 3/Köder).

Derartige Verfahren sind sehr aufwendig. Jedoch wird es künftig nicht so wichtig sind, virtuelle Stars im realen Raum darzustellen, denn durch die Entwicklung von virtuellen Räumen als Erlebniswelten wird die Darstellung im virtuellen Raum ausreichen (Int.6/Köder). Für die Sprecherin von Eidos Interactive, der Lara Croft gehört, steht fest:

> *„Lara wird in ihrer Welt bleiben. Es werden aber mehr und mehr Menschen in ihre Welt kommen." (Int. Green-Kayser).*

Allerdings bleibt die Entwicklung computeranimierter realistischer Darstellung besonders für die Filmindustrie wichtig (w/11). Einen virtuellen Menschen Bild für Bild einzufügen ist ausgesprochen mühsam und so arbeitet man in vielen Projekten an der Programmierung einer autonomen Bewegung, wie es zum Beispiel Nadia und Daniel Thalmann seit 15 Jahren in ihrem Schweizer Labor tun. Ihnen gelang die Entwicklung des Programms der digitalen Marylin Monroe. Der Faltenwurf ihres Gewandes ändert sich je nach Bewegung (w/12).

Die Programmierung des Menschen stellt enorme Herausforderungen: Nach medizinischem Kenntnissen muss das komplizierte System der Muskelkontraktion erfasst und umgesetzt werden. Als besonders schwer gilt es, feine bewegliche Attribute wie Haut und Haare naturgetreu darzustellen (w/13). Diese Dinge werden in Projekten wie dem HARD-Projekt (Human Animation Research and Development) der Firma Digital Domain vorangetrieben, die am Film *Jurassic Park* mitarbeitete. Ist der Prototyp erst einmal geschaffen, wird er sich leicht modifizieren und multiplizieren lassen. Bis dahin werden weiterhin zweistellige Millionenbeträge in die Entwicklung fließen.

Die Mirage Lifeforms, eine Firma aus Massachusetts, baut auf 15-jähriger Erfahrung in den Bereichen Biomedizin und medizinische Scanning-Technik auf. Beginnend mit der kleinsten Einheit, der Zelle, helfen neurophysiologische Erkenntnisse, Gesichtsmuskeln und Haut realistisch wirkend aufzubauen (w/14). Vor kurzem ging die Firma nach Hollywood, was demonstriert, wie andere Branchen, die an virtuellen Menschen arbeiten, wie das Militär und die Medizin, für die Starfabriken interessant werden. Denn der Bedarf an beliebig einsetzbaren „Menschen" steigt mit dem Einsatz von Computern in der Unterhaltungsindustrie stetig.

3.1.2 Stars aus Pixeln

Beim Film wird bereits viel mit digitalen Menschen experimentiert. Sie arbeiten aber bisher nicht als Stars, sondern als Statisten, wie im Fall der 2.000 Passagiere im Kinofilm *Titanic*. Dabei nähert man sich dem Menschen auf unterschiedliche Weise: Konventionell aufgenommene Szenen werden digital bearbeitet, mit Motion Capture werden Bewegungen halb automatisch computeranimiert, Bewegungsabläufe werden per Computer automatisiert und programmiert. Dabei ist die Programmierung autonomer Schauspieler nach wie vor unausgereift, was aber für den vollständigen Einsatz von digitalen Schauspielern notwendig ist. Noch fehlt die notwendige physische Teilautonomie, aber das stört die vorausschauenden Firmen wenig, die sich bereits die Rechte für den Dreh mit verstorbenen Schauspielern gesichert haben (w/10). So ist der virtuelle Star nur einer von vielen virtuellen Menschen, die derzeit entwickelt werden.

Für die Akzeptanz des Stars ist die Ähnlichkeit mit einem mehrdimensionalen Menschen am wichtigsten. Seine digitalen Kollegen haben meist nur einseitige Aufgaben auszuführen und werden daher wenig in Frage gestellt, wenn sie zum Beispiel als Crash-Test-Dummies agieren oder den Feind darstellen. Insofern ist die Erscheinung des virtuellen Stars – anders als die des menschlichen Stars – sehr vom Stand der Wissenschaft und der Fähigkeit der Programmierer abhängig. Laut John Lasseter, Regisseur des computeranimierten Disneyfilms *Toystory II*, wird es, wenn überhaupt, noch lang dauern, bis künstliche Menschen nicht von echten zu unterscheiden sind. Die Virtuellen, im Filmbereich auch als „Synthespians" bezeichnet, sind gerade aufgrund ihrer Perfektion im Sinne von Gleichmäßigkeit leicht von den Menschen zu unterscheiden.

3.1.3 Virtuelle Menschen im virtuellen Raum

Die Telepräsenz ist die Zukunft der Multimediasysteme: Räume, in den man sich ohne räumliche Grenzen bewegen kann, die für jeden zugänglich sind, so Tolga Capin, Experte auf dem Gebiet der virtuellen Menschen (Int. Capin). Derzeit forscht unter anderem sein Schweizer Labor an den künftigen Kommunikationswegen. Die Systeme basieren stets auf „Virtual Reality“, also Räumen, die nur in Computernetzen existieren. Dieser neue Kommunikationsraum ist mit einem ausgebauten und entwickelten Chatroom vergleichbar, in dem zum Beispiel Forschung stattfinden kann und der mit digitalen Menschen bevölkert ist. Angestrebt ist, dass sich die „Virtual Humans“ in ihrem Raum autonom bewegen und eine Person repräsentieren können. Es sind mehrere Ebenen notwendig, um die Bewegungsabläufe und Widerstände des menschlichen Körpers darzustellen (zum Beispiel Körperhaltung). Bis jetzt muss jede Bewegung berechnet und eingesetzt werden – „Stars” wie E-Cyas sind nach wie vor aus dem Hintergrund kontrolliert. Der Mitarbeiter des Forschungslabors denkt, dass sich die Anwendung der virtuellen Menschen zunächst im Unterhaltungsbereich, dann nach und nach in anderen Bereichen, wie im globalen Ingenieurswesen, für virtuelle Geschäftssitzungen und ähnliches durchsetzen wird. Für die nächsten fünf Jahre werden sie seiner Ansicht nach besonders im Entertainment-Bereich zunehmend bedeutend, was wiederum Auswirkungen auf den Kommunikationssektor haben wird. Der Vorteil der digitalen Repräsentation liegt einerseits darin, dass man sich die gewünschte Identität aussuchen kann. Der Nachteil ist, dass man nie weiß, wer hinter einem Avatar steht.

Ein Schritt in diese Richtung sind die sogenannten „Smartbots“: Intelligente Agenten, die den Menschen im Internet vertreten und für ihn Erledigungen ausführen können – von der einfachen Banküberweisung bis hin zur Verhandlung mit Geschäftspartnern (Campillo-Lundbeck 1999). Die Entwicklung des digitalen Menschen ist demnach wichtig für die Zukunft der Kommunikation: Einerseits können die virtuellen Repräsentanten gerade im Bereich der Mulitmedia-Anwendungen die Benutzerfreundlichkeit erhöhen – statt Briefkontakt sprechen wir direkt mit dem Avatar des Anderen; andererseits stehen Kosten und Arbeitsaufwand zum Einscannen der jeweiligen Person durch hochwertige Kameras oder „Body Suits“ noch in keinem Verhältnis zum Nutzen. Dennoch hat es in den letzten zwei bis drei Jahren große Fortschritte in diesen Bereichen gegeben.

Bei den virtuellen Menschenstars sieht Tolga Capin das Problem, dass durch entsprechende Software bald jeder einen Star kreieren kann. Damit reicht die Virtualität dieser Stars bald nicht mehr aus, um ihnen eine eigene Position im hart umkämpften Markt der Stars zu geben.

Neben den Firmen, die sich auf die Menschennachbildungen aus dem Computer spezialisiert haben, findet zurzeit der Großteil der Forschung im akademischen Umfeld statt: Es gibt EU-Projekte, in denen Universitäten zusammenarbeiten, um einen virtuellen Prototyp zu entwickeln, der gänzlich autonomes menschliches Verhalten an den Tag legt und mit dem Interaktion möglich ist. Die Institute stehen mit Großunternehmen in Verbindung, die bereits auf die Vermarktung warten. Allerdings werden sich wohl die künstlichen Menschen nicht aus ihrem Umfeld herausbewegen, sondern eher wir in ihr Umfeld hinein (Campillo-Lundbeck, 1999).

3.2 Technischer Ausblick

Vielleicht werden wir uns an die Virtuellen gewöhnen, wenn tatsächlich, wie Spieldesigner Peter Molyneux meint, in naher Zukunft ganze Heerscharen von virtuellen Menschen existieren (w/15). Wenn Virtualität nichts Besonderes mehr ist, dann werden sich die Cyberstars durch andere Merkmale hervorheben und auszeichnen müssen. Vielleicht ist es eines Tages etwas Besonderes, aus Fleisch und Blut zu sein? Oder eher ein Nachteil auf dem Arbeitsmarkt? In einer auf Effizienz ausgerichteten Leistungsgesellschaft erscheint ein programmierter „Mensch" wesentlich attraktiver als eine egoistische Existenz mit eigenen Bedürfnissen. Andererseits wäre es für ein Unternehmen schwieriger, da viele Aufgaben zwischenmenschliche Kommunikation verlangen, die erst nachvollzogen werden muss, um programmiert werden zu können. Ganz zu schweigen von unvorhersehbaren Problemen, zum Beispiel wenn wieder die Hälfte der Mitarbeiter abgestürzt ist.

Die Qualität der Interaktion zwischen den Individuen ist stark davon abhängig, wie genau und ausführlich die Darstellung des menschlichen Verhaltens programmiert ist. Da Teile der menschlichen Kommunikation noch nicht entschlüsselt sind, kann man sie auch nicht künstlich umsetzen, und so bleibt die Kommunikation des digitalen Menschen sehr eingeschränkt.

Ob das Leben mit den intelligenten Ebenbildern leichter wird, ist nicht ersichtlich. Tolga Capin sieht eine Tendenz zu höherer Benutzerfreundlichkeit, die dem Anwender den Umgang mit dem Computer erleichtern wird. Dabei können virtuelle Menschen als Mittler zwischen Mensch und Maschine dienen und dadurch eine natürlichere Interaktion zwischen Mensch und Computer sowie neue Kommunikationswege ermöglichen. Für Tolga Capin ist es vorstellbar, ähnlich dem sprechenden Hologramm der Prinzessin Leiah im Film *Star Wars*, seine E-Mails per Kameraeinspeisung zu verschicken, die das digitale Abbild beim Empfänger vorträgt. Mit dem ersten Einsatz dieses Systems rechnet man in circa zwei Jahren.

Denkbar ist durchaus, dass es virtuelle Markenmenschen im Sinne von Marken-Avataren geben wird. Ein Gespräch zwischen vernetzten Menschen könnte dann folgendermaßen verlaufen:

> *„Hast du schon gehört? Peter hat sich einen echten Realtime-Avatar gekauft! Der kann sogar arabisch übersetzen."*
> *„Echt? Ich wollte mir auch einen kaufen, aber die Markenmenschen sind eben so teuer. Ich habe mir meinen selber programmiert, der geht auch. Nur die Haare sehen eben nicht so toll aus."*

Diesem Szenario entsprechend würden sich die digitalen Menschen zu besseren Handlangern entwickeln, zu intelligenten Maschinen, von denen es auch Markenprodukte gibt, die aber außer ihrem Erscheinungsbild und gewissen Kompetenzen nicht viel mit einem Menschen zu tun haben.

Wir stehen am Anfang und viele Ideen werden zunächst Ideen bleiben. Jedoch entwickelt sich dieses Gebiet rasant, denn die Schaffenden sind hoch motiviert. Der Versuch, sich ein Ebenbild zu schaffen, scheint in der Natur des Menschen zu liegen – keine Überraschung also, dass er begeistert jede neue Technologie nutzt, um dieses zu tun.

4. Das Beispiel E-Cyas

Abbildung 4: Cyberstar aus Deutschland: E-Cyas

E-Cyas sollte von Anfang an breit vermarktet werden. Das war 1997. Und noch immer gibt es keinen großen Star aus Pixeln. Dennoch zeigt dieses Beispiel einen der wenigen ausgedehnten Versuche, einen Star aus dem Computer zu erstellen. Im folgenden Teil werden sein Aufbau und sein Einsatz vorgestellt.

4.1 Aufbau

Angeblich wurde mit E-Cyas ein Stück mediale Zukunft geschaffen. Bei seiner Erschaffung richtete man sich besonders nach dem Identifikationspotenzial der Zielgruppen nach den Prinzipien der New Economy sowie nach der möglichen Exploration des künftig technisch Machbaren (Int.6/ Köder). Anschließend wurde im Ansatz ein Marketingkonzept entwickelt.

Charakteranalyse der Cycosmos-User

Für die Charakterentwicklung stellt ID Media einen innovativ klingenden Begriff vor: „Echtzeitdemoskopie". Hierzu werden psychografische Eigenschaften der Cycosmos-User erfasst und ausgewertet. So sollen Markttrends und Entwicklungen erkannt und in Echtzeit, also sofort, zur weiteren Formung von E-Cyas eingesetzt werden. Ziel: Der Avatar soll mit den aktuellen Interessen in Verbindung stehen. Es soll eine „deckungsgleiche, soziale Interaktionsfläche" aufgebaut werden, „die sich ständig allen Strömungen des Mainstream-Verbraucherverhaltens anpasst." Dies impliziert, dass die Cycosmos-User den Mainstream repräsentieren und die Database ständig mit aktuellen Themen speisen. Dies ist fraglich, da E-Cyas bisher nicht sehr bekannt ist.

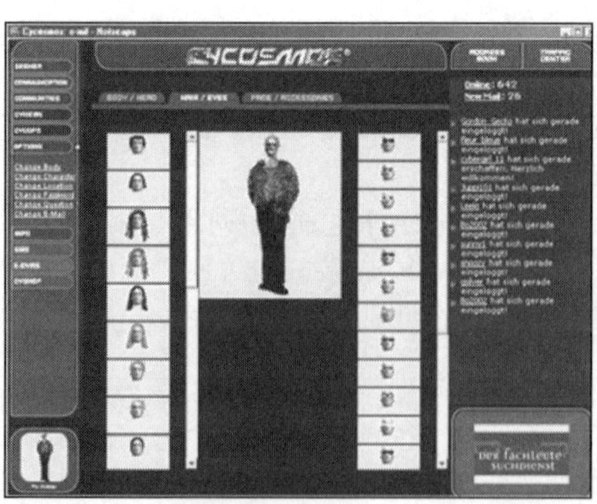

Abbildung 5: Zur Schaffung von E-Cyas wurden Daten der Cycosmos-User herangezogen

Aus den gesammelten Daten hat sich der Aufbau des folgenden Charakters ergeben: E-Cyas ist ein „Trendseeker", der sich auf Zukunft und neue Technologien konzentriert. Er mag Partys und Kommunikation. Er ist zärtlich und cool und alles, wofür das Teenagerherz empfänglich ist. Er hasst Machos und Lügen, spielt aber gern mal den Macho. Er ist „sehr liberal" und „antikonservativ" und „würde für die Rettung der Natur kämpfen", tut es aber anscheinend nicht. „Er sieht gut aus, ist charmant und anbetungswürdig. Er kann eine emotionsgeladene Beziehung zwischen sich und den Mädchen aufbauen. Er ist Idol, Star,

Freund und Trendführer zugleich." Vor allem soll E-Cyas für Fashion, Trend, Jugendlichkeit und Innovation stehen, womit er für den Imagetransfer jeder Marke interessant sein könnte.

E-Cyas soll die klassischen Marketingkonzepte überrunden, indem er nicht „nur" Marke ist, sondern die „multimediale Metapher für das neue Medienzeitalter" (Int. 6/Köder). Multimedial auch deshalb, weil der Einsatz von E-Cyas vielfältig sein soll. Um die Idee des Avatars als Allroundtalent erfassen zu können, sollen zunächst die Einsatzbereiche von E-Cyas und seine Produktwelt erläutert werden. Unter seinem Namen werden verschiedene Produkte auf den Markt gebracht, wie E-Cyas-Musik oder eine geplante Kleidungskollektion. E-Cyas wird als Medienereignis gesehen: Angedacht und teilweise umgesetzt sind folgende Bereiche, die eine möglichst starke Präsenz sichern sollen: singender Popstar, Radiomoderator, TV-Moderator, Held im Konsolenspiel, Model und Kolumnist in (Print)-Magazinen. Seine eigene Plattform hat E-Cyas in seiner Welt, dem Internet, mit einer Webseite.

Der Internetauftritt

Auf seiner Webseite stellt sich E-Cyas vor: Zunächst erscheint sein Gesicht, dann verschiedene Kategorien: „News" (Aktuelles aus seiner Welt); „About me" („My Story"/Lebenslauf, Interview, Facts/Steckbrief, FAQ/Frage und Antwort); „Photo Gallery" (Movies/Musikvideo, Fotos, Sound/Musik, Living Screen/Bildschirmschoner), „Downloads"; „Forum" (für die Abgabe von persönlichen Kommentaren), „Cy-Press" (Infoanforderung für Journalisten), „E-Cyas-chat" (zu bestimmten Zeiten), „Cy-shop" (E-Cyas Artikel, Cycosmos-Link).

Auf der Webseite ist praktisch alles zu E-Cyas zu erfahren. Damit eine Betrachtung interessanter wird, ist ein PC mit Flash statt ein Mac angebrachter, da die Mac-Version nur beschränkt funktioniert (Int.2/Köder).

Darstellung als Mensch auf seiner Website

Für die Akzeptanz von E-Cyas ist die Gleichstellung mit einem menschlichen Star wichtig. So erhielt er neben seinem Aussehen andere menschliche Attribute, wie zum Beispiel die sorgfältig konstruierte Entstehungsgeschichte („My Story"): Ihr zufolge ist E-Cyas ein Experiment, das von allein zum „Leben" erwachte und sich verselbstständigte Er verkörpert „die Daten einer ganzen Generation", verkörpert durch die Cycosmos-Nutzer.

Er verfügt über einen Steckbrief, wie schon Kyoko Date: Sein Geburtsort ist www.E-Cyas.com. Und man hat sich auf Körpergröße (1,86 m) und Schuhgröße (43) festgelegt. Aber wie kann man im Netz eine Schuhgröße haben? Vielleicht soll es ihn menschlicher machen. Der Steckbrief ist durch seine Durchschnittlichkeit wohl eher zur Identifikation als zum Startum gedacht. Außerdem ist man vorsichtig, E-Cyas zu sehr als Mensch darzustellen (Int. 2/Köder): E-Cyas bezeichnet sich selbst im aufgeführten Interview als „real existent und etwas Besonderes", das im Cyberspace lebt.

4.2 Einsatz

E-Cyas hat laut seinen Erschaffern die verschiedensten potenziellen Einsatzbereiche:

Abbildung 6: Durch das Lied „Are u real?" sollte E-Cyas zum Popstar aufsteigen

Popstar: Das Musikprodukt

Der Star hat in der Regel durch ein Medium Erfolg, das ihn besonders populär macht: Was wären Schauspieler ohne ihre Filme oder Sänger ohne ihre Musik? Bei Lara Croft ist das Computerspiel der Bezugsmodus. Für E-Cyas hat man sich zunächst den Musikbereich ausgesucht, was für Avatare aufgrund der technischen Gegebenheiten nicht unüblich ist (siehe auch Kyoko Date, Webmodels).

Nach Abschluss eines Plattenvertrages mit der Firma Edel Records, die Teile des Jugend-Musiksenders VIVA besitzt, erscheint im Januar 2000 seine erste Single mit dem Titel: *Are u real?*. Das Besondere liegt dabei nicht in der Originalität der Musik, die als ein leichter Mainstream-Techno-Pop beschrieben werden kann, oder in den Texten („Is there blood in your vein? ... Are you real? ... You`re welcome in cycosmos ... Are you real? ... Virtual reality ... Are you real? ... You know that I`m your best friend ... Are you real? ... Your wish is my command"); vielmehr ist es die Tatsache, dass man sich eines anderen bekannten Namens bedient: Alex Christensen, populär durch „U96-Das Boot", hat das Lied gemixt. Die Stimme von E-Cyas stammt aus dem Computer.

Das Musikvideo

Im Video tritt E-Cyas erstmals in animierte Erscheinung. Zwei Drittel des Videos entstanden im Computer, der Rest wurde in Barcelona gedreht. In der Geschichte sieht ein „echtes" Mädchen im Café einer Zukunfts-Stadt E-Cyas auf einem Zeitschriftencover. Sie fährt mit einem fliegenden Taxi quer durch die mit E-Cyas-Werbung bepflasterte Stadt nach Hause. Dort begibt sie sich ins Internet, um sich im Cycosmos einen Avatar zu erstellen – ein langbeiniges blondes Barbie-ähnliches Geschöpf. Dieser Avatar gelangt nach einer Reise in einen gefüllten virtuellen Konzertsaal, in dem E-Cyas auftritt. Der in schwarz gekleidete Avatar mit kinnlangen schwarzen Haaren und hellblauen Augen lässt zwar keine Mundbewegungen erkennen; aber immerhin bewegt er sich im Takt und vollführt dramatische Kopfbewegungen. Er wird auf das Mädchen aufmerksam und sie berühren sich an den Fingerspitzen, wie bei *E. T.* oder der *Erschaffung des Adam* von Michelangelo.

Die Figuren wirken etwas ungelenk, aber sie sind in ihrer Grafik mit den Figuren in hochwertigen Computerspielen vergleichbar. Das Video wird auf VIVA gezeigt und stagniert auf Platz 76 der deutschen Charts.

Einsatzbereich Cycosmos

E-Cyas wurde als Botschafter des Cycosmos vermarktet, eine Kommunikationsplattform, auf der sich der Besucher einen Avatar im Baukastenprinzip zusammenstellen kann: Der Nutzer erfindet einen Namen und sucht sich Kopf, Haare und Outfit aus. Im Kasten lassen sich Vorlieben und Interessen des Avatars anklicken sowie dessen gewünschte Charaktereigenschaften. Damit registriert sich der User und erstellt sich ein Profil. Es ist möglich, nach anderen Avataren mit ähnlichen Interessen zu suchen und sich mit ihnen in Verbindung zu setzen. Die Nutzerprofile können für die direkte Zielgruppenansprache genutzt werden: So kann der User informiert werden, wenn die neue CD seiner Lieblingsband erscheint, und er kann sie sofort bestellen. Dies ermöglicht den effizienten Vertrieb von Artikeln wie Büchern, CDs, Videos. Mit diesem Konzept kann die Suchmaschine zur Geldmaschine durch zielgerichtetes Marketing werden (w/16, S ID Media). Verwendet wurden die Daten bereits zur zielgruppengerechten Schaffung von E-Cyas, der als Ergebnis einer Analyse von 50 bis 80.000 Nutzerprofilen einen Teil der derzeitigen Jugendkultur spiegelt. Durch die Nutzerprofile des Cycosmos ergibt sich eine ständige Profilerweiterung nach dem „As you like it"-Prinzip. Aber geben die Anwender im Cycosmos wirklich ihre Wünsche und Vorlieben preis? Ist es nicht gerade der Reiz, in eine andere Rolle schlüpfen zu können? Laut ID Media entsprechen 80 bis 90 Prozent der Angaben tatsächlich dem Menschen hinter dem Avatar, wie sich laut ID Media aus einer Stichprobenuntersuchung in Zusammenarbeit mit dem Trendbüro ergab.

Noch ist E-Cyas der Ansprechpartner für den Cycosmos. Langfristig ist jedoch eine Loslösung angestrebt, damit E-Cyas unabhängiger für Marketingmaßnahmen sein kann. Zudem ist die Zielgruppe von E-Cyas etwas zu jung für den Cycosmos, der zwecks Einkaufsmöglichkeiten eher für Erwachsene gedacht ist (Int. 1/Köder).

Einsatz in der Markenkommunikation

E-Cyas soll als Kommunikationsinstrument in der Markenführung fremder Marken dienen. Außerdem wird der interaktionsfähige Avatar in Form eines Ansprechpartners als Lösung angeboten, um auf die Änderung des Marktes hin zu nachfrageorientierten und individuellen Angeboten zu reagieren. Er ist „rückkanalfähig" und kann daher dem Nutzer ein maßgeschneidertes Feedback geben. Als weiterer Vorteil wird angeführt, dass Avatare ständig für den individuellen Verbraucherdialog zur Verfügung stehen und kompetente Präsentatoren für neue und innovative Produkte sind, da sie selbst eine Neuheit darstellen.

Wesentlich für den Gewinn durch den Avatar sind außerdem die Star-Testimonials: E-Cyas wird zwar als Star vermarktet, jedoch geschieht dies mit der Aussicht, ihn für andere Marken als Testimonial einzusetzen. Für ihn wurden die Eigenschaften „jung, trendbewusst, modern, dynamisch, zukunftsversiert" ausgesucht, um diese später für einen Imagetransfer dieser Persönlichkeitseigenschaften von E-Cyas auf andere Marken zu benutzen. (Siehe hierzu den Beitrag *Imagetransfer zwischen Marken und Prominenten*). Der Vorteil gegenüber menschlichen Star-Testimonials ist, dass kein negativer Imagetransfer durch unvorhersehbare Skandale entstehen kann (S ID Media).

4.3 Etablierung

Ist E-Cyas Star(k) genug für ein Star-Testimonial? Viele Stars profilieren sich dadurch, dass sie auf eine originelle und einzigartige Weise schauspielern oder singen und damit die Menschen inspirieren. Bei E-Cyas wird verlangt, das jemand bereits eine Idee hat, die nur noch umgesetzt werden muss. Das ist eher ein Merkmal von Stars, die aus der Konserve entstehen und dann schnell verschwinden. Die einzigartige Qualität eines Menschen erreichen sie nie, der es schafft, durch Originalität andere für sich zu begeistern. Die totale Formbarkeit und die durch die Echtzeitdemoskopie entstehende Durchschnittlichkeit von E-Cyas werfen die Frage auf, ob diese seinem Startum nicht im Wege stehen, da Stars sich oft durch besondere Eigenschaften von der Masse abheben.

Weiterhin spielt der Einsatz der Medien eine wichtige Rolle beim Aufbau von E-Cyas. Cyberstars wie E-Cyas schaffen es, durch viele Berichte zum Medienereignis zu werden, vielleicht sogar zum Medienstar. Aber ist ein Medienstar schon ein Star, weil in den Medien über ihn berichtet wird? Es scheint überaus fraglich, ob E-Cyas als Testimonial bereits etabliert genug ist. Ob E-Cyas nicht nur Star sein kann, sondern sich als menschliche Marke eignet, wird im folgenden Teil näher untersucht.

5. Die Starmarke E-Cyas und ihre Führung

5.1 Untersuchung des Markenpotenzials

Von ID Media ist E-Cyas als universal einsetzbares Marketinginstrument geschaffen und wird deswegen als Star vermarktet. Aber ist er ein Markenstar? Hat er genügend Gehalt, um eine starke Marke zu werden? Während man sich bei Lara Croft bemüht, nur imagegerechte Verträge anzunehmen, um das kostbare Material nicht zu verheizen, hat man bei E-Cyas weniger Beschützerinstinkte: Er allein soll stark genug sein, um andere Marken aufzuwerten. Schon jetzt arbeiten viele Avatare als Repräsentatoren für Firmen und Produktwelten, stehen aber nicht als Marke für sich. Im Marketingplan wird E-Cyas zu einem gewissen Grad als Markenprodukt präsentiert. Das „Produkt“ E-Cyas unterteilt sich in drei Bereiche:

- Prototyp für ID Media,
- Botschafter für Cycosmos (wird eingestellt),
- Produkt an sich.

Das Marketingziel lautet „Market and develop E-Cyas as a product of its own, create strategic partnerships for licensing, testimonial and merchandising deals." (S ID Media). Gleichzeitig ist E-Cyas „kein Produkt im eigentlichen Sinn" (Int. 5/Köder), sondern er besteht aus seinen Einsatzmöglichkeiten (siehe oben), und so können die Instrumente des Marketingmix (Produktpolitik, Preispolitik, Distribution, Kommunikation) nur bedingt untersucht werden.

Sinnvoller erscheint es, ihn als Marke zu untersuchen und ein Markenführungskonzept auf ihn anzuwenden. Deshalb soll E-Cyas auf Aspekte der Identiätsorientierten Markenführung nach Meffert/Burmann (1996) untersucht werden, einschließlich seiner Positionierung, Identität und Abstimmung auf die Zielgruppe. Die Aussagen zu E-Cyas ergeben sich aus einem schriftlichen Interview mit dem PR-Manager Marco Köder von ID Media vom 4.5.00 und dem Marketingkonzept für E-Cyas vom 10.3.00. Die Fragen wurden basierend auf dem Konzept der identitätsorientierten Markenführung (Meffert/Burmann, 1996) gestellt.

Positionierung von E-Cyas und Abgrenzung zur Konkurrenz

Um sich als Marke von anderen zu unterscheiden, muss eine Marke über Differenzierungspotenzial verfügen (Meffert/Burmann, 1996, S. 50). Von den menschlichen Stars grenzt sich E-Cyas schon dadurch ab, dass er ein digitaler Kunstmensch ist. Als Abgrenzung zu seiner virtuellen Konkurrenz ist sein Geschlecht das auffälligste Merkmal: E-Cyas ist männlich, während seine Kollegen meist weiblich sind. Da der Markt der komplexeren Avatare noch überschaubar ist, ist er einfach zu positionieren, ohne sich mit einem anderen Produkt zu überschneiden: Die Positionierung findet über die Beschreibung seiner zielgruppengerechten Eigenschaften statt (siehe oben). Allerdings rechnet man bei ID Media damit, dass in den nächsten Jahren viele Anbieter mit „Me-too"-Produkten auf den Markt kommen werden, die Kommunikation für sich selbst nutzen und wesentlich billiger sind. Die technologischen Eintrittsbarrieren sinken täglich und die Herstellung eines Avatars wird immer leichter.

Die Erschaffung eines Avatars ist noch nicht die Schaffung eines Stars: Wie eine Marke muss diese Figur emotional aufgeladen werden und ihre Lebendigkeit glaubhaft vermitteln. Die erfolgreiche Etablierung des Avatars muss im Umfeld der Zielgruppe erfolgen. Da dieser Prozess Markterfahrung und Know-how voraussetzt, macht sich ID Media um die neue Konkurrenz nicht allzu große Sorgen, sondern erwartet, dass die etablierten Marken in diesem Markt weiterhin das Avatargeschäft bestimmen werden. Das Auftreten von Handelsmarken (Meffert/Burmann, 1996, S. 8) ist nicht auszuschließen, aber noch ist der Markt zu jung für derartige Erscheinungen.

Neue Avatare scheint es zwar täglich zu geben: Robert von der Post, Sonya bei Sony, Ananova bei CNN; doch ist keine Positionierungsenge zu erwarten, denn die meisten Avatare repräsentieren lediglich eine bestehende Marke im Internet und wirken als Mittler zwischen dem Kunden und den Markenprodukten. Sie sind „brand bound avatars", also Botschafter einer Marke. Sie verkörpern die Marke und sind nicht neu. E-Cyas hingegen ist einer der wenigen „Self-branded" Avatare, er steht also für sich als Marke. Dadurch soll er eine Unabhängigkeit erlangen, die ihm zum Beispiel als Testimonial für eine andere Marke zusätzliche Glaubwürdigkeit verschaffen könnte. Diese Maßnahme bedeutet allerdings in Abgrenzung zu den Markenbotschaftern einen erheblichen Mehraufwand an Markenmanagement.

Durch diesen Mehraufwand sucht man das Differenzierungspotenzial von E-Cyas gegenüber anderen Figuren zu schaffen: durch die verwandte Technologie, das Charakter Design und die strategische Positionierung. E-Cyas dient nicht nur wie viele Stars der Unterhaltung. Sein Daseinsrecht stammt aus der Positionierung als erster Vermittler und Botschafter aus der neuen digitalen Welt. Für die Kunden von ID Media wird er außerdem als der „perfekte Botschafter zwischen den Lebenswelten der Jugendlichen und den etablierten Produktwelten" positioniert (S ID Media).

Metamarkenkonzept

E-Cyas wird wie ein Star gehandelt. Dadurch wird er – ähnlich menschlichen Stars – eher als Medienereignis, denn als Marke wahrgenommen. Nach dem Konzept ist E-Cyas eine „Meta-Marke", das heißt er ist nicht nur eine Marke, sondern er reicht über die klassischen Markeneigenschaften hinaus. E-Cyas wird als Pionier der Meta-Marke, als Meta-Produkt und als Pionier des Meta-Produktbereichs an sich vorgestellt. Er soll alles gleichzeitig sein: Produkt und Produzent, Marke und Markengeber, Marke und Konsument.

Name

Der Name ist für die Marke – wie auch für den Star – sehr wichtig. E-Cyas ist die Abkürzung für „Electronic Cybernetic Artificial Superstar", was seine gewünschte Positionierung ausdrückt. Seine Name erscheint in futuristisch angehauchter Schrift, der Bindestrich hinter dem E wirkt wie eine Anlehnung an die geläufige Abkürzung für „electronic" für internetrelevante Begriffe wie E-Commerce oder E-Mail. Die Namensgebung ist das Ergebnis eines medienwirksamen Namenswettbewerbs, der in Zusammenarbeit mit der Zeitschrift *MAX* veranstaltet wurde. Dass der Name von einem Fan stammt, ist laut ID Media Teil des „Prosumer"-Konzeptes, das dem Konsumenten das Gefühl geben soll, er könne an der Gestaltung der Marke E-Cyas mitwirken.

Image

Weil E-Cyas als Imagegeber fungieren soll, ist für ihn als Meta-Marke das Image von noch größerer Bedeutung als für die klassische Marke. Laut ID Media gibt es einen Brainpool aus Experten, die sich ständig mit dem Image von E-Cyas beschäftigen. Das schlägt sich in den Aussagen des Cyberstars bei Interviews wieder. Zum Beispiel betont er, dass er „nie etwas Verbotenes tun würde". Dies soll wohl die Zweifel der Eltern der jungen Zielgruppe zerstreuen.

Einstellung auf die Konsumenten

ID Media ist der Ansicht, dass viele klassische Marken scheitern, weil sie zu wenig auf die individuellen Bedürfnisse des Konsumenten eingehen. Da sich der Konsument in seiner Individualität in der Meta-Marke E-Cyas wieder finden soll, wird E-Cyas so wandlungsfähig hergerichtet, dass er auf den einzelnen Konsumenten zugeschnitten ist. Die Formbarkeit des Avatars soll also das ständige Mitwachsen mit der Zielgruppe ermöglichen – ohne Authentizitätsverlust. Er soll alle Rollen übernehmen, die die starke emotionale Aufladung bewirken und den Avatar lebendiger machen. So werden ihm die Rollen „Star", „Freund" und „Berater" gleichzeitig zugeteilt. So soll er einerseits ein Idol verkörpern, ein virtuelles Rollenvorbild; andererseits soll er durch die Möglichkeit von Chat oder E-Mail wie ein Freund und

Berater sein. Durch diese über Verfügbarkeit geschaffene doppelte Emotionalität soll sich die Bindung an die Meta-Marke verstärken.

Die Markenidentität von E-Cyas

> *„Markenidentität ist die widerspruchsfreie, geschlossene Ganzheit von Merkmalen einer Marke, die diese von anderen Marken dauerhaft unterscheidet." (Meffert/Burmann, 1996, S. 31).*

„Ist E-Cyas ein Türke? Oder ein Araber? Der Schriftzug sieht so aus". Dies sind Reaktionen von Leuten, die E-Cyas zum ersten Mal sehen. Eins starke Markenidentität ergibt sich aus der Übereinstimmung des vom Management gesteuerten Selbstbildes und des Fremdbildes der Marke (Meffert/Burmann, 1996, S. 31). Diese Übereinstimmung soll durch die konkrete Einstellung auf die Zielgruppe erzielt werden. So ist sie laut seinen Machern bei E-Cyas bestens gegeben, da durch das Metamarkenkonzept das Fremdbild von E-Cyas sein Selbstbild mitbestimmt.

Die ausgeprägte Markenidentität ist Voraussetzung für die Entwicklung und die Festigung der Marke (Meffert/Burmann, 1996, S. 13). Im Fall von E-Cyas wurde noch vor der Entwicklung seines Äußeren in Projektteams an seinem Charakter und seiner Identität gearbeitet. Durch immer neuen Dateninput durch die Cycosmos-Nutzer soll es möglich sein, dass sich E-Cyas entsprechend seinem Zielmarkt entwickeln kann. Dies ist ein besonderer Vorteil des virtuellen Stars. Allerdings ist fraglich, welche Konstanten er als Markenstar bieten wird.

Dem Star eine Identität zu verleihen, ist anscheinend nicht einfach, denn außer einem Lebenslauf und einer Auflistung von Hobbys, die dem Durchschnitt der Jugendlichen entsprechen, scheint den Schaffenden meist wenig einzufallen, auch im Fall von E-Cyas nicht: Er bietet eine nette Science-Fiction-Geschichte über seine Entstehung auf seiner Website sowie einen Steckbrief, nach dem er 1,86 Meter groß ist. Neben diesen sichtbaren Identitätsmerkmalen, die an einen Menschen angelehnt sind, hat E-Cyas einen gewissen Wertekatalog, der ebenfalls keine Auffälligkeiten vorweist.

Die Stärke der Markenidentität ergibt sich außerdem aus dem Zusammenspiel von vier konstitutiven Merkmalen: Wechselseitigkeit, Kontinuität, Konsistenz und Individualität (Meffert/Burmann, 1996, S. 28):

- ***Wechselseitigkeit:*** Hier befindet sich der virtuelle Star gegenüber dem menschlichen Star im Vorteil, denn bei ihm besteht die Möglichkeit, auf kollektive Wünsche und Erwartungen der Fans prompt zu reagieren, da diese ständig aufgenommen werden.
- ***Kontinuität:*** Die Beibehaltung der wesentlichen Merkmale über einen längeren Zeitraum könnte bei E-Cyas zum Problem werden, wenn sie nicht als solche erkannt, sondern im Zuge einer zielgruppenorientierten Veränderung aufgelöst werden. Wenn auf neue Wünsche der Zielgruppe stets mit Veränderung des Stars reagiert wird, ist seine Kontinuität gefährdet.

- ***Konsistenz:*** Für die Substanz der Marke ist es wichtig, widerspruchsfrei zu sein (Meffert/Burmann, 1996, S. 30). Bei einer virtuellen Figur, die den Anspruch hat, wie ein einziger Mensch zu wirken, obwohl viele Köpfe an ihr arbeiten, ist ein widerspruchsloses Gesamtbild nur durch eine genaue Definition der Figur möglich. Bei E-Cyas ist dies der sogenannte „character plot", der strikt eingehalten werden soll. Zum Gesamteindruck trägt außerdem wesentlich bei, dass es nur wenige Personen sind, die alle wichtigen Entscheidungen zum Avatar treffen.
- ***Individualität:*** Bei den Avataren ist Individualität besonders wichtig, da sie im Gegensatz zum menschlichen Star keine Authentizität besitzen. Sie muss erarbeitet werden. Im Bereich digitaler Kunstmenschen ist diese Authentizität gerade deshalb ein Erfolgsfaktor, weil Avatare sich tendenziell gleichen. Wie individuell ist E-Cyas? In seiner Erscheinung ist er es. Aber die anderen Avatare sind oft ähnlich eingesetzt.

Vertrauen

Vertrauen und Identität sind markenbildende Eigenschaften (Meffert/Burmann, 1996, S. 6). Da man nur der Person vertraut, „die eine Identität besitzt" (Meffert/Burmann, 1996, S. 24), ist Glaubwürdigkeit durch Identität ein wichtiger Faktor für den virtuellen Star. E-Cyas soll eher wie ein Mensch als wie ein Produkt präsentiert werden. Das ist auf der Vertrauensebene problematisch, denn wie kann ich zu einer im Computer generierten Figur Vertrauen fassen, ohne dass ich mich fühle, als würde ich mich mit Micky Maus unterhalten? Vielleicht hat E-Cyas deshalb eine junge Zielgruppe, weil es dieser wahrscheinlich nichts ausmacht, mit Trickfiguren wie mit einem Menschen zu kommunizieren.

Anders sieht es wahrscheinlich mit Menschen aus, die der Entwicklung der neuen Technologien skeptisch gegenüber stehen. Diese gehören aber wiederum nicht zur Zielgruppe virtueller Stars. Tatsächlich ist ein Vertrauen älterer Zielgruppen laut ID Media schwerer zu erlangen, da sie der Erscheinung an sich kritischer gegenüber stehen.

Orientierungshilfe

Marken dienen als Orientierungshilfen im Informationsdschungel (Meffert/Burmann, 1996, S. 3) Täglich kommen neue Produkte auf den Markt. Damit das Angebot uns nicht erschlägt, können wir auf bekannte Marken zurückgreifen, die vertraut sind und die keiner weiteren Analyse bedürfen. Auch menschliche Stars können in gewisser Weise eine Orientierung bieten, indem sie Vorbilder für unseren Umgang mit dem Leben sind. E-Cyas hat durch sein frühes Auftreten den Vorteil, dass noch kein anderer Avatar den Anspruch erhebt, Bindungsglied zwischen realer und virtueller Welt zu sein. E-Cyas ist neben seiner Rolle als Star auch als personifizierte Orientierungshilfe für die virtuellen Welten positioniert.

Technische Innovation

Einem Markenprodukt liegt oft eine technische Neuheit zugrunde. E-Cyas steht als technische Innovation zwar nur bedingt allein da, verkauft sich jedoch entsprechend: Im Markenselbstbild versteht man E-Cyas als Manifest der Technik schlechthin, weil er „beseelte Technik" darstellt. Auch bei Markenprodukten wird versucht, durch häufige „technische Innovationen" einen zusätzlichen Kaufanreiz zu schaffen: Stars bringen ein neues Album heraus oder spielen in einem neuen Film mit, müssen aber nicht zwingend ständig erneuert sein. Das ist bei dem künstlichen E-Cyas anders, da sein Auftreten wie bei allen technologiebasierten Marken stark von der fortschreitenden Technik abhängt. Um ihn aktuell zu halten, müssen neue Technologien entwickelt und er auf ständig steigendem Niveau gehalten werden. Geschieht dies nicht, könnte die Gefahr bestehen, dass er bald von ausgereifteren Modellen überholt wird.

Das Marketingkonzept

E-Cyas wurde zunächst ohne klares Marketingkonzept auf den Markt gebracht, es wurde erst im Nachhinein erstellt. Da das Avatar-Geschäft noch sehr neu ist, konnte ID Media für das Konzept nicht auf Erfahrungen zurückgreifen, sondern musste diese erst sammeln. Nach fünf Jahren sagt ID Media nun, dass E-Cyas nicht mehr als Experiment wie Kyoko Date, sondern als Metamarkencharakter zu sehen ist, der mit klaren Marketingstrategien weiter etabliert wird.

Akzeptanz/Reaktion auf den Star E-Cyas

„Eine Marke wird angenommen, wenn sie die rationalen und emotionalen Bedürfnisse des Individuums befriedigt." (Meffert/Burmann, 1996, S. 34). Auch Stars dienen als Projektionsfläche unserer Wünsche und Bedürfnisse. Die Funktionen des Avatars E-Cyas wurden weit gefasst, um viele Bedürfnisse abzudecken: Star, Freund, Vorbild, Botschafter und Medienereignis gleichzeitig soll E-Cyas sein. Ob er in diesen Funktionen vom Zielpublikum akzeptiert wird? Laut ID Media zeigen Marktdaten und das Feedback der Fans, dass E-Cyas vom Zielpublikum als Person beziehungsweise Metaperson angenommen wird. Von seinen jüngeren Anhängern wird E-Cyas als Star angenommen, wenn man diese Schlussfolgerung daraus ziehen kann, dass sie ihm sogar Liebesbriefe schreiben.

Aufgrund der Nachforschungen von ID Media lässt sich das Zielpublikum in drei Gruppen einteilen:

1. Believers: Diese Gruppe akzeptiert E-Cyas als vollwertige Cyberperson. Für sie existiert er wirklich, aus dieser Gruppe „verlieben" sich die Fans in ihn.
2. Dreamers: Ihnen ist bewusst, dass E-Cyas als Realperson nicht existiert, aber sie sind von der Idee fasziniert: E-Cyas ist Manifestation ihrer Träume.
3. Believing Doubters: Sie glauben nicht an die Existenz von Cyberwesen, aber sie kommunizieren stark mit E-Cyas und haben großes Interesse an seiner Person.

Die Reaktionen der jungen Zielgruppe können weiter unterteilt werden in vier Hauptgruppen:

1. Kinder, insbesondere Mädchen, die sagen: „Du bist echt."
2. Ältere Mädchen, jüngere Jungen, die fragen: „Bist Du echt?"
3. Ältere Jungen (16 bis 18 Jahre), die oft sagen: „Du bist nicht echt!"
4. Jungen und Mädchen ab 16, die sagen: „Ich will dass du echt bist!"

Ab 18 Jahren treffen die meisten eine Entscheidung für oder wider. Von den Älteren wird E-Cyas jedoch wesentlich weniger akzeptiert. Deshalb gibt es bereits Ideen, E-Cyas für eine ältere Zielgruppe attraktiv zu machen. Allgemein gilt das Prinzip, die „Leute da abzuholen, wo sie stehen" und dabei nie zu behaupten, dass E-Cyas real existiert.

Insgesamt zeichnet sich das Publikum durch großes Interesse an E-Cyas aus. Die Faszination, die durch die Neuartigkeit und die Möglichkeiten des Mediums hervorgerufen werden kann, ist wichtig für das Interesse der Medien und Konsumenten am Phänomen E-Cyas.

Die jugendliche Zielgruppe

Für Menschen mit einer schwachen Ich-Identität wirkt die Möglichkeit der Identifizierung mit einer Marke besonders ansprechend (Meffert/Burmann 1996, S. 37). Die Markenkultur in Jugendkreisen spricht für die Empfänglichkeit von Jugendlichen gegenüber Markenartikeln. Die schwärmerische Verehrung von Stars ist bei ihnen häufig zu beobachten, zu sehen am Beispiel der Boygroups. (Siehe hierzu den Beitrag *Boygroups – tanzende Schokoriegel?*). In diesem Bereich ist E-Cyas angesiedelt: An der Schwelle zum Erwachsenwerden und am Ende der Kindheit ist die Identifikation mit dem Idol und die Möglichkeit zur schwärmerischen Verehrung offensichtlich vorrangig gegenüber der Auseinandersetzung mit der Frage, wie ethisch korrekt ein künstlicher Mensch ist. Außerdem, so wird argumentiert, ist es einfacher, eine jugendliche Zielgruppe anzusprechen. Weiterer Vorteil ist, dass E-Cyas als Ansprechpartner für das neue Medium Internet und virtuelle Welten später auf dem hart umkämpften und sich schnell entwickelnden Internetmarkt zur Kundengewinnung dienen kann, da eine persönliche Beziehung zu ihm bereits besteht.

Neben den „Gay Communities", die intern genannt werden, gehören zur offiziellen Zielgruppe die „e-boys" (38 Prozent, 16 bis 21 Jahre) und „e-girlies" (62 Prozent, 13 bis 23 Jahre). Dabei wird für die männliche Zielgruppe, die „trend- und netzorientiert" sein soll, die technische und musikalische Seite von E-Cyas als Interessenanker angegeben. Die weibliche Zielgruppe soll E-Cyas als Rollenvorbild und „Star" wahrnehmen, wobei sich der Interessenfokus auf Mode, Musik und Lifestyle richtet. Durch seine Vorbildfunktion soll E-Cyas „ausschlaggebend für das Konsumentenverhalten der Zielgruppe" sein. Interessant ist, dass weder Politik noch Umweltthemen in der dargestellten Wahrnehmungswelt (Sport, Musik, Kino, Party, Fashion, Eltern, TV/Soaps, Freunde, Schule) der Zielgruppe vorkommen. E-Cyas soll in jedem Bereich dieser Wahrnehmungswelt auftreten. Zum Beispiel besteht sein Bezug zum Sport darin, dass er Sport „liebt".

Markenphilosophie

Teil der Marke ist ihre Philosophie (Meffert/Burmann, 1996, S. 40). Die Philosophie bei E-Cyas liegt laut ID Media in seiner totalen Formbarkeit. Sie richtet sich nach der neuen Macht des Kunden. Die aktive Teilnahme des Konsumenten an der Markenbildung ist hier von großer Wichtigkeit, deshalb wendet ID Media den Slogan „@ctive you" an. Die Marke verfolgt das „As-you-like-it"-Prinzip: Der Konsument schafft sich die Marke so, wie er sie gern hätte.

Herkunft

Die geografische Verankerung kann Quelle der Markenidentität sein (Meffert/Burmann, 1996, S. 41). Für E-Cyas ist seine Herkunft, die Computerwelt, ein wichtiger Faktor, der maßgeblich seine Identität auszeichnet. Da mit der Technisierung des Alltags und der Arbeitsprozesse virtuelle Räume zunehmend wichtiger werden, wird das Umfeld von E-Cyas vertrauter. Die Individuen werden sich mehr in virtuellen Räumen bewegen, in der die Darstellung digital berechneter Menschen sehr einfach ist. So muss E-Cyas nicht in der realen Welt erscheinen, um mit dem Publikum in Kontakt zu treten. Die Vermarktung des Cyberspace und die Medienaufmerksamkeit, die diese Welten erfahren, zeugen davon, wie viel Potenzial im Begriff „Cyberspace" steckt, von dem die meisten keine konkrete Vorstellung haben. Bei E-Cyas wird dem verwirrten Endverbraucher der Cyberspace als eine nette, grenzenlose Gemeinde vorgestellt, in der Lara, E-Cyas und Kyoko freundliche Nachbarn sind. Dies scheint ein viel versprechender Ansatz zu sein, denn die virtuellen Welten faszinieren zunehmend: Viele neue User sind orientierungslos in den Informationsmeeren des Internet und suchen einen Anhaltspunkt. Und was ist vertrauter als der Mensch? Genau der richtige Zeitpunkt also für einen virtuellen Menschen.

Mitarbeiter

Die Stärke einer Marke hängt besonders von der Mentalität der Mitarbeiter ab (Meffert/Burmann, 1996, S. 47). Das scheint beim Star weniger wichtig, da er hauptsächlich durch sich selbst repräsentiert wird. Da E-Cyas aber als Person nicht existiert, ist die Mentalität der Mitarbeiter bei ID Media entscheidend: Sie sind es, die die Person E-Cyas verkörpern. Laut ID Media muss ein Mitarbeiter neben fundiertem Marktverständnis auch kreativ, einfühlsam und vor allem zukunftsversiert sein.

Vision

E-Cyas soll Teil der Vision von der Zukunft sein. Er soll heute die Möglichkeiten der Zukunft vorführen.

Kundenkommunikation

Stars geben Liveauftritte und sind in der Medienwelt des Konsumenten präsent. Marken etablieren sich durch Werbung. Bei E-Cyas findet die Kommunikation neben viel wertvoller Pressearbeit – bisher erschien er etwa 1.000 Mal in den Medien – auch in „seinem" Medium statt: dem Internet. Auf seiner Homepage kann man ihn zu bestimmten Zeiten „antreffen", also mit ihm chatten und ihm E-Mails schreiben, die er beantwortet. Zurzeit erhält er ungefähr hundert E-Mails pro Tag. Ein Merkmal des Stars ist seine Distanz zu den Fans, was seine Eigenschaft als Projektionsfläche stärkt. Der virtuelle Mensch ist distanzierter als der menschliche Star. Jedoch ist der virtuelle Star jederzeit verfügbar. Seine stetige Präsenz im Internet soll eine gleich bleibende Qualität vermitteln. Durch die Chatmöglichkeit ist sogar Interaktion möglich. Dies macht den virtuellen Menschen für seinen Fan fassbarer und nahbarer.

Vermarktung als Star

E-Cyas befindet sich in der Kartei der Hamburger Staragentur „VIP Entertainment and Merchandise" und wird wie ein Mensch vermarktet. Was letztendlich überzeugte, war die derzeitige Alleinstellung als männlicher Avatar in Kombination mit der Popularität und der Planung für die weitere Popularisierung. Die Vorteile sieht Agenturleiter Michael Lou in seinen vielseitigen Einsatzmöglichkeiten (siehe oben), dem Prädikat „neu" und der Möglichkeit, ihn dem Bedarf anzupassen. E-Cyas bietet als Star angeblich alles, was man als Star bieten kann, aber nichts Spezielles. E-Cyas setzt die Frage nach einer bestimmten Leistung voraus. Das ist ein Risiko, wie auch die schwierige Gewöhnung weiterer Zielgruppen an „synthetische Lebewesen" und die Verwässerung der „Persönlichkeit" durch zu große Anpassung an den Bedarf (siehe oben unter *Vorteile/Nachteile virtueller Stars*) (59).

Die Vermarktung vorwiegend als Mensch und nicht als Produkt geschieht auch auf anderen Ebenen: So schließt die Plattenfirma Edel Records mit E-Cyas, offiziell wie mit einem echten Menschen, einen Plattenvertrag ab. Jens Geisemeyer, Geschäftsführer Edel Records GmbH, über die Motivation von Edel Records:

> *„Im Netz entstehen neue virtuelle Welten, die für den Konsumenten einen starken Stellenwert einnehmen. In diesen Welten wird es Stars geben wie im richtigen Leben, und wir freuen uns, ganz früh in diesem Markt vertreten zu sein und Pionierarbeit zu leisten." (Pressemitteilung ID Media 20.12.1999).*

Präsenzstrategie

Ein Star muss „etwas von sich hören lassen" um präsent zu bleiben. Über die Popularität der medialen Positionierung wird E-Cyas prominent und sichert sich dadurch seine Unabhängigkeit, um Glaubwürdigkeit aufzubauen. E-Cyas wird von Anfang an als Star dargestellt. Durch das Interesse der Presse am digitalen Star fällt es nicht schwer, ständig PR für E-Cyas in eigener Sache zu machen, wie in verbreiteten Jugendzeitschriften wie *Bravo*. Teil der Strategie, um E-Cyas gut vermarkten zu können, scheint außerdem zu sein, die bevorstehenden Möglichkeiten in Betracht zu ziehen, wie ein neues Album, eine Konzerttour im 3-D Format, Moderator bei VIVA, Medienexperte bei *tomorrow*, eigene TV-Show etc.

Im Fall von E-Cyas wird eine crossmediale Präsenzstrategie verfolgt. Crossmedial beschreibt in diesem Falle die Möglichkeit, E-Cyas in allen Medien (Print, Kino, Radio, TV) einzusetzen, auch um die Bekanntheit zu steigern. Auch soll die weltweite Etablierung in allen Medien bis Ende 2001 stattfinden. Durch die Pressearbeit erschien E-Cyas in sämtlichen Medien. Von einem Bekanntheitsgrad wie dem von Lara Croft kann E-Cyas aber nur träumen. Bekannter werden wird er in Zukunft vielleicht durch die Zusammenarbeit mit einem Fernsehsender, die in Aussicht steht. Die Fernsehpräsenz würde außerdem ermöglichen, die Zielgruppe besser zu erreichen.

5.2 Ergebnis

Zusammenfassend lässt sich sagen, dass E-Cyas als Marke betrachtet werden kann. Allerdings bleibt ihr Erfolg abzuwarten. Ihre Positionierung ist ausgearbeitet, und die Pionierfunktion im Avatar-Markt ist nicht zu übersehen. Ihre Stärke gewinnt diese Marke durch die starke Verankerung in ihrem Umfeld (dem Cyberspace) und gewinnt sie durch ihre kommunikationsstarke Form – mit Gesicht, Stimme, Körper.

Sie ist besonders durch das Interesse der Medien präsent. Sie schafft durch die Möglichkeit, eine persönliche Beziehung zu ihr aufzubauen, einen Weg zur Markenbindung. Allerdings muss für den schnellen Erfolg das Vertrauen in diese Marke ohne Hinterfragen entstehen, denn der Mensch aus der Maschine bleibt zunächst Gegenstand zahlreicher Diskussionen. Damit ist auch die Zielgruppe eingeschränkt.

Indem die Marke E-Cyas wandelbar und flexibel ist, entsteht der Eindruck einer fehlenden Substanz. Demnach sind wichtige Aspekte der Marke, Identität und Individualität, im Fall von E-Cyas noch nicht eindeutig definiert.

Mit E-Cyas wird das „Meta-Markenkonzept" getestet. Die Ergebnisse liegen noch nicht vor, doch scheint die Idee des „Für-alles-verfügbar-sein" ohne einen eindeutig formulierten Markenkern für eine langfristig angelegte Durchsetzung nicht stark genug.

6. Fazit

Können virtuelle Menschen als perfekte Zusammenfügung von Mensch und Marke bezeichnet werden? In einigen Faktoren der Markenführung scheint es durchaus so zu sein. Aber bei genauerer Betrachtung ihrer Substanz scheint das Ganze fraglich, denn es ist noch nicht vorauszusehen, ob die Erscheinung der virtuellen Stars nicht eine sehr kurzlebige ist.

Eine ihrer wichtigsten Stärken ist ihre Neuartigkeit. Dieser Faktor ist für Marken wichtig, aber eine Marke muss, wenn sie langfristig angelegt sein soll, über mehr Qualitäten verfügen als diese. Zur Etablierung der Marke, wie auch des Stars, ist Zeit notwendig. Da der virtuelle Mensch in seinem jetzigen Umfang eine neue Erscheinung ist, bleibt seine Durchsetzung abzuwarten. Im Fall von E-Cyas kommt die von seiner Staragentur benannte Gefahr der Verwässerung hinzu, da er als Avatar als absolut formbar angeboten wird.

Viele neu eingeführte Marken verschwinden schnell wieder, wie auch Stars, und so bleibt die Frage, ob ein Avatar genug Persönlichkeit besitzen kann, um sich über einen längeren Zeitraum zu halten.

Aus der technischen Betrachtung ergibt sich, dass die Bezeichnung „Mensch" für den digitalen Kunstmenschen nicht unproblematisch ist, da er außer seinem äußeren Erscheinungsbild und einigen Kompetenzen wenig mit der komplexen Lebensform „Mensch" zu tun hat. Auch ist die Technik derzeit noch nicht ausgereift, um einen virtuellen Star einem menschlichen Star gleichwertig einsetzen zu können. Allerdings kann bei der Reduzierung auf einige „Starmerkmale" gesagt werden, dass die Markenführung eines virtuellen Stars im Vergleich zur Vermarktung eines menschlichen Stars durch das Wegfallen menschlicher Probleme vereinfacht wird. Denn der virtuelle Mensch ist dem Markenprodukt näher als das Original „Mensch". Das bedeutet auch, dass ständig an seiner Entwicklung gearbeitet werden muss, um ihn aktuell zu halten.

Man kann also sagen, dass der virtuelle Mensch bei ausgereifterer Technik über das Potenzial zum Star und zur Darstellung des Markenmenschen verfügt. Es bleibt jedoch die Annahme durch den Verbraucher, die über seinen Erfolg entscheidet.

Nachtrag

Dieser Beitrag wurde im Jahr 2000 fertig gestellt. Jetzt, im Jahr 2002, redet immer noch keiner von E-Cyas. Laras Blütezeit ist vorbei. Der Cycosmos ist eingestellt. Kyoko ist vergessen. Im Filmbereich hat sich die digitale Animationstechnik stark entwickelt, allerdings werden die schönen Oberflächen eher für Darsteller genutzt, die nicht als Stars konzipiert sind. Den virtuellen Menschen fehlt es oft an Persönlichkeit. Und so gereicht ihnen noch immer zum Nachteil, was auch ihr Vorteil ist: Sie sind nicht Mensch.

7. Literaturverzeichnis

Literatur

Gibson, W.: Neuromancer, München 1987
Gibson, W.: Idoru, München 1995
Meffert, H. und Burmann, C.: Identitätsorientierte Markenführung – Grundlagen für das Management von Markenportfolios, Arbeitspapier Nr. 100, Münster 1996
Schroeder, R.: Postmodernism and the Sociology of Virtual Reality Technologies, in: FUTURES, Ausgabe Juni 1994, S. 519 f.
Stephenson, N.: Snow Crash, München 1994
Thalmann, D.: The Role of virtual Humans in virtual Environment Technology and Interfaces, http://ligwww.epfl.ch/~thalmann/papers.dir/EU.NSF.PDF, 1999, Download 04.01.2000

Artikel

Communications of the ACM, Januar 2000, Vol. 43, No. 1, S. 42 – 49
Freud, W.: Stars aus dem Cyberspace, Cosmopolitan Magazin, Ausgabe April 2000, S. 161 f.
Voss, H.: Mr Wiggin debütiert, DIE WELT, 20.11.99
Campillo-Lundbeck, S.: Wie Heinzelmännchen, Wirtschaftswoche, Nr.42, 14.10.99, S. 205 f.

Interviews (Int.)

Interviews der Autorin mit Marko Köder, PR-Manager ID Media:
Interview 1 am 29.02.2000
Interview 2 am 02.03.2000
Interview 3 am 05.03.2000
Interview 4 am 10.03.2000
Interview 5 am 03.04.2000
Interview 6 am 04.05.2000
Interview 7 am 09.05.2000
Interview der Autorin mit Oliver Oest, Lara-Forscher, am 05.02.2000
Interview der Autorin mit Tolga Capin, Mitarbeiter am EPFL, am 18.01.2000, http://www.lig.epfl.ch/capin.html
Interview der Autorin mit Sascha Green-Kayser, PR Managerin Eidos Deutschland, Inhaberfirma von Lara Croft, am 01.02.2000
Interview der Autorin mit Michael Lou, V.I.P. Entertainment & Merchandising AG, vom 12.05.2000

Internet (w)

w/1 http://www.heise.de/tp, 03.01.2000
w/2 unter anderem unter http://www.blaxxun.com,http://www.vista.de, http://no-dna.com, http://www.illusion2k.com, 03.02.2000
w/3 http://www.maxheadroom.com/whoismax.htm, 09.02.2000
w/4 http://www.E-Cyas.de, 10.01.2000
w/5 http://www.no-dna.de, 10.01.2000
w/6 http://www.ctimes.net, 19.01.2000
w/7 http://www.hori-pro.com, 13.12.2000
w/8 http://www.fun-city.net/lara, www.webring.org, 19.01.2000
www.E-Cyas.com, 19.02.2000
w/9 www.no-dna.com/whoistyra.html, 29.01.2000
w/10 Telepolis-Archiv, Der Star, das virtuelle Wesen: http://www.heise.de/tp/deutsch/special/6125/2.html, 03.03.2000
w/11 Telepolis-Archiv, Stufe Eins: der montierte Star: http://www.heise.de/tp/deutsch/special/film/6125/3.html, am 03.03.2000
w/12 MIRA-Lab Genf, http://www.miralab.unige.ch/MARYLIN/VIRTUAL/virtualtot.html, 14.01.2000
w/13.Telepolis-Archiv, Stufe Zwei: Der animierte Star, http://www.heise.de/tp/deutsch/film/6125/3.html, 03.03.2000

w/14. Telepolis-Archiv, Stufe drei: der programmierte Star, http://www.heise.de/tp/deutsch/special/film/6125/4.html, 03.03.2000
w/15 Zimmermann, Gert: Auf der Suche nach dem ewigen Leben- Virtuelle Figuren im World Wide Web. http://www.dot-online.de/gert_zimmmermann.htm, 14.01.2000
w/16 http://www.E-Cyas.com, 03.04.2000
Sonderquellen (S)
ID-Media: Fananalyse und Marketingkonzept für E-Cyas, Stand 10.03.2000, aktualisiert 09.05.2000
Unternehmenspräsentation NoDNA vom 22.12.2000
Bilder mit freundlicher Genehmigung von Vista New Media, Eidos Interactive und ID-Media

Who do you want to be today?

Von Franziska Linke

1. Einleitung

„Wer heute nur eine Identität vorzuweisen hat, ist ein halber Mensch. Ein Zweitego muss her. Und ein Drittego. Und dann ein viertes, das einem sagt, welcher von den Dreien man nun wirklich ist." (IQ, 4/00, S. 11). Der Wechsel zwischen verschiedenen Identitäten vollzieht sich im Zeitalter der Generation@ auf ganz einfache Weise: Man braucht lediglich einen Computer, einen Internet-Zugang, und schon kann die Reise ins multiple Ich beginnen.

Der Nutzer kann zwischen verschiedenen Plattformen wählen, auf denen er sich präsentieren will: Chatrooms, Diskussionsforen, die eigene Homepage, Virtual Communities. Eine weitere Möglichkeit – besonders reizvoll, weil spielerisch erfahrbar – ist die des Online-Rollenspiels: Hier werden Charaktere erschaffen, die als eigenständige Identitäten handeln – teilweise so gekonnt, dass sie sich in der Spielwelt einen Namen geschaffen haben, quasi zur Marke geworden sind.

In diesem Beitrag geht es darum, diese virtuellen Spielmarken vorzustellen und zu analysieren. Als passendes Marketingkonzept wird hierfür das Konzept der Identitätsorientierten Markenführung von Meffert und Burmann (1996) herangezogen. (Siehe hierzu die Beiträge *Einführung in Marketing und Markenführung* sowie *Konzepte der Markenführung*). Die Analyse erfolgt anhand ausgewählter Charaktere aus dem Spiel *Ultima Online* (UO). Es geht aber auch darum, Chancen und Risiken des Identitätswechsels in virtuellen Welten aufzuzeigen, beziehungsweise zu klären, ob und welche Risiken dieses „Ego-Zapping" mit sich bringt.

2. Wer bin ich?

Eng verbunden mit dem Begriff der Identität ist die Idee des Gleichheitsprinzips: Identität wird gemeinhin beschrieben als „vollständige Übereinstimmung in allen Merkmalen" (Brockhaus, Band 8, 1989), was auf den lateinischen Wortstamm „idem" = dasselbe zurückzuführen ist. Dieses formale Gleichheitsprinzip, das aus der Biologie stammt, ist jedoch in sozialwissenschaftlicher Hinsicht nicht ausreichend, denn Zusammensetzung und Entstehung der Identität sind für den Menschen weitaus komplexer als dies durch eine einfache Gleichung erfüllt würde.

Soziologen definieren Identität als Kennzeichnung eines Bündels typischer Rollen eines Individuums. In der Psychologie wird Identität als elementarer Baustein für das Selbstkonzept von Personen gesehen (vgl. Meffert/Burmann, 1996, S. 23). Diese Definitionen deuten bereits auf eine umfassendere Sicht hin: Für den Psychoanalytiker Erik H. Erikson drückt der Begriff Identität „insofern eine wechselseitige Beziehung aus, als er sowohl ein dauerndes inneres Sich-Selbst-Gleichsein wie ein dauerndes Teilhaben an bestimmten gruppenspezifischen Charakterzügen umfasst." (Erikson, 1998, S. 124). Diese Beschreibung liefert die komplexeste Sicht, da sie sowohl auf die Innen-, als auch auf die Außenperspektive des Individuums eingeht: Das Selbstbild des Einzelnen erhält also durch das Fremdbild der Umwelt Rückkopplung und umgekehrt. Sie bedingen einander, um jeweils Bestätigung zu erlangen. Wichtig für das Entstehen einer gesunden und stabilen Identität ist die Übereinstimmung von Selbst- und Fremdbild, also von Innen- und Außenperspektive. Ein jeder Mensch möchte schließlich als der gesehen werden, den er darstellen will.

Dass man nun verschiedene Rollen, also Identitäten annimmt, dürfte aus dem alltäglichen Leben bekannt sein: Im Berufsleben ist dies die „toughe" Geschäftsfrau, auf gesellschaftlichen Events die amüsante und eloquente Small-Talk-Partnerin, die zuhause das Mäntelchen der fürsorglichen Mutter überwirft. Schlagwörter wie Vitalität, Flexibilität und Fragmentierung sollen an dieser Stelle genannt werden.

Dieser Rollenwechsel bringt zwar gewisse Anstrengungen mit sich, doch gibt es eine Konstante: Der Mensch, der hinter all diesen so unterschiedlichen Personae steht, ist der gleiche. Seine Werte und Einstellungen bleiben trotz radikaler Wechsel erhalten.

Eine weitere Assoziation, die sich beim Thema Rollenwechsel schnell ergibt und leicht verständlich ist, ist die des Verkleidungsrituals an Fasching oder Karneval: Man schlüpft für einen Tag, einen Abend, oder länger in eine fremde Hülle. Eine Wunschprojektion findet statt. Das wahre Ich und seine Eigenschaften bleiben jedoch erhalten. Sicher ermöglicht die Loslösung von eingefahrenen gesellschaftlichen Zwängen einen lockereren Umgang. Der Schüchterne wird deswegen natürlich nicht plötzlich zum Aufreißer oder der Geizhals zum edlen Spender. Man ist, und das kann nicht nur der Maskerade zuzuschreiben sein ... in vino veritas ..., letztlich immer mehr man selbst. (Siehe hierzu den Beitrag *Faszination Drag Queens*).

3. Wo ist mein Platz in der virtuellen Welt?

Dieser Identitätswechsel findet seine ideale „Spielwiese" im Internet: Das Internet trägt durch seine technischen Möglichkeiten wie kein anderes Medium zur Idee der multiplen Identität bei. Welch bessere Verkleidung kann man sich vorstellen als die eines neutralen Interface, hinter dem man seine physische Hülle, aber auch strenge gesellschaftliche Zwänge so wunderbar verstecken kann? Identitäts-Zapping als Persönlichkeitsbildung sozusagen (vgl. Turkle, 1998, S. 287).

Dass das wohl kommunikativste Medium seit Erfindung des Telefons unaufhörlich fortschreitet, zeigen die immens steigenden Nutzerzahlen: Allein zwischen 1999 und 2001 hat sich die Zahl der User weltweit auf über 400 Millionen mehr als verdoppelt. Gleiches gilt für Deutschland: Hier gibt es mittlerweile über 24 Millionen Nutzer (vgl. Electronic Commerce InfoNet, 2001, S. 1 ff.).

Welche Folgen hat der steigende Umgang mit dem neutralen Medium Computer? Ist eine radikale Veränderung im Sozialverhalten zu erwarten? Werden wir zu verwahrlosten, sozial vereinsamten oder gar gestörten Individuen mutieren?

4. Das Spiel mit dem Ich

Wie erwähnt, erfolgt die Analyse anhand ausgewählter Charaktere aus dem Online-Rollenspiel *Ultima Online*. Hierzu wurden einige Spieler per E-Mail interviewt. Zwei Antworten auf die Frage, wie sehr sie sich mit ihrer Spielfigur identifizieren, seien schon an dieser Stelle genannt: Ruedi antwortet: „Sehr, denn sie ist mein zweites Ich“, und Hendrik geht sogar noch einen Schritt weiter: „Wenn sie *(die Spielfigur, Anm. d. A.)* stirbt, dann sterbe auch ich in dem Moment ein wenig. Vane *(Name der Spielfigur, Anm. d. A.)* ist in der Zeit des Spiels „ich“. ... Man hört sich, wenn man spricht und fühlt auch manchmal den Stress der Figur.“.

Trotzdem vollzieht sich kein radikaler Identitätswechsel, sondern die Idealvorstellung des Selbst wird hier ausgelebt. „Ich mache im RPG (steht für „Role Playing Game“ = Rollenspiel) nichts, was ich nicht auch in RL (steht für „Real Life“ = reales Leben) tun würde“, so Ruedi auf die Frage, wie sehr sein Verhalten in beiden Ebenen einander gleicht. Dies lässt darauf schließen, dass die Erfahrung durch das Spiel als Erweiterung der Realität zu sehen ist. Die genannte Wunschprojektion wird vom RL auf das RPG übertragen. Eine milde Metapher für den Aufbau oder das Testen der Identitäten in der virtuellen Welt des Internet ist die bereits genannte „Spielwiese“. Sherry Turkle bezeichnet das Internet in ihrem Buch „Leben im Netz“ als „Soziallabor für Experimente mit ... Ich-Konstruktionen“ (Turkle, 1998, S. 289).

Gewagter, aber vielleicht treffender, scheint die angesprochene Assoziation des Internet als „globaler Faschingsball“: Das Austesten und spielerische Erfahren stehen klar im Vordergrund. Und falls man sich dessen bewusst ist, kann dies dem einzelnen zur Selbsterkenntnis und sogar zur Selbstanalyse helfen.

> *„Ein MUD* (steht für „Multi User Dungeon“ oder „Domain“ = computerbasiertes Rollenspiel, das von mehreren Spielern gleichzeitig gespielt wird) *kann zu einem Kontext werden, in dem man entdeckt, wer man ist und wer man sein möchte. So gesehen, sind diese Spiele Laboratorien für die Identitätskonstruktion ...“ (Turkle, 1998, S. 297).*

Für die weitere Analyse ist die Beschreibung der komplexen Welt der Rollenspiele nötig. Im folgenden Abschnitt werden ihre Gesetzmäßigkeiten und Hintergründe beleuchtet sowie ein detaillierter Blick auf die Welt des gewählten Online-Rollenspiels *Ultima Online* geworfen.

5. Welche Rolle spiele ich?

Begonnen hat die Geschichte der Rollenspiele mit J. R. R. Tolkien und seiner weltbekannten Trilogie *Der Herr der Ringe*: Es handelt sich um die Schilderung der fantasievollen Abenteuerwelt, in der Elfen, Hobbits, Orks und menschliche Helden ihren Weg finden müssen. (Am 20. Dezember 2001 startete in Deutschland der lang ersehnte erste Teil der Kinofassung.). Sein Werk, an dem er 16 Jahre lang arbeitete, gilt als Meilenstein in der Fantasy-Literatur. Die dort beschriebene Fantasy-Welt mit ihren Kreaturen lieferte die Grundlage für die ersten sogenannten „Pen-and-Paper-Rollenspiele“, die auf dem Spielbrett ausgetragen und in denen die Schicksale der Helden auswürfelt werden. Zu den bekanntesten unter ihnen zählen in Deutschland *Das Schwarze Auge* und *Dungeons and Dragons*. Die Bezeichnung „Dungeon and Dragon" setzte sich später für eine bestimmte Art des computergestützten Abenteuer-Rollenspiels durch, deren Ziel das bewusste Rollenspiel ist.

Allgemeines Ziel in Rollenspielen ist die glaubhafte Übernahme der Spielfigur und die Bewältigung von Abenteuern, die entweder von außen gestellt oder durch die Mitspieler selbst bestimmt werden. Dies kann auf dem Spielbrett erfolgen, oder man spielt diese Figur „wirklich". Das geht zum Teil so weit, dass sich die Spielgemeinschaft für einige Tage in einem Haus einschließt und das selbst entwickelte Abenteuer und seine Rolle tatsächlich „auslebt".

Ihre ideale Umsetzung fanden Rollenspiele, als sie für den PC programmiert wurden, da die technische Unterstützung umfangreichere Spielvariationen ermöglichte. Ein weiterer, wenn auch zweifelhafter Vorteil war, dass man sich nun nicht mehr in einer Gruppe treffen musste, sondern alleine vor seinem Rechner Abenteuer bestehen konnte.

Einer der Ur-Väter des computergestützten Rollenspiels ist Richard Garriott, der bereits 1978/1979 mit *Aklabeth* ein solches „Dungeon-and-Dragon"-Rollenspiel entwickelte. 1980 fällt unter seiner Regie der Startschuss für eine ganze Serie von Rollenspielen unter dem Namen *Ultima*. Diese Spiele waren hauptsächlich textgestützt und enthielten wenige Grafiken. Mit den heutigen Spielen verbindet sie nur noch die Ursprungsidee. Anfang 2000, also 20 Jahre nach Erscheinen des Ur-Spiels, kam die neunte Version von *Ultima* auf den Markt: *Ultima 9*. Bei diesen Spielen handelt es sich um sogenannte „Single-Player-Versionen". Die einzige Interaktionsmöglichkeit besteht zwischen den vom Hersteller generierten Charakteren und der eigenen Spielfigur.

Inzwischen hat sich einiges grundlegend geändert, denn 1997 kam die erste Online-Version von Ultima auf den Markt: *Ultima Online*. Der Zusatz „online" bedeutet, dass man sich im Gegensatz zu den Single-Player-Versionen mit Gleichgesinnten auf der ganzen Welt in ein und derselben Spielwelt befindet und gemeinsam das virtuelle Leben mit all seinen Abenteuern bestreitet. Die einzelnen Spieler sind über das Internet mit verschiedenen Servern verbunden.

Weitere Nachahmer haben die Faszination einer virtuellen Spielwelt für sich entdeckt. *Everquest* und *Asheron's Call* als die beiden wichtigsten Konkurrenzprodukte zeichnen sich durch unterschiedliche Schwerpunkte aus und setzen auch bewusst auf unterschiedliche Zielgruppen (vgl. *GameStar*, 1/00, S. 173). Mit *Dark Age of Camelot* hat sich der nächste Konkurrent eingereiht. In naher Zukunft werden das Fantasy-Rollenspiel *World of Warcraft* und *Star Wars Galaxies* erscheinen. Diese neue Generation der Online-Rollenspiele zeichnet sich vornehmlich durch eine verbesserte Grafik mit einer 3-D-basierten Spiele-Engine aus. *Ultima Online* hat diesen Trend aufgegriffen und in der neuesten Version *Third Dawn* erstmalig echte 3-D-Grafiken in das Spiel integriert.

Aufgrund der Komplexität und der fast unbegrenzten Möglichkeiten der Spielwelt wurde hier *Ultima Online* als Ausgangspunkt für die Analyse gewählt. Da die Interviewpartner bereits Anfang 2000 befragt wurden, beziehen sich die folgenden Inhalte auf die ältere Version des Spiels *The Second Age*.

6. Die Welt von *Ultima Online*

Ultima Online (UO) gilt als erstes erwähnenswertes Online-Rollenspiel. Der überaus komplexe Spielaufbau ist mit einem Abbild der Gesellschaft vergleichbar. Derzeit sind weltweit rund 240.000 Spieler registriert, wirtschaftlich gesehen ein attraktives Geschäft, da jeder Spieler zusätzlich zu den Kosten für den Erwerb der Spielsoftware monatlich 10 US$ für seinen „Account", also sein Spielerkonto bezahlt. Grob geschätzt dürften sich seit Bestehen des Spiels rund 400.000 Spieler beim Hersteller Electronic Arts registriert haben. Insgesamt gilt *Ultima Online* als eines der kommerziell erfolgreichsten Spiele (vgl. Gamespot, 2001, S. 1 ff.).

Basis für die Geschichte rund um die Welt von *Ultima Online* ist das Reich „Britannia" mit seinem gütigen Herrscher Lord British, dem Alter Ego des Spiel-Erfinders Richard Garriott, und seinem bösen Gegenpart Lord Blackthorne. Schwarz und weiß, gut und böse – eine relativ simple Grundidee steht hinter *Ultima Online*, dem dennoch von Fachpresse und den hier genannten Interviewpartnern die größte Spieltiefe zugesprochen wird (*GameStar*, 1/00, S. 173). Anders als bei den üblichen Rollenspielen werden den Spielern hier nämlich keine „Quests" gestellt, also zu bestehende Abenteuer; vielmehr sind die Spieler dazu gezwungen, sich ihren Spielspaß selbst zu schaffen und ihre eigene Welt mit all ihren Aufgaben, Pflichten aber auch Vergnügen aufzubauen. Daher kommt dieses Spiel der Realität sehr nahe und Parallelen zum „diesseitigen" Leben sind nicht von der Hand zu weisen.

Abbildung 1: Aufbau des Spiel-Interfaces

Zu Beginn entscheidet der Spieler, wie der äußere Rahmen seiner Figur auszusehen hat. Dies umfasst den Beruf, persönliche Fähigkeiten, die Wahlheimat, aber auch Aussehen und Namen. Man kann zwischen so illustren Berufen wählen wie Magier, Barde, Kämpfer oder die handwerkliche Richtung als Schreiner oder Schmied einschlagen. Zum Beispiel kann der Magier mittels seiner Zauberkräfte heilen, aber auch vergiften; Fischer und Bäcker sorgen für Nahrung und bieten ihre Ware feil.

Wie sich das Spiel nun für den einzelnen gestaltet, bleibt frei in der kreativen Hand eines jeden. Allen gemein ist ein gewisser ritterlicher Ehrencodex, der auf Hilfsbereitschaft, Loyalität, eben das Gute im Menschen aufbaut. Selbstverständlich gibt es auch die Bösen, „Player Killer" (PK) genannt. Sich als PK einen Namen zu machen, ist recht einfach. Einer der berühmtesten PK hieß „Manga"; er tötete über

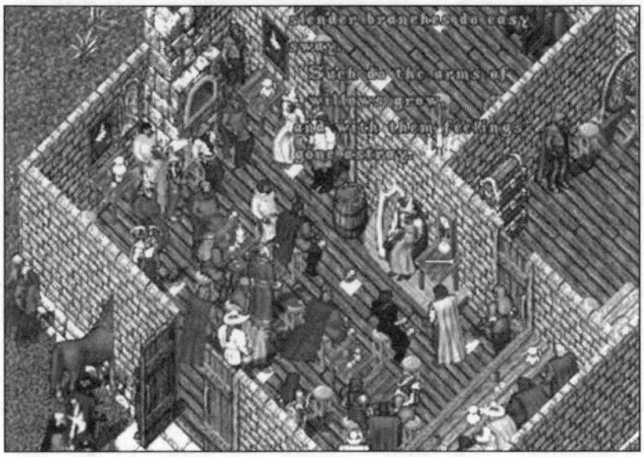

Abbildung 2: Ein Bardenwettbewerb in der Taverne

1.200 Spielfiguren, ohne dabei selbst zu Schaden zu kommen. Er konnte jedoch bezwungen werden und weilt nicht mehr unter den „Lebenden". Richard Garriotts Alter Ego Lord British wurde von einem anderen PK bei einer Demonstration vor seinem Schloss hinterrücks ermordet, und der PK von den Verantwortlichen aus Britannia verbannt. Richtig „sterben" kann eine Spielfigur allerdings nicht. „Toten" wird immerhin noch die Möglichkeit eingeräumt, sich bei Mönchen mittels eines Heilspruches wieder beleben zu lassen. Man verliert jedoch all seine Habseligkeiten sowie höhere Titel. Diese Wiederbelebung kann nur von rechtschaffenen Figuren in Anspruch genommen werden, PK's sind hiervon ausgeschlossen.

Zu morden macht aber für die meisten Spieler nicht den Spielspaß aus, vielmehr geht es um die gemeinsame Bewältigung des Lebens in einer anderen Welt, den Austausch unter Gleichgesinnten.

Um das virtuelle Leben zu meistern, werden so faszinierende Events wie ein Bardenwettbewerb oder ein Casino-Abend organisiert, auf dem jeder, der an der Tombola teilnehmen will, eine unmarkierte Rune als Spieleinsatz mitbringt. Diese Events scheinen harmlos, wenn man hört, dass in der virtuellen Welt von UO geheiratet wird, und zwar mit allem was dazu gehört: Ein rauschendes Fest mit 50 Gästen, Turnieren und natürlich einem imposanten Feuerwerk. Ehen werden auch aus politisch-strategischen Gründen geschlossen, um beispielsweise zwei Gilden zusammenzuführen und ihre gemeinsamen Ziele zu unterstreichen.

Abbildung 3: Bürgerversammlung in der Stadt Baja

Die politische Ebene des Spiels zeigt sich auch in Treffen von Vertretern der größten Gilden mit PK's, die gemeinsam ihre Territorien abstecken, um sich nicht gegenseitig ins Gehege zu kommen. Der Drang nach einem geregelten Leben ähnlich dem „diesseitigen" manifestiert sich in Einwohnerversammlungen von Spielerstädten, die dort ihren Bürgermeister wählen und eine bürokratische Ordnung aufbauen.

Eine Versammlung vor dem Schloss des Spiel-Erfinders Richard Garriott alias Lord British wurde organisiert, um für die Rechte der Spieler auf anderen Servern zu demonstrieren. Über 200 Spieler waren mit Spruchbändern vertreten. Hendrik berichtet von einer kleinen Demonstration, die er zunächst alleine abhielt (seine Spielfigur wurde aus unerklärlichen Gründen von einem offiziellen Guard getötet; Guard = Wachmänner der Herstellerfirma, die für die Überwachung von Recht und Ordnung zuständig sind). Nach kurzer Zeit jedoch wurde er spontan von vier ihm unbekannten Mitdemonstranten mit Sprüchen wie „The Guards are going nuts!" („Die Wachen drehen durch!") oder „Gegen die Bürokratie von Britannia!" unterstützt.

Die Grenzen zwischen Spiel und Realität verschwimmen, wenn man hört, dass Häuser, die in der virtuellen Welt von UO gebaut wurden, von Spielern für tatsächliches Geld im RL verkauft werden (vgl. *Die Welt*, 17.5.2000, S. WW3). Die Ursache dafür liegt am fehlenden Baugrund im Lande Britannia, da dieser in den verschiedenen Welten bereits vergeben ist. Es kommt vor, dass ein Bauplatz frei wird. Der Kampf darum ist unerbittlich, denn die Spieler riskieren dabei das Leben ihrer Spielfigur. Preise um die 500 US$ sind für virtuelle Häuser keine Seltenheit. Das bisher teuerste Gebäude ging für 8.000 US$ über den realen Ladentisch. Spielfiguren, die Spieler nicht mehr nutzen wollen, können wie die Immobilien im virtuellen Auktionshaus von eBay (www.ebay.com) versteigert werden und erzielen mitunter respektable Preise.

7. Wer ist der Stärkste im ganzen Land?

Der Zusammenschluss von Gleichgesinnten in Gilden ist eine übliche Form der Gemeinschaftsbildung und Sozialisation, denn die Gruppe verleiht dem einzelnen einen starken Rückhalt. Sie werden von einem Gildenführer geleitet und sind im Allgemeinen auch auf der offiziellen Homepage von UO oder auf lokalen Fansites vertreten.

Abbildung 4: Gildentreffen zu Pferd

Es gibt über 40.000 Gilden auf insgesamt 23 Servern (*Ultima Online*, Community, S. 1). Die größte und bekannteste ist „The Syndicate" mit über 550 Aktiven, von denen 410 den Veteranen-Status erlangt haben. Als „Veterans" werden Spieler bezeichnet, deren Skills (Skill = Fähigkeit, wie zum Beispiel Stärke, Geschick, Intelligenz) eine maximale Größe erreicht haben, „alte Hasen" oder Voll-Profis also. *The Syndicate* gilt als größte Online-Gilde, da sie nicht nur in der Welt von *UO* aktiv ist, sondern auch in anderen Rollenspielen, wie beispielsweise dem genannten Konkurrenzprodukt *Everquest* für ihre Ziele eintreten. Diese werden sehr eindrucksvoll und professionell auf der gildeneigenen Homepage dargestellt (vgl. http://www.llts.org).

Die Server stehen für ein eigenes Land und sind über verschiedene Kontinente verteilt. Die USA sind am häufigsten vertreten, gefolgt von den asiatischen Regionen; das Schlusslicht bildet der europäische Kontinent mit den Servern „Europa" und „Drachenfels".

Die Tatsache, dass jeder Spieler, jede Spieleridentität von UO einzig ist, legt den Gedanken nahe, den Spielfigurenaufbau an ein strategisches Konzept anzulehnen. Nicht zuletzt, um einen klaren Überblick bei all den facettenreichen Optionen zu behalten.

Dieser Spielfigurenaufbau und sein zugrunde liegendes strategisches Konzept werden im Folgenden untersucht.

8. Analyse – Spielfigur als Marke

Die Frage, was die Analyse einer virtuellen Spielfigur als Marke in einem Buch über den „Mensch(en) als Marke" zu suchen hat, mag im ersten Augenblick berechtigt erscheinen. Jedoch ist im Zug der eingangs beschriebenen Möglichkeiten der Identitätspräsentation im Zeitalter des Internet, das zu analysierende Objekt sehr real. Gerade der spielerische Umgang mit Identität und ein Austesten seiner Grenzen sind brisante Themen der Gegenwart. Bei der möglichst umfassenden Betrachtung des „Menschen als Marke" dürfen sie nicht unbeachtet bleiben. Das virtuelle Spiel als Test für die Realität. Spiel als richtungweisende Zukunftsvision für den Umgang mit Identität in virtuellen Zweitwelten.

Dass der Markenbegriff auf den Menschen übertragbar ist, scheint bereits in den vorangehenden Artikeln dieses Buches belegt. Ob und wie der Begriff auf virtueller Ebene anzuwenden ist, darauf geht Catriona McLaughlin mit ihrem Beitrag über virtuelle Stars ein. Dieser Beitrag zeigt den Aufbau einer Spielfigur in *Ultima Online* in Anlehnung an das Konzept der Identitätsorientierte Markenführung (Meffert/Burmann, 1996). Entscheidend für den Aufbau einer glaubhaften Zweitidentität ist ihr strategisches Konzept. Die Absichten der Spielfiguren und ihr Selbstverständnis stehen hierbei im Vordergrund der Untersuchung.

9. Identitätsorientierte Markenführung

Im Mittelpunkt der Identitätsorientierten Markenführung steht die Wechselseitigkeit von Image und Markenidentität: Denn nur durch Bestätigung von außen (Fremdbild) können die inneren Werte der Marke (Selbstbild) identitätsstiftend sein. Umgekehrt muss dem Selbstbild eine bestimmte Vision, eine Philosophie, zu Grunde liegen, um glaubhaft nach außen transportiert werden zu können.

Den Kern der Markenidentität bilden die Markenphilosophie (vgl. Meffert/Burmann, 1996, S. 38), ihr Selbstbild, ihre Werte und die Art ihrer Kommunikation nach außen. (Siehe hierzu die Beiträge *Einführung in Marketing und Markenführung* sowie *Konzepte der Markenführung*). Dieses Selbstbild und seine Bestandteile sollen im folgenden Abschnitt von Marken auf die gewählten Spielfiguren übertragen werden.

Markenphilosophie setzt sich aus verschiedenen Bestandteilen zusammen, die jedoch nicht zwangsläufig in ihrer Gesamtheit auftreten müssen; die Einzelfallbetrachtung entscheidet über die in Frage kommenden Elemente jeder Marke. So treffen auch für den Markt der Online-Rollenspiele beziehungsweise von *Ultima Online* bestimmte Bedingungen zu, die den Bestandteilen ihr Gewicht verleihen. Welche Bestandteile für die Marktbedingungen von *UO* von Bedeutung sind, wird wie folgt aufgezeigt:

Eine der wichtigsten Komponenten der Markenidentität ist die ***technisch-qualitative Gestaltung*** des Produktes. Für die Welt von *UO* bedeutet die technisch-qualitative Gestaltung ein optimales Ausstatten der Spielfigur mit den für sie entscheidenden Fähigkeiten („Skills"). Die grundsätzliche Spielintention ist hierfür entscheidend. „Zuallererst solltet ihr Euch sorgfältig mit der eigentlichen Bestimmung Eures Charakters auseinandersetzen ...", so der Hinweis auf einer deutschen Fansite von *UO* (Ultima Online Bibliothek, Charaktererstellung, S. 1). Der Schreiner benötigt andere Fähigkeiten als der Magier, der Krieger muss mehr Wert auf Skills wie Ausdauer und Stärke legen als auf die Kunst des Brotbackens. Dennoch ist es wichtig, auf eine ausgewogene Verteilung der Skills zu achten und nicht nur eine Ausrichtung auf den gewählten Beruf der Spielfigur vorzunehmen: Der Kämpfer muss also nicht nur seine Stärke in waghalsigen Abenteuern beweisen, sondern sich auch ernähren können – sei dies durch den Besitz von Gold, mit dem er bei einem Bäcker Brot kaufen kann, oder durch die erworbene Fähigkeit des Brotbackens.

Die gezielte und vorausschauende Planung ist wichtig für die optimale technisch-qualitative Gestaltung der Spielfigur. Da man aber als Spielneuling („Newbie") die Anforderungen der komplexen Welt von *UO* nicht kennt, ist es ratsam, „normale" Spielwerte als Einstiegsgröße zu wählen „und sich dann erst später zu spezialisieren", so Hendrik. Hierfür hat der Hersteller die standardisierte Auswahl der Skills erstellt („Template"). Beim Erstellen der Figuren kann der Spieler zwischen dem „Template" und der eigenen Skill-Verteilung wählen.

Da sich aber viele Produkte in technisch-qualitativer Hinsicht immer ähnlicher werden, hat die Bedeutung dieser Komponente abgenommen (vgl. Meffert/Burmann, 1996, S. 40). Für den Anfangsstatus der Spielfigur in *UO* mag dies zutreffen. Im weiteren Spielverlauf ist aber die spezielle Ausrichtung der Skills für das Erreichen des individuellen Ziels unbedingt erforderlich. Jedoch ist die Skillausstattung begrenzt – die perfekte Spielfigur zu kreieren ist nicht möglich.

Die ***Preisstellung*** und die damit einhergehende ***Exklusivität*** sind eng mit der technisch-qualitativen Gestaltung des Produkts verbunden. Eine sprichwörtlich direkte Übertragung auf die Figur findet in diesem Sinne nicht statt. Der Ansatz erfolgt über die von der Spielfigur erbrachte Leistung. Zum Beispiel ist es üblich, dass Handwerker ihre Produkte verkaufen: Zum einen können sie diese an Ladengeschäfte zum Weiterverkauf abgeben und erhalten hierfür einen Einheitspreis; zum anderen besteht die weitaus lukrativere Möglichkeit, ein eigenes Geschäft zu eröffnen, in dem ein computergenerierter „Vendor" (sozusagen der virtuelle Einzelhandels-Verkäufer) den Verkauf der Ware übernimmt, um die

24-stündige Ladenöffnungszeit zu gewährleisten. Hier kann der Spieler den Preis selbst bestimmen. Wenn er sich im Spielverlauf einen guten Namen gemacht hat, kann er sich sogar eine kleine Stammkundschaft aufbauen.

Dies bezieht sich nicht nur auf den Lebensmittelsektor, sondern auch auf die Kunst des Zimmermanns, des Alchimisten oder die Schmiedekunst. Der Erwerb hochwertiger Waffen und Rüstungen ist für den Kämpfer unerlässlich. Wenn man als Schmied die Fähigkeiten seiner Zunft perfektioniert hat und in den Status des Grand Master aufgestiegen ist, so erhalten die von ihm produzierten Waffen den Zusatz „crafted by". Ein wichtiger Zusatznutzen ist die hohe Belastbarkeit dieser „Grand Master"-Waffen. Wer diese Waffen kauft, kann sicher sein, für sein Geld ein exklusives Produkt mit hohem Zusatznutzen erworben zu haben.

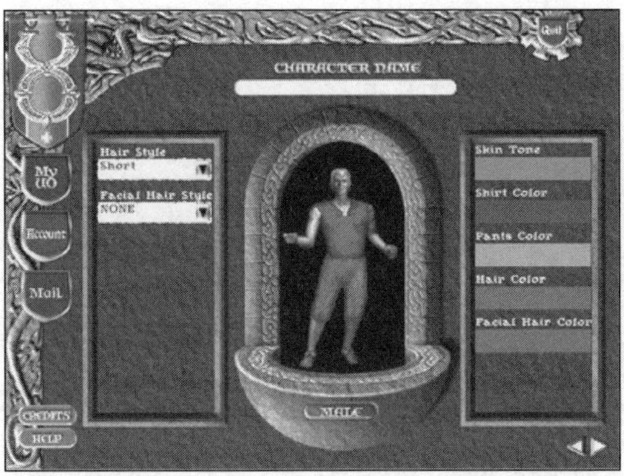

Abbildung 5: Haut- und Haarfarbe werden festgelegt

Die ***visuelle Gestaltung*** der Spielfigur ist durch die technische Programmierung leider (noch) begrenzt: Man kann wählen, ob die Figur männlich oder weiblich sein soll, welche Hautfarbe und welche Kleidung sie hat, ob sie einen Bart trägt oder lange Haare, welche Haarfarbe ihr am besten steht. Für jede Berufssparte gibt es am Spielbeginn eigene Gestaltungsmöglichkeiten. Die Grundeinstellungen sind hier auf das Wesentliche beschränkt. Im Laufe des Spiels aber kann man sich beim Schneider ein eigenes Kostüm anfertigen lassen, der Bäcker kann sich eine Schürze und Bäckerhaube besorgen, Schmuck kann bei einem Goldschmied gekauft werden. Der Erwerb einer Gildenuniform ist für Mitglieder einer Gilde ein zusätzliches Gestaltungsmerkmal. Es gibt also kleine Nischen, die das Abgrenzen gegenüber den Mitspielern ermöglichen.

Wesentliche Komponenten der Markenidentität sind der ***Markenname***, das ***Markenzeichen*** und/oder das ***Markensymbol***, besonders dann, „wenn gegenständliche Namen, Namen aus anderen Sprach- oder Kulturkreisen ... Verwendung finden" (Meffert/Burmann, 1996, S. 41). Da dieser Punkt in seiner Übertragung auf *UO* eine ganz spezielle Bedeutung gewinnt, wird hier auf Namen, Zeichen und Symbol gesondert eingegangen.

Aufgrund der Grenzen bei der visuellen Gestaltung der Spielfigur erfolgt die Abgrenzung über den Namen der Spielfigur. Die Identifikation des Spielers mit dem Namen seiner Spielfigur ist sehr hoch, wenn man bedenkt, dass beispielsweise „Vane" seit zwölf Jahren als Name für die Spielfiguren von Hendrik gewählt wird. Egal, welches Spiel er spielt: Sobald der Figur ein Name gegeben werden muss, entscheidet er sich klar für „Vane". Thomas gab seiner Spielfigur den Namen „Asmodel", der Name eines Engels der „Pax Die" und Anführer der himmlischen Heerscharen – bei der Ausübung des Berufes

Magier ein passender und aussagekräftiger Name. Nina wollte sich durch die Wahl ihres Figurnamens von der Masse abgrenzen und wählte „Rhea of Hel“, die Kombination aus Figuren der griechischen und nordischen Mythologie.

Dass man vom Namen der Spielfigur auf das Wesen des Spielers schließen kann, zeigt sich bei Maximilian, der seiner Figur den Namen „Potfather“ gab, das spielerische Verschmelzen der bunten Welt der Rauschmittel und des Wortes „Godfather“ – bekannt als Originaltitel des gleichnamigen Mafia-Epos *Der Pate*. Für Maximilian ist es wichtig, das Spiel nicht allzu ernst zu nehmen und spielerisch alle Möglichkeiten unter dem Deckmantel der Zweit-Identität auszutesten. Seine Figur übt den Beruf des Diebes aus. Der Name ist insofern ein wichtiges Hilfsmittel zur Individualisierung und drückt gleichzeitig die spielerische Intention aus.

Was das Markenzeichen anbelangt, wird auf die erwähnte Möglichkeit des Zusammenschlusses in Gilden hingewiesen. Hier ist es üblich, dass ein bestimmtes Zeichen für die Zugehörigkeit in einer Gilde steht. Dieses Zeichen kann sowohl eine Gildenuniform als auch ein Helm oder ähnliches sein. Die Grenzen der visuellen Gestaltung sind in diesem Punkt fließend. Die Abgrenzung zur Preisstellung und der daraus resultierenden Exklusivität ist insofern diffus, als dass man die erwähnte Markierung des Herstellers auf „Grand Master“-Waffen sowohl der Exklusivität als auch den Markenzeichen zuordnen kann.

Symbole finden sich wiederum auf Gildenuniformen. Manche Gilden haben sogar ein eigenes „Logo“ entwickelt. Das Erkennungszeichen der Gilde „Volksfront von Britannia“ von Hendrik und Maximilian war anfangs ein grellgrüner, geschlossener Mantel mit einem dunkelgrünen Cape. Diesen tauschten sie später gegen einen schwarzen Mantel und einen Helm in Form eines Totenschädels aus. Ninas Gilde trägt die Uniform nur bei Versammlungen. Zusätzlich weist sie darauf hin, dass „es in den meisten Gilden eine gewisse Kleidung gibt, die entweder immer oder nur bei Versammlungen, gewissen Anlässen getragen wird. Dies dient ... der besseren Erkennung ...“.

Als ***geografische Verankerung*** der Spielfiguren in *UO* ist die Wahl des Servers zu sehen – die Wahlheimat sozusagen. So sind die einzelnen Server nach „irdischen“ Kontinenten ausgerichtet: Es gibt zwei Server für den europäischen Kontinent, das heißt dass dort hauptsächlich europäische Spieler agieren. Der asiatische Raum wird mit mehreren Servern bedient, auf denen ein europäischer Spieler keinen Spaß hätte, da hier in den landestypischen Schriftzeichen kommuniziert wird. Den größten Anteil haben die amerikanischen Server, die aber aufgrund der Zeitverschiebung für die meisten europäischen Spieler nicht interessant sind.

Der wichtigste Server für deutsche Spieler ist *Drachenfels*: Hier ist die spielerische Interaktion am besten möglich. Die Serverwahl entscheidet also über den Spielspaß Darüber hinaus gibt es einen Server, auf dem „Player versus Player“ (PvP), also der direkte Kampf zweier Spieler gegeneinander, ausdrücklich erlaubt und nicht folgenschwer ist. Auf allen anderen Servern erhält man für das Töten anderer Spielfiguren den Status eines Vogelfreien. Die geografische Herkunft kann also auch über die Absicht der Spielfigur Aufschluss geben.

So wie man Marken eine identitätsprägende ***kulturelle Verankerung*** zuspricht, ist dies auch bei den Spielfiguren in *UO* der Fall. Werte und Normen der originären Region oder eines ganzen Landes werden auf die Marke projiziert. Bei der Übertragung auf *UO* ergibt sich eine Überschneidung zur geografischen Verankerung, denn – wie bereits erwähnt – kann die Herkunft Aufschluss über die Absichten der Spielfigur geben. Das trifft besonders dann zu, wenn man aus dem PvP Server stammt.

Der Begriff der ***Markenhistorie*** ist schwer zu übertragen, zumal diese abhängig von den kulturellen Rahmenbedingungen zu beurteilen ist (vgl. Meffert/Burmann, 1996, S. 42). Einen Ansatz stellt der generelle Hintergrund der gewählten Berufsklasse dar: So stehen Krieger für Risikobereitschaft und Mut. Jedoch erscheint dies zu weit hergeholt. Eine interessante und sehr anschauliche Antwort auf die Frage des historischen Hintergrunds seiner Spielfigur gab Maximilian:

> *„Ich wurde Dieb, weil meine Eltern aus einfachen Verhältnissen kamen und wir immer wenig zu essen hatten. Zunächst verdiente ich mein Geld mit Betteln an Marktplätzen. Später, als ich in eine Diebesgilde aufgenommen wurde und ein Verkleidungs-Set erhielt, wurde ich Trickbetrüger, indem ich Leute in einfache Gespräche verwickelte, um sie dann unbemerkt zu bestehlen."*

Diese fantasievolle und durchaus kreative Sicht beinhaltet eine weitreichende Auseinandersetzung mit der aufgebauten Zweitidentität, sie sollte jedoch aufgrund mangelnder Ernsthaftigkeit in Maximilians Spielmotivation nicht allzu negativ gedeutet werden. Der Reiz des Identitätswechsels bedeutet für ihn das Austesten der Reaktionen anderer Mitspieler auf bestimmte Identitäten. Ob nun seine Beschreibung des historischen Hintergrunds hier angewendet werden kann, erscheint gewagt, aber dennoch möglich.

Wird die Produktrange einer Marke ausgedehnt, also erweitert die Marke ihre Produkte auf andere Branchen, so gewinnt der Aspekt der ***Branchenzugehörigkeit*** an Bedeutung (vgl. Meffert/Burmann, 1996, S. 44). Als Branchenzugehörigkeit in UO ist die Mitgliedschaft in einer bestimmten Berufsgruppe zu sehen. Allerdings verleiht ein weiterer Beruf oder der Wechsel in eine andere Tätigkeit (Beispiel Krieger, der zum Dieb wird) dem ursprünglich gewählten Beruf eine minderwertige Bedeutung.

Die Komponente der Branchenzugehörigkeit lässt sich besser auf die von der Spielfigur hergestellten Produkte übertragen: Wenn zum Beispiel die Spielfigur bekannt ist für den Fang guten Fisches, und sein Angebot um das Produkt Brot erweitert, wird die Reputation der Spielfigur als Fischlieferant den Ruf als Bäcker steigern. Die Transfer-Marke „Figur als Bäcker" kann also das Image der Stammmarke „Figur als Fischer" für sich nutzen. Die Branchenzugehörigkeit ist in der Übertragung auf *UO* aber insgesamt weniger bedeutsam. Es bleibt die Frage, ob hier wirklich eine wesentliche Unterstützung für die Stammmarke stattfindet.

Die ***Unternehmens- bzw. Konzernzugehörigkeit*** kann eindeutig auf Spielfiguren in *UO* übertragen werden. Die Unternehmens- bzw. Konzernzugehörigkeit kann als Stütze der Markenidentität angesehen werden, besonders dann, wenn das Unternehmen durch ein starkes Zusammengehörigkeitsgefühl der verschiedenen Unternehmensbereiche geprägt ist (vgl. Meffert/Burmann, 1996, S. 45). Spielfiguren schließen sich in Gilden zusammen, um ihre individuellen Spielziele mit Hilfe einer starken Gruppe besser durchzusetzen. Sei dies nun die Diebesgilde, die gemeinsam zu Raubzügen antritt, oder eine Magiergilde, die sich der Vervollkommnung von Zaubertränken verschrieben hat.

Die bereits erwähnte größte und älteste Gilde in *UO* „The Syndicate" hat mehrere Untergruppen, die jeweils verschiedene Ziele verfolgen: Die „Sonz of Shaft" bilden das Zentrum der Gilde. Sie vertreten die Interessen der Handwerker und haben sich den Handelsangelegenheiten der Gilde verschrieben. Die kämpferischen Interessen werden von den „Dark Sun Riders" vertreten. „The Order of the Arcane" erklärt sich als die Repräsentanten der Magier und versorgt die Kämpfer mit heilenden Tränken und Zaubersprüchen. „The Omen" ist die Elitetruppe der Gilde. Sie kümmern sich um Spezialeinsätze und besonders vehemente Angriffe auf die Gilde (vgl. The Syndicate, 2001, S. 1).

Wie auch in kleineren Gilden verhilft die Tatsache, gemeinsam für etwas einzustehen, zu einem starken Solidaritätsgefühl. Einzelne Untergruppen sind auch hier für unterschiedliche Aufgaben verantwortlich. Darüber hinaus gibt es Aufnahmeprüfungen in den einzelnen Gilden, ihre Einzelmarken werden also genau auf Kompatibilität geprüft. Dieser Teil der Markenphilosophie ist in UO stark identitätsstiftend und muss als Kernkomponente angesehen werden.

Die ***Präsentation am Point of Sale (PoS)*** stellt für Marken oft die einzige Möglichkeit dar, eine persönliche Beziehung zum Konsumenten aufzubauen. Physische Merkmale, wie Gebäudearchitektur oder Innenausstattung, sind neben dem konkreten Verhalten der Marke bzw. ihrer Repräsentanten in Form von Verkaufs- oder Kundendienstmitarbeitern stark identitätsstiftende Faktoren (vgl. Meffert/ Burmann, 1996, S. 47).

Der PoS stellt in UO das gesamte Spiel dar. Jede Form von Austausch mit anderen Spielern wirkt sich auf die Identität der Spielfigur aus, wobei jedoch der Besitz eines Hauses und dessen Gestaltung die Identität der Figur zusätzlich stark beeinflussen können. Dies begründet sicher die Verkäufe der virtuellen Häuser und Burgen auf eBay, denn sowohl Anbieter als auch Käufer wissen, wie wichtig der Besitz einer Immobilie für das Ansehen in *UO* ist. „Geld verdienen, Haus bauen, berühmt werden – und natürlich Drachen töten" (Die Welt, 17.5.2000, S. WW3). So beschreibt der Spieler Michael Werner deutlich seine Spielabsicht.

Was die Gestaltung der Häuser anbelangt, wird unter anderem von einer der zahlreichen Online-Zeitungen, die es in der Welt von *UO* gibt, ein „Schöner Wohnen"-Wettbewerb veranstaltet. Könnte man in der virtuellen Welt dieses Spiels auch Bäume pflanzen und Kinder kriegen, so wären die traditionellen Lebensziele des Mannes erfüllt – abgesehen natürlich vom Drachen töten. Dieses Defizit haben einige Freaks erkannt und private Server entwickelt, die diesem Wunsch nachgehen. Hier besteht tatsächlich die Möglichkeit, Kinder zu kriegen oder sich einen eigenen Garten anzulegen und diesen auch individuell zu gestalten.

Der ***Zeitpunkt des Markteintritts*** in *UO* ist für die Figurenentwicklung entscheidend. Dieser Zeitpunkt ist nicht direkt auf die Figur anzuwenden, er bezieht sich vielmehr in der Übertragung auf den Spielbeginn allgemein. Also stellt sich die Frage, wie bald man nach Erscheinen des Spiels auf dem Markt

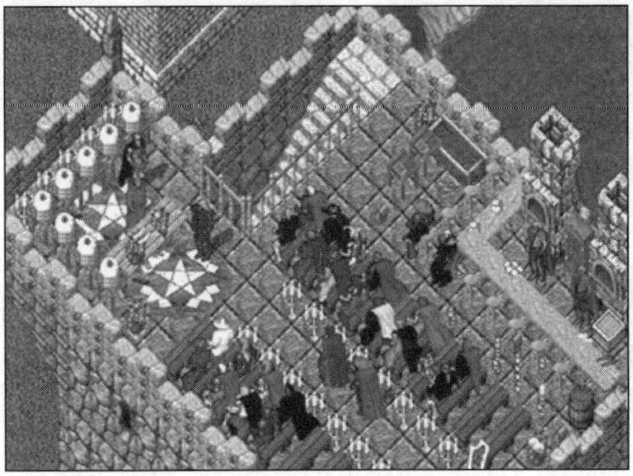

Abbildung 6: Robert und Susi geben sich das Jawort

in das Geschehen einsteigt. Die Interviews zeigen, dass es hier zwei Spielercharaktere gibt: Die einen bevorzugen das Abenteurergefühl und beginnen früh mit dem Aufbau ihrer Spielfiguren. Sie haben sozusagen einen „First Mover Advantage" und können sich als Pionier einen Namen machen. Der Nachteil ist, dass solche technisch hoch komplizierten Spiele im Anfangsstadium oft Programmierfehler (Bugs) enthalten, die den Spielspaß deutlich einschränken. Es gibt auch Fehler, von denen sogenannte „Bug-User" profitieren und bestimmte Fähigkeiten oder Stärken dadurch leichter erwerben. Andere überlassen den Pionieren das Entdecken dieser Bugs und entscheiden sich für den „sicheren" Einstieg. Ihre Spielfigur ist ihnen zu viel wert, als dass sie Risiken bei zu frühem Spielbeginn eingehen würden. Jedoch vergeben sie hierdurch die Chance auf einen guten Bauplatz, sowie die Möglichkeit, sich besondere Häuser zu bauen, zum Beispiel ein Schloss. Hierfür muss man nämlich rechtzeitig einsteigen.

Was die ***Markenkommunikation*** anbelangt, so ist dies in *UO* auf die Möglichkeiten des Mittelalters beschränkt. Jede Stadt hat eine Bank, und diese stellt den zentralen Treffpunkt dar – den Marktplatz des Spiels. Man kann nun entweder am Schwarzen Brett an der Bank eine Nachricht posten oder sich der Marktschreierei widmen. Da zwangsläufig jeder Spieler im Laufe des Spiels die Bank aufsuchen muss, können hier die meisten potenziellen Kundenkontakte gewonnen werden. Alles, was die verschiedenen Handwerkszünfte herstellen können, wird hier feilgeboten.

Eine über das Spiel hinausreichende Möglichkeit der Kommunikation ist das Posten von Nachrichten oder direkte Werben für Gilden auf den üblichen Fansites oder den offiziellen Homepages des Spielherstellers. Damit wären die direkten und bewussten Eingriffsmöglichkeiten in die Kommunikation aus Spielersicht bereits erschöpft; jedoch wird das kommunikative Potenzial nicht voll genutzt, ein „professionelles" Vorgehen wird von den Spielern für das Erreichen ihrer Ziele auch nicht bewusst verfolgt. Dennoch werden Events organisiert, wie beispielsweise Gildenfeiern oder ein *UO* „Mensch-ärgere-dich-nicht", bei dem auf einem programmierten Spielfeld die Spielfiguren gegeneinander antreten und das Vorwärtskommen auswürfeln. Sollten nun zwei gegnerische Figuren auf das gleiche Spielfeld kommen, so wird im klassischen Sinn des Brettspiels nicht etwa eine davon „geschmissen", sondern ein Kampf auf Leben und Tod zwischen beiden ausgetragen. Dass diese Events Image fördernd sind, wird nicht wahrgenommen, aber ist unterbewusst wirksam.

Die letzte Komponente der Markenphilosophie ist das ***Verhalten der Mitarbeiter***. In der direkten Übertragung auf die Spielfigur kann sich dies zunächst auf das eigene Verhalten beziehen. Seinem Verhalten treu zu bleiben, ist „für gute Spieler sehr wichtig", so Thomas. Die Einhaltung seiner Prinzipien

Abbildung 7: Mensch-ärgere-dich-nicht mal anders

und ein Ausrichten seiner Spielaktivitäten sind für das Ansehen jeder Spielfigur entscheidend – egal, ob es die tugendhaften und ehrenvollen Absichten der „Guten" sind oder die räuberischen und kaltblütigen Ziele der „Bösen".

Man kann diese Komponente auch auf das Verhalten von Gildenmitgliedern ausdehnen: So hat jede Gilde ihr eigenes Ziel und einen eigenen Codex. Sollte sich ein Mitglied nicht entsprechend benehmen, so wirft dies ein schlechtes Licht auf die Gilde, und die Spielfigur wird aus der Gemeinschaft verbannt.

Fazit

Alle Komponenten der Markenphilosophie finden ihre Anwendung in der Übertragung auf eine Spielfigur in *Ultima Online*, jedoch in unterschiedlicher Gewichtung. Zu den wichtigsten gehören der Markenname, die technisch-qualitative Gestaltung sowie die Konzern- bzw. Unternehmenszugehörigkeit. Weniger beachtet werden Komponenten wie kulturelle Verankerung und Branchenzugehörigkeit.

Nur wenn alle Komponenten aufeinander abgestimmt sind und sich daraus logisches Verhalten ableiten lässt, ist dies identitätsstiftend und verhilft der Spielfigur zu einem gefestigten Selbstbild. Dieses kann dann glaubwürdig nach außen kommuniziert werden und als solide Basis für das Fremdbild dienen.

10. Wer braucht eigentlich noch die reale Welt?

Wie dargestellt, sind den Möglichkeiten, sich in der Welt von *Ultima Online* zu präsentieren und eine Zweitidentität aufzubauen, durch technische Defizite bisweilen Grenzen gesetzt. Dem Hersteller Electronic Arts ist dies nicht entgangen, und so wurde zu Beginn des Jahres 2001 eine Revolution auf dem Markt der Online-Rollenspiele geplant. *Ultima Worlds Online: Origin*. Mit einer spektakulären 3-D-Optik, neuen visuellen Gestaltungsmöglichkeiten der Spielfiguren und furchterregenden Monstern, die gemeinsam in einer räumlich viel größeren Welt bestehen sollten. Allerdings haben sich diese Pläne zerschlagen, denn der Gründer von Ultima, Richard Garriott, hat sich zusammen mit dem Producer des Spiels Starr Long selbstständig gemacht und das Unternehmen „Destination Games" gegründet. Gemeinsam arbeiten sie an einem neuen Online-Rollenspiel, das viele Neuerungen des geplanten Nachfolgers von UO enthalten soll. *Tabula Rasa*, so der Titel des neuen Spiels, soll jedoch weniger eine virtuelle Welt darstellen, sondern vielmehr die Züge der in den USA so erfolgreichen Themenparks annehmen. Dafür studiert das Unternehmen den Aufbau solcher Parks wie Disneyland, um die Strukturen zu übernehmen. Der Spieler wird von einer „Fun Area" zur nächsten befördert, wobei ihm während der Wechsel genügend Raum für soziale Interaktionen eingeräumt werden soll. Denn eigeninitiierte soziale Interaktion von Spielern hält Starr Long für die weitaus intensivere Spielerbindung als die von Herstellern gesteuerten Events oder Abenteuer (vgl. GameSpot, Graveyard Ultima, S. 6).

11. Die Zukunft beginnt jetzt

Erik H. Erikson bezeichnet das Spiel als Situation, „in deren ‚Unwirklichkeit' (wir uns) preisgeben und enthüllen" können (Kindheit und Gesellschaft, 1965, S. 46). Dies vollzieht sich besonders im Jugendalter, in dem Grenzen ausgetestet werden und die soziale Rolle gefestigt wird.

> *„Da das Adoleszenz-Moratorium in der allgemeinen Kultur keinen Platz mehr hat, verlagert es sich in virtuelle Gemeinschaften. Sie erlauben uns, zu spielen und Dinge auszuprobieren. Und dies macht einen Teil ihres Lockreizes aus." (Turkle, 1998, S. 297).*

Dass sich diese Entwicklung heutzutage immer mehr auf neutralen Interfaces vollzieht, mag zu denken geben. Hat die virtuelle Erfahrung Auswirkungen auf die reale soziale Entwicklung? Byron Reeves und Clifford Nass haben in ihrem Buch *The Media Equation* nachgewiesen, dass der Umgang mit mediatisierten, virtuellen Personen die gleichen Reaktionen hervorruft, wie der Umgang mit tatsächlichen. Jedoch kann man davon ausgehen, dass eine gestärkte Identität mit diesen Erfahrungen anders leben wird, als eine labile, unsichere. Je nach persönlicher Prädisposition bedeutet dies „neue Chancen, aber auch neue Risiken." (Turkle, 1998, S. 330). Es steht uns eine spannende Zukunft bevor.

12. Literaturverzeichnis

Literatur

Erikson, E.H.: Identität und Lebenszyklus, Frankfurt am Main 1998
Erikson, E.H.: Kindheit und Gesellschaft, Stuttgart 1965
Meffert, H., Wagner, H. & Backhaus, K. (Hrsg.): Identitätsorientierte Markenführung – Grundlagen für das Management von Markenportfolios. Wissenschaftliche Gesellschaft für Marketing und Unternehmensführung e.V.
Reeves, B. & Nass, C.: The Media Equation. Cambridge: Cambridge University Press & CSLI Publications 1996
Turkle, S.: Leben im Netz: Identität in Zeiten des Internet. Reinbek: Rowohlt 1998 (Im Original erschienen 1995: Life on the Screen: Identity in the Age of the Internet)

Zeitschriften

Krichel, M. & Schnelle, M: Britannias Herrscher dankt ab, PCPlayer, 6, 2000, S. 52
Lenhardt, H.: Asheron"s Call, GameStar, 1, 2000, S. 172 – 174
Smith, R. & Duy, M.: Ultima Online 2, PCPlayer, 6, 2000, S. 70 – 77
Strathmann, M.: Me, Myself & I, IQ, 4, 2000, S. 10 – 12
Werner, T.: Die Rollenspiel Flut. PCPlayer, 6, 2000, S. 78 – 80

Zeitungen

Gillies, C.: Monster, Mythen, Immobilien. Die Welt vom 17. Mai 2000, S. WW3

Internet

FTK Dortmund: Marktbarometer – Internetnutzung, URL http://www.ecin.de/marktbarometer/internetnutzung, 25. November 2001

GameSpot: Graveyard Ultima, URL http://gamespot.com/gamespot/features/pc/graveyard_ultima/, 11. Dezember 2001

The Syndicate: The Syndicate, URL http://www.llts.org/iiiguildz.html, 11. Dezember 2001

Ultima Online: Die ersten Schritte in Britannia, URL http://www.uo.com/newplayer/newplay_de_0.html, 11. Dezember 2001

Ultima Online: Community, URL http://town.uo.com/guilds, 11. Dezember 2001

Ultima Online Bibliothek: Charaktererstellung, URL http://www.uob.gamesmania.de/hintbook/started/charerstellung.shtml, 11. Dezember 2001

Ultima Online Bibliothek: Der erste Spielstart, URL http://www.uob.gamesmania.de/hintbook/started/daserstemal.shtml, 11. Dezember 2001

Interviewpartner

Amsler, Ruedi, „William", 35 Jahre, Krankenpfleger
Gaub, Maximilian, „Potfather", 25 Jahre, Magisterstudent der Pädagogik
Lesser, Hendrik, „Vane", 22 Jahre, Student der Philosophie
Müller, Nina, „Rhea of Hel", 21 Jahre, Selbstständig (Webmaster der deutschen Fansite ultimaonline.de)
Walden, Thomas von, „Ralgar". 30 Jahre, Webredakteur

Abbildungsverzeichnis

Screenshots – Quellen

1. Aufbau des Spiel-Interfaces
   www.uo.com/screens/scn_5.jpg
2. Ein Bardenwettbewerb in der Taverne
   www.uo.com/screens/fan_bard.jpg
3. Bürgerversammlung in der Stadt Baja
   www.uo.com/screens/fan_bajachaos.jpg
4. Gildentreffen zu Pferd
   www.ultimaonline.de (wurde von inoffizieller Fansite zur Verfügung gestellt, genaue URL nicht bekannt)
5. Haut- und Haarfarbe werden festgelegt
   www.uo.com/newplayer/images/n_chargen.jpg
6. Robert und Susi geben sich das Jawort
   www.uo.com/screens/fan_wed_robsue.jpg
7. Mensch-ärgere-dich-nicht
   www6.ewebcity.com/custodes/show.asp?id=20

Alle Abbildungen mit freundlicher Genehmigung der Electronic Arts GmbH, Köln

Schlussbemerkung des Herausgebers

VON PROF. DR. DIETER HERBST

Dieses Buch will Startschuss sein: Es will die Diskussion anschieben, ob und wie Menschen die aktuellen Erkenntnisse der Markenführung nutzen können, um ihre Leistung auf Märkten gezielt zu profilieren. Hierzu hat dieses Buch einige ausgewählte Erkenntnisse aus der Wissenschaft und Beispiele aus der Praxis vorgestellt. Weder vom Konzept des Buches, noch von seinem Umfang her ist es möglich, das Thema umfassend zu behandeln. Dies soll Folgewerken vorbehalten sein.

Die weitere Beschäftigung mit dem Thema „Mensch als Marke“ könnte Hinweise darauf erbringen, welche Beiträge einzelne Disziplinen wie Marketing, Markenführung, Werbung und Public Relations für die Erschließung des Themas leisten können. Zum Beispiel könnte das Marketing die Frage aufgreifen, ob es sich um eine spezielle Form von Märkten handelt, auf denen Menschen ihre Leistungen anbieten. Es könnte untersuchen, ob und durch welche besonderen Eigenschaften die Leistungen von Menschen gekennzeichnet sind und wie Tauschakte verlaufen. Es könnte untersuchen, welche Beziehungen zwischen den Menschen, die Leistungen erbringen, und den Leistungen selbst bestehen und wie diese Beziehungen aktiv, systematisch und langfristig gestaltet werden können. Die künftige Beschäftigung mit dem Thema sollte aber auch die Frage beantworten, wie die Erkenntnisse der Einzeldisziplinen in eine Gesamtsicht des Gegenstandes „Mensch als Marke“ integriert werden können.

Einen weiteren Anstoß wollte dieses Buch mit dem Hinweis liefern, dass die oben genannten Disziplinen ihr Selbstverständnis kritisch daraufhin prüfen sollten, ob dieses vor dem Hintergrund der Entwicklungen der Märkte noch zeitgemäß ist. Zum Beispiel werden die Public Relations definiert als „Management der Kommunikation einer Organisation (!) mit deren Bezugsgruppen“. Doch auch jeder Politiker kann eine Wirtschaftseinheit sein, die mit Bezugsgruppen professionell kommunizieren muss, um unternehmerische Ziele zu erreichen.

Hätte also dieses Buch zu solchen Diskussionen angeregt, hätte es seinen Zweck erfüllt.

Prof. Dr. Dieter Herbst

Über die Autorinnen und Autoren

Anders, Thomas

geb. 1963 als Bernd Weidung – 1982 fünf Semester Studium der Publizistik, Germanistik und Musikwissenschaften an der Universität zu Mainz – 1984 Gründung der Popgruppe Modern Talking mit Dieter Bohlen. 30 Millionen verkaufte CDs und inzwischen über 600 Gold- und Platinschallplatten gehen auf das Konto der Popgruppe. 1999 Gründung des Musikverlags Thomas Anders Music GmbH und der Produktionsfirma KA.G.B. Music GmbH. Thomas Anders schreibt Songs für Künstler wie die No Angels und produziert Newcomer wie die It-Girls.

Augustowsky, Jens

geb. 1971, Student der Gesellschafts- und Wirtschaftskommunikation an der Universität der Künste Berlin. Sammelte Erfahrungen in der Praxis als Geschäftsführer im Einzelhandel sowie in der Musikindustrie, absolvierte diverse Praktika, unter anderem im Creative Planning der Werbeagentur BBDO-Berlin, arbeitete mit an der Entwicklung des neuen Erscheinungsbildes des „Konzerthaus Berlin“.

Behrendt, Beate

geb. 1966, ausgebildete Fremdsprachenkorrespondentin, Studentin der Gesellschafts- und Wirtschaftskommunikation an der Universität der Künste Berlin, Hauptfach Kommunikationsplanung, und Mitarbeiterin im Wissensmanagement eines Institutes der Fraunhofer Gesellschaft. War Assistentin der Geschäftsleitung des GMD-Forschungsinstituts für offene Kommunikationssysteme, Sachbearbeiterin für Öffentlichkeitsarbeit und EDV der Communitas Projektentwicklungsgesellschaft. Diplom-Kommunikationsprojekt für das Elektromobil City-El, Tutorin für Evaluation an HU und UdK Berlin. Wurde 1981 durch den Kinofilm „Christiane F. – Wir Kinder vom Bahnhof Zoo“ in den Bann von David Bowie gezogen und hat dessen Aktivitäten seither verfolgt.

Biniek, Sabine

geb. 1971, studiert Gesellschafts- und Wirtschaftskommunikation an der Universität der Künste Berlin (Hauptfach Kommunikationsplanung). Durch die Arbeit an ihrem Beitrag fiel sie in ihrer Entwicklung um mindestens 15 Jahre zurück und hat wieder angefangen, die BRAVO zu lesen, Artikel über Boygroups zu sammeln und ihre Wohnung mit den Postern der knackigen Band-Mitglieder auszuschmücken.

Chukwuedo, Ralph-Patrick

wohnt in Berlin und studiert dort an der Universität der Künste Gesellschafts- und Wirtschaftskommunikation. Er absolvierte Praktika im In- und Ausland und lebte 1999 ein halbes Jahr lang in Kapstadt, wo er in der Nachrichtenredaktion des südafrikanischen Fernsehsenders SABC tätig war.

Döring, Dr. Nicola

wissenschaftliche Assistentin am Institut für Medien- und Kommunikationswissenschaft (IfMK) der Technischen Universität Ilmenau. Von ihr liegen zahlreiche Publikationen zu sozialen Aspekten der Online- und Mobil-Kommunikation vor, unter anderem „Sozialpsychologie des Internet“ (1. Auflage 1999; 2. Auflage 2003, Göttingen: Hogrefe Verlag). E-Mail: nicola.doering@tu-ilmenau.de, Website: www.nicola-doering.de (Mirror: www.nicoladoering.de).

Edelmann, Jürgen-M.

geb. 1970 in Hannover. Seit der Jahreswende 1989/90 aus Interesse an den gesellschaftlichen und politischen Veränderungen Deutschlands in Berlin. Dort Ausbildung in klassischer Dienstleistungsbranche zum Speditionskaufmann, Tätigkeit als kaufmännischer Angestellter, währenddessen Abitur auf dem Abendgymnasium, Studium der Politikwissenschaft, seit 1998 Studium der Gesellschafts- und Wirtschaftskommunikation an der Universität der Künste Berlin. Tätigkeiten in der Kommunikationspraxis bei der Studentischen Werbeagentur Töchter und Söhne und beim Deutschland Radio Berlin.

Friedemann, Martin

geb. 1974, studiert zunächst Film, Fotografie und Business Management an der University of Ulster, Nordirland. 1998 beginnt er das GWK-Studium an der Universität der Künste. Parallel dazu arbeitet er projektbezogen bei den Agenturen Publicis, WeberShandwick und MetaDesign.

Geldmacher, Prof. Ermut H.

geb. 1923, gilt als „Vater“ des Weissen Riesen und anderer bekannter Marken. Geldmacher studierte Betriebswirtschaftslehre in Köln und Frankfurt/Main. Er ist seit 1950 in der Werbewirtschaft tätig. Zunächst leitete er das Tonstudio Frankfurt, das sich unter seiner Ägide zum bekanntesten und grössten Privatstudio für kommerzielle Tongestaltung, Funkwerbung und Werbesynchronisierung entfaltete. Er hat beratend und gestaltend bei der Entwicklung von Marken mitgewirkt, wie Asbach Uralt, Aurora Mehl, Persil, Bärenmarke, Alete, Maggi und Nescafé. 1983 wurde Geldmacher an die Universität der Künste Berlin berufen und lehrte dort als Honorarprofessor. Geldmacher lebt heute in der Schweiz.

Hagendorf, Jens

geb. 1973 in Hildesheim, Studium der Gesellschafts- und Wirtschaftskommunikation an der Universität der Künste Berlin; Austauschsemester am London College of Printing. Berufliche Stationen: Strategische Planung, McCann-Erickson Frankfurt; Strategische Planung, Publicis Berlin; derzeit Strategic Planner bei Publicis Sasserath Brand Consultancy, Frankfurt am Main und Berlin, Mitglied der Account Planning Group Deutschland.

Herbst, Prof. Dr. Dieter

geb. 1960, hat Publizistik, Sozialwissenschaften und Wirtschaftswissenschaften in Frankfurt/Main, Berlin und Hagen studiert. Er ist Honorarprofessor für Strategisches Kommunikationsmanagement an der Universität der Künste Berlin und einer der Hauptdozenten im Studiengang Executive MBA in Business Engineering der Universität St. Gallen. Er hat zahlreiche Bücher geschrieben (unter anderem Public Relations, Corporate Identity, Wissensmanagement, Internet-PR, E-Branding) und viele Fachpublikationen in Zeitungen, Zeitschriften und Sammelbänden veröffentlicht. Er ist international als Referent tätig.

Herzberg, Miriam

geb. 1975 in Essen, Abschluss als Diplom-Kommunikationswirtin an der Universität der Künste im Mai 2000, zahlreiche Praktika im Sportbereich (ZDF Sport, SAT.1 Sport, uhlsport, Hertha BSC, 1. FC Kaiserslautern), seit Mai 2000 Medienbeauftragte der VfL Wolfsburg-Fussball GmbH (1. Bundesliga).

Hüttlin, Holger

geb. 1973, studierte an der Universität Augsburg Ökonomie, wo er sein Studium erfolgreich abbrach. Später studierte er in Berlin am Institut für Marketing & Kommunikation und an der Miami Ad School, wo er jeweils erfolgreich abschloss. Heute arbeitet er in Barcelona für ein Unternehmen, das Produktionsmaschinen für die Pharmaindustrie in ganz Spanien vertreibt.

Kadel, Thorsten

geb. 1974 in Wiesbaden, studiert seit 1998 Gesellschafts- und Wirtschaftskommunikation an der Universität der Künste Berlin.

Kelava, Marijana

geb. 1976, Praktika in Agenturen, Marketingabteilungen und Medienanstalten; seit 1996 Studium der Gesellschafts- und Wirtschaftskommunikation an der Universität der Künste Berlin; Diplom im Sommersemester 2000; Thema: „Vergleich des Markenaufbaus im Kulturmanagement".

Koch, Markus

geb. 1976, studiert Gesellschafts- und Wirtschaftskommunikation an der Universität der Künste Berlin (Hauptfach Text) und wartet nach wie vor darauf, als Boygroup-Mitglied entdeckt zu werden.

Linke, Franziska

studiert Gesellschafts- und Wirtschaftskommunikation an der Universität der Künste Berlin.

Matussek, Matthias

geb. 1954, kam über den Berliner ABEND und den STERN zum SPIEGEL. Vom Fall der Mauer bis zum Tag der deutschen Einheit berichtete er als Sonderkorrespondent aus Ost-Berlin und wurde 1991 mit dem Kisch-Preis ausgezeichnet. Ab 1992 leitete er das SPIEGEL-Büro in New York, hielt Gastvorträge an verschiedenen amerikanischen Universitäten und schrieb als Gastkommentator für die New Yorker Zeitung NEWSDAY. Seit 1996 ist Matussek Kolumnist für den SPIEGEL in Berlin.

McLaughlin Catriona

geb. 1977 als realer Mensch in Edinburgh, ist Studentin im Studiengang Gesellschafts- und Wirtschaftskommunikation an der Universität der Künste Berlin. Im Rahmen ihrer journalistischen Tätigkeit beschäftigte sie sich mit der Entwicklung virtueller Welten.

Nessmann, Dr. Karl

Assistenzprofessor an der Universität Klagenfurt, Institut für Medien- und Kommunikationswissenschaft, Studienschwerpunkt: Organisationskommunikation/PR, Forschungsschwerpunkt: personenbezogene PR, Gründer und Leiter des Universitätslehrganges für Öffentlichkeitsarbeit (www.uni-klu.ac.at/pr), persönliche Homepage: www.uni-klu.ac.at/~knessman, E-Mail: karl.nessmann@uni-klu.ac.at.

Nold, Alexander

geb. 1969, Mediendesigner, Student der Gesellschafts- und Wirtschaftskommunikation an der Universität der Künste Berlin. Mehrjährige Erfahrung in Gestaltungsbüros, diverse Praktika bei BBDO-Berlin, ImmobilienScout24 etc.

Olsson, Peter

geb. 1961, startete 1984 seine Karriere im Sport Sponsoring, u.a. mit der Vermarktung des Alpinen Ski Weltcups. Danach folgte der Aufbau der Tele-Sport Promotion innerhalb der WIGE Media Group. 1992 verliess er das Unternehmen in Richtung SAT.1, wo er als Verkaufsleiter das Sport-Sponsoring übernahm. 1993 mit seinem Wechsel zur ISPR verantwortete er unter anderem die Vermarktung von ran-SAT.1-Fussball. 1997 wurde Olsson in die Geschäftsleitung der ISPR berufen. 1998 gründete er The Performers.

Panetta, Roxana

geb. 1977, Studentin der Gesellschafts- und Wirtschaftskommunikation an der Universität der Künste Berlin; Hauptfach Audiovisuelle Kommunikation. Studium Werbung, Public Relations audiovisuelle Kommunikation an der Universidad Cardenal Herrera (CEU), Valencia, Spanien; war Tutorin im Bereich PR mit AV-Medien an der UdK Berlin und absolvierte Praktika als Texterin bei Stawicki Werbeagentur München und in der Redaktion Fernsehfilm bei Arte TV Strassburg, Diplom-Kommunikationsprojekt für ImmobilienScout24 GmbH als Internet-Werbeplattform.

Prümke, Alexandra

geb. 1969 in Berlin, Studium der Betriebswirtschaftslehre an der Berufsakademie in Ravensburg; Berufstätigkeit: Projektreferentin für Messen und Ausstellungen bei der Messe Berlin. Studium der Gesellschafts- und Wirtschaftskommunikation an der Universität der Künste Berlin; Austauschsemester am London College of Printing. Berufliche Stationen: Public Relations, Gruner Kommunikation Berlin; Sales Manager, Messe Berlin Reed; derzeit Marketing bei Atotech Deutschland, Berlin.

Scheschonka, Julia Franziska

geb. 1972, nach Marketing-Praktika (can, f, bol) Ausbildung zur Werbekauffrau; 2-jährige Veranstaltungsorganisation in Spanien; seit 1996 Studium der Gesellschafts- und Wirtschaftskommunikation an der Universität der Künste Berlin; Diplom im Sommersemester 2000; Thema: „Vergleich des Markenaufbaus im Kulturmanagement".

Suckfüll, Dr. Monika

geb. 1964, studierte Psychologie an der Technischen Universität Berlin, promovierte zum Thema „Film erleben. Narrative Strukturen und physiologische Prozesse – Das Piano von Jane Campion" (Berlin: Edition Sigma). Publikationen u. a. in den Zeitschriften „Rundfunk und Fernsehen", „Medienwissenschaft: Rezensionen", „Medienpsychologie" und „Media Psychology"; arbeitet derzeit an einer Habilitation zu rezeptionstheoretischen Fragen.

Wischnewski, Susanne

geb. 1971, nach der Berufsausbildung Abitur am Abendgymnasium und Beginn eines Betriebswirtschaftslehre-Studiums an der Technischen Universität Berlin. Wechsel zu Gesellschafts- und Wirtschaftskommunikation an die Universität der Künste (Hauptfach Kommunikationsplanung, Nebenfach Audiovisuelle Kommunikation). Arbeitet parallel zum Studium als Projektassistentin bei einem Berliner Pharmaunternehmen.

Woischwill, Branko

geb. 1973, studiert seit 1999 Gesellschafts- und Wirtschaftskommunikation an der Universität der Künste Berlin sowie Psychologie an der Freien Universität Berlin. Seit 1999 ist er Mitglied im Berliner Kommunikationsforum und dort Projektleiter der Zeitschrift *gelb*.

Allein erfolgreich – Die Einzelkämpfermarke

Giso Weyand
Allein erfolgreich – Die Einzelkämpfermarke
Marketing für beratende Berufe

110 Seiten; 2. Auflage 2009; 21,80 Euro
ISBN 978-3-938358-22-1; Art-Nr.: 661

Sie arbeiten in einem beratenden Beruf. Und Sie sind gut, sogar sehr gut! Aber gerade in der heutigen Zeit stehen nicht nur die fachlichen Fähigkeiten im Vordergrund. Vielmehr besteht die große Kunst darin, der Beliebigkeit zu entrinnen und ein eigenes – einzigartiges – Profil aufzubauen.

Anhand von konkreten Praxisbeispielen veranschaulicht Giso Weyand den Weg zur „Marke" und zeigt dem Leser in seinem spritzig-provokanten Schreibstil, wie man die Kunden in einen Sog zieht und sich erfolgreich am Markt etabliert.

Sie erfahren, wie Sie Ihren Marken-Auftritt wirkungsvoll gestalten, indem Sie

- sich konsequent positionieren und Marktnischen nutzen,
- Ihre Produkte und Dienstleistungen spannend darstellen,
- Marketinginstrumente erfolgreich und effizient einsetzen,
- sich bei Kunden und Medien einen Namen als Experte/Expertin machen.

www.BusinessVillage.de